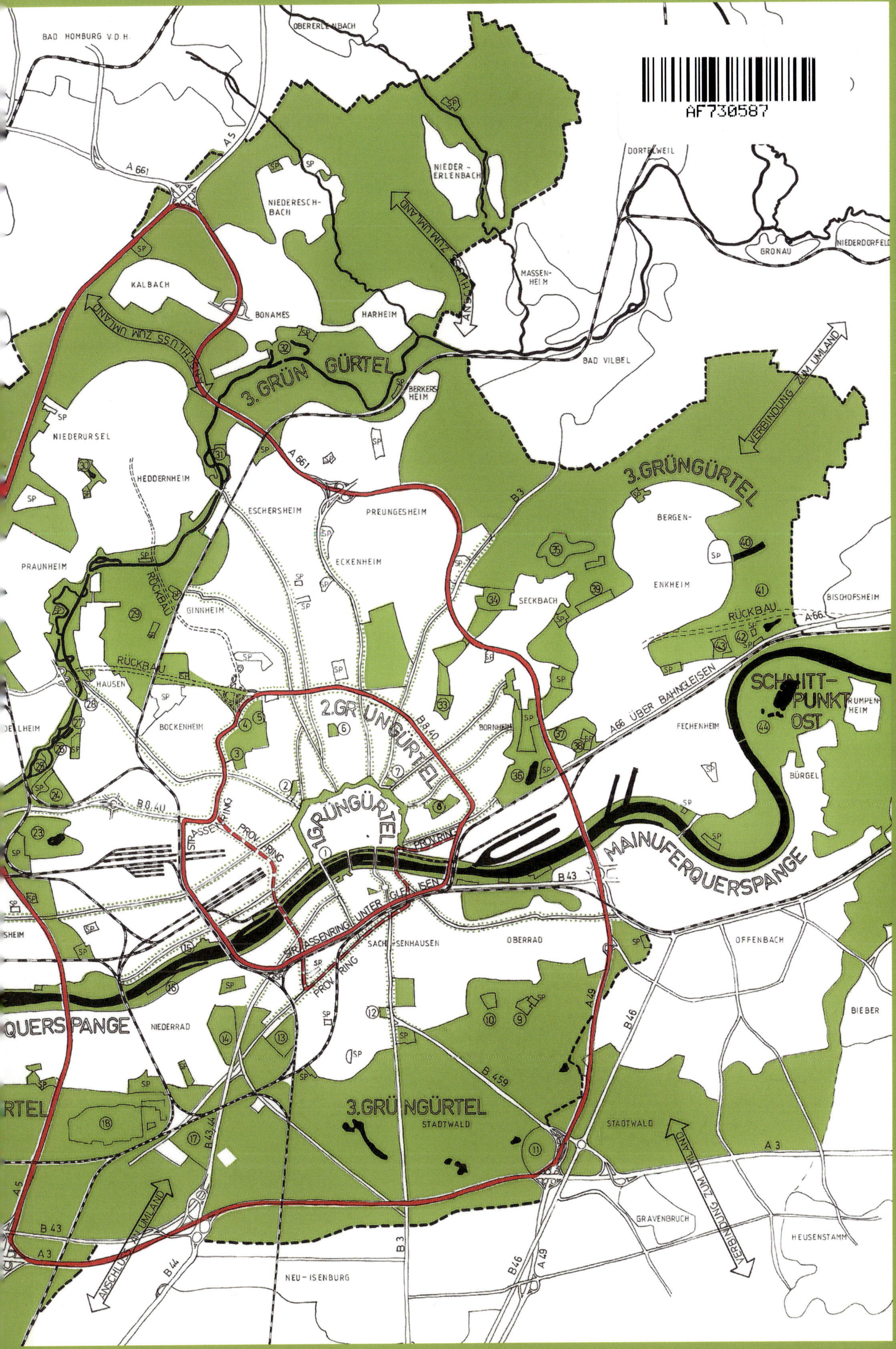
BAD HOMBURG V.D.H.
OBERERLENBACH
NIEDER-ERLENBACH
NIEDERESCH-BACH
DORTELWEIL
GRONAU
NIEDERDORFELDEN
MASSEN-HEIM
KALBACH
BONAMES
HARHEIM
BAD VILBEL
ANSCHLUSS ZUM UMLAND
3. GRÜN GÜRTEL
BERKERS-HEIM
VERBINDUNG ZUM UMLAND
NIEDERURSEL
HEDDERNHEIM
A 661
A 5
B 3
3.GRÜNGÜRTEL
ESCHERSHEIM
PREUNGESHEIM
BERGEN-
ENKHEIM
PRAUNHEIM
ECKENHEIM
SECKBACH
BISCHOFSHEIM
RÜCKBAU
GINNHEIM
A 66
SCHNITT-PUNKT OST
RUMPENHEIM
HAUSEN
2.GRÜNGÜRTEL
B 8.40
BORNHEIM
A 66 ÜBER BAHNGLEISEN
FECHENHEIM
BOCKENHEIM
BÜRGEL
B 8.40
1.GRÜNGÜRTEL
STRASSENRING
PROV. RING
MAINUFERQUERSPANGE
B 43
UNTERMAINKAI
GLEISUNTERFUHRUNG
SACHSENHAUSEN
OBERRAD
OFFENBACH
NIEDERRAD
QUERSPANGE
BIEBER
B 46
A 49
B 459
3.GRÜNGÜRTEL
STADTWALD
GÜRTEL
B 43.44
A 3
GRAVENBRUCH
HEUSENSTAMM
ANSCHLUSS AN UMLAND
NEU-ISENBURG
B 44
SP

Bibliografische Information der Deutschen Bibliothek

Die Deutsche Bibliothek verzeichnet diese Publikation in der Deutschen Nationalbibliografie;
detaillierte bibliografische Daten sind im Internet unter http://dnb.d-nb.de abrufbar.

Dieses Buch basiert großteils auf dem Band Aktion Plagiarius (Hrsg.): *Frankfurter Grüngürtel-Flussufer-Konzeption 1969–2014, Berlin 2016*. Die Darstellung wurde überarbeitet, ergänzt und fortgeschrieben.

Gedruckt auf säurefreiem Papier, das die US-ANSI-NORM über Haltbarkeit erfüllt.

Buchgestaltung: Till Behrens
Einbandgestaltung: M&S Hawemann · Berlin
Satz und Bildbearbeitung: Christiane Scharpf, CS Designberatung, Frankfurt
Druck und Verarbeitung: Prime Rate Kft., Budapest

Printed in EU · ISBN 978-3-7861-2879-3

Aktion Plagiarius (Hrsg.)

Klimatische Stadtplanung statt Grünkosmetik

50 Jahre Rahmengebendes Gesamtkonzept für Frankfurt

Gebr. Mann Verlag · Berlin

003 29. Juli 1972, Grüngürtel-Erkundungstour des Frankfurter Forums für Stadtentwicklung. Aufbruch am Bahnhof Frankfurt-Mainkur. Teilnehmer von l. nach r.: Jochen Rahe, Brigitte Rahe, Veronika Krüger, Dieter Pagel. Fotograf: Till Behrens, nicht auf dem Bild.

004 21. Oktober 1984, Re-Inszenierung der zwölf Jahre vorher vom Frankfurter Forum für Stadtentwicklung gemachten Grüngürtel-Erkundungstour durch Oberbürgermeister-Kandidat Volker Hauff und Anhang.

Inhaltsverzeichnis

I	**Vorwort und Einführung** Rido Busse	11
	Vorwort zur zweiten Auflage Rido Busse	15
II	**Chronologie** Till Behrens	17
II – 1.	**Frankfurts Stadtentwicklung bis zum Zweiten Weltkrieg** Die Stadt als Ort geschützten Wohnens	17
II – 1.1	Frankfurt vom 1. Jahrhundert bis zum ersten Grüngürtel	17
II – 1.2	Der erste Grüngürtel	19
II – 1.3	Der zweite Grüngürtel	22
II – 1.4	Kanalisierung der Nidda, Groß-Frankfurt, Das Neue Frankfurt	22
II – 2.	**Frankfurts Stadtentwicklung seit dem Zweiten Weltkrieg** Die Stadt als Ort nicht mehr geschützten Wohnens	31
II – 2.1	Die Stadt als Unternehmen	31
II – 2.1.1	Systematische Zerstörung des Niddatales von 1969–1980	35
II – 2.1.1.1	Fallbeispiel 1: Frankfurt-Hausen, Willi-Brundert-Siedlung	35
II – 2.1.1.2	Fallbeispiel 2: Frankfurt-Praunheim „nördlich der Straße ‚An den Geiselwiesen'"	38
II – 2.1.1.3	Fallbeispiel 3: Frankfurt-Praunheim – Ebelfeldbebauung und ein weiterer Bebauungsversuch „An den Geiselwiesen"	39
II – 2.2	Politische Amtsträger als stille Teilhaber im Geschäft	44
II – 2.3	Landschaftsschutz, der keiner ist	46
II – 3.	**Das „Rahmengebende Gesamtkonzept" – Dritter Grüngürtel mit Mainquerspange**	49
II – 3.1	Frankfurts Wohnsituation	49
II – 3.2	Frankfurts klimatische Situation – Lufthygienisch-meteorologische Modelluntersuchungen in der Region Untermain	50
II – 3.3	Bürgerschaftliche Stadtentwicklung	60
II – 3.4	Grüngürtel-Museumsufer-Konzeption oder „Vom Chaos zur Idealstadt"	83
II – 3.5	Fluglärmminderung	87
II – 3.5.1	Bündelung von Ab- und Anflugrouten mit Autobahnlärmbändern	87
II – 3.5.2	Ausbau des Flughafens Frankfurt-Hahn zum Interkontinental-Umsteige-Flughafen mit Bahnanschluss (Transrapid) und Frankfurt als Zielflughafen	91
II – 4.	**Der Umgang mit der Museumsufer-Konzeption**	93

II – 5.	**Der Umgang mit der Grüngürtel-Konzeption**	117
II – 5.1	Promotion des Autors und Aufgreifen der Konzeption durch SPD und Grüne	117
II – 5.2	Fälschung und Re-Inszenierung der Grüngürtelgeschichte	133
II – 5.2.1	„Stadt und Lebensstil" – Geschichtsfälschung 1	136
II – 5.2.2	Die falsche Magistratsvorlage M 282 – Geschichtsfälschungen 2–5	139
II – 5.2.2.1	Richtigstellung Geschichtsfälschungen Nr. 1 + 2	140
II – 5.2.2.2	Richtigstellung Geschichtsfälschung Nr. 3	145
II – 5.2.2.3	Richtigstellung Geschichtsfälschung Nr. 4	147
II – 5.2.2.4	Richtigstellung Geschichtsfälschung Nr. 5	147
II – 5.3	Ein PR-System für einen gefälschten Grüngürtel	148
II – 5.4	Ausladung des Autors und Fernhalten von seinen Arbeiten	150
II – 5.5	GrünGürtel-Projektjahr und -Projektbüro als weitere Re-Inszenierung	156
II – 5.6	Preiswerte Landschaft oder teures Edelgrün?	164
II – 5.7	Die verpasste Gelegenheit	167
II – 6.	**Auszeichnung des Originals als „Rahmengebendes Gesamtkonzept für Frankfurt"**	169
II – 7.	**Große und kleine Plagiate, Väter, Mütter und Kinder**	175
II – 7.1	Große und kleine Plagiate	175
II – 7.2	Väter, Mütter, Kinder – Geschichtsfälschung Nr. 6	185
II – 8.	**„Vision offener Grünräume"** Geschichtsfälschungen Nr. 7 + 8 und Zensur	187
II – 9.	**Eine Innovation wird geplündert**	195
II – 9.1	Dokumentation der Plünderung	195
II – 9.2	Politiker zeichnen Politiker aus	205
II – 10.	**Von Menschenrechten bis zu 20 Jahre Grüngürtel** Geschichtsfälschung Nr. 9 und viele weitere	219
II – 10.1	Menschenrechte	219
II – 10.2	Zehn Jahre GrünGürtel	225
II – 10.3	20 Jahre GrünGürtel = 21 Jahre Grüngürtel-Fälschung	225
II – 10.3.1	Richtigstellung zu „Die Anfänge"	227
II – 10.3.2	Richtigstellung zu „Wichtige Schritte"	229
II – 10.3.3	Richtigstellung zu Projektjahr 1990/1991	231
II – 10.3.4	Richtigstellung zu „Veröffentlichungen"	233
II – 10.3.5	Richtigstellung zu „Bürgerinnen und Bürger"	234

II – 11.	**Scheitern der Realisierung**	239
II – 11.1.	Der Weg in die Katastrophe	239
II – 11.2	Ausliefern des Grüngürtels an den Flughafenausbau	241
II – 11.3	Neues Flickwerk	242
II – 11.4	Neue Bauvorhaben im Grüngürtel	245
II – 11.5	Die gescheiterte Bewerbung um den European Green Capital City Award	248
II – 11.6	Landesrechnungshof rügt hohe Grünpflegekosten	251
II – 11.7	Vernichtung von Schutzgebieten mit Zustimmung des Umweltamtes	252
II – 11.8	Vision und Verpflichtung, 25 Jahre Frankfurts Grüngürtel	254
II – 11.8.1	Museum als Geschichtsfälschungs-Instrument	254
II – 11.8.2	Damnatio memoriae	256
II – 11.8.3	Richtigstellung der Fälschungen auf den Katalogseiten 44–47	257
II – 11.8.4	Richtigstellung der Fälschungen auf der Katalogseite 56	258
II – 11.8.5	Richtigstellung der Fälschungen auf der Katalogseite 57	261
II – 11.8.6	Ehrung für Adabei	263
II – 11.8.7	Ehrung für Radfahrer	264
II – 11.8.8	Unbeabsichtigte Ehrung für Bürger und Urheber	265
II – 11.8.9	Kontraproduktivität der Ausstellung	265
II – 11.8.10	Einladung zum Großangriff auf den Grüngürtel	266
II – 11.9	Klimazerstörung, Wählerbetrug, Verrat	267
II – 12.	**Ursachen und Erkenntnisse**	271
II – 12.1	Was wurde von der Gesamtkonzeption bis 2014 realisiert?	271
II – 12.2	Verstümmelung der Konzeption	272
II – 12.3	„Steinbruch" zur Inszenierung politischer Parteien	273
II – 12.3.1	Für die SPD	273
II – 12.3.2	Für die CDU	274
II – 12.3.3	Für Bündnis 90 / Die Grünen	274
II – 12.3.4	Für die FDP	274
II – 12.3.5	Für die vorgenannten politischen Parteien insgesamt	275
II – 12.4	Ausschalten der Bürger und des Urhebers	277
II – 12.5	Fehlender Schutz	279
II – 12.6	Fehlende Verteidigung	280
II – 12.7	Erkenntnisse	281
III	**Bürger als Stadtplaner** Gespräch zwischen Barbara Purbs und Till Behrens	285

III – 1.	**Einleitung**	285
III – 2.	**Wer sind Bürger?**	286
III – 3.	**Von der bürgerschaftlich zur hoheitlich geplanten Stadt, Beispiel Frankfurt**	288
III – 4.	**Zurück zur Planung der Stadt durch Bürger**	291
III – 5.	**Systematische Bürgerausgrenzung**	297
III – 5.1	Systematische Bürgerausgrenzung Teil I – Museumsufer	297
III – 5.2	Systematische Bürgerausgrenzung Teil II – Grüngürtel	299
III – 5.3	Systematische Bürgerausgrenzung Teil III – Historie	303
III – 6.	**Hat das rahmengebende Gesamtkonzept noch eine Zukunft?**	304
III – 7.	**Haben „Bürger als Stadtplaner" noch eine Zukunft?**	309
IV	**Urheberrechtsschutz und Urheberrechtsverletzung** Andreas Lubberger	313
IV – 1.	**Urheberrechtsschutz für eine Stadtplanung – Ist das überhaupt möglich?**	313
IV – 2.	**Werkkategorien**	314
IV – 2.1	Wissenschaftliche oder technische Pläne im Sinne des § 2 Abs.1 Nr. 7 UrhG	315
IV – 2.2	Werke der Baukunst im Sinne des § 2 Abs. 1 Nr. 4 UrhG	316
IV – 2.3	Schriftwerke im Sinne des § 2 Abs.1 Nr. 1 UrhG	317
IV – 3.	**Der „ins Werk gesetzte" Frankfurter Grüngürtel als Urheberrechtsverletzung**	319
IV – 3.1	Verletzung durch Werknutzung	319
IV – 3.1.1	Ausgangsanalyse	320
IV – 3.1.2	Flächenzuweisung	321
IV – 3.1.3	Funktionszuweisung	322
IV – 3.1.4	Negativbebauungspläne	322
IV – 3.1.5	Museumsufer	323
IV – 3.1.6	Grün-Radialen	324
IV – 3.2	Verletzung durch Entstellung	325
IV – 3.3	Einwilligung	326

IV – 4.	**Persönlichkeitsrechtsverletzung**	327
IV – 4.1	Zur Organisation des Vergessens	328
IV – 4.2	Namensnennungsrecht des Schöpfers	331
IV – 4.3	Namensnennungspflicht der Stadt Frankfurt	332
V	**Literaturverzeichnis**	333
VI	**Personen-, Institutionen-, Firmenverzeichnis**	339
VII	**Abbildungsverzeichnis**	342
VIII	**Kurzviten der Autoren**	343

005 Symbol der Aktion Plagiarius. Der schwarze Gartenzwerg Plagiarius mit goldener Nase, die er sich durch Plagiieren zu verdienen hofft.

I **Vorwort und Einführung** Rido Busse

Der Ausdruck Plagiat geht auf das lateinische „plagium", d.h. Menschenraub, zurück. Vor 2 000 Jahren bezeichnete der römische Dichter Martial (Marius Valerius Martialis) den Nachahmer als plagiarius (Menschenräuber). Erst im Zuge der Aufklärung wurden in England und nach der französischen Revolution auch in Kontinentaleuropa erste Gesetze gegen geistigen Diebstahl erlassen. Immanuel Kants kategorischer Imperativ *„Handle nur nach derjenigen Maxime, von der du zugleich wollen kannst, dass sie ein allgemeines Gesetz werde"*, wurde zum Leitspruch der Aufklärung überhaupt. Er erreichte jedoch noch nicht alle Politiker, die Gesetze beschließen.

Die *Aktion Plagiarius* dokumentiert mit diesem Buch eine einmalige Geschichte, in der ein Einzelner[1] ein rahmengebendes Gesamtkonzept[2] für eine Stadt entwickelte und engagierte Bürger es bis zur Übernahme durch die Stadt vorantrieben, letztendlich aber die sinnvolle Umsetzung an den Kapitalinteressen der polit-profit-connection[3] und an der Selbstinszenierung der Politiker scheiterte. Der Umgang mit Bürgern entsprach nicht dem Sinn von Demokratie und Rechtsstaat und war noch nicht einmal fair. Wie die juristischen Beiträge verdeutlichen, nutzte die Politik rücksichtslos die Situation aus,

1 dtv-Atlas Stadt, Hotzan J., S. 63 , 3. Aufl., Dez. 2004 München.

2 Bezeichnung der Hessischen Landesregierung für Behrens' T. Arbeit in der Laudatio zur Auszeichnung von 1991, vgl. Kap. II – 6.

3 Zitat nach Lehmbrock J., Mitautor der Ausstellung „Profitopolis".

dass kein ausreichender Urheber-Rechtsschutz für alternative Stadtplanungskonzepte besteht und Bürger derzeit weder faktisch noch rechtlich Alternativen selbst durchsetzen können. Stadtplanung ist noch ein Stiefkind im Rechtsstaat, wie die Beispiele in diesem Band belegen. Damit Bürger in unserer Demokratie ihren Lebensraum planen können, damit Urheber nicht von ihren Arbeiten ferngehalten werden, damit Gewaltenteilung nicht durch die Hintertür wieder ausgehebelt wird und alle Verstöße dann mit Geschichtsfälschung politisch zugekleistert werden, muss sich etwas ändern. Politiker haben dazu Einiges gesetzlich zu regeln und dabei auch Praktiken zu verbieten, die sie selbst zelebrieren. Dazu ist Basisarbeit nötig – wozu dieses Buch auffordert.

Die Aufgabe der *Aktion Plagiarius* ist, über das Plagiatsunwesen aufzuklären. Dazu verleiht sie jährlich an besonders dreiste Produktpiraten ihre Negativauszeichnung Plagiarius, den schwarzen Gartenzwerg mit der goldenen Nase, die er sich durch Plagiieren zu verdienen hofft. Bis heute erhielten siebenmal Plagiatoren von Till Behrens' neuartigen Sitzmöbeln Kreuzschwinger® diesen „Preis". Das Design der Kreuzschwinger® wurde über 100-mal plagiiert, bis der Rechtsstaat siegte und das Oberlandesgericht Frankfurt ihm den weitreichenden Urheber-Rechtsschutz der Angewandten Kunst und den Teilelmenteschutz zusprach. Bei der *Aktion Plagiarius* waren Kreuzschwinger®-Plagiate die bisher dreisteste Geschichte von Produktpiraterie. 2008 dokumentierte sie diese in dem deutsch / englischen Band „Kreuzschwinger® – Dynamisches Sitzen / Dynamic Seating".[4] Während sich die Aktion mit dem Plagiatsopfer Behrens beschäftigte, wurde sie auf dessen weitere plagiierte Schöpfung, die Grüngürtel-Flussufer-Konzeption für Frankfurt, aufmerksam. Bei dieser Konzeption geht es um eine neue Kategorie des Plagiats: um das Politikerplagiat. Politiker müssen mit gutem Beispiel vorangehen. Sie dürfen nicht eine Kultur des Plagiats fördern, die der Wirtschaft jährlich Milliardenverluste zufügt und unser Land Hunderttausende von Arbeitsplätzen kostet. Die *Aktion Plagiarius* hält daher das Plagiieren durch Politiker für noch verwerflicher als Produktpiraterie. Das Beispiel Frankfurt, mit dem sich dieses von der *Aktion Plagiarius* herausgegebene Buch beschäftigt, zeigt, dass an dieser Stelle vieles im Argen liegt.

Frankfurt leidet unter klimatischen und wirtschaftlichen Problemen. Die immissionsbelastete Stadt liegt in einem Talkessel mit schlechter Belüftung in einer der windärmsten Gegenden Deutschlands. An jedem fünften Tag ist Inversionslage, an jedem dritten Tag Windstille. Zudem ist die Stadt überschuldet. Frankfurt hat ca. 700 000 Einwohner und fast so viele Arbeitsplätze. Diese sind zu 60 % von Auswärtigen besetzt. Mit ca. 55 % Einpersonenhaushalten ist Frankfurt – außer für den fast 40 Prozent ausmachenden Bevölkerungsanteil mit Migrationshintergrund – keine Familienstadt mehr. Alteingesessene, besser Verdienende und Vermögende flohen ins Umland. Sie pendeln täglich bis 300 km (hin und her), haben statt einer 35- eine 60-Stunden-Woche, kontaminieren den Talkessel durch die tägliche Anreise mit dem eigenen Auto und versteuern ihr in Frankfurt verdientes Einkommen außerhalb, wo es ihre Familien ausgeben. Obwohl, oder gerade weil, Wirtschaftsförderung vor der klimatischen Situation rangiert, ist die Wirtschaftsmetropole unwirtschaftlich. Um in Frankfurt Wirtschaft und Wohnstadt zu harmonisieren, fehlt ein offizielles Entwicklungskonzept auf klimatischer Grundlage. Anfang der 1970er Jahre entstand ein Stadtentwicklungskonzept auf privater Basis.

4 Aktion Plagiarius (Hrsg.), „Kreuzschwinger® – Dynamisches Sitzen / Dynamic Seating", Berlin 2008.

Es trafen fünf wichtige Ereignisse zusammen:

1. Im Auftrag der NATO wurden aufwendige *lufthygienisch-meteorologische Modelluntersuchungen in der Region Untermain* vorgenommen.
2. Diese lieferten erstmals exakte Auskünfte zu Kontamination, Belüftung, Frischlufterzeugung, Erwärmung und Abkühlung der Region.
3. Auf dieser wissenschaftlichen Basis konzipierte Till Behrens ehrenamtlich das Stadtentwicklungskonzept *Grüngürtel mit grüner Mainquerspange, Randbebauung und Verkehrsbündelung*. Behrens' Ziel war es, „die Stadt wieder bewohnbar zu machen".
4. Gleichzeitig wurde das Frankfurter Forum für Stadtentwicklung e.V. gegründet, das als erster sein Konzept publizierte – und das nicht als theoretisches Planspiel, sondern als Vorgabe für eine tatsächliche Umsetzung, um die Lebensverhältnisse in Frankfurt in einem Austausch zwischen Stadt und Bürgern zu verbessern.
5. Frankfurter Bürger setzten die Konzeption über Jahrzehnte hinweg bis zum Allparteienkonsens durch.

Die Stadt griff das neue Konzept tatsächlich auf: Erst mit der Realisierung eines Museumsufers entlang des Mains, dann, Jahre später, mit dem Grüngürtel. Sie stellte Hunderte von Millionen D-Mark zur Verfügung, schloss aber den Urheber des Konzepts und die Bürger aus und drehte den Prozess, der bis dahin von unten nach oben lief, in einen Prozess von oben nach unten um und machte mit dem Konzept, was sie wollte. So verdarb die Stadt das Konzept und brachte es zum Scheitern. Was als Verbindung von Klima, Wohnen und Verkehr gedacht und geplant war, endete als Parkanlage im Flächenverbund.

Die Hessische Landesregierung zeichnete 1991 das Original als *Rahmengebendes Gesamtkonzept für Frankfurt* aus und den Urheber Till Behrens als *Landessieger*. Die Landesregierung stellte amtlich fest, dass die Stadt Frankfurt – *offensichtlich* – ein Arbeitsprogramm daraus ableitet, wie es in der Laudatio ausdrücklich heißt (s. Abb. 145). Das heißt, die Stadt Frankfurt fertigte Plagiate an.

Der Stadt Frankfurt ging es nicht um ein Gesamtkonzept. Politiker aller Couleur nutzten Behrens' Konzept als „Steinbruch", aus dem sie das herausbrachen und dann verfälschten, was zur politischen Selbstinszenierung gerade opportun erschien. Aus Behrens' preiswertem land-, forst- und wasserwirtschaftlich gepflegtem Feld-, Wald- und Wiesengrüngürtel machte Umweltdezernent Tom Koenigs z.B. mithilfe eines Projektbüros ein teures Anpflanzungsplagiat und ließ es mit einer Auszeichnung der Vereinten Nationen (UN) „veredeln". Diese bestimmt in ihrer Charta jedoch: *„Jeder hat das Recht auf Schutz der geistigen und materiellen Interessen, die ihm als Urheber von Werken der Wissenschaft, Literatur oder Kunst erwachsen."*[5] Nachdem Koenigs seine Mogelpackung erst Bürgern zumutete, die für das Original gekämpft hatten, stellte er sie 1996 als „deutsches Vorzeigeprojekt" auf der UNO-Konferenz Habitat 2 in Istanbul und in der staatlich subventionierten Wanderausstellung „Grün zwischen Städten" in Frankfurt, Berlin, München, Essen, Stuttgart, Dresden und Leipzig als Original aus – jedoch ohne den Namen des eigentlichen Urhebers anzugeben. Dieser hatte mit dem Original noch als Professor promoviert, um es dadurch gegen Plagiatoren zu schützen. Die *Aktion Plagiarius* protestierte bei Joschka Fischer und Bundesbauminister Klaus Töpfer. Allerdings vergeblich. Koenigs wurde drei Jahre später UN-Sonderbeauftragter. Im Stil eines

5 UN-Menschenrechtskonvention von 1948, Art. 27 Abs. 2.

Wiederholungstäters bewarb sich die Stadt mit dem Plagiat nochmals um eine Auszeichnung: den European Green Capital City Award 2014. Diesmal scheiterte sie, jedoch nicht am Plagiat, sondern weil sie ihr Plagiat bereits teilweise zerstört hatte.

Es ist ungeheuerlich, was Politiker und Stadt alles unternahmen, um den Urheber von seinem geistigen Werk und die Bürger von ihrem Engagement zu enteignen. Und es ist unfassbar, wer sich alles direkt oder indirekt für Plagiate hergab und/oder dafür auszeichnen ließ. Unglaublich ist auch, welche Steuermittel und welche Zeit aufgewendet wurden, um Plagiate anzufertigen und Geschichte zu fälschen, während das umfangreichere Original kostenlos fertig bereitlag. Wussten die Akteure vielleicht nicht, was sie taten? Dem widerspricht aber ihr systematisches Vorgehen, das beim Museumsufer anfing: Der Auftragnehmer der Stadt, Architekt Albert Speer jun., reagierte auf den Vorwurf des Plagiats mit der Androhung massiver juristischer Schritte. Leider war damals die Rechtslage unklar, denn der Ansatz der *Aktion Plagiarius*, dass eine Nachahmung vorliegt, wenn das Original nachweislich zuerst auf dem Markt war, wenn der Hersteller der Nachahmung Kenntnis davon hatte und wenn das jüngere Produkt dem älteren täuschend ähnlich ist, hat der Bundesgerichtshof erst im Jahre 2008 nachvollzogen (Urt. v. 26.6.2008, Az.: I ZR 170/05 – ICON).

So kam es, dass die Vertreter des Frankfurter Forums unter diesem Druck den Vorwurf des Plagiats zurücknahmen und Albert Speer jun. das Museumsufer unter falschen Vorzeichen als allein seine eigene Leistung verwirklichte. Dieses systematische Ausschlachten setzte sich fort beim Grüngürtel mit einer gezielt falschen Magistratsvorlage und einer PR-unterstützten und öffentlich finanzierten Planungslegende zur Unterschlagung der Urheberschaft Behrens und zur Ausgrenzung der Bürger, die sich für den Grüngürtel engagiert und das Konzept mit Behrens' in die Öffentlichkeit getragen hatten. Bis hin zur Feier *„20 Jahre GrünGürtel"*, als dieser 2011 40 Jahre alt wurde. In der Festschrift gab die Stadt zwar zu, dass Behrens' Promotion vor der Konzeptübernahme durch die Stadt erfolgt war, setzte aber weder ihn als Urheber, noch die Bürger als Durchsetzer ein, sondern führte die Geschichtsfälschung mit einem falschen Geburtsdatum fort. Ehrlich wäre gewesen zu sagen: „Wir feiern 20 Jahre Plagiatsbeginn."

Plagiat und Geschichtsfälschung hängen zusammen. Fast jeder Produktpirat behauptet, sein Plagiat sei zwar schon vorher bekannt gewesen, er habe hier aber doch etwas ganz Neues geschaffen. Doch diese beiden Behauptungen widersprechen sich: Etwas Bekanntes kann auch ein Plagiator nicht neu entwickelt haben. Der schon in sich widersprüchliche Standardeinwand fast aller Plagiatoren findet sich auch in der städtischen Festschrift *„20 Jahre GrünGürtel":„(...) die Idee war nicht neu"* (S. 4) und *„(...) entwickelte das Projektbüro dazu ein (...) Programm, das bis dato keine Vorbilder hatte"* (S. 5). Statt zum Plagiat noch eine gefälschte GrünGürtel-Geschichte zu erfinden und mit Steuermitteln zu inszenieren, wäre es die Pflicht der Stadt gewesen, ihren Urheber und ihre Bürger zu schützen. Der Staat verlangt vom Bürger Loyalität, doch der Bürger muss Loyalität auch vom Staat und von den Politikern erwarten dürfen. Schließlich beruhen Menschenrechtskonventionen *auf den Grundsätzen der Demokratie und der Rechtsstaatlichkeit und stellen die Person in den Mittelpunkt des Handelns*[6] (EMRK). Menschenrechte fußen nicht auf kleinen oder großen Rechten, sondern auf der Würde des Menschen – wie auch das Grundgesetz der Bundesrepublik Deutschland.

---

6 Präambel Europäische Menschenrechtskonvention (EMRK) von 1950/53.

Die Skandalchronik ereignete sich über Jahrzehnte hinweg in der historischen Bürgerstadt, in der 1848 das erste deutsche Parlament tagte. Frankfurt sollte deshalb Vorreiter werden, um wieder zur Würde zurückzufinden. Die Paulskirche ist zuerst Mahnmal, dann erst Ort politischer Selbstdarstellung. Die Stadt muss das Negative ins Positive verkehren – wie es Till Behrens mit seiner Konzeption beispielhaft tat –, sich auf die Ziele des Originals besinnen und ihn und die ihn unterstützenden Bürger – teilweise posthum – in ihre historischen Rollen auch offiziell einsetzen und ehren. Damit könnte von Frankfurt wieder ein demokratisches Signal ausgehen.

Bereits 1994 gab die Fachhochschule Wiesbaden, die University of Applied Sciences (heute die Hochschule RheinMain), die 216-seitige chronologische Dokumentation *„Eine Innovation wird geplündert – Grüngürtel-Flussuferkonzeption 1969 bis 1994 – Im Spiegel der Presse und von Zeitdokumenten"* heraus. Das vorliegende Buch baut auf dieser Dokumentation auf, wiederholt gerafft die Geschichte von 1969 bis 1994 und schreibt sie von 1994 bis 2014 fort. Presseartikel, Publikationen und Zeitdokumente sind in der Chronologie und in Fußnoten erfasst und, soweit zum Verständnis und als Beweis nötig, auch abgebildet. Zwei Untersuchungen von Juristen zu den Chancen der Bürger und zum Urheberrecht ergänzen die Dokumentation. Damit dürfte auch Koenigs Wunsch erfüllt worden sein, ihm das Plagiat nachzuweisen.[7]

Vorwort zur zweiten Ausgabe Rido Busse

Seit 50 Jahren ist Till Behrens' Rahmengebendes Gesamtkonzept für Frankfurt Leitlinie. Vor 30 Jahren zeichnete ihn die Hessische Landesregierung für das Konzept mit dem Hinweis aus, dass die Stadt dieses – und kein anderes – verwendet. Seit 25 Jahren prangert die Aktion Plagiarius aber auch schon den dabei von Politikern und Verwaltung praktizierten grundgesetzwidrigen Umgang mit Bürgern und Urheber an. Der Magistrat entfernte den Namen Till Behrens von der Konzeption, unterschlägt die Auszeichnung von 1991 für das Original und den 20-jährigen Kampf der Bürger für die Realisierung. Politiker setzten sich bei Übernahme der Konzeption ins „gemachte Nest", grenzten Bürger und Urheber aus, verfälschten die Klimakonzeption in ein Grünkosmetikplagiat und ließen dieses 1996 auszeichnen. Sie bestimmten das Ausgrenzungsdatum zum Geburtstag des Grüngürtel, das sie seitdem feiern. Das tat 2016 auch die städtische Ausstellung „Vision und Verpflichtung-Frankfurts Grüngürtel 25".[8] Besucher kritisierten sie als Fälschungsorgie mit System.[9] und Einladung zur Vernichtung weiteren geschützten Grünlandes. Die von Bürgern geforderte, kostenlose Grüngürtelpflege durch Landwirte, hatte die Stadt in eine teure durch das Gartenamt verfälscht. Die Umweltdezernentin musste in der Folge erklären „ich bin pleite"[10] und opferte weitere geschützte Grünräu-

7 Schreiben Koenigs T. an Behrens T. v. 23.5.2011, s. Kap. II – 10.1.

8 Stadt Frankfurt, Institut für Stadtgeschichte: Ausstellung „Vision und Verpflichtung – Frankfurts Grüngürtel 25", 15.11 2016 bis 27.08 2017.

9 Funk 7.7.17 Eintragung im Besucherbuch der Ausstellung, „Einmal abgesehen davon, daß die Ausstellung (weitergehende) Ideen des Forums für Stadtentwicklung und besonders von Prof. T. Behrens herunterspielt, um nicht zu sagen, den Kommunalpolitikern zuschustert - die Ausstellung verbrämt die momentane Bau- und Wirtschaftspolitik, die zugunsten des Wachstums immer stärker in und außerhalb des Grüngürtels eingreift und dabei Ackerflächen, Gärten, Natur und Klima zerstört."

10 Rösmann T. Offenbarungseid im Umweltdezernat und „ler" „Erstaunen über Schrei nach Geld" beide FAZ 9.6.18, S. 37.

me zur Bebauung aus.[11] Die Presse sprach von Offenbarungseid, Bürger von Betrug[12] und Politiker von Klimazerstörung[13]. 30 Jahre nach Übernahme durch die Stadt ist der Grüngürtel kleiner als vorher. Auf die Verfälschung von Historie und Planung folgt nun die des Klimas.

11 Harting M. „ Ein Herz für Wildnis und Sauberkeit" FAZ. 01.02.2018, S. 34.

12 jaho. „Selbstherrlichkeit im Rathaus" FAZ 21.02.2018, S. 36.

13 Harting, M. „Heilig wiedergewählt" FAZ 02.02.2018, S, 29.

II Chronologie Till Behrens

II – 1. Frankfurts Stadtentwicklung bis zum Zweiten Weltkrieg
Die Stadt als Ort geschützten Wohnens

II – 1.1 Frankfurt vom 1. Jahrhundert bis zum ersten Grüngürtel

1. – 3. Jh. Die Furt durch den Main, an der sich später die Stadt Frankfurt entwickelt, liegt im Römischen Reich knapp vor dem Limes und besitzt keine besondere Bedeutung als Verkehrsweg. Die Römer versorgen von Mainz aus (dem damaligen Mogontiacum) über den Main und die Nidda sowie über eine Heerstraße ihre am Limes stationierten Truppen und Ansiedlungen in den späteren Frankfurter Stadtteilen Bonames,[1] Heddernheim, Römerstadt usw. Für die Römer ist die Nidda wichtiger als der Main. Sie geben ihr ihren Namen und transportieren auf ihr Nachschub in das Hinterland des Limes.

4. – 6. Jh. Mit dem Fall des Limes, dem Abzug der Römer und der Völkerwanderung tritt in Mitteleuropa eine grundsätzlich neue politische Situation ein, bei der die Furt am Main infolge neuer Nord-Süd-Verbindungen eine besondere Bedeutung als Verkehrsknoten erhält.

7. – 8. Jh. Franken sind in den unteren und mittleren Mainbereich eingedrungen (Mainfranken). Nach ihnen erhält die Furt ihren Namen („Frank"furt), an der sich Händler und Handwerker ansiedeln. Es entsteht eine Königspfalz, d.h. ein Stützpunkt für den reisenden König. Mit der Erweiterung des Frankenreichs nach Osten siedeln im Sachsenland Franken und im Frankenland Sachsen an. Es entsteht Sachsenhausen.

9. – 10. Jh. Frankfurts erste Stadtmauer entsteht im Zuge des Ausbaus von Pfalzen zu befestigten Fluchtburgen zur Landesverteidigung unter dem Sachsenkaiser Heinrich I. (ca. 876 – 936). Hier beginnt Frankfurt als Bürgerstadt.

1138 – 1246 In der Zeit der Staufer erhält das einwohnermäßig gewachsene Frankfurt eine zweite Mauer, deren Verlauf in den Merianplänen von 1628 und 1648 als halbkreisförmiger Bogen im Stadtgebiet gut zu erkennen ist.

1335 – 1513 Das auf 9.000 Einwohner weiter angewachsene Frankfurt erhält eine dritte Mauer, deren Bau sich 180 Jahre hinzieht. Ihren Verlauf zeigt der Merianplan von 1628. 1372 hatte sich Frankfurt mit dem Kauf des Stadtwalds finanziell übernommen, der für seine Zukunft entscheidend wichtig sein sollte. Es fehlt laufend Geld, um die schützende Mauer zu schließen. Der Stadtwald wird für über 450 Jahre bis zum Ende des Zweiten Weltkrieges wichtiger Holzlieferant und Erholungsraum der Bürger.

1618 – 1648 Während des 30jährigen Krieges wird die dritte Mauer durch Bastionen verstärkt (Abb. 006 und 007).

---

1 Der aus dem Lateinischen bzw. von den Römern stammende Name Bonames wird häufig als bona mansio (die gute Herberge) ausgelegt. Viel näher liegend, weil der topographischen Gegebenheit entsprechend, wäre jedoch Bonames (die gute Ebene). Im Spanischen sind Ortsbezeichnungen mit meseta (Plateau) häufig. Die Hochebene, auf der Madrid liegt, heißt z.B. La Meseta (Tisch).

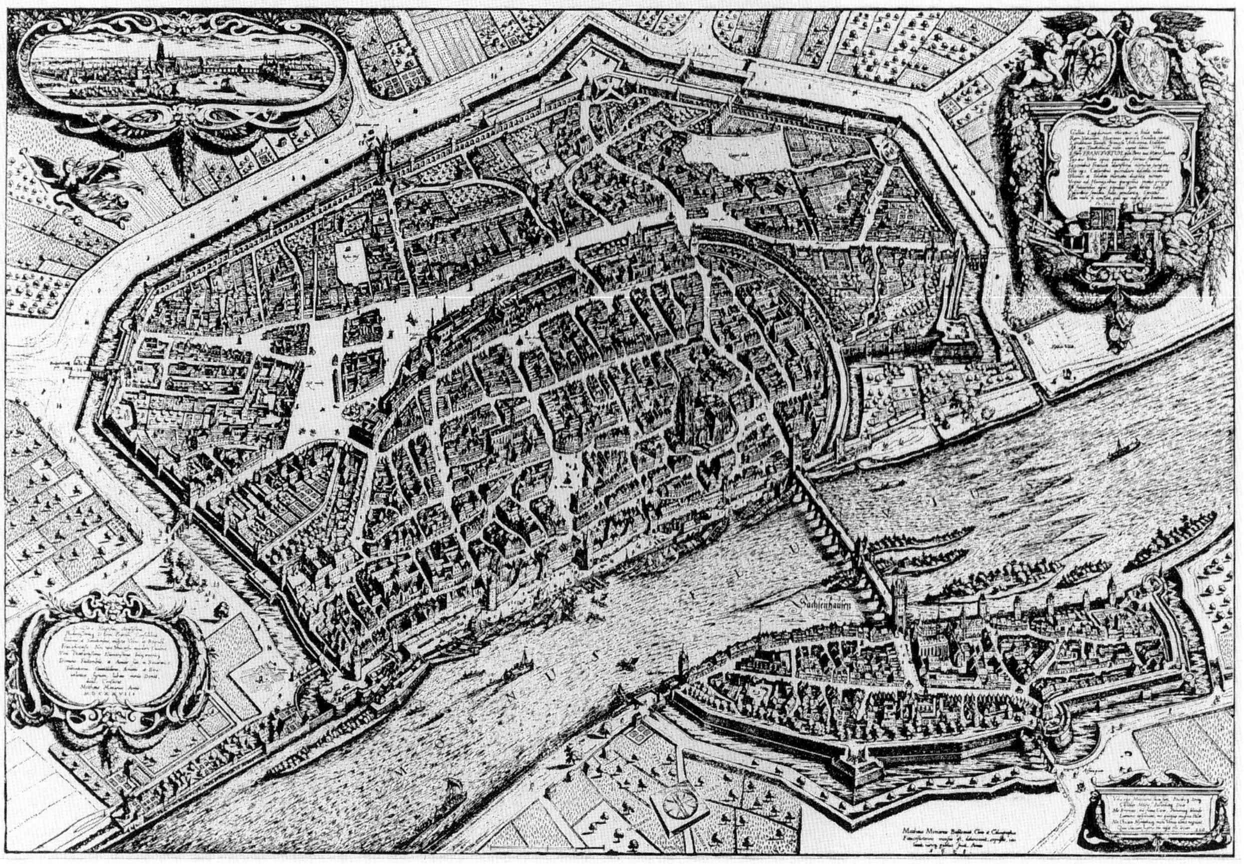

006 Matthäus Merian d. Ä. 1628, Ansicht von Frankfurt am Main. Der Plan zeigt im Stadtinneren den Verlauf der zweiten Stadtmauer und die dritte Mauer mit der ersten Bastion.

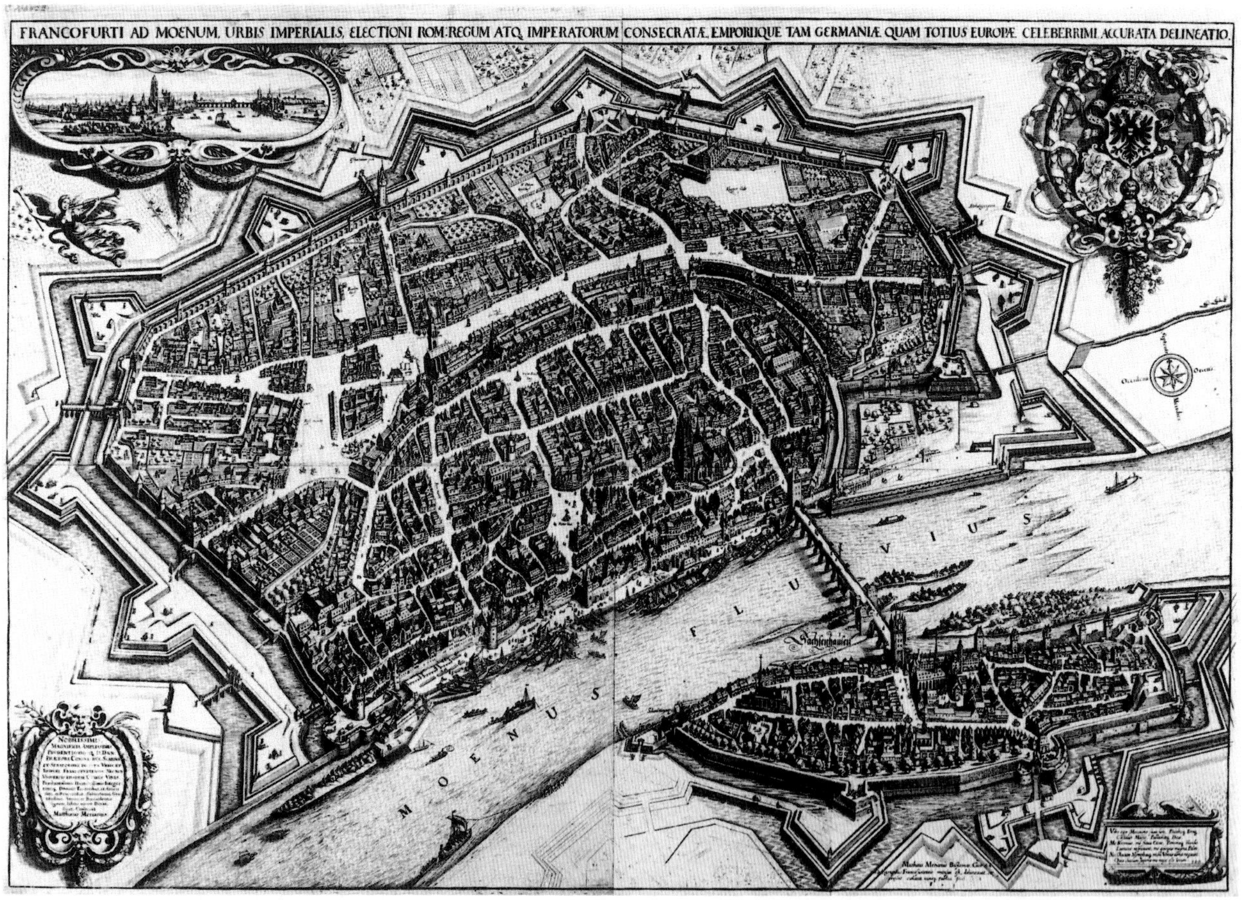

007 Matthäus Merian d. Ä. 1648, Ansicht von Frankfurt am Main. Der Plan zeigt die dritte Stadtmauer mit dem nahezu vollendeten Bastionenkranz. In Sachsenhausen südlich des Mains fehlt noch die westliche Bastion.

II – 1.2 Der erste Grüngürtel

17. – 18.Jh. Nach dem 30jährigen Krieg bietet das mit Bastionen verstärkte Verteidigungssystem (Abb. 008) keinen ausreichenden Schutz mehr. Die dritte Mauer wird samt Bastionen erst für Nutzgärten und Gartenanlagen verwendet, dann mit Linden-, Obst- und Maulbeerbäumen (Seidenraupenzucht) bepflanzt und auf diesem Weg in einen „Boulevard" umgeändert, auf dem die Bürger lustwandeln (Abb.009).

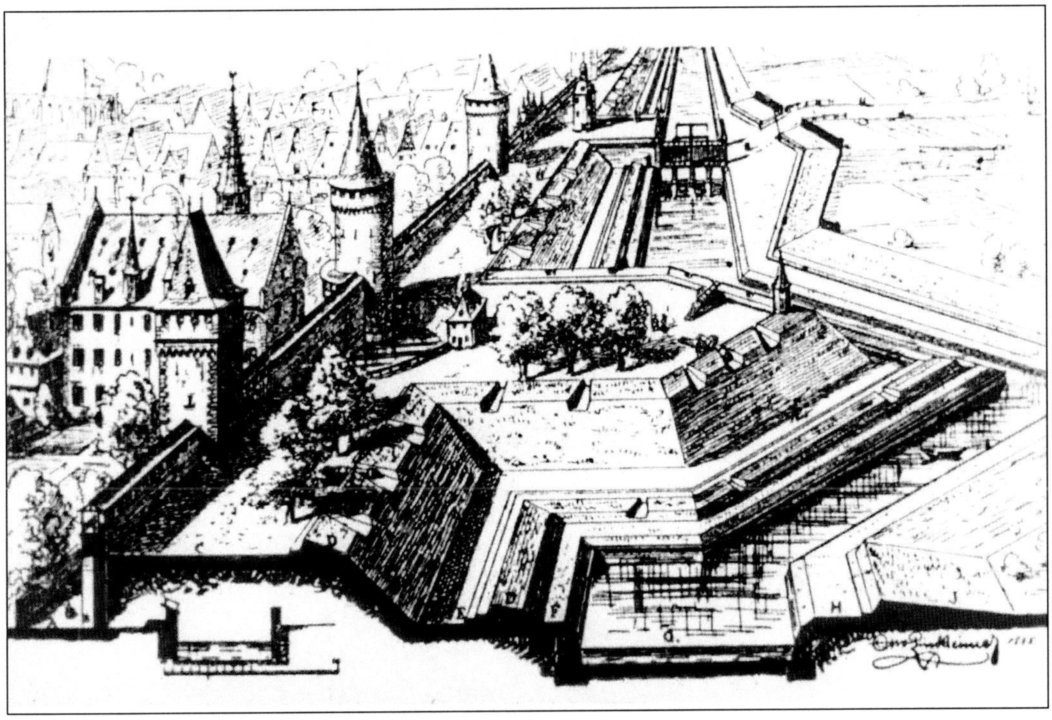

008 Schnitt durch die bastionäre Befestigung (Rekonstruktion). Stich von O. Lindheimer 1806.

009 Der Boulevard. „Prospekt des von löblicher Bürgerschaft neu aufgetragenen Gallenwall und der darauf angelegten geschmackvollen Linden- und Pappel-Alleen". Kolorierte Radierung von F.J. Behr, 1794.

1802 – 1813 In der napoleonischen Zeit wünschen die französischen Machthaber keine ehemaligen Festungswerke mehr; sie werden in anderen Städten bereits geschleift. Auch Frankfurt beginnt damit, die Festung abzubauen. Das Bequemste ist das Verfüllen des Wassergrabens (Abb.010) mit Wallmaterial (Abb. 011),

010 Äußeres Gallustor von Süden. Aquarell von Zehender, 1771.

011 „Patriotismus der Frankfurter Bürger bey Demolirung der Festungswerke von Frankfurt a.M., angef. 1805. Der löbl. Bürgerschaft zum Andenken gewidmet. Zu haben bey I.C. Berndt Kupferstecher."

rückblickend war es aber nicht die vorteilhafteste Lösung. Eine Umwandlung in mit Booten befahrbare Kanäle mit seitlichen Promenaden, wie sie beispielsweise in den Niederlanden, Belgien und Skandinavien erfolgte, hätte die Stadt verschönert und wäre zugleich Schutz gegen eine spätere Bebauung gewesen.[2] In Frankfurt sollte aber aus dem Festungsgelände Grünland als Ersatz für den Boulevard entstehen sowie auch Bauland. Eine Konzeption dafür liefert erst 1806 Jakob Guiollett. Guiollett schlägt vor, die so genannte „obere Lage" – d.h. den abzutragenden Wallteil – zu bebauen, den zuzuschüttenden Grabenteil als Grüngürtel auszubilden und die Arbeiten auf privater Basis vornehmen zu lassen. Die Grundstücke werden dazu auf der Frankfurter Seite als Erbleihe mit folgenden Auflagen – Wallservitut genannt – vergeben: Baubeschränkung auf die „obere Lage", Verpflichtung, einen Garten bzw. den Grünring anzulegen. Auf der Sachsenhäuser Seite wird das Gelände verkauft, weshalb dort kein Grünring entsteht.

4.6.1903 Als Frankfurt 1866 preußisch wird, wird die Wallservitut im preußischen Recht abgesichert und die Absicherung unter Kaiser Wilhelm II. (1859 – 1941) nochmals bestätigt (Abb. 012). Gravierende Eingriffe erfolgen trotzdem, vor allem durch kommunale Bauten. Die Wallservitut hat von Anfang an den Mangel, dass sie den Bürger gegenüber der Stadt verpflichtet, die Stadt aber nicht gegenüber dem Bürger. Trotz dieses Fehlers ist die Wallservitut bis heute Vorbild für stadtplanerische Flächensicherung.

(Nr. 10460.) Gesetz, betreffend Bebauung und Benutzung ehemaliger Wallgrundstücke in Frankfurt a. M. Vom 4. Juni 1903.

Wir Wilhelm, von Gottes Gnaden König von Preußen ꝛc.

verordnen mit Zustimmung der beiden Häuser des Landtags der Monarchie, was folgt:

§ 1.

In der Stadt Frankfurt a. M. können durch Gemeindebeschluß im Einvernehmen mit der Ortspolizeibehörde für die ehemaligen Wallgrundstücke folgende besondere Bestimmungen getroffen werden:

1. die Zulässigkeit der Bebauung kann auf bestimmte Teile der Grundstücke eingeschränkt, und es können über die Art der Bauausführung besondere Vorschriften erlassen werden;
2. die Benutzung der Grundstücke zum Gewerbebetriebe kann beschränkt werden;
3. für die unbebauten Teile der Grundstücke kann die gartenmäßige Einrichtung und Unterhaltung sowie die Art der Einfriedigung vorgeschrieben werden;
4. die Herstellung von Ausgängen von den Grundstücken nach der städtischen Promenade hin darf untersagt werden.

Der Beschluß bedarf der Bestätigung durch den Bezirksausschuß. Er ist durch das für die amtlichen Bekanntmachungen des Magistrats bestimmte Blatt zu veröffentlichen.

Die Durchführung des Beschlusses liegt der Baupolizeibehörde ob.

012 Urkunde zur Absicherung der Wallservitut im preußischen Recht, nachdem Frankfurt a.M. 1866 preußisch geworden war.

2 Beispiele sind belgische, niederländische und skandinavische Städte, wie Brügge, Göteborg, Gouda, Leiden, Lier, Middelburg, Naarden, Utrecht, Zwolle.

II – 1.3 Der zweite Grüngürtel

Wende vom 19. zum 20. Jh. Frankfurt wandelt sich von einer Handels- zu einer Industriestadt und wird einwohner- und flächenmäßig eine Großstadt, wozu die Eingemeindung von größtenteils im Niddatal gelegenen Orten wie Rödelheim, Hausen, Praunheim, Heddernheim, Ginnheim, Eschersheim, Berckersheim, Niederursel, Bonames, Preungesheim und Eckenheim wesentlich beitragen. Bei der explosionsartigen Bevölkerungszunahme um 500 % (Klötzer) steuert der damalige Oberbürgermeister Franz Adickes aufkommende Spekulation dadurch, dass er Ausnutzungsbeschränkungen für Grundstücke und Gebäudehöhen einführt, seitens der Stadt umfangreichen Grundbesitz erwirbt und ihn in Erbpacht vergibt. Adickes versieht Frankfurt mit einer umfassenden Planung. Dabei wird ein zweiter Grüngürtel, der so genannte Anlagenring, als Grünanlage mit zwei begleitenden Straßen nach dem damaligen Boulevard-Prinzip konzipiert. Auch er wird, wie der erste Ring, nicht über den Main geführt und dort ebenfalls nicht geschlossen.

II – 1.4 Kanalisierung der Nidda, Groß-Frankfurt, Das Neue Frankfurt

1910 – 1930 Auf Frankfurts bis zum Ersten Weltkrieg stadtplanerisch gesteuerter industrieller und wirtschaftlicher Entwicklung zur Großstadt kommen nach dem Ersten Weltkrieg fast gleichzeitig folgende Entwicklungen zu: Die Nidda wird kanalisiert, die Wirtschaftsdeputation propagiert ein „Groß-Frankfurt" und eingemeindete Flächen werden zu Bauland umgewandelt.

Ab 1910 Kanalisierung der Nidda
Frankfurt liegt am Unterlauf zweier Flüsse: dem Main und der Nidda. Abholzungen in den Oberläufen der Flüsse führen zu häufigeren Hochwassern in den Unterlaufbereichen. Bei der Eingemeindung der Nidda-Dörfer 1910 verpflichtet sich Frankfurt, die Nidda zu kanalisieren.

1924 „Groß-Frankfurt"
Die Wirtschaftsdeputation strebt ein Groß-Frankfurt an und gibt dazu eine „Siedlungs- und Verkehrsübersicht Groß-Frankfurt a.M." als Zentrum eines Rhein-Main-Städtekranzes heraus. In dieser gruppieren sich um ein Börsen- und Handelszentrum im Kern Industriegebiete im Osten und Westen und Wohnsiedlungsgebiete im Norden und Süden; der Main fließt von Fechenheim bis Hoechst in ganzer Länge durch bebautes Gebiet. Die Nidda kommt in dem Plan bereits in kanalisierter Form vor, aber nicht als besonderer Bereich (z.B. für einen Grüngürtel) (Abb. 014).

1925 – 1930 Wohnungsnotbehebung, Das Neue Frankfurt, Bebauung des Niddatals
Um der nach dem Ersten Weltkrieg eingetretenen Wohnungsnot entgegenzuwirken, ruft Frankfurts liberaler Oberbürgermeister Ludwig Landmann[3] den parteilosen

---

3 Ludwig Landmann (1868–1945) lt. Flierl Th. (Hrsg.), Standardstädte, Ernst May in der Sowjetunion – Texte und Dokumente, Berlin 2012, auf S. 515: „Liberaler Kommunalpolitiker der Weimarer Republik, 1917–1924 Wirtschaftsdezernent in Frankfurt am Main, trat vor Amtsantritt aus der Jüdischen Gemeinde aus, seit 1918 Mitglied der Deutschen Demokratischen Partei DDP, wurde 1924 zum Oberbürgermeister von Frankfurt am Main gewählt und prägte maßgeblich den großstädtischen Aufstieg Frankfurts in ökonomischer, sozialer und kultureller Hinsicht zur Zeit der Weimarer Republik, nach dem Wahlsieg der Nationalsozialisten im März 1933 aus dem Amt gedrängt, emigrierte 1939 in die Niederlande, woher seine Frau stammte, dort nach der deutschen Besetzung der Niederlande von Verwandten und Freunden vor der drohenden Deportation versteckt. Landmann starb im Versteck kurz vor Kriegsende am 5. März 1945. 1987 Überführung der sterblichen Überreste nach Frankfurt, Beisetzung in einem Ehrengrab auf dem Hauptfriedhof."

013 Orientierungsplan für die Frankfurter Siedlungen als konkrete Umsetzung des Satellitenprinzips in den Frankfurt Raum.

Ernst May,[4] Anhänger der Gartenstadt-Bewegung, zurück in seine Vaterstadt Frankfurt zur Entwicklung einer planerischen Konzeption. May hat in England als Praktikant an Gartenstadtplanungen mitgearbeitet und später für Breslau einen Wettbewerbsentwurf für eine Trabantenstadt entwickelt. Er überträgt diese Erfahrungen auf Frankfurt und legt in den vorgefundenen Plan von 1924 (Abb. 014) für ein Groß-Frankfurt ein Trabantenstadtsystem (Abb. 015) hinein. Die Entwicklung während der liberal-sozialreformerischen Kommunalpolitik läuft unter dem Titel „Das Neue Frankfurt".

4 Ernst May (1886–1970) Architekt und Stadtplaner, 1910–1912 Praktikum bei Raymond Unwin an Gartenstadtplanungen, 1925–1930 „parteiloser" Stadtbaurat in Frankfurt (lt. Flierl, Standardstädte, S. 515), 1930–1933 Stadtplaner in der Sowjetunion, nach vorzeitiger Vertragsbeendigung bis 1954 in Kenia, dann Rückkehr nach Deutschland als Leiter der Planungsabteilung der „Neuen Heimat".

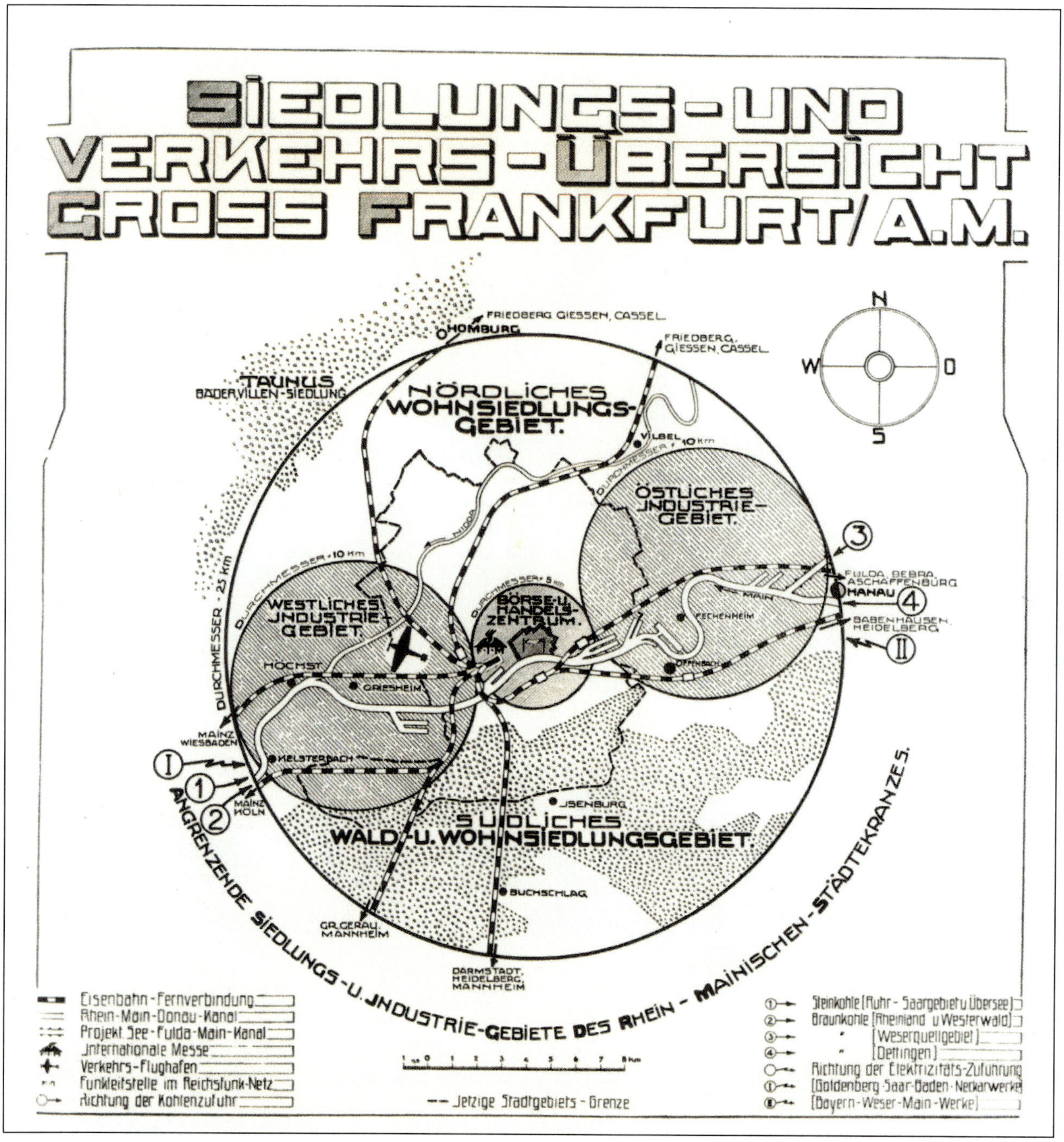

014 1924 Plan für ein Groß-Frankfurt der Wirtschaftsdeputation Frankfurt a.M. Um ein Handelszentrum im Kern lagern sich im Osten und Westen große Industriegebiete und im Norden und Süden Wohngebiete, der Main fließt durch Bebauung. Grüne Mainufer, ein geschlossener Grünring, Schnittpunkte von Grünring mit grünen Mainufern, Randbebauungen, Wohnen am Fluss sind nicht vorgesehen. Es geht um eine Art Regionalstadt im „Rhein-Mainischen Städtekranz" (vgl. gebogene Legende).

Ebenezer Howard, der Begründer der Gartenstadtidee, hat 1898 unabhängig von Unternehmerinteressen ein polyzentrisches Trabantenprinzip mit eigenen Versorgungskernen propagiert. May übernimmt dieses Prinzip, versieht aber „seine" Trabanten nicht mit eigenen Versorgungskernen, sondern schließt sie monozentrisch an den Großversorgungskern – das Börsen- und Handelszentrum im Plan von 1924 – an (Abb. 014). Diese Konzeption erfordert einen Ausbau von Radialverbindungen, der dann auch erfolgt.

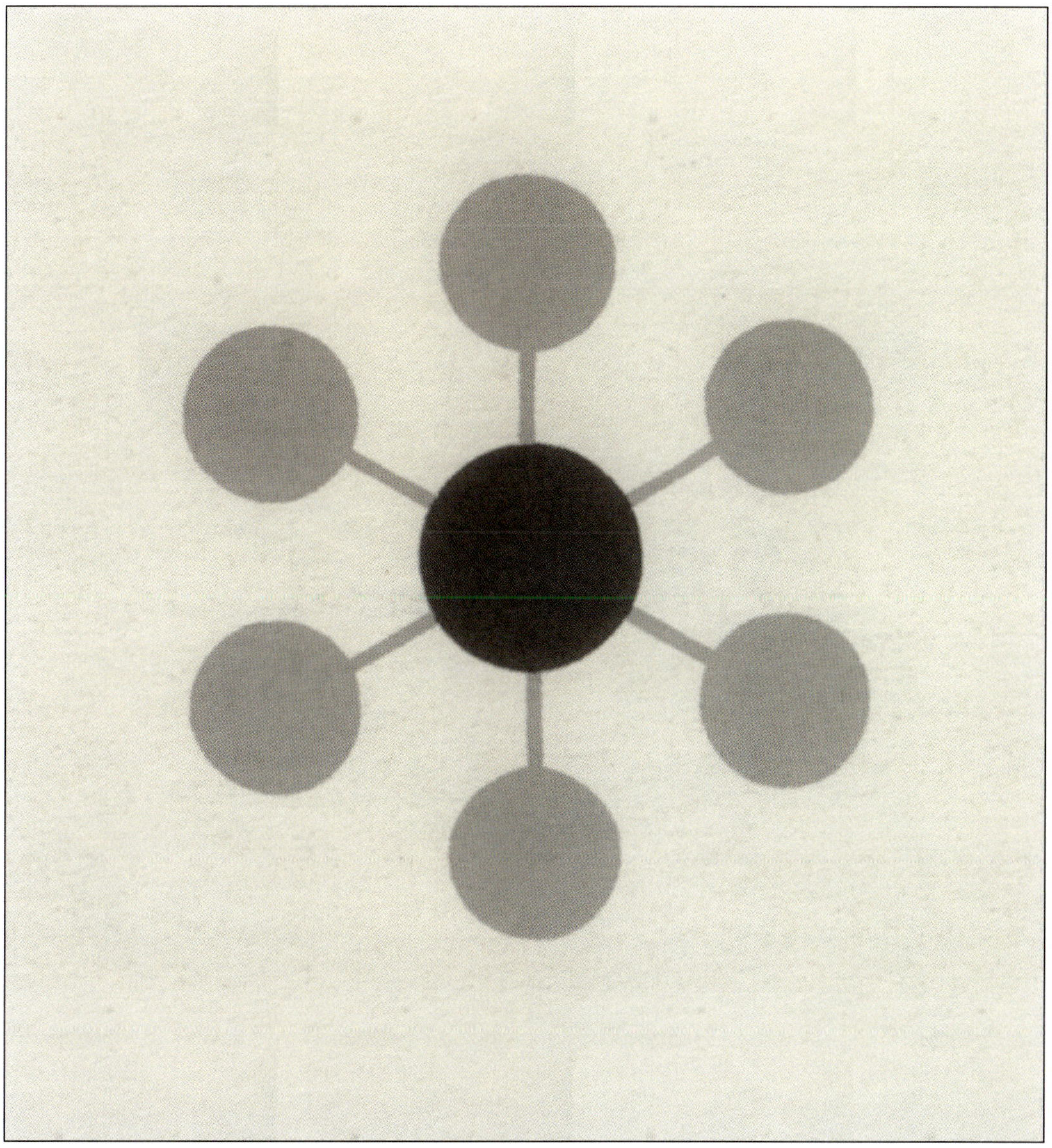

015 1925 Ernst Mays radial aufgebautes Satellitenstadtprinzip, bei dem nicht, wie bei Ebenezer Howard, jeder Satellit einen eigenen Versorgungskern erhält, sondern die alte Stadt Frankfurt zum zentralen Versorgungskern gemacht wird. Dieses Gliederungsprinzip legte May in den vorgefundenen Plan der Wirtschafsdeputation von 1924 hinein.

May plant im Niddatal großzügig in fast jungfräuliches Gelände hinein, das 15 Jahre vorher noch nicht zu Frankfurt gehört hat und bisher Überschwemmungsgebiet war. Die Überschwemmungen waren der natürliche Bebauungsschutz gewesen. Die Kanalisierung verwandelt ehemaliges Überschwemmungsland nun in potentielles Bauland. May macht von dieser Möglichkeit vor allem im Niddabecken ausgiebig Gebrauch.[5] Sein Plan von 1928 heißt „Projekt für die Bebauung des Niddatales" und zeigt die

5 Der Frankfurter Architekten- und Ingenieurverein hatte sich deutlich gegen eine Bebauung des Niddatals ausgesprochen. May setzte jedoch sein Konzept durch, da ihm dieser Ort einen günstigen Baulandpreis bot (de.wikipedia.org/wiki/Ernst May: Das „Neue Frankfurt").

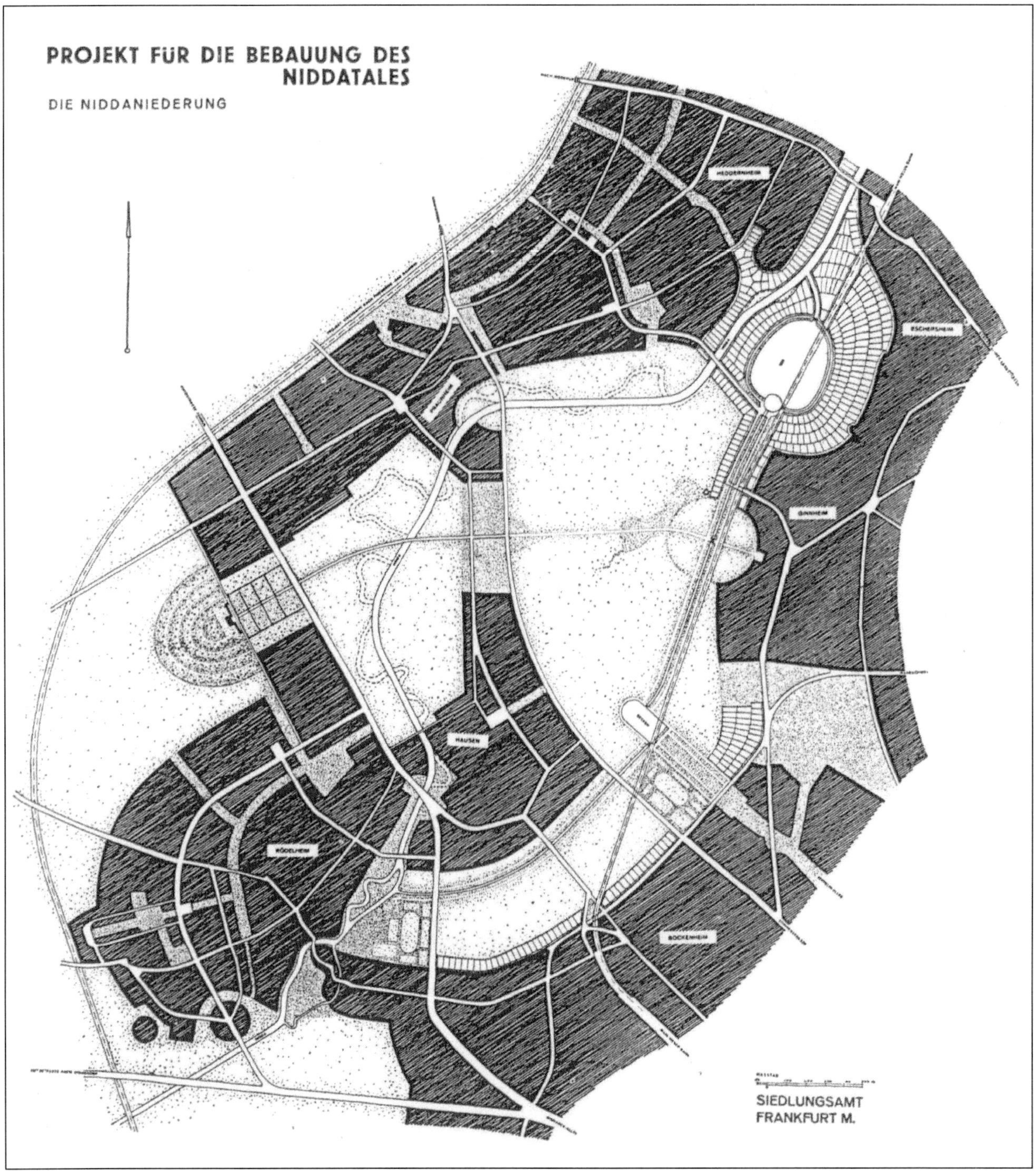

016 Ernst May 1928, „Projekt für die Bebauung des Niddatales" (DNF Jg. 1928, H. 7–8 / S. 117).

Bebauung des Niddabeckens (Abb. 016).[6] May bebaut schließlich von 1925 bis 1930 das Niddabecken.

Das Gartenstadtprinzip sieht vor, jeden Trabanten mit einem Grünring einzufassen. Die Gartenstadtterminologie nennt ihn Grüngürtel. Der Gürtel dient als Abstandshalter zwischen den Trabanten. Soweit May das Niddabecken nicht bebaut, macht er es zum Abstandshalter zwischen den Trabanten Hausen, Praunheim, Heddernheim, Ginnheim

6 DAS NEUE FRANKFURT, DNF 7/8, 1928, S.117.

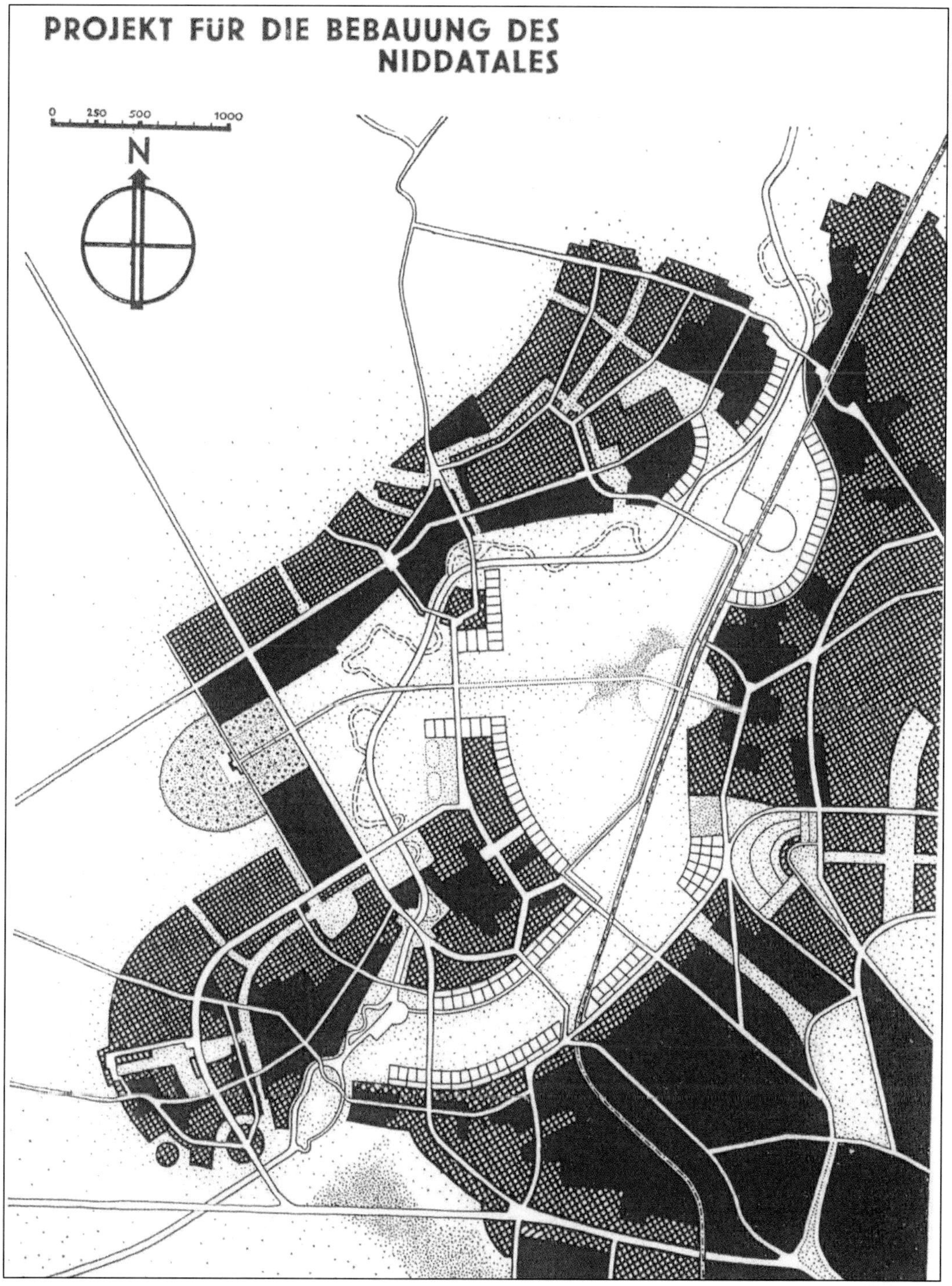

017 Ernst May 1930, „Projekt für die Bebauung des Niddatales" (DNF Jg. 1930, H. 2–3/S. 31).

und Bockenheim. Auch in seinem Plan von 1930[7] zwei Jahre später bebaut er das Niddatal teilweise bis an den Flusslauf heran. Er nennt den Plan erneut: „Projekt für die Bebauung des Niddatales" (Abb. 017).

Bei der Begradigung des Flusslaufs werden die Mäander abgeschnitten und bleiben als so genannte Altarme liegen. Dabei werden große Schäden angerichtet, die bis heute nachwirken. Der damalige Leiter des Gartenamtes, Max Bromme, gibt daraufhin die Denkschrift *„Die Erhaltung der alten Nidda"* heraus, die sich allein auf das Niddabecken bezieht. Im

7 DNF 2–3, 1930, S. 31.

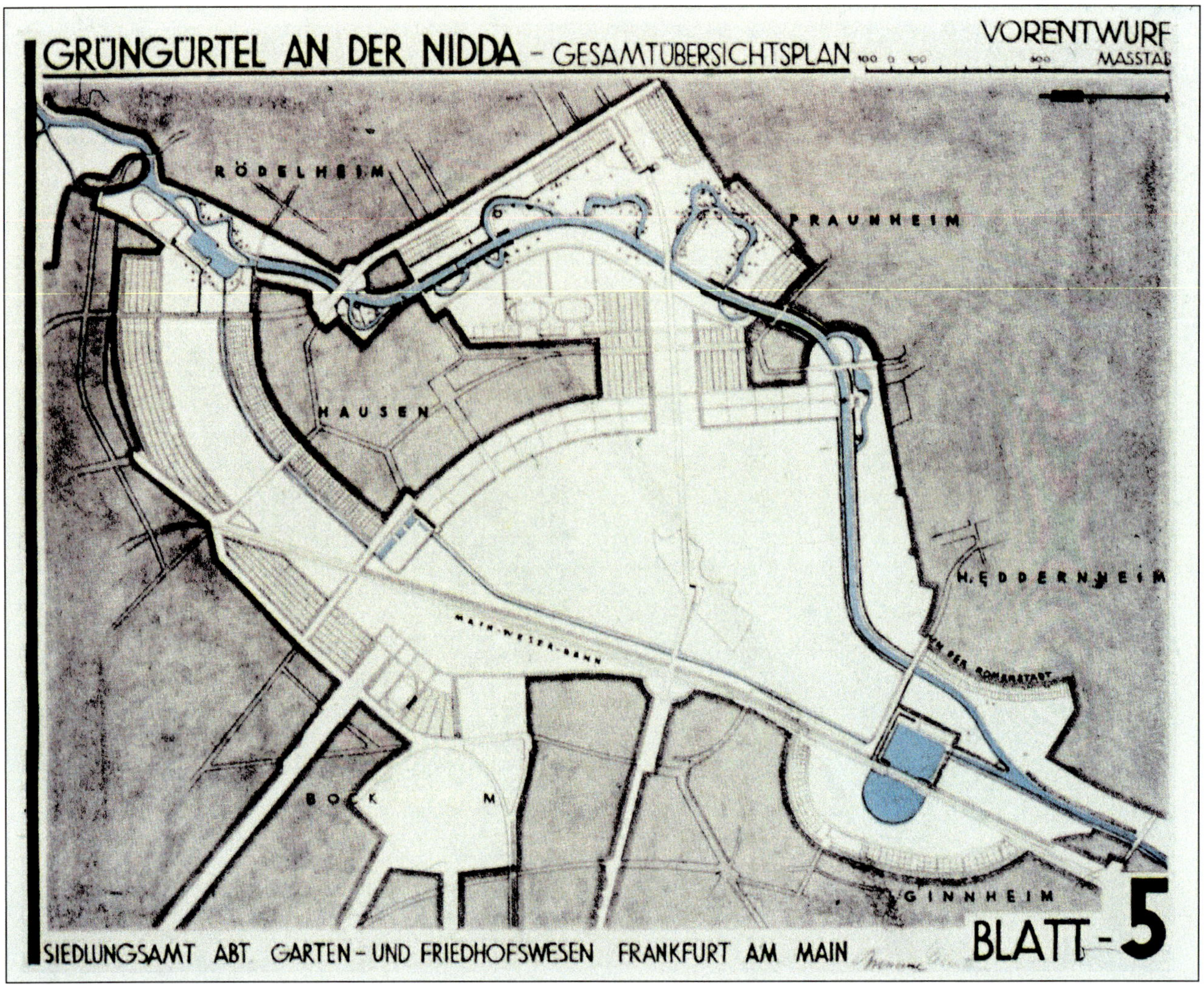

018 Max Bromme 1928, Alternativvorschlag für die Bebauung des Niddatales, aus „Die Erhaltung der alten Nidda", Frankfurt 1928.

Rückblick mutet sie wie eine Alibischrift an, denn die alte Nidda war zerstört und nicht mehr zu erhalten. Außerdem verplant nicht nur May, sondern auch Bromme selbst das Niddabecken, wie sein Plan von 1928[8] belegt (Abb. 018).

Gegenüber dem May-Plan setzt Bromme ein Schwimmbad bei Ginnheim ein und reduzierte zwei das Niddatal kreuzende Radialstraßen auf eine. Er protestiert aber nicht mit einem Alternativkonzept dagegen, dass May Teile der Altarme und vor allem des kanalisierten Flusslaufs bis an das Wasser heran in Hausen, Praunheim, Heddernheim und Ginnheim zwischen Bebauung einklemmt. Es wird nicht nur die alte, sondern auch die neue kanalisierte Nidda zerstört, wie die Pläne Brommes von 1928 und Mays von 1928 und 1930 (Ende seiner Amtszeit) sowie die noch heute sichtbaren tatsächlichen Gegebenheiten im Vergleich zu dem in Fotos dokumentierten Vorher zeigen. In dem Buch *„Der korrigierte Fluß"* stellen Kossler, Lehr und Seipel im Kapitel *„Die Verwertung des Niddatales"* fest: „Prinzipiell reichte das Baugelände überall bis an die Kanalufer."[9]

8 „Die Erhaltung der alten Nidda", 1928, Blatt 5, gez. Bromme.

9 Kossler G.-P, Lehr G., Seipel K., „Die Verwertung des Niddatales", in: „Der korrigierte Fluß – Die Nidda zwischen Regulierung und Renaturierung", S. 31, Frankfurt am Main 1991.

Weder May noch Bromme planen einen Grüngürtel für Frankfurt, wie deren Pläne und die Örtlichkeiten beweisen

Unter May hat Frankfurt in fünf Jahren hochwertigen Wohnraum in modernen Bauten erhalten, die Wohnungsnot wird weitgehend behoben. Von der Lebensreform beeinflusste Idealvorstellungen vom neuen Menschen in einer neuen Welt mit neuen Bauweisen und neuer Ästhetik werden teilweise umgesetzt, doch ohne Frankfurts geografische, topografische und klimatische Lage und seine Bezüge zum Umland zu berücksichtigen.[10] Diese Versäumnisse wirken sich nach dem Zweiten Weltkrieg gravierend als falsche Orientierungsvorgaben aus.[11]

---

10 Engelmann J., „Die architektonische und städtebauliche Moderne scheiterte daran, dass ihr wissenschaftlicher Impuls ästhetisch unterminiert war", in: Behrens T., „Le Corbusier und Deutschland. Inhumane Stadtplanung statt reiner edler Kunst", das bauzentrum 7/96, Darmstadt, S. 141.

11 Der ursprünglich als Landbewohner lebende Germane wurde nicht aus Neigung Städtebauer, wie der Romane, sondern aus Not. Die Stadt bot ihm nicht nur Schutz, sie wurde auch sein Befreiungsraum. Der auf dem Land Lebende, vom Landesherren Abhängige, konnte in der Stadt „nach Jahr und Tag" ein unabhängiger Bürger (von Burg) werden, gelang es ihm als Händler oder Handwerker, auf eigenen Beinen zu stehen. Der Befreiungsprozess über die Burg, die Stadt, die Selbstständigkeit zum Bürger – „Stadtluft macht frei" – gehört zum größten positiven Abenteuer germanischer Geschichte. Freiheitliche, von Bürgern geprägte Städte entwickelten sich zu reichen Zentren von Humanismus, Kunst, Wissenschaft und Unternehmertum. Aus kleinen Betrieben wurden mit der Industrialisierung große, oft mit dem Staat verflochtene, die Politik bestimmende Kapitalunternehmen. Die einst konstruktive Entwicklung verkehrte sich in Stadtzerstörung.

II – 2. Frankfurts Stadtentwicklung seit dem Zweiten Weltkrieg

Die Stadt als Ort nicht mehr geschützten Wohnens

II – 2.1 Die Stadt als Unternehmen

Ab 1945

Aus seiner über 1000jährigen Bürgergeschichte heraus war Frankfurt zum Beginn des Zweiten Weltkrieges noch eine Wohnstadt mit Handel, Handwerk und Industrie in den Außenbereichen gewesen. Im Krieg wurden sowohl die Industrie-, als auch die Wohnbereiche stark zerstört. Wie nach dem Ersten Weltkrieg fehlen Wohnungen, dieses Mal fehlt aber auch Büroraum. Im geteilten Deutschland konzentrieren sich bedeutende Wirtschaftskräfte in Frankfurt, doch die Chance, mit dem zufließenden Kapital die zerstörte Stadt in der Weise wieder aufzubauen, dass Arbeiten und angenehmes Wohnen harmonieren, wird nicht wahrgenommen. Eine solche Zielsetzung gibt es nicht, ebenso wenig einen Masterplan, der Frankfurts geografische, topografische und klimatische Situation berücksichtigt.

Ziel ist eine Kombination: Möglichst dichte Ansiedlung von Büroraum mit den Vorstellungen der 1920er Jahre vom Wohnen, Mays Verkehrsradialen und eine „autogerechte Stadt", wie sie Reichow gerade proklamiert hat, zu verbinden. Da ein zusammenhängendes Konzept fehlt, geht diese widersprüchliche Mischung stets zulasten der schwächeren Teile Grünräume und städtisches Wohnen. Dabei spekuliert die Stadtregierung mehr auf die Einnahmen aus der Gewerbesteuer als auf die aus der Einkommenssteuer. Die Wohnentwicklung der Stadt wird der Ansiedlung von tertiärem Gewerbe – und damit der Investorenplanung – untergeordnet. Der von 1956 bis 1971 als Planungs- und Baudezernent amtierende Hans Kampffmeyer jun. (SPD), vorheriger Direktor der GEWOBAG, einer Tochtergesellschaft der gewerkschaftseigenen Baugesellschaft Neue Heimat, formuliert die neue Leitlinie so: *„Moderne Stadtplanung ist als Management aufzufassen. Stadtplanung muss sich dort engagieren, wo Finanzgruppen bereit sind, sich zu engagieren."*[1]

„Geplant" wird hinter verschlossenen Türen mit Ausnahmegenehmigungen, doch die Bürger werden hier nicht miteinbezogen. Diese Praxis führt zu gewaltigem Druck des Kapitals auf die Stadt und ihre „Planung". Wohnviertel, die der Krieg zerstört hat, werden nicht wieder für das Wohnen aufgebaut und gut erhaltene Viertel (wie z.B. das Westend) durch Bürobauten zerstört. Nicht nur die Tätigkeit einzelner Investoren oder Kapitalgesellschaften wirkt sich zerstörerisch aus, sondern auch Spekulationen von Baugesellschaften mit dem Planungsdezernenten in ihren Aufsichtsräten, die oft vorgaben, gemeinnützig zu handeln.

Die Fortsetzung des überholten und falschen Radialenprinzips beginnt mit dem Bau der Berliner Straße, an der Paulskirche vorbei, durch die kriegszerstörte Altstadt und setzt sich mit dem schleichenden Ausbau der Mainuferstraßen fort.

Auch diese sind Radiale. Sie trennen heute auf beiden Uferseiten die Stadt vom Fluss, an dem sie einmal entstanden ist und dessen Namen sie trägt. So werden nicht nur beide Mainufer, sondern auch der zweite Grüngürtel und Teile des Niddatals gravierend zerstört. Mays Trabantenstädte Hausen, Praunheim, Römerstadt und Heddernheim verlieren durch das Auffüllen der Zwischenräume mit Bebauung ihren Trabantencharakter. Dahinter entsteht die Nordweststadt, für die Schwagenscheidt und Sittmann einen

---

1 FDP-Stadtverordnetenfraktion Frankfurt am Main, Februar 1977, in: „Geld gegen Grün … oder wie man eine Stadt unbewohnbar macht", S. 13.

Wettbewerb mit einem Raumstadtkonzept gewonnen hatten. Gebaut werden jedoch normale Gebäude in Typenbauweise von nur drei Baugesellschaften – mit Kampffmeyer im Aufsichtsrat. Hat May durch Flachbauten die Ästhetik seiner Trabantenstädte in der Landschaft erzeugt, entstehen nun Hochhäuser nicht nur in der Nordwest-Stadt, sondern auch im Niddatal, wobei diese bis zu zehn Meter an die Altarme der Nidda heranreichen.

019 Betonmassen bis 10 m neben der Nidda in der ehemaligen Frischluftschneise.

1962 Der boulevardartige zweite Grüngürtel erhält im Nordwesten ein Autobahnkreuz in Altstadtgröße, den Miguelknoten (Abb. 020 und 021). An diesen werden im Westen die A66 angeschlossen, die nach Osten durch die Stadt hindurch fortgesetzt werden sollte, im Süden die A5 und im Norden eine vierspurige autobahnähnliche Straße (begleitet von Bahngleisen), die am Zentrum der neuen Nordweststadt (Abb. 022) vorbei in den Taunus führt und durch das Niddabecken und Mays Römerstadt betoniert wird (Abb. 023).Diese Konzeption wird bereits in der Planungsphase 1959 bis 1962 massiv von dem aus der Emigration zurückgekehrten May zusammen mit Hillebrecht, Reichow, Schuster und Guther kritisiert. Der Spiegel berichtet dazu:

„(...) der Frankfurter Stadtrat Kampffmeyer und sein Planungsstab (...) hatten die Verkehrsprobleme auf ihre Weise bereits gelöst, noch ehe die Stadt Frankfurt im Frühjahr 1959 deutsche Architekten einlud, sich an einem Wettbewerb für die Trabantenstadt zu beteiligen. Sie ließen die Verkehrsströme auf den bereits jetzt hoffnungslos verstopften Alleering prallen (...). Der ‚städtebauliche Teil der Wettbewerbsaufgabe' sei so weit präjudiziert, hieß es denn auch in der Ausschreibung für den Wettbewerb, daß ‚lediglich die Gestaltungsaufgabe für die einzelnen, durch das Verkehrssystem bereits aufgegliederten Wohnungsgebiete verbleibt'. Als wesentlichstes Ergebnis erwartete man ‚nicht etwa vorbildliche Stadtbau- und Verkehrslösungen', sondern ‚die Herausstellung einer Reihe von praktikablen Haustypen'. In die Jury hatte die Stadt Frankfurt fünf namhafte deutsche Stadtplaner berufen; neben dem Hannoveraner Verkehrskünstler Hillebrecht die Professoren May (Hamburg), Guther (Darmstadt) und Schuster (Wien) sowie den Erfinder der kreuzungsfreien Straßeneinmündungen Dr. Hans Bernhard Reichow (...). May, Hillebrecht und Guther erhoben gegen Kampffmeyers Verkehrskonzept sofort Bedenken. (...) Doch die Mahnung der Juroren blieb ungehört. An der vorgefaßten Meinung der Frankfurter Stadtplaner prallte sie ebenso ab wie ein Protest des Frankfurter Polizeipräsidenten. Kampffmeyer setzte Planierraupen in Marsch, die alsbald sein Verkehrskonzept in Äcker und Auen walzten."[2]

2 „Asche und Trabant", Der Spiegel, Nr. 25/1962, S. 73 f.

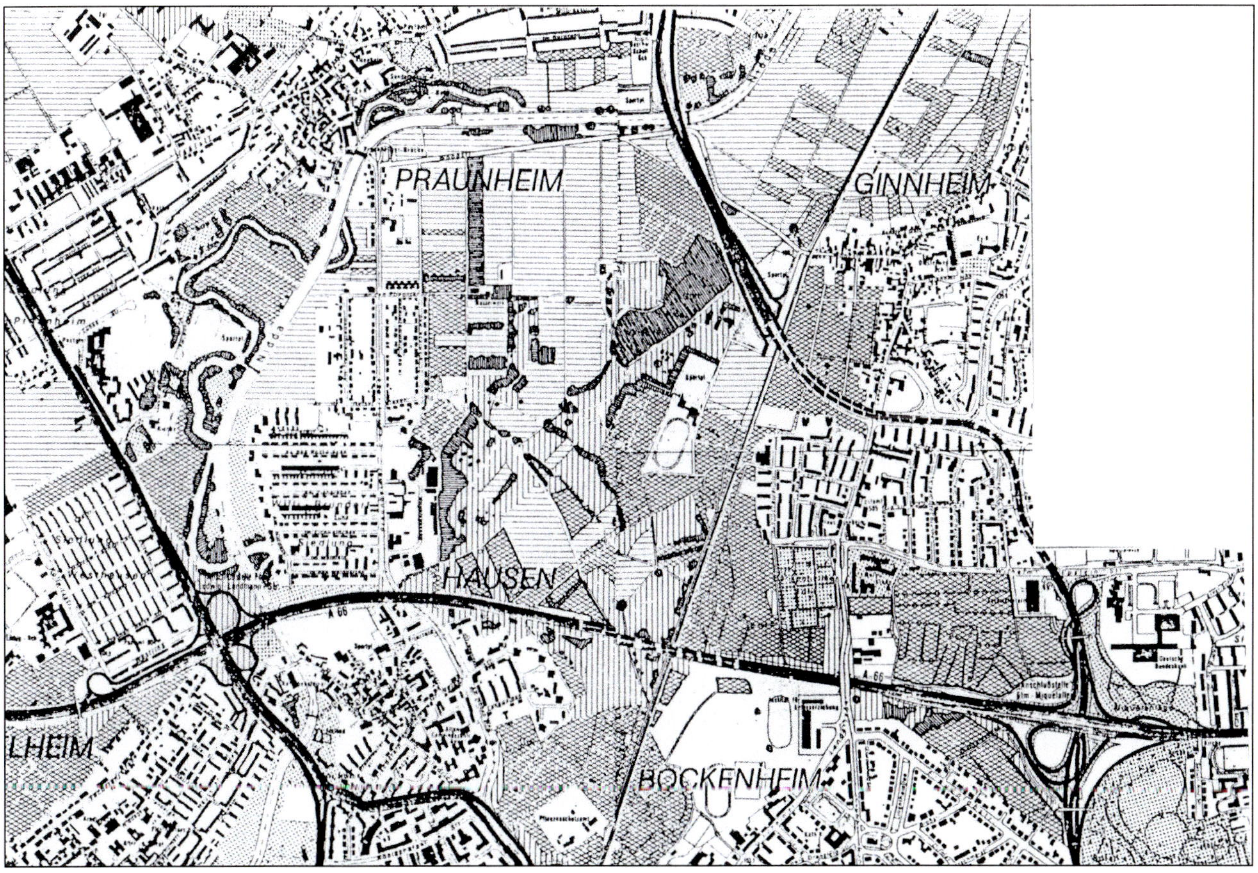

020 oben: Autobahnkreuz „Miguelknoten" im 2. Grünring mit Anschluss der Nordwest-/Rosa-Luxemburgstraße.
021 unten: Die Größe des Miguelknotens im zweiten Grünring entspricht der der klassischen Altstadt.

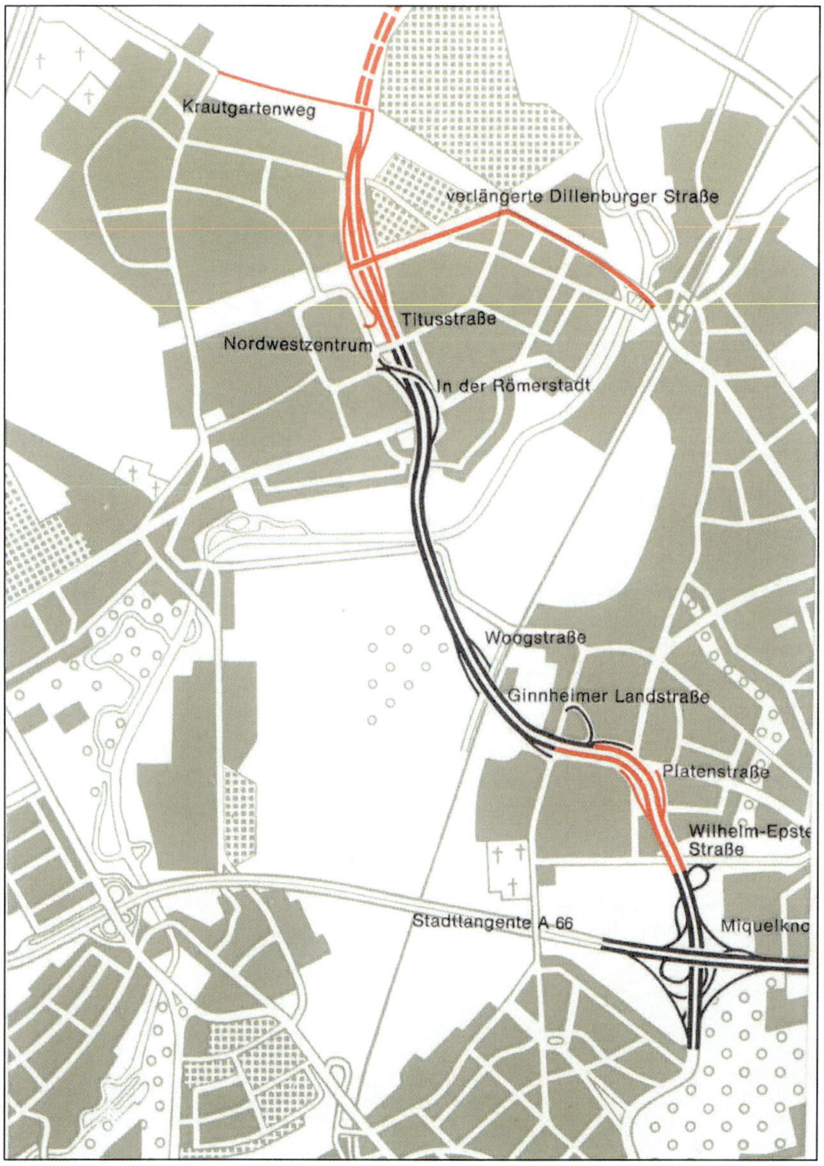

022 Verlauf der A66 und der autobahnähnlichen Rosa-Luxemburgstraße, die beide das Niddatal und Hausen, Bockenheim, Ginnheim, Praunheim und die Römerstadt durchschneiden.

023 Luftaufnahme der Nordwest-/Rosa-Luxemburg-Straße über das Niddatal hinweg mit Durchbruch durch die Römerstadt.

23.7.1965 Der Autor schlägt eine „Negativprämierung rücksichtsloser Platten-Großsiedlungen" vor. Damit reagiert er auf die Aufforderung des Vorsitzenden des Deutschen Werkbundes (DWB) in Hessen, Rambald von Steinbüchel-Rheinwall, die jüngeren Mitglieder des DWB mögen wirksame Werkbundinitiativen vorschlagen.[3]

1968 / 1969 Der Autor beginnt, sich mit dem Frankfurter Wohnungsbau auseinanderzusetzen.

Ab 1969 Die Neue Heimat Hessen baut illegal im Landschaftsschutzgebiet Niddatal in Hausen.

1970 Um eine weitere in Praunheim geplante Bebauung des Landschaftsschutzgebiets zu verhindern, gründet der Autor die Bürgerinitiative „Am Treutengraben".[4] Als daraufhin engagierte Bürger erfahren, dass nicht nur der Praunheimer-, sondern fast der gesamte Frankfurter Nidda-Abschnitt gefährdet ist, rufen Karl Stadager (SPD)[5] und Georg Encke (SPD)[6] die „Bürgerinitiative zur Erhaltung des Landschaftsschutzgebietes Niddatal" ins Leben, in der die Bürgerinitiative „Am Treutengraben" aufgeht. Allein oder zusammen mit Vereinen sammelt die Bürgerinitiative zur Erhaltung des Landschaftsschutzgebietes Niddatal ca. über 10.000 Einsprüche gegen die Zerstörung des Grünraums.

II – 2.1.1 Systematische Zerstörung des Niddatales von 1969–1980[7]

II – 2.1.1.1 Fallbeispiel 1: Frankfurt-Hausen, Willi-Brundert-Siedlung[8]

Wollte Bromme 1928 mit seiner Schrift „Die Erhaltung der alten Nidda" das retten, was von der alten Nidda noch übrig geblieben war, werden nun über den Altarm No 5 (Brommes Nummerierung) die Autobahn A66 und ab Sommer 1969 zehn Meter neben seinem Altarm 6 und gegenüber den Altarmen 7 und 8 vier 16-geschossige Hochhäuser betoniert. Im Schatten dieser Kolosse entstehen im Schutzgebiet und in den Gärten 150 Kaufeigenheime. Bauherr ist die gewerkschaftseigene Neue Heimat Südwest, die frühere GEWOBAG (Abb. 025–U137).
Nachforschungen ergeben: Die Bauten werden ohne ausreichende Rechtsgrundlage

---

3 Zur Zeit des Ausbreitens der Plattenbauweise schlug Behrens T. als neuberufenes Mitglied des Deutschen Werkbundes (DWB) mit Schreiben vom 23.7.1965 an Rambald von Steinbüchel-Rheinwall, geschäftsführendes Vorstandsmitglied des DWB Hessen, die Negativauszeichnung von besonders inhumanem Wohnungsbau vor. Es war im Wohnungsbau ein Vorschlag, wie ihn zwölf Jahre später in ähnlicher Form Rido Busse 1977 im Produktdesign mit der Aktion Plagiarius verwirklichen konnte.

4 Stadager K., Encke G., „Hände weg von unseren Wiesen, in: Damian M. und Damian-Hesser I., Bürgerinitiativen in Frankfurt, Frankfurt 1978, S. 60–64. Es heißt dort u.a.: „1969/70 wuchsen im Landschaftsschutzgebiet bei Ffm.-Hausen entlang der Nidda 4 Hochhäuser in Windeseile in die Höhe und zerstörten brutal einen der schönsten Teile des Niddatales. (...) Im März 1971 informierte ein (...) Architekt die Bevölkerung durch ein Flugblatt, daß eine Fortsetzung dieser Hochhauskette entlang der Nidda in Richtung Praunheim Brücke geplant war. Er forderte die Bürger auf, vorsorglich dagegen Einspruch zu erheben. Dies war der Anlass zur Gründung der Bürgerinitiative zur Erhaltung des Landschaftsschutzgebietes Niddatal."

5 Karl Stadager (1901–1988), Ingenieur, Direktor der Frankfurter Wasserwerke, ausgezeichnet mit dem Bundesverdienstkreuz am Bande.

6 Georg Encke (1924–2012), Schreinermeister beim städtischen Vergabeamt Frankfurt, Gründer des Ernst-May-Arbeitskreises, ausgezeichnet mit dem Ehrenbrief des Landes Hessen.

7 Vollständige Aufzählung aller 28 Fallbeispiele, siehe Behrens' T. Dissertation „Die Frankfurter Grüngürtel oder die Auswirkungen einer wachstumsorientierten Stadtpolitik auf zusammenhängende Grünräume", Frankfurt/Kassel 1985, S. 78–193, Buchausgaben S. 44–96.

8 Behrens T., „Das Beispiel Frankfurt – Was ist einer Stadt der Landschaftsschutz wert oder wie stark sind Bürger gegenüber Kapitalinteressen?", in der Werkbundpublikation Andritzky M. / Spitzer K. (Hrsg.), Grün in der Stadt, S. 377–389, Reinbek 1981.

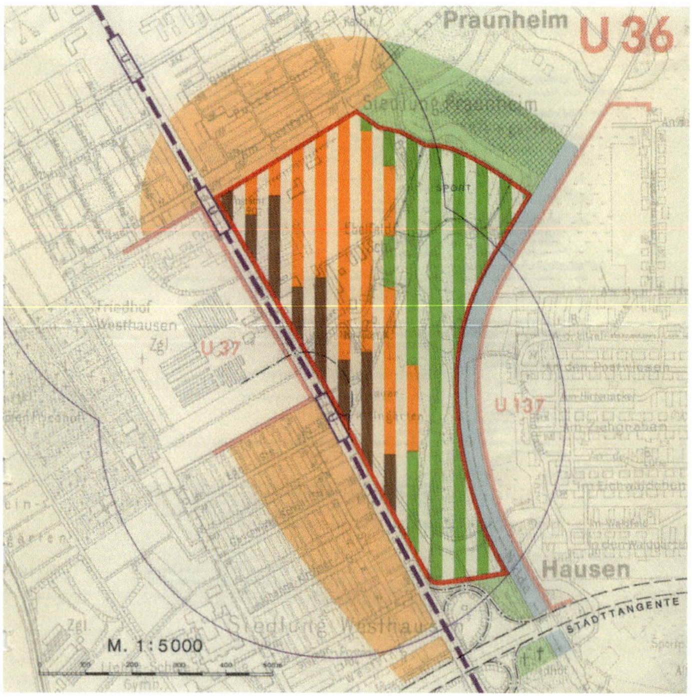

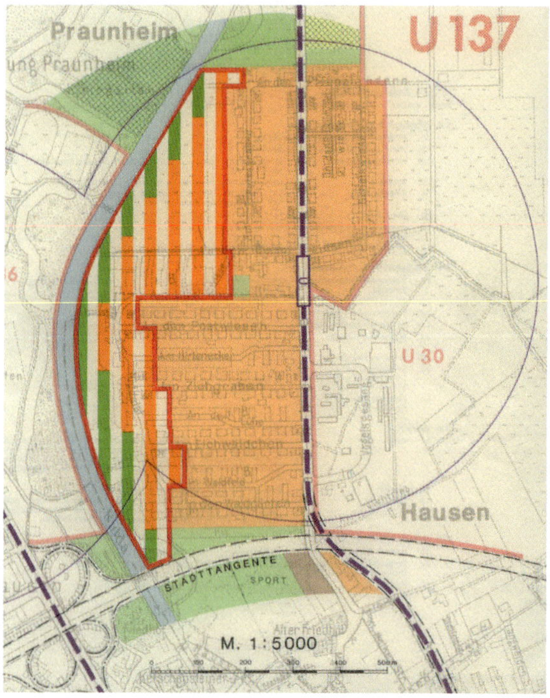

024 Plan U 36 westliche Niddaseite, Praunheim, Bebauung des Ebelfeldes.
025 Plan U 137, östliche Niddaseite, Praunheim und Hausen, Bebauung mit 16-geschossigen Hochhäusern bis 10 m an Niddaaltarme heran. Die beiden Pläne ergänzen sich im Einklemmen der Nidda durch Bebauung (=orange in Plänen). Quelle: Vorbericht Band 2 zur Stadtentwicklung Frankfurt 1972.

errichtet. Sowohl das Flächennutzungsplan-Änderungsverfahren als auch das Bebauungsplanverfahren gibt es nicht – obwohl beide gesetzlich vorgeschrieben sind. Das frühere landwirtschaftlich genutzte Land gehört auch nicht der Neuen Heimat, sondern der Stadt Frankfurt am Main. Zwar werden im August 1969 Bauanträge für die Hochhäuser gestellt, gebaut werden jedoch 16 Geschosse, bevor die Genehmigung für 14 Geschosse am 6.1.1971 erteilt wird. Die zwei „zusätzlichen" Stockwerke sind zum Zeitpunkt der Fertigstellung zumindest nicht „befreit" worden, sind aber vorhanden.

In den Akten des Bauantragsverfahrens bei der Bauaufsichtsbehörde ist zu lesen: „Ein rechtsverbindlicher Bebauungsplan besteht z.Zt. nicht. Das Gebiet ist noch Außenbereich. Nach § 35 Abs. 1 BBauG (Bundesbaugesetz) ist das geplante Vorhaben im Außenbereich nicht zulässig." Und dann folgt:
„Zustimmung des H.M.d.I. (Hessischer Minister des Innern) gem. § 36 (I) BBauG ist erforderlich." Dieser Satz wird am 1.7.1970 durchgestrichen und darunter die Begründung gesetzt: *„Da das Bauplanverfahren schon weitgehend durchgeführt ist und die Bauvorhaben praktisch im Zusammenhang bebauter Ortsteile liegen, ist Vorlage beim H.M.d.I. nicht mehr erforderlich. Gilt auch für 2. Projekt."*

Als das erste Hochhaus nahezu steht und das zweite im Bau ist, schreibt das Liegenschaftsamt der Stadt Frankfurt am Main am 24.2.1970 an die Bauaufsichtsbehörde: „... teilen wir Ihnen mit, daß das Baugrundstück noch im Eigentum der Stadt Ffm. steht. Die Grundstücksverhandlungen mit dem Ziel der Veräußerung des Geländes an die Neue Heimat Südwest sind noch nicht abgeschlossen. Gegen das Bauvorhaben bestehen unsererseits keine Bedenken."

Das Bundesbaugesetz der Bundesrepublik Deutschland (Fassung vom 23.6.1960) sieht Folgendes vor:
§ 1 Ziff. (5) Die Bauleitpläne haben (...) den Belangen des Natur- und

Landschaftsschutzes und der Gestaltung des Orts- und Landschaftsbildes zu dienen.
§ 2 Ziff. (6) Die Gemeinde hat die Entwürfe der Bauleitpläne (...) auf die Dauer eines Monats öffentlich auszulegen. Ort und Dauer der Auslegung sind mindestens eine Woche vorher ortsüblich bekanntzumachen mit dem Hinweis, daß Bedenken und Anregungen während der Auslegefrist vorgebracht werden können.
§ 2 Ziff. (8) Jedermann kann die Bauleitpläne, die Erläuterungsberichte und die Begründungen einsehen und über ihren Inhalt Auskunft verlangen.
§5 Ziff. (1) In dem Flächennutzungsplan ist für das gesamte Gemeindegebiet die beabsichtigte Art der Bodennutzung nach vorhersehbaren Bedürfnissen der Gemeinde in den Grundzügen darzustellen.

Doch wie kann es sein, dass es in der Bundesrepublik Deutschland – einem Rechtsstaat mit Gewaltenteilung in Legislative und Exekutive – möglich ist, dass der im Bundesbaugesetz vorgesehene Weg und die darin genannte Bürgerbeteiligung (Art. 20 GG: „Alle Staatsgewalt geht vom Volke aus.") umgangen werden kann? Baudezernent Kampffmeyer ist bis 1956 Direktor der GEWOBAG, jener Gesellschaft, die heute *Neue Heimat Südwest* heißt und in Hausen im Landschaftsschutzgebiet auf städtischem Gelände baut. Ab 1956 bis 1971 unterstehen ihm nicht nur das Stadtplanungsamt, welche das Gebiet verkauft, er ist auch Aufsichtsratsmitglied der Neuen Heimat Hessen. Das bedeutet: Antragsteller und Genehmigungsbehörde sind eine Person. Kampffmeyer genehmigt sich im Grunde seine eigene Planung.

Da ohne Flächennutzungsplan und ohne Bebauungsplanverfahren gebaut wird – beide Verfahren sollen die gesetzliche Grundlage für eine geordnete Bebauung sicherstellen –, werden das Frankfurter Stadtparlament unterlaufen und die Bürger nicht informiert. Die im Gesetz geforderte Bürgermitwirkung wird ausgeschaltet. Hinzu kommt: Die Stadt tauscht Gelände mit der Neuen Heimat. Sie stellt u.a. Erholungs- und Landschaftsschutzgebiet im Grüngürtel zur Verfügung und erhält dafür Vorratsgelände der Neuen Heimat. Dieser Tausch wird allerdings nicht bekannt. Als die Frankfurter FDP-Stadtverordnetenfraktion in einer Schrift[9] mitteilt, das Gelände ist von der Stadt an die Neue Heimat verkauft worden und dieses Unternehmen hat darauf etwa DM 15 Mio. Gewinn gemacht, erlässt die Neue Heimat Südwest gegen sieben Stadtverordnete eine einstweilige Verfügung. Es wird den FDP-Stadtverordneten untersagt zu behaupten, das Gelände hat DM 7,–/qm gekostet. Angestellte der Neuen Heimat versichern dagegen eidesstattlich, es sind DM 35,–/qm in Ansatz gebracht worden. Dieser Rechtsstreit wird allerdings nicht öffentlich ausgetragen. Die von der FDP öffentlich aufgestellten Behauptungen werden auch öffentlich nicht widerrufen.

Es wäre Aufgabe des Rechnungshofes gewesen zu untersuchen, ob hier öffentliches Eigentum an eine Baugesellschaft, die Kampffmeyer nahesteht, verschleudert wurde. Eine Beschwerde beim Hessischen Minister des Inneren wegen Bauens ohne Rechtsgrundlage im Landschaftsschutzgebiet wird folgendermaßen beantwortet: *„Der Minister sieht im allgemeinen davon ab, in ein in Vorbereitung befindliches oder laufendes Planfeststellungsverfahren einzugreifen. Ihre Eingabe kann ich daher im gegenwärtigen Zeitpunkt nur zur Kenntnis nehmen und muss es der Stadt zunächst überlassen, in welcher Weise sie ihre städtebaulichen Belange regelt. gez. Rücker."*[10]

---

9 „Geld gegen Grün... oder wie man eine Stadt unbewohnbar macht", FDP-Stadtverordnetenfraktion Frankfurt am Main, Februar 1977.

10 Der Hessische Minister des Inneren, Schreiben v. 28.4.1971 an Behrens T.

Ministerialdirektor Rücker im Hessischen Innenministerium, das die Aufsicht über die Stadt Frankfurt am Main führen sollte, gehört ebenso wie Hans Kampffmeyer und der Bürgermeister der Stadt Frankfurt, Prof. Brundert, zum Aufsichtsrat der Neuen Heimat Hessen (die Siedlung erhielt den Namen Willi-Brundert-Siedlung). In einem Brief[11] bestätigt die Stadt Frankfurt den illegalen Bau: *„Die bauliche Entwicklung ist der nach dem Gesetz erforderlichen Änderung der Bauleitplanung vorausgeeilt (...) dabei musste eine Erhöhung der Geschoßzahl in Kauf genommen werden (...)"*

Frankfurter Rundschau — Mittwoch, 24. März 1971, Nr. 70

Aufstand in Praunheim gegen Hochhauspläne

Bürgerinitiative fordert zu Einsprüchen auf / „Autokratisch"

Gegen die geplante Hochhausbebauung im Landschaftsschutzgebiet „Am Treutengraben" erhebt die zu diesem Zweck gegründete Bürgerinitiative Einspruch. In einem Flugblatt fordert sie die Bürger Praunheims auf, sich gegen die teilweise bis zu 22 Geschossen gehende Bebauung zu wehren, die sich wie ein Riegel vor die vorhandenen Häuser legen und ihnen den ausreichenden Licht- und Sonneneinfall vorenthalten würde.

Statt dessen, so heißt es in dem Flugblatt, sollte das Gebiet unter Wahrung des bisherigen Charakters und ohne Beeinträchtigung des wertvollen Erholungsgebietes mit ein- und zweigeschossigen Häusern bebaut werden.

Unter Hinweis darauf, daß derartig schwerwiegende Planungsvorhaben nicht autokratisch ohne Öffentlichkeit vorbereitet werden könnten, fordert die Bürgerinitiative „Am Treutengraben" alle Praunheimer Bewohner auf, ihren Einspruch gegen die Planung und gleichzeitig gegen die Verkehrslösung im Bereich der Flächennutzungsplanänderung schriftlich abzugeben.

Als weiteres Argument gegen die Planung wird hervorgehoben, das Niddatal würde an dieser Stelle als vielbenutzter Naherholungsraum und Landschafts- wie auch Vogelschutzgebiet seine Funktion verlieren.

Zudem würde eine Hochhausbebauung in diesem [illegible]e die von der Wissenschaft als leben[illegible]ig erkannte Forderung des Lands[illegible] und Umweltschutzes verletzen. In den [illegible]eso schon schlecht durchlüfteten Nidda-Niederungen würde eine weitere Konzentration von Heizungs- und Autoabgasen zu schweren Belästigungen und gesundheitlichen Störungen bei den Bewohnern und Besuchern des Nidda-Erholungsraumes führen.

Darüber hinaus verleugne eine Hochhausbebauung die anerkannten Grundsätze modernen Städtebaus — Licht, Luft, Sonne — und könnte zu einer Verelendung des Gebietes östlich hinter den geplanten Vorhaben führen, also Am Treutengraben, An den Pflanzländern, An den Geiselwiesen und an der Praunheimer Landstraße.

In einer Informationsschrift für die Bürger wird zugleich auch auf die bereits im Hausener Landschaftsgebiet errichteten Hochhäuser verwiesen, die die vorhandene Bebauung schon erheblich beeinträchtigen und gleichermaßen den Erholungsraum entlang der Nidda. Zitiert wird auch der Paragraph 1 des Bundesbaugesetzes, nach dem sich die Baupläne nach den sozialen und kulturellen Bedürfnissen der Bevölkerung, ihrer Sicherheit und Gesundheit zu richten haben. fe

026 Zeitungsbericht Frankfurter Rundschau, 24.3.1971

II – 2.1.1.2 Fallbeispiel 2: Frankfurt-Praunheim „nördlich der Straße ‚An den Geiselwiesen'"[12]

Ende 1970 erfährt der Autor, dass die oben beschriebene Hausener Hochhausbebauung entlang der Nidda bis in das Gebiet „nördlich der Straße ‚An den Geiselwiesen'" weitergeführt werden soll. Die Hochhäuser sollen dieses Mal sogar 22 Stockwerke hoch werden. Und wieder soll im Landschaftsschutzgebiet gebaut werden. Die im Stadtplanungsamt geheim gehaltenen Bebauungsplanentwürfe sehen anstelle der anstoßenden privaten Hausgärten 2-geschossige Parkhäuser vor. 1000 Bürger legen vorsorglich Einspruch ein, auf die das Stadtplanungsamt antwortet: *„Die Flächennutzungsplan-Änderung Nr. 112 ist im Entwurf fertig gestellt (...) Gemäß § 2 Abs. 6 BBauG hat die Gemeinde den Entwurf des Flächennutzungsplanes mit Erläuterungsbericht*

---

11 Schreiben v. 19.5.1972, Magistrat – Stadtplanungsamt Frankfurt am Main – an den Beauftragten der Evangelischen Kirche in Hessen und Nassau für Fragen des Umweltschutzes, Pfarrer Prof. Dr. Oeser.

12 Behrens T., Die Frankfurter Grüngürtel-Dissertationsschrift.

auf die Dauer eines Monats öffentlich auszulegen. Ort und Dauer der Auslegung sind mindestens eine Woche vorher in den ‚Mitteilungen der Stadtverwaltung Ffm.' bekannt zu machen mit dem Hinweis darauf, dass Bedenken und Anregungen während der Auslegefrist vorgebracht werden können (...) Wir dürfen Sie deshalb bitten, während der Auslegefrist (...) zu entscheiden, ob Sie Bedenken und Anregungen vorbringen möchten. Wir möchten schon jetzt darauf hinweisen, dass der Flächennutzungsplan kein Maß der baulichen Nutzung (Geschoßflächenzahl bzw. Geschoßzahl) darstellt, sondern lediglich Angaben über die Art und Nutzung in ihrer flächenmäßigen Ausdehnung enthält. Ihr Einspruch kann daher im Sinne des Gesetzes nicht als solcher bewertet (...) werden."

Das heißt, es werden zwar 22-geschossige Hochhäuser im Landschaftsschutzgebiet geplant, der Bürger kann hiergegen jedoch keine Bedenken erheben, da der Plan noch nicht ausliegt. Erst mit dem Auslegen des Flächennutzungsplans kann er zwar der Umwandlung in Bauland widersprechen, nicht jedoch gegen die 22 Geschosse, denn die kommen erst mit dem Bebauungsplan. Und inzwischen wirken die Fakten.

Der Bebauungsplan wird also erst nach Fertigstellung des Bauvorhabens ausgelegt, was sechs Jahre und mehr dauern kann (wie obige Beispiele zeigen). So kann die im Gesetz vorgesehene Bürgermitwirkung umgangen werden: Die Bürger können gegen das Bauen ohne Bebauungsplanverfahren nichts unternehmen, weil hier das Bundesbaugesetz mit § 33 BBauG eine Lücke gelassen hat. Werden aber die Bedenken des Bürgers beim Flächennutzungsplanverfahren von der Mehrheitsfraktion nicht akzeptiert, sind die Rechte des „mündigen" Bürgers verbraucht. Nur wer direkt mit seinem Wohnsitz oder seiner Liegenschaft von dem Verfahren betroffen ist, kann den Klageweg beschreiten. Ein Landschaftsschutzgebiet ist deshalb für derartige „Entwicklungen" besonders geeignet, weil es dort keine Bewohner gibt.

Im beschriebenen Fall sind die Käufer der Eigenheime der Brundert-Siedlung Anlieger. Um auszuschließen, dass sie Einspruch erheben, verpflichtet die Neue Heimat die Hauskäufer in ihren Verträgen wie folgt: *„Der Erwerber verpflichtet sich, gegen die von der Stadt Ffm. eventuell vorgesehene Bebauung nördlich der Straße ‚An den Geiselwiesen' Einwände nicht zu erheben (...) Der Erwerber verpflichtet sich ferner für den Fall einer Weiterveräußerung des Kaufgrundstückes, den Nachfolgeerwerber entsprechend zu verpflichten."*

Da Einfamilienhäuser begehrt sind, unterschreiben viele Käufer den Vertrag im guten Glauben, ohnehin durch den Landschaftsschutz vor Betonklötzen geschützt zu sein, aber Bürger und Vereine legen dennoch Einspruch ein. Insgesamt fordern etwa 10.000 Bürger die Erhaltung des Gebietes als Grünfläche.

II – 2.1.1.3 Fallbeispiel 3: Frankfurt-Praunheim – Ebelfeldbebauung und ein weiterer Bebauungsversuch „An den Geiselwiesen"

„Gar keine Bebauung!" So heißt 1972 die Forderung auf einer Protestversammlung der Bürger gegen die in Fallbeispiel 2 genannte Bebauungsabsicht.[13] Die Stadt nimmt

13 Einladung v. 18.4.1972, Frankfurter Forum für Stadtentwicklung in den Praunheimer Werkstätten. Auf dieser wurden bereits als Unterstützer genannt: Bürgerinitiative zur Erhaltung des Landschaftsschutzgebietes Niddatal, etwa 3000 Bürger durch ihre Unterschriften, Bürgerverein Praunheim, CDU-Bezirksgruppe Rödelheim-Hausen, Bürgerverein Niederursel-Nordweststadt, Bürgerverein Eschersheim und der Zweigverein „Frankfurter Berg" des Vogelsberger Höhenclubs e.V. Später kommen noch weitere Bürgervereinigungen hinzu.

daraufhin aus dem Flächennutzungsplanentwurf diesen letzten Grünbereich auf der linken Niddaseite zwischen Praunheim und Hausen aus der geplanten Bebauung heraus. Sie teilt den Bürgern mit, ihn als Grünfläche erhalten zu wollen. Doch drei Jahre später legt sie einen neuen Plan vor.

Dieser sieht vor:

- Bebauung in eben diesem Landschaftsschutzgebiet mit Kindergärten, Tennisplätzen, Umkleide-, Wasch- und Verwaltungsgebäuden, dazu Erschließungsstraßen und Parkplätze.
- Umwandlung eines weiteren Landschaftsschutzgebietes, des Ebelfeldes, in Bauland. Dieses ist im Flächennutzungsplan der Stadt als Grünfläche im Rahmen der regionalen Grünzüge ausgewiesen. Es liegt in der Verlängerung einer vom Taunus kommenden Frischluftschneise, die im Taunusvorland von Bebauung freigehalten wurde, um den Luftnachschub in die Großstadt Frankfurt zu sichern.

Der Grund für die Aufstellung eines neuen Flächennutzungsplanentwurfs entspricht dem Interesse der städtischen Baugesellschaft „AG für kleine Wohnungen". Diese will ca. 650 Wohnungen in Miettürmen bis zu neun Geschossen bauen, um noch rechtzeitig 7,5% Konjunkturförderungsmittel aus den Steuereinnahmen des Bundes mitzunehmen.

Das Ebelfeld-Gelände liegt neben der bekannten Siedlung Praunheim, die unter dem Frankfurter Stadtbaurat May entstand. Gebäude mit nun fünf bis neun Geschossen neben der 2-geschossigen Siedlung zerstören teilweise deren Aussehen, aber auch die Zuordnung der Siedlung zum Niddatal. Darüber hinaus wird die als Freiflächenschule berühmt gewordene Ebelfeld-Schule eingeklemmt und die zwischen Niederhöchstadt-Eschborn einerseits und Steinbach andererseits vom Taunus einströmende Frischluft abgeriegelt.

027 16-geschossige Hochhäuser klemmen die Freiflächenschule von Ernst May ein.

028 Pruitt-Igoe war ein Projekt des Sozialen Wohnungsbaus in St. Louis (US-Bundesstaat Missouri), das erst als „zukunftsweisend" gefeiert wurde und dann in den 1970er Jahren als gescheiterte Anlage gesprengt werden musste.

Der Autor schlägt 1986 in seiner Dissertation vor,[14] diese nach Auslaufen der Sozialbindung illegal im Landschaftsschutzgebiet entstandenen Betonklötze nach dem Vorbild Pruitt-Igoe (St. Louis/USA) zu sprengen und so zur „Erhaltung der Alten Nidda" (s. Kap. II – 5.2.2 bis 5.2.2.2) beizutragen. Stattdessen werden diese ab 2010 in Eigentumswohnungen umgewandelt. Doch werden mit Steuermitteln finanzierte Sozialwohnungen nach Ablauf der Sozialbindung als Eigentumswohnungen verkauft, fehlen sie zur Versorgung sozial bedürftiger Mitmenschen. Das bedeutet: Neue Sozialwohnungen werden nötig. Gemeinnützige Baugesellschaften bauen nun neue Wohnungen mit finanzieller Unterstützung aus Steuermitteln, die sie später auch wieder als Eigentumswohnungen verkaufen können. Es entsteht ein Kreislauf: Bedürftige Menschen brauchen Sozialwohnungen, Sozialwohnungen brauchen preiswertes Bauland. Da innerstädtische Bauflächen, auf denen eine Stadtregeneration möglich wäre, bei diesem System zu teuer sind, kommen meist landschaftsgeschützte Grünbereiche infrage. Die liegen aber meistens im Grüngürtel. Die sinnvolle Aufgabe, Sozialwohnungen preiswert zu bauen, verkehrt sich so in ein kapitalistisches Geschäftsmodell mit dem Potential, Grün- und Stadtflächen zu zerstören.

Die hier gekürzt dargestellten drei von 28 Beispielen, die im Original[15] mit detaillierten Quellenangaben versehen sind, zeigen:

1. Politische Amtsträger in Aufsichtsräten von Aktiengesellschaften heben die grundgesetzlich geforderte Trennung von Legislative und Exekutive auf. Damit heben sie aber auch Demokratie und Mitwirkung der Bürger auf.
2. Landschaftsschutz ist kein ausreichender Schutz von Landschaft.
3. Frankfurt fehlt ein zusammenhängendes Stadtplanungskonzept als Handlungsgrundlage.

---

14 Behrens T., a.a.O., S.144 der Buchausgabe.

15 Wie Fn. 7.

Auf einer Bürgerversammlung teilt der neue Planungsdezernent Dr. Hans-Erhard Haverkampf, der als Nachfolger von Kampffmeyer auch wieder Aufsichtsratsmitglied der Baugesellschaft ist, mit: „Wir bauen auch hier ohne Bebauungsplan. Dieser wird frühestens bei der Fertigstellung der Bauten ausliegen." Und der mit der Baugesellschaft eng verbundene Magistrat schreibt an den einsprechenden Siedlerverein: *„(...) die von Ihnen vorgebrachten Bedenken können vor Offenlegung des Bebauungsplan-Entwurfes Nr. 318 (...) nicht im Sinne des Gesetzes behandelt (...) werden (...) Bedenken und Anregungen können während der Auslegefrist vorgebracht werden (...) Im wohlverstandenen Interesse des Einzelnen dürfte es liegen, wenn er sein gesetzliches Mitspracherecht in Kenntnis aller planerischen Details ausübt, die erst der offizielle Plan vermittelt."*

Doch einen offiziellen Plan kennen die Bürger nicht. Ihre einzige Information ist ein DIN-A-4-SPD-Flugblatt mit einer Skizze, in der mehrere 9-geschossige Hochhäuser verzeichnet sind. Der technische Direktor der Baugesellschaft sagt dazu: „9-geschossige Häuser sind keine Hochhäuser", obwohl Hochhäuser laut Hochausrichtlinien (HHR v. 10.10.1973) bei acht Geschossen beginnen. Außer dem amtierenden Bürgermeister und dem Planungsdezernenten sind der ehemalige Bürgermeister, ein weiterer Stadtrat und vier Stadtverordnete im Aufsichtsrat der Gesellschaft vertreten. Der Hessische Innenminister genehmigt das Vorhaben. Die Bürger haben keine Gelegenheit, vor Umsetzung des Bauvorhabens dem Bebauungsplan zu widersprechen. Die Hochhäuser, die angeblich keine sind, werden mit neun Geschossen errichtet, dazwischen solche mit sechs Geschossen, die eigentlich nur fünf erhalten sollten. Das Betongebirge behindert nun nicht nur die Frischluftzufuhr und erschlägt die Landschaft, es klemmt auch die Ebelfeldschule ein, obwohl May sie als Freiflächenschule konzipierte und zu der er sagte: *„In gesündester Luft und landschaftlich schöner Umgebung werden auf diese Weise ideale Erziehungsstätten geschaffen."*

Die Zerstörung von Mays Gartenstadtanlage durch das, was er am Ende seiner Frankfurter Zeit als „Geländeausschlachtung, Menschenzusammen-Ballung, Wirtschaftlichkeit alten Stils"[16] bezeichnete, wird am Ebelfeld besonders deutlich. Eick begründet diese Entscheidung folgendermaßen: *„Diese Siedlung wird eine städtebauliche Lücke zwischen den alten Siedlungen Praunheim und Westhausen schließen." Und: „Neubautätigkeit ist ein Zwang, unter dem alle gemeinnützigen Wohnungsunternehmen stehen."*[17]

029 „Wir bauen weiter", Ausschnitt aus: "Informationen der Aktienbaugesellschaft für Kleine Wohnungen", Ffm. Dezember 1976, 4. Ausg., S. 9.

16 May E., „Fünf Jahre Wohnungsbautätigkeit in Frankfurt am Main", DNF H. 2–3, 1930 S. 28.

17 Eick, „Wir bauen weiter! Neubausiedlung Ebelfeld", Informationen der Aktienbaugesellschaft für Kleine Wohnungen, Ffm. Dezember 1976, 4. Ausg., S. 9.

Nordweststadt Heddernheim Römerstad

Frankfurter

Nachrichten

Donnerstag, 27. Januar 1972

Bürger wehrt Euch gegen Hochhäuser an der Nidda!

2 939 Bürger folgten diesem Aufruf der Bürgerinitiative zur Erhaltung des Landschaftsschutzgebietes Niddatal und schlossen sich mit Namensangabe und persönlicher Unterschrift der Protestaktion dieser Initiative an, die am 13. Januar 1972 ihre Unterschriftenaktion abschloß und fristgerecht zum vorgeschriebenen Termin ihre Bedenken schriftlich bei der Stadt anmeldete. Besonders beeindruckend war der große Anteil der Professoren und Ärzte des Nordwest-Krankenhauses und der Ärzteschaft des Gebietes Westhausen — Praunheim — Römerstadt — Nordweststadt, die ihre Unterschrift abgaben.

Die Stimmen einzelner Bürger hierzu:

— „Es scheint den Herren im Rathaus noch nicht zu genügen, daß das Niddatal im Zuge der Hadrianstraße und -Brücke bis einschließlich Ginnheim landschaftlich verwurstet wurde. Nun auch noch diese Hochhausbetonklötze an der Nidda! Man kann es als Frankfurter nicht fassen!"

— Ich bin auch gegen einen Zoo in diesem Gebiet. Wir brauchen einen Grzimek für Menschen!" —

— „Wir haben Bedenken nach-

Wörtlich heißt es in diesem Schreiben u. a.:

Wir erheben gegen den jetzigen Vorschlag Bedenken und bitten um Überprüfung.

Verkehrsflächen

Die U- und S-Bahnlinien sind gemäß Gesamtverkehrsplan (Schiene) übernommen.

Wir erheben Bedenken gegen die Lösung der Verkehrsfrage im Gebiet Praunheimer Landstraße—Sandplackenstraße, die in dem vorliegenden Plan mit einem Teilstück enthalten ist.

In der Versammlung ...

Das Ebelfeld wird zum Kampfplatz

Widerstand gegen die Errichtung von Hochhäusern

güm. Gegen die beabsichtigte Bebauung des Praunheimer Ebelfelds massiert sich eine Abwehrfront. Hatte sich bereits die FDP-Ortsgemeinschaft Nordwest während ihrer Jahreshauptversammlung dagegen gewandt, dort „Wohntürme" zu errichten, sprach ge- ...

... ne Unverschämtheit und sah darin eine Mißachtung des Bürgerwillens. Da jedoch die AG für kleine Wohnungen, eine fast städtische Gesellschaft, dort die Gebäude errichte, die vor einigen Monaten im Rahmen des Konjunkturförderungsprogramms vom Stadtparla- ... worden waren, ... rund für den hin- ... des Amtes zu ken- ... einer Verquickung ... schaft und Pla- ...

... ch der Vereinsring ... gegen die Bebau- ... angemeldet. In ei- ... nt weist er darauf ... ng von drei neun- ... n mit etwa 29 Me- ... errassenkante des ... er Ansicht nach- ... der May-Siedlun- ... Praunheim-Römer- ... -Terrassen verän- ... chtet der Vereins- ... letzte „Grünöff- ... luft aus dem Tau- ... einfließen lasse, ... werde, nachdem ... htal durch einen ... n Baukörper am ... bgeriegelt worden

Frankfurter Neue Presse 22.1.1972

Stadt Seite 5

3000 Bürger gegen die Stadt: Aktion gegen Niddaverbauung

Bürgerinitiative bekämpft den Flächenplan

ran. — Die Bürgerinitiative zur Erhaltung des Landschaftsschutzgebietes Niddatal hat einen in der Geschichte der Einsprüche gegen städtische Baumaßnahmen einmaligen Rekord auf die Beine gebracht: nach Beendigung der Unterschriftensammlung am 13. Januar wurden dem Stadtplanungsamt 2939 schriftliche, von Frankfurter Bürgern unterzeichnete, „Bedenken" übergeben, wie sie das Baugesetz vorschreibt. Eine solche Masse von Einsprüchen ist seinerzeit nicht einmal gegen die geplante Schnellstraße über den Sachsenhäuser Berg von dortigen Bürgergruppen zusammengebracht worden.

Diesmal haben sich Bürger und Siedlungsvereine hinter die Campagne gestellt, die darauf abzielt, den Flächennutzungsplan/Änderungsentwurf Nr. 112 zu Fall zu bringen. Nach diesem Plan sollen wiederum 80 000 qm Landschaftsschutzgebiet an der Nidda zu Bauland werden. Die Bürger haben sich mit ihren Unterschriften gegen eine weitere Hochhausbebauung in diesem Bereich ausgesprochen, nachdem bereits in Hausen am Niddaufer mehrere Hochhäuser entstanden sind.

Die Zahl von 2939 Einsprüchen oder „Bedenken" ist noch nicht komplett. Wie aus dem Stadtplanungsamt zu erfahren ist, haben viele Bürger direkt ihren Protest angemeldet, so daß mit über 3000 Einwendungen zu rechnen ist.

Die Bürgerinitiative fühlt sich als Sprecherin aller Frankfurter Bürger, da das Gebiet auch von vielen Erholungssuchenden aus anderen Stadtteilen aufgesucht wird.

030 Berichte div. Frankfurter Tageszeitungen.

Bürgern läuft es eiskalt über den Rücken

Diskussion über die Bebauung des Ebelfeld-Gebietes in Hausen

ptn. Wenn die Stadtväter einen neuen Bebauungsvorschlag präsentieren, dann können sie ihn inzwischen selbst mit Engelszungen begleiten — es hilft ihnen nichts: vom Bürger schlägt ihnen sofort Mißtrauen entgegen. Gehen die gepl[ante]n Häuser über drei Stockwerke hinaus, dann wird umgehend der „Wildwuchs des Westends", die „Verschandelung" so manches schönen Stadtviertels durch Hochhäuser ins Feld geführt. Bei der Bürgerversammlung in der Turnhalle der Ebelfeldschule ging es jetzt auf Initiative der SPD-Ortsvereine Praunheim und Westhausen um das Neubaugebiet östlich der Ludwig-Landmann-Straße und südlich der Straße Am Ebelfeld. Erschienen waren rund zweihundert vorwiegend ältere Bürger und, um Rede und Antwort zu stehen, neben einem Vertreter der AG für kleine Wohnungen und einem SPD-Stadtverordneten vor allem die Stadträte Martin Berg und Hans-Erhard Haverkampf, ihres Zeichens Dezernenten für Soziales und für Planung.

Die beiden erläuterten, was sich vom Frühjahr nächsten Jahres an auf dem vorgesehenen Baugelände emportürmen soll: erst 215, später einmal insgesamt 580 Sozialwohnungen, davon sech[s] Altenwohnungen, Wohnungen für [all]einstehende Mütter, für Wohngemeinschaften, für Kinderreiche, eventuell auch für Behinderte, dazu ein Einkaufszentrum mit Supermarkt, Kneipe, Sparkasse, verschiedenen Geschäften und einer neuen Post; außerdem ein Kinderhaus, eine Beratungsstelle für Mutter und Kind und die erweiterte Ebelfeldschule mit einer Sekundarstufe I. Zur Ludwig-Landmann-Straße hin soll das gesamte Viertel durch ein langgezogenes Garagenparkhaus mit vierhundert Einstellplätzen abgeschirmt werden.

Die Aufzählung nahmen die Bürger noch ziemlich klaglos hin; sie ergänzten höchstens „ein Bäcker muß her" oder „eine neue Turnhalle, die alte fällt doch hinten zusammen, wenn man sie vorne betritt". Widerstand machte sich erst bemerkbar, als die Gestaltung des ganzen Viertels zur Debatte stand. Die Wohnungen sollen sich nämlich auf drei- bis neunstöckige Häuser verteilen. Drei neunstöckige Hochhäuser wolle man „brutal und gefühllos" in die Gegend pflanzen, fragten die Bürger erzürnt. Ein Vorstandsmitglied des Siedlervereins wetterte gegen die „Schornsteine" und die „Kamine" aus neun Stockwerken und pries den Architekten Ernst May und seine Römerstadt aus den zwanziger und dreißiger Jahren. Der habe flache und das Gemüt beruhigende Straßenzüge gebaut „und sich nur den Unmut der Dachdecker zugezogen, weil er Flachdächer einplante".

Als die Vertreter der Stadt die Argumente von Wirtschaftlichkeit und architektonischer Schönheit ins Feld führten, wurden sie sofort gebremst: Wenn wir schon „wirtschaftlich und architektonisch hören und uns die Innenstadt ansehen, dann läuft es uns eiskalt den Rücken herunter". Ein älterer Herr glaubte die Planungen mit einem Kompromißvorschlag ändern zu können: „Wir schlagen sieben Stockwerke vor, das reicht." Stadtrat Berg, mehrmals als „Herr Magistrat" angesprochen, zeigte viel Verständnis für die Proteste der Hochhausgegner und versuchte schließlich, den ganzen Streit zu einer Geschmacksfrage zu erklären: Dem einen gefalle eben eine „uniforme Häuserzeile, dem anderen wechselnde Höhe; die Geschmäcker sind halt verschieden". Daß der Geschmack der Bürgervertreter und nicht der Bürger maßgeblich sein wird, daran ließ er keinen Zweifel.

031 Bericht Frankfurter Allgemeine Zeitung.

032 Einband „Geld gegen Grün ... oder wie man eine Stadt unbewohnbar macht" mit beispielhafter Abbildung der Vernetzung („Verfilzung") von Verwaltung, Politik und Kapitalgesellschaften, Hrsg. FDP-Stadtverordnetenfraktion Frankfurt a.M.1977.

II – 2.2 Politische Amtsträger als stille Teilhaber im Geschäft

1971–1977

Der Autor untersucht in Zusammenarbeit mit Bürgervereinen und Bürgerinitiativen am Beispiel Frankfurt die Vernetzung (Verfilzung) von Politikern, Ministerialdirektoren, Magistratsmitgliedern und Stadtverordneten mit Baugesellschaften. Die FDP-Stadtverordnetenfraktion veröffentlicht sie 1977 unter dem Titel „Geld gegen Grün ... oder wie man eine Stadt unbewohnbar macht!".[18] Der Einband bildet grafisch beispielhaft das damalige Frankfurter Netzwerk ab (Abb. 032). Es zeigt, dass die notwendige Trennung von Legislative und Exekutive hier durch die Hintertür wieder aufgehoben wurde.

Deutschland ist ein moderner Rechtsstaat, in dem Legislative und Exekutive getrennt sind. Der Bürger bringt durch seine Stimme Politiker seines Vertrauens auf Posten und in Ämter. Der Bürger bezahlt sie mit Steuern dafür, dass sie seine Interessen wahrnehmen. Nimmt der Politiker als Vertreter von Städten, Ländern, Kommunen oder politischen Parteien allerdings Posten in Aufsichtsräten von Aktiengesellschaften an, ist er laut Aktiengesetz verpflichtet, allein die kommerziellen Interessen der Gesellschaft zu vertreten:
„Er ist ausschließlich dem Erfolg des Unternehmens verpflichtet. Dies gilt unabhägig davon, ob die Anteilseigner Privatleute oder Gebietskörperschaften, also Kommunen, Bundesländer oder der Bund, sind."[19] Diese demokratiefeindliche Situation formuliert der Redakteur Schwan in der Frankfurter Allgemeinen Zeitung. Es bedeutet: Ein von Bürgern zur Wahrnehmung ihrer Interessen gewählter Amtsträger ist im

18 Ebd.

Aufsichtsrat einer Aktiengesellschaft gezwungen, die kommerziellen Interessen dieser AG auch gegen die Bürger zu vertreten, die ihn wählten. Das bedeutet im Umkehrschluss: Stadt- oder umweltplanerische Interessen von Bürgern oder Kommunen zählen nicht. Im Fall Frankfurt trifft dies beispielsweise auf *AG für kleine Wohnungen*, auf die *Aktienbaugesellschaft für kleine Wohnungen* (ABG) sowie auf die *Frankfurter Aufbau AG*, auf die *Mainova AG* und auf die *Fraport AG*[19] zu.

1979 Durch das Erscheinen von „Geld gegen Grün" erkennen Mitglieder[20] im *Bund Deutscher Architekten* (BDA) unter dem scheidenden Präsidenten Helmut Romeick, ferner die Zeitschrift Bauwelt unter ihrem damaligen Chefredakteur Ulrich Conrads[21] und der *Deutsche Werkbund* (DWB) unter seinem damaligen Vorsitzenden Lucius Burckhardt, dass das Problem der Vernetzung (Verfilzung) von Baugesellschaften mit Kommunen, Bundesländern und Bund erheblichen Einfluss auf die Qualität des Lebensraumes, auf die Architektur und auf die Beschäftigung freier Architekten nimmt. Sie beauftragen den Autor, ein Bauwelt-Sonderheft zu verfassen mit dem Titel: „Gibt es im Planungsbereich noch freie Marktwirtschaft – oder wie gemein sind gemeinnützige Baugesellschaften?" Unter dem neuen BDA-Präsidenten Volkwin Marg verhindern aber für die Baugesellschaft *Neue Heimat* tätige BDA-Präsidiumsmitglieder[22] das Erscheinen des Heftes. Sie hintertreiben es politisch bei dem Verlag,[23] zu dem die Bauwelt damals gehört.[24]

1981 Eine danach im Werkbund mit einem Probedruck bereits vorbereitete Alleinherausgabe unter dem Titel „Wie gemein sind gemeinnützige Baugesellschaften? Über Planungsmethoden großer Wohnungsbaugesellschaften – Beispiel Frankfurt"[25] (Abb. 033) scheitert an „überraschend zurückgezogener Drittfinanzierung".

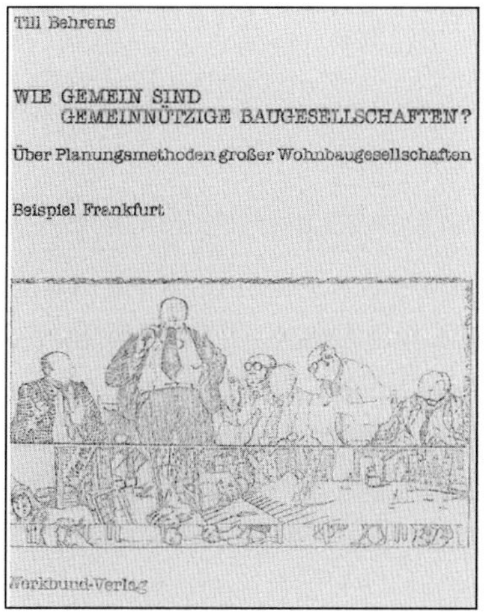

033 Till Behrens' Einband zum Probedruck „Wie gemein sind gemeinnützige Baugesellschaften? Über Planungsmethoden großer Wohnbaugesellschaften", Hrsg. Deutscher Werkbund Darmstadt, 1982.

19 Die Anteile der Fraport AG gehören zu 31,94 % dem Land Hessen, zu 20,40 % der Stadt Frankfurt, zu 18,27 % der Bundesrepublik Deutschland und zu 29,39 % ist es Streubesitz. Im Fall des Ausbaus des Flughafens kämpfen die Bürger gegen eine Planung, die der Bund, das Land und die Stadt mit zusammen 70,61% ihrer Anteile aufstellten und durchsetzten. Eine Volksabstimmung der betroffenen Bürger erfolgte nicht. Schwan H., „Fluglärm: Opposition baut für Machtwechsel vor!",, FAZ 4.4.2013.

20 Vgl. Lehmbrock J., „Neue Heimat – alter Feind oder neuer Partner ?", in: Der Architekt 12.1.1979.

21 Conrads U., „Gute Figur", in: Bauwelt 47/1979, 14.12.1979.

22 Vgl. Leitartikel Der Architekt, 1/1980 , S. 3.

23 Vgl. Der Architekt 1/1980, S. 6.

24 Behrens T., „Le Corbusier und Deutschland – inhumane Stadtplanung statt reiner edler Kunst", das bauzentrum 7/96, Darmstadt.

25 Behrens T., „Wie gemein sind gemeinnützige Baugesellschaften? Über Planungsmethoden großer Wohnungsbaugesellschaften", Darmstadt 1982, ISBN 3-88751-003-3.

Auch 40 Jahre später hat sich nichts geändert. Als der im Mai 2014 in den Aufsichtsrat der Fraport gewählte Grünen-Landtagsabgeordnete Frank Kaufmann erklärt, die Fraport habe Beschwerden gegen Fluglärm nie ernst genommen und er sehe keine Notwendigkeit für den Bau eines dritten Terminals, kündigt der abgewählte Wirtschaftsminister Rentsch als FDP-Fraktionsvorsitzender eine rechtliche Prüfung an. Er begründet dies so: *„Es ist mit dem Aktienrecht nicht vereinbar, wenn Politiker im Aufsichtsrat ihre politischen Interessen, nicht aber das Wohl des Unternehmens in den Vordergrund stellen."*[26] Berücksichtigt man aber die im Grundgesetz verankerte Gewaltenteilung, hätte er sich so äußern müssen: *„Es ist mit Demokratie nicht vereinbar, wenn Politiker im Aufsichtsrat Kapitalinteressen von Unternehmen, nicht aber das Wohl der Bürger in den Vordergrund stellen. Sie wurden zur Vertretung von Bürger-, nicht zur Vertretung von Kapitalinteressen gewählt."*

Im politischen Bereich wird die Trennung von Legislative und Exekutive unterlaufen, die im juristischen strenge Beachtung findet. Politikern wird hier etwas gestattet oder nachgesehen, was z.B. keinem Rechtsanwalt erlaubt ist.
Vertritt ein Rechtsanwalt im Aufsichtsrat einer Aktiengesellschaft Interessen gegen seinen Mandanten, begeht er Mandantenbetrug. Der Rechtsanwalt muss sich in einem solchen Fall zwischen der Annahme des Mandates seines Mandanten und der des Aufsichtsratspostens entscheiden. Im Fall des Politikers kommt dieser in Kenntnis der hier möglichen Umgehung der Gewaltenteilung nur durch sein politisches Mandat auf diesen Posten.

Denkt man das System Politiker und Amtsträger in Aufsichtsräten von Kapitalgesellschaften zu Ende, ist vorstellbar, dass in der Landes-, wie in der Kommunalregierung jede leitende Funktion mit einem Aufsichtsratsmitglied besetzt und damit ein Land nur noch von Kapitalinteressen bestimmt wird.[27]

II – 2.3 Landschaftsschutz, der keiner ist

Die vorhergehenden Fallbeispiele zeigen, dass Bürger, die auf Landschaftsschutz vertrauten, sich plötzlich mit Hochhäusern konfrontiert sahen. Sie waren getäuscht worden. Der in Landschaftsschutzkarten ausgewiesene Schutz schützte sie nicht. Erfuhren sie noch rechtzeitig von den Vorhaben, gründeten sie Bürgerinitiativen. Von Zeit zu Zeit gab die Stadt Frankfurt eine neue Landschaftsschutzkarte heraus. Auf dieser waren manche der als Landschaftsschutzgebiete ausgewiesenen Flächen bereits bebaut oder zur Bebauung vorgesehen.

1972 Die Stadt gibt den noch unter Kampffmeyer entstandenen *„Vorbericht Band 2 zur Stadtentwicklungsplanung Frankfurt am Main"* heraus. Untersucht wird in diesem Vorbericht, auf welchen Freiflächen noch gebaut werden kann. Hanns Adrian, neuer Planungsdezernent und Nachfolger Kampffmeyers, gibt bei Reinhard Grebe ein Gutachten zu den betroffenen Flächen in Auftrag und Grebe stellt fest: 36 in dem Vorbericht geplante Bauflächen liegen ganz oder teilweise im Landschaftsschutzgebiet![28]

---

26 „Flughafen: FDP lässt Äußerungen Kaufmanns prüfen", FAZ 11.6.2014, S. 33.

27 Rösmann T., „Selten lukrative Nebenjobs", FAZ 14.8.2012. Die Fraport AG zahlte Aufsichtsratsmitgliedern 22.500,– € / Jahr und pro Sitzungsteilnahme zusätzlich 800,– €.

28 Vorkonzept zum Landschaftsplan Frankfurt am Main, Planungsbüro Grebe, Nürnberg, August 1974, S. 151 und 154.

Wie sich zeigt, hat sich Landschaftsschutz als einziger Schutz als zu schwach herausgestellt, um Freiraum tatsächlich gegen Bauvorhaben zu schützen, hinter denen das Kapital mächtiger, mit der Stadt über Aufsichtsratsposten verflochtener Gesellschaften steckt. Es ist ein zusätzlicher, schwerer aufzuhebender Schutz nötig. 1979 stellt der Autor[29] deshalb die Forderung auf: „Aufstellen von sogenannten Negativbebauungsplänen für das Niddatal" und wiederholt diese Forderung detailliert in seiner Promotion.[30] Die Stadtverwaltung sollte so davor geschützt werden, durch konzeptionslose zerstörerische Eingriffe die Stadt zu zerstören. Hierbei wird er von Bürgerinitiativen und Bürgervereinen unterstützt. Der Magistrat lehnt den Antrag jedoch ab, obwohl ihm solche Negativbebauungspläne die Möglichkeit eröffnen würden, stadtzerstörende Forderungen mit dem Argument zurückzuweisen, der Schutz ist nicht zu durchbrechen, weil er im Interesse der Allgemeinheit liegt.

Das Bundesbaugesetz (BBauG[31]) regelt diese Möglichkeit wie folgt:

§ 8 (1) Der Bebauungsplan enthält die rechtsverbindlichen Festsetzungen für die städtebauliche Ordnung.

§ 9 (1) Der Bebauungsplan setzt, soweit es erforderlich ist, durch Zeichnung, Farbe, Schrift oder Text fest:

2. die Bauweise, die überbaubaren und die nicht überbaubaren Grundstücksflächen (...)

10. die Flächen, die von der Bebauung freizuhalten sind und ihre Nutzung (...)

15. die öffentlichen und privaten Grünflächen, wie Parkanlagen, Dauerkleingärten, Sport-, Spiel-, Zelt- und Badeplätze, Friedhöfe (...)

18. die Flächen für die Landwirtschaft und für die Forstwirtschaft (...)

20. Maßnahmen zum Schutz, zur Pflege, zur Entwicklung der Landschaft, soweit solche Festsetzungen nicht nach anderen Vorschriften getroffen werden können.

---

29 Behrens T., „Die Frankfurter Grüngürtel", Diss. Frankfurt/Kassel 1985, S. 176–180.

30 Ebd. S. 223–226.

31 BBauG-Fassung v. 20.12.1976.

Frankfurter Allgemeine Zeitung 9.4.1976

Stadtlandschaft soll gerettet werden

6000 Unterschriften zur Erhaltung der Niddawiesen

i. Die Sorge um die letzten Reste des Frankfurter Grüns (siehe F.A.Z. vom 26. März) hat jetzt verschiedene politische Gruppierungen und Bürgerinitiativen wieder auf den Plan gerufen. Der CDU-Stadtbezirksverband Harheim fordert die unverzügliche Veröffentlichung des seit anderthalb Jahren vom Magistrat zurückgehaltenen Grebe-Gutachtens über die Grünflächensituation in Frankfurt. Die bislang bekannt gewordenen Auszüge aus dem Gutachten bestätigen nach Ansicht der Harheimer CDU die Einwände der nordöstlichen Bezirksverbände und Bürgervereine gegen die Hildenfeldbebauung. „Um in Zukunft Fehlentwicklungen zu vermeiden, die durch ideologisch bedingte Falscheinschätzung des tatsächlichen Wohnraumbedarfs und durch Effekthascherei seitens der SPD in der Vergangenheit entstanden sind und weiterhin entstehen können, muß dieses Gutachten ‚auf den Tisch' der Öffentlichkeit", heißt es in der Erklärung der CDU.

Der FDP-Kreisvorstand setzt sich besonders für die Erhaltung der Niddawiesen zwischen Ginnheim und Eschersheim ein. Die Bürger aus diesen Gebieten würden eine besonders günstige Gelegenheit verlieren, sich in der Nähe ihrer Wohnungen zu erholen, wenn dort noch weitere Kleingärten angelegt würden, schreibt die FDP. Den Bedürfnissen der Gesamtheit müsse Vorrang vor dem Gruppeninteresse der Kleingärtner eingeräumt werden. Der FDP-Kreisvorstand empfahl der Fraktion, für eine Änderung der Bebauungspläne, die in den Niddawiesen Kleingärten vorsehen, einzutreten. Die Stadt trage als Eigentümerin eines großen Teils des Geländes allein die Verantwortung für die weitere Entwicklung der Stadtlandschaft an dieser Stelle.

Im Stadtplanungsamt scheint man diese Verantwortung auch langsam zu begreifen. Planungsdezernent Hans-Erhard Haverkampf erläuterte diese Woche bei einem Bürgergespräch in Ginnheim anhand eines mittlerweile geänderten Planes, daß die Niddawiesen zwischen Ginnheim und Eschersheim trotz eines weiteren Ausbaus nunmehr zu knapp sechzig Prozent als Freifläche für alle Besucher erhalten bleiben sollen. Der ursprüngliche Bebauungsplan von 1968 hatte dagegen noch eine fast vollständige Verbauung dieses Geländes mit Kleingärten vorgesehen. Der Bürgerinitiative „Erhaltet die Niddawiesen", die innerhalb von drei Wochen fast 6000 Unterschriften zur Rettung dieses wichtigen Naherholungsgebietes gesammelt hat, sagte Haverkampf ferner zu, den unumgänglichen Parkplatz und den Zufahrtsweg zu den neuen Kleingärten so anzulegen, daß die verbleibenden Freiflächen und der Kinderspielplatz am Höllberg nicht berührt werden.

034 Zeitungsbericht Frankfurter Allgemeine Zeitung, 9.4.1976

II – 3. Das „Rahmengebende Gesamtkonzept" – Dritter Grüngürtel mit Mainquerspange

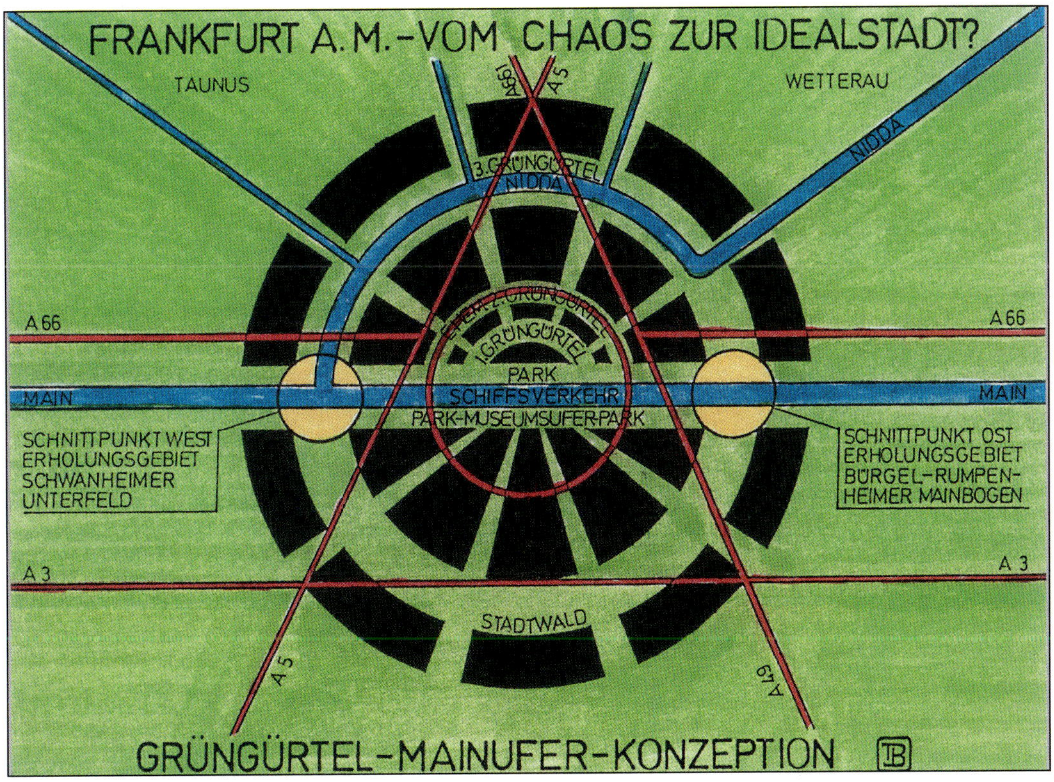

035 Till Behrens 1970/71, Grüngürtel-Signet = Übergeordnete Konzeption zum Wieder-Bewohnbar-Machen von Frankfurt auf klimatischer Grundlage, „Frankfurt a. M. – vom Chaos zur Idealstadt".

II – 3.1 Frankfurts Wohnsituation

In Frankfurt betreiben seit dem Zweiten Weltkrieg die regierenden Parteien einseitige Wirtschaftsförderung zugunsten des Dienstleistungs- und zulasten des Wohnsektors. Ein übergeordnetes und zusammenwirkendes Stadtentwicklungskonzept fehlt. In Frankfurt herrscht Planungsnotstand, doch durch starke Geldzuflüsse kommt es zu immer wieder neuen isolierten Detail- und Anpassungsplanungen, die zulasten der Wohnsituation gehen. Die Folge ist eine überdurchschnittliche Stadtflucht: Zuerst fliehen die Vermögenden, dann die Intellektuellen und es beginnt die von allen Stadtplanern gefürchtete Segregation – die Entmischung (Auflösung) der gesellschaftlichen Struktur.

Stadtflucht begehen städtische Planungsbeamte ebenso wie große Bauinvestoren. Viele, die in Frankfurt Verantwortung tragen, nutzen Frankfurt allein für ihre Geschäfte, leben dort aber nicht. Der Lebensmittelpunkt liegt für sie und ihre Familien nicht in Frankfurt, sondern außerhalb. Die Flucht der besser Ausgebildeten und besser Verdienenden, die zur Verteidigung humaner Lebensumstände in der Stadt nun fehlen, führt dazu, dass Inkompetenz in Politik und Verwaltung ein leichteres Handeln erhalten.

Frankfurt hat ca. 650.000–700.000 Einwohner und fast so viele Arbeitsplätze. Zu diesen pendeln ca. 300.000 Personen täglich aus dem Umland ein und wieder aus. Sie nehmen dabei Stauzeiten von 2–6 Stunden pro Tag in Kauf und haben so statt einer 35- eine 48–60-Stunden-Woche. Sie kommen zu spät zur Arbeit, was ihre Leistungskraft und die der Wirtschaft mindert, sie verbrauchen viel Energie, für die sie einen Teil ihres Einkommens ausgeben, und sie verschmutzen mit Abgasen und Lärm ihren und den Lebensraum anderer. Viele würden lieber mit ihren Familien in Frankfurt wohnen, wenn sie dort geeignete, mit dem Umland vergleichbare Lebensumstände finden würden. Diese, ja sogar bessere, Lebensumstände lassen sich für Frankfurt schaffen, wenn überkommene Vorstellungen der Wirtschaftsförderung durch modernere, wirkungsvollere und zweckmäßigere ersetzt würden. Der Schlüssel dazu ist ein geschützter Grüngürtel mit grüner Mainquerspange, mit Randbebauungen und Verkehrsbündelung.

II – 3.2 Frankfurts klimatische Situation – Lufthygienisch-meteorologische Modelluntersuchungen in der Region Untermain

Frankfurt liegt in einem Talkessel und gehört zu den windärmsten Regionen Deutschlands. An jedem zweiten bis dritten Tag herrscht Windstille, an jedem fünften Tag Inversionslage. Dann liegt eine kalte über einer warmen Luftschicht und verhindert einen vertikalen Luftaustausch. Der Kessel ist quasi mit einem Deckel geschlossen. Selbst bei advektiver (anströmender) Windlage bleibt es im Kessel relativ ruhig, da die Kesselränder starken Winddruck reduzieren oder ganz abhalten. Während die Römer vor 2000 Jahren und die Frankfurter bis zum Ende des letzten Jahrhunderts mit dieser besonderen klimatischen Situation Dank rein agrarischer Produktion und noch relativ geringer Besiedlungsdichte gut fertig werden konnten, treten heute bei starker Industrialisierung und ca. 3,5 Mio. Menschen, die einschließlich Nachbargemeinden im Kessel leben, gravierende Luftverschmutzungsprobleme auf. Die Schadstoffkonzentrationen, von denen das gesamte belüftungsarme Untermaingebiet betroffen ist, verdichten sich besonders über dem Stadtgebiet von Frankfurt.

Ab 1965 Trägerin der regionalen Raumordnung ist von 1965–1974 die „Regionale Planungsgemeinschaft Untermain"(RPU), die 1974 zum „Umlandverband" wird. Dieser wird 2001 in „Planungsverband Ballungsraum Frankfurt RheinMain" und 2011 zum „Regionalverband Frankfurt RheinMain" umgegründet.[1] Die damit verbundenen Namensänderungen verdeutlichen Frankfurts Hegemoniestreben im Untermainbereich.

Ab ca. 1970 Es erfolgen „Lufthygienisch-meteorologische Modelluntersuchungen in der Region Untermain". Die NATO fördert derartige Untersuchungen an drei ausgewählten Orten auf der Welt: Ankara (Türkei), St. Louis (USA) und in der Frankfurter Region. In Frankfurt laufen die Untersuchungen erst über die RPU, später über den Umlandverband. Sie erfassen über lange Zeiträume hinweg die Wind-, Belüftungs-, Temperatur-, Abkühlungs- und Erwärmungsverhältnisse sowie die Luftverschmutzung und die Lärmbelastung und stellen insgesamt eine exakte wissenschaftliche Bestandsaufnahme des Klimas der Rhein-Main-Region dar. Die Ergebnisse werden bereits während der Untersuchungen laufend mit Karten und Erläuterungen veröffentlicht. Wichtige Erkenntnisse für die Frankfurter Stadtplanung liefern insbesondere folgende Karten:

---

1 Vor 1965 gab es eine Gesellschaft für regionale Raumordnung. Von 1965 bis 1974 war die Regionale Planungsgemeinschaft Untermain (RPU) Träger der regionalen Raumordnung. Diese Aufgabe übernahm vom 11.9.1974 bis 1.4.2001 der Umlandverband, vom 1.4.2001 bis 1.4.2010 der Planungsverband Ballungsraum Frankfurt RheinMain und seit 1.4.2011 der Regionalverband Frankfurt RheinMain.

1. Karte mit dem Namen: „Nächtliche bodennahe Luftströme bei schwachgradientigen Strahlungswetterlagen" (Abb. 036).

Die Karte zeigt, dass Frankfurt im Wesentlichen durch zwei Windsysteme belüftet wird:

1.1 Von den seltenen, aber kräftigen Regionalwinden aus der Wetterau (rote Pfeile in der Karte) und

1.2. von den häufigeren bodennahen Luftströmungen, die nach Sonnenuntergang vom Taunus, dem westlich, nordwestlichen und nördlich von Frankfurt verlaufenden Mittelgebirge, herabziehen. Sie treten zwischen 75 und 220 Tagen im Jahr auf und halten oft die Nacht über an. Die Talabwinde sammeln sich im Niddatal und strömen von dort flussabwärts (schwarze Pfeile in der Karte). Neben dem im Niddatal verlaufenden Hauptstrom fließt ein zweiter Talabwindstrom von Hanau und Offenbach kommend den Main hinab.

Interessant ist, dass südlich des Mains kein ähnliches Windstromsystem existiert. Es erfolgt lediglich ein thermisch bedingter Luftaustausch zwischen dem Stadtwald und den südlichen Frankfurter Stadtteilen Schwanheim, Niederrad, Sachsenhausen, Oberrad und Offenbach. Frankfurt wird also, außer in den seltenen Fällen des Auftretens der Regionalwinde (rote Pfeile) vom Norden her, durch die bodennahen Luftströme – „Kaltluftwalze" genannt – ventiliert. Dabei wirken Hindernisse, die in Strömungsbereichen der Talabwinde stehen oder gestellt werden, ähnlich wie Staumauern. Die Luft zieht nicht ab, sondern staut zurück, bis der obere Rand überstiegen wird und die Luft diesen nun überfließen kann. Während ältere Frankfurter berichten, dass die Kaltluftwalze in den 1930er Jahren noch das Zentrum von Frankfurt, die Hauptwache, erreichte, bleiben durch die Verbauungen der letzten 50 Jahre diese Windströme in den Außenbereichen stecken. Die raue Stadtoberfläche bremst zudem die Strömungskraft des Windes ab. Sie reicht häufig in den Straßenschluchten nicht einmal mehr bis zum Boden herab. Staub und Abgase, die schwerer als Luft sind, sowie andere Schadstoffe bleiben in den Straßenräumen stehen.

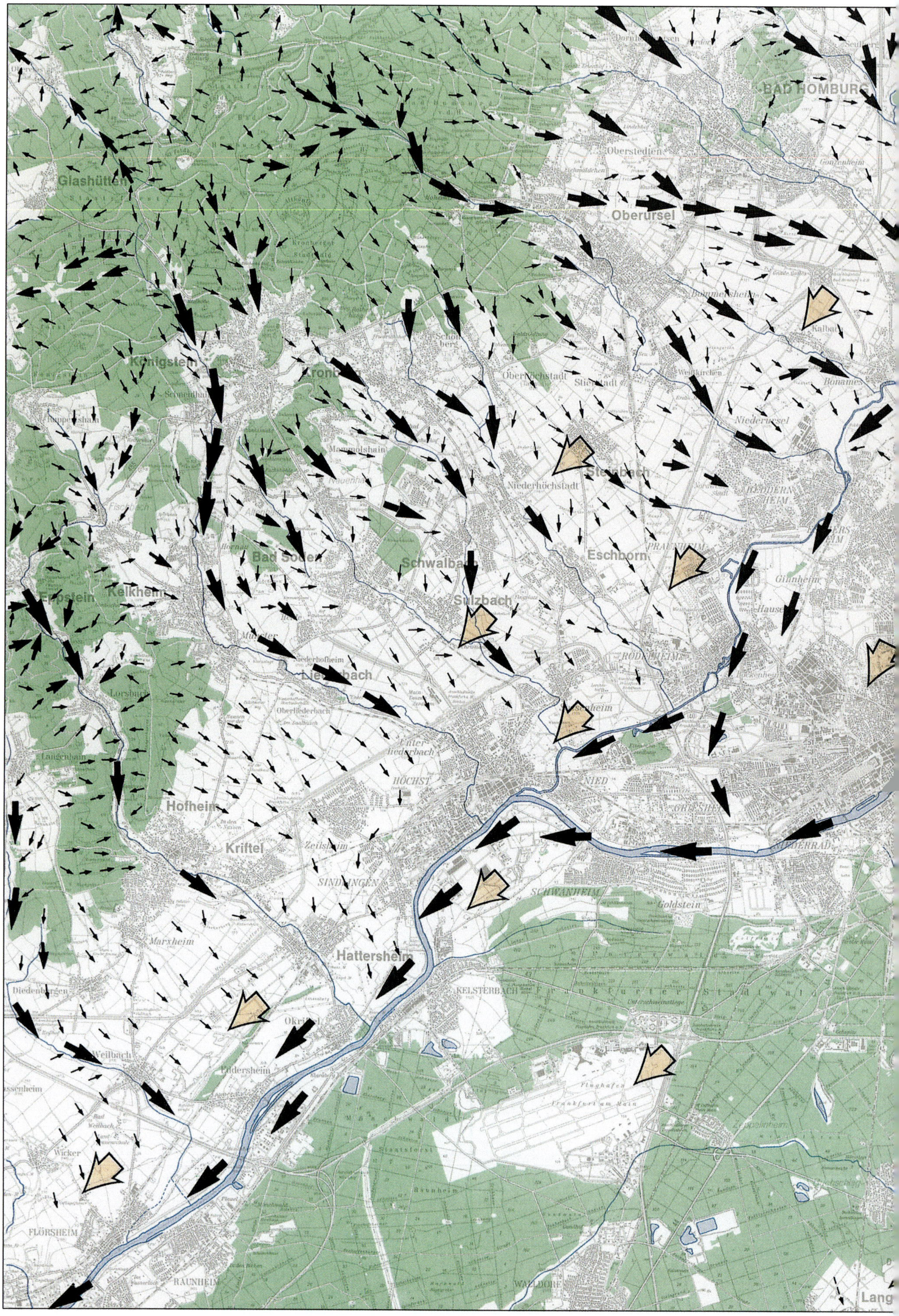

036 1971 Luftströmungen, Frankfurts Belüftungssysteme (Forumsschrift Nr. 7, 1979).

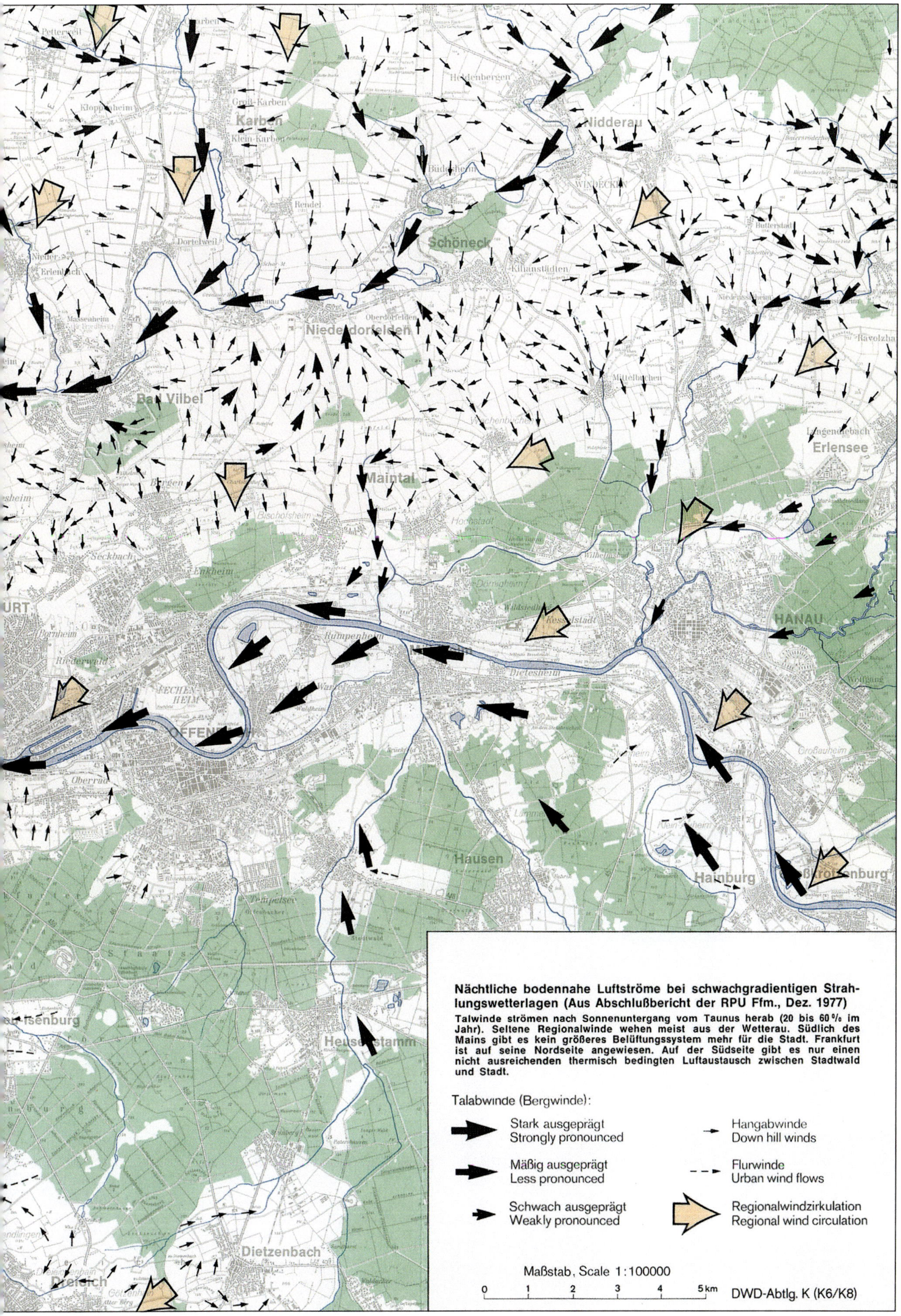

Nächtliche bodennahe Luftströme bei schwachgradientigen Strahlungswetterlagen (Aus Abschlußbericht der RPU Ffm., Dez. 1977)

Talwinde strömen nach Sonnenuntergang vom Taunus herab (20 bis 60 % im Jahr). Seltene Regionalwinde wehen meist aus der Wetterau. Südlich des Mains gibt es kein größeres Belüftungssystem mehr für die Stadt. Frankfurt ist auf seine Nordseite angewiesen. Auf der Südseite gibt es nur einen nicht ausreichenden thermisch bedingten Luftaustausch zwischen Stadtwald und Stadt.

2. Karte mit dem Namen: „Verdichtungsgebiet der RPU im Thermogramm" (Abb. 037). Sie betrifft die Kaltluftproduktion nach Örtlichkeiten.
Über freien Flächen entsteht nach Sonnenuntergang Kaltluft, die zur Abkühlung der im Sommer aufgeheizten Baumassen genutzt werden kann. Die Ausbildung eines Grünring-Radialsystems macht dies möglich (vgl. Schema). Es wäre zwar auch möglich, Abkühlungsflächen in anderer Form einer Stadt zuzuordnen, ein Ring-Radialsystem ist für Frankfurt allerdings zwingend, da die abkühlenden Restgrünflächen noch in dieser Anordnung vorhanden sind und mit den natürlich vorhandenen Ventilationsbahnen zusammenfallen. Kaltluft, die sich über den vorhandenen freien Flächen bildet, wird von den nächtlichen bodennahen Luftströmen (schwarze Pfeile) in die Stadtränder getragen, im Falle des Luftstroms, der den Main herabströmt, in den Stadtkern.

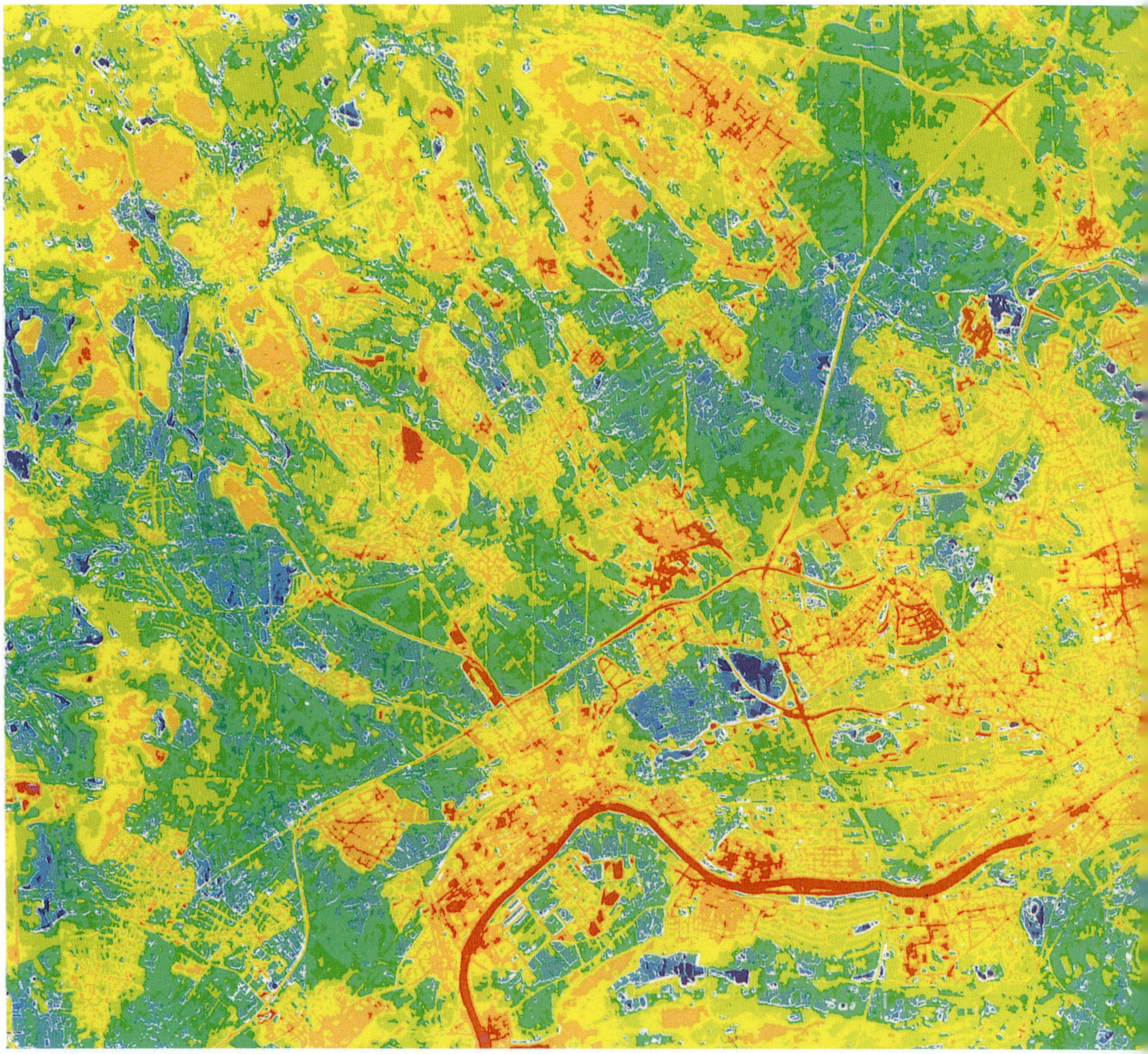

Das Bild zeigt die mitternächtliche Temperaturverteilung im Rhein-Main-Gebiet bei einer austauscharmen Wetterlage im So
Mitteleuropa).
Die neun Farbstufen (rot bis dunkelblau) des Infrarot-Thermogramms aus dem Flugzeug entsprechen relativen Temperat
Die gleichzeitig registrierten Temperaturwerte in den Stationen (2 m über Grund) des Sondermeßnetzes des Deutschen W
orange und variieren zwischen 13° C und 19° C.

037 1974 Thermogramm, Frankfurts Kaltlufterzeugungsgebiete (Forumsschrift Nr. 7, 1979).

Kaltluft entsteht über Wiesen und Feldern. Die neun Farbstufen entsprechen Temperaturunterschieden von je ca. 1° C. (Aus 5. Arbeitsbericht der RPU, Juni 1974.)

Verdichtungsgebiet der RPU im Thermogramm

Metropolitan area of the RPU in the thermogram

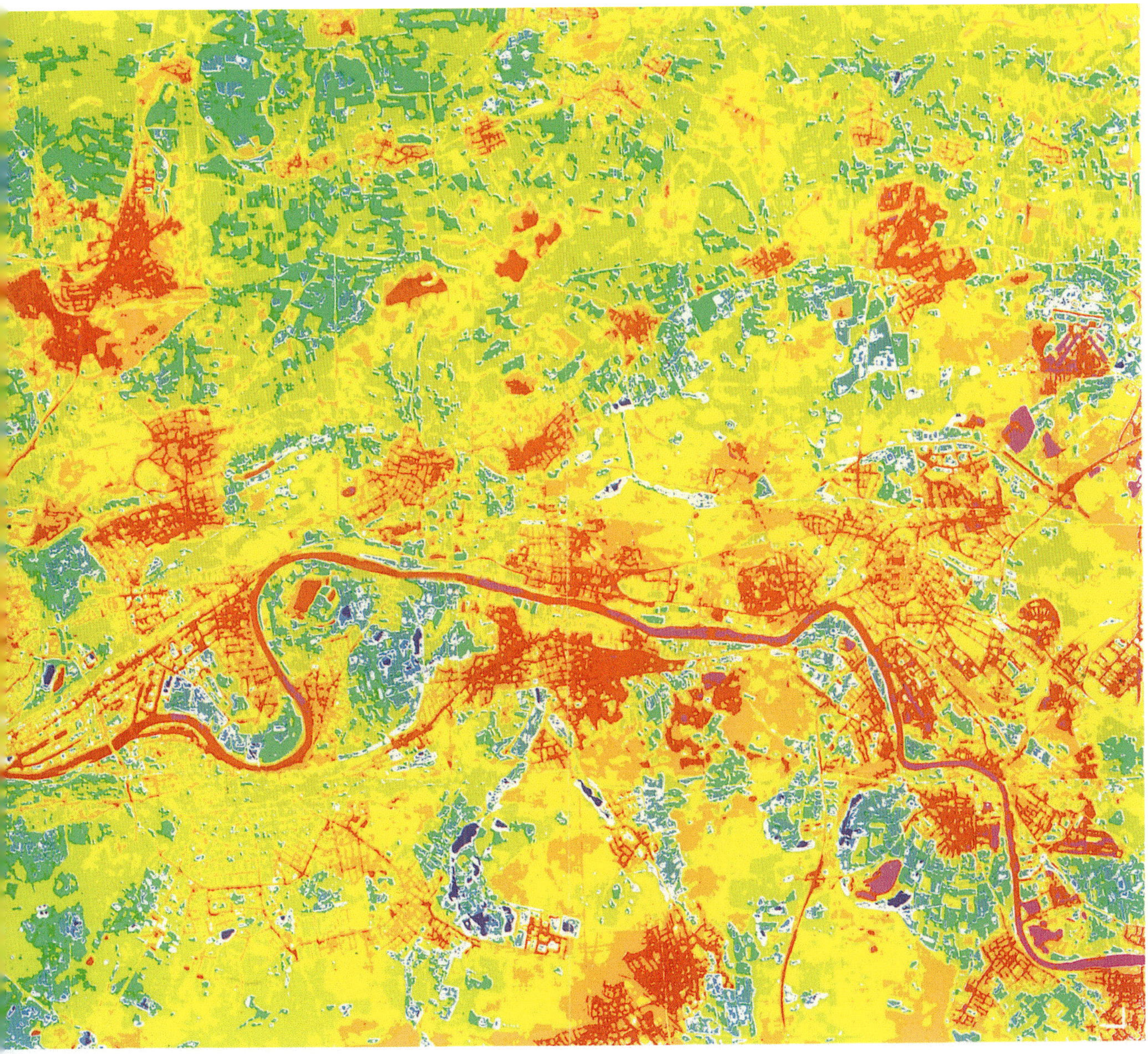

'2, 1.25 Uhr, Hochdruckwetterlage, Kern

(warm bis kalt) der Bodenoberfläche.
mfassen den Farbbereich hellblau bis

3. Karte mit dem Namen: „Flechtenzonierung in der Region Untermain (Arbeitsbericht der RPU)“ (Abb. Nr. 038)

Frankfurt liegt im flechtentoten Krater der Region Untermain. Flechten gelten als Indikator für die Luftqualität. Zum Zeitpunkt der damaligen Untersuchungen (1972–1974) ist der Frankfurter Stadtwald der einzige – noch teilweise – gesunde Teil am Rande des Kraters.

Im Laufe der Jahre hinzugekommene Ergebnisse aus weiteren publizierten Untersuchungen zum Klima der Rhein-Main-Region vertiefen die Erkenntnisse über Frankfurts klimatische Situation.

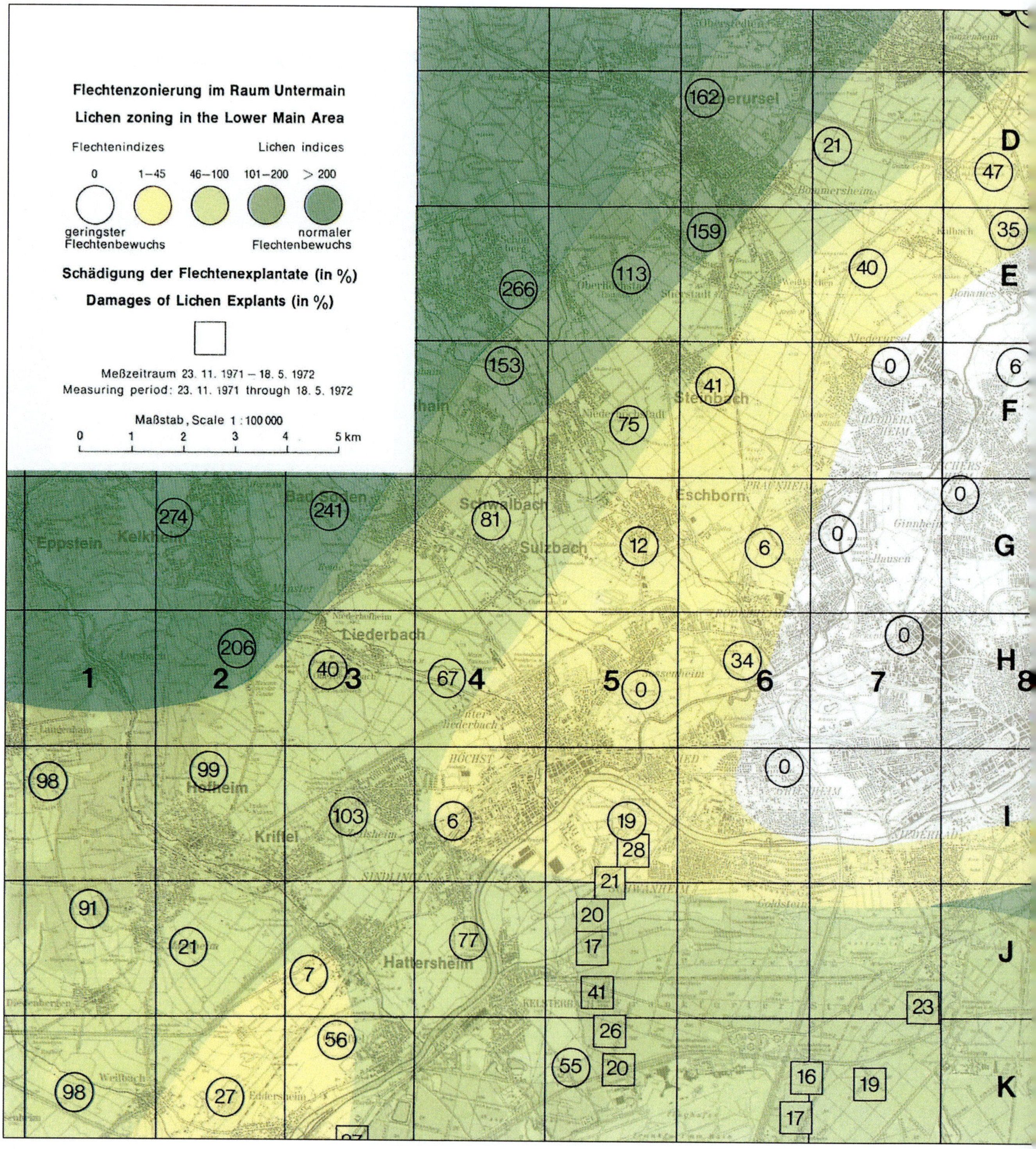

038 1972 Luftqualität, Frankfurts Schädigung des Bewuchses (Forumsschrift Nr. 7 , 1979).

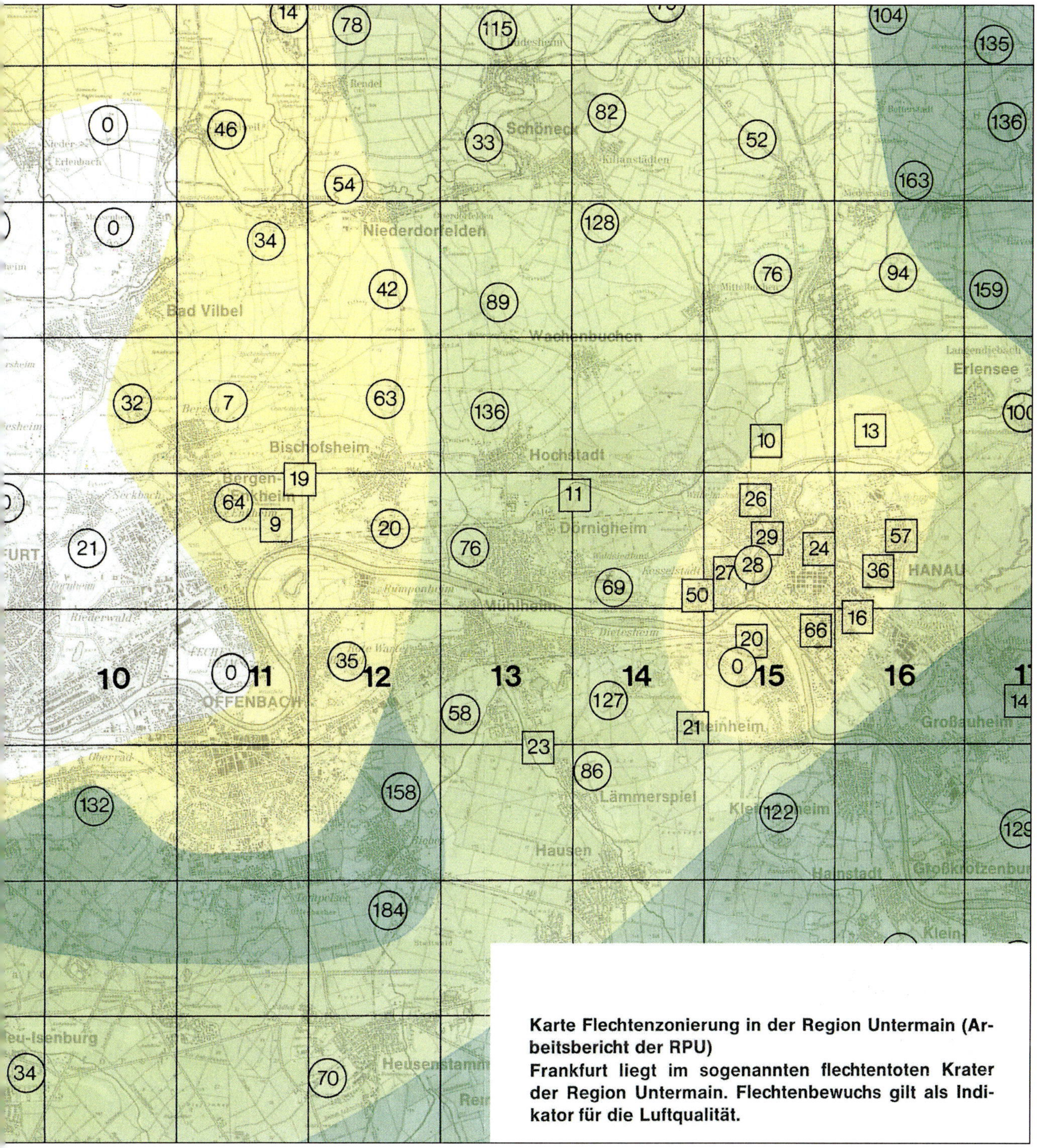

Karte Flechtenzonierung in der Region Untermain (Arbeitsbericht der RPU)
Frankfurt liegt im sogenannten flechtentoten Krater der Region Untermain. Flechtenbewuchs gilt als Indikator für die Luftqualität.

4. Karte mit dem Namen: „Klimatopkarte (Abb. 039 – Umlandverband Frankfurt 1993)."

Zeigte das Thermogramm (Abb. 037) u.a. das Entstehen von Kaltluft über Wiesen und Feldern, zeigt als Ergänzung dazu die Klimatopkarte (Abb. 039) die mittleren Oberflächentemperaturen und Temperaturdifferenzen, die sich in einer Nacht während einer Abend- und Morgenbefliegung ergeben. Sie verdeutlicht, wie sich die Freiflächen im nordöstlichen Teil (blaue Zonen) abkühlten und wie die Baumassen im Stadtzentrum (braune Flächen in Bildmitte) die Wärmeenergie gespeichert halten. Die Konsequenz daraus heißt Kühlung. Diese Kühlung kann jedoch nur durch das Heranführen von Kaltluft erfolgen, die über Feldern und Wiesen entsteht. Das natürliche Transportmittel dazu sind die „nächtlichen bodennahen Luftströmungen" (Abb. 036).

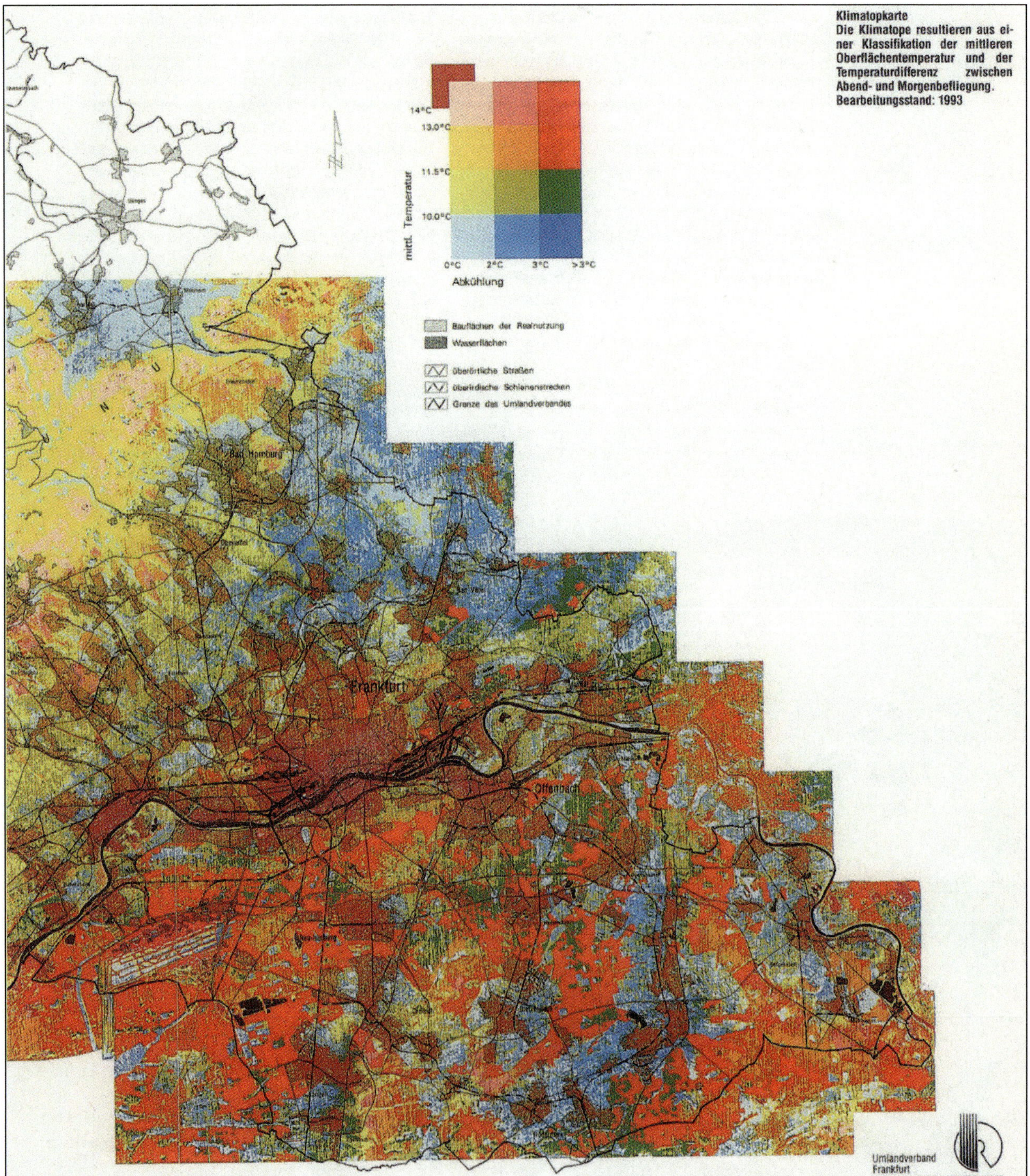

039 Klimatope, Frankfurts nächtliche Abkühlung, Umlandverband Frankfurt 1993.

5. Karte mit dem Namen: „Kaltluftproduktion nach Mengen" (Abb. 040 - Umlandverband Frankfurt 1993)".
   Diese Karte zeigt, wo welche Mengen Kaltluft zur Abkühlung produziert bzw. bereitgestellt werden. Das Rhein-Main-Gebiet ist die erste Region in Deutschland, deren Lebensraum auf einer derart gut fundierten wissenschaftlichen Basis wie den lufthygienisch-meteorologischen Modelluntersuchungen in der Region Untermain bis in Details hinein ihren klimatischen Bedingungen entsprechend geplant werden könnte. Auf der Basis der wertvollen vorliegenden Erkenntnisse erarbeitet die Stadt aber keine verbindliche amtliche ökologische Handlungsgrundlage. So etwas existiert stadtseitig bis heute (2015) nicht. Doch schon vor 45 Jahren baute das Konzept des Autors von Anfang an auf diesen Untersuchungsergebnissen auf.

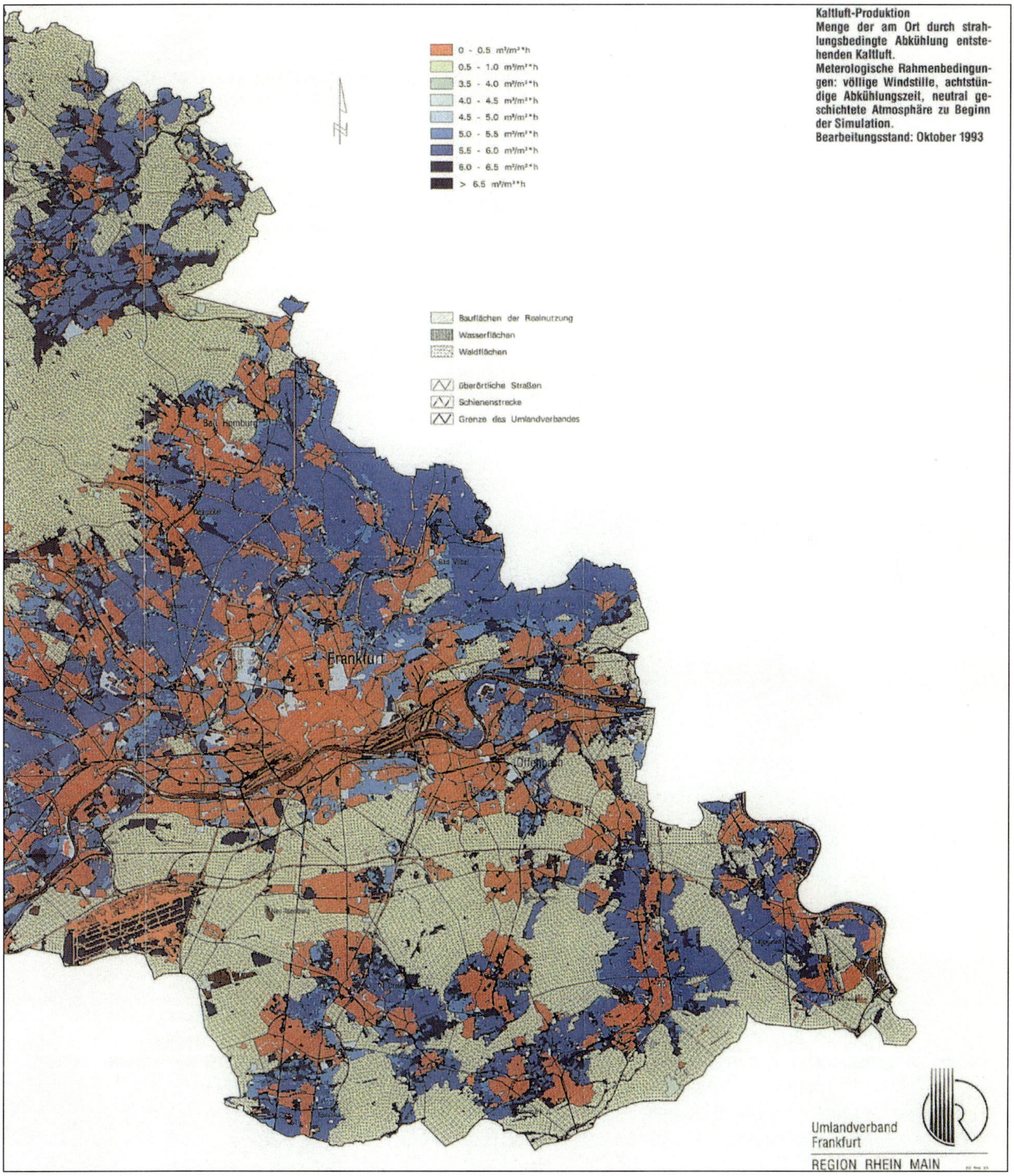

040 Kaltluftproduktion nach Mengen, Umlandverband Frankfurt 1993.

II – 3.3 Bürgerschaftliche Stadtentwicklung

1968/1969 Der Autor beginnt, sich mit dem Frankfurter Wohnungsbau auseinanderzusetzen (vgl. Kap. II – 2) und eine Konzeption für Frankfurt zu entwickeln.

1970/1971 Der Autor formuliert sein Konzept „Dritter Grüngürtel mit grüner Mainuferspange, Randbebauung und Verkehrsbündelung“ als Synthese von Wohnen, Verkehr, Erholung/Freizeit, Schutz von Natur und Landschaft.

6.7.1971 Das Frankfurter Forum für Stadtentwicklung e.V. wird gegründet. Die Architektenkammer Hessen (AKH) als Körperschaft des öffentlichen Rechts hatte im Februar 1971dazu aufgerufen.[2] Das Forum ist ein von der Stadt Frankfurt mitfinanzierter Verein für alternative Stadtplanung, in dem Bürger und Architekten gemeinsam arbeiten. Ziel ist die Demokratisierung der Stadtplanung und Beteiligung der Bürger an den Problemen ihrer Stadt. Vorbild war das Münchener Forum. Mitbegründer sind Institutionen wie das Kuratorium Kulturelles Frankfurt, die Aktionsgemeinschaft Westend, der Bund für Volksbildung, der Deutsche Gewerkschaftsbund, der Deutsche Werkbund Hessen e.V., Frankfurter Bürger, Architekten und auch die Stadt Frankfurt am Main, die das Forum mit einem wichtigen Zuschuss u.a. für die Finanzierung von Publikationen ausstattet. Es ist der vielversprechende Beginn für eine moderne Stadtplanung für Frankfurt auf bürgerschaftlicher Basis.

1972 Das Forum publiziert unter dem Titel „Die Alternative“ einen Vorschlag für einen großräumigen äußeren Autobahnring rund um Frankfurt, der aus A3, A5 und einer im Osten zu ergänzenden Autobahn (damals als A91 bezeichnet) besteht und die Durchfahrt durch einen Ring ersetzt.[3] Dies war ein Gegenentwurf zu dem offiziell geplanten, mit dem Bau des Miguelknotens (Kap. II – 2.1) bereits begonnen Bau der Autobahn A66 (damals noch A80) Wiesbaden–Fulda durch Frankfurt hindurch (Abb. 041).

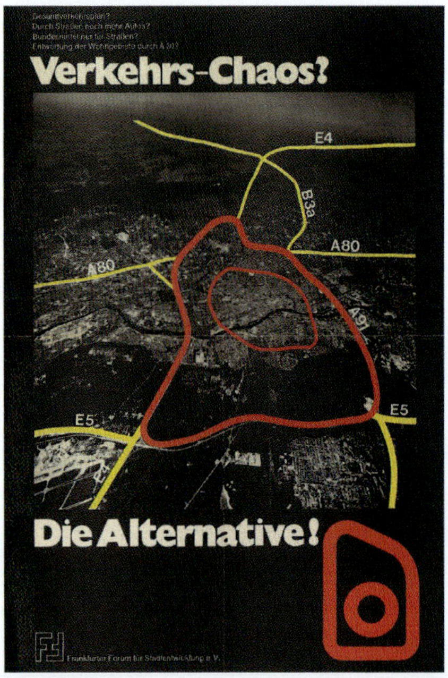

041 1972 Frankfurter Forum für Stadtentwicklung, „Die Alternative“. Umfahrung von statt Durchfahrt durch Frankfurt. Kurzfassung als doppelseitig bedruckte Zeitungsbeilage.

2 Novotny, Präsident der Architektenkammer Hessen mit „Frankfurt braucht ein Forum für Stadtentwicklung“, Hrsg. Architektenkammer Hessen, Frankfurt am Main, Februar 1971. Ferner „Die Plattform für Initiative der Bürger“, FAZ 7.7.1971, „Frankfurter Forum für Stadtentwicklung“, FR 7.7.1971, „Wenig Geld, aber viele Aufgaben. Das Frankfurter Forum für Stadtentwicklung ist gegründet“, FNP 7.7.1971, „Das Forum zieht junge Menschen an – Die erste Mitgliederversammlung wählt den Programmausschuß“, FAZ 26.11.1971.

3 Frankfurter Forum für Stadtentwicklung, „Die Alternative“. Kurzfassung als doppelseitig bedruckte Zeitungsbeilage und Langfassung als Broschüre, Frankfurt 1972.

1971/73 Der Autor ist am 6.7.1971 Mitbegründer des Forums. Er bringt im Frühjahr 1972 seine Grüngürtel-Flussufer-Konzeption von 1970/71 in das Forum ein (Abb. 042, 043). Daraufhin erfolgt am 18.4.1972 (Abb. 046). die Veranstaltung „Grüngürtel enger schnallen" und fünf Wochen danach, am 24.05.1972, die Gründung des Ausschuss öffentliches Grün im Forum. Der Autor wird Vorsitzender zusammen mit Herrn Schmidt und Frau Preusker, die beide am 29.7.1972 nicht an der Grüngürtelerkundungstour teilnehmen (Abb. 044, 045). Schmidt verlässt 1¼ Jahre nach Gründung den Ausschuss als dieser im Oktober 1973 unter dem vom Autor geprägten Titel „Der Grüngürtel – Die Chance" die Erstpublikation der Konzeption publiziert (Abb. 051, 052). Der Autor ist ab Herbst 1973 einziger Ausschuss-Vorsitzender und 1979/80 auch Forums-Vorsitzender. Seine Konzeption umfasst alle stadtplanerischen Aspekte. Sie ist Kernthema des Forums. Es publiziert die wesentlichen Teile. Die Wahl der Gründer der BI zur Erhaltung des Landschaftsschutzgebietes Niddatal, Georg Encke und Karl Stadager, zu Mitgliedern des Forums-Vorstands

Karl Stadager Direktor a.D.
Haingrabenstraße 39
6 Frankfurt am Main

Hiermit bestätige ich das Folgende:

1. Im Frühjahr 1972 führte ich mit Herrn Prof. Till Behrens Gespräche über einen gegen Bebauung geschützten Dritten Frankfurter Grüngürtel. Herr Behrens schlug einen geschlossenen Grünring auf Restgrünflächen vor, der von Fechenheim über den Heiligenstock durch das Niddatal nach Höchst und von dort über den Stadtwald wieder nach Fechenheim verläuft. Dieser Ring sollte nach seiner Vorstellung eine grüne Querverbindung entlang der Mainufer erhalten.

   Nach diesem Gespräch brachte Herr Behrens das Konzept in die Arbeit des Frankfurter Forums für Stadtentwicklung ein, mit der Folge, daß der Ausschuß Öffentliches Grün im Forum das Gelände für den nördlichen Ringteil abradelte und unter maßgeblicher Mitwirkung der Herren Till Behrens und Jochen Rahe die Schrift verfaßte "Der Grüngürtel - die Chance", die im Oktober 1973 erschien.

2. In der Sitzung des Grünausschusses im Frankfurter Forum für Stadtentwicklung e.V. vom 12.06.1973 (Wäldchestag) in der Städelschule, an der ich teilnahm, machte Herr Prof. Till Behrens den Vorschlag, einen "Provisorischen Mittleren Straßenring" auf vorhandenen Frankfurter Straßen einzurichten. Den Verlauf des Ringes erläuterte Herr Behrens an Hand eines Stadtplanes von Frankfurt. Sein Vorschlag wurde als Forumsinitiative vom Forum am 23. August 1973 in einer Presseerklärung der Öffentlichkeit bekannt gemacht.

Seit dem 22. März 1973 war ich Vorstandsmitglied des Frankfurter Forums für Stadtentwicklung e.V.

Frankfurt am Main, den 3. Mai 1988

Karl Stadager

042 Bestätigung von Karl Stadager zu Till Behrens' Urheberschaft an der Grüngürtel-Mainufer-Konzeption und der Konzeption eines „Mittleren Ringes".

fördert die Entwicklung. Auf Grund des bürgerfeindlichen Umgangs des Magistrats mit Forum und alternativer Stadtplanung (S.105, Kap.II-4) verlässt der Autor nach zehnjähriger ehrenamtlicher Tätigkeit das Forum zum 1.1.1981.

29.7.1972 Auf Fahrrädern erfolgt die Erkundung des potentiellen Grüngürtellandes und per Schiff die Erkundung der Mainufer durch Brigitte und Jochen Rahe, Veronika Krüger, Dieter

Georg Encke
Damaschkeanger 131
6 Frankfurt am Main 90

Hiermit bestätige ich:

1. Herrn Prof. Till Behrens lernte ich im Winter 1970/71 kennen, als er die Bürgerinitiative "Am Treutengraben" gegen die Bebauung des Geländes-Dreieckes nördlich der Straße An den Geiselwiesen und der Nidda ins Leben gerufen hatte und ich diese Initiative unterstützte. Die"BI Am Treutengraben" ging in der "BI zur Erhaltung des Landschaftsschutzgebietes Niddatal" auf, an der sich Herr Behrens äußerst aktiv beteiligte. Im Winter 1971/ Frühjahr 1972 führten Herr Behrens und ich Gespräche über einen neuen gegen Bebauung geschützten Frankfurter Grüngürtel. Herr Prof. Behrens schlug einen geschlossenen Grünring auf noch vorhandenen Restgrünflächen vor, der von Fechenheim (Mainkur) über den Heiligenstock, das Niddatal abwärts nach Höchst verläuft und durch den Stadtwald östlich an Offenbach vorbei wieder zum Ausgangspunkt nach Fechenheim (Mainkur) geschlossen wird. Weiterhin schlug Herr Behrens eine grüne Querverbindung entlang der Mainufer vor, die durch Bauvorhaben aller Art (Hochhäuser, Straßen usw.) in Gefahr sind.

   Sein Konzept brachte Herr Behrens danach im Frühjahr 1972 in das Frankfurter Forum für Stadtentwicklung e.V. ein. Der"Ausschuß Öffentliches Grün" im Forum radelte mit einigen aktiven Mitgliedern, die Behrens' Vorschlag unterstützten, das für den nördlichen Ringteil in Frage kommende Gelände ab und verfaßte dann unter maßgebender Mitwirkung der Herren Till Behrens und Jochen Rahe die Broschüre "Der Grüngürtel - die Chance", die im Oktober 1973 herauskam.

2. Herr Prof. Till Behrens machte in der Sitzung "Ausschuß Öffentliches Grün im Frankfurter Forum für Stadtentwicklung e.V.", der in der Städel-Schule tagte, in meiner Anwesenheit am 12.06.1973 (Wäldchestag) den Vorschlag, auf vorhandenen Frankfurter Straßen einen "Provisorischen Mittleren Straßenring" einzuführen. Er erläuterte den Verlauf des Ringes anhand eines Stadtplanes. Behrens' Vorschlag wurde am 23.August 1973 in einer Presseerklärung als Forumsinitiative der Öffentlichkeit bekannt gemacht.

Ich war ab dem 22.März 1973 Vorstandsmitglied des Frankfurter Forums für Stadtentwicklung e.V.

Frankfurt am Main, den 22. Mai 1988

Georg Encke

043 Bestätigung von Georg Encke zu Till Behrens' Urheberschaft an der Grüngürtel-Mainufer-Konzeption und der Konzeption eines „Mittleren Ringes".

Pagel und den Autor Till Behrens.[4] Die Untersuchungen bestätigen die Machbarkeit der Konzeption des Autors, was zur Vorbereitung ihrer Publikation und zugleich zu Veranstaltungen und Vorträgen auf Bürgerversammlungen über die noch vorhandenen Chancen führt.

Per Rad durchs Grün rund um die große Stadt

4.8.72 FR

„Neugierige Picknick-Tour für die Naherholung" / Servitut gefordert

Radfahren ist „in" — zumindest in Frankfurt. Also hatten sich auch Mitglieder des Ausschusses Öffentliches Grün im „Frankfurter Forum für Stadtentwicklung e.V." jetzt aufs Rad geschwungen, zu einer Ortsbesichtigung, die sie als „neugierige Picknicktour für die Naherholung" deklarierten. Start war der Fechenheimer Wald, dann ging die Route über den Bergrücken von Bergen-Enkheim ins Planungsgebiet Heiligenstock, bei Berkersheim an die Nidda, die Nidda flußabwärts bis zur Höchster Wörthspitze und zurück dann allerdings mit dem Schiff zum Eisernen Steg.

Der Gedanke, der hinter dieser sportlichen Expedition stand, war die Konzeption eines zweiten, durch den Servitut geschützten Grünringes um Frankfurt zu erkunden. Nach Auffassung des Forums erfordern die schnelle Ausdehnung Frankfurts und der steigende Bedarf an Grün- und Freizeitflächen die Gestaltung eines zweiten zusammenhängenden Grüngürtels. Im Interesse der Bürger sollte dieser zweite Grüngürtel die Cityrandgebiete der Stadt und seine Ausläufer von Fechenheim bis Höchst einrahmen. Im Süden wäre er durch den Main und das Stadtwaldgebiet verbunden. Den alten innerstädtischen Grünring bezeichnet das Forum als eine der bestgelungenen städtebaulichen Anlagen der Stadt, die durch das Wall-Servitut einen sicheren Schutz erhalten habe.

Die Flächen des Grüngürtels müßten, so sagt das Forum, als leicht erreichbare Freizeitflächen aktiviert werden durch Schwimmbäder, Möglichkeiten für Ponyreiten, durch einen Kinderbauernhof als Ergänzung des zukünftigen Zoogebietes am Ginnheimer Wäldchen, ferner durch Sportanlagen, Radfahrmöglichkeiten, Bootsfahrten auf der Nidda.

Das Forum schlägt vor, daß Hindernisse wie die Nidda-Brücken Eschersheim, Praunheim, Rödelheim und das Autobahnkreuz Frankfurt-West umgangen werden müßten. Wegen der Unterbrechung des Grüngürtels durch die Ludwig-Landmannstraße sollte vom Hausener Strandbad und Brentanobad eine einheitliche Konzeption mit Öffnung für Fußgänger und Radfahrer entwickelt werden.

Ein weiterer Vorschlag geht dahin, die reizvollen Nidda-Altarme landschaftsarchitektonisch zu gestalten. Weiterhin setzt sich der Ausschuß dafür ein, den Nidda-Zug vor Hochhausbebauung zu schützen. Eine wesentliche Voraussetzung für den Erfolg eines Grüngürtels als Freizeitzone wäre nach Ansicht des Forums allerdings erst einmal eine Säuberung der Nidda.

In einer öffentlichen Diskussion beabsichtigt der Ausschuß diese Vorschläge der Bevölkerung demnächst vorzustellen. fe

044 Pressemitteilung in Frankfurter Rundschau vom 4.8.1972.

045 Grüngürtel-Erkundungstour des Frankfurter Forums für Stadtentwicklung. Aufbruch am Bahnhof Frankfurt-Mainkur. Teilnehmer von l. nach r.: Jochen Rahe, Brigitte Rahe, Veronika Krüger, Dieter Pagel. Fotograf: Till Behrens, nicht im Bild.

4 „Per Rad durchs Grün rund um die große Stadt", FR 4.8.1972; „Ein Pendant für den Stadtwald" FAZ, 5.5.1972. „Forum für zweiten Grüngürtel-Ausschuss unternahm eine Fahrradtour", FNP 5.8.1972.

Das Frankfurter Forum veranstaltet verschiedene Diskussionsveranstaltungen:

046 Plakat und Flyer „Grüngürtel enger schnallen?“, 18.4.1972 (H = 588 / B = 415 mm).
047 Plakat „Was ist in Frankfurt der Landschaftsschutz wert?“, 7.11.1972 (s.o.).
048 Plakat „Grüngürtel sichern“, 7.11.1972.

Febr. 1973 Die Stadt Frankfurt entzieht dem Frankfurter Bürgerforum den für die Finanzierung von Publikationen wichtigen Zuschuss auf Beschluss der damals mit absoluter Mehrheit regierenden SPD. Der Forumsvorsitzende Novotny lässt keinen Zweifel *„(...), dass der SPD-Beschluss eine politisch motivierte Entscheidung sei (...) Es müsse sich jetzt zeigen, wieweit man wirklich bereit sei, mehr Demokratie in der Stadtplanung zu wagen, oder ob es sich nur um ein Lippenbekenntnis gehandelt habe. (...)“.*[5]

5 „SPD-Fraktion soll ihren Beschluss überprüfen“, FAZ 6.2.1973.

SPD-Fraktion soll ihren Beschluß überprüfen

FAZ v. Di. 6.2.73

„Frankfurter Forum" fordert weitere städtische Mittel

vi. Als eine „Sache, die stinkt" deutete gestern Diplomingenieur Fritz Novotny vom „Frankfurter Forum für Stadtentwicklung e. V." den Beschluß der SPD-Stadtverordnetenfraktion, wonach das Forum künftig nicht mehr mit städtischen Mitteln unterstützt werden soll. Ihm dränge sich der Verdacht auf, das Forum sei durch seinen kürzlich veröffentlichten Alternativvorschlag zur Frankfurter Verkehrsplanung „einigen Leuten in der Stadt" so unbequem geworden, daß es nun zum Schweigen gebracht werden solle. Der Beschluß sei eindeutig das Ergebnis einer Fraktionsbildung innerhalb der SPD. Diese Fraktion kenne er zwar nicht genau, er vermute aber ein Zusammengehen von extrem rechten und extrem linken Kräften. Die Verfechter konservativer Ansichten hätten dabei möglicherweise Bedenken gegen Eingriffe in die Verwaltungshoheit, die linke Gruppierung denke wohl, die Volkshochschule könne die Aufgabe einer Stadtentwicklungsdiskussion über die Strukturentwicklungskurse besser und eher in ihrem Sinne behandeln.

Novotny ließ keinen Zweifel an seiner Auffassung, daß der SPD-Beschluß ein politisch motivierter Entscheid sei. Er kündigte an, das Forum werde die Fraktion auffordern, ihren Beschluß zu überprüfen. Es müsse sich jetzt zeigen, wieweit man wirklich bereit sei, mehr Demokratie in der Stadtplanung zu wagen, oder ob es sich nur um ein Lippenbekenntnis gehandelt habe. In diesem Zusammenhang erinnerte der Architekt an das Städtebauförderungsgesetz, das eine Beteiligung der Bevölkerung fordere. Wo aber das Forum mit einzelnen Bürgerinitiativen in Detailfragen der Planung zusammengearbeitet habe, sei es offensichtlich besonders unangenehm geworden. Unverständlich sei der SPD-Beschluß aber auch, weil dieser „Tiefschlag" zu einem Zeitpunkt komme, wo der hessische Wirtschaftsminister Karry gerade den Wert des Forums unterstrichen und Baudezernent Adrian die Vorschläge des Vereins als positiven Beitrag gekennzeichnet habe.

Die am Forum geübte Kritik hinsichtlich seiner Verkehrsplanung bezeichnete Novotny als „etwas oberflächlich". Der Vorschlag habe eindeutig pragmatischen Charakter gehabt, wobei die politische Entscheidung habe offenbleiben müssen, wie man das Verhältnis von öffentlichem und Individualverkehr ansetze. Auch die Behauptung, das Forum habe „alle Erwartungen enttäuscht" und nichts Neues geboten, wies der Sprecher zurück. Es habe beispielsweise darauf hingewiesen, daß der zukünftige Miquel-Knoten, eines der wenigen zusammenhängenden Freigelände in Stadtnähe, fast die gleiche Fläche einnehme wie die Innenstadt. Diese Behauptung ist jedoch von Kritikern des Forums als unrichtig zurückgewiesen worden.

Das Forum habe schon im vergangenen Jahr Kontakt zu allen Fraktionen in der Stadtverordnetenversammlung aufgenommen, sagte Novotny. Dabei sei es darum gegangen, die Vorstellungen der Politiker über die Arbeit des Vereins kennenzulernen. Die FDP sei überwiegend positiv eingestellt gewesen, sie habe vom Forum in erster Linie die Entwicklung unabhängiger Planungsalternativen erwartet. Auch die CDU habe eine grundsätzlich zustimmende Position eingenommen und als Hauptaufgabe des Forums ebenfalls die Alternativen-Entwicklung bezeichnet. Auf diese Weise könnten die städtischen Vertreter Unterstützung gegen die „Überinformation" der entsprechenden Dienststellen finden. Die SPD sei jedoch von Anfang an sehr reserviert gewesen. Immerhin habe ein zwar hartes, aber sachliches Gespräch stattgefunden, in dem die Stadtverordnete Dr. Frolinde Balser vom Forum eine „Mobilisierung interdisziplinären Sachverstandes für die öffentliche Diskussion" gefordert habe. Schon damals habe man allen Fraktionen erklärt, daß keine Wunder erwartet werden dürften hinsichtlich der gewünschten Alternativplanung. Diese sei zu kostenintensiv, um von einem Verein wie dem Forum mit den zur Verfügung stehenden Mitteln durchgeführt werden zu können. Vielmehr seien vom Forum statt ausgereifter Planung eher Denkanstöße zu erwarten.

Novotny ging auch auf die Bemerkungen ein, wonach das Städtische Bauamt jene Pläne, die das Forum vorgelegt hat, auch durchgespielt habe, und daß man besser Bürgerinitiativen unterstützen solle, weil sie nicht soviel Geld brauchten. Wenn das Bauamt die gleichen Pläne gehabt habe, müsse man sich fragen, warum diese nicht veröffentlicht wurden. Ein Vergleich mit Bürgerinitiativen sei falsch, weil diese sich nur zu Detailproblemen engagierten, während das Forum auch übergeordnete Gesichtspunkte berücksichtige.

Auf die Frage, wie denn das Forum weiterarbeiten wolle, wenn die Unterstützung gestrichen werde, erklärte der neugewählte Vorsitzende des Vereins, Jochen Rahe, dies könne man jetzt noch nicht absehen. Novotny ergänzte, die sachliche Diskussion um die vom Forum vorgelegte Alternativlösung zur Verkehrsführung im Norden Frankfurts werde erst einmal unabhängig von der weiteren Finanzierung des Vereins fortgesetzt. In den nächsten Tagen sollen Besprechungen mit der Bürgerinitiative „Unmenschliche Autobahn" zur Führung der A 80 und deren Anbindung an das städtische Straßennetz stattfinden. Auch mit den betroffenen Ortsbeiräten habe man Kontakt aufgenommen, um diese Frage gemeinsam zu erörtern.

„Wenn die Politiker jedoch ihre Forderung nach ‚mehr Demokratie' nicht wahr machen und die Bevölkerung wirklich nur an Detailfragen interessiert ist, sind wir schließlich zur Wirkungslosigkeit verurteilt", meinte Novotny. Da der Verein bewußt seine Mitgliederbeiträge niedrig gehalten habe, um jedem interessierten Bürger die Mitwirkung zu ermöglichen, das Spendenaufkommen aber sehr gering sei, sehe er in dieser Hinsicht wenig Hoffnung.

Das Frankfurter Forum hat im vergangenen Jahr rund fünfzigtausend Mark aus dem städtischen Haushalt erhalten. Für das laufende Jahr waren 120 000 Mark gefordert worden. Diese Erhöhung müsse man aber im Zusammenhang mit dem erweiterten Programm sehen, meinte der Sprecher. So sollte beispielsweise eine breite Grundsatzdiskussion zur Planung in dieser Stadt mit diesen Mitteln finanziert und die auch seinerzeit von der FDP angeregte sogenannte „Anwaltsplanung" eingeleitet werden. Unter diesem Begriff versteht man eine öffentliche und unabhängige Sachwaltung von Interessen alter Bürger durch Fachleute, die nicht der kommunalen oder staatlichen Verwaltung angehören.

049 Pressemitteilung der Frankfurter Allgemeinen Zeitung vom 6.2.1973.

Okt. 1973 *„Der Frankfurter Grüngürtel – die Chance"* erscheint in einer Langfassung als Broschüre

Frankfurter Forum für Stadtentwicklung e.V.

Mehr Demokratie in der Stadtplanung !

WIR BITTEN SIE UM IHRE UNTERSTÜTZUNG.
WERDEN SIE MITGLIED IM FRANKFURTER FORUM.
HELFEN SIE UNS DURCH SPENDEN.
UNTERSCHREIBEN AUCH SIE DIESEN AUFRUF
UND SCHICKEN IHN AN UNS ZURÜCK.

6 Frankfurt am Main 70
Dürerstrasse 10 (Städelschule)
Telefon: 61 46 79
Konto: Hessische Landesbank
Frankfurt am Main Nr. 23638

Das Frankfurter Forum für Stadtentwicklung e.V. wurde vor neunzehn Monaten gegründet. Es hat Diskussionen veranstaltet und Konzepte zur Stadtplanung ausgearbeitet.
Vor wenigen Wochen wurde dem Forum durch Beschluss der Mehrheitsfraktion der Stadtverordnetenversammlung der finanzielle Zuschuss gestrichen.
Damit ist die Weiterarbeit gefährdet.
Es hat sich aber gezeigt, was ein Bürgerforum sein kann und was nicht:
So kann es Denkanstösse geben, aber kein Planungsamt sein.
Es kann Entscheidungshilfen für die Politiker erarbeiten, aber kein Schiedsrichter sein.
Da es die übergreifende Gesamtstadtentwicklung im Auge haben muss, kann es einzelne Bürgerinitiativen nicht ersetzen.
Es kann Öffentlichkeit, Politiker, Behörden und Fachleute zu einem fruchtbaren Gespräch bringen, es kann aber keine Patentlösungen anbieten.

Das Frankfurter Forum hat inzwischen seine Arbeits- und Kritikfähigkeit bewiesen.
So waren seine Aufrufe zur Erhaltung des Grüngürtels im Nidda-Tal erfolgreich, seine Mahnungen, keine voreiligen Planungsentscheidungen, z.B. Heiligenstock, zu treffen, ohne zuvor Gesamtstadtentwicklung im Rahmen einer regionalen Planung betrieben zu haben, sind offensichtlich auf fruchtbaren Boden gefallen. Schliesslich hat die "Alternative zur A 80" eine grosse öffentliche Diskussion über die Frankfurter Verkehrsplanung in Gang gesetzt.

Frankfurt aber hat zu viele Probleme, die nicht der Verwaltung allein überlassen sein dürfen: City-Verdichtung, Verkehr, Grünflächen, Bau der Universität, Wohnungsbauprobleme u.v.a.
Die Stadt braucht unabhängige Kritiker.

In dieser Situation rufen wir Bürger, Vereinigungen und Institutionen auf, die Arbeit des Frankfurter Forums zu unterstützen.

Bürgerforen sind ein Teil der Demokratisierung der Stadtplanung.

Walter Adelhoch, Stadtdekan
Dr. Clemens von Arnim
Prof. Max Bächer
Wolfgang Bartsch, Architekt
Dr. Karl Becker, Gesellschaft Umwelt-Management
Ruth Beckmann, Mitglied des Landtags (CDU)
Hanna Bekker vom Rath, Frankfurter Kunstkabinett
Dieter Berndt, Vorstand d. Frankfurter Forums
Horst Bingel, Schriftsteller
Prof. Günter Bock, Architekt
Arnulf Borsche, Mitglied des Landtags (CDU)
Heinrich Cobet, Buchhändler
Georg Encke, Vorstand d. Frankfurter Forums
Prof.Dr.K.E. Fick, Dekan d.Fachbereichs Geographie
Dr. Friedrich Freiwald, Mitglied des Bundestags (CDU)
Otto Fresenius, Architekt
Dipl.-Ing. Alois Giefer, Architekt
Hermann Göpfert, Bildhauer
Richard Hackenberg, Mitglied des Landtags (CDU)
Peter Härtling, Verlagsleiter
Prof.Dr. O. Hövels, Dekan d. Fachbereichs Humanmedizin
Liselotte Hulverscheidt, Deutscher Kinderschutzbund Ortsv.Ffm
Prof.Dr. Gerd Kadelbach
Heinz-Herbert Karry, Hess. Minister f.Wirtschaft u.Technik
Dr. Hartmut Katscher, AG "Unmenschliche Autobahn"
Lore Kramer, Prorektor d. Hochschule f.Gestaltung, Offenbach
Hermann-Josef Kreling, Fraktionsgeschäftsführer der CDU, Ffm
Horst Krüger, Schriftsteller
Helmut Lenz, Mitglied des Landtags (CDU)
Dr. Herbert Lürmann, AG Frankfurter Bürgervereine
Rudolf Michen, Sekr.d.Dtsch. Gewerkschaftsbundes Kr.Ffm
Prof.Dr. Alexander Mitscherlich, Dir.d.Sigmund-Freud-Instituts
Erich S. Nitzling, Mitglied des Landtags (SPD)
Prof. Fritz Novotny, Vorstand d. Frankfurter Forums
Peter Palitzsch, Regisseur
Roland Petri, Dir.d.Frankfurter Bundes f. Volksbildung
Prof.Dr. R. Pesch, Dekan d.Fachbereichs Religionswissenschaften
Prof. Paul Posenenske, Architekt
Otto Pulch, Mitglied des Landtags (FDP)
Dieter Rudolph, Geschäftsführer
Rudi Rohlmann, Mitglied des Landtags (SPD)
Hans-Rudi Saftig, Architekt
Reinhard Sander, Vorstand d. Frankfurter Forums
Ursula Segner, Vorsitzende d. Frankfurter Jugendrings
Andreas von Schoeler, Mitglied des Bundestags (FDP)
Karl Stadager, Vorstand d. Frankfurter Forums
Dr. Dieter Trautwein, Probst
Dr. Manfred Wend, Vorstand d. Frankfurter Forums
Dr. Katrin Zapf, Stadtsoziologin

050 Unterstützungsaufruf Frankfurter Forum für Stadtentwicklung e.V., Februar 1973.

und in einer Kurzfassung als Zeitungsbeilage.[6] Beide wurden maßgeblich vom Autor und dem Soziologen Jochen Rahe formuliert. Die Zeitungsbeilage in fast DIN A 2-Größe enthält auf der Vorderseite eine Luftaufnahme von Frankfurt, in der in Grün der Verlauf des Grüngürtels eingetragen ist, ferner einen grünen Kreis zur Symbolisierung des geschlossenen Ringes. Die Rückseite bringt Forderungen, Begründungen und ergänzende Grafiken. Das Hauptargument für den Grüngürtel ist seine klimatische Funktion. Vorgesehen sind Frischluftschneisen, Abkühlungsflächen, Luftregeneration und Ruhezonen, um quälende Lärmbelästigung einzudämmen.[7]
Die Grüngürtel-Publikation findet großes Interesse in der Öffentlichkeit und in der

051 Frankfurter Forum für Stadtentwicklung e.V. 1973, „Der Frankfurter Grüngürtel ... die Chance", Kurzfassung als doppelseitig bedruckte Zeitungsbeilage, Okt. 1973.

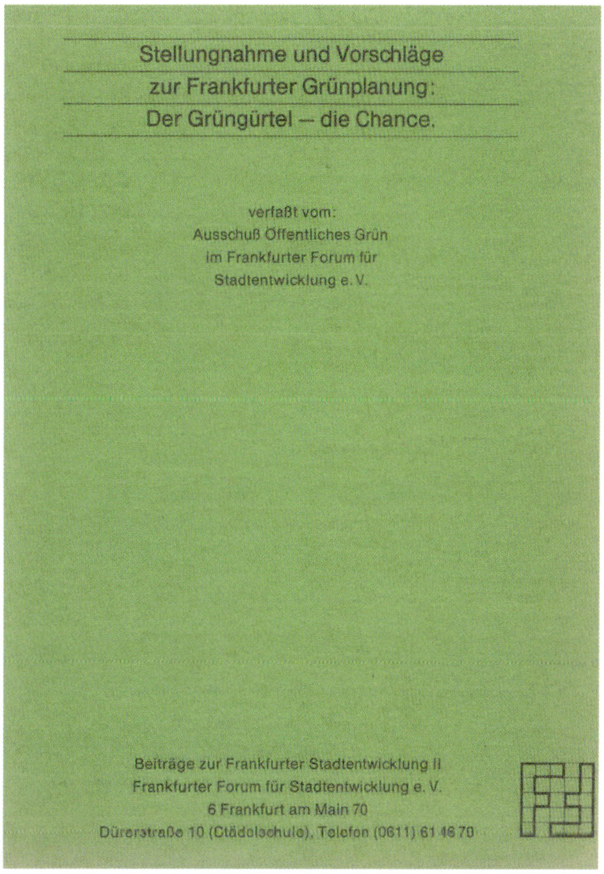

052 Frankfurter Forum für Stadtentwicklung 1973 „Stellungnahme und Vorschläge zur Frankfurter Grünplanung: Der Grüngürtel – die Chance", Langfassung als Broschüre, Okt. 1973.

Tages- und Fachpresse.[8] Sie wird von vielen deutschen Städten angefodert, weil sie auch für diese Gültigkeit hat und beeinflusst damit u.a. auch das 16 Jahre später im nördlichen Ruhrgebiet beginnende IBA-Emscher-Park-Projekt.[9] Unter Frankfurts Planungsdezernent Hanns Adrian führen diese Forumspublikationen zur Vergabe des

6 Frankfurter Forum für Stadtentwicklung e.V. „Der Frankfurter Grüngürtel ... die Chance", Beiträge zur Frankfurter Stadtentwicklung II, doppelseitige Beilage, in Frankfurter Tageszeitungen. Dass.: Broschüre „Stellungnahme und Vorschläge zur Frankfurter Grünplanung Der Grüngürtel – Die Chance", Frankfurt 1973.

7 Rückseite der Zeitungsbeilage.

8 Unter anderem im Deutschen Architektenblatt Hessen: „Der Frankfurter Grüngürtel – Die Chance", DAB 24/1973, S. SW 227.

9 Internationales-Bauausstellungs-Projekt Emscher Park im nördlichen Ruhrgebiet von 1989 bis 1999.

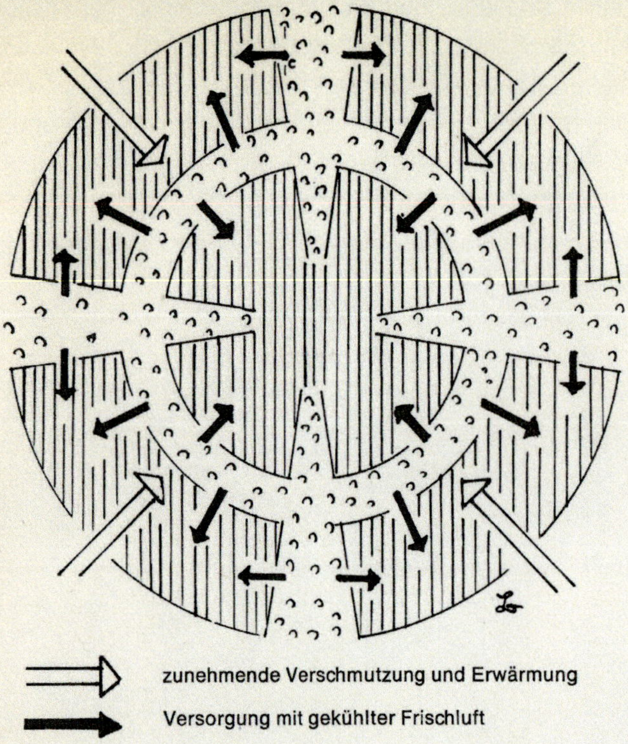

Unterbrechung der Zunahme der Temperatur, Abkühlung der Luft durch Grünanlagen, Versorgung der Baugebiete mit kühler, sauberer Luft.

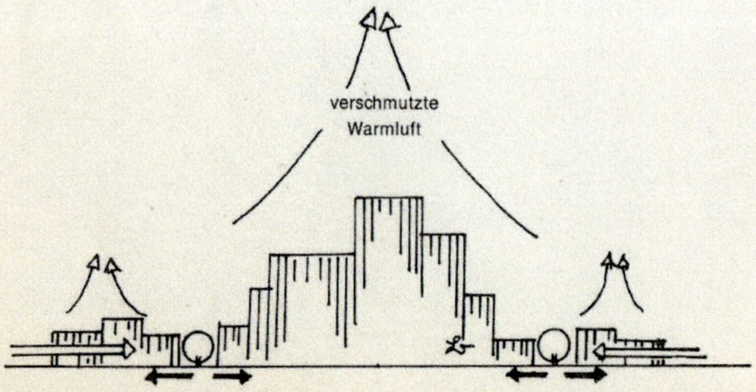

Bild 1
Unterbrechung der Zunahme der Luftverunreinigungen.
Luftfilterung durch Grünflächen.

Unmittelbar an die Bebauung angrenzende Felder und Wiesen wirken sich stärker auf die thermisch bedingte Durchlüftung (Kaltluftzufuhr) aus als weit entfernte Wälder! In Felder und Wiesen vordringende Bebauung schmälert die Frischluftzufuhr für die Stadt.

A. Bernatzky; »Grünflächen und Stadtklima«; in: Städtehygiene 6/1970

A. Bernatzky; »Grünplanung in Baugebieten, Wiesbaden 1972«

DER FRANKFU

Mit der rasend schnellen Entwicklung unserer Städte
des Bodens, des Wassers und der Luft einher.
Dem Druck der Baugebiete weichen die nahegele
Grünflächen.

Erhaltung der Landschaft

Es ist die unausweichliche Pflicht der Bürger, Politike
nur von gesunder Umwelt zu reden, sondern durch r
erhalten und zu pflegen.

Frankfurter Grünplanung

Thesen und Forderungen, die diese Einsicht unte
reichlich.

Leitsätze zur Frankfurter Grünpolitik
(in: Frankfurter Wochenschau: »Der grüne Weg durch die
Um auch kommenden Generationen ein menschenwürdige
Gartenamt für erforderlich:

1. die Freihaltung der natürlichen Grünräume der Stadtl
ufer, Steilhänge, Kuppen und Wälder – als Grundlag
Erschließung für den Gemeingebrauch.
2. Die unbedingte Schonung und Sicherung des vorhand
übergeordnete Planung als integrierender, aktiver Bes
3. Eine auf dieser Grundlage geordnete, gut gegliederte
lüftung aller Baugebiete durch breite Grünkeile bis in
4. Ausreichende Grünräume für sinnvolle Erholung, Spie
für die tägliche Entspannung in Wohnungsnähe – fü
Schaffung eines organisch zusammenhängenden Grü
innerstädtischen Grünbereichen hinaus in die freie Lan
5. Die Sauberhaltung der natürlichen Gewässer und
hinderung der Luftverpestung durch Abgase, Ruß und
des Mutterbodens, die Schonung der natürlichen Pflar
Natur sind lebensnotwendig für unsere Existenz – auc
weder willkürlich ersetzt noch beliebig vermehrt werde
6. Die Eindämmung der quälenden Lärmbelästigung und
in der Stille der Natur, als Ausgleich für die Unrast uns
7. Den Vorrang der geltenden Bestimmungen des Natur-
vermeidbarer, natur- und landschaftsschädigender Ein
unvermeidlicher Schädigungen des Naturhaushalts sc
ausreichende Wiederbegrünung. Aktives Stadtgrün b
körperlicher, seelischer und nervlicher Hinsicht! Es ma

Das Ziel heißt: Frankfurt, eine Stadt im Grünen!

Tatsächliche Entwicklung

Dennoch scheint die Grünplanung in Frankfurt noch
sein, denn:

Die regionalen Grünzüge enden in der Regel an der
fortzusetzen und damit das Stadtgebiet zu durchlüft
Im Niddatal bei Hausen wurden Hochhäuser errichte
ganz gering vorhandenen Naturlandschaften (Vogelsc
Im reizvollen Landschaftsgebiet des Heiligenstock w
einer 100 000-Einwohner-Stadt angestellt.

053 Ausschnitt aus Rückseite Faltblatt Zeitungsbeilage „Der Frankfurter Grüngürtel ... die Chance“, Okt, 1973.

GRÜNGÜRTEL – DIE CHANCE

u der Landschaft,
n Erholungs- und

altungsleute, nicht
ng Grünräume zu

Frankfurt gut und

dt zu sichern, hält das

gen, Fluß- und Bach-
ihre Sicherung durch

n Einbeziehung in die
Stadtorganismus!
ausreichender Durch-
che.
nehmenden Freizeit –
n Stadtnähe – durch
ohngebieten und den

ndwassers, die Ver-
nd Wiederverwendung
e diese Elemente der
Technik – und können

ezonen zur Besinnung

zes, die Unterlassung
die Wiedergutmachung
n Grünsubstanz durch
Gesundheitspflege in
ön und lebenswert!

ad am Wagen zu

sich bis zur Mitte

il der in Frankfurt
t.
ngen für den Bau

Die Grünflächen werden immer stärker durch große Autostraßen zerschnitten.
Im Niddabogen bei Bonames (Hildenfeld) wird eine Bebauung für etwa 10 000 Einwohner geplant.
Die Strukturpläne für die citynahen Bereiche weisen kein ausreichendes Grünkonzept aus.

Die Chance

Mit dem noch weitgehend zusammenhängenden Landschaftsgebiet von Höchst durch das Niddatal, Bergen-Enkheim, Fechenheimer Wald, Stadtwald und Schwanheim aber hat die Stadt Frankfurt die einmalige Chance des Ausbaus eines Grüngürtels, der die klimatischen und luftverbessernden Bedingungen erfüllt (siehe Bild 1), indem er zu einem System von Grünringen und Grünradialen auszubauen wäre,
bereits heute durch öffentliche Verkehrsmittel leicht zu erreichen ist (siehe Bild 2) und die Naherholungsmöglichkeiten aller Bevölkerungsgruppen sicherstellt (siehe Bild 3).
Diese Chance muß genutzt werden!
Es muß ein Stadtentwicklungsplan Grün aufgestellt und öffentlich diskutiert werden. Die Ergebnisse dieses offenen Planungsprozesses müssen rechtlich abgesichert werden. Alle Baupläne im Grüngebiet müssen bis zur Erarbeitung eines stabilen Grünkonzepts zurückgestellt werden.

Forderungen

Für den Ausbau eines Frankfurter Grüngürtels fordert das Frankfurter Forum:

1. Als Teil eines Stadtentwicklungsplans muß so schnell wie möglich ein Stadtentwicklungsplan Grün ausgearbeitet werden.
2. Der zusammenhängende nördliche Grünring von Höchst durch das Niddatal bis Fechenheim muß als Teil des Stadtentwicklungsplans erhalten und als Erholungs- und Freizeitgebiet verstärkt ausgebaut werden.
3. Durch Untersuchungen unabhängiger Sachverständiger und gegebenenfalls durch Wettbewerbe unter Landschaftsplanern ist die notwendige Größe dieses Grünraums zu fixieren. Bereits ausgewiesene Gewerbeflächen sind gegebenenfalls durch Flächennutzungsplan-Änderungen rückgängig zu machen.
4. Die durch die Untersuchung festgestellten Tabu-Grünflächen sind für alle Zeiten zu sichern (Servitut).
5. Es muß sichergestellt sein, daß neue Baugebiete (z. B. Hildenfeld und Heiligenstockbebauung) erst dann geplant werden dürfen, wenn die Untersuchung über die notwendige Größe der Grünräume abgeschlossen ist.
6. Es sind Bebauungsrichtlinien mit dem Ziel niedriger Randbebauung zur Nidda-Grünzone und entlang der Querspangen aufzustellen. Die City darf nicht abgeriegelt werden (Fixierung in der Bausatzung der Stadt Frankfurt).
7. Die zum großen Teil fehlenden Querspangen in die City (Fortsetzung der Regionalen Grünzüge) zum Zwecke des Luftaustausches sind durch systematische Grundstücksaufkäufe und Vorkaufsrechte langfristig einzuplanen (Klimaschneisen).
8. Der Schutz der Waldflächen muß garantiert werden. Dazu gehört die Neuanlage von Waldflächen (evtl. auf Brachland) und die Verbesserung bestehender Waldflächen (Strukturverbesserung von Monokulturen).

„Vorkonzepts" für einen Landschaftsplan an Reinhard Grebe in Nürnberg.[10] Ein Jahr später liegt das Vorkonzept vor. Doch unter dem neuen Planungsdezernenten Hans-Erhard Haverkampf kommt es zu keiner Veröffentlichung, stattdessen wird das Konzept in einer sinnentstellenden Kurzfassung, die dem Original nicht mehr entspricht, der Öffentlichkeit zugänglich gemacht.[11]

10 Schreiben Stadtbaurat Adrian A. an Frankfurter Forum v. 22.11.1973, Betr.: „Der Grüngürtel – die Chance". Es heißt darin u.a.: „Ich beglückwünsche Sie zu der vorgelegten Broschüre. (...) Wenn das Gutachten vorliegt sollten wir in eine intensive Diskussion eintreten. (...) Ich meine, dass wir Anlass haben, uns bei Ihnen für die mit der Broschüre geleistete Arbeit zu bedanken (...)."

11 TV-Sendung Fazit WDR, 8.2.1976.

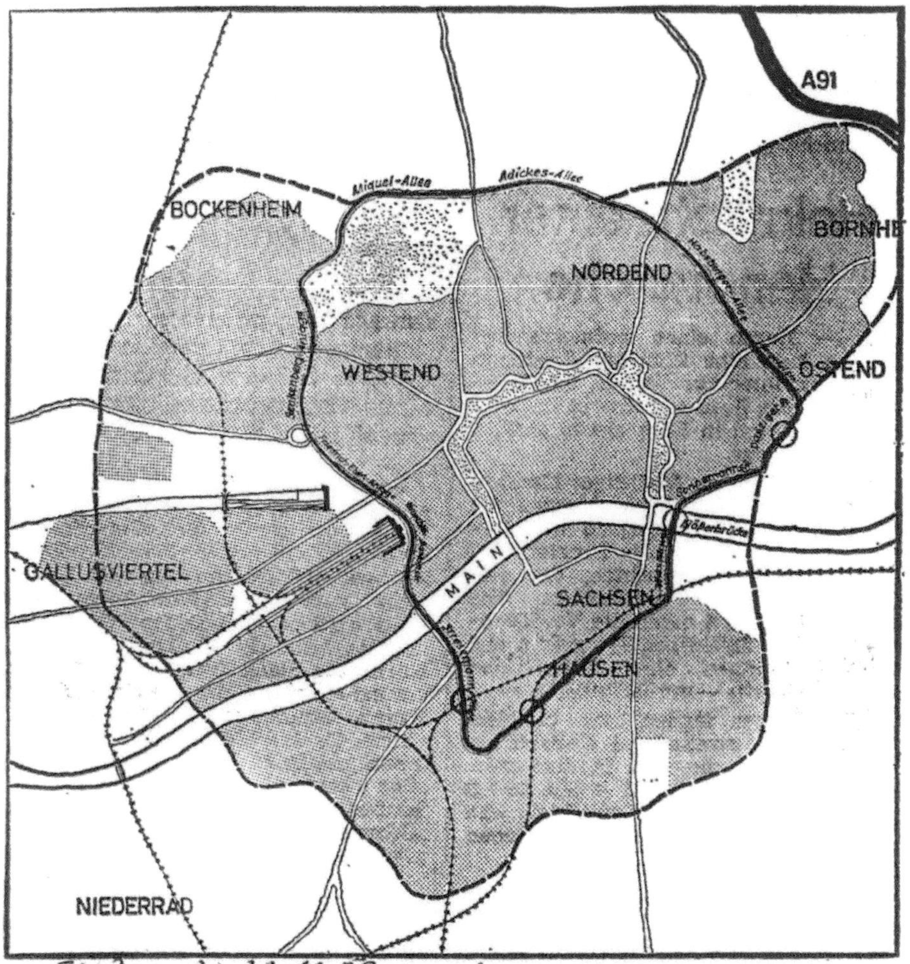

FNP v. D. 23.10.73

Forum will mittleren Ring vorziehen

ran. — Im August dieses Jahres hatte das Frankfurter Forum für Stadtentwicklung vorgeschlagen, einen „provisorischen mittleren Ring" auszubauen. Dieser führt über bereits vorhandene, leistungsfähige Straßenzüge, die sich durch den Ausbau von etwa vier „schwachen Stellen" zusammenschließen lassen. Die notwendige Verbreiterung von Engpässen ist auch im Generalverkehrsplan vorgesehen, sie muß nur zeitlich vorgezogen werden.

Die gestrichelte Linie im Westen und Süden markiert den mittleren Ring des Generalverkehrsplanes. Die Realisierung, besonders die der beiden Mainbrücken und der Überführungsbauwerke über die Bahnanlagen im Westen, liegt aber angesichts der finanziellen Situation der Stadt in einer weit entfernten Zukunft. Im Norden und Osten stellt die gestrichelte Linie die Führung des mittleren Ringes nach dem Ausbau der A 91 dar, die die Verbindung von der Autobahn Kassel—Mannheim ab Anschlußstelle Bad Homburg—Bonames in den Osten Frankfurts und von dort zur Kaiserleibrücke herstellt. Sie wird in absehbarer Zeit fertig sein. Wenn es dann möglich sein dürfte, Nordend, Bornheim und Ostend zu umfahren, verliert der Alleenring in diesem Abschnitt seine Funktion als Hauptverkehrsader.

Der Vorschlag des Forums für Stadtentwicklung ist im Stadtplanungsamt keineswegs auf taube Ohren gestoßen. Eine Rückfrage beim Forum für Stadtentwicklung ergab folgende Führung des Ringes: Adickesallee — Miquelallee (ohne weiteren Ausbau) über den südlichen Teil der Zeppelinallee, die ebenfalls nicht ausgebaut werden müßte, von dort weiter über Senckenberganlage — Friedrich-Ebert-Anlage — Düsseldorfer Straße — Hauptbahnhof — Baseler Straße — Friedensbrücke und von dort weiter über die Stresemannallee.

Hier würde sich allerdings ein beträchtlicher Aufwand ergeben, da die enge Bahnunterführung der Stresemannallee endlich beseitigt werden müßte, außerdem müßte die Stresemannallee bis zur Einmündung Mörfelder Landstraße verbreitert und dann auch noch eine Eisenbahnüberführung im Bereich der Mörfelder Landstraße vor der Mühlbruchstraße beseitigt werden.

Der mittlere Ring soll über Mühlbruchstraße — Siemensstraße — Wasserweg bis zur Flößerbrücke geführt werden, die um eine Fahrspur verbreitert werden soll. Von dort aus ging es dann weiter über Sonnemannstraße — Grusonstraße — Danziger Platz bis zur Henschelstraße, in der Henschelstraße wäre ein Ausbau notwendig. Von dort aus würde der mittlere Ring wieder auf die Habsburgerallee stoßen und weiter auf den Alleenring führen.

054 Presseartikel zum Vorschlag „Mittlerer Ring für Franfurt", Frankfurter Neue Presse 23.10.1973.

23.8.1973 Nachdem der in den Schreiben von Georg Encke und Karl Stadager erwähnte vom Autor am 12.6.1973 vorgeschlagene Mittlere Ring in endgültiger und in provisorischer Form abgefahren (s.o.) und festgestellt worden war, dass er zur Lärmentlastung der Wohngebiete, zur Verkehrsverflüssigung und zur Entlastung der Mainufer vom Kraftfahrzeugverkehr führen würde, wird er der Presse vorgestellt und von Stadtbaurat Hanns Adrian lobend aufgegriffen.[12]

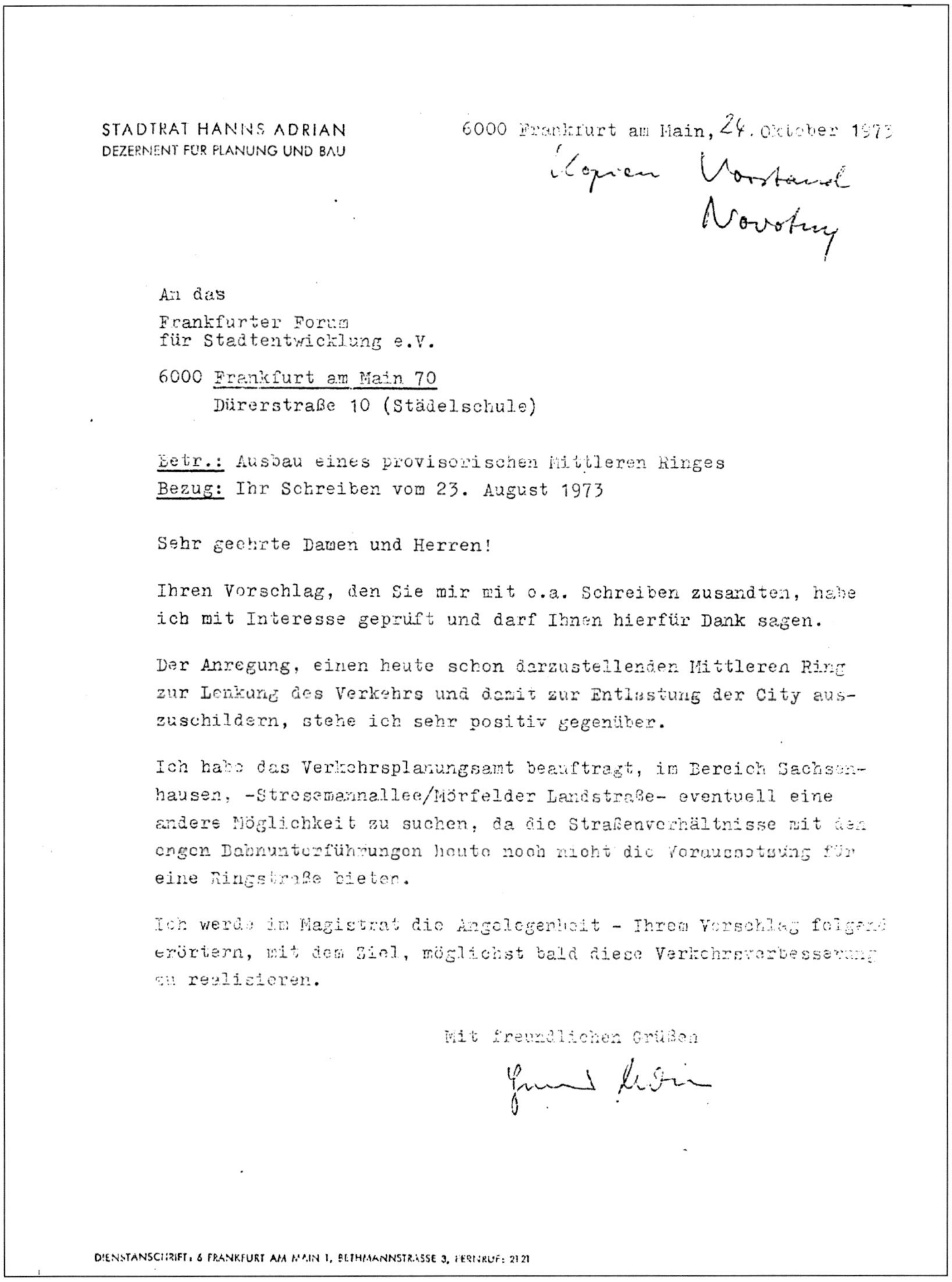

STADTRAT HANNS ADRIAN
DEZERNENT FÜR PLANUNG UND BAU

6000 Frankfurt am Main, 24. Oktober 1973

Kopien Vorstand Novotny

An das
Frankfurter Forum
für Stadtentwicklung e.V.

6000 Frankfurt am Main 70
Dürerstraße 10 (Städelschule)

Betr.: Ausbau eines provisorischen Mittleren Ringes
Bezug: Ihr Schreiben vom 23. August 1973

Sehr geehrte Damen und Herren!

Ihren Vorschlag, den Sie mir mit o.a. Schreiben zusandten, habe ich mit Interesse geprüft und darf Ihnen hierfür Dank sagen.

Der Anregung, einen heute schon darzustellenden Mittleren Ring zur Lenkung des Verkehrs und damit zur Entlastung der City auszuschildern, stehe ich sehr positiv gegenüber.

Ich habe das Verkehrsplanungsamt beauftragt, im Bereich Sachsenhausen, -Stresemannallee/Mörfelder Landstraße- eventuell eine andere Möglichkeit zu suchen, da die Straßenverhältnisse mit den engen Bahnunterführungen heute noch nicht die Voraussetzung für eine Ringstraße bieten.

Ich werde im Magistrat die Angelegenheit - Ihrem Vorschlag folgend erörtern, mit dem Ziel, möglichst bald diese Verkehrsverbesserung zu realisieren.

Mit freundlichen Grüßen

DIENSTANSCHRIFT: 6 FRANKFURT AM MAIN 1, BETHMANNSTRASSE 3, FERNRUF: 2121

055 Schreiben von Stadtrat Hanns Adrian vom 24.10.1973 an das Forum für Stadtentwicklung e.V.

12 Forum tritt für Provisorium ein, FR 25.8.1973; „Das Forum mahnt zur Eile – Für Ausbau eines provisorischen mittleren Ringes", FNP 25.8.1973; „Ausbau eines mittleren Ringes", FN, 13.9.1973. Mit Schreiben v. 24.10.1973 teilt Stadtrat Adrian dem Forum mit: „(...) Der Anregung, einen heute schon darzustellenden Mittleren Ring (...) auszuschildern stehe ich sehr positiv gegenüber. (...) Ich werde im Magistrat die Angelegenheit – Ihrem Vorschlag folgend – erörtern, mit dem Ziel, möglichst bald diese Verkehrsverbesserung zu realisieren."

1973/1974 — Da das Museumsufer von vorneherein Teil vom Mainuferspangen-Konzept und dieses wiederum Teil der Grüngürtel-Mainufer-Konzeption ist, beginnen der Autor und Rahe mit der stadtplanerischen Formulierung der Museumsufer-Konzeption für eine Schrift, die vom Bürgerforum dazu geplant ist. Wegen Streichung des städtischen Forumszuschusses durch die damalige Mehrheitsfraktion (SPD) müssen sie das Vorhaben aber abbrechen und können es erst 1979 wieder aufnehmen (s. Kap. II – 4).[13]

13.4.1979 — In der Zeitschrift „Bauwelt" erscheint der Artikel *„Gedanken zum Frankfurter Römerberg"*[14] vom Autor. Dieser schlägt darin vor, in Anlehnung an die Vorkriegssituation die alte Nutzungsvielfalt wieder herzustellen und den Bereich zwischen Frankfurts Römerberg und Dom wieder zu parzellieren. Der Grundstücksverkauf soll an Private erfolgen mit der Auflage, dass jeder Erwerber nur eine Parzelle erhält, die bis zu einem bestimmten Termin streng nach Bebauungsplan mit privatem Kapital und durch unterschiedliche Architekten zu bebauen ist. Ferner fordert der Autor die Anbindung des Dom-Römer-Bereichs an das Mainufer,[15] an dem Frankfurt als Bürgerstadt entstand. Der Vorschlag wird von der Stadt in die Wettbewerbsausschreibung lediglich für den Bau der Saalgasse übernommen und realisiert. Er war jedoch stark gekürzt worden und entsprach so nicht mehr dem Original.[16]

Gedanken zum Frankfurter Römerberg

Die historisierenden Pläne für die Bebauung des Frankfurter Römerbergs haben uns schon oft beschädigt, so in den Heften 32/1973, 16 und 25/1975, 21/1977, sowie 6 und 11/1978. Wir bringen hier einen Diskussionsvorschlag, der das Thema in einen stadträumlichen Zusammenhang stellt

Blick von Sachsenhausen auf die Frankfurter Mainfront mit Sozialem Wohnungsbau zwischen Saalhof und Straße zum Pfarrturm

13 Aufgrund des Beschlusses der SPD-Mehrheit im Frankfurter Parlament fehlte dem Forum für ca. 6 Jahre, in der Zeit von Anfang 1973 bis Ende 1979, die für Publikationen nötige Finanzierung. Die aus verschiedensten Berufen stammenden Forumsmitglieder waren ehrenamtlich tätig. Nach dem 1977 erfolgten Mehrheitswechsel im Stadtparlament erhielt das Forum wieder einen städtischen Zuschuss und nahm mit stark geschrumpfter Mitgliederzahl seine Tätigkeit verstärkt wieder auf.

14 Behrens T., „Gedanken zum Frankfurter Römerberg", Bauwelt 14.7.1979.

15 „Ein Wohnbereich hinter der Römerberg-Schaufassade?", FR 6.2.1979.

16 Behrens T., Rahe J., Leserbrief in Bauwelt 6/1989, 3.2.1989.

Der Römerberg ist nicht irgendeine geographische Position auf der Weltkugel: Er ist ein bestimmter Ort in einer bestimmten Stadt mit einer bestimmten Geschichte und einer ungewissen Zukunft. Die heutige Großstadt Frankfurt am Main hat an dieser Stelle ihren Ursprung genommen. Hier führte eine Furt durch den Main, der Landweg schnitt den Wasserweg.
An diesem „Verkehrsknotenpunkt" errichtete Karl der Große eine Pfalz, um die sich eine ständig wachsende Siedlung gruppiert. Wenn auch Karl der Große den Anstoß für den Bau Frankfurts gegeben hat und später hier Kaiser des Heiligen Römischen Reiches gekrönt wurden, so ist Frankfurt doch niemals nach dem Willen eines souveränen Herrschers angelegt worden. Es gibt keine breiten Alleen, Plätze, Schlösser auf streng geometrischen Achsen.
Die Stadt war kleinteilig parzelliert. Sie ist vom Bürgergeist bestimmt worden. Adlige, die Wohnrechte in Frankfurt erhalten wollten, mußten sich verpflichten, auf ihre adligen Vorrechte zu verzichten und keine Verwandten nachzuziehen. Man paßte sich immer wieder an, arrangierte sich. So entstand eine Bürgerstadt, die zu den schönsten des Abendlandes zählte, wie wir aus Stichen von Merian und anderen, ferner aus literarischen Quellen wissen. „Frankfurt hat unter allen deutschen Städten die größte, schönste und interessanteste Geschichte, aber die Objekte, die dieses bezeugen können, sind kaum erhalten." (Professor Swarzenski vor dem zweiten Weltkrieg)
1922 gründete Dr. Fried Lübbecke den „Bund tätiger Altstadtfreunde" zur Erhaltung der Altstadt. Die Erfolge wurden durch den Luftangriff der Royal Air Force am 22. März 1944 zunichte gemacht. Erhalten blieb aber das berühmte Modell der Altstadt der Gebrüder Treuner, das heute im Historischen Museum zu sehen ist.
Im Jahre 1951 beschloß die Stadtverordnetenversammlung den Aufbau der Innenstadt in städtischer Regie (Frankfurter Aufbau-AG). Das Altstadtgelände wurde enteignet, soweit es nicht freihändig erworben werden konnte, und ging einschließlich aller darauf liegenden „Gerechtigkeiten" — das waren z. B. Rechte, an der Schirn eine Metzgerei zu betreiben oder einen Hackstock aufzustellen — in unbelastetes Eigentum der Stadt über. Dort, wo Bürger dieser Stadt über kleine und kleinste Parzellen verfügt hatten, herrschte nunmehr eine städtische Planungstechnokratie über das gesamte Gelände. Hier begannen alle Schwierigkeiten der Römerbergbebauung. Ein großer Geländeabschnitt, entlang des Maines zwischen Saalhof und Straße Zum Pfarrturm, ging in den Besitz der Frankfurter Siedlungsgesellschaft mbH. über, einer Gesellschaft, die der Bundesrepublik Deutschland, dem Land Hessen und der Stadt Frankfurt am Main gehört. Sie ließ hier — dem Gebot der Stunde folgend — Sozialwohnungen bauen.
1963 wurde ein Architektenwettbewerb ausgelobt. Die Sieger Bartsch-Thürwächter-Weber bauten das Technische Rathaus (Bauwelt 1973, Heft 32), das als ein vorbildlicher Bau in Hessen ausgezeichnet wurde. Die Diskussion in der Öffentlichkeit über die Gestaltung des weiteren Raumes ist jedoch nicht mehr zur Ruhe gekommen.
Bürger, Architektenschaft, Verwaltung sind sich in einem Punkt einig: Sie wollen eine Lösung, die der Tradition des Raumes zwischen Dom und Römer Rechnung trägt. Die Architektenschaft möchte Tradition im neuen Gewande, die Bürger einfach einen Wiederaufbau des Alten. Ihr Wunsch wird heute dadurch erschwert, daß mittlerweile eine U-Bahn-Station und eine Tiefgarage mit oberirdischen Höckern im Zuge des Rathaus-Baues zwischen Dom und Römer errichtet worden sind. Für den Bau der Tiefgarage wurden Ende der 60er Jahre die auf der Römerberg-Ostseite teilweise noch vorhandenen Erdgeschoßmauern alter Häuser, die schon provisorische Aufbauten trugen, abgebrochen.
Als mit der Nostalgiewelle der Wunsch der Bürger nach einem Wiederaufbau des alten Platzes immer deutlicher geworden war, beschlossen im Sommer 1978 die in der Stadtverordnetenversammlung vertretenen Parteien einstimmig einen historischen Wiederaufbau der östlichen Zeile am Römerberg. Vom Bund Deutscher Architekten dagegen erhobene Proteste stießen in der Bürgerschaft auf Unver-

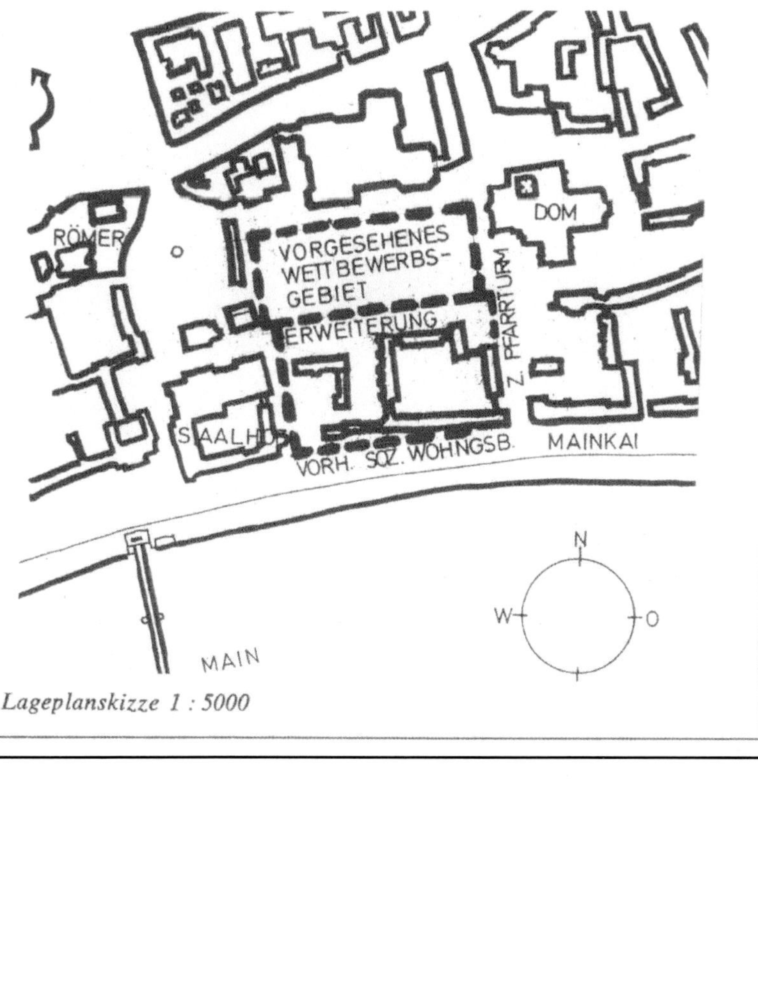

Lageplanskizze 1 : 5000

ständnis. Es wurde erwartet, daß wir Architekten diese Entscheidung als Demokraten akzeptieren, weil sie den ausdrücklichen Willen der Frankfurter Bürgerschaft widerspiegelt. Selbst wenn einige Stadtverordnete anderer Meinung gewesen wären, könnten sie aus politischen Gründen nicht gegen den ganz überwiegenden Willen der Bürger stimmen, ohne Gefahr zu laufen, bei der nächsten Wahl Stimmen zu verlieren.

Unter großem Applaus würdigte Dr. Lürmann, der Vorsitzende der Arbeitsgemeinschaft der Frankfurter Bürgervereine, anläßlich eines Empfanges der Bürgervereine beim Frankfurter Oberbürgermeister die Entscheidung der Stadtverordneten: „Wir wollen unsere gut' Stubb' wieder haben".

Gegen eine mehrheitliche Bürgermeinung anzurennen wäre unpolitisch. Das Gelände ist im Besitz der Stadt, also ist der Bürger mit seinen Steuergeldern hier der Bauherr. Wenn er seinen historisch wiederhergestellten Platz haben und bezahlen will, soll er ihn bekommen. Konsequenterweise müßten dann einige Häuser auf der Westseite wiederhergestellt werden, deren Mauern abgebrochen wurden, obwohl sie nicht stärker zerstört waren, als die des wiederaufgebauten Römers.

Welche formalen Möglichkeiten für einen Wiederaufbau gibt es?

1. Eine Bebauung in der Formensprache der heutigen Zeit:
Es ist die von der Architektenschaft vorgeschlagene Lösung; denn jede Zeit hat mit den technischen Mitteln ihrer Zeit und den daraus sich ergebenden Formen gebaut.
Die Bürger wenden dagegen ein, „die" Architekten — gemeint sind natürlich immer die 20 % Freischaffenden — hätten durch „Nachkriegsbausünden" bewiesen, daß sie nicht imstande wären, diesem Platz ein Gesicht zu geben, mit dem sich die Bürger identifizieren könnten.
Sie mißtrauen den Architekten. Sie sind der Meinung, die Architekten würden sich stets als Avantgardisten auffassen, die alles ganz anders neu wollten. Sie würden den Bürger belehren wollen und alles besser wissen. Sie könnten daher nicht die Vorstellungen der Bürgerschaft befriedigen.
Welcher Art sind denn die Vorstellungen der Öffentlichkeit? Ein mit der Bürgerschaft geklärtes Programm fehlt. Wenn der Bauherr seine Bauherrenrolle nicht mehr spielt, weil er durch zwischengeschaltete Behörden oder Funktionäre entmündigt wurde, kann der Architekt auch nicht seine Rolle ausfüllen und bauen, was den Bürger später befriedigt. Wenn eine Planung gut werden soll, muß der Bauherr 50 Prozent davon leisten.
2. Wiederaufbau der Altstadt in der Form, wie sie 1944 zerstört wurde:
Einige, aber sicher nicht alle Bürger, sähen dieses am liebsten. Diese Möglichkeit kann jedoch ausgeschlossen werden, da die bereits gebaute Tiefgarage und die U-Bahn-Station neue Fakten geschaffen haben, außerdem stehen baurechtliche und bautechnische Bestimmungen im Wege.
3. Eine moderne Bebauung mit historischem Rand:
Der im Sommer 1978 gefaßte Beschluß der Stadtverordneten geht in diese Richtung. Er trägt dem Wunsch der Bürger nach einem historischen Wiederaufbau der zerstörten Randbebauung am Römerberg Rechnung, ohne die Möglichkeit zu modernen Vorschlägen für das übrige Gebiet verbaut zu haben. Wäre die Häuserzeile, die jetzt historisch wieder aufgebaut werden soll, nicht zerstört worden, hätte sich die Architektengemeinschaft mit dieser Situation abfinden müssen. Sie hätte von vornherein für das verbleibende Gebiet zwischen Häuserzeile und Dom eine Lösung suchen müssen, die eine räumliche und optische Überleitung schafft.

Die Stadtverordneten haben beschlossen, für das verbliebene Gebiet einen neuen Wettbewerb auszuschreiben. Begrüßenswert wäre allerdings die Zulassung alternativer Vorschläge für eine moderne Randbebauung der Römerberg-Ostseite. Dies wäre eine nochmalige Chance für uns Architekten zu zeigen, daß wir imstande sind, auch etwas Modernes an diese Stelle zu setzen, das die Bürger akzeptieren. Grundlage für einen Wettbewerb muß ein mit der Bürgerschaft geklärtes Nutzungs- und Raumprogramm sein. Grundlage muß auch sein, daß die Stadt später die finanziellen Mittel für eine Bebauung hat.

Hier zeigt sich der Fluch der Enteignung: Dort, wo jahrhundertelang Bürger gewohnt haben und nach Wiederaufbau vermutlich auch wieder wohnen würden, wenn sie nicht enteignet worden wären, herrscht heute betroffene Leere im Programm und in der Kasse. Und das alles zu einem Zeitpunkt, zu dem die Wiederbelebung der Innenstadt ein überaus vordringliches Problem geworden ist. Wenn in der Innenstadt wieder Wohnbevölkerung angesiedelt werden soll, ist dieser Platz hierzu ideal geeignet. Die Stadt Frankfurt am Main könnte hier einen Beitrag leisten zu dem kürzlich von der Bundesregierung vorgestellten Plan „Stadthaus". Danach sollen, um der Stadtflucht zu begegnen, auf innerstädtischen Kleinstgrundstücken, die für viele erschwinglich sind, wieder individuelle Wohnhäuser entstehen. Vor Jahren schon schlug der Soziologe Jochen Rahe vor, das Gelände über der Tiefgarage wieder kleinteilig zu parzellieren und Bürgerhäuser, Geschäfte und einzelne Kneipen zu bauen. Dazu müßte ein Bebauungsplan aufgestellt werden. Die Stadt könnte die neuen Parzellen ohne Tiefgarage an Bauwillige verkaufen oder verpachten, mit der Auflage, daß sie von ihnen streng nach Bebauungsplan zu bebauen sind und die Arbeiten bis zu einem bestimmten Zeitpunkt abgeschlossen sein müssen.

Um zu verhindern, daß ein Interessent mehr Einfluß als ein anderer ausüben kann, darf jeder Käufer nur eine Parzelle erwerben, die er selber bebauen muß und nicht unbebaut weiter veräußern darf.

Soweit es sich nicht um die „neuhistorisch" zu bebauende Zeile der Römerberg-Ostseite handelt, könnte die Höckerzone durch Aufsetzen eines horizontalen niedrigen Zwischengeschosses als Puffer ausgeglichen werden. Es entstünden eine oder mehrere gestaffelte neue Ebe-

056 Behrens T., „Gedanken zum Frankfurter Römerberg", Bauwelt 14/1979 Berlin.

nen, die an den Rändern abgetreppt sein könnten und dort, wo sie überhaupt sichtbar würden, Läden aufnehmen sollten — etwa die für Frankfurt vor der Zerstörung der Altstadt typischen „Schirn". Auf dem Zwischengeschoß würden die Neubauten errichtet werden, wobei die Kellerräume im Zwischengeschoß lägen. Unterhalb des Zwischengeschosses begänne mit der bereits vorhandenen Tiefgarage städtisches Eigentum. Wie der Leiter des städtischen Liegenschaftsamtes, Dr. Müller-Helms, mitteilte, sind derartige Lösungen im Wohnungseigentums- und Erbbaurecht ohne weiteres möglich und auch schon praktiziert worden, so beim Sheraton-Hotel am Frankfurter Flughafen.

Die Einführung des Zwischen- oder Sockelgeschosses würde zudem die Optik des „Berges" durch Erhöhung betonen. Hierdurch würde auch der Maßstabsprung zu den Neubauten des Technischen Rathauses ausgeglichen, da die neu zu bauenden schmalen Häuser in der Anzahl der Stockwerke die ehemalige historische Bebauung nicht wesentlich überschreiten sollte. Es würde eine Staffelung des Römerberges erreicht.

Falls möglich, könnte sich der Bebauungsplan an wesentliche historische Straßenführungen anlehnen. Vor allem müßte er eine kleinteilige Parzellierung ausweisen und streng gefaßt sein.

Frankfurt hat den ungewöhnlichen Vorzug, daß ein Fluß durch sein Zentrum fließt. Der schöne Fluß wird heute jedoch kaum mehr in die Stadt einbezogen. Es wäre daher wichtig, auch eine Verbindung zwischen Mainufer und Römerbergbebauung herzustellen. In einen Bebauungsplan, und natürlich auch in einen Wettbewerb, wäre deshalb das Gelände am Mainufer miteinzubeziehen, das nach dem Krieg in den Besitz der Frankfurter Siedlungsgesellschaft mbH. gekommen ist. Dieses ist heute durch optisch und räumlich unvorteilhafte Bebauung entstellt und der zentralen Lage entsprechend unangemessen bebaut. Die Stadt müßte das Gelände nochmals ankaufen und später parzelliert wieder verkaufen. Über diesen Punkt zu diskutieren ist ebenso dringlich wie über die Bebauung der Römerberg-Ostseite.

Die Wiederbelebung nach historischem Vorbild besteht im Grunde nicht darin, daß man lediglich die alten Formen wieder aufbaut, sondern daß man *die Vitalität der Nutzungsvielfalt wiederherstellt.* Historische Städte sind immer dadurch entstanden, daß sie durch viele Bauherren und viele Architekten innerhalb eines gemeinsamen Rahmens geformt wurden. Es läge also nichts näher, als viele Bauten durch viele verschiedene Architekten planen zu lassen. Es soll ja auch nicht ein Stück Gebäude zwischen Dom, Römer und Main entstehen, sondern eine vielfältige lebendige Stadt.

Ziel und Inhalt eines Wettbewerbes müßte es demnach sein, Ideen für einen Bebauungsplan zu erarbeiten — also sollte *ein städtebaulicher Wettbewerb für einen Bebauungsplan* ausgeschrieben werden. Damit wäre auch für kleine Architekturbüros Gelegenheit gegeben, sich an diesem Wettbewerb zu beteiligen, und nicht nur für die kapitalkräftigen großen. Es entspräche nicht der demokratischen bürgerlichen Tradition dieses Platzes, wenn sich aus Frankfurt nur fünf bis zehn Büros eine Wettbewerbsteilnahme leisten könnten.

Mit diesem Vorschlag sind drei Probleme gleichzeitig zu lösen — Finanzierung, Innenstadtbelebung und private Nutzung im Sinne der Tradition, indem am Römerberg Wohnen und Handel wieder ansässig werden. Till Behrens

Blick von der Braubachstraße auf die Ostseite (links) und die Westseite (rechts) des Römerbergs vor der Zerstörung. Die Ostseite soll nach dem Stadtverordnetenbeschluß wieder aufgebaut werden

7.11.1979 Der Autor referiert als Vorsitzender des Frankfurter Forums für Stadtentwicklung an der TH Darmstadt, Fachbereich 15 (Architektur, Lehrstuhl Prof. Max Bächer) über den *„Schutz für städtische Grüngürtel – Beispiel Frankfurt"*[17] in einer von der Architektenkammer Hessen und der TH Darmstadt gemeinsam veranstalteten Gastvorlesung. In seiner Vorlesung stellt der Autor seinen Frankfurter Grüngürtel in Verbindung mit seinem provisorischen Mittleren Straßenring und einem im Osten geschlossenen Autobahnring um Frankfurt vor und bezieht auch den Flughafen mit ein (vgl. Grüngürtelkarte Behrens). Im Bereich des Bergen-Enkheimer-Rückens verläuft der Autobahnring zum Schutz der Wohngebiete im Tunnel. Ergänzt wird er mit einem geschlossenen Eisenbahnring um Frankfurt, der auch den Flughafen miteinbezieht. Der Eisenbahnring, vor allem seine Westtangente, wird in den 1980er Jahren dann auch vom Umlandverband (Alexander v. Hesler) vertreten, mit dem der Autor seit Gründung des Forums eng kooperiert.

Stadtgrün – vom Interessenfilz erstickt

Vortrag über die Situation in Frankfurt – Mittwochsreihe der TH-Architekten

(dig). Obwohl die Bedeutung und Notwendigkeit ausgedehnter Grünanlagen für das Stadtklima seit langem geistiges Allgemeingut ist, überrascht es immer wieder, wie sie gedankenlos dezimiert werden. Als geradezu verantwortungslos muß man solche Einstellung bezeichnen, wenn man weiß, daß jährlich in der Bundesrepublik außerstädtische Landschaftsflächen in der Größe Frankfurts für Siedlungsmaßnahmen, Industriekomplexe und Straßenbau verlorengehen. Diese verbauten Flächen liegen meist im Umfeld großer Städte und fallen fortan als deren Frischluftlieferanten aus.

Auf diese Problematik lenkte am Mittwochabend der Frankfurter Architekt Till Behrens in der TH Darmstadt den Blick mit seinem Vortrag „Schutz für städtische Grüngürtel – Beispiel Frankfurt".

Mit Behrens begann zum Wintersemester wieder die inzwischen berühmt gewordene Reihe von Gastvorträgen im Fachbereich Architektur, in denen jeweils mittwochs meist außergewöhnliche Architekten, Architekturkritiker, Stadt- und Landschaftsplaner oder andere Fachleute zu Wort kommen. Die vom Fachbereich in Verbindung mit der Architektenkammer Hessen veranstaltete Reihe bietet nicht nur den Studenten eine Ergänzung zu ihrem Studium, sie ist zugleich ein Diskussionsforum für Tendenzen der Architektur und angrenzenden Themen in Deutschland und im Ausland. Geistiger Motor ist Professor Max Bächer vom Fachgebiet Entwerfen und Raumgestaltung, betreut und organisiert wird sie von Anthony Catterwell und Winfried Langner.

Das Thema vom Mittwochabend ist symptomatisch für viele andere Bereiche heutiger Stadtentwicklung, die nahezu überall von bedenkenloser Fortschrittsgläubigkeit gezeichnet ist und unter ihren Folgen zu leiden hat. Wie und was ist da noch zu reparieren?

Till Behrens, Vorsitzender des unabhängigen Frankfurter Forums für Stadtentwicklung, wies am Beispiel seiner Stadt nach, daß trotz zum Himmel schreiender Fehler und Versäumnisse immer noch die Möglichkeit gegeben ist, die verkorkste Situation zum Guten zu wenden. So wie Generationen zuvor Grüngürtel um den Stadtkern anlegten, so könnten auch heute die politischen und administrativen Führer der Mainmetropole durch entsprechende planerische Willenserklärungen und Entscheidungen Maßnahmen zur Verbesserung der klimatischen Verhältnisse einleiten, um den Verlust der heute zugebauten früheren Grünanlagen wenigstens zum Teil wettzumachen. Sogenannte Sachzwänge – so machte Behrens klar – sind oft nichts anderes als vorgeschobene Scheinargumente, hinter denen sich kommunale Körperschaften und Mandatsträger nur deshalb verschanzen, weil sie mit Baugesellschaften in einem Netz verfilzter Interessen verwoben sind. Gegen diese Abhängigkeiten scheinen momentan nur couragierte Bürger außerhalb der Parteienlandschaft wirksam zu Felde ziehen zu können – in Bürgerinitiativen.

Den nächsten Vortrag hält am 14. November um 18 Uhr Dr. Paulhans Peters von der Zeitschrift „Der Baumeister". Er gibt einen Werkstattbericht aus der Arbeit der Redaktion. Ort der Veranstaltungen ist stets der große Hörsaal im Architektur-Fachbereich in der Petersenstraße 15 auf der Lichtwiese.

057 Die Tagespresse berichtet über Hochschulvortrag „Schutz für städtische Grüngürtel" von Till Behrens an der TH-Darmstadt in Darmstädter Echo v. 9.11.1979.

1980 „Schutz für den Frankfurter Grüngürtel – Was wurde aus dem Vorschlag des Frankfurter Forums für Stadtentwicklung von 1972/73?" erscheint samt Abdruck der Karten in Bauwelt 9/1980.[18]

17 Siehe auch: „Stadtgrün vom Interessenfilz erstickt", Darmstädter Echo, 9.11.1979, zur Veranstaltung.

18 Behrens T., „Schutz für den Frankfurter Grüngürtel", in: Bauwelt 9/1980, S. 317–325 mit 12 Abbildungen.

1979/1980 Die Forumsschrift *„Schutz für den Frankfurter Grüngürtel – Was wurde aus dem Vorschlag des Frankfurter Forums für Stadtentwicklung von 1972/73?"* erscheint.[19] Der Autor mahnt darin die Umsetzung des Grüngürtels an und macht Vorschläge für einen wirksamen Schutz durch Negativbebauungspläne (s. Kap. II – 2.3). Erneut weist er auf die Notwendigkeit von Abkühlungsflächen, Frischluftschneisen und Zonen für die Luftgeneration hin. Hierzu publiziert die Forumsschrift die Faltkarten Luftströme (Abb. 036), Thermogramm (Abb. 037), Flechtenzonierung (Abb. 038) und SO_2-Konzentration der RPU der „Lufthygienisch-meteorologischen Modelluntersuchung in der Region Untermain".[20]

Jan. 1980 Vom Autor und Rahe erscheint als Forumsschrift *„Die Frankfurter Mainufer – Museen – Grün – Verkehr"*.[21] Die Schrift ist sofort vergriffen.
Eine gekürzte Fassung der Schrift erscheint in Bauwelt 17/18, 1980. Hier prägt der Autor das Schlagwort „Frankfurt grüne Stadt am Fluss",[22] das später Tom Koenigs[23] und Frank Herterich[24] (s. Abb. 107 und 117) für Publikationen mit demselben Inhalt, aber unter ihrem eigenen Namen übernehmen.

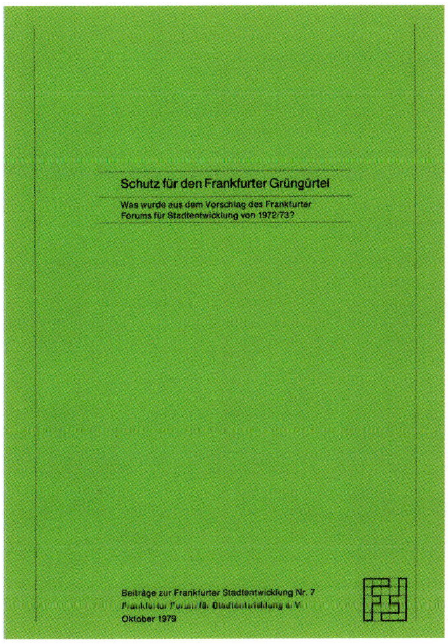

058 Einband der Forumsschrift Nr. 7, „Schutz für den Frankfurter Grüngürtel – Was wurde aus dem Vorschlag des Frankfurter Forums für Stadtentwicklung von 1972/73?".

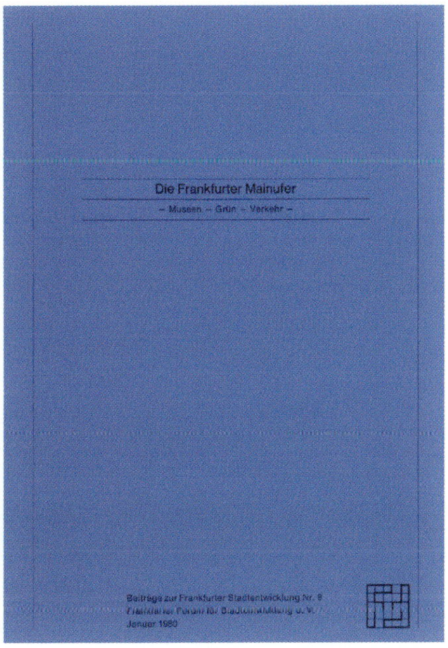

059 Einband der Forumsschrift Nr. 8, „Die Frankfurter Mainufer – Museen – Grün – Verkehr".

Jan. 1980 Ein nicht namentlich gekennzeichneter Abdruck der Schrift „Schutz für den Frankfurter Grüngürtel – Was wurde aus dem Vorschlag des Frankfurter Forums für Stadtentwicklung von 1972/73?" erscheint unlizenziert in: „az, die andere Zeitung", Frankfurt, Januar 1980, Nr. 47, unter dem Titel „Schützt den Grüngürtel".

---

19 Frankfurter Forum für Stadtentwicklung e.V.: „Schutz für den Frankfurter Grüngürtel. Was wurde aus dem Vorschlag des Frankfurter Forums für Stadtentwicklung von 1972/73?", Oktober 1979.

20 DIN-A-3-Karten, die SO 2-Konzentration, Flechtenzonierung, Temperaturverteilung und nächtliche bodennahe Luftströme darstellen. Die drei letztgenannten sind in diesem Buch abgedruckt, wobei die zwei durch weitere Karten aus dem Jahr 1993 ergänzt wurden.

21 Behrens T. und Rahe J., „Die Frankfurter Mainufer – Museen – Grün – Verkehr", Forumsschrift VIII, Frankfurt.

22 Behrens T. und Rahe J., „Die Frankfurter Mainufer", in: Bauwelt 17/18/1980, S. 724–725.

23 Koenigs T. im Gespräch mit Marc Fester und Sabine Kraft: „Frankfurt. Die grüne Stadt am Main", in: arch+ Nr. 94 (1988), S. 67–70.

24 Herterich F., „Die grüne Stadt am Fluß", in: Hauff, V., Stadt und Lebensstil, Weinheim/Basel 1988. S. 163.

Ihr Antlitz hat sie der Sonne zugekehrt,
und der schöne Fluß liegt in ihren Armen.
Rudolf G. Binding

In den 30 Jahren seit der Gründung der Bundesrepublik ist es der Frankfurter Stadtplanung nicht gelungen, ein großzügiges, für lange Zeit gültiges Konzept für die Stadt zu entwickeln und mit Ausdauer und Stetigkeit zu realisieren. Das gilt für die Bereiche Grün, Verkehr und Architektur gleichermaßen. Eine der reichsten Städte der Bundesrepublik ist noch auf der Suche nach ihrer Identität.

Gegenwärtig kommt eine kulturpolitische Idee ins Spiel, die auch stadtplanerisch für Frankfurt große Bedeutung haben kann: das Museumsufer.

Bei aller grundsätzlichen Übereinstimmung sind damit die Möglichkeiten dieser Idee bei weitem nicht ausgeschöpft. Die Frankfurter Mainufer können mehr sein. Es bietet sich hier die seltene Chance, kulturelle Einrichtungen, Architektur und Städtebau zu einem charakteristischen Stadtmittelpunkt zu vereinen.

Die Mainufer könnten für Frankfurt eine so überragende Bedeutung gewinnen wie der Englische Garten für München, die Binnenalster für Hamburg.

Die Mainufer wären deshalb der richtige Bereich für eine Bundesgartenschau. Hier würde sie in idealer Weise ihrer ursprünglichen Idee gerecht werden, innerstädtische Grünbereiche wiederherzustellen, die durch den Krieg und danach zerstört wurden.

Stand und Bedeutung der Planung „Museumsufer"

Museen können für die Stadtentwicklung ein wesentlicher Faktor sein. Sie haben nicht nur wirtschaftliche Bedeutung, sie können auch Teil eines städtischen Images sein und zur Bekanntheit einer Stadt mit ihren speziellen Angeboten beitragen. 1978 gingen 34 Millionen Menschen in die 1800 Museen der Bundesrepublik. Zum Vergleich: Im selben Jahr gingen nur 18 Millionen zu Fußballveranstaltungen.

Das sich ständig noch verändernde Vorhaben „Museumsufer" sieht vor, die auf dem südlichen – Sachsenhäuser – Mainufer gelegenen Museen – Liebieg-Haus, Städel, Bundespostmuseum, Museum für Völkerkunde, Museum für Kunsthandwerk, Museum für Vor- und Frühgeschichte – um drei oder vier weitere Museen für Film, Architektur, Moderne Kunst und Musik zu erweitern.

(1) **Kritik an der Planung „Museumsufer"**

Die bisherige Planung läßt eine etwas zufällige Addition von Museen unterschiedlicher Thematik erkennen. Lediglich die gemeinsame Lage zum Main bildet eine Verknüpfung. Ein gemeinsamer verbindender Gedanke, der der Bedeutung des Konzeptes gerecht würde, ist noch nicht zu sehen.

Über eine Einstufung der Mainuferstraßen, über einen Zusammenhang mit den Grünanlagen der Mainufer, über einen Zusammenhang mit der nördlichen Mainseite, von den städtischen Bühnen bis zum Dominikanerkloster, gibt es keine ausreichenden Überlegungen; Frankfurt aber liegt ar und nicht an zwei Uferstraßen.

Vorschläge für die Gestaltung der Mainufer

(2) Die Wiederherstellung der Main beliebten Erholungsbereichen m Frankfurt höchste Priorität haben. sollen die Museen nach Themen und ort einen Zusammenhang haben.

Wir schlagen folgendes vor:

1. Südliches Mainufer
Liebieg-Haus und Städel erweitern ih stellungstätigkeit nicht nur in ihre hinein, sondern nutzen auch die Gri gen des gesamten südlichen Mainuf der Friedensbrücke zur Alten Brücke meinsamen „Vorgarten" der Muse dauerhafte und wechselnde Ausstel von Skulpturen (Biennale).
Ausgehend vom Bundespostmuseu Filmmuseum könnte Ecke Sch Straße/Schaumainkai eine Museums für moderne Medien entstehen: Rundfunk, Fernsehen, Film, Nachr übertragung, Datentechnik.
Als Pendant zu Liebieg-Haus und Stä im Bereich Museum für Kunstha eine Museumsgruppe für diejenigen entstehen, die durch den Aspekt de zung und des Gebrauchs geprägt sind: tektur und Städtebau, Kunstha Design, Instrumente. Die Museen f kerkunde und Musik würden sich hie voll einfügen.
2. Nördliches Mainufer
Die thematisch auf Frankfurt bezogen

Till Behrens,
Jochen Rahe

Die Frankfurter Mainufer

BAUWELT 17-18 / 19

Museen – Grün – Verkehr

n Einrichtungen sollten nach Mög- t auf der nördlichen, der „Frankfurter“ las Mainufer mitprägen: Städtische n, Karmeliter-Kloster mit Stadtarchiv tl. einem Museum für Vor- und Früh- :hte, Dom-Römer-Bereich mit Histo- n Museum, Leineweber-Haus und urter Kunstverein im Steinernen Goethe-Haus, Dominikaner-Kloster :ungs- und Ausstellungsstätte.

ördliches und südliches Mainufer
:hleichende Ausbau der Mainufer- zu Stadtautobahnen muß unbedingt t werden. Museen und Grünanlagen :m Bereich anzuordnen, der durch tterungen, Abgase und Lärm derart t ist, daß z. B. wertvolle Exponate in ıseen zerstört werden, ist eine unvor- re Fehlleistung. Zur Lösung des Ver- Problems hat das Forum für Stadtent- ng schon 1972 Frankfurter Verkehrs- und später als dringende Sofortmaß- einen Provisorischen Mittleren Ring :hlagen.

e beiden Mainufer sollen wieder stär- stadtprägende Einheit erlebbar sein: ıbindung des neu zu gestaltenden Römer-Bereichs an den Main.
:m Wunsch der Bürgerschaft entspre- historische Wiederherstellung der berg Ost- und Westseiten, Schaffung elfalt durch kleinteilige Parzellierung ıhinterliegenden Dom-Römergelän- :bauung durch möglichst viele ver- :ne Architekten im Rahmen einer stellung unter dem Motto „Vielfalt in dung von moderner mit historischer ıng“ (vgl. Bauwelt, Heft 14/1979).

- Anbindung des Theater-Bereiches an den Main.
- Ausbau der beiden Mainufer zu Parkanlagen, die die Museumsgärten mit einbeziehen.
- Gründung kleiner, spezialisierter Bücher-, Blumen-, Silbermärkte u. ä. am Museumsufer.
- Bau von „Freibädern“ am Main in Bekken, die vom Flußwasser getrennt sind und mit Leitungswasser versorgt werden – ähnlich wie an der Seine in Paris.
- Verwirklichung dieser Maßnahmen im Rahmen einer Bundesgartenschau: „Frankfurt – grüne Stadt am Fluß“.

Eine ausgezeichnete Erschließung mit öffentlichen Verkehrsmitteln – auch park and ride – existiert bereits. Ferner können alle möglichen Schiffsverbindungen von und zu den Ufern eingerichtet und entlang des nördlichen Mainufers sogar die Gleise der sogenannten Hafenbahn für den Bundesgartenschau-Verkehr genutzt werden.

Insgesamt hat keine Stadt in der Bundesrepublik derartig günstige Möglichkeiten in ihrem Zentrum anzubieten.

Eine Bundesgartenschau an den Mainufern kann sich auf der Ostseite bis nach Offenbach hinein erstrecken. Hier bietet sich zum erstenmal die Gelegenheit, gemeinsame Schwierigkeiten zweier zusammengewachsener Städte an einem Fluß gemeinsam zu lösen. Auf der Westseite könnte sie sich bis zum Schwanheimer Unterfeld gegenüber Höchst ausdehnen, wo eventuell ein neuer Zoo am Main untergebracht werden kann (auch Schiffsverbindung ist u. a. möglich).

Im Niddatal ist der vorgesehene Zoo mit seinen ungeheuren Gebäuden und Parkplätzen ebenso eine Fehlplanung wie eine Bundesgartenschau. Das Niddatal als Stadtrandbereich ist aus klimatischen Gründen als land-, forst- und wasserwirtschaftlich gepflegte Fläche anzulegen, die nicht Steuergelder verschlingt, sondern Erträge abwirft (vgl. Bauwelt, Heft 9/1980).

Die ehrgeizigen Einzelvorhaben Niddatal-Zoo und Niddatal-Bundesgartenschau sind nicht in ein übergeordnetes stadtplanerisches Konzept eingebunden, das in Frankfurt fehlt.

Übergeordnetes Konzept

Ein lebensnotwendiger Frankfurter Grüngürtel auf der Nordseite des Mains, der auf der Südseite über Schwanheimer Unterfeld, Stadtwald und Rumpenheimer Mainbogen bei Offenbach (vgl. Forumsschrift Nr. 4) zu einem Ring geschlossen und zusätzlich durch eine urbane Kulturlandschaft am Fluß, die das Zentrum des Ringes radial durchschneidet, ergänzt wird, könnte stadtplanerische Perspektiven für den Ausgang des Jahrhunderts eröffnen (vgl. Systemdarstellung).

In dieses Konzept ließen sich z. B. ein Zoo am westlichen Schnittpunkt des Grüngürtels mit dem Main – Schwanheimer Unterfeld – ebensogut einfügen wie eine Erholungslandschaft – Rumpenheimer/Fechenheimer Mainbögen – am östlichen Schnittpunkt und natürlich auch eine parkartige Bundesgartenschau mit Museumsufer in seinem Zentrum.

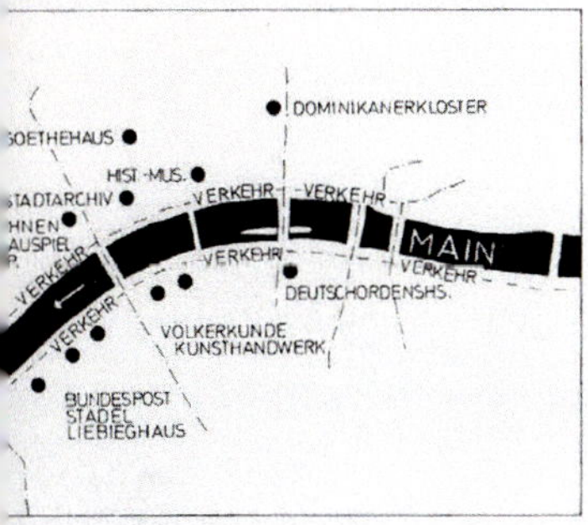

artiger Zustand

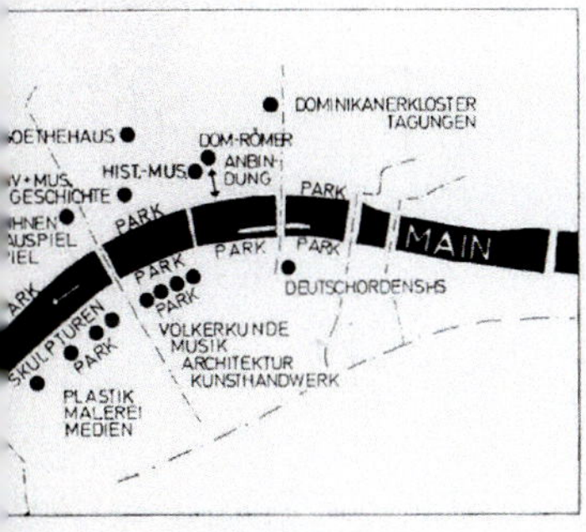

schläge des Frankfurter Forums

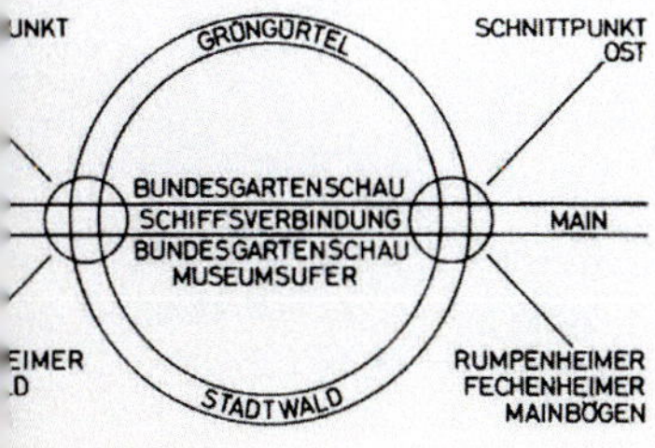

Quellen

Aspekte der Frankfurter Stadtentwicklung, Hrsg. vom Frankfurter Forum für Stadtentwicklung, 1976
Museum für Kunsthandwerk – Erweiterung/Grundlagenermittlung. Bericht 8. März 1979, Heinz Ulrich Kraus
Rund um den Römerberg, Hrsg. vom Presse- und Informationsamt der Stadt Frankfurt am Main, Juli 1979
2 Berichte: Arte Tekta 78 Cooperationsseminar AA London/Städelschule Frankfurt, 1979
Kurt Jauslin: Happening oder Schulstube – Die historische und ästhetische Dimension der modernen Museumsarchitektur, in: Universität Dortmund, Berichte und Informationen 24. 4. 79
Volker Klotz: Gründung eines „Deutschen Architekturmuseums“ in Frankfurt am Main – Konzept, Marburg
Museen der Welt – Vom Musentempel zum Aktionsraum, rororo-Sachbuch, Reinbek 1977
Ellen Spickernagel / Brigitte Walbe (Hrsg.): Das Museum – Lernort contra Musentempel, Sonderband der Zeitschrift „Kritische Berichte“, Gießen 1976
Herrmann Glaser u. a.: Museum und demokratische Gesellschaft, Vorüberlegungen zum Konzept eines historischen Museums für Nürnbergs Industriekultur, Schriften des Kunstpädagogischen Zentrums im Germanischen Nationalmuseum Nürnberg, Heft 4, 1979
Strukturplanung Sachsenhausen, Stadtplanungsamt Frankfurt, Januar 1972
Strukturplan Sachsenhausen, Jungsozialisten Sachsenhausen-Ost, Kommunalpolitische Projektgruppe, Frankfurt 1973
Verkehrsplanung im Süden Frankfurts, Vereinigte Bürgerinitiative von Niederrad und Sachsenhausen, o. J.
Protokoll 13. Sitzung über das Raumordnungsverfahren der B 43 neu – Südumgehung Sachsenhausen am 7. 9. 1978
Großkraftwerk im Fechenheimer Mainbogen, Hrsg. vom Frankfurter Forum für Stadtentwicklung, Ffm. 1975
Pressearchiv des Frankfurter Forum für Stadtentwicklung 1972–1979
Verkehrsraum Frankfurt – Aufgaben und Probleme – Hess. Straßenbauamt Frankfurt am Main, Juli 1978
Stellungnahme zum Gesamtverkehrsplan Frankfurt am Main, Hrsg. Frankfurter Forum für Stadtentwicklung, 1972
Die Alternative, Hrsg. Frankfurter Forum für Stadtentwicklung, 1972
Stadtentwicklungsplanung – Strukturplanung 2. Stufe / 2. Bericht Stadtplanungsamt/Verkehrsplanungsamt, 1974
Generalverkehrsplan '76 Stufe 1, Ergebnisbericht zur Netzauswahl, Dezernat Planung, 1977
P. A. Mäcke / P. Hohle: Gutachterliche Stellungnahme zum Generalverkehrsplan '76 der Stadt Frankfurt am Main Stufe 1: Netzauswahl Frankfurt 1979
Kh. Schaechterle / H. Kurzak: Gutachterliche Stellungnahme zum Generalverkehrsplan '76 der Stadt Frankfurt am Main, Stufe 1: Netzauswahl, Frankfurt 1979
Untersuchungsbericht Planung Schweizer Straße, Dezernat Planung, Frankfurt 1979
Karl Korn: Geschichte für alle! FAZ 13. 10. 1972
Jochen Rahe: Sozialkulturelle Konzeption, Neue Sammlung München, Vortrag Fachhochschule Rosenheim '79
Henzler / Leismüller / Rahe: Kooperatives Gestalten städtebaulicher Maßnahmen unter besonderer Berücksichtigung bildender Künstler, Forschungsauftrag Bundesbauministerium, 1977
Till Behrens: Gedanken zur Frankfurter Römerberg-situation, Bauwelt 14/1979
Till Behrens: Schutz für städtische Grüngürtel – Beispiel Frankfurt. Vortrag Technische Hochschule Darmstadt, 1979
Benno Reifenberg: Frankfurt am Main Lamento und Zuspruch, FAZ 19. 4. 1963
Till Behrens: Schutz für den Frankfurter Grüngürtel, Bauwelt 9/1980

060 Behrens T., Rahe J., „Die Frankfurter Mainufer“, Bauwelt 17–18/1980.

29.1. bis Aug. 1980 Die Tages- (FAZ, FNP, FR, Sachsenhäuser Brücke)[25] und Fachpresse[26] berichten über die Mainuferbroschüre. Das Deutsche Architektenblatt DAB berichtet als offizielles Fachorgan der Architekten zusätzlich über den Schutz für den Frankfurter Grüngürtel.

Das Mainufer als Zentrum städtischen Lebens

Frankfurter Forum will Bundesgartenschau am Flußrand

wp. Frankfurt sei drauf und dran, eine gewichtige Chance zur Stadterneuerung zu verspielen. Das Projekt Museumsufer bietet nach Ansicht des Frankfurter Forums für Stadtentwicklung die Möglichkeit, „kulturelle Einrichtungen, Architektur und Städtebau zu einem charakteristischen Stadtmittelpunkt zu vereinen". Statt dessen gibt es nach Forumsmeinung über den Zusammenhang von Ufer und Stadt „keine ausreichenden Überlegungen".

In einer Schrift mit dem Titel „Die Frankfurter Mainufer" beschäftigt sich die seit knapp zehn Jahren bestehende Vereinigung, in der am Schicksal der Stadt interessierte Bürger zusammenarbeiten, mit den positiven Aussichten, die ein bewußt in städtisches Leben einbezogenes Mainufer bieten könnte. Bisher war sich Frankfurt nach Ansicht des Forums seiner Flußlage kaum bewußt: „Daß Frankfurt am Main liegt, ist nur an der Postanschrift auszumachen", kritisiert Till Behrens, Architekt und ein Sprecher des Forums.

Statt die Mainufer ungenutzt liegenzulassen, schlägt die Vereinigung eine Fülle von Maßnahmen vor, die sich nicht allein auf die von der Stadt angepeilte Möglichkeit eines Museumsufers beschränken. Dabei bildet als erste Voraussetzung eine rigorose Verkehrsberuhigung der Uferstraßen die Grundlage. Die Ufer sollten stärker zum Rest der Stadt, zum Römerberg oder auch zum Theaterviertel hin orientiert werden, schlägt die Forumsschrift vor. Es sei nicht damit getan, daß die Stadt „ein paar alte Villen aufkauft und dort Museen einrichtet", bemängelt ein Mitglied des Forums.

Ein „Gesamtkonzept" für die städtischen Mainufer, die ruhig bis nach Offenbach reichen dürfen, stellt sich die Vereinigung vor. Die Mainufer wären „der ideale Ort für eine Bundesgartenschau". Ähnlich wie in Hamburg die Außenalster oder in Paris die Seine-Ufer könnten die Ränder des Mains zu einem lebendigen Stadtzentrum werden. Aber: „Frankfurt verzettelt sich wieder in Einzelaktionen, die keinen Zusammenhalt haben", sagt Behrens. Als Beispiel für dieses wenig fruchtbare Arbeiten dient dem Forum die Absicht der Stadt, zumindest Teile des geplanten Architekturmuseums in einem leerstehenden Haus im Hirschgraben unterzubringen.

In seiner Schrift äußert das Forum neben konstruktiven Vorschlägen auch Kritik an der bisherigen Planung. Diese sehe eine „etwas zufällige Addition von Museen unterschiedlicher Thematik" vor, wobei besonders die Verbindung von moderner Kunst und Architektur gerügt wird. Ein solcher Zusammenhang verwässere nur die heutige Aufgabe eines Architekturmuseums. Das Forum schlägt dagegen vor, die Museen in Gruppen zu ordnen. So seien eine Gruppe für bildende Kunst mit einem Skulpturenpark und eine weitere Zusammenstellung von Museen für „moderne Medien" denkbar.

Auf dem Wunschkatalog des Forums stehen weiter offene Märkte, bleibende Ausstellungen unter freiem Himmel und Freibäder direkt am Main, die zwar optisch die Verbindung zum Flußwasser herstellen, aber von Leitungswasser gespeist werden. Vehikel für diesen Ausbau der Mainufer könnte nach Meinung der Forumsmitglieder die für 1989 geplante Bundesgartenschau sein.

061 Zeitungsbericht Frankfurter Allgemeine Zeitung 29.1.1980.

25 „Das Mainufer als Zentrum städtischen Lebens – Frankfurter Forum will Bundesgartenschau am Mainufer", FAZ 29.1.1980; „Findet die Gartenschau 89 am Mainufer statt?", FNP 29.1.1980; „Für die Bundesgartenschau – aber am Mainufer", FR 1.2.1980; „Am Mainufer soll es schöner werden: weniger Autoverkehr", in: Sachsenhäuser Brücke, 21.2.1980.

26 „Mainufer Frankfurt – Umgestaltung zu einer ‚Kulturlandschaft' als Mittel gegen Stadtflucht", AIT 2/1980, Stuttgart 1980; Zwei Broschüren: „Schutz für den Frankfurter Grüngürtel" (Nr. 7) und „Die Frankfurter Mainufer" (Nr. 8), veröffentlicht vom Deutschen Architektenblatt DAB 4/1980; Forumsschrift: „Die Frankfurter Mainufer", in: DBZ 8/1980; Forumsschrift: „Die Frankfurter Mainufer", TAB 8/1980; „Wird Frankfurt schöner?", db 8/1980.

SEITE IV 1.2.80 FRF.RD.SCH.

Für die Bundesgartenschau – aber am Mainufer

Das „Frankfurter Forum für Stadtentwicklung" stellt seine Thesen zur Diskussion

FRANKFURT A. M. Als „Beitrag zur Wiederbewohnbarmachung der Innenstadt" will das „Frankfurter Forum für Stadtentwicklung" seinen Vorschlag verstanden wissen, die für 1989 geplante Bundesgartenschau längs der Mainufer stattfinden zu lassen.

In einer Broschüre mit dem Titel: „Die Frankfurter Mainufer — Museen, Grün, Verkehr", die jetzt der Öffentlichkeit vorgestellt wurde, plädieren die dem Forum angehörenden Bürger, Stadtplaner und Architekten für die Erstellung einer Gesamtkonzeption, um beide Mainufer wieder zum Stadtmittelpunkt zu regenerieren.

„Das Frankfurt am Main liegt, merkt man heute kaum mehr, höchstens an der Ortsbezeichnung", kritisiert Forums-Mitglied Till Behrens den bestehenden Zustand. Seine Meinung und die Auffassung der Arbeitsgruppe, für die er den jetzt veröffentlichten Beitrag erstellt hat: „Die Mainufer könnten für Frankfurt eine so überragende Bedeutung gewinnen wie der Englische Garten in München, die Binnen-Alster für Hamburg oder die Königsallee für Düsseldorf."

Besonders die für 1989 wesentlich im Niddatal geplante Bundesgartenschau beinhalte eine Chance, für Frankfurt den selben Effekt nutzbar zu machen, wie er sich beispielsweise für München mit Ausrichtung der Olympiade eingestellt habe.

Dazu jedoch, nicht zuletzt zur Verwirklichung einer sinnvollen Gestaltung des „Museumsufers" in Sachsenhausen, vermißt das Forum die zusammenhängende Gesamtplanung seitens der Stadt. Ein Mitarbeiter: „Im Umgang mit Stadtplanern stellen wir immer wieder fest, daß unkonzeptionell und sprunghaft geplant wird."

Mit der achten Nummer einer Schriftenreihe, mit der das Frankfurter Forum, so Behrens, „Denkanstöße zu übergeordneten Fragen der Stadtplanung und Stadtentwicklung vermitteln will", wird ausgehend von einer Verkehrsberuhigung der beiden Mainufer ein Konzept angestrebt, das beide Ufer „wieder stärker als stadtprägende Einheit erlebbar" machen soll.

So wünschen die Mitarbeiter des Forums, die den Wert auf die Betonung ihrer Unabhängigkeit von städtischen Instanzen legen, eine Anbindung des neuzuschaffenden Dom-Römer-Bereichs an den Main, in diesem Zusammenhang auch eine historische Wiederherstellung der Römerbergost- und -westseiten. Die Anbindung des Theaterbereichs an den Main und den Ausbau der beiden Mainufer zu Parkanlagen, die die Museumsparks miteinbeziehen.

Auch an die Anlage eines Skulpturengartens wurde im Forum gedacht, der Kunstausstellungen im offenen Raum (Beispiel: Biennale) ermöglichen soll, an die Gründung kleiner, spezialisierter Bücher-, Blumen- und Silbermärkte am Museumsufer und nicht zuletzt an den Bau von „Freibädern" in vom Flußwasser getrennten Mainbecken.

Als Rahmen stellt sich der Forumsautor Behrens vor, die für 1989 vorgesehene Bundesgartenschau entlang der Mainufer auszurichten. Dieses Denkmodell löst nach Auffassung der Planungsgruppe auch das Finanzierungsproblem für die Rückgewinnung der beiden Mainufer als zentralem innenstädtischem Lebensraum.

Die Vorschläge zum Museumsufer sehen vor, „nicht einfach leerstehende Villen anzumieten" (so ein Forumssprecher), sondern Museumsgruppen auch räumlich unterscheidbar anzuordnen: So zum Beispiel eine Gruppe: „Bildende Kunst und Skulpturenpark", eine für „Moderne Medien", wo auch die Herstellung einer TV-Sendung oder einer Zeitung experimentell unternommen werden könnte, schließlich eine Gruppe: Architektur, Kunsthandwerk und Design".

Auf diese Weise will das „Frankfurter Forum für Stadtentwicklung" sicherstellen, daß mit Integration der Museen nördlich des Mains ein für den Besucher durchschaubares und nachempfindbares Gesamtkonzept entsteht, das der Stadt als Ganzes nützt. keg

062 Zeitungsbericht Frankfurter Rundschau 1.2.1980.

Dienstag, 29. Januar 1980

Findet die Gartenschau '89 am Mainufer statt?

Frankfurter Forum betreibt Stadtplanung

Ki — Einen Diskussionsbeitrag zur städtebaulichen Planung liefert das „Frankfurter Forum für Stadtentwicklung" mit der Herausgabe seiner Schrift „Die Frankfurter Mainufer — Museen — Grün — Verkehr".

Wie Sprecher des Forums — ein Zusammenschluß von Bürgern, Architekten, Städteplanern und Soziologen — gestern auf einer Pressekonferenz formulierten, sei in der bisherigen Planung bei weitem nicht die Möglichkeit erschöpft, dem Mainufer zu „überragender Bedeutung" zu verhelfen, so wie sie der Englische Garten für Müchen oder die Binnen-Alster für Hamburg hätten.

Ein Vorschlag des Forums sieht vor, die beiden Mainufer zu regelrechten Parkanlagen auszubauen, die die Museumsgärten einbeziehen. Nach Pariser Muster könnten kleine Bücher-, Blumen- und Silbermärkte installiert werden. Außerdem sieht die Planung den Bau von Freibädern am Main vor, deren Becken vom Flußwasser getrennt mit Leitungswasser versorgt würden.

Nach Ansicht des Forums könnte gerade die Bundesgartenschau 1989 Anlaß sein, das Mainufer auf diese Weise wieder zu einem Stadtmittelpunkt zu gestalten. Voraussetzung für die Realisierung einer solchen Konzeption sei allerdings eine durchgreifende Verkehrsberuhigung mit Hilfe einer Ringstraßenlösung für die Stadt. Der „schleichende Ausbau der Mainufer-Straßen zu Stadtautobahnen" müsse beendet werden. Der historisch wiederherzustellende Dom-Römer-Bereich sowie der Theater-Bereich sollten an die Mainufer „angebunden" werden. Das Forum sieht in seinem Modell die Chance, der Wirtschaftsmetropole Frankfurt „humane Züge" zu verleihen und gleichzeitig die „touristische Attraktion" sicherzustellen

063 Zeitungsbericht Frankfurter Neue Presse 29.1.1980.

Am Mainufer soll es schöner werden: weniger Autoverkehr

»Aktionsgemeinschaft« entdeckte einen Widerspruch, der gar keiner war

SACHSENHAUSEN. Das Mainufer, in der Ära Kampffmeyer einmal hauptsächlich als Verkehrsader angesehen (»schließlich kann der Main hier nicht durch einen Anger fließen!«) ist gegenwärtig wieder ganz groß im Gespräch. Das Gegenteil früherer Planungen soll hier verwirklicht werden: nicht Autos, sondern Menschen sollen sich an den Gestaden des Flusses tummeln. Ein Stichwort wie »Museumsufer« kann nach den Vorstellungen des Frankfurter Forums für Stadtentwicklung e. V., das 1971 ins Leben gerufen wurde, nur einen Teilaspekt bezeichnen. »Das Frankfurter Mainufer kann viel mehr sein: ein charakteristischer Stadtmittelpunkt wie der Englische Garten in München etwa«, zitiert der Architekt Till Beh-

Fortsetzung auf Seite 14

rens aus der Forumsschrift Nummer acht, betitelt »Die Frankfurter Mainufer – Museen – Grün – Verkehr«.

Die ursprünglich zur Unterstützung des Gedankens einer Bundesgartenschau aktiv gewordene Runde ehrenamtlich tätiger Bürger Frankfurts hat jetzt Widerspruch bekommen, der sich bei näherem Hinsehen als gegenstandslos herausstellt. Die »Aktionsgemeinschaft zur Erhaltung der Wohngebiete in Sachsenhausen« äußert sich in einem Schreiben ihres Mitglieds Gerhard Heinrich an Till Behrens vom Frankfurter Forum für Stadtentwicklung: »Wir sind grundsätzlich für eine sinnvolle Gestaltung des Museumsufers am südlichen Mainufer mit zusammenhängenden Grünanlagen. Auch wir sind dafür, den schleichenden Ausbau der Mainuferstraße zur Stadtautobahn unbedingt zu beenden. Aber wir sprechen uns dagegen aus, die Mainuferstraße (Schaumainkai) gänzlich für den Kraftfahrzeug-Verkehr [illegible] zu sperren.«

Autos und Fußgänger

Das war, wie Till Behrens versichert, auch garnicht angestrebt worden. Sein Forum ist sich klar darüber, daß es neben der Möglichkeit, mit öffentlichen Verkehrsmitteln leicht an Ort und Stelle zu kommen, für Autofahrer unter den Besuchern des attraktiven Bereiches Fahrspuren und Parkplätze geben muß. Den Satz »Wir sind dafür, den Schaumainkai für den Ziel- und Quellverkehr offen zu halten«, kann er voll übernehmen. Die Schonung der Bäume durch mechanische Hindernisse gegen rücksichtsloses Abstellen von Fahrzeugen, wie sie von Heinrich vorgeschlagen wird, sei wohl leider nötig.

Die »Aktionsgemeinschaft zur Erhaltung der Wohngebiete in Sachsenhausen« befürchtet vor allem, daß der Autoverkehr in die angrenzenden Wohnstraßen abgedrängt werden könnte und damit dort die Lärm- und Abgasbelastung weiter steigern würde. Sie macht deshalb Vorschläge, wie Museumsbesucher am Mainufer für befristete Zeit Parkplätze finden könnten. Die Wieder-Benutzbarkeit der Fahrradwege – zur Zeit durch Fahrzeuge verstellt – sollte gleichzeitig ein selbstverständliches Ziel sein.

Der Durchgangsverkehr im südlichen Stadtteil wird wohl noch manches Kopfzerbrechen machen. »Wir haben schon 1972 vorgeschlagen, ihn unter der Eisenbahn zu führen, aber das liegt wohl außerhalb kommunaler Zuständigkeit«, meint der Vertreter des Frankfurter Forums für Stadtentwicklung. Das eigentliche Ziel seiner Vereinigung zur humanen Gestaltung der überwiegend vom Geschäftsleben geprägten Stadt ist umfassender: man soll wieder merken, daß Frankfurt am Main liegt. Die schon fast kriminelle Belastung der Uferzone durch den Verkehr, die gleichzeitig die Wohngebiete vom bereits vorhandenen Grün dort abschneidet, muß nach seiner Meinung gestoppt werden. »Wie in Paris an der Seine könnten am Main Freibäder entstehen, die natürlich mit Leitungswasser gefüllt werden müßten. Eine parkähnliche Zone könnte etwa bis nach Offenbach reichen.« Noch in anderen Einrichtungen erscheint ihm die Seine als Vorbild: kleine Bücher-Buden, Marktstände und allerlei Kleinteilliges für das urbane Leben in der Stadt – ähnlich, wie es auf der anderen Mainseite jetzt im Dom-Römer-Bereich für Bewohner wie für Fremde als Attraktion ausgedacht wurde – soll zum Schleudern, Stöbern, Blättern, kurz: zum Lebensgenuß reizen.

Neben dem erforderlichen Geld – es soll für nicht so sinnvoll erscheinende Einzelmaßnahmen bereits teilweise verplant sein – wird die Anteilnahme der Bürger über den Erfolg solcher Ideen entscheiden. (SA/ta)

Sachsenhäuser Brücke 21.2.80

064 Zeitungsbericht Sachsenhäuser Brücke 21.2.1980.

1980 In der Werkbundpublikation *„Grün in der Stadt"*[27] erscheint vom Autor *„Das Beispiel Frankfurt – was ist einer Stadt der Landschaftsschutz wert oder wie stark sind Bürger gegenüber Kapitalinteressen".*

1971 bis 1989 Auf bürgerschaftlicher Ebene wird von Encke, Stadager, dem Autor und weiteren Forumsmitgliedern sowie von vielen engagierten Frankfurter Bürgern[28] die Öffentlichkeit an oft bis zu vier Tagen pro Woche auf Bürgerversammlungen über die Grüngürtel-Mainufer-Konzeption informiert.[29] Die Konzeption findet zunehmend Unterstützer und wird Allgemeinkonsens aller Parteien.

Ab 1980 Ab 1980 lehrt der Autor an der Hochschule für Gestaltung Offenbach sowie an den Universitäten Stuttgart und Kassel, ab 1982 ebenfalls an der Fachhochschule Wiesbaden. Er trägt die Konzeption im Rahmen der Lehre einerseits in die akademische Fachwelt, andererseits durch Publikationen in der Fachpresse aus Frankfurt hinaus.[30]

II – 3.4 Grüngürtel-Museumsufer-Konzeption oder „Vom Chaos zur Idealstadt"

Auf der Grundlage von Frankfurts klimatischer Situation und seinen Restgrünflächen entwickelt der Autor seine Konzeption zur Reparatur und Entwicklung der Stadt, mit der er auch promoviert und für die er von der Hessischen Landesregierung ausgezeichnet wird (s. Kap. II – 5. und II – 6.). In verschiedenen Vorträgen[31] und Publikationen[32] stellten der Autor und auch Bürger immer wieder die wesentlichen Schritte für die Realisierung des Grüngürtel-Museumsufer-Konzepts dar. Von der Stadt wurde die Konzeption tatsächlich aufgegriffen, aber stark verändert und ohne sie in den notwendigen Gesamtzusammenhang zu setzen. Der Autor wurde deshalb von der Zeitschrift „das bauzentrum" aufgefordert, in deren Städteheft Frankfurt[33] nochmals seine Konzeption in Stichworten darzustellen:

1. *Ein Restgrünflächenanteil nördlich des Main wird mit dem Stadtwald südlich des Main zu einem Grünring geschlossen.*

2. *Mittenhindurch fließt der Main, dessen Ufer von Offenbach bis Sindlingen stufenweise grün regeneriert werden, soweit sie nicht noch als Restgrünflächen vorhanden sind.*

---

27 Behrens, T., Das Beispiel Frankfurt – was ist in einer Stadt der Landschaftsschutz wert oder wie stark sind Bürger gegenüber Kapitalinteressen, in: Michael Andritzky / Klaus Spitzer (Hg.), Grün in der Stadt, Reinbek bei Hamburg, S. 377–389, 5 Abbildungen. Seit 1980 drei Auflagen, insges. ca. 20.000 Stück. (s. Kap. II – 2. Fallbeispiele).

28 Danksagung in Behrens' Dissertationsschrift (auch im Buch enthalten).

29 Beispiel für Vorträge u.a. am 28.2.1980 bei der Jahreshauptversammlung des Bürgervereins Frankfurt-Praunheim oder am 20.8.1981 „Schutz für den Frankfurter Grüngürtel", Sozialstation Bockenheim (s. FR 26.8.1981).

30 Beispiel für Lehrtätigkeit u.a. an Gesamthochschule Kassel und Hochschule für Gestaltung Offenbach: „Entwicklung und Notwendigkeit städtischer Grüngürtel als stadtplanerische Maßnahme", von 1982 bis 1985.

31 Behrens T., „Recycling verbrauchter Flächen zur Stadterneuerung am Beispiel Frankfurt am Main", Vortrag gehalten am 10.11.1989, areal-Symposium in Köln, vgl. gleichdatierte Dokumentation.

32 Behrens T., „Grüngürtel mit Randbebauung –Unsere Städte wieder bewohnbar machen – Das Beispiel Frankfurt", in: werkundzeit Perspektiven 1, Beiträge zur Zukunft der Moderne, Stadt und Region, Herausgeber Deutscher Werkbund Frankfurt am Main 1993(?), S. 50–55 , 1 ganzseitige farbige Grüngürtelkarte sowie 1 S/W –Karte „Vom Chaos zur Idealstadt".

33 Behrens T., „Vom Unternehmen Stadt mit Parkplanung zur Wohnstadt mit Landschaft", das bauzentrum 3/95, S. 90–101, Darmstadt.

3. Besondere Freizeiteinrichtungen können an den Schnittpunkten zwischen Main und Grünring im Osten und Westen der Stadt entstehen, außerdem

4. Kultur-, Bildungs- und weitere Freizeiteinrichtungen in seinem Zentrum (Naherholungsverbundsystem).

5. Vernetzt wird das System durch Grünanschlüsse – Radialen – zum Umland (außerhalb des dritten Ringes).

6. Noch vorhandene innerstädtische Grünflächen (erster Grüngürtel, Parks) werden eingebunden und ferner

7. neu anzulegende Grünradialen (innerhalb des Ringes) integriert und

8. Verkehrsbündelungen herbeigeführt. – Um verkehrsgünstige Wohnlagen zu schaffen die Grüngebiete und die Mainufer von Verkehr, Lärm, Schmutz, Gestank zu befreien, ist das Netz des Kommunalverkehrs zu komplettieren, der Individualverkehr auf zwei Hauptstränge zu konzentrieren: Den äußeren Autobahnring und den inneren sogenannten „Stadtring", gebildet aus der vorhandenen nördlichen Ringhälfte, die im Süden und Westen eine Ergänzung in einem ca. 6 m hohen Damm des dort bestehenden Eisenbahnringes lärmgeschützt erhält (Verkehrsbündelung Straße / Schiene mit Umsteigemöglichkeiten).

   Radialstraßen, zu denen auch die Mainuferstraßen gehören, werden verkehrsberuhigte Erschließungsstraßen und als solche in der Breite reduziert, begrünt und so unterbrochen, dass sie nicht als Durchgangsstraßen wirken. Ein Ringsystem hat nur dann Sinn, wenn nicht radiale Abkürzungen die Ringfunktion aufheben. Folglich dürfen zu den Ringen keine Abkürzungen durch die Stadt existieren – wie sie heute noch vorhanden sind und von den Verkehrsplanern weiter falsch geplant werden.

   Die entlang den Wallanlagen – Frankfurts erstem Grüngürtel – heute existierenden Straßen werden von jeglichem Durchgangsverkehr befreit. Diese Straßen erhalten nur noch Anliegerverkehr, damit zumindest im Osten und Norden gute Wohnlagen entstehen können und überall Erholung möglich ist.

9. Schnittpunkte Ost und West. – Die östlichen Mainbögen sind der östliche Schnittpunkt von Grüngürtel und Mainuferspange. Der Schnittpunkt West liegt an der Mündung der Nidda in den Main. Beide Schnittpunkte werden zu besonderen Erholungsgebieten ausgebaut.

10. Grünradialen. – Die Grünradialen sind „Grün-Zubringer" zwischen erstem und drittem Grüngürtel und haben eine wichtige, ergänzende Aufgabe in der Systematik des Planungskonzeptes.

11. Parks. – Sämtliche vorhandene 44 Frankfurter Parks sind Bestandteile des Grünradialsystems und werden darin eingebunden.

12. Anschlüsse an das Umland. – Der dritte Grüngürtel erhält mittels Grünradialen Anschluss an das Umland. Die Mainuferspange wird aus dem Stadtgebiet hinaus nach Osten und Westen verlängert.

13. Schaffung qualifizierter stadtnaher Wohnlagen. – Wohnen ist primär eine Frage des Wohnumfeldes. Viele möchten im Grünen und gleichzeitig mit den Vorteilen der Großstadt leben. Das angenehme Wohnen allein in die Region zu verlagern, wie es zur Zeit geschieht, ist selbst bei Verbesserung des öffentlichen Nahverkehrs keine Lösung. Frankfurter Firmen wandern bereits ihren stadtgeflohenen Arbeitskräften in das Umland hinterher. Es lockt zudem mit den niedrigeren Gewerbesteuersätzen. Frankfurts Wirtschaft beginnt zu erkennen, dass sich einseitige Wirtschaftsförderung letztlich wirtschaftsfeindlich auswirkt, und dass es darum geht, Arbeiten und Wohnen wieder in eine Symbiose mit kurzen Distanzen zu bringen. Dies ist nicht nur eine ökonomische, sondern auch eine ökologische Lösung.

An beiden Rändern des Grüngürtels – nicht darin – und Verkehrsbefreiten grünregenerierten Mainufern lassen sich attraktive, mit kommunalen Verkehrsmitteln erschlossene ruhige Wohnlagen schaffen.
Sie nehmen bis zu fünf Geschosse hohe – nicht über die Baumhöhe hinwegreichende Terrassenhäuser – auf

An beiden Mainufern können Ende dieses, Anfang nächsten Jahrhunderts zusammen ca. 20 Kilometer Industriebrache und ähnliche Situationen für Wohnhäuser bebaubar gemacht werden. Insgesamt lässt sich bei Erhaltung und Erweiterung der Grüngebiete langfristig qualifizierter Wohnraum für viele neue Frankfurter schaffen.

14. Naherholungsverbundsystem. – Das liegt zum Wandern, Rad- und Schifffahren nach Säuberung des Main- und Nidda-Wassers auch wieder zum Baden überall vor der Tür. Dieses System wird mit der Innenstadt und seinem Kulturangebot vernetzt (Schiffsverkehr auf dem Main, Fahrrad-Verleih- und Relais-Stationen, Wanderwege, kommunale Verkehrsmittel etc.).

15. Planerische Maßnahmen auf organisatorischer Ebene. – Für Grüngürtel und Mainufer sind parzellenscharfe Planungen zu erstellen und mit den Bürgern abzustimmen.

16. Planerische Maßnahmen auf Gesetzesebene. – Die Frankfurter Grünräume wurden weitestgehend durch Planungsmissbrauch vernichtet.
Das Konzept ist nur dann vollständig realisierbar, wenn nicht vorher Frankfurts letzte Ressourcen verbraucht werden. Den Mainufern droht ein weiterer Ausbau der Uferstraßen, dem dritten Grüngürtel die Bebauung wichtiger Bereiche im Norden und im Nordosten.

Oberstes Gebot ist daher die Sicherung der Grüngürtel-Mainuferflächen durch einen Schutz, der Planungsmissbrauch verhindert und in kritischen Situationen Bestand hat. Für nachhaltigen Schutz sind zumindest zwei Schutzarten zu kombinieren, da erfahrungsgemäß eine heute nicht mehr ausreicht.

Vorgesehen sind:
- Landschaftsschutz zusammen mit der Aufstellung von Negativ-Bebauungsplänen, die den Grünbereich als nicht bebaubar ausweisen.
- Vorteilhaft wäre eine neue Grüngürtel-Servitut nach dem Vorbild des ersten Grüngürtels.

17. Korrekturen falscher städtebaulicher Entwicklungen.
a) Im dritten Grüngürtel:

- Rückverlagerung des Niddalaufes aus dem heutigen hässlichen Kanal
- Kanal nur noch als Hochwasser-Abflussrinne
- Rückbau von diversen Radialstraßen, die die Bürger nicht annahmen, wie die Stadt selbst feststellen musste,
b) In der Mainuferspange:
- Schließung des Stadtringes unter dem südlichen Eisenbahnring
- Bau von zwei Straßenbrücken in Verbindung mit den vorhandenen westlichen und östlichen Eisenbahnbrücken zur Bündelung der Verkehrssysteme
- Rückbau der Mainuferstraßen
- Regeneration der Frankfurter Mainufer
- Errichtung eines schnelllaufenden Bootsverkehrs auf dem Main (Vorbild Venedig)
- Anlegen von Badebecken im Main, die mit Leitungswasser gefüllt werden (Vorbild Paris)
- Extensive Pflege der Grünflächen auf land- und forstwirtschaftlicher Basis
- Gewässerreinigung bzw. Sauberhaltung

18. Es wird in einer Aufbaureihe folgendes Ziel angestrebt:
Ein durch bereits bebautes Gebiet laufender land-, forst- und wasserswirtschaftlich gepflegter Grüngürtel auf noch vorhandenen Restgrünflächen mit grünen Anschlüssen an das Umland, grüner Spange entlang der Mainufer, terrassierten Wohnhäusern an den Grünrändern, angenehmem Wohnen in guter klimatischer Lage.[34]

065 Behrens T., Projekt 1965: Terrassenhausanlage Bad Soden als Beispiel für eine Randbebauung entlang des dritten Grüngürtels und grüner Mainuferbänder.

34 Ebd. S. 93–97.

FRANKFURTER STADTRUNDSCHAU

Ein ganz normaler Montag in Frankfurt

066 Baden im Main, wie es bis Mitte der 1950er Jahre noch möglich war, FR-Bild 23.5.1989

II – 3.5 Fluglärmminderung

II – 3.5.1 Bündelung von Ab- und Anflugrouten mit Autobahnlärmbändern

1980 Der Autor entwickelt zur Optimierung seiner Grüngürtel-Mainufer-Konzeption zum Wiederbewohnbarmachen der Stadt in Ergänzung der vorgenannten Ziffer 8 die

„Bündelung von verlegbaren Abflugrouten mit nicht verlegbaren Autobahnlärmbändern oder wie aus 2 x Lärm 1x Lärm wird".

Die Konzeption beruht auf zwei zusammengehörenden Teilen. Davon ist
Teil 1 geographisch:
Er macht aus zwei Lärmbändern ein Lärmband, indem er über die Stadt verlaufende Flugrouten über die Autobahnen verlegt.
Teil 2 physikalisch:
Er ist die hier mögliche Zugabe, die das physikalische Phänomen nutzt, dass der leisere im lauteren Schall ganz oder teilweise untergeht (bei einer Musikaufführung ist das Soloinstrument nur zu hören, wenn das Orchester zurückgenommen wird).

Lärm ist akustischer Müll. Er trägt wesentlich zur Stadtzerstörung und Unbewohnbarkeit und damit zur Unwirtschaftlichkeit unserer Städte bei. In vielen Städten führen oft mehrere An- und Abflugrouten über Wohngebiete hinweg. Abflugrouten sind zusätzliche Lärmbänder zu Autobahnbändern. In Ballungsregionen sind Autobahnbänder die einzigen durchlaufenden Schneisen mit einer Lärmbandbreite von ca. 4 km bei einer

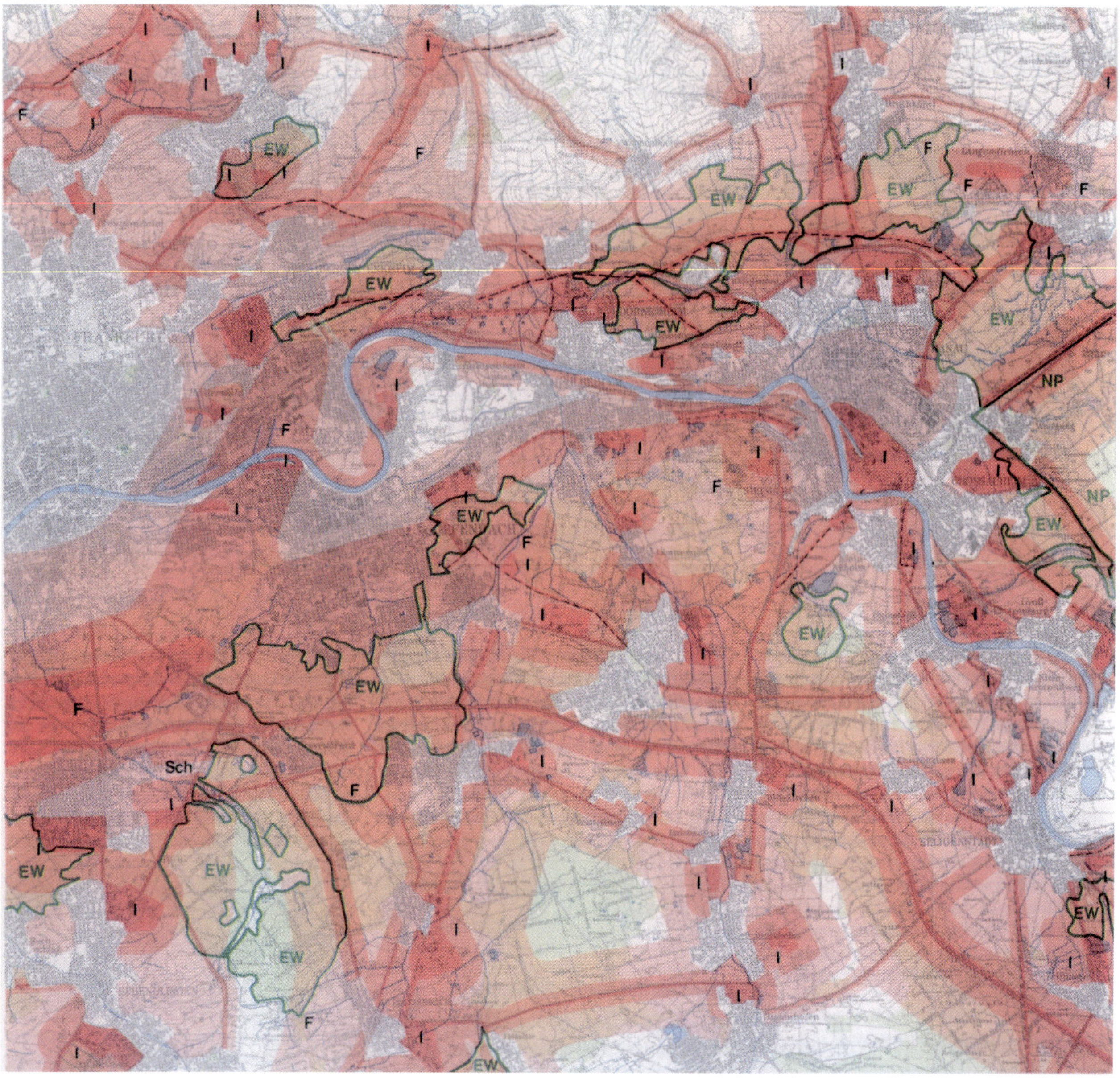

067 Lärmbelastung in der östlichen Hälfte von Frankfurt, Straßenverkehrslärm im Raum Frankfurt, Lärmübersichtskarte Hessen, S. 27, 1974. HMfLU.

Lärmintensität von 90 dba in ihrer Mitte.[35] Auf Autobahnen wohnt keiner und die verlärmten Ränder sind ohne Wohnwert. Die Konzeption bezweckt die Bündelung der verlegbaren mit den nicht verlegbaren Lärmbändern bzw. die Reduzierung von 2x Lärm auf 1x Lärm dort, wo er zurzeit nicht vermieden werden kann – auf den Autobahnen. Durch Bündelung wird wertvoller Stadtraum vor weiterer Zerstörung geschützt und für das Wiederbewohnbarmachen der Stadt zurückgewonnen. Als Ergänzung bietet die Bündelung den für die Regionalplanung vorteilhaften Nebeneffekt: der leisere Lärm geht im lauteren ganz oder teilweise unter.

Die Anwendung des Verlagerungsprinzips auf den Frankfurter Raum zeigt die abgebildete Bündelungskarte (Abb. 068).

35 Wempe, Grüngler, „Laut ist out", Umlandverband Frankfurt, ohne Datum, vor 2001.

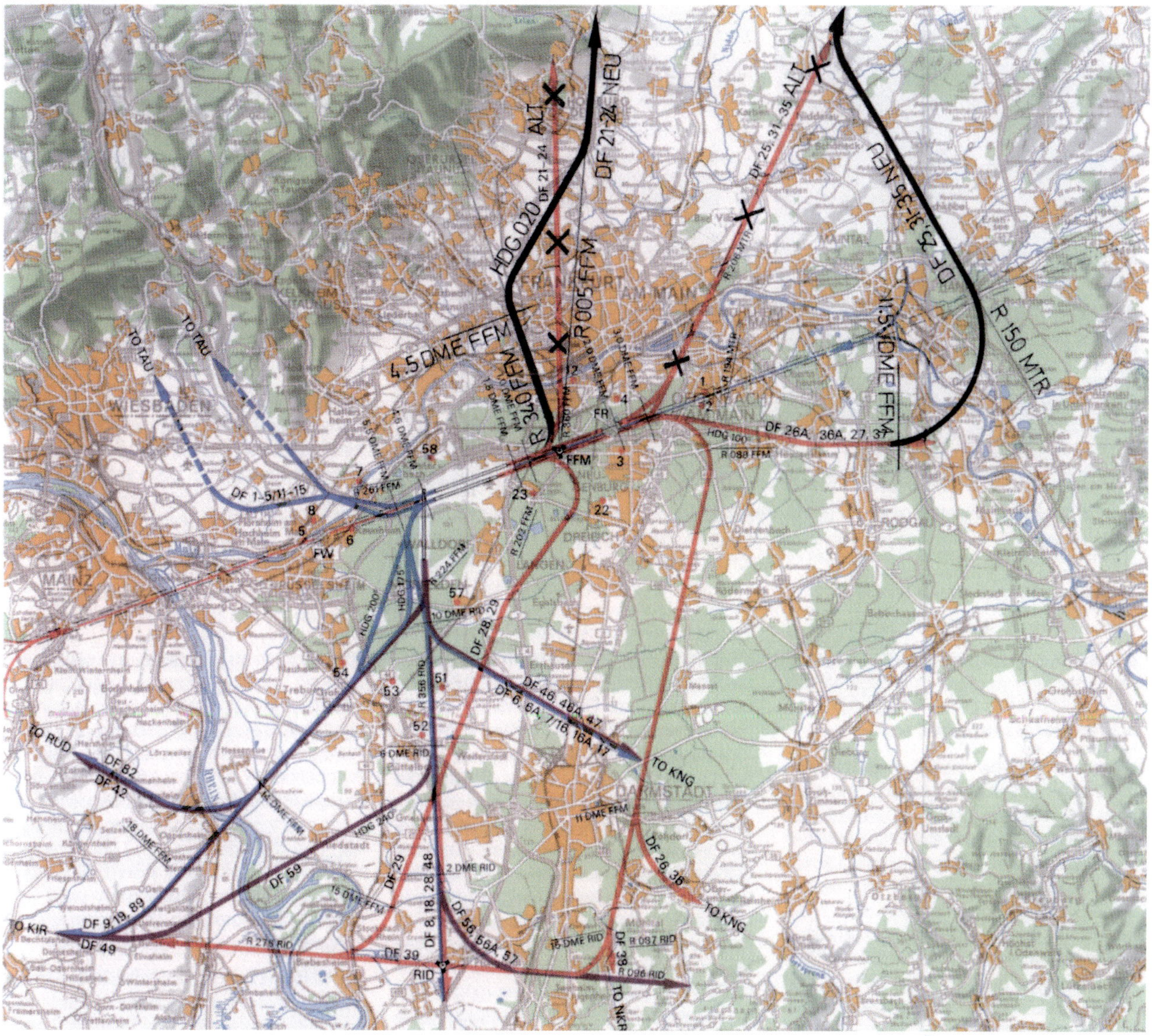

068 Behrens T., Bündelung von Fluglärm mit Autobahnlärm. Geographisch wird aus zwei Lärmbändern eines gemacht und physikalisch geht der leisere im lauteren Lärm ganz oder teilweise unter.

1980 Wie die Grüngürtel- und Museumsufer-Konzeption sollte auch die Lärmminderungskonzeption des Autors als Forumsschrift erscheinen. Dazu kommt es jedoch nicht mehr. Nachdem die Forumspublikation zur Museumsufer-Konzeption erschienen war, hatte die Stadt sie ohne Kontaktnahme mit Forum oder dem Autor aufgegriffen und einen Planungsauftrag an Albert Speer jun. erteilt, der sich sofort als Urheber ausgab. Das Forum protestierte gegen diese Art bürgerschaftlicher Stadtplanung. Als Oberbürgermeister Wallmann (CDU) dann in Verbindung mit persönlichem Einsatz von Speer jun. Vorstandsmitglieder des Forums zur Rücknahme des Plagiatsvorwurfes zwang, war die Folge, dass die tragenden Forumsmitglieder das Forum verließen (ausführlich Kap. II – 4. und II – 12.3.5). Das Forum verwaist.

1982–1988 Der Autor entwickelt seine Lärmbündelungskonzeption bis zur Publikationsreife weiter. Er zieht Karten über die bereits vorhandene Verlärmung von Frankfurt[36] heran und erhält Unterstützung für seine Konzeption durch den „Umweltpfarrer" Prof. Dr. Kurt Oeser, durch Flugkapitän Hans-Jürgen Lebuser und den Fluglotsen Gerd Linneberger.

36 Der Hessische Minister für Landwirtschaft und Umwelt, Lärmübersichtskarte Hessen, S. 27, 1974.

Linneberger wird von Amts wegen die weitere Unterstützung des Autors untersagt, als der Autor seine Konzeption bei der Fluglärmkommission vorstellt. Der Autor erhält hier Unterstützung von weiteren Piloten, erfährt aber von Interessenvertretern der Lufthansa, von dem Flughafenbetreiber und der Hessischen Landesregierung strickte Ablehnung. Abflüge über Frankfurter Stadtgebiet bieten Fluggesellschaften den Vorteil kürzerer Strecken und damit Ersparnis beim Treibstoff, allerdings gehen diese zulasten der Bürger (Lärm ist akustischer Müll).

Ab 1988 — Die Fachpresse publiziert die Konzeption des Autors zur Lärmbündelung unter verschiedenen Titeln.[37,38,39,40,41,42,43,44]

März 2001 — Das Deutsche Zentrum für Luft- und Raumfahrt e.V. (DLR) lädt den Autor mit seiner Konzeption ein, am „Forschungsverbund Leiser Verkehr "in Berlin teilzunehmen. Nach der Vorstellung aller zur Bearbeitung anstehenden Projekte betont Schadt (LH), Miterfinder des automatisierten Abflugverfahrens „Ness", der *„Lärmbündelungsvorschlag Behrens' ist der weitestreichende, der alle anderen umfasst"*.[45]

2001 bis 2005 — Zum physikalischen Teil der Konzeption (Teil 2, s.o.) führt die DLR Probemessungen durch. Diese erfolgen unter dem Anfang der nicht über das Stadtgebiet führenden Frankfurter Nordwest-Abflugroute „Tabum". Hier ist kurz nach dem Start vom Flughafen ein kurzes Stück der Route mit der Autobahn A3 gebündelt . Die Messergebnisse bestätigen die Qualität der Bündelungskonzeption. Nach dem positiven Ausgang der Messungen wird von dem am 11.4.2005 in Göttingen unter der Leitung von Wolfgang Neise in Verbindung mit dem Autor tagenden Gremium beschlossen, den Überlagerungseffekt den Medien als wirksame Lärmminderungsmaßnahme vorzustellen. Bei der der Präsentation voran gehenden DLR-internen Vorstellung des Bündelungseffekts am 5.9.2005 in Köln werden von der DLR unter Aufsicht des Umweltschutzbeauftragten der Lufthansa die Ergebnisse zur physikalischen Zugabe (Teil 2) in das Gegenteil verkehrt präsentiert und über die regionalplanerische „Aus-2-mach-1-Strategie" (Teil 1) wird überhaupt nicht mehr gesprochen.[46] Der Autor protestiert mündlich an Ort und Stelle, doch der Optimierungsprozess war so „abgewürgt" worden.

Zu dieser „Pathologisierung der Wissenschaft" schreibt der Autor: „(...) *In dem undurchsichtigen Geflecht von staatlich und direkt untereinander erfolgten Beteiligungen bei DLR, LH, DFS, Fraport ist die LH in sämtlichen Gremien (...) einflussreich, um nicht zu sagen dominant, vertreten. (...) Die Veränderung (...) des Ergebnisses in das nicht*

---

37 Behrens T., „Lärm über Frankfurt", werkundzeit 2/88.

38 Ders., „Lärmschutz durch Bündelung von Lärmbändern im Verdichtungsraum Frankfurt", Bauwelt 12/88.

39 Ders., „Bündelung Abflugrouten mit Autobahnen", Sendung hr 4, 16.2.1989.

40 Ders., „Noch immer Fluglärm über Frankfurt", werkundzeit 3/90.

41 Ders., „Lärm über Frankfurt – oder anderswo: Lärmbänder bündeln", das bauzentrum, Darmstadt 1992.

42 Ders., „Schneisen für den Verkehrslärm", Zeitschrift KlärWerk Mai 1992.

43 Bittermann M., Interview mit Behrens T. in Sendung Fluglärm, hr 1, 5.8.1997, 9.00–10.00 h.

44 Hotzan, J., dtv-Atlas Stadt, 3. Aufl., München 2004, S. 260f.

45 Behrens T. an Neise W., DLR Berlin, Schreiben v. 21.10.2005.

46 Behrens T. an Neise W., DLR Berlin-Projekt, „Leiser Verkehr", Schreiben v. 21.10.2005.

akzeptable Gegenteil ist ohne Einflussnahme nicht denkbar."[47] Ferner teilt er mit: *„Dem Autor der Verbesserungskonzeption (...) nach erbrachter Leistung von der DLR einen Knebelungsvertrag aufzuzwingen, der eine Weiterverfolgung seiner offenbar unerwünschten Konzeption in einem unabhängigen Gremium verhindern soll, ist eine weitere falsche Anordnung der Dinge."*[48]

II – 3.5.2 Ausbau des Flughafens Frankfurt Hahn zum Interkontinental-Umsteige-Flughafen mit Bahnanschluss (Transrapid) und Frankfurt als Zielflughafen.

Ab 1990 Frankfurt ist angeblich zu ca. 75 % Umsteigeflughafen, ein so genannter „Hub". Ein solcher „Hub" muss nicht im Zentrum einer 3,5–4,5 Millionen-Einwohner-Region liegen. Nach dem ersten Erweiterungsausbau des Frankfurter Flughafens in den 1980er Jahren nimmt der Flugverkehr nicht nur über Wohnbereichen, sondern auch über Erholungs- und Klimatisierungszonen im Grüngürtel – wie dem Stadtwald und dem Niddatal – immer weiter zu. Es bilden sich zahlreiche Bürgerinitiativen in der Region gegen die Kontamination durch Lärm und Abgase. Als die US-Air-Force nach Deutschlands Wiedervereinigung ihren Luftstützpunkt Hahn im Hunsrück räumt, schlagen der Autor, Ernst Reinold und weitere vor, „Hahn zu einem internationalen Umsteigeflughafen unter Beibehaltung von Frankfurt als Domestik-Flughafen" auszubauen. Der Frankfurter Flughafen würde so nur noch Zielverkehr erhalten.

Die Stadt Frankfurt und die Flughäfen sollten mit einem Hochgeschwindigkeitszug Transrapid verbunden werden, der mit ca. 450 km/h die Strecke Frankfurt–Hahn in 15 bis 20 Minuten bewältigen könnte. Damit würde die Fahrt von der Stadt Frankfurt zum Flughafen Hahn nicht länger als heute die Fahrt mit der S-Bahn von der Stadt zum Flughafen Frankfurt dauern. Es müsste auch keine Transrapidstrecke sein, es könnte auch eine normale Bahnstrecke sein.[49] Eine Strecke mit dem Transrapid im Dauereinsatz böte jedoch den großen Vorteil, dass Deutschland endlich eine Referenzstrecke für seine Magnetschwebebahn hätte.

Der Hahner Flughafen hat kein Nachtflugverbot. Er liegt in keiner besonders dicht besiedelten Zone, wie der derzeitige Frankfurter Flughafen. Ein Interkontinentalflughafen Hahn könnte ohne Einschränkungen bei Tag und Nacht für den Passagier- und Cargo-Flug betrieben werden, ohne eine ganze Region unbewohnbar zu machen, wie es der Frankfurter Flughafen tut. Andere Städte auf der Welt (wie London, Paris, Rio de Janeiro, Tokyo) haben längst zweiteilige Lösungen wie die beschriebene umgesetzt. Dieses sind unternehmerische Problemlösungen, bei denen nicht – wie im Fall des Ausbaus des Frankfurter Flughafens – die Bevölkerung einer ganzen Region polarisiert wird, sondern für diese gewonnen werden konnte. Im vorliegenden Fall bietet sie für alle Beteiligten folgende realistische Perspektiven:

- für die Wirtschaft einen uneingeschränkten Tag- und Nachtbetrieb;
- für die Industrie eine deutsche Transrapid-Referenzstrecke;
- für die Bevölkerung der Rhein-Main-Region die Wiederherstellung eines humanen Lebensraums.

---

47 Ebd.

48 Ebd.

49 Klink, A.M., „Bahn zum Hahn", Leserbrief in FAZ-Rhein-Main-Zeitung, 7.4.2012.

II – 4. Der Umgang mit der Museumsufer-Konzeption

Januar 1980 Das Erscheinen der Museumsufer-Schrift des Forums erfolgt mit sechs Jahren Verspätung, da der Autor und Rahe ihre 1973/1974 begonnene Erarbeitung einer Museumsufer-Konzeption wegen Streichung des städtischen Zuschusses durch die damalige Mehrheitsfraktion (SPD) abbrechen mussten. Im Januar 1980 greifen Frankfurts Kulturdezernent Hilmar Hoffmann und seine Partei (SPD) die Museumsufer-Konzeption des Autors auf, für die dieser bereits zusammen mit Bürgern gekämpft hatte, was auch Hoffmann in einem Artikel bestätigt.[1]

Hilmar Hoffmann

Das Frankfurter Museumsufer

Geschichte, Entwicklung und Perspektiven einer kulturpolitischen Initiative

Schon Mitte der siebziger Jahre gab es in Frankfurt eine Bürgerinitiative, die auf Anregung des Frankfurter Architekten Till Behrens, Enkel des berühmten expressionistischen Architekten Peter Behrens, damals noch zunächst aus dominant städtebaulichen Überlegungen heraus, die Ausweitung der bestehenden Museen am Südufer des Mains forderte. Meine Partei und ich haben sich dann diese Forderung zu eigen gemacht und sie in modifizierter Form selbst politisch vertreten. Bei der Kommunalwahl 1978 gewann jedoch die CDU die Mehrheit und der damals aus Marburg kommende Walter Wallmann wurde neuer Oberbürgermeister der Stadt Frankfurt. Der dann künftige Direktor des Deutschen Architekturmuseums Heinrich Klotz, der seinerzeit ebenfalls aus Marburg kam, der Frankfurter Kulturkritiker Peter Iden, der damals noch Gründungsdirektor des in der Planung befindlichen Museums für Moderne Kunst in Frankfurt war, und ich selbst konnten relativ schnell und problemlos und jenseits von parteitaktischen Überlegungen Walter Wallmann davon überzeugen, dieses Konzept eines Frankfurter Museumsufers zu seinem eigenen zu machen.

069 Hoffmann H. bestätigt, von Till Behrens die Museumsufer-Konzeption übernommen zu haben, in seiner Abhandlung „Das Frankfurter Museumsufer, Geschichte, Entwicklung und Perspektiven einer kulturpolitischen Initiative", in: Lampugnani V. (Hrsg.): Museumsarchitektur in Frankfurt 1980–1990, München 1990, S. 16; Pehnt W., „Uferpromenaden – Kunstpfade – Gratwanderungen", in: Lampugnani, V. (Hrsg.), Museumsarchitektur, S. 27.

---

1 Hoffmann H., „Das Frankfurter Museumsufer, Geschichte, Entwicklung und Perspektiven einer kulturpolitischen Initiative", in: Lampugnani V. (Hrsg.): Museumsarchitektur in Frankfurt 1980–1990, München 1990, siehe hier auch S. 16; Pehnt, W., „Uferpromenaden – Kunstpfade – Gratwanderungen", in: Lampugnani,V. (Hrsg.), Museumsarchitektur, S. 27.

070 Frankfurter Mainufer von der alten Brücke aus gesehen.

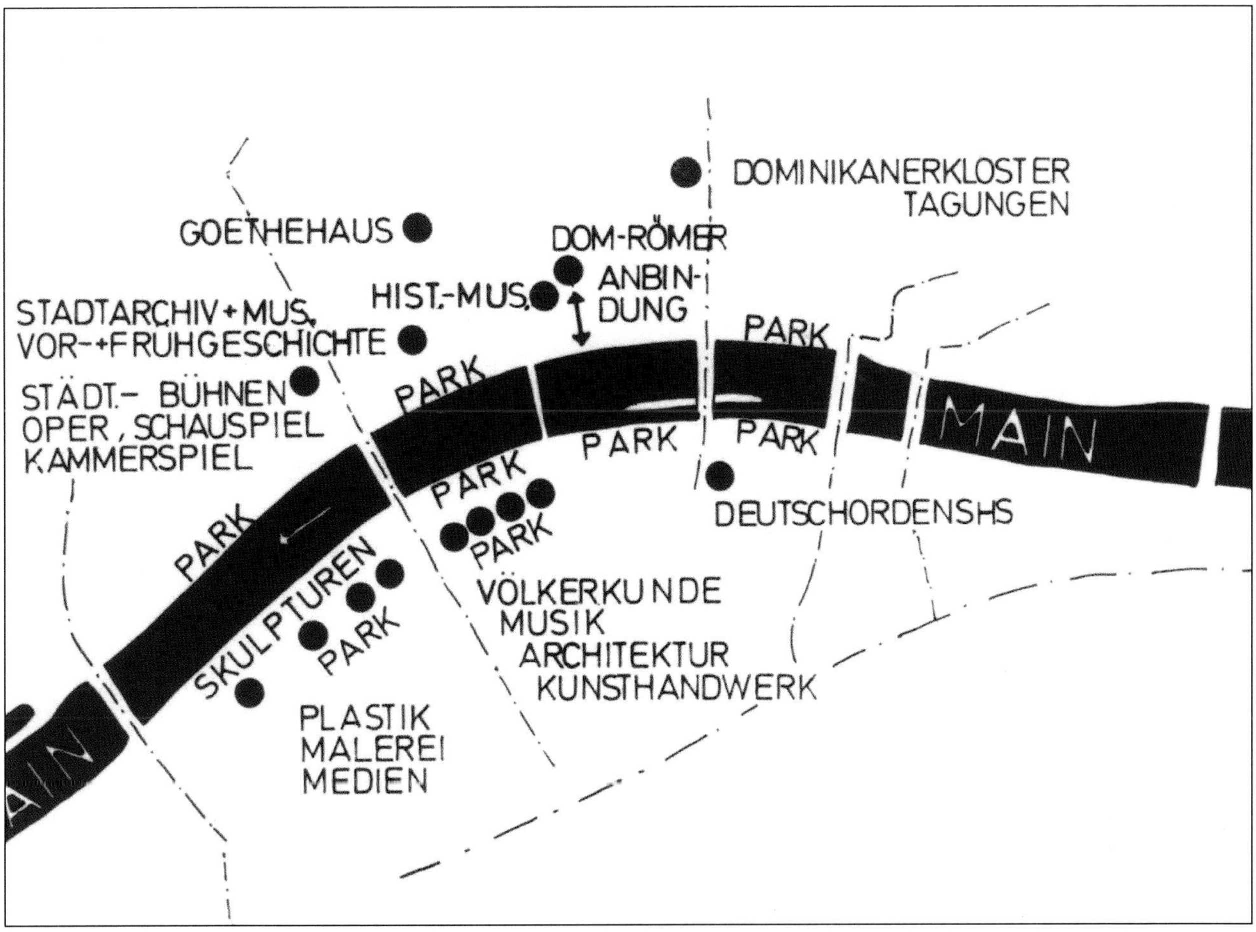

071 Behrens, T., Rahe, J., Vorschlag für die Museumsufer-Gestaltung und Anordnung der Museen in Forumsschrift Nr. 8: „Die Frankfurter Mainufer – Museen – Grün – Verkehr", S. 12.

Januar bis August 1980	Die Stadt Frankfurt bzw. das Planungsdezernat nehmen weder mit den Autoren der Mainuferschrift noch mit dem Frankfurter Forum Kontakt auf, um mit diesen zu sprechen.
8.2.1980	Die FDP-Fraktion lobt die Mainufer-Konzeption des Autors und beklagt gleichzeitig die mangelnde Tätigkeit des Planungsdezernats, selbst kein eigenes Konzept entwickelt zu haben.[2]
Mitte 1980	Albert Speer jun. (Speerplan GmbH) gelingt es, von Oberbürgermeister (OB) Walter Wallmann (CDU) den Planungsauftrag für das Museumsufer zu erhalten.
31.6.1980	In Zeitungsberichten stellt sich Speer jun. als Urheber der Mainufer-Konzeption dar, ohne die Urheberschaft von Behrens/Rahe zu achten oder zu erwähnen.[3]
5.8.1980	Das Forum richtet einen offenen Protestbrief an OB Wallmann.[4]

2 „FDP vermißt Konzeption an Mainufern – Vorschläge des Frankfurter Forums zielen in die richtige Richtung", FAZ 18.2.1980.

3 „Eine enorme Chance für Frankfurt – für ein aktives Museumsufer entsteht das Konzept / Die Stadt wendet sich dem Main zu", FAZ 31.7.1980.

4 Frankfurter Forum für Stadtentwicklung e.V., Schreiben v. 5.8.1980 an OB Wallmann.

Frankfurter Forum für Stadtentwicklung e.V.

Herrn Oberbürgermeister
Dr. Walter Wallmann
Rathaus

6 Frankfurt am Main

z. Zt. Am Sandberg 106
6 Frankfurt am Main - 70
Telefon 68 18 24
Hessische Landesbank
Frankfurt am Main 23 638

5. August 1980

Offener Brief

Schmückt sich Prof. Albert Speer mit fremden Federn ?

Sehr geehrter Herr Oberbürgermeister Dr. Wallmann,

das Frankfurter Forum für Stadtentwicklung hat im Januar 1980 mit der bebilderten Schrift "Die Frankfurter Mainufer - Museen - Grün - Verkehr -" neue unkonventionelle Vorschläge gemacht.

Wie ein Artikel der FAZ vom 31.7.1980 beweist, übernimmt Prof. Speer in der Öffentlichkeit die inzwischen mehrfach publizierten Ideen, ohne sich auf die Quelle zu berufen oder etwas wesentlich Eigenes hinzuzufügen.

Dem Magistrat ist die Publikation des Forums seinerzeit zugestellt worden. Eine interessierte Antwort erhielt das Forum nicht. Statt dessen wurde später vom Stadtplanungsamt zu diesem Thema ein Planungsauftrag an Prof. Speer erteilt, ohne daß der Magistrat mit dem Forum oder den Autoren der Schrift, den Stadtplanern Till Behrens und Jochen Rahe, Kontakt aufgenommen hat.

Für das Frankfurter Forum für Stadtentwicklung arbeiten seit fast 10 Jahren Stadtplaner, Architekten und Bürger aller Berufe zusammen. Prof. Speer ist kein Mitglied. Das Forum wurde 1971 mit Unterstützung des Magistrates gegründet. Es hat grundlegende und viel beachtete Arbeiten, die Fachwissen und Bürgermeinung repräsentieren, an die Öffentlichkeit gebracht, z.B.

1972	ein Konzept für den Kommunal- und Individualverkehr unter dem Titel "Die Alternative"
1972/73	das Projekt "Der Frankfurter Grüngürtel - die Chance"
1974	"Vorschläge zur Zooplanung"
1975	"Großkraftwerk im Fechenheimer Mainbogen ?"
1976	"Aspekte der Frankfurter Stadtentwicklung"

- 2 -

072 Protestbrief des Frankfurter Forums für Stadtentwicklung e.V. an Oberbürgermeister Wallmann.

Das Forum führte selber viel besuchte Bürgerversammlungen durch oder beteiligte sich bei Veranstaltungen anderer. 1974 wurde dem Forum der für Publikationen und Öffentlichkeitsarbeit notwendige Zuschuß der Stadt Frankfurt am Main von der damaligen Mehrheitsfraktion gestrichen. Die Aktivitäten des Forums ließen notgedrungen nach.

Nach dem Wechsel der Mehrheitsverhältnisse im Römer erhielt das Forum mit Magistratsbeschluß wieder einen Zuschuß. Die wenigen Forumsmitglieder, die nicht resigniert hatten, bemühten sich erfolgreich die Forumstätigkeit wieder zu beleben. Sie veröffentlichten 1979/80 in nur einem Jahr 5 bebilderte Schriften:

"U-Bahn-Betriebshof in Seckbach"
"Bebauung Dom - Römer - Bereich einschließlich Meinungsumfrage"
"Verkehrsberuhigung im Ortsteil Rödelheim"
"Schutz für den Frankfurter Grüngürtel"
"Die Frankfurter Mainufer - Museen - Grün - Verkehr -"

Ferner 3 Forumsbriefe:

"Bundesautobahn A 66"
"S-Bahn-Trasse Oberrad"
"Der Nidda-Zoo ist eine Fehlplanung"

Die Publikationen des Forums hängen untereinander zusammen und ergänzen sich zu wesentlichen Abschnitten eines übergeordneten Stadtkonzeptes.

Das Forum erlebte im vergangenen Jahr die aktivste Zeit seiner Tätigkeit. Nicht nur die lokale Presse sondern auch die überregionale und vor allem auch die Fachpresse beschäftigte sich im letzten Jahr mit den Vorschlägen, die das Forum herausgab (vgl. u.a. Bauwelt, Hefte 14/79 und 9/80, 17/18 / 80, Deutsches Architektenblatt 4/80 usw.). Leider kam seitens der Stadtverwaltung kein offizielles Echo.

Obwohl das Forum wesentliche Arbeiten und Aussagen zum Römerberg und zum Mainufer geleistet hat, wurden vom Magistrat Forumsabgeordnete weder als Berater, Preisrichter o. ä. zu den Wettbewerben am Römerberg oder am Museumsufer noch zur Ausarbeitung des derzeit populärsten vom Forum unterbreiteten Vorschlages "Die Frankfurter Mainufer - Museen - Grün - Verkehr -" herangezogen.

Forumstätigkeit wird frustrierend, wenn sie darauf hinausläuft, daß Herr Speer im Auftrag der Stadt vom Forum veröffentlichte Ideen zu seinem Vorteil vermarktet.

Mit freundlichen Grüßen!

Frankfurter Forum für Stadtentwicklung e.V.

(Fresenius)

11.8.1980 Speer jun. erklärt in einem offenen Brief an OB Wallmann, die Vorwürfe des Forums seien „haltlos und falsch" und „ausschließlich lächerlich".[5] Er, Speer, habe nur „allgemeine Aussagen" zum Museumsufer getan.

Vorwürfe gegen Planungsbüro

W. E. Das „Frankfurter Forum für Stadtentwicklung" hat den Architekturprofessor Albert Speer beschuldigt, er habe Ideen des Forums aufgegriffen und als eigene Gedanken für seine Planungsaufträge verwertet. In einem Schreiben an Oberbürgermeiser Walter Wallmann meldet das Forum: „Forumsarbeit wird frustrierend, wenn sie darauf hinausläuft, daß Herr Speer im Auftrag der Stadt vom Forum veröffentlichte Ideen zu seinem Vorteil vermarktet." Der von Otto Fresenius unterzeichnete Brief bezieht sich auf Planungsarbeiten für das Museumsufer. Hier habe das Forum im Januar mit einer bebilderten Schrift „neue, unkonventionelle Vorschläge gemacht". Die in der Schrift enthaltenen Ideen seien derweil mehrfach publiziert worden. Speer, behauptet das Forum, habe die Gedanken übernommen und sie in der Öffentlichkeit dargelegt, „ohne sich auf die Quelle zu berufen oder etwas wesentlich Eigenes hinzuzufügen".

Der Magistrat, klagt das Forum, habe zwar die Schrift seinerzeit erhalten, eine Antwort habe das Forum jedoch nicht bekommen. „Statt dessen wurde später vom Stadtplanungsamt zu diesem Thema ein Planungsauftrag an Professor Speer erteilt, ohne daß der Magistrat mit dem Forum oder den Autoren der Schrift, den Stadtplanern Till Behrens und Jochen Rahe, Kontakt aufgenommen hat."

073 Pressebericht FAZ. 9.8.1980.

Streit zwischen Planern um Ufer-Ideen

wp. Als „haltlos und falsch" hat der Stadtplaner Professor Albert Speer die gegen ihn gerichteten Vorwürfe des Frankfurter Forums für Stadtentwicklung bezeichnet. Die nach eigener Einschätzung frustrierten Forumsmitglieder hatten Speer in einem Schreiben an Oberbürgermeister Walter Wallmann vorgeworfen, in Äußerungen zu Plänen für das Museumsufer auf Ideen des Frankfurter Forums zurückgegriffen zu haben. Dies hat nun wiederum den Chef der „Regional- und Stadtplaner GmbH Speerplan" zu einem Offenen Brief an den Oberbürgermeister veranlaßt. Er, Speer, habe zum Museumsufer neben „allgemeinen Aussagen" lediglich zwei konkrete Gedanken geäußert, die in den veröffentlichten Schriften des Frankfurter Forums vom Januar dieses Jahres allerdings nicht enthalten seien: So wurde von Speerplan vorgeschlagen, das gesamte südliche Mainufer als Architekturmuseum unter freiem Himmel zu betrachten. Weiter ist von Speerplan ins Gespräch gebracht worden, das Bahnhofsviertel und das Museumsufer mit einem zweiten „Eisernen Steg" zu verbinden. Allgemeine Binsenwahrheiten zu „Ideen" des Forums zu stilisieren, die es lohnten, kopiert zu werden, ist nach Ansicht von Speer „ausschließlich lächerlich". Zu den tatsächlich wesentlichen Ideen des Forums, wie die „Biennale am Mainufer" oder die „Bundesgartenschau am Mainufer" erklärt Speer: „Sie sind von mir weder erwähnt noch als meine Ideen ausgegeben worden".

074 Pressebericht FAZ 12.8.1980.

5 „Vorwürfe gegen Planungsbüro", FAZ 9.8.1980; „Streit zwischen Planern um Uferideen", FAZ 12.8.1980.

19.8.1980 In einem Gespräch mit Mitgliedern des Frankfurter Forums bestätigt Planungsdezernent Hans Küppers (CDU), dass die Stadt auf Grundlage der Behrens/Rahe-Schrift den Auftrag an Speer vergab und sagt eine öffentliche Richtigstellung zu diesem Sachverhalt zu.[6]

Frankfurter Forum für Stadtentwicklung e.V.

Herrn Stadtrat
Dr. Hans Küppers
Planungsdezernent

Technisches Rathaus
Braubachstrasse

6000 Frankfurt am Main

z. Zt. Am Sandberg 106
6 Frankfurt am Main - 70
Telefon 68 18 24
Hessische Landesbank
Frankfurt am Main 23 638

25.August 1980
Be/Kr

Sehr geehrter Herr Dr. Küppers,

für das Gespräch das am 19.8.1980 auf Ihre Anregung hin zustandekam, danke ich Ihnen.

Hierbei konnte ich nochmals darlegen, daß das vom Magistrat der Stadt Frankfurt am Main mitgegründete und mitfinanzierte Frankfurter Forum keine Bürger-initiative ist, sondern ein Gremium das alternative Stadtplanung betreibt.

Im Januar 1980 hatte das Frankfurter Forum die Schrift: "Die Frankfurter Mainufer - Museen - Grün - Verkehr" herausgegeben. Im April 1980 ist zu diesem Thema vom Stadtplanungsamt ein Auftrag an Prof. Speer vergeben worden.
Sie bestätigten mir, daß nach Ihren Feststellungen dieser Auftrag auf Grund der Arbeitsergebnisse des Forums erteilt wurde und bedauerten, dieses bei der Auftragser-teilung an Prof. Speer nicht ausdrücklich erklärt zu haben. Da zu Ihrem weiteren Bedauern ein Streit um die intellektuelle Urheberschaft zwischen Frankfurter Forum und Prof. Speer entstanden sei, wollten Sie eine öffent-liche Erklärung veranlassen, die darauf hinweist, daß der Auftrag der Stadt auf den Arbeitsergebnissen des Frankfurter Forums basiere.

Wir würden uns freuen, wenn es auf Grund dieses Gespräches zu einer guten Zusammenarbeit zwischen Stadtplanungsamt und Forum käme.

Mit freundlichen Grüssen

- gez. Till Behrens -
(nach Diktat verreist)

V. Krüger
(i.V. Veronika Krüger)

075 Schreiben Frankfurter Forum an Stadtrat Küppers v. 25.8.1980.

6 Bestätigungsschreiben v. 25.8.1980 des Frankfurter Forums an Planungsdezernent H. Küppers.

28.8.1980 In einem Gespräch mit dem Autor und Otto Fresenius vom Forum erklärt OB Wallmann (CDU), dass er keine Kenntnis von der Schrift des Bürgerforums und der Urheberschaft von Behrens/Rahe hatte, als er den Auftrag an Speer vergab. Wallmann sagt eine öffentliche Richtigstellung zu, wie sie vorher auch schon Planungsdezernent Küppers zugesagt hatte.[7] Die zugesagte Richtigstellung erfolgte allerdings nie.

Frankfurter Forum für Stadtentwicklung e.V.

Herrn Oberbürgermeister
Dr. Walter Wallmann

Rathaus - Römer
6000 Frankfurt am Main

z. Zt. Am Sandberg 106
6 Frankfurt am Main - 70
Telefon 63 18 24
Hessische Landesbank
Frankfurt am Main 23 638

1.Sept.1980
Be/kr

Sehr geehrter Herr Dr. Wallmann,

wir bedanken uns für das Gespräch, daß wir am 28.8.1980 in den Angelegenheiten Forumszukunft/ Mainufer-Planungen/Speer + Speerplan GmbH mit Ihnen und Herrn Stadtrat Dr. Küppers führen konnten.

Wir danken für die Aufgeschlossenheit, mit der von Ihnen und Herrn Dr. Küppers das Anliegen des Forums zur Kenntnis genommen wurde.

Unmittelbar nach Beendigung des Gespräches haben wir uns jedoch mit der Tatsache konfrontiert gesehen, daß Herr Prof. Speer durch seinen Anwalt erneut einen Prozeß angedroht hat.
Unser Anwalt hat hierauf, wie aus beigefügter Fotokopie ersichtlich ist, den Anwälten von Herrn Speer geantwortet.

Wir bitten nochmals nachdrücklich darum, daß die Stadt unverzüglich Herrn Prof. Speer und der Speerplan GmbH mitteilt, daß die Auftragserteilungen an die Speerplan GmbH auf den Grundlagen der städteplanerischen Konzeption erfolgt sei, wie sie das Frankfurter Forum durch die Stadtplaner Behrens und Rahe entwickelte und in der Druckschrift vom 20.1.1980 "Die Frankfurter Mainufer - Museen - Grün - Verkehr" der Öffentlichkeit vorgestellt hat.

Für den Fall, daß weitere Ausarbeitungen der Forums-Vorschläge in Auftrag gegeben wurden, bitten wir, auch hier auf die Priorität der Forumsarbeit zu verweisen.

Wir begrüssen es, daß Forums-Vorschläge Eingang in die Frankfurter Stadtplanung finden und freuen uns, wenn es zu einer guten Kooperation zwischen Stadtplanungsamt und Frankfurter Forum kommt.

Mit freundlichen Grüssen

i. A. V. Krüger

Kopie an Herrn Stadtrat Dr. Küppers

Anlage

076 Schreiben Frankfurter Forum an OB Wallmann v. 1.9.1980.

7 Bestätigungsschreiben v. 1.9.1980 des Frankfurter Forums an OB Wallmann.

12.9.1980 Während sich die Autoren Behrens und Rahe in Urlaub befinden, beraumt Planungsdezernent Küppers einen Termin zusammen mit Albert Speer jun., einem Mitarbeiter von Speer und zwei Vertretern des Forums (Fresenius und Koepcke) an, um eine Presserklärung zu formulieren.[8] Die Vertreter des von der Stadt finanzierten Bürgerforums werden von Küppers, Speer jun. und Speers Mitarbeitern gezwungen, die Aussage zurückzunehmen, dass Speer jun. die Arbeiten von Behrens/Rahe vereinnahmt und sich als Urheber ausgegeben habe. Die unter Druck gesetzten Forumsvertreter nehmen den Vorwurf daraufhin zurück, obwohl sie ihn nicht zurücknehmen können, da sie nicht Urheber der Museumsufer-Konzeption sind:[9] Verfasser der signierten Museumsufer-Schrift sind die in Urlaub befindlichen Behrens und Rahe, Urheber der Konzeption ist der Autor.

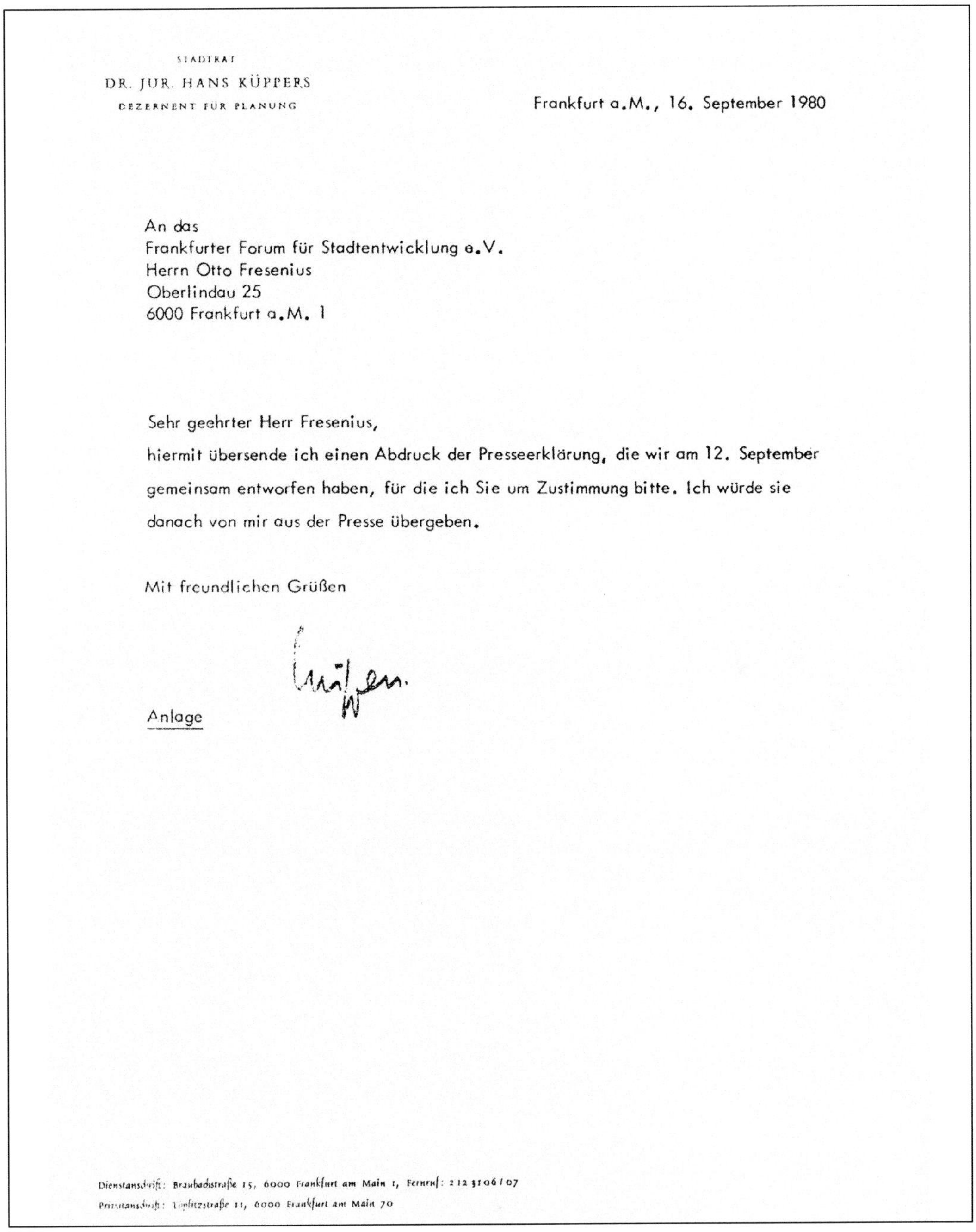

STADTRAT
DR. JUR. HANS KÜPPERS
DEZERNENT FÜR PLANUNG

Frankfurt a.M., 16. September 1980

An das
Frankfurter Forum für Stadtentwicklung e.V.
Herrn Otto Fresenius
Oberlindau 25
6000 Frankfurt a.M. 1

Sehr geehrter Herr Fresenius,

hiermit übersende ich einen Abdruck der Presseerklärung, die wir am 12. September gemeinsam entworfen haben, für die ich Sie um Zustimmung bitte. Ich würde sie danach von mir aus der Presse übergeben.

Mit freundlichen Grüßen

Küppers

Anlage

Dienstanschrift: Braubachstraße 15, 6000 Frankfurt am Main 1, Fernruf: 212 3106/07
Privatanschrift: Töplitzstraße 11, 6000 Frankfurt am Main 70

077 Schreiben Stadtrat Küppers an Forum für Stadtentwicklung v. 16.9.1980.

8 Schreiben H. Küppers v. 16.9.1980 an Frankfurter Forum.

9 „Forum nimmt Vorwürfe gegen Speerplan zurück", FAZ 6.12.1980.

27.8.1980 Die FDP fordert die Verleihung der Walter-Möller-Plakette für bürgerschaftliche Mitarbeit an das Frankfurter Forum für Stadtentwicklung e.V., vor allem für deren herausragendes Engagement „Mainuferkonzeption". Die CDU lehnt mit ihrer absoluten Mehrheit den Antrag in der Stadtverordnetenversammlung ab.[10]

FDP begehrt Auszeichnung für Frankfurter Forum

güm. Die „Walter-Möller-Plakette für bürgerschaftliche Mitarbeit" sollte nach Ansicht der FDP-Fraktion im kommenden Jahr an das Frankfurter Forum für Stadtentwicklung verliehen werden. Das Forum habe, so begründet die Fraktion ihren Vorschlag, schon in der Vergangenheit mit zahlreichen Vorschlägen ein vorbildliches Beispiel von sach- und fachkundiger Bürgerbeteiligung bei der Stadtgestaltung gegeben. Sie erwähnt dabei Anregungen zur Nutzung des Fechenheimer und Rumpenheimer Mainbogens, zur Erhaltung des Niddatals, zum Niddazoo, zur A 66, S-Bahn-Trasse Oberrad und zur Verkehrsberuhigung Rödelheim. Zu Beginn dieses Jahres habe das Forum mit seinem Vorschlag zur Gestaltung des Museumsufers den Anstoß für eine weitreichende Planung zur Verbesserung der innerstädtischen Mainuferlandschaft gegeben, die jetzt, wie es in dem FDP-Antrag heißt, durch einen Architektenauftrag ergänzt und konkretisiert werden solle. Mit diesem städtebaulichen Konzept sei ein herausragendes Zeichen bürgerschaftlichen Engagements für die Stadt gesetzt worden, das eine öffentliche Anerkennung durch die Verleihung der Walter-Möller-Plakette im kommenden Jahr erfahren solle. Die nach dem früheren Oberbürgermeister benannte Auszeichnung wird an Bürgeraktionen, Bürgerinitiativen oder ähnliche Organisationen vergeben, die sich durch eigene Leistungen und Anregungen um öffentliche Interessen verdient gemacht haben. Zuletzt erhielt die Plakette das Aktionskomitee „Kind im Krankenhaus".

078 Pressebericht FAZ 27.8.1980.

10 „FDP begehrt Auszeichnung für Frankfurter Forum", FAZ 27.8.1980; „Die Sitten im Römer", FAZ 17.9.1980.

Die Sitten im Römer

Korenke: Stadtverordnete dürfen nicht empfindlich sein

py. Sehr moderat hat sich gestern nachmittag der Ältestenausschuß der Stadtverordnetenversammlung über die parlamentarischen Sitten im Römer auseinandergesetzt. Anlaß war die Debatte über die Jugendinitiativen, in der im Juni Ausdrücke wie „rechtswidrige Äußerungen", „faschistoid" und „demokratisch undiszipliniert bis anarchistisch" gefallen waren. Die SPD-Fraktion verlangte nun durch ihren Vorsitzenden Hans Michel, der CDU-Stadtverordnete Paul Labonté solle sich für diese „Ausschweifungen" entweder entschuldigen oder von Stadtverordnetenvorsteher Hans-Ulrich Korenke eine Rüge hinnehmen. Was Labonté in Richtung der SPD-Stadtverordneten Anita Breithaupt gesagt habe, sei beanstandenswert und erfordere wenigstens die Entschuldigung, daß es in der Hitze der Plenarsitzung ohne Vorsatz geschehen sei.

Labonté erklärte hierauf, er habe bereits Michel und Frau Breithaupt erklärt, daß er nicht beabsichtigt habe, die Stadtverordnete oder ihre Fraktion zu beleidigen. Auch wenn ihm von Juristen versichert worden sei, daß seine Äußerungen keine Beleidigungen darstellten, wolle er seine Erklärung vor dem Ausschuß wiederholen. Damit betrachte er die Angelegenheit allerdings als erledigt. Auch der CDU-Fraktionsvorsitzende Hans-Jürgen Moog meinte, Labontés Debattenbeitrag erfordere nicht mehr als diese „versöhnende Geste". Es lasse sich im Protokoll keine Absicht zu persönlicher Kränkung erkennen. Moog erinnerte daran, daß auch ihm gelegentlich verbal hart mitgespielt worden sei, und wandte sich im folgenden dagegen, die Sachdebatte der Plenarsitzung vor dem Ausschuß fortzusetzen.

Dies hatte Anita Breithaupt versucht, indem sie darlegte, die von Labonté angegriffene Rechtsauffassung habe sich mittlerweile im Jugendwohlfahrtsausschuß durchgesetzt. Die Kontroverse, in der Labonté von rechtswidrigen Äußerungen und Aktionen der SPD-Stadtverordneten gesprochen hatte, war um die Frage entstanden, ob der Jugendwohlfahrtsausschuß unmittelbare Anlaufstelle für Beschwerden und Forderungen von Jugendlichen sein könne. Befremdlich nannte Anita Breithaupt, daß die Rede Labontés vor dem Plenum erkennen lasse, daß sie keinswegs so spontan gehalten wurde, wie es jetzt dargestellt werde.

Stadtverordnetenvorsteher Korenke erinnerte schließlich daran, daß er in den dreieinhalb Jahren seiner Amtsführung noch keine Rüge erteilt habe. Er erneuerte seinen Appell, „pfleglich miteinander umzugehen", nannte das Ordnungsrecht des Stadtparlamentes unterentwickelt und meinte schließlich, die Stadtverordneten dürften nicht so empfindlich sein, wenn es aus dem Wald herausschalle, wie man in ihn hineingerufen habe. Hierauf sagte SPD-Fraktionschef Michel, es gebe auch seitens der Sozialdemokraten nicht den Wunsch, dem Stadtparlament etwa zu einem „Schimpfkatalog" zu verhelfen, und erklärte die Angelegenheit für vorerst erledigt.

Zuvor war die FDP-Fraktion im Ausschuß mit dem Antrag gescheitert, für die Walter-Möller-Plakette für bürgerschaftliche Mitarbeit das Forum für Stadtentwicklung durch Beschluß der Stadtverordentenversammlung vorschlagen zu lassen. Die CDU war der Auffassung, in dieser Art solle der Jury kein überdeutlicher Wink gegeben werden. Die SPD teilte die Bedenken, unterstützte den FDP-Antrag jedoch.

Am ausgiebigsten setzte sich der Ausschuß über einen weiteren Antrag der Freien Demokraten auseinander, der vorsah, auf den sogenannten Verwaltungsweg geschickte Anregungen von Ortsbeiräten im Einzelfall mit Antwortfristen für den Magistrat zu versehen. Hiergegen wandten Vertreter der Mehrheitsfraktion ein, daß dies bereits in der Geschäftsordnung vorgesehen sei. Der Antrag wurde zurückgestellt, um klären zu lassen, wie oft Ortsbeiräte in der Vergangenheit auf Äußerungen der Verwaltung warten mußten. Solche Verzögerungen, hatte Korenke erklärt, kämen noch nicht einmal bei einem Prozent der Anregungen vor.

079 Pressebericht FAZ 17.9.1980.

8.10. bis 14.11.1980 — Der Rechtsvertreter des Frankfurter Forums, Dr. Willy Paul, ist sehr überrascht über die von der Stadt und Speer jun. gemeinsam erzwungene Rücknahme der Forumsposition, bei der er standeswidrig übergangen wurde. Er legt sein Amt nieder[11] (Anm.: Dr. Wallmann und Dr. Küppers, beide Volljuristen, missachteten hier gezielt die Urheberrechte von Till Behrens)

---

11 Paul W. rügt gegenüber seinem Kollegen Schönberger, welcher Speer jun. vertrat, die Umgehung anwaltlicher Standesgepflogenheiten. Schönberger begründete dies mit Schreiben v. 11.11.1980 mit Eile. Schreiben v. 14.11.1980 von Paul an Frankfurter Forum.

In Sachen Firma Speerplan GmbH / Frankfurter Forum für Stadtentwicklung e.V.

teilt der vom Frankfurter Forum beauftragte Rechtsanwalt Dr. Willy Paul in der Sozietät Boesebeck, Barz & Partner in Frankfurt in seinem Schreiben vom 8. Oktober 1993 dem Forum mit:

> "... wie Sie ... mir gestern ... mitteilten, hat inzwischen ein Gespräch bei Herrn Stadtrat Dr. Küppers stattgefunden. Dabei waren vertreten Herr Professor Speer einerseits und das Frankfurter Forum durch Herrn Fresenius und ein weiteres Vorstandsmitglied andererseits.
>
> Die Besprechung soll ihren Niederschlag gefunden haben im Entwurf einer Erklärung des Stadtbauamtes an die Presse, inhalts dessen, daß das Frankfurter Forum gegen Professor Speer erhobene Vorwürfe bedauere.
>
> Diese Information über Tatsachen und Ergebnis der Besprechung vor Herrn Stadtrat Dr. Küppers hat mich sehr überrascht. Ich habe ... erklärt, daß ich ... hiervon nicht unterrichtet worden bin. ... ich kann nicht verstehen, wieso das Frankfurter Forum sich vor der Öffentlichkeit gegenüber Professor Speer entschuldigt. Das ist umso unverständlicher, als in dem Gespräch vom 19.08.80 zwischen Herrn Dr. Küppers und Herrn Behrens ... Dr. Küppers zugesagt hat:
>
> '... eine öffentliche Erklärung (zu) veranlassen, die darauf hinweise, daß der Auftrag der Stadt auf den Arbeitsergebnissen des Frankfurter Forums basiere.'
>
> Mit einer Erklärung solchen Inhalts wäre dem Anliegen des Frankfurter Forums Rechnung getragen worden, die zeitliche Priorität für die stadtplanerische Idee der Gestaltung des Frankfurter Stadtkerns insbesondere an beiden Mainufern, der Öffentlichkeit gegenüber darzutun. Eine Entschuldigung des Frankfurter Forums läuft auf das gerade Gegenteil hinaus.
> ... gez. Paul"

Als der Rechtsanwalt des Forums, Dr. Willy Paul, bei Dr. Norbert Schönberger, dem Anwalt von Prof. Speer, die Umgehung anwaltlicher Standesgepflogenheiten wegen der erzwungenen Direktverhandlung zwischen Forum, Stadt und Speer rügt, teilt Dr. Schönberger mit Schreiben vom 11. November 1980 an Dr. Paul mit:

> "... gibt es in der Sache ... Grund zur Eile. Ihre Mandantschaft versucht durch Zeitverzögerung die Problemlage zu verwässern. Sollte unser Anschreiben ... nicht den gewünschten Erfolg bringen, wird noch in dieser Woche Klageerhebung erfolgen. Ich werde zukünftig ausschließlich mit Ihnen korrespondieren. ...
> gez. Schönberger"

Dr. Paul schreibt dem Forum daraufhin am 14. November 1980:

> "Wenn es zutreffen sollte, daß Sie in dieser Sache unmittelbar, ohne mich zu benachrichtigen, korrespondiert haben sollten, dann kann ich wohl mein Mandat als beendet ansehen. ...
> gez. Paul"

Behrens teilt Dr. Paul dazu am 15. November 1990 lt. folgender Anlage Nr. 31 mit:

080 Korrespondenzauszug der Anwälte in Sachen Frankfurter Forum für Stadtentwicklung e.V. gegen Stadt Frankfurt und Firma Speerplan GmbH.

15. 11.1980 Der Autor teilt Paul mit, dass die ohne seine Kenntnis getroffene Vereinbarung nicht seine Zustimmung findet.[12] Das Urheberrecht ist ein persönliches, unverlierbar an den Urheber gebundenes Recht, über das die Forumsvertreter nicht verfügen konnten.

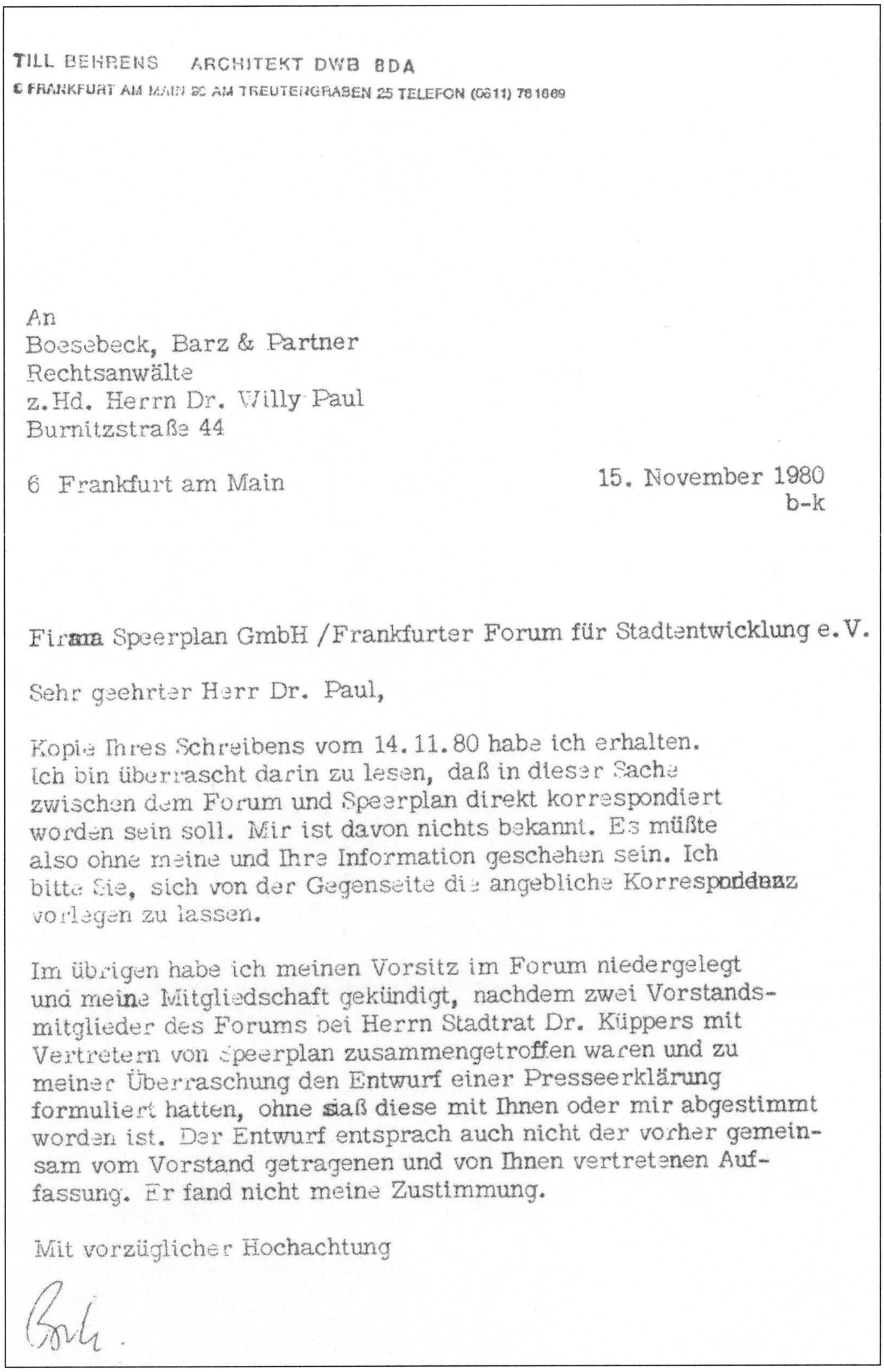

TILL BEHRENS ARCHITEKT DWB BDA

6 FRANKFURT AM MAIN 90 AM TREUTENGRABEN 25 TELEFON (0611) 761669

An
Boesebeck, Barz & Partner
Rechtsanwälte
z.Hd. Herrn Dr. Willy Paul
Burnitzstraße 44

6 Frankfurt am Main

15. November 1980
b-k

Firma Speerplan GmbH /Frankfurter Forum für Stadtentwicklung e.V.

Sehr geehrter Herr Dr. Paul,

Kopie Ihres Schreibens vom 14.11.80 habe ich erhalten. Ich bin überrascht darin zu lesen, daß in dieser Sache zwischen dem Forum und Speerplan direkt korrespondiert worden sein soll. Mir ist davon nichts bekannt. Es müßte also ohne meine und Ihre Information geschehen sein. Ich bitte Sie, sich von der Gegenseite die angebliche Korrespondenz vorlegen zu lassen.

Im übrigen habe ich meinen Vorsitz im Forum niedergelegt und meine Mitgliedschaft gekündigt, nachdem zwei Vorstandsmitglieder des Forums bei Herrn Stadtrat Dr. Küppers mit Vertretern von Speerplan zusammengetroffen waren und zu meiner Überraschung den Entwurf einer Presseerklärung formuliert hatten, ohne daß diese mit Ihnen oder mir abgestimmt worden ist. Der Entwurf entsprach auch nicht der vorher gemeinsam vom Vorstand getragenen und von Ihnen vertretenen Auffassung. Er fand nicht meine Zustimmung.

Mit vorzüglicher Hochachtung

081 Schreiben Behrens T. an Rechtsanwalt Willy Paul v. 15.11.1980.

12 Schreiben Behrens T. an Paul, W. v. 15.11.1980.

10.11. bis 6.12.1980 — Das Presse- und Informationsamt der Stadt Frankfurt lässt die erzwungene Rücknahmeerklärung in der Tagespresse veröffentlichen.[13] Die tragenden Forumsmitglieder verlassen das Bürgerforum, dessen wesentliche Aktivitäten damit beendet sind.

Forum nimmt Vorwürfe gegen Speerplan zurück

wp. Die Unstimmigkeiten zwischen dem Frankfurter Forum für Stadtentwicklung und dem Büro Speerplan scheinen nun ausgeräumt. Nach einer Mitteilung des Presse- und Informationsamtes der Stadt zogen Vertreter des Forums „frühere Vorwürfe, weil auf unzureichenden Informationen beruhend, zurück". Im Zusammenhang mit einem Vorkonzept von Speerplan für das Museumsufer war es zu einer Kontroverse gekommen. Das Forum mutmaßte, seine ureigensten Gedanken hätten übergroßen Eingang in die Vorstellungen von Professor Speer zur Gestaltung des künftigen Museumsparks gefunden. Die vergrätzten Parteien hatten der Amtsmitteilung zufolge während mehrerer Gespräche unter Beteiligung des Planungsdezernenten Hans Küppers wieder zueinander gefunden.

082 Pressemitteilung FAZ 6.12.1980.

1981 — In der Presse wird Kritik am Verhalten von Speer jun. und dem Frankfurter Magistrat geübt.[14]

Was fehlt, ist Bürgernähe

Liest man den Artikel „Alte Villen — neue Ufer" von Helene Rahms in der F.A.Z. vom 20. Dezember, könnte man den Eindruck gewinnen, alles, was am Mainufer von den Architekten Meier, Ungers, Bofinger und den Museumsdirektoren gemacht wird, läuft in die falsche Richtung, nur Albert Speer weiß es besser, „generalstabsmäßig — rigoros — utopisch", oder sollte diese Formulierung ironisch gemeint gewesen sein? Wenn die geschundene Stadt Frankfurt etwas nicht gebrauchen kann, sind es generalstabsmäßige Planungen oder neue Speersche Utopien.

Was Frankfurt fehlt, ist Bürgernähe, und da hätte die Beschäftigung mit der einschlägigen Literatur Helene Rahms durchaus zu einem besseren Informationsstand verhelfen können. Weiß doch in Fachkreisen jedermann, daß die Stadtplaner Till Behrens und Jochen Rahe diejenigen waren, die mit der Schrift „Die Frankfurter Mainufer — Museen — Grün — Verkehr" bereits vor einem Jahr das vorwegnahmen, was Helene Rahms jetzt als besondere Erkenntnis von Albert Speer darstellen möchte. In der Schrift Nr. 8, die das Frankfurter Forum für Stadtentwicklung herausgab und die in der Bauwelt und in mehreren anderen Fachorganen abgedruckt wurde, haben Behrens und Rahe die Grundzüge der Mainufer-Konzeption vorgezeichnet. Die Fach- und Tagespresse hat ausgiebig darüber berichtet.

Wenn Helene Rahms wirklich zu Frankfurter Merkwürdigkeiten vorstoßen will, sollte sie einmal darüber schreiben, daß in der CDU-regierten Stadt drei große öffentliche Aufträge, nämlich Mainufer, Heiligenstock und Messe-Neubau, teils ohne Wettbewerbsverfahren kurzerhand an Albert Speer vergeben wurden; oder darüber, wie Planungsdezernat und Speer gemeinsam das Stadtentwicklungsforum zum Schweigen brachten, wärend FDP und SPD gleichzeitig eine offizielle Auszeichnung für die hervorragende Forumsarbeit begehrten.

Die ersten Auswirkungen Speerscher Mainufer-Planungen werden schon sichtbar. Das von der Stadt vor zehn Jahren mitbegründete und finanzierte Frankfurter Forum für Stadtentwicklung ist nunmehr in Auflösung begriffen.

Barbara Fleckenstein, Darmstadt

083 Leserbrief FAZ 17.1.1981.

---

13 „Forum nimmt Vorwürfe gegen Speerplan zurück", FAZ 6.12.1980.

14 Fleckenstein B., „Was fehlt ist Bürgernähe", FAZ 17.1.1981; Sack M., „Das Ufer der Museen", Die Zeit, 27.2.1981.

Das Ufer der Museen

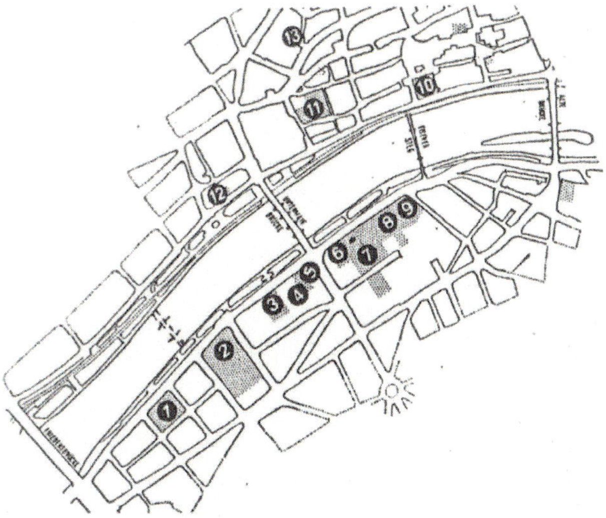

Frankfurts Museen am Main:

1) Liebig-Haus
2) Städelinstitut mit Städtischer Galerie und Kunstschule
3) Postmuseum
4) Architekturmuseum
5) Filmmuseum
6) Musikmuseum
7) Völkerkundemuseum
8) Park
9) Museum für Kunsthandwerk
10) Historisches Museum
11) Museum für Vor- und Frühgeschichte im Karmeliterkloster
12) Jüdisches Museum im Rothschildpalais
13) Goethehaus

Frankfurt entdeckt den Main als Landschaft für Kultur und Freizeit – Nach den monetären die moralischen Investitionen

Von Manfred Sack

Es gibt sechsunddreißig Frankfurts auf der Welt. Eins davon liegt am Main und hatte es kaum bemerkt, noch weniger danach gehandelt. Schon als das vom Bank- und Handelsmann Johann Friedrich Städel gestiftete und nach ihm benannte Kunstinstitut 1878 in den neuen Gründerzeitpalast aufs andere Ufer zog, wurde die „abgelegene Lage" gerügt. Als die zerstörte Stadt nach dem Kriege wieder hergerichtet wurde, hatten die Planer und Investoren, wenn sie an die Innenstadt dachten, nur die City hüben im Kopf, die nördliche Seite, wo der Hauptbahnhof steht, wo „Mainhattan" seine angestrengten Wolkenkratzer in den Himmel treibt, wo das historische Zentrum mit Dom, Rathaus und Römerberg liegt.

Die Lagebezeichnung Frankfurts *am Main* galt nur für die laute, nicht für die gemütliche Seite drüben, für die Wohnstadt Sachsenhausen mit ihren 70 000 Einwohnern. Selbst die Bau- und Bodenspekulanten empfanden, wie seltsam auch und wie wunderbar, den Fluß als Trennung und brachen bis heute nur zögernd in das Garten-Villen-Idyll des anderen Ufers ein. Erst als die Stadt eine Bundesgartenschau für 1989 orderte, brachte das um alternative Gedanken bemühte „Frankfurter Forum" beide Ufer ins Spiel, ungehört. Wirklich als eine Chance entdeckt und zum Gegenstand der Kulturpolitik gemacht hat sie erst der sozialdemokratische, von seiner jetzt in der Opposition stehenden Partei dabei nicht mehr unterstützte Stadtrat Hilmar Hoffmann. Der Begriff, der ihm dafür zuflog, ist auf Anhieb zum kulturpolitischen Leitmotiv des ganzen, vom CDU-Oberbürgermeister Walter Wallmann angeführten Magistrats und nun auch zum Hauptthema im Kampf um die Kommunalwahl am 22. März geworden. Schon hängt er, angeregt vom Städel-Direktor Klaus Gallwitz, unter allen Straßenschildern drüben am Schaumanikai: *Museumsufer.*

Den ersten Versuch, einen solchen städtebaulichen Rahmen zu skizzieren und Ziele zu empfehlen, machte vor einem Jahr das ehrenamtlich agierende, aus Bürgern und Fachleuten gebildete, einst zu alternativer Planung ermunterte Frankfurter Forum in einer Schrift über das Mainufer publik. Es hatte damit bei den Politikern erstaunlich wenig Resonanz gefunden, obwohl sich überraschend viele dieser Vorschläge alsbald in einem erst danach vom Oberbürgermeister bestellten städtebaulichen Gutachten wiederfanden: im „Gesamtplan Museumsufer" der Frankfurter Firma Speerplan (des Architekten und Planers Albert Speer junior). Auch wenn die Verfasser vermieden haben, das Forum als Quelle mancher seiner Vorschläge zu nennen, es nicht einmal eines achtungsvollen Nebensatzes für würdig zu erachten, muß man nicht annehmen, Speer und seine Planer hätten davon nichts gewußt.

Seltsam ist es deswegen, weil sie die Gedanken der Forumsleute auf sehr interessante Weise weitergedacht und variiert haben, auch weil sie die Stadt endlich einmal nicht als Fläche, sondern als ein aus (Straßen- und Platz-)Räumen zusammengefügtes Ereignis begriffen und dargestellt haben. Sie leiten den Durchgangsverkehr um, also vom Main weg, machen die Uferstraßen wieder schmaler, empfehlen eine neue Doppelreihe von Platanen, ziehen den Römerplatz bis zum Main, ordnen Plätze neu. Ihr bester Vorschlag ist der Bau einer zweiten Fußgängerbrücke über den Main, die die Entfernung zur Innenstadt (zum Bahnhof auf zehn Minuten Fußweg) verkürzt und die alte, schon in den Bastionen des Schaumainkais angelegte Symmetrie sichtbar macht: Trifft der inzwischen über hundert Jahre alte Eiserne Steg ziemlich genau auf das Museum für Kunsthandwerk, so der projektierte Holbeinsteg auf das Städelmuseum. Und daß die Untermainbrücke dazwischen nur noch der Stadt- und nicht dem Fernverkehr dienen soll gäbe dem so bildkräftig Schaumainkai genannten Ufer mit der Platanenstraße und den Wiesen am Fluß etwas von seinem beschaulichen Charakter zurück: Von hier aus gesehen, hat die Geldstadt mit ihren Hochhäusern drüben überraschend verklärte Züge.

084 Pressebericht von Manfred Sack, in: Die Zeit vom 27.2.1981 (Auszüge).

1981 Die CDU führt mit der Konzeption des Autors ihren Kommunalwahlkampf. Unter dem Titel „MUSEUMSUFER FRANKFURT AM MAIN" gibt der Magistrat der Stadt Frankfurt ein Faltblatt in DIN-A-2-Größe heraus.
Die Konzeption wird als Rahmenplan bezeichnet:

Der Rahmenplan

Die wesentlichen Zielvorstellungen und planerischen Vorschläge zum Museumsufer sind im nebenstehenden Plan dargestellt:

- Vorhandene, erweiterte und neu geplante Museumsgebäude (in violetter Farbe)
- Verkehrsberuhigte Uferstraßen und Wohnstraßen in Sachsenhausen (beige), die neue Fußgängerbrücke (Holbeinsteg)
- Die geschützten Uferanlagen, die Grüngestaltung der Museen am Schaumainkai, der Museumspark
- Die Platzfolgen vom Paulsplatz bis zum Mainkai
- Die konsequente Orientierung der Museen am Schaumainkai zur Uferanlage und der verbesserte Zugang der Stadtteile zum Main
- Neue Wohnbebauung (in roter Farbe)

085 Kennzeichnung des städtischen Faltblattes mit Rahmenplan

Herausgegeben vom Magistrat der Stadt Frankfurt am Main
Dezernat Planung
Idee und Realisierung:
Speerplan
Regional- und Stadtplaner GmbH, Frankfurt
Druck: Jürgen Leisterer oHG, Frankfurt

086 Impressum des Faltblattes.

Speer jun., der erst behauptet hatte, er habe nur ganz allgemeine Aussagen zum Museumsufer gemacht und die Vorwürfe des Forums seien falsch und haltlos gewesen (s.o.) und daraufhin persönlich die Rücknahme dieser Aussagen in Verbindung mit der Stadt durch Druck auf Vorstandsmitglieder des Forums erzwang, gibt sich in diesem Faltblatt als Ideengeber und Realisierer aus.[15]

Sowohl die Bauweltpublikation (Abb. 060) als auch die Forumspublikation „Die Frankfurter Mainufer. .." waren signiert:

15 Vgl. Angabe auf Faltblatt des Magistrats der Stadt Frankfurt, das die Unterschrift von Wallmann trägt.

Die Frankfurter Mainufer

– Museen – Grün – Verkehr –

Inhalt: Seite

Vorwort	3
Frankfurt am Main – Lamento und Zuspruch	5
Aufgaben des modernen Museums	7
Das Museumsufer	8
Kritik an der Planung	9
Vorschläge des Forums für die Museumsplanung	11
Vorschläge des Forums für die städtebauliche Planung	13
Zusammenfassung	15
Quellen	16

Herausgeber:	Frankfurter Forum für Stadtentwicklung e.V.
Arbeitsgruppe:	Mainufer
Bearbeiter:	Till Behrens, Architekt, Frankfurt a. M. Jochen Rahe, Soziologe, München
Herstellung:	Druckerei Wendorff, Frankfurt a. M.

087 Impressum und Inhaltsverzeichnis auf Titelseite der Forumsschrift Nr. 8 „Die Frankfurter Mainufer – Museen – Grün – Verkehr" (siehe Abb. 058).

Unter dem Titel „Das Museumsufer und seine Zukunft" plagiiert das Faltblatt nicht nur die planerische Konzeption, sondern auch die vom Autor und von Rahe dazu verwendeten Texte.

Wie die folgende Vergleichstabelle zeigt, wird sinngemäß das wiederholt, was die Forumsschrift auf 16 Seiten und die Bauweltpublikation auf zwei Seiten erklärten.

TILL BEHRENS, JOCHEN RAHE

B.AUW. = BAUWELT 17-18/1980 S. 724/725 "DIE FRANKFURTER MAIN U

F.S. (+SEITE NO....) = TILL BEHRENS, JOCHEN RAHE IN FORUMSSCHRIFT NO. 8 v. JANUAR 1980

Liebe Mitbürger

Das kulturelle Geschehen in einer Stadt wie Frankfurt am Main prägt in besonderer Weise das Klima, die Atmosphäre. Kultur und Kunst können nachhaltig das menschliche Miteinander, die Fähigkeit der Bürger zur Identifikation mit ihrer Stadt fördern oder stören. In Frankfurt am Main haben wir die einmalige städtebauliche wie kulturpolitische Chance, die weltberühmten am Main gelegenen großen Museen durch Erweiterungen und Ergänzungen zu einer Museumslandschaft zu verbinden, die mehr ist, als eine Anhäufung unterschiedlicher Baukörper und Ausstellungsflächen. BAUW. ①

Dabei sind stadtgestalterische und kulturpolitische Prioritäten zu setzen. Das Büro Speerplan, das wir im vergangenen Jahr beauftragt haben, für die beiden Mainufer einen Gesamtplan zu erstellen, hat – nach Rücksprache mit den zuständigen Dezernenten im Frankfurter Magistrat und vor allem auch im Kontakt mit den Museumsdirektoren – den Versuch gemacht, solche kulturpolitischen Prioritäten zu verdeutlichen. BAUW. ② ⑫ F.S. 15

Jetzt ist die Diskussion wichtig. Das Museumsufer und der Museumspark sind nicht eine Angelegenheit von wenigen Jahren und überstürzten Baumaßnahmen. Hier geht es um eine kulturpolitische und stadtgestalterische Aufgabe für die nächsten zwei, vielleicht sogar drei Jahrzehnte. Das bedeutet aber, daß gerade auch für den Frankfurter Bürger die entsprechenden Entscheidungen schlüssig und verständlich sein müssen. BAUW. ③

Mit der Erweiterung des Museums für Kunsthandwerk wollen wir beginnen, weil dieses Haus bisher nur 10% seiner weltberühmten Bestände ausstellen kann. Nach den Erwerbungen aus der Sammlung Ströher läßt sich die ursprüngliche Konzeption eines Architekturmuseums und eines Museums für Moderne Kunst unter einem Dach nicht mehr verwirklichen. Hier werden wir zwei neue Museen bekommen. F.S. 9 ④

Hinzu kommt das Filmmuseum und ein Neubau des Bundespostmuseums. Aber auch diesseits des Mains entstehen neue Museen und Ausstellungsflächen, etwa das Jüdische Museum im Rothschildpalais und das neue Museum für Vor- und Frühgeschichte im wiederaufgebauten Karmeliterkloster.

Alles dies wird wie die Dom-Römer-Bebauung, mit der wir jetzt begonnen haben, die Innenstadt wiederbeleben und neue Schwerpunkte setzen. F.S. 12 ⑤

Indem wir Sie über die vorgeschlagene Planung detailliert informieren, möchten wir Ihnen auch Gelegenheit geben, sich an der Diskussion dieses großen innerstädtischen Vorhabens zu beteiligen.

Ihr

Walter Wallmann

Walter Wallmann
Oberbürgermeister

Das Museu

Ein schönes Be Lebensqualität

Die Entstehungsge Museen ist mittlerwe Sie ist zu einem Stück geworden. Diese Ge Zukunft – eine, mit c gen können sollen: c sequenten Verbindu der weiteren Planun furter Museumsufers

So sieht's aus:

Eine Reihe der bes weit über die Stadtg deutung bekommen.

Das Unverwechselb seumslandschaft ist enge Nachbarschaft bare Nähe zu Fluß un das „Museumsufer" städtebauliche Beso

Die Aufgabe ist es nu bei allen Planungen ordnen und weiterzu der logische Anstoß z gestaltung dieses Be Bürger den städteba Innenstadt als den in der Stadt wiederentc

088 Vom OB unterzeichnete Beschreibung des Magistrats zu „Das Museumsufer und seine Zukunft" als Plagiat der Behrens/Rahe-Texte aus „Die Frankfurter Mainufer – Museen – Grün – Verkehr" (Forumschrift Nr. 8, Jan. 1980) und „Die Frankfurter

Stadt Frankfurt am Main

Der Magistrat

... und seine Zukunft.

VGL. PRESSE-ERKLÄRUNG FORUM

...ie man
...n kann

...der Frankfurter F.S. 7
...oer 100 Jahre alt.
...e der Stadt selbst (7)
...t nun eine große
...ger etwas anfan- F.S. 7
...nke bei der kon-
...ur und Freizeit in (8)
...ltung des Frank-

F.S. 7
...luseen hat eine
...ausgehende Be- (9)

F.S. 8
...Frankfurter Mu-
...ch gewachsene,
...und die unmittel- (10)
...dt:
... Form einmalige

F.S. 11
...ewahren und sie (11)
...nmen sinnvoll zu
... Damit ist auch
...dsätzlichen Neu- F.S. 8
...ben: so kann der
...antesten Teil der
...Erlebnisbereich" (13)

Wie es aussehen soll:

Aus dieser Perspektive ist ein Gesamtplan entwickelt worden, der wichtige Ziele für den Innenstadtbereich beschreibt, den Verkehr neu ordnet, die künftigen Nutzungen festlegt und dazu eine Fülle gestalterischer Einzelideen enthält. F.S. 8 (14)

Was bei diesem Gesamtplan insgesamt in erster Linie geplant ist: das Museumsufer soll als zentrale urbane Zone mit wichtigen Kultur-, Erholungs- und Freizeiteinrichtungen ein innerstädtischer Kommunikationsraum ersten Ranges werden: F.S. 8 (13) (15)

Die für den Bürger erlebbare Verbindung zwischen Stadtraum und Uferlandschaft in räumlich enger Verflechtung von Arbeit, Wohnen und Freizeit, Bildung, Kultur und Spiel. F.S. 8 (13) (15)

Wichtig ist es deshalb, die beiden Uferseiten miteinander zu verknüpfen und die dahinterliegenden Stadtgebiete einzubinden. F.S. 13 (16)

Der städtebauliche Sinn des Ganzen liegt in der Erhaltung historisch gewachsener Zusammenhänge und Eigenarten der bebauten Mainufer, in die sich die geplanten Museumsbauten einzufügen haben. F.S. 13 (17)

So wird aus einem „Kulturangebot Museum“ das Frankfurter Museumsufer – als lebendiges Angebot an stetig wachsender Lebensqualität im Innenstadtbereich für alle Frankfurter Bürger. Lebensqualität, die auch räumlich sichtbar wird. Und nicht als Phrase im leeren Raum stehen bleibt.

Mainufer“, Bauwelt 17–18/1980, siehe Abb. 060. Die handschriftlich eingetragenen Ziffern beziehen sich auf die Textgegenüberstellung der folgenden Seite.

Behrens/Rahe in Bauwelt/Forumsschrift	OB Wallmann/Magistrat Flugblatt
1. Gegenwärtig kommt eine kulturpolitische Idee ins Spiel, die auch stadtplanerisch für Frankfurt große Bedeutung haben kann: das Museumsufer. Bei aller grundsätzlichen Übereinstimmung sind damit die Möglichkeiten dieser Idee bei weitem nicht ausgeschöpft. Die Frankfurter Mainufer können mehr sein. Es bietet sich hier die seltene Chance, kulturelle Einrichtungen, Architektur und Städtebau zu einem charakteristischen Stadtmittelpunkt zu vereinen.	1. In Frankfurt am Main haben wir die einmalige städtebauliche wie kulturpolitische Chance, die weltberühmten am Main gelegenen großen Museen durch Erweiterungen und Ergänzungen zu einer Museumslandschaft zu verbinden, die mehr ist als eine Anhäufung unterschiedlicher Baukörper und Ausstellungsflächen.
2. Die Wiederherstellung der Mainufer zu beliebten Erholungsbereichen muss in Frankfurt höchste Priorität haben.	2. Dabei sind stadtgestalterische und kulturpolitische Prioritäten zu setzen.
3. (...) eine urbane Kulturlandschaft am Fluss, die das Zentrum des Ringes radial durchschneidet, (...) könnte stadtplanerische Perspektiven für den Ausgang des Jahrhunderts eröffnen (vgl. Systemdarstellung).	3. Jetzt ist die Diskussion wichtig. Das Museumsufer und der Museumspark sind nicht eine Angelegenheit von wenigen Jahren und überstürzten Baumaßnahmen.
4. Die Verbindung von Architektur und moderner Kunst in einem Museum erscheint nur auf den ersten Blick sinnvoll zu sein.	4. Nach den Erwerbungen aus der Sammlung Ströher lässt sich die ursprüngliche Konzeption eines Architekturmuseums und eines Museums für Moderne Kunst unter einem Dach nicht mehr verwirklichen. Hier werden wir zwei neue Museen bekommen.
5. (...) das Museum für Vor- und Frühgeschichte im Karmeliterkloster unterbringen, dann würden sich alle kulturellen Einrichtungen, die sich direkt auf Frankfurt beziehen, auch auf der Frankfurter Mainseite befinden: Städtische Bühnen, Karmeliter-Kloster mit Stadtarchiv und evtl. Museum für Vor- und Frühgeschichte, Dom-Römer-Bereich mit Historischem Museum, Leineweber-Haus und Frankfurter Kunstverein im Steinernen Haus, Goethe-Haus, Dominikanerkloster als Tagungs- und Ausstellungsstätte.	5. (...) das jüdische Museum im Rothschild-Palais und das neue Museum für Vor- und Frühgeschichte im wiederaufgebauten Karmeliterkloster. Alles dies wird wie die Dom-Römerberg-Bebauung, mit der wir jetzt begonnen haben, die Innenstadt wiederbeleben und neue Schwerpunkte setzen.
7. Museen sind typische Gebilde der fortgeschrittenen Neuzeit. Im aufklärerisch-wissenschaftlichen Geist lösen sie als Einrichtungen des selbstbewusst werdenden Bürgers die Sammlungen des Adels ab. Sie übernehmen deren Kunstschätze und machen Sie allgemein zugängig.	7. Die Entstehungsgeschichte der Frankfurter Museen ist mittlerweile schon über 100 Jahre alt. Sie ist zu einem Stück Geschichte der Stadt selbst geworden.
8. Aus dem Museum als bürgerliche Repräsentation von Besitz, Wissen und Macht soll ein bürgerschaftlicher Mittelpunkt des Lernens und Gedankenaustausches, aber auch des Spielens und Genießens werden.	8. (...) Geschichte (...) mit der alle Bürger etwas anfangen können sollen: der Leitgedanke bei der konsequenten Verbindung von Kultur und Freizeit in der weiteren Planung und Gestaltung des Frankfurter Museumsufers (...).
9. (...) Sie haben nicht nur wirtschaftliche Bedeutung, wenn man an die Attraktivität für Touristen oder an Tagungen denkt. Sie können auch Teil eines städtischen Images sein und zur Bekanntheit einer Stadt mit ihren speziellen Angeboten beitragen.	9. Eine Reihe der bestehenden Museen hat eine weit über die Stadtgrenzen hinausgehende Bedeutung bekommen.
10. Neben den Wallanlagen (...) ist das Museumsufer das dritte Moment einer die Innenstadt definierenden und charakterisierenden Struktur.	10. (...) das „Museumsufer" als in dieser Form einmalige städtebauliche Besonderheit.
11. Das Ziel der (...) Anregungen ist es (...) räumlich einzuordnen.	11. Die Aufgabe ist es (...) sinnvoll zu ordnen (...)
13. Das Museumsufer könnte die ergiebigste Chance sein, durch die Verbindung der nördlichen und südlichen Uferbereiche ein innerstädtisches Rückgrat in reizvoller Gegensätzlichkeit zu den Geschäfts- und Einkaufsbereichen zu entwickeln. Die Bildung eines neuen Stadtmittelpunktes der Ruhe und der Kultur mit dem Main als zentraler Achse ist eine der bedeutendsten stadtentwicklungs-politischen Projekte der Nachkriegszeit.	13. Damit ist (...) Anstoß zu einer grundsätzlichen Neugestaltung (...) gegeben. Das Museumsufer soll als zentrale urbane Zone mit wichtigen Kultur-, Erholungs- und Freizeiteinrichtungen ein innerstädtischer Kommunikationsraum ersten Ranges werden.
16. Uferbereiche als Einheit. Die beiden Mainufer sollen stärker als Einheit erfahrbar sein (...) städtebaulich wirksame Beziehungen. Öffnung Dom-Römer-Bereich zum Main (...).	16. Wichtig ist es deshalb, die beiden Uferseiten miteinander zu verknüpfen und die dahinterliegenden Stadtgebiete einzubinden.

089 Gegenüberstellung der Texte, linke Spalte = Originaltext, rechte Spalte = Nachempfindung des Magistrats.

Till Behrens **Museumsuferplanung – Kurieren am Syndrom, nicht an der Ursache**

Nach dem zweiten Weltkrieg wurde in Frankfurt harte Wirtschaftsförderung betrieben, ohne ein großzügiges, für lange Zeit gültiges stadtplanerisches Konzept wie in der Ära Adickes (Frankfurter Oberbürgermeister von 1891 bis 1912). Unter dieser Entwicklung leidet die Stadt, besonders aber leiden die Mainufer und der Schutz für einen neuen Frankfurter Grüngürtel.[1] Wenn man davon ausgeht, daß Mainufer und Grüngürtel zusammenhängen und die Frankfurter Mainufer heute von Offenbach bis über Höchst hinaus reichen und nicht mehr, wie noch um 1800, nur von der Obermain- bis zur Friedensbrücke, so ergibt sich folgendes übergeordnete Konzept:[2]

Ein lebensnotwendiger und noch möglicher Grüngürtel auf der Nordseite des Mains wird mit dem Stadtwald auf der Südseite zu einem Grünring geschlossen. Durch sein Zentrum fließt der Main. Am westlichen Schnittpunkt von Main und Grüngürtel könnte ein Zoo, am östlichen mit seinen Baggerseen ein Freizeitzentrum liegen. Die beiden Frankfurter Ufer sollten von Höchst bis Offenbach, eventuell einschließlich Offenbach, zu einer städtischen Kulturlandschaft mit dem Museumsufer im Zentrum regeneriert werden. Als Vehikel hierzu könnte die für das Niddatal bestellte, dort allerdings bekämpfte Bundesgartenschau dienen. Eine Verbindung von Gartenschau mit Museumsufer ergäbe mehr als die Summe beider Teile. Hinzu käme, daß für die Mainufer eine ausgezeichnete Erschließung mit vorhandenen öffentlichen Verkehrsmitteln und Park-and-ride-Möglichkeiten bereits existiert. Die wenig benützte „Hafenbahn", die sogenannte Wasserrattebahn, wäre für einen Bundesgartenschauverkehr verwendbar. Darüber hinaus sind Schiffsverbindungen zu den Ufern und den genannten Schnittpunkten in Ost und West denkbar.

Es geht darum, Frankfurt mit dem Fluß, an welchem es entstanden ist, wieder zu vereinen und seine Ufer für Klimatisierung, Kulturentwicklung, Erholung und Wohnen zurückzuerobern. Frankfurt hätte bestimmt weniger Stadtflucht zu verzeichnen, wenn sich die Mainufer zu einer Kultur- und Wohnlandschaft und nicht zu Hauptverkehrsstraßen entwickelt hätten. Das Problem liegt im schleichenden Ausbau der nördlichen und südlichen Mainuferstraßen. Beide erhielten auch noch Autobahnanschlüsse. Sollte, wie zu befürchten ist, bald auf der südlichen Mainuferseite eine Abkürzung des um Frankfurt liegenden Autobahnrings entstehen, gingen Frankfurts Uferbeziehungen restlos zugrunde. Auf einer Veranstaltung des Frankfurter Forums für Stadtentwicklung im Herbst 1978 wurde, als akzeptable Lösungsmöglichkeit, eine lärmgeschützte Südring-Trasse in dem zirka 6 m hohen Damm des in Sachsenhausen vorhandenen Eisenbahnringes vorgeschlagen. Die offizielle Planung dagegen sieht eine Trasse durch den Stadtwald vor, wo eine Straße weder Verteilungs- noch Sammelfunktionen für Sachsenhausen erfüllen kann und Wohn und Erholungsgebiet zerstören würde.

Stadtplanung ist Kulturraumplanung. Statt eine weitblickende Konzeption für den Komplex Mainufer – Grüngürtel – Verkehrsringe zu forcieren, wie sie die ehrenamtlichen Mitarbeiter des von der Stadt mitgegründeten und finanzierten „Frankfurter Forum für Stadtentwicklung e. V." in ihren Schriften aufgezeigt hatten, beschränkte sich der Magistrat in seiner Planung auf den Teilbereich von der Obermain- bis zur Friedensbrücke, also auf das Museumsufer.

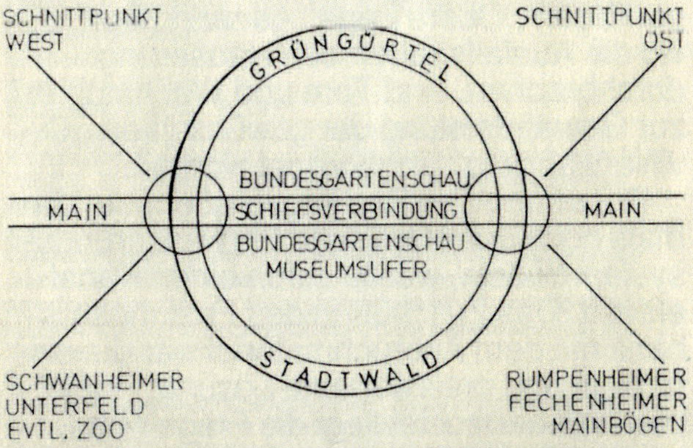

Vorschlag für ein übergeordnetes Stadtplanungskonzept – Grün
Der Grüngürtel der nördlichen Mainseite wird über den Stadtwald auf der südlichen zu einem Grünring geschlossen. Mitten hindurch fließt der Main, dessen Ufer durch eine Bundesgartenschau von Offenbach bis Höchst zu einer Kulturlandschaft regeneriert werden. Besondere Bildungs- und Freizeiteinrichtungen entstehen an den Schnittpunkten im Westen und Osten und im Zentrum durch das Museumsufer.

[1] Till Behrens, Schutz für den Frankfurter Grüngürtel, in Bauwelt 9/1980 sowie: Was ist in einer Stadt der Landschaftsschutz wert – oder wie stark sind Bürger gegenüber Kapitalinteressen? Das Beispiel Frankfurt. in: Michael Andritzky/Klaus Spitzer (Hg.), Grün in der Stadt, Reinbek bei Hamburg, 1981

[2] Till Behrens/Jochen Rahe, Die Frankfurter Mainufer – Museen, Grün, Verkehr, Frankfurter Forum für Stadtentwicklung, Frankfurt am Main, 1980

090 Behrens kritisiert die Unzulänglichkeit der städtischen Planung, in „Museumsuferplanung – Kurieren am Syndrom, nicht an der Ursache", in: werkundzeit 4/1981–1/1982, S. 59 Darmstadt.

30.7.1982 In der Fachpresse spottet Goswin zur Museumsufer-Konzeption: *„Till Behrens denkt laut und öffentlich nach, und wenn der Magistrat seine Gedanken für die eigenen hält, macht Speerplan einen Bombenentwurf daraus."*[16]

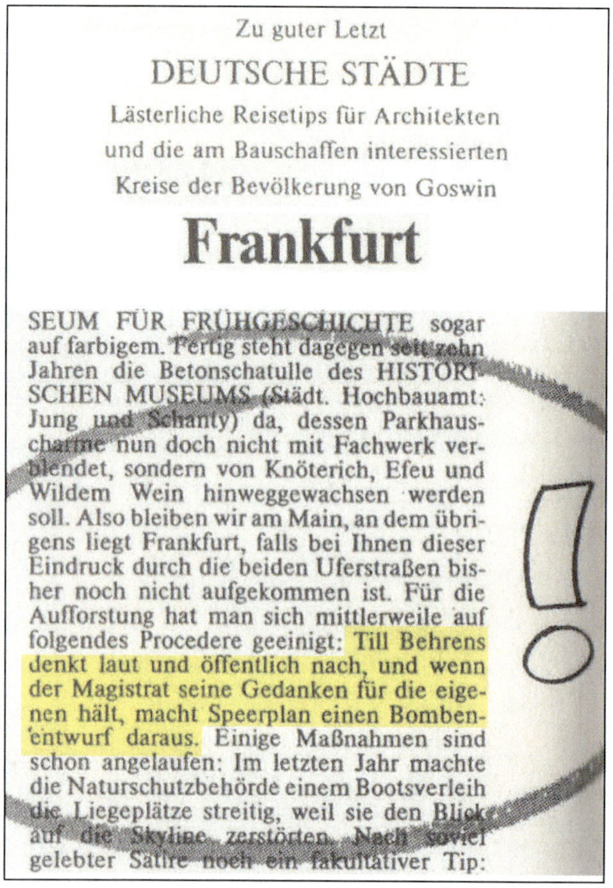

Zu guter Letzt

DEUTSCHE STÄDTE

Lästerliche Reisetips für Architekten und die am Bauschaffen interessierten Kreise der Bevölkerung von Goswin

Frankfurt

SEUM FÜR FRÜHGESCHICHTE sogar auf farbigem. Fertig steht dagegen seit zehn Jahren die Betonschatulle des HISTORISCHEN MUSEUMS (Städt. Hochbauamt: Jung und Schanty) da, dessen Parkhauscharme nun doch nicht mit Fachwerk verblendet, sondern von Knöterich, Efeu und Wildem Wein hinweggewachsen werden soll. Also bleiben wir am Main, an dem übrigens liegt Frankfurt, falls bei Ihnen dieser Eindruck durch die beiden Uferstraßen bisher noch nicht aufgekommen ist. Für die Aufforstung hat man sich mittlerweile auf folgendes Procedere geeinigt: Till Behrens denkt laut und öffentlich nach, und wenn der Magistrat seine Gedanken für die eigenen hält, macht Speerplan einen Bombenentwurf daraus. Einige Maßnahmen sind schon angelaufen: Im letzten Jahr machte die Naturschutzbehörde einem Bootsverleih die Liegeplätze streitig, weil sie den Blick auf die Skyline zerstörten. Nach soviel gelebter Satire noch ein fakultativer Tip:

091 Goswin, Artikel „Frankfurt" Ausschnitt aus Bauwelt 29/1982.

1985 Es stellt sich heraus, dass der Frankfurter Kulturdezernent Hilmar Hoffmann (SPD), der Direktor des Architekturmuseums Heinrich Klotz und der Feuilletonredakteur der Frankfurter Rundschau Peter Iden zusammen mit der signierten Behrens/Rahe-Schrift „Die Frankfurter Mainufer, Museen – Grün – Verkehr" zu OB Wallmann (CDU) gegangen waren, um ihn zu bitten, die darin enthaltene Konzeption aufzugreifen.[17] Das bedeutet: Wallmanns Aussage in der Besprechung am 28.8.1980 gegenüber dem Autor und Fresenius, ihm seien bei der Auftragsvergabe an Speer jun. die Autoren der Konzeption nicht bekannt gewesen, ist unkorrekt.[18]

16 Goswin unter „Frankfurt", in: Bauwelt 29/1982.

17 Wie Fn. 1.

18 Klotz, H., in: Der Architekt 12/1985, S. 516.

Klotz
Das Konzept für das Museumsufer ist die Idee des Frankfurter Stadtforums, also einer Bürgerinitiative. Ihr ging es darum, mit solchen Überlegungen die Mainseite von Sachsenhausen davor zu retten, daß sie genauso kaputt ging wie die City. Denken Sie daran, daß auf dem Grundstück des Architekturmuseums ein Hochhaus von 16 Geschossen geplant war. Rudi Arndt belächelte damals die Überlegungen der Bürgerinitiative, Wallmann griff sie auf und machte sie zu einem tragfähigen politischen Konzept, nachdem wir, der SPD-Stadtrat Hilmar Hoffmann, der Redakteur der Frankfurter Rundschau, Peter Iden, und ich selbst einen konkreten Museumsentwicklungsplan vorgelegt hatten. Nach dieser Vorgeschichte kann man also das Museumsufer kaum als CDU-Repräsentationsobjekt ansehen.

092 Klotz, H. bestätigt in: Der Architekt 12/1985, dass er zusammen mit Hilmar Hoffmann und Peter Iden den „konkreten Museumsentwicklungsplan", d.h. die Forumsschrift Nr. 8 „Die Frankfurter Mainufer ..." von Till Behrens und Jochen Rahe OB Wallmann vorlegte. Diese Erklärung deckt sich mit Hilmar Hoffmanns Aussage in „Das Frankfurter Museumsufer, Geschichte, Entwicklung und Perspektiven einer kulturpolitischen Initiative", in: Museumsarchitektur in Frankfurt am Main (Abb. 069), dass er diese Konzeption von Till Behrens übernahm, der sie zusammen mit Jochen Rahe über das Frankfurter Forum für Stadtentwicklung publiziert hatte. Auch von Klotz wurde hier das Forum als Bürgerinitiative gesehen. Es war aber keine Bürgerinitiative. Es war eine von der Stadt Frankfurt mitgegründete und mitfinanzierte Institution für alternative Stadtplanung, wie in Kap. II – 3.3 dargelegt wurde.

Unbeantwortet bleiben die Fragen:

1. Gehört zur Vergabe eines öffentlichen Auftrages auf der Grundlage einer signierten Publikation nicht die Pflicht der Verwaltung, mit den Autoren der Publikation Kontakt aufzunehmen und Rechte zu klären?
2. Verträgt sich das persönliche Druckausüben von Auftragnehmer Speer jun. und Auftraggeber-Vertreter Küppers mit rechtsstaatlichen Normen?

II – 5. Der Umgang mit der Grüngürtel-Konzeption

II – 5.1 Promotion des Autors und Aufgreifen der Konzeption durch SPD und Grüne

1982 bis 1986 Gewarnt durch das Verhalten des Magistrats der Stadt Frankfurt bei der Übernahme seiner Museumsufer-Konzeption, erarbeitet der Autor aus seinem Gesamtkonzept die Dissertation *„Die Frankfurter Grüngürtel oder die Auswirkungen einer wachstumsorientierten Stadtpolitik auf zusammenhängende Grünräume"*. Um einem weiteren Versuch geistiger Enteignung vorzubeugen, promoviert der Autor mit seiner Konzeption bei Prof. Dr. Lucius Burckhardt am 8.2.1986 zum Dr.-Ingenieur. So konnte er mit der Promotion den Novitätscharakter der Konzeption und seine Priorität sichern.

Die Frankfurter Grüngürtel
oder
die Auswirkungen einer wachstumsorientierten Stadtpolitik
auf zusammenhängende Grünräume

Inaugural-Dissertation
zur
Erlangung des akademischen Grades eines
Doktor-Ingenieurs (Dr.Ing.)
im Fachbereich 13 Stadtplanung / Landschaftsplanung
der Gesamthochschule / Universität Kassel

vorgelegt von

Prof.Dipl.Ing. Till Behrens
aus Frankfurt am Main
geboren am 2.10.1931
in Berlin-Wannsee Krs.Teltow

Frankfurt am Main / Kassel 1985

093 Titelseite des Dissertationsdruckes. In der Bezeichnung darf das „Die" vor „Frankfurter Grüngürtel" nicht übersehen werden.

In diesem Zusammenhang darf besonders das *„Die"* vor dem Frankfurter Grüngürtel in der Bezeichnung des Autors nicht übersehen werden. Die Konzeption des Autors zeigt ein Grün-Verbundsystem mit dem Ziel, aus Frankfurt wieder eine Wohnstadt zu machen. Sie beinhaltet deshalb auch Verkehrslösungen wie den äußeren Autobahnring aus A3, A5 und A661 (Forumsschrift von 1972 „Die Alternative") und den Vorschlag „Mittlerer Ring" in den Versionen als Provisorium und als Endlösung (Kap. II – 3.3).

1982 In Publikationen des Deutschen Werkbundes (DWB) erscheinen vom Autor:

Im Katalog zur Werkbund-Wanderausstellung 75 Jahre Werkbund Hessen „Grüngürtel mit Mainuferquerspange“[1]

Till Behrens

Professor Dipl.-Ing. Architekt BDA

1931
in Berlin-Wannsee geboren
1947–54
Bauarbeiter, später Mechanikerlehre
1955–58
Werkstudent
1958–59
Mitarbeiter bei Prof. Bock
seit 1959
Selbständig als Architekt, Formgestalter, Stadtplaner
seit 1980
Lehrtätigkeit Universität Stuttgart, Gesamthochschule Kassel, Hochschule f. Gestaltung Offenbach, Fachhochschule Wiesbaden

Seit 1970 bürgerschaftliches Engagement. Insbesondere Einsatz für einen großräumigen Frankfurter Grüngürtel, gebildet aus Niddatal und Stadtwald mit den Mainufern als grüne Querspange. Lit. vergl.
1. Grünausschuß im Frankfurter Forum für Stadtentwicklung, „Der Grüngürtel – die Chance“, Frankfurt am Main 1973
2. Behrens, T., „Schutz für den Frankfurter Grüngürtel“, Bauwelt 9/80
3. Behrens, T., Rahe, J., „Die Frankfurter Mainufer – Museen, Grün, Verkehr“, Bauwelt 17/18–80
4. Behrens, T., „Was ist einer Stadt der Landschaftsschutz wert oder wie stark sind Bürger gegenüber Kapitalinteressen? Das Beispiel Frankfurt.“ – Grün in der Stadt – Hrsg. Andritzky + Spitzer, Rowohlt Reinbek 1981
5. Behrens, T., „Der Grüngürtel“, Werk + Zeit 4/81, 1/82

Vorschlag für ein übergeordnetes Stadtplanungskonzept – Grün –. Der Grüngürtel der nördlichen Mainseite wird über den Stadtwald auf der südlichen zu einem Grünring geschlossen. Mitten hindurch fließt der Main, dessen Ufer durch eine Bundesgartenschau von Offenbach bis Höchst zu einer Kulturlandschaft regeneriert werden. Besondere Bildungs- und Freizeiteinrichtungen entstehen an den Schnittpunkten im Westen und Osten und im Zentrum durch das Museumsufer.

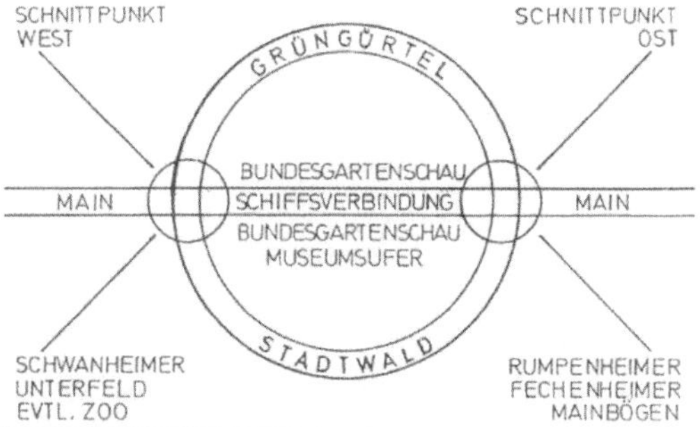

094 Till Behrens „Grüngürtel mit Mainuferquerspange“ im Katalog zur Werkbund-Wanderausstellung „75 Jahre Werkbund Hessen“.

1 Behrens T. „Grüngürtel mit Mainquerspange“, Ausstellungskatalog, Frankfurt 1982.

In der Zeitung werk+zeit 4/1981–1/1982 erscheint der bereits unter 090 abgebildete Artikel *„Museumsufer-Planung, Kurieren am Syndrom, nicht an der Ursache"*[2], ferner auf Seite 60 / 61 *„Grüngürtel"*[3]

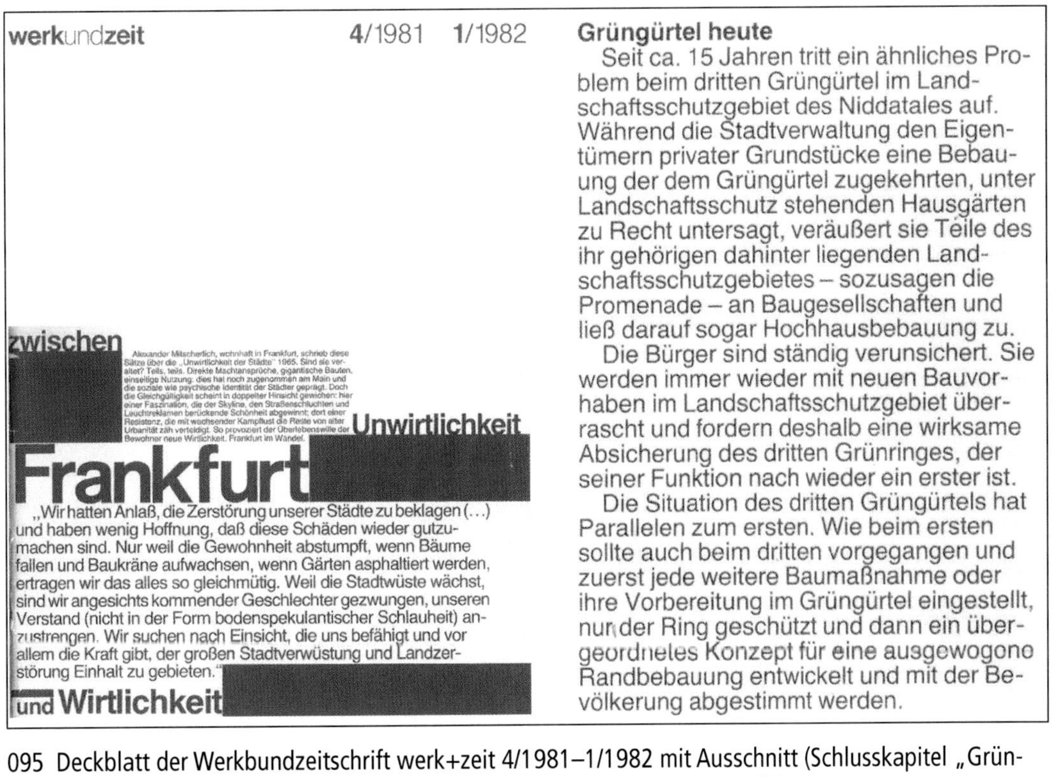

werkundzeit 4/1981 1/1982

zwischen

Alexander Mitscherlich, wohnhaft in Frankfurt, schrieb diese Sätze über die „Unwirtlichkeit der Städte" 1965. Sind sie veraltet? Teils, teils. Direkte Machtansprüche, gigantische Bauten, einseitige Nutzung: dies hat noch zugenommen am Main und die soziale wie psychische Identität der Städter geprägt. Doch die Gleichgültigkeit scheint in doppelter Hinsicht gewichen: hier einer Faszination, die der Skyline, den Straßenschluchten und Leuchtreklamen berückende Schönheit abgewinnt; dort einer Resistenz, die mit wachsender Kampflust die Reste von alter Urbanität zäh verteidigt. So provoziert der Überlebenswille der Bewohner neue Wirtlichkeit. Frankfurt im Wandel.

Unwirtlichkeit

Frankfurt

„Wir hatten Anlaß, die Zerstörung unserer Städte zu beklagen (...) und haben wenig Hoffnung, daß diese Schäden wieder gutzumachen sind. Nur weil die Gewohnheit abstumpft, wenn Bäume fallen und Baukräne aufwachsen, wenn Gärten asphaltiert werden, ertragen wir das alles so gleichmütig. Weil die Stadtwüste wächst, sind wir angesichts kommender Geschlechter gezwungen, unseren Verstand (nicht in der Form bodenspekulantischer Schlauheit) anzustrengen. Wir suchen nach Einsicht, die uns befähigt und vor allem die Kraft gibt, der großen Stadtverwüstung und Landzerstörung Einhalt zu gebieten."

und Wirtlichkeit

Grüngürtel heute

Seit ca. 15 Jahren tritt ein ähnliches Problem beim dritten Grüngürtel im Landschaftsschutzgebiet des Niddatales auf. Während die Stadtverwaltung den Eigentümern privater Grundstücke eine Bebauung der dem Grüngürtel zugekehrten, unter Landschaftsschutz stehenden Hausgärten zu Recht untersagt, veräußert sie Teile des ihr gehörigen dahinter liegenden Landschaftsschutzgebietes – sozusagen die Promenade – an Baugesellschaften und ließ darauf sogar Hochhausbebauung zu.

Die Bürger sind ständig verunsichert. Sie werden immer wieder mit neuen Bauvorhaben im Landschaftsschutzgebiet überrascht und fordern deshalb eine wirksame Absicherung des dritten Grünringes, der seiner Funktion nach wieder ein erster ist.

Die Situation des dritten Grüngürtels hat Parallelen zum ersten. Wie beim ersten sollte auch beim dritten vorgegangen und zuerst jede weitere Baumaßnahme oder ihre Vorbereitung im Grüngürtel eingestellt, nur der Ring geschützt und dann ein übergeordnetes Konzept für eine ausgewogene Randbebauung entwickelt und mit der Bevölkerung abgestimmt werden.

095 Deckblatt der Werkbundzeitschrift werk+zeit 4/1981–1/1982 mit Ausschnitt (Schlusskapitel „Grüngürtel heute") aus Till Behrens' zweiseitigem Artikel „Grüngürtel" (3 S/W-Abb.).

Aus diesen Publikationen greift das Werkbundmitglied Klaus Sturmfels (SPD-Ortsverein Frankfurt-Sachsenhausen) die Grüngürtel-Konzeption für die SPD auf.

Febr. 1985 SPD-OB-Kandidat Hauff erklärt:

„Die CDU macht die Natur kaputt.
Diese Bundesgartenschau im Niddatal ist
eine 100-Millionen-Mark-Verschwendung.
Das ärgert mich. Ich will den größten
Schuldenmacher aller Zeiten in Frankfurt
ablösen. Ich bin dafür, dass wir einen neuen
und großen Grüngürtel rund um die Stadt
sichern. Konrad Adenauer hat das schon in
den zwanziger Jahren in Köln gemacht.
Und das finde ich gut, auch für Frankfurt."[4]

096 Im Februar 1985 wirbt der Oberbürgermeister-Kandidat der SPD mit dem Grüngürtel.

2 Behrens T., „Museumsuferplanung, Kurieren am Syndrom, nicht an der Ursache", werk+zeit 4/1981–1/1982 Darmstadt S. 59, 1 Abb.

3 Ders., „Grüngürtel", ebd. S. 60–61, 3 Abb.

4 SPD-Wahlkampfschrift mit Hauff V. auf Titelseite, ca. Februar 1985.

 Die Frankfurter SPD schlägt einen „zweiten" Anlagenring vor.[5]

SPD will einen „zweiten Anlagenring" um die Stadt

Konzept setzt Absage der Bundesgartenschau voraus

Von unserem Redaktionsmitglied Claus Gellersen

Ein „zweiter Anlagenring" aus Wiesen, Wald und Grünflächen soll sich um die Stadt Frankfurt legen. Rechtlich langfristig abgesichert gegen Bebauungspläne und Straßentrassen, gegen „Sachzwänge" und Spekulanten. So will es die Frankfurter SPD, deren Vorstandsmitglieder Wentz und Sturmfels der Presse am Mittwoch das Konzept vorstellten. Finanzielle Voraussetzung für das zweite grüne Band im Stadtgebiet: die Absage der Bundesgartenschau für 1989, die nach bisherigen offiziellen Etatplänen 73 Millionen Mark kosten soll, die nach Meinung der SPD aber in sechs Jahren ein 100-Millionen-Projekt für 100 Tage sein wird. Wentz bekräftigte die Absicht seiner Partei, die Gartenschau trotz der drohenden Konventionalstrafe von knapp einer Million Mark zu kippen, „wenn es die Mehrheitsverhältnisse im Römer nach der Kommunalwahl 1985 zulassen".

Die umfangreiche „Erholungs- und Freizeitfläche" in den Plänen der Sozialdemokraten soll das gesamte Niddatal vom Höchster Mainufer über die Niddaaue bis zum nördlichen Teil Berkersheims einschließen. Von dort führt sie weiter über Heiligenstock, Lohrberg, Bornheimer Hang zum Ostpark und letztlich an das Mainufer gegenüber von Oberrad. Der Ring schließt sich um die Stadt über Sachsenhäuser Berg, Louisa und Niederräder Bürgerwiesen zum Main bei Höchst und Schwanheim.

Ähnlich wie vor knapp 100 Jahren der Anlagenring durch die Wallservitut rechtlich gesichert werden sollte (was nur teilweise gelang, wie heute zu sehen ist) „muß dieser zweite Parkgürtel abgesichert werden". So Klaus Sturmfels, Sprecher des Arbeitskreises Stadtentwicklung seiner Partei. Er weist darauf hin, daß die Vorstellungen der SPD sich teilweise mit Plänen decken, die das „Frankfurter Forum für Stadtentwicklung" in den 70er Jahren „Der Grüngürtel — die Chance" nannte.

Die Sozialdemokraten legen Wert darauf, daß ihre weitreichende Konzeption, die unter anderem auch den Bornheimer Hang vom Straßenbau und den Heiligenstock von Wohnungen freihalten würde, nicht am grünen Tisch skizziert wurde. SPD-Fraktion im Römer, der Arbeitskreis, vor allem auch die Parteimitglieder der Basis hätten sich „vor Ort" sachkundig gemacht und seien bei den Niddatalanrainern auf deutlichen Widerstand gegen die Gartenschau gestoßen.

Die Bürger aber sollen bei der endgültigen Gestaltung des „zweiten Rings" mitreden können. Mitreden, wenn es um Verbindungswege, Fahrradtrassen und auch um möglichen Geländeerwerb geht.

Auch die SPD will im Niddatal Verbesserungen, dabei denken die Sozialdemokraten allerdings eher an die Anschließung der Altarme des Flusses und die Verbesserung der Wasserqualität. Die SPD jedenfalls ist davon überzeugt, daß die Niddaaue in ihrer jetzigen Gestaltung ein reichhaltiges Naherholungsangebot darstellt.

Daß die Bundesgartenschau 1989 von der Frankfurter Union in den letzten Monaten den Bürgern als „Volkspark Niddatal" schmackhaft gemacht werden soll, hat den SPD-Vorsitzenden Wentz besonders erbittert, weil diese „bürgerfreundliche" Bezeichnung darüber hinwegtäuschen solle, daß der Aufwand samt Verkehrserschließung, Geländeerwerb und Gartenschaubauten weit über 100 Millionen Mark kosten werde. „Ein Aufwand der nicht gerechtfertigt ist."

Die beiden SPD-Vorstandsmitglieder bedauerten, daß mit dem Begriff „Volkspark" zur leichteren Durchsetzung der Gartenschau und der vorgesehenen Maßnahmen in ihren Randgebieten „das tatsächliche Ausmaß der geplanten Eingriffe in die Niddaaue verharmlost werden soll".

Gegen diese Konzeption, die nach Sturmfels' fester Überzeugung planungsrechtlich wasserdicht abgesichert werden kann, bezeichnen die Sozialdemokraten Vorstellungen des neuen Frankfurter „Gründezernenten" Heinz Daum (CDU) als „Stückwerk". Daum versuche sich im neuen Metier zu profilieren, weigere sich aber, rechtliche Schritte einleiten zu lassen. Sturmfels: „Er betreibt eine Geländevorratshaltung für Straßen und Baugebiete." Der Sozialdemokrat wies darauf hin, daß die Union im Frankfurter Umlandverband für die Bebauung des Heiligenstocks plädiere.

Und im Niddatal „eilt es": Nach Informationen der SPD soll noch in diesem Herbst zur Pflanzzeit mit Erdarbeiten begonnen werden. Gartenschaudirektor Fritz Krämer habe im Verlauf einer Veranstaltung auf kritische Frage eingeräumt, daß 1983 fünf Millionen Mark für diese Arbeiten gebraucht würden. Sturmfels: „Die stehen in keinem Haushaltsplan."

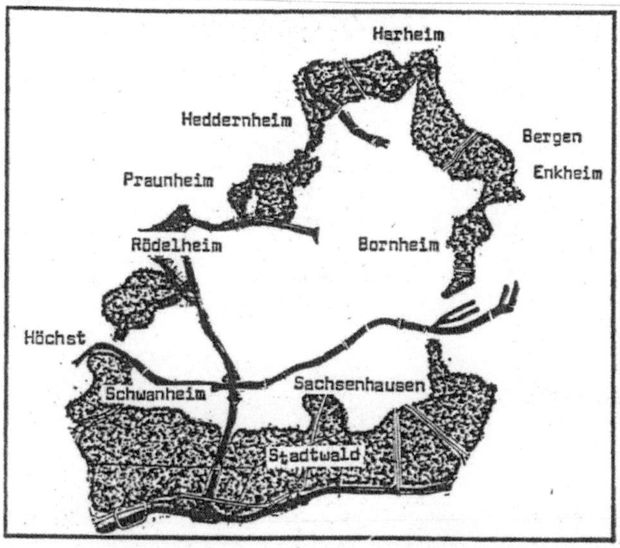

Ein grüner Gürtel um die Stadt, der sich von Höchst durch das Niddatal, über Heiligenstock, Lohrberg, Bornheimer Hang nach Oberrad und Schwanheim zieht, soll nach den Vorstellungen der Frankfurter SPD planungsrechtlich so abgesichert werden, daß er — ähnlich der Wallservitut in der Innenstadt — Eingriffe in das Grün verhindern kann. (FR-Skizze: Keller)

097 Ausschnitt aus FR v. 25.8.1983.

5 Gellersen C., FR 25.8.1983.

28.8.1983 Karl Stadager informiert schriftlich die SPD-Vorstandsmitglieder Martin Wentz und Klaus Sturmfels über die Prioritäten des Autors und des Forums.[6]

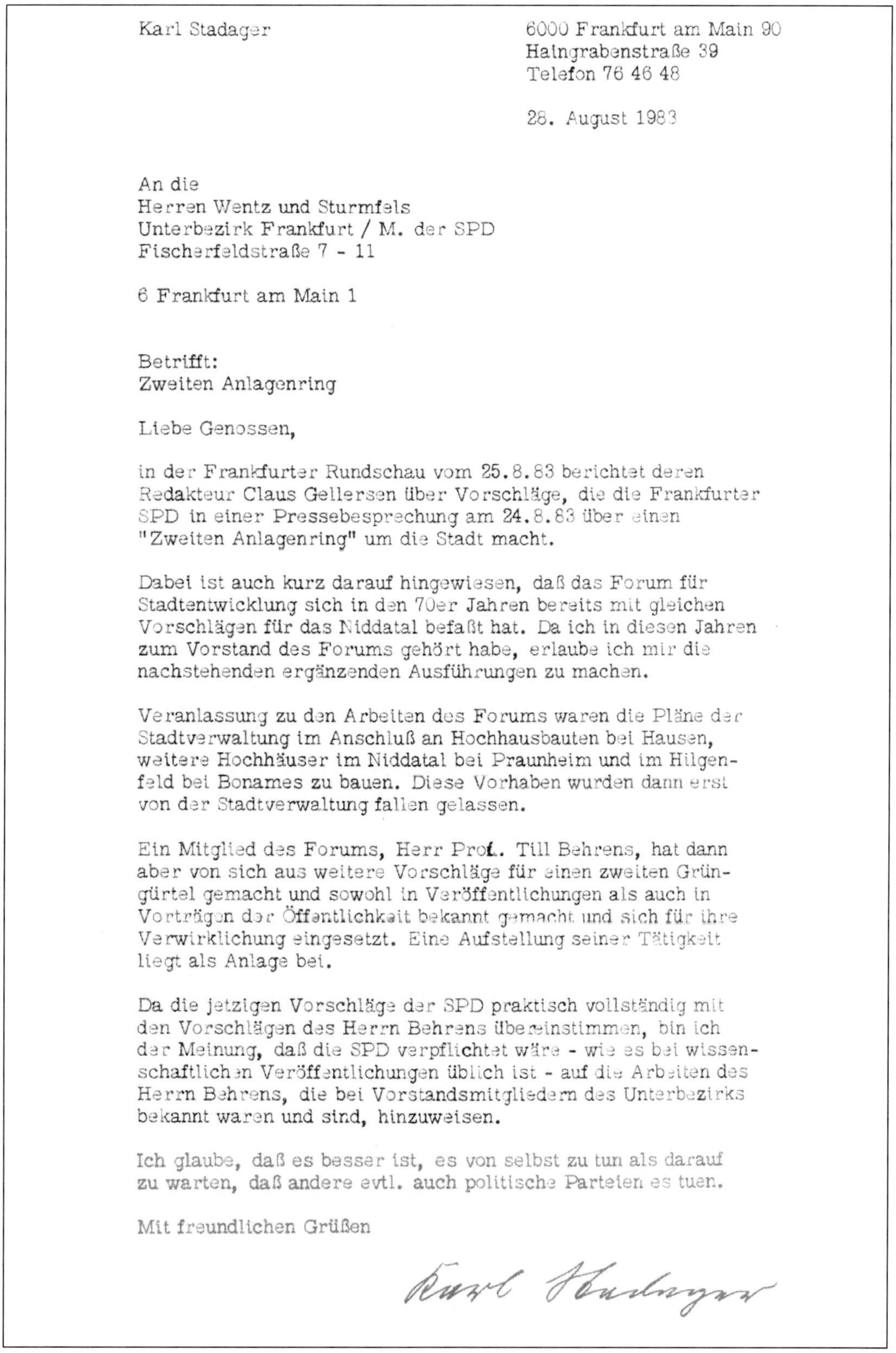

Karl Stadager

6000 Frankfurt am Main 90
Haingrabenstraße 39
Telefon 76 46 48

28. August 1983

An die
Herren Wentz und Sturmfels
Unterbezirk Frankfurt / M. der SPD
Fischerfeldstraße 7 - 11

6 Frankfurt am Main 1

Betrifft:
Zweiten Anlagenring

Liebe Genossen,

in der Frankfurter Rundschau vom 25.8.83 berichtet deren Redakteur Claus Gellersen über Vorschläge, die die Frankfurter SPD in einer Pressebesprechung am 24.8.83 über einen "Zweiten Anlagenring" um die Stadt macht.

Dabei ist auch kurz darauf hingewiesen, daß das Forum für Stadtentwicklung sich in den 70er Jahren bereits mit gleichen Vorschlägen für das Niddatal befaßt hat. Da ich in diesen Jahren zum Vorstand des Forums gehört habe, erlaube ich mir die nachstehenden ergänzenden Ausführungen zu machen.

Veranlassung zu den Arbeiten des Forums waren die Pläne der Stadtverwaltung im Anschluß an Hochhausbauten bei Hausen, weitere Hochhäuser im Niddatal bei Praunheim und im Hilgenfeld bei Bonames zu bauen. Diese Vorhaben wurden dann erst von der Stadtverwaltung fallen gelassen.

Ein Mitglied des Forums, Herr Prof. Till Behrens, hat dann aber von sich aus weitere Vorschläge für einen zweiten Grüngürtel gemacht und sowohl in Veröffentlichungen als auch in Vorträgen der Öffentlichkeit bekannt gemacht und sich für ihre Verwirklichung eingesetzt. Eine Aufstellung seiner Tätigkeit liegt als Anlage bei.

Da die jetzigen Vorschläge der SPD praktisch vollständig mit den Vorschlägen des Herrn Behrens übereinstimmen, bin ich der Meinung, daß die SPD verpflichtet wäre - wie es bei wissenschaftlichen Veröffentlichungen üblich ist - auf die Arbeiten des Herrn Behrens, die bei Vorstandsmitgliedern des Unterbezirks bekannt waren und sind, hinzuweisen.

Ich glaube, daß es besser ist, es von selbst zu tun als darauf zu warten, daß andere evtl. auch politische Parteien es tuen.

Mit freundlichen Grüßen

Karl Stadager

098 Brief Karl Stadager v. 28.8.1983 an SPD-Vorstandsmitglieder Martin Wentz und Klaus Sturmfels.

6 Stadager K., Schreiben v. 28.8.1983 an Wentz M. und Sturmfels K., Unterbezirk Frankfurt/ M. der SPD. Stadager weist hier auf die Urheberschaft von T. Behrens hin und übersendet eine Liste mit Veröffentlichungen und Vorträgen von Behrens zum Thema „Dritter Grüngürtel mit Mainuferquerspange". Wentz, SPD-Unterbezirk Frankfurt, teilt im Antwortschreiben v. 6.9.1983 an Stadager mit, dass er einen Termin mit Behrens vereinbaren will.

15.9.1983 Der Frankfurter SPD-Vorsitzende Dr. Martin Wentz besucht den Autor, weil die SPD den dritten Grüngürtel als *„Zweiten Anlagenring"* proklamiert und diese sich nicht „mit fremden Federn" schmücken wollte.[7] In diesen Gesprächen diskutieren der Autor und Wentz ausführlich die Entwicklung des Grüngürtels und des Konzepts zum Mainufer durch den Autor. Die SPD bezieht sich mit der Formulierung *„nicht mit fremden Federn schmücken"* auf den Vorwurf gegenüber Speer jun. im Schreiben des Forums an OB Wallmann v. 5.8.1980 (Kap. II – 4., Abb. 072).

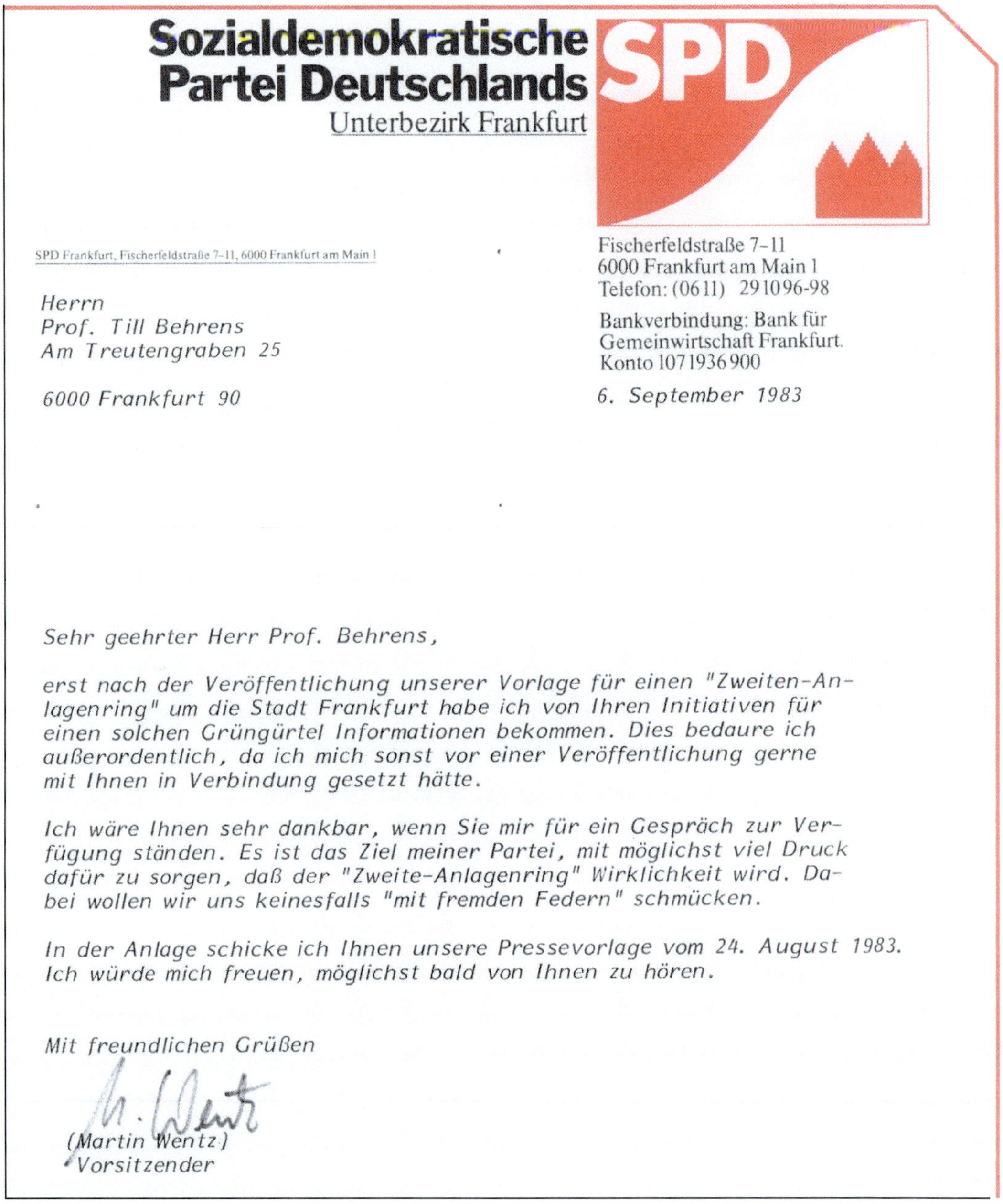

Sozialdemokratische
Partei Deutschlands
Unterbezirk Frankfurt

SPD

SPD Frankfurt, Fischerfeldstraße 7–11, 6000 Frankfurt am Main 1

Fischerfeldstraße 7–11
6000 Frankfurt am Main 1
Telefon: (0611) 291096-98

Bankverbindung: Bank für
Gemeinwirtschaft Frankfurt.
Konto 1071936900

Herrn
Prof. Till Behrens
Am Treutengraben 25

6000 Frankfurt 90

6. September 1983

Sehr geehrter Herr Prof. Behrens,

erst nach der Veröffentlichung unserer Vorlage für einen "Zweiten-Anlagenring" um die Stadt Frankfurt habe ich von Ihren Initiativen für einen solchen Grüngürtel Informationen bekommen. Dies bedaure ich außerordentlich, da ich mich sonst vor einer Veröffentlichung gerne mit Ihnen in Verbindung gesetzt hätte.

Ich wäre Ihnen sehr dankbar, wenn Sie mir für ein Gespräch zur Verfügung ständen. Es ist das Ziel meiner Partei, mit möglichst viel Druck dafür zu sorgen, daß der "Zweite-Anlagenring" Wirklichkeit wird. Dabei wollen wir uns keinesfalls "mit fremden Federn" schmücken.

In der Anlage schicke ich Ihnen unsere Pressevorlage vom 24. August 1983.
Ich würde mich freuen, möglichst bald von Ihnen zu hören.

Mit freundlichen Grüßen

M. Wentz

(Martin Wentz)
Vorsitzender

099 Schreiben Martin Wentz an Till Behrens zur Vorbereitung eines Gesprächs über Behrens' Grüngürtel-Konzeption.

1984/1985 Die SPD führt ihren Wahlkampf mit der Parole *„Neuen und großen Grüngürtel rund um die Stadt sichern"*.

7 Schreiben von Wentz M., SPD-Unterbezirk Frankfurt, an Behrens T. v. 6.9.1983; Informationsbesuch Wentz bei Behrens am 15.9.1983. Vgl. ferner „SPD hält Grünanlagen nicht für gesichert", FAZ 17.9.1983, sowie „Magistrat soll äußeren Grüngürtel sichern", FAZ 1.10.1983.

21.5.1985 Tom Koenigs erbittet für „Die Grünen im Römer“ beim Deutschen Werkbund in Darmstadt Informationen über das gesamte bisher publizierte Material zum „Dritten Grüngürtel“ des Autors und erhält dieses.[8] Der Werkbund antwortet ihm am 5.6.1985.

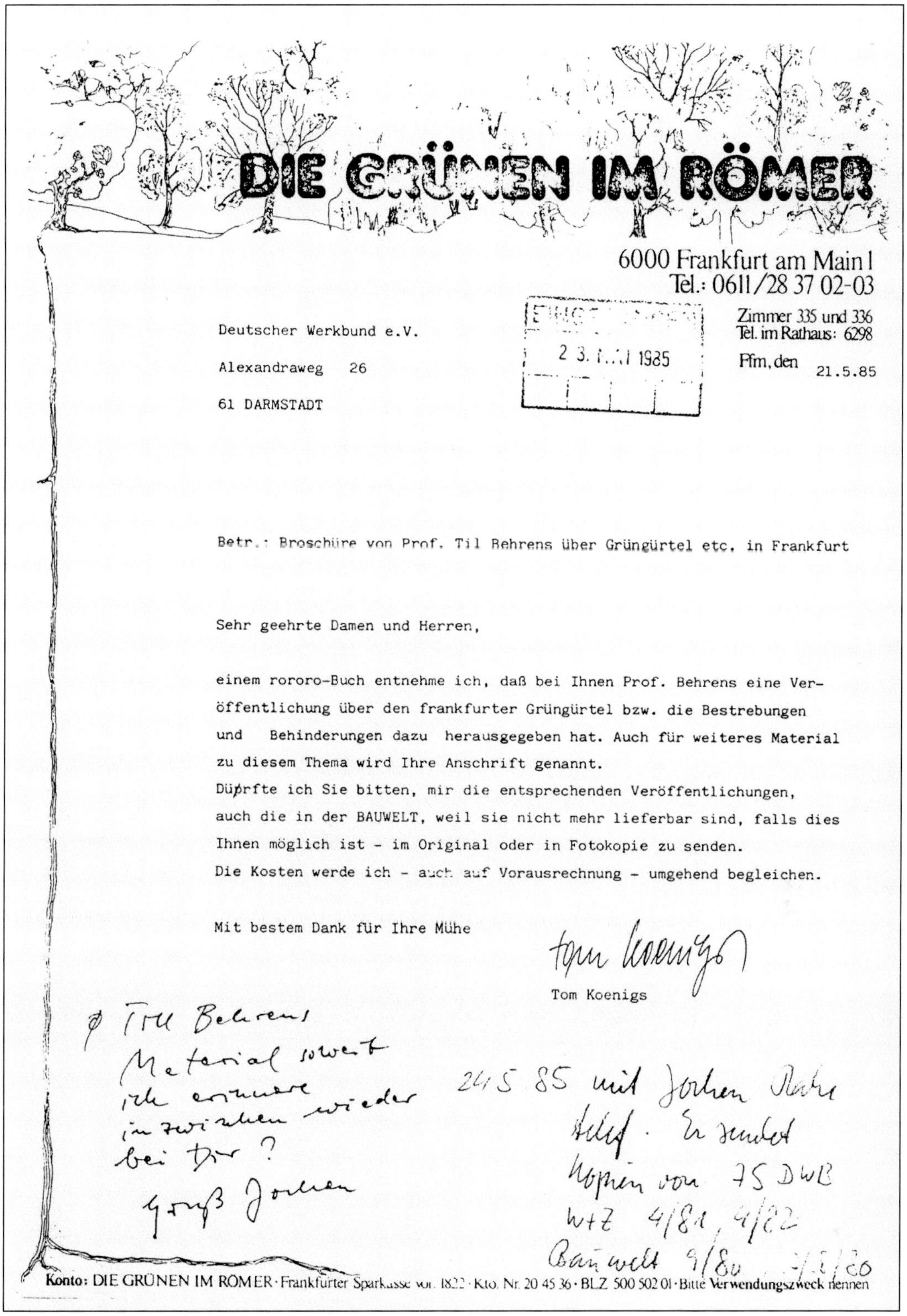

DIE GRÜNEN IM RÖMER

6000 Frankfurt am Main 1
Tel.: 0611/28 37 02-03
Zimmer 335 und 336
Tel. im Rathaus: 6298
Ffm, den 21.5.85

Deutscher Werkbund e.V.
Alexandraweg 26
61 DARMSTADT

23. MAI 1985

Betr.: Broschüre von Prof. Til Behrens über Grüngürtel etc. in Frankfurt

Sehr geehrte Damen und Herren,

einem rororo-Buch entnehme ich, daß bei Ihnen Prof. Behrens eine Veröffentlichung über den frankfurter Grüngürtel bzw. die Bestrebungen und Behinderungen dazu herausgegeben hat. Auch für weiteres Material zu diesem Thema wird Ihre Anschrift genannt.
Dürfte ich Sie bitten, mir die entsprechenden Veröffentlichungen, auch die in der BAUWELT, weil sie nicht mehr lieferbar sind, falls dies Ihnen möglich ist – im Original oder in Fotokopie zu senden.
Die Kosten werde ich – auch auf Vorausrechnung – umgehend begleichen.

Mit bestem Dank für Ihre Mühe

Tom Koenigs

Til Behrens
Material soweit
ich erinnere
inzwischen wieder
bei Dir?
Gruß Jochen

24.5.85 mit Jochen Rahe
telef. Er sendet
Kopien von 75 DWB
W+Z 4/81, 4/82
Bauwelt 9/80, 7/8/80

Konto: DIE GRÜNEN IM RÖMER · Frankfurter Sparkasse von 1822 · Kto. Nr. 20 45 36 · BLZ 500 502 01 · Bitte Verwendungszweck nennen

100 Schreiben Tom Koenigs an Deutschen Werkbund.

8 Schreiben „Die Grünen im Römer“ v. Koenigs T. an DWB Darmstadt v. 21.5.1985; Antwortschreiben DWB Darmstadt an „Die Grünen im Römer“ v. 5.6.1985.

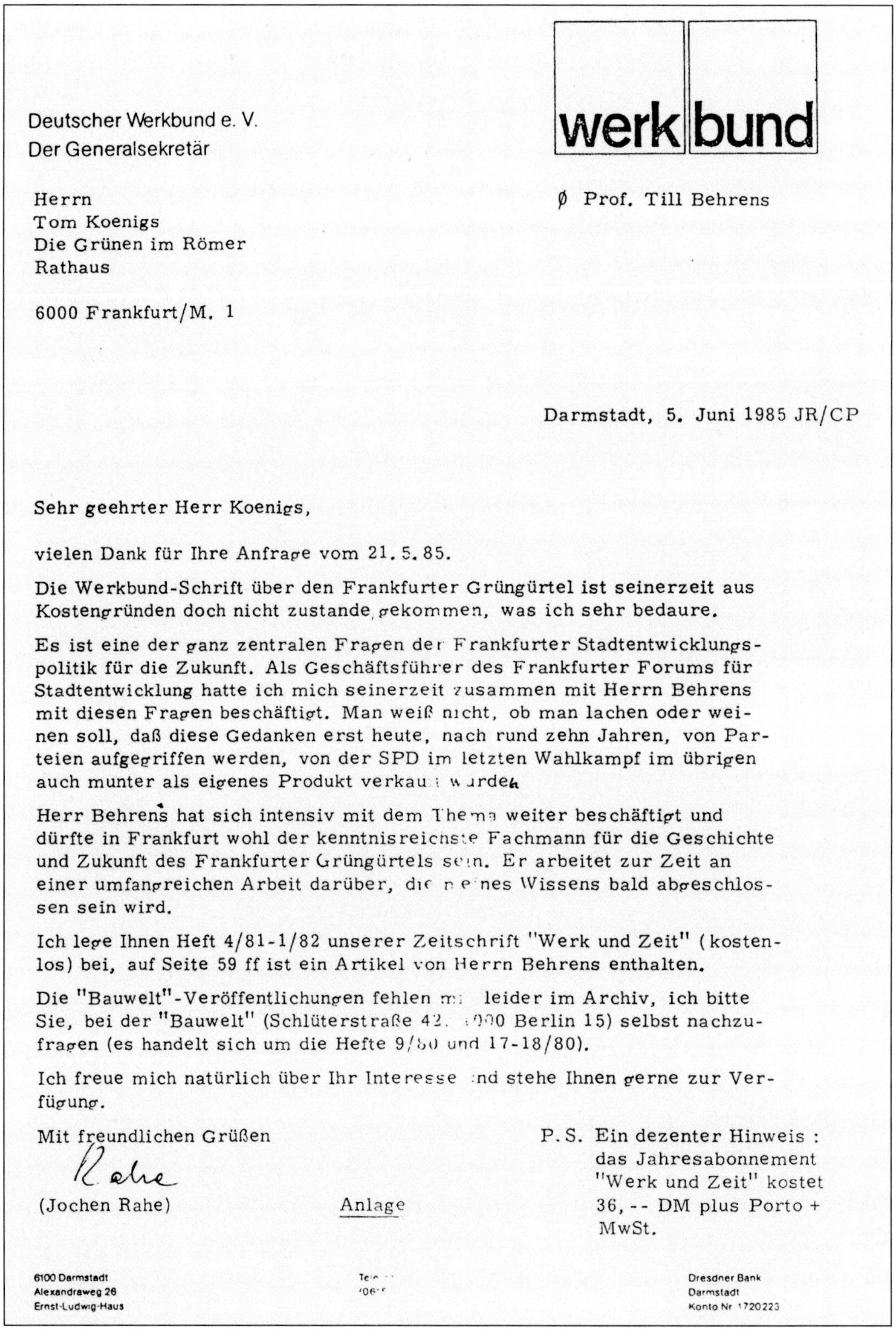

Deutscher Werkbund e. V.
Der Generalsekretär

werk bund

Herrn
Tom Koenigs
Die Grünen im Römer
Rathaus

6000 Frankfurt/M. 1

∅ Prof. Till Behrens

Darmstadt, 5. Juni 1985 JR/CP

Sehr geehrter Herr Koenigs,

vielen Dank für Ihre Anfrage vom 21. 5. 85.

Die Werkbund-Schrift über den Frankfurter Grüngürtel ist seinerzeit aus Kostengründen doch nicht zustande gekommen, was ich sehr bedaure.

Es ist eine der ganz zentralen Fragen der Frankfurter Stadtentwicklungspolitik für die Zukunft. Als Geschäftsführer des Frankfurter Forums für Stadtentwicklung hatte ich mich seinerzeit zusammen mit Herrn Behrens mit diesen Fragen beschäftigt. Man weiß nicht, ob man lachen oder weinen soll, daß diese Gedanken erst heute, nach rund zehn Jahren, von Parteien aufgegriffen werden, von der SPD im letzten Wahlkampf im übrigen auch munter als eigenes Produkt verkauft wurden.

Herr Behrens hat sich intensiv mit dem Thema weiter beschäftigt und dürfte in Frankfurt wohl der kenntnisreichste Fachmann für die Geschichte und Zukunft des Frankfurter Grüngürtels sein. Er arbeitet zur Zeit an einer umfangreichen Arbeit darüber, die meines Wissens bald abgeschlossen sein wird.

Ich lege Ihnen Heft 4/81-1/82 unserer Zeitschrift "Werk und Zeit" (kostenlos) bei, auf Seite 59 ff ist ein Artikel von Herrn Behrens enthalten.

Die "Bauwelt"-Veröffentlichungen fehlen mir leider im Archiv, ich bitte Sie, bei der "Bauwelt" (Schlüterstraße 42, 1000 Berlin 15) selbst nachzufragen (es handelt sich um die Hefte 9/80 und 17-18/80).

Ich freue mich natürlich über Ihr Interesse und stehe Ihnen gerne zur Verfügung.

Mit freundlichen Grüßen

Rahe

(Jochen Rahe)

Anlage

P. S. Ein dezenter Hinweis : das Jahresabonnement "Werk und Zeit" kostet 36,-- DM plus Porto + MwSt.

6100 Darmstadt
Alexandraweg 26
Ernst-Ludwig-Haus

Tel [illegible]

Dresdner Bank
Darmstadt
Konto Nr 1720223

101 Antwortschreiben Deutscher Werkbund an Tom Koenigs.

Hier zeigt sich: Ebenso wie die SPD stießen auch die Grünen durch Werkbundpublikationen auf die Konzeption des Autors.

8.2.1986 Der Autor promoviert als Professor bei Prof. Dr. Lucius Burckhardt im Fachbereich 13 Stadtplanung / Landschaftsplanung der Gesamthochschule / Universität Kassel mit der Dissertationsschrift *„Die Frankfurter Grüngürtel oder die Auswirkungen einer wachstumsorientierten Stadtpolitik auf zusammenhängende Grünräume"* zum Dr.-Ingenieur.

16.7.1987 Tom Koenigs, der bereits 1985 vom DWB Informationsmaterial zum Grüngürtel-Konzept wünschte (s.o.), erbittet nun vom Autor telefonisch ein Exemplar des Dissertationsdrucks der Konzeption. Koenigs sichert Behrens zu, das Exemplar nicht weiterzureichen wegen der in Vorbereitung befindlichen Buchausgabe. Er erhält das Exemplar aus diesem Grund nicht per Post in das Büro der Grünen im Römer gesandt, sondern von Ilse Kruse an seine persönliche Adresse in die Falkstraße 92 in Frankfurt gebracht. Doch an seine Zusage, den Dissertationsdruck nicht weiterzureichen, hält sich Koenigs nicht.[9]

29.4.1988 Mit finanzieller Unterstützung der Karl-Hermann-Flach-Stiftung e.V. Wiesbaden, des Deutschen Werkbund e.V. Frankfurt und Johann Philipp Freiherr von Behtmann Frankfurt erscheint die Dissertation unter dem Titel *„Grüngürtel – Wachstumsorientierte Stadtpolitik und zusammenhängende Grünräume"* als erste Buchausgabe (140 Seiten, 90 Abbildungen) und mit farbiger Grüngürtel-Faltkarte. Auf Wunsch des Verlegers Fricke versah es der Autor mit einer Widmung an die Stadt Frankfurt. Im Frankfurter Werkbundhaus wird der Band der Presse vorgestellt. Er erhält ausschließlich positive Kritiken in der Tages- und Fachpresse.[10] Koenigs sendet nach dem Erscheinen der Buchausgabe ein von ihm mit Datum 1988 und seiner Unterschrift gezeichnetes Buchexemplar an den Autor zurück.

102 Einband der ersten Buchausgabe von „Grüngürtel".

103 Titelseite „Grüngürtel" mit Unterschrift Tom Koenigs und Datum.

April 1988 Koenigs gibt unter dem Titel *„Frankfurt – Grüne Stadt am Fluss"* der Zeitschrift arch+ ein Interview,[11] weist aber nicht auf seine Quelle hin. Dieser Titel ist ein Plagiat des vom Autor geprägten Schlagwortes *„Frankfurt – Grüne Stadt am Fluß"*[12] in dem Bauweltartikel „Die Frankfurter Mainufer" (Abb. 060). In der Folge wird von anderen Medien die Konzeption fälschlich mit Koenigs in Verbindung gebracht.[13]

---

9 Behrens T., Leserbrief „Geklaut", in: Pflasterstrand Nr. 294, 4.8.–17.8. 1988.

10 Hecking G., „Grüngürtel ...", Literaturblatt der Bauwelt 6.7.1989; Sieber H.G., „Grüngürtel", Der Architekt 3/1990., Ih, „Grüngürtel", das bauzentrum 1/89; „Das Konzept des Professors", FNP 30.4.1988; „Keine kleine Grünarbeit", FN 26.5.1988.

11 Koenigs T. (sic!) im Gespräch mit Fester M. und Kraft S., „Frankfurt. Die grüne Stadt am Main", in: arch+ Nr. 94 (1988), S. 67–70.

12 Behrens T./Rahe J., „Die Frankfurter Mainufer", in: Bauwelt 17/18 / 1980, 9.5.1980, S. 725.

13 Vision: Grüne Stadt am Fluß – Wie sich Koenigs künftige Kommunalpolitik vorstellt", FR 4.5.1988.

**Grüngürtel
Wachstumsorientierte
Stadtpolitik und
zusammenhängende Grünräume**

Von Till Behrens. 139 Seiten, ca. 90 Abbildungen. Fricke Verlag, Frankfurt 1988.

Vorliegende Studie untersucht am Beispiel Frankfurt mit großer Eindringlichkeit Folgen und mögliche Planungskonsequenzen einer planerischen Grundsatzproblematik, von der kaum eine Stadt verschont blieb: Der Planungskonflikt zwischen Siedlungsflächenexpansion und Landschaftserhalt. Landschaft und Freiräume wurden häufig zu einer im Zuge der Stadterweiterung „übriggebliebenen Restfläche" degradiert. .Es wurde mancherorts auch verkannt, daß die sogenannte Stadtflucht vor allem der 70er Jahre nicht nur auf einen absoluten Wohnungsmangel innerhalb der Großstädte zurückzuführen ist, sondern vor allem auch auf große Defizite im weiteren Wohnumfeld. Hierzu zählen insbesondere zusammenhängende Grünräume als integrierter Bestandteil des Wohn- und Lebensraumes.
Wanderungsmotivuntersuchungen zeigen, daß der Städter im Grunde genommen in der Stadt wohnen bleiben möchte, wenn er hier seine erweiterten und qualitativ differenzierteren Wohnwünsche realisieren könnte.
Vor dem Hintergrund dieses Problemrahmens, der zwar für viele Großstädte gilt, in Frankfurt aber zu besonders ausgeprägten Planungskonflikten führte, ist die Untersuchung von Till Behrens zu sehen.
Das grundsätzliche Verdienst seiner Arbeit besteht darin, daß sie nicht in eine isolierte Grünraum- und Freiflächenanalyse abgleitet, sondern „Grünplanung" als integrierten Bestandteil einer stadtplanerischen Gesamtkonzeption definiert.
In einer vorangestellten historischen Analyse wird deutlich, daß dem ersten und zweiten Grüngürtel Frankfurts im 19. und im beginnenden 20. Jahrhundert eine tragende Funktion bei der Entwicklung der Gesamtstadt und bis in die 30er Jahre hinein einer integrierten Grünplanung eine dominierende Stellung zukam. Die Schäden in Frankfurts Grünräumen werden kritisch herausgestellt, die harten Eingriffe in das Stadt- und Landschaftsbild

9

deutlich. Behrens verweist dabei auch ausdrücklich auf die zunehmende planerische Kompetenzenverteilung, die aus seiner Sicht ein städtebauliches Gesamtkonzept für die Stadt weitgehend verhinderte oder zumindest erschwerte.
Die Arbeit ist ein engagiertes Plädoyer für ein langfristiges Stadtentwicklungskonzept. Der Verfasser, selber Architekt und Planer, in Frankfurt wohnend, legt mit seiner Arbeit – unter Wiederaufnahme und Fortführung der Gedanken von Ernst May – ein städtebauliches und landschaftsplanerisches Konzept zur Schaffung und Gestaltung eines dritten Frankfurter Grüngürtels vor.
Ein solches Konzept wäre unter Aufnahme der vorhandenen Restgrünflächen heute noch grundsätzlich möglich. Diese Restgrünflächen liegen hauptsächlich entlang des Niddalaufes, im Stadtwald und am Main: sie ergeben zusammenfassend ein geschlossenes Ringsystem, das nördlich und südlich des Mains liegende Gebiete zusammenfaßt und das durch eine Mainuferquerspange diagonal verbunden wird.
Dieses Konzept wird jedoch nicht isoliert entwickelt, sondern mit dem Vorschlag einer Randbebauung des Grüngürtels mit qualifizierten Wohnanlagen verknüpft.
Die Vorteile des Konzeptes werden im einzelnen herausgestellt: Durch Schaffung qualifizierter Wohnungen mit Standortqualitäten, die denen des Umlandes zumindest vergleichbar sind, könnte weiterer Abwanderung und einer zu einseitigen Ausrichtung der Stadt als Arbeits- und Wirtschaftszentrum entgegengewirkt werden. Der Verfasser verweist darauf, daß ein ernsthaft geschützter Grüngürtel auch einen Investitionsdruck auf die Innenstadt ausüben dürfte und dabei eine Chance für die Regeneration dieses Stadtquartiers böte, verbunden mit einer städtebaulichen Aufwertung der Wohnfunktion. Das Konzept dürfte sich auch landschaftsschonend auf das Umland auswirken, ökologisch wichtige und das Stadtklima insgesamt beeinflussende Flächen sicherstellen. Entgegen immer wieder gehörter Behauptungen belegen neuere empirische Unter-

10

suchungen, daß die Flächennachfrage nach Bauland für Wohnungen, Dienstleistungen und Gewerbe in vielen Großstädten keineswegs zum Stillstand gekommen ist. Im Gegenteil: Trotz rückläufiger Bevölkerungsentwicklung werden diese Wachstumstendenzen auch für die absehbare Zukunft vielerorts anhalten. Die Arbeit von Till Behrens zeigt eindringlich, daß diese Wachstumstendenz künftig nicht mehr einseitig zu Lasten der verbliebenen Grünräume und der Wohnfunktion gehen darf. Sein Planungskonzept für einen dritten Grüngürtel zeigt aber auch eine reale Chance, wie künftighin bauliches Wachstum, ökologische Notwendigkeiten und Aufwertung der Wohnqualität, orientiert auf ein koordiniertes räumliches Leitbild, grundsätzlich durchaus verknüpfbar sind.
Der Arbeit ist zu wünschen, daß sie von der Stadt Frankfurt ernst genommen wird. Gerade ihres Grundsatzcharakters wegen sollte sie aber auch in anderen Orten bei Kommunalpolitikern, Planern und bei engagierten Bürgern gebührende Beachtung finden.
Die Frage, wie wir mit der Landschaft umgehen, ist längst nicht mehr allein auf ökonomische, tagespolitische oder planerische Fachaspekte beschränkt. Sie ist letztlich eine ethische Forderung an uns alle.

Georg Hecking

Literaturblatt der Bauwelt
Nr. 6, Juli 1989

kursiv

104 Georg Hecking, Buchbesprechung von „Grüngürtel" im Literaturblatt der Bauwelt 6.7.1989.

Bücher

Grüngürtel
Von Till Behrens. 139 S., 90 Fotos, Karten u. Pläne. DM 39,80. Verlag Dieter Fricke, Frankfurt.

Früher war die Planungsvokabel „Verkehrsring“ in aller Munde; heute kommt der Terminus „Grüngürtel“ leicht von den Lippen. Ist Till Behrens Buch „Grüngürtel“ lediglich ein Zugeständnis an den grünen Zeitgeist? Gewiß nicht: Seit den frühen siebziger Jahren kämpft Behrens für zusammenhängende Grünräume in seiner Heimatstadt Frankfurt.

Nun scheint er endlich Gehör zu finden: Parteien und Planungsverwalter eignen sich sein Konzept an. Doch muß die nächste Zukunft erst noch zeigen, ob man den Stellenwert von Grünräumen als Voraussetzung für Urbanität begriffen hat oder ob nicht weiterhin Stadtplanung mit Wirtschaftsförderung gleichgesetzt wird. Für den früheren Oberbürgermeister Brück war Hochhausbau in Frankfurt „eine Lebensnotwendigkeit, geboren aus wirtschaftlichen und städtebaulichen Gesetzmäßigkeiten“! Also hat Frankfurt einen „Speerplan“, der Mainhattan 20 weitere Wolkenkratzer bescheren soll. So wird das zeichnerische Sandkastenspiel von Christoph Mäckler, an signifikanten Punkten der Stadt Hochhaus-Zeichen zu setzen, groß herausgestellt. Man steht vor den Hochhäusern wie das Kaninchen vor der Schlange und fühlt sich wie Papst Sixtus V. als Stadtgestalter. Was bei dieser Art der Stadtplanung nur herauskommen kann, ist eine gute Rendite für wenige, dürftige Arbeitsplätze in gigantischen Containern, ein drehbares Skyline-Restaurant als Alibi für die Allgemeinheit – und eine Menge (bald nicht mehr reparierbare) Folgeprobleme für das Stadtgefüge.

Gegenüber solch vermessener Planung kommt Behrens bescheiden daher. Er schlägt vor, die noch bestehenden Grünräume Frankfurts zu einem Grüngürtel zu verbinden und diesen mit grünen Mainufern diametral kurzzuschließen. Die

> **Langsam**
> „Ein europäischer Bergsteiger hatte in Asien Träger geheuert, die ihm das Gepäck zum Basislager befördern sollten. Der Wetterbericht war so, daß er sich zu sputen hatte und deshalb trieb er die Träger an. Das Lager war fast erreicht, da hörten die Träger auf zu rennen, blieben sitzen und starrten vor sich hin. Auf die nervöse Frage an den Anführer, warum es denn nicht weitergehe, erfuhr der Europäer: ‚Wir sind tagelang so schnell gerannt, daß wir jetzt warten müssen, bis uns unsere Gedanken wieder eingeholt haben.‘“

Voraussetzungen zur Realisierung dieses Planungszieles sind in Frankfurt noch immer günstig, wenn man nur endlich die Zeichen der Zeit sehen und handeln wollte. Grünräume sind Begegnungsräume für Menschen. Wer möchte nicht im Grünen wohnen und gleichzeitig am Leben einer Großstadt teilnehmen? Nur so könnte die Stadt auch wieder für Vermögende und Intellektuelle attraktiv werden, die ihr in der Vergangenheit den Rücken gekehrt und sie den Unterprivilegierten und Randgruppen überlassen haben. Grünräume also als Mittel, um der Entmischung unserer Innenstädte zu begegnen! Arbeiten und Wohnen könnte wieder näher zusammenrücken und in Symbiose treten. Und wer würde nicht gerne am Mainufer flanieren und sich wie in Paris fühlen (wenn nur der Schritt über den Durchgangsverkehr sich leichter bewältigen ließe).

Auch das Konzept für die Wiederbewohnbarmachung Frankfurts durch grüne Mainufer ist plausibel, orientiert sich an einem alten Frankfurter Gesetz: dem Wallservitute. Die Grundstückseigentümer werden verpflichtet, die dem Main zu gelegenen Grundstücksanteile grün anzulegen und der Öffentlichkeit zugänglich zu machen; dafür erhalten sie die Bauerlaubnis für diese lukrative städtische Lage. Natürlich verlangt Behrens räumliche und gestalterische Vielfalt für diese Bebauung, was heißt: keine großen Siedlungsbaugesellschaften, sondern verschiedene Bauherren mit ihren jeweiligen Architekten.

Behrens Frankfurt-Buch schildert das Dilemma unserer Städte am konkreten Beispiel und ist damit – leider – allgemeingültig. Vielleicht ist die Auflistung der vielen Einzelbelege dafür, wie hinter verschlossenen Türen Tatsachen geschaffen werden, wie geltendes Planungsrecht umgangen und gebaut wird, für den Leser ermüdend, doch wird dadurch die Beweisführung erdrückend, der Zynismus einer Stadtplanung, die die Wirtschaft auf Kosten städtischer Lebensqualität fördert, offenbar. Dennoch ist das Buch nicht frustrierend, weil es eben nicht nur klagt und anklagt, sondern ein Konzept vorträgt und auf dessen Realisierung drängt.

Dem Buch wünscht man eine weite Verbreitung, dem Grüngürtel in Frankfurt und zusammenhängenden grünen Stadträumen anderswo endlich Realisierung. Wie gesagt, die Zeichen der Zeit sind günstig. Seit der Kommunalwahl im letzten Frühjahr scheint es in Frankfurt ein anderes Bewußtsein zu geben. Auch hat der Verlauf der BUGA '89 vielen in Frankfurt vor Augen geführt, daß diese „geschäftige“, zusammenhanglose Einzelmaßnahme, dem vorhandenen stadtnahen Grünraum an der Nidda – wie von Behrens vorausgesagt – eher geschadet als genutzt hat. Dennoch: Die Nagelprobe steht noch aus.

Frankfurt – „Die Stadt“ – möchte sich um die Ausrichtung der Olympischen Spiele bewerben. Auf einem künstlichen Berg am Mainufer soll die größte Sporthalle der Bundesrepublik für ca. 20 000 Besucher entstehen. Ein grünes Mainufer mit Anbindung an den Grüngürtel würde damit abermals in weite Ferne rücken. Ich fürchte, Till Behrens Buch hat noch lange nicht ausgedient.

Heinz G. Sieber

105 Heinz G. Sieber, Buchbesprechung von „Grüngürtel“ in der BDA-Zeitschrift Der Architekt 3/1990.

LESER POST

Geklaut

Betr.: PS 292, »Der Herr der Ringe«

Hätte der Autor richtig in der Literatur, Tages-, Fachpresse und Fachliteratur recherchiert, hätte er festgestellt, daß um die Urheberschaft der Idee »Grüngürtel mit Mainuferspange« nicht zwischen Speer und Koenigs gestritten werden kann. Sie geht bis in das Jahr 1971 zurück und stammt von Jochen Rahe und mir. Das weiß Albert Speer jr. genauso wie Tom Koenigs, dem auf Anfragen bereits am 5.6.85 die bis dahin erfolgten Publikationen mitgeteilt wurden und am 16.7.87 sogar ein Exemplar meines Dissertationsdruckes zuging, das er trotz Mahnung nicht zurückreichte und aus dem er sich jetzt bedient. Vor 6 Jahren schrieb die Bauwelt in Heft 29/1982 auf Seite 1184 schon zu der Urheberschaft: »...Main, an dem übrigens liegt Frankfurt... Für die Aufforstung hat man sich mittlerweile auf folgendes Procedere geeinigt: Till Behrens denkt laut und öffentlich nach und wenn der Magistrat seine Gedanken für die eigenen hält, macht Speerplan einen Bombenentwurf daraus.« (Goswin) Ausführlich kann das Thema in meinem Buch »Grüngürtel« (mit ca. 90 Abbildungen, dreifarbiger Karte, im Fricke Verlag erschienen) nachgelesen werden.

Prof. Dr. Ing. Till Behrens,
Frankfurt/Main

106 Behrens T. „Geklaut", Leserbrief in Pflasterstrand Nr. 294 4.8–17.8.1988.

Nachlese

Vision: Grüne Stadt am Fluß

Wie sich Tom Koenigs künftige Kommunalpolitik vorstellt

„In Frankfurt wurde ein Image aufgebaut, das zwar viel verspricht, aber eine urbane Lebensqualität nicht einlöst" — Tom Koenigs, Vorstandsmitglied der Frankfurter Grünen und mutmaßlicher Kandidat für das nächste Stadtparlament, hat in der Städtebau-Zeitschrift „Arch +" seine „Vorstellungen einer grünen Kommunalpolitik" entwickelt. Wir zitieren das Interview mit Koenigs nachfolgend in Auszügen.

„Den Hochhäusern möchte ich ein anderes Symbol entgegensetzen (...) unsere Vorstellung für Frankfurt ist die der grünen Stadt am Fluß. Gegenwärtig liegt Frankfurt an der Zeil und nicht am Main. Früher war das gesamte öffentliche Leben auf den Main konzentriert, heute orientiert sich Frankfurt vom Main weg. (...) Das Mainufer, für das ungeheure Investitionen an städtebaulicher Phantasie notwendig sind, ein natürliches Band von einem Stadtrand zum anderen, soll durch einen Grüngürtel komplettiert werden, der sich rund um Frankfurt zieht (...)

Ich meine, man sollte das Mainufer bewußt gestalten, gleichgewichtig Stein und Grün. Und man kann Zonen für bestimmte öffentliche Nutzungen schaffen. Auf der Sachsenhäuser Seite wird das mit Sommerkino, Flohmarkt, etc., getan. Gerade in Frankfurt käme man schnell damit voran, Phantasien dafür zu entwickeln. Ich würde es ungeheuer begrüßen, wenn sich etwa Hermann Josef Abs oder andere — wie damals Adenauer in Köln — für eine Ufergestaltung und einen Grüngürtel einsetzen würden und dadurch die Lebens-, Wohn- und Freizeitqualität der Stadt heben könnten.

Gewiß hat das Nebeneffekte, wo ich trotz Kapitalismuskritik mal ein Auge zudrücken würde. Die Randbebauung des Grüngürtels würde aufgewertet. Da sollen dann meinetwegen die Bänker hinziehen und ihre 3400 Mark pro Wohnung zahlen.

Mir kommt es aber genauso darauf an, über radikale Maßnahmen den Autoverkehr einzudämmen, die Lärm- und Luftemissionen zu vermindern, sauberes Wasser zu garantieren, ein Trinkwasserreservoir zu schaffen, das sich selbst regeneriert und mit den Ausdünstungen und Ausscheidungen der Stadt anders umzugehen, als bisher.

Wenn ich über Grün rede, rede ich auch über den Boden. Wenn der gnadenlos versiegelt wird, einschließlich der Vorgärten, kommt irgendwann der Punkt, wo bei starkem Wasserguß die Kanalisation überquillt. Es ist doch absurd: Da gibt es hier eine Straßenbaum-Pflanzaktion wie nie zuvor, einen Gründezernenten, der davon ausgeht, man müsse der Reihe nach Alleen pflanzen, die dann künstlich mit Wasser ernährt werden müssen, weil die Regeneinzugsfläche nicht groß genug ist. Im Winter werden die Bäume mit Salz geschädigt und im Frühjahr mit Dünger wieder aufgepäppelt. Ich gehe davon aus, daß viele die Amtszeit von Herrn Daum nicht überleben werden. Das wird dann das erste rot-grüne Problem.

Nach dem Krieg sind wir in eine Phase gelangt, in der die Stadt ihre natürlichen Grundlagen zerstört, obwohl sie sie braucht. Zum Beispiel das Wasser. (...) Man versaut das Grundwasser, holt das Trinkwasser von weit her, mit schweren, sichtbaren Schäden — dort fallen die Bäche trocken. Früher hatte das System noch eine gewisse Stabilität. Heute ist die Stadt als Lebensort dem ökologischen Zusammenbruch nahe."

107 Aus Behrens' Buch *„Grüngürtel"* (Abb. 102 und 103) leitet Koenigs seine „Vorstellungen künftiger Kommunalpolitik" ab und aus Behrens' Publikation *„Die Frankfurter Mainufer"* (vgl. Abb. 060) plagiiert er das Schlagwort „Frankfurt – grüne Stadt am Fluss", Bericht FR 4.5.1988.

5.6.1988 Hochschulveranstaltung an der Fachhochschule Wiesbaden. Der Autor hält zum Erscheinen des Grüngürtel-Buches den Vortrag *„Das Beispiel Frankfurt"*.[14]

1988 Jochen Rahes Artikel „Grüngürtel" und „Frankfurt liegt am Main" erscheinen in der Werkbundzeitschrift werk+zeit 1/88, Frankfurt, S. 22–25.

Sommer 1988 Heinrich Cobet, Buchhändler und Werkbundmitglied, stattet am Goetheplatz in Frankfurts Zentrum einen Schaukasten der *Frankfurter Bücherstube Schumann und Cobet* – eine der damals bedeutendsten deutschen Buchhandlungen – nur mit Exemplaren des Grüngürtel-Buchs aus.

108 Fotografie des mit Behrens' Grüngürtel-Buch ausgestatteten Schaukastens der Frankfurter Bücherstube.

20.10.1988 Öffentliche Veranstaltung der Karl-Hermann-Flach-Stiftung zum Erscheinen des Grüngürtel-Buches mit Hanns Adrian, Lucius Burckhardt und dem Autor im Karmeliterkloster Frankfurt. Titel der Veranstaltung: *„Wohnen am 3. Grüngürtel und den Mainufern – Basis Frankfurter Stadtplanung für die 90er Jahre."* Die Veranstaltung und die dort weitergegebenen Informationen werden in der Presse positiv bewertet.[15]

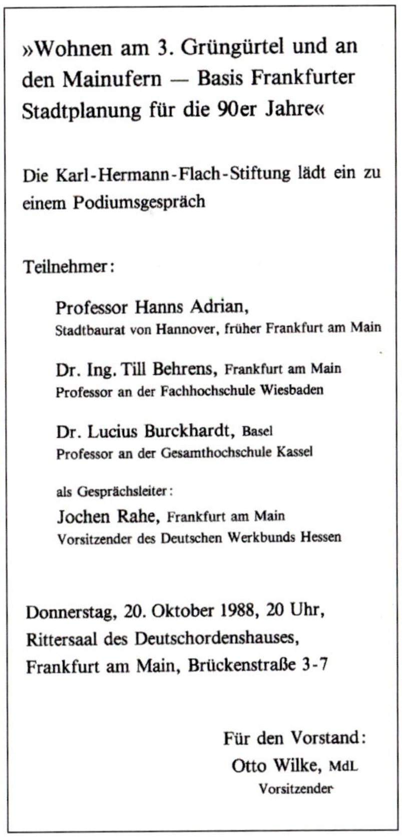

»Wohnen am 3. Grüngürtel und an den Mainufern — Basis Frankfurter Stadtplanung für die 90er Jahre«

Die Karl-Hermann-Flach-Stiftung lädt ein zu einem Podiumsgespräch

Teilnehmer:

Professor Hanns Adrian,
Stadtbaurat von Hannover, früher Frankfurt am Main

Dr. Ing. Till Behrens, Frankfurt am Main
Professor an der Fachhochschule Wiesbaden

Dr. Lucius Burckhardt, Basel
Professor an der Gesamthochschule Kassel

als Gesprächsleiter:
Jochen Rahe, Frankfurt am Main
Vorsitzender des Deutschen Werkbunds Hessen

Donnerstag, 20. Oktober 1988, 20 Uhr,
Rittersaal des Deutschordenshauses,
Frankfurt am Main, Brückenstraße 3-7

Für den Vorstand:
Otto Wilke, MdL
Vorsitzender

109 Einladung zur Veranstaltung der Karl-Hermann-Flach-Stiftung am 20.10.1988.

14 Bericht Grüngürtel FHW-Journal 19.7.1988.

15 Leweke W., „Wohnen in Frankfurt in den neunziger Jahren – Im dritten Grüngürtel und an den Mainufern", FNP 22.10.1988; „Zurück zur zweiten Natur – Ein Podiumsgespräch der Karl-Hermann-Flach-Stiftung", FAZ 22.10.1988, sowie Hartmann G., „Lösungsmöglichkeit", FAZ 27.10.1988; Leserbrief zum Artikel in der FAZ 22.10.1988.

Zurück zur zweiten Natur

Ein Podiumsgespräch der Karl-Hermann-Flach-Stiftung

id. Gehören Rosenbeete oder Biotope in einen dritten Grüngürtel für Frankfurt? Über den Grünring als Ansatzpunkt für eine Stadtplanung der neunziger Jahre diskutierten Lucius Burckhardt, Professor an der Gesamthochschule Kassel, und Hanns Adrian, Stadtbaurat von Hannover, früher Stadtplaner in Frankfurt, während eines Podiumsgesprächs, zu dem die Karl-Hermann-Flach-Stiftung eingeladen hatte. Auftakt der Diskussion war das Grünflächenkonzept von Till Behrens, der an der Fachhochschule Wiesbaden lehrt. Mehr Grün und eine neue Architektur sollen Frankfurt „wieder zu einer Wohnstadt" machen.

Für die neunziger Jahre sieht Behrens ein neu begrüntes und terrassenartig bebautes Mainufer vor sowie einen dritten Grüngürtel, durch den das Niddatal mit dem Stadtwald verbunden werden soll. Während man noch um die Jahrhundertwende in vier- bis fünfgeschossigen Häusern dem Main zugewandt gewohnt habe, seien mittlerweile die Mainufer zu Verkehrsadern degradiert worden, sagte Behrens. Der Verkehr, der über die Uferstraßen die Innenstadt mit den Autobahnen verbinde, müsse umgeleitet werden. Hierzu will Behrens Planungen aus der Zeit von Oberbürgermeister Adickes aufgreifen und den Alleenring mit einem Südring schließen. Doch wie können die neugewonnenen Grünflächen gestaltet werden, wenn der Grünring als Ansatzpunkt für eine übergreifende Stadtplanung angesehen werden soll? Es gebe eine „Krise der Gartenkunst", sagte Burckhardt. Denn die Städter hätten ihre Gartenkunst aus einem Gegensatz von Stadt und Land heraus entwickelt, der heute nicht mehr existiere. Weder die verlorengegangene Konvention der Gartenkunst noch „das Übel, das sich seit Jahrzehnten durch die Städte schleiche – das Biotop –, könnten heute eine Grünfläche füllen. Ein Erdbockkäfer, der das ganze Jahr über als Made unter der Erde wohne, vermittle dem Großstädter sicherlich keine Vorstellung von Natur.

Der frühere Frankfurter Stadtplaner Adrian schloß sich diesen Ausführungen an. Nicht nur die Städte sehen seiner Ansicht nach heute weltweit gleich aus, sondern auch die Umgebung werde immer gleicher. Die Stadtplaner sollten sich heute an die Gebiete erinnern, die einmal von Menschen angelegt und inzwischen wieder von der Natur zurückgeholt worden seien. Er nannte als Beispiel das vor Hannover gelegene ehemalige Wassergewinnungsgebiet mit einem unvergleichlichen Pflanzenwuchs, das gerade junge Leute als Ausflugsziel bevorzugten. Solche Flächen, auf denen sich kein gartenkünstlerischer Ehrgeiz austobe, seien gut für das Klima und das persönliche Gesicht einer großen Stadt.

Frankfurter Allgemeine Zeitung 22.10.88

110 Pressebericht in FAZ. 22.10.1988.

Lösungsmöglichkeit

Zu: „Zurück zur zweiten Natur" (F.A.Z. vom 22. Oktober). Der Artikel erwähnt weder Titel noch Grund des Podiumsgespräches mit einem Wort. Der Titel der Einladung war „Wohnen am 3. Grüngürtel und an den Mainufern – Basis Frankfurter Stadtplanung für die 90er Jahre", der Grund das Erscheinen des Buches „Grüngürtel – wachstumsorientierte Stadtpolitik und zusammenhängende Grünräume" von Till Behrens, das ich nicht nur mit großer Spannung las, sondern auch für die einzige humane Lösungsmöglichkeit der Frankfurter Wohnungsproblematik halte.

Gertrud Hartmann, Frankfurt, Fontanestraße 72

Frankfurter Allgemeine Zeitung 27.10.88

111 Leserbrief FAZ. 27.10.1988.

23.6.1989 In der FAZ erscheint ein weiterer Artikel des Autors: *„Wohnungen im Grünen sollen Frankfurt wieder bewohnbar machen."*

Wohnungen im Grünen sollen Frankfurt wieder bewohnbar machen

Der Städteplaner Behrens plädiert für einen dritten Grüngürtel und grüne Mainuferspange

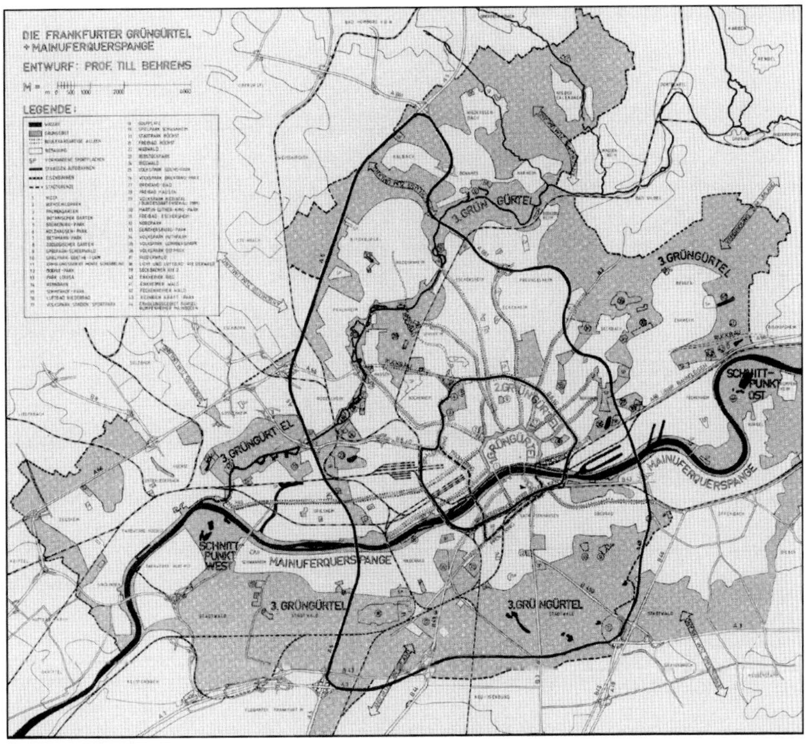

„Ein zentrales Zukunftsprojekt der nächsten Jahre ist die Verwirklichung des äußeren Frankfurter Grüngürtels und die Wiederbelebung des Mainufers ...", heißt es in der Koalitionsvereinbarung von SPD und Grünen. Für eine „Wiederbewohnbarmachung der Stadt durch sichere Wohnanlagen am Grüngürtel und an grünen Mainufern" hat der Frankfurter Architekt und Stadtplaner Prof. Dr. Till Behrens bereits in seinem 1988 erschienenen Buch „Grüngürtel" (Verlag Dieter Fricke GmbH, Frankfurt) plädiert. In dem folgenden Beitrag faßt Behrens seinen Vorschlag und dessen bisheriges „Schicksal" im politischen Willensbildungs- und Entscheidungsprozeß zusammen.

Frankfurt mit circa 600 000 Einwohnern gibt circa 500 000 Menschen Arbeit und Brot. Davon pendeln fast 300 000 täglich mit Energieverbrauch und Umweltverschmutzung ein und wieder aus. Viele stehen zwei bis sechs Stunden (!) täglich im Stau, kommen zu spät zur Arbeit, was ihre und die Leistungskraft der Wirtschaft mindert, haben statt einer 38- immer noch eine 48-Stunden-Woche und würden lieber mit ihren Familien in Frankfurt wohnen, wenn sie dort geeignete, mit dem Umland vergleichbare Lebensumstände finden würden. Diese, ja sogar bessere lassen sich für Frankfurt schaffen, wenn überkommene Vorstellungen der Wirtschaftsförderung durch modernere ersetzt würden. Der Schlüssel dazu ist ein geschützter Dritter Grüngürtel mit wiederbegrünten Mainufern von Fechenheim bis Sindlingen.

Nach dem Zweiten Weltkrieg trieben die in Frankfurt regierenden Parteien einseitige Wirtschaftsförderung zugunsten des tertiären und zu Lasten des Wohnsektors und der gesamten städtischen Zusammenhänge. Möglichkeiten für qualifizierten privaten Wohnungsbau gab es kaum. Die Folge war überdurchschnittliche Stadtflucht. Zuerst flohen die Vermögenden, dann die Intellektuellen. Es trat die gefürchtete Entmischung der Gesellschaft ein. Die besser Ausgebildeten und besser Verdienenden fehlten später in der Stadt zur Verteidigung humaner Lebensumstände. Inkompetenz in Verwaltung und Politik hatten ein leichteres Handeln erhalten. Viele, die in Frankfurt Verantwortung tragen, üben sie alleine für ihren geschäftlichen Bereich, nicht für den ihres Wohnens aus. Der liegt für sie und ihre Familien im Umland.

Symbiose mit kurzen Distanzen

Angenehmes Wohnen in die Region zu verlagern kann selbst bei Verbesserung des öffentlichen Nahverkehrs kein Lösungsansatz sein. Während mit umgekehrtem Trend Frankfurter Firmen bereits ihren stadtgeflohenen Arbeitskräften in das Umland hinterherwandern, das zudem mit niedrigeren Gewerbesteuersätzen lockt, erkennt Frankfurts Wirtschaft, daß sich einseitige Wirtschaftsförderung letztendlich wirtschaftsfeindlich auswirkt und es jetzt darum geht, Arbeiten und Wohnen wieder in eine Symbiose mit kurzen Distanzen zu bringen. Ein zukunftsorientiertes Konzept dazu fehlt stadtseitig.

Wohnen ist primär eine Frage des Wohnumfeldes. Viele möchten im Grünen und gleichzeitig mit den Vorteilen der Großstadt leben. So etwas gab es in Frankfurt. Man wohnte an den Wallanlagen (Erster Grüngürtel), dem Alleenring (Zweiter Grüngürtel) und an grünen Mainufern. Diese Lagen sind heute zu abgasbelasteten Verkehrsschneisen heruntergekommen, Teile der Mainufer zu Industriebrachen. Ein Dritter Grüngürtel auf vorhandenen Restgrünflächen läßt sich aber immer noch durch – nicht um – die ausgeweitete Stadt mit folgendem Verlauf verwirklichen: Rumpenheimer Fechenheimer Mainbogen, über den Heiligenstock, das Niddatal abwärts bis Höchst, geschlossen durch den Stadtwald. Ergänzt wird er entlang der Mainufer durch eine grüne Spange von Offenbach bis Sindlingen. Das System wird durch Grünradialen vernetzt und erhält grüne Anschlüsse zum Umland. Der Erste Grüngürtel und Parks werden eingebunden. An beiden Rändern des Grüngürtels – nicht darin – und verkehrsbefreiten grünregenerierten Mainufern lassen sich attraktive, mit kommunalen Verkehrsmitteln erschlossene, ruhige und klimatisch angenehme Wohnlagen schaffen. Sie nehmen bis zu fünf Geschosse hohe – nicht über die Baumhöhe hinwegreichende – Terrassenhäuser auf. Ein Naherholungsverbundsystem zum Wandern, Rad- und Schiffahren, nach Säuberung des Main- und Niddawassers auch wieder zum Baden, liegt überall vor der Tür.

Während am Grüngürtel primär alte Bausubstanz durch räumlich und bauphysikalisch bessere zu ersetzen ist, kann an den beiden Mainufern im nächsten Jahrhundert zusammen eine Strecke von circa 20 Kilometer bebaubar gemacht werden. Hier ließe sich langfristig Wohnraum für 50 000 oder mehr neue Frankfurter schaffen. Schon heute können über fünf Kilometer Industriebrache zwischen Die-

112 Behrens T. „Wohnungen im Grünen sollen Frankfurt wieder bewohnbar machen", FAZ 23.6.1989.

burger Straße (Fechenheim) und Flößerbrücke (östlicher Citybereich) für Wohnungen in reizvoller Südwohnlage mit grünen Ufern für circa 12 000 Menschen erschlossen werden. Das Konzept ist nur dann vollständig realisierbar, wenn nicht vorher Frankfurts letzte Ressourcen verbraucht werden. Den Mainufern droht ein weiterer Ausbau der Uferstraßen, eine Müllverbrennungsanlage, eine Großsporthalle, dem Dritten Grüngürtel die Bebauung des Hildenfeldes und des Heiligenstocks durch große Baugesellschaften und so weiter. Oberstes Gebot ist daher die Sicherung der Grüngürtel-Mainufer-Flächen durch einen Schutz, der Planungsmißbrauch verhindert und in kritischen Situationen Bestand hat.

Wohnen, Grüngürtel, grüne Mainufer und Verkehr sind weder getrennt zu sehen noch getrennt zu lösen. Um verkehrsgünstige Wohnlagen zu schaffen, die Grüngebiete und die Mainufer von Verkehr, Lärm, Schmutz, Gestank zu befreien, ist das nun einmal vorhandene U-Bahn-Netz zu komplettieren, der Individualverkehr auf zwei Hauptstränge zu konzentrieren. Den äußeren Autobahnring, gebildet aus A 5, A 3, A 49 und A 661, und den inneren Straßenring, gebildet aus der vorhandenen nördlichen Alleenringhälfte, die im Süden und Westen ihre Ergänzung im circa sechs Meter hohen Damm des dort bestehenden Eisenbahnteilringes lärmgeschützt erhält (Verkehrsbündelung Straße/Schiene mit Umsteigemöglichkeiten). Bis zur Fertigstellung des Straßenringes ist ein provisorischer Ring auf vorhandenen Straßen möglich (gestrichelte Linie in der Karte). Radialstraßen, zu denen auch die Mainuferstraßen gehören, werden verkehrsberuhigte Erschließungsstraßen und als solche reduziert, begrünt und so unterbrochen, daß sie nicht mehr als Durchgangsstraßen wirken. Ein Ringsystem hat nur dann Sinn, wenn nicht radiale Abkürzungen die Ringfunktion aufheben. Folglich darf zum Autobahnring keine Abkürzung durch einen Alleentunnel und zum Stadtring keine entlang der Mainufer oder Berliner und Gutleutstraße existieren.

Zur Wiederbewohnbarmachung der Stadt gehört auch Befreiung vom Fluglärm. Das ist durch geringfügige Verschiebung der Ostwindabflugrouten möglich. Zur Zeit wird bei schönem Wetter über Frankfurts letzte gute Wohnlagen und sechs Krankenhäuser unter Ausstoß karzinogener Abgase tiefflug- und kolonnenartig hinweggestartet. Der verlegbare Lärm der Abflugrouten ließe sich mit dem unverlegbaren Lärm der Autobahnen durch ein bei Schall vorhandenes Phänomen so bündeln, daß weder eine spürbare Lärmerhöhung über den Autobahnen eintritt noch bisher ruhige Gebiete von Lärm betroffen werden.

Vorhandenes ergänzen

Das Konzept „Wiederbewohnbarmachung der Stadt durch angenehme und sichere Wohnlagen am Grüngürtel und an grünen Mainufern" baut auf den vorhandenen Elementen auf (Restgrünflächen, Teilringstraßen et cetera) und ergänzt diese so, daß ein brauchbares funktionierendes Ganzes entsteht. Es deckt sich mit den natürlichen Frischluftströmungen, auf die die Stadt angewiesen ist.

„Akzeptanz ist die Voraussetzung für die Lösung von Problemen" (J. Lehmbrock). Das Konzept entstand vor 20 Jahren, als ich mit Bürgern für die Erhaltung der Grünräume kämpfte. Es besaß sofort die Zustimmung der Öffentlichkeit und die des Stadtbaurates Hanns Adrian, stieß aber in der Verwaltung und der damals mit absoluter Mehrheit regierenden Partei erst einmal auf Widerstand. Inzwischen vollzog sich ein Bewußtseinswandel. 1977 warb die FDP mit der Schrift „Geld gegen Grün – oder wie man eine Stadt unbewohnbar macht" für den Dritten Grüngürtel und zog zum vorerst letztenmal in das Römerparlament ein. 1980 führte die von Jochen Rahe und mir erarbeitete Schrift „Die Frankfurter Mainufer – Museen, Grün, Verkehr" zur Museumsuferplanung, wobei jedoch die Autoren mit der in Frankfurt üblichen Brutalität von der Realisierung ihrer Ideen ausgeschaltet und eine in der Stadtverordnetenversammlung beantragte Auszeichnung von der neuen Mehrheitspartei verweigert wurden.

1981 stützte die CDU ihren kommunalen Wahlkampf unter anderem auf die Mainuferkonzeption und 1985 die SPD ihren unter anderem auf das Grüngürtelkonzept, nannte den Dritten aber Zweiten Grüngürtel. 1989 wurde der Grüngürtel Bestandteil der Koalitionsvereinbarung zwischen SPD und Grünen. Die Mainuferspange wird von der SPD vom Ost- bis zum Westhafen und von den Grünen in ganzer Länge von Offenbach bis Höchst unterstützt.

Vielfalt am Ufer

Zur Anlage grüner Mainufer braucht die Stadt kaum oder keine eigenen Mittel aufzuwenden, wenn sie die Grundstückseigentümer verpflichtet, den unteren, dem Main zu gelegenen Teil grün anzulegen und davon den Uferstreifen der Öffentlichkeit zur Verfügung zu stellen, und als Gegenleistung die Bauerlaubnis für die „obere Lage" vergibt (Vorbild Wallservitut). Um räumliche und optische Vielfalt zu erzielen, darf die Planung nicht Siedlungsgesellschaften überlassen, sondern muß kleinteilig von vielen verschiedenen Bauherren und ebenso verschiedenen Architekten durchgeführt werden. Umfangreicher privatwirtschaftlicher Wohnungsbau entlastet vorhandene Wohnlagen zum Vorteil einkommensschwächerer Bevölkerung.

Ein gesetzlich gesicherter Grüngürtel besitzt den anhaltenden Vorzug, Investitionsdruck vom Grünland auf das bebaute Stadtgebiet umzuleiten und dort für laufende Regeneration zu sorgen. Hoch-, Tief- und Landschaftsbau finden jahrzehntelang sinnvolle Arbeit. Eine solche Wohnungspolitik bringt Bürger, Kapital und Arbeitsplätze in die Stadt und löst Arbeitszeitfragen. Zugleich ist sie auch Kulturpolitik, da nur der in einer Stadt ansässige Bürger wirklicher Träger der Stadtkultur wird. Voraussetzung hierfür ist, daß die Stadt mit klaren Rahmenvorgaben das beschriebene Grünsystem, Verkehrsentlastung, lärmberuhigte Zonen, Planungssicherheit usw. garantiert.

112 Teil 2.

Reale Utopie

Zu: „Wohnungen im Grünen sollen Frankfurt wieder bewohnbar machen" (F.A.Z. vom 23. Juni). Hervorragend, die Zusammenfassung des Frankfurter Grüngürtelkonzepts, das Prof. Till Behrens vor zwanzig Jahren mit Unterstützung des unvergessenen Stadtbaurats Hanns Adrian entwickelte. Dieses Konzept hat den Vorzug, auch nach so langer Zeit noch der kritischen Überprüfung standzuhalten. Die Empfehlungen sind richtungweisend. Ihre Realisierung wäre ein Generationenprojekt, sprich: die Verwirklichung einer realen Utopie, mit der sich so gut wie alle Frankfurter identifizieren könnten. Statt sich an der Behinderung von fortgeschrittenen Hochhausprojekten festzubeißen, die an bestens durch öffentliche Verkehrsmittel erschlossenen Standorten entstehen sollen, wäre es sinnvoll, wenn die neue Stadtregierung in die Offensive ginge und den großen Wurf der Behrenschen Planungen verfolgte.

Uwe Gruhle, Frankfurt

113 Gruhle U., Leserbrief „Reale Utopie", FAZ 6.7.1989.

1989 Der Artikel des Autors *„Grüngürtel für Frankfurt"* erscheint auf Deutsch und Englisch in Garten und Landschaft, Heft 4/89, S. 73–76.

10.11.1989 Der Autor hält den Vortrag *„Erneuerung und Recycling verbrauchter Flächen am Beispiel Frankfurt am Main"* auf dem Symposium „areal" in Köln.[16] Er erklärt darin u.a.: „Es kann an den beiden Mainufern im nächsten Jahrhundert zusammen eine Strecke von ca. 20 Kilometern bebaubar gemacht werden. Hier ließe sich langfristig Wohnraum für 50.000 oder mehr neue Frankfurter schaffen."

114 Behrens T. Vortrag „Recycling verbrauchter Flächen zur Stadterneuerung am Beispiel Frankfurt am Main, Symposium 1989, „areal".

II – 5.2 Fälschung und Re-Inszenierung der Grüngürtel-Geschichte

21.10.1984 Die SPD lädt zur Radtour „Frankfurt braucht einen zweiten Grünen Ring" ein.[17] Zwölf Jahre nach dem Vorbild der am 29.7.1972 von Mitgliedern des Frankfurter Forums für Stadtentwicklung vorgenommenen Erkundungstour (Frontispiz), elf Jahre nach Erscheinen der Forumsschrift *„Der Grüngürtel – Die Chance"* und fünf Jahre nach der Zweiten Forumsschrift zum Grüngürtel (*„Schutz für den Frankfurter Grüngürtel – Was wurde aus dem Vorschlag des Frankfurter Forums für Stadtentwicklung von 1972 / 73?"*) radelt SPD-OB-Kandidat Volker Hauff mit Gefolge teilweise den Grüngürtel ab (Frontispiz Abb. 004).[18] Weitere ca. sechs Jahre später, am 9.3.1990, wird auch Umweltdezernent Tom Koenigs zu einer Grüngürtel-Erkundungs-Radtour einladen[19] und re-inszenieren, was das Bürgerforum 18 Jahre vorher schon unternahm (s. Kap. II – 5.4, Abb.132).

---

16 Behrens T. Vortrag „Erneuerung und Recycling verbrauchter Flächen am Beispiel Frankfurt am Main", Symposium „areal", Köln Messegelände, gehalten am 10.11.1989.

17 Einladungsschreiben: „SPD lädt zum Begehen und Radfahren für den 21. Oktober 1984 unter dem Motto ein: ‚Frankfurt braucht einen zweiten grünen Ring'."

18 Lokaltermin mit dem Rad auf dem Heiligenstock und in Ginnheim, FR 22.10.1984.

19 Einladung Umweltdezernent der Stadt Frankfurt, Tom Koenigs, 9.3.1990 zum 23.3.1990.

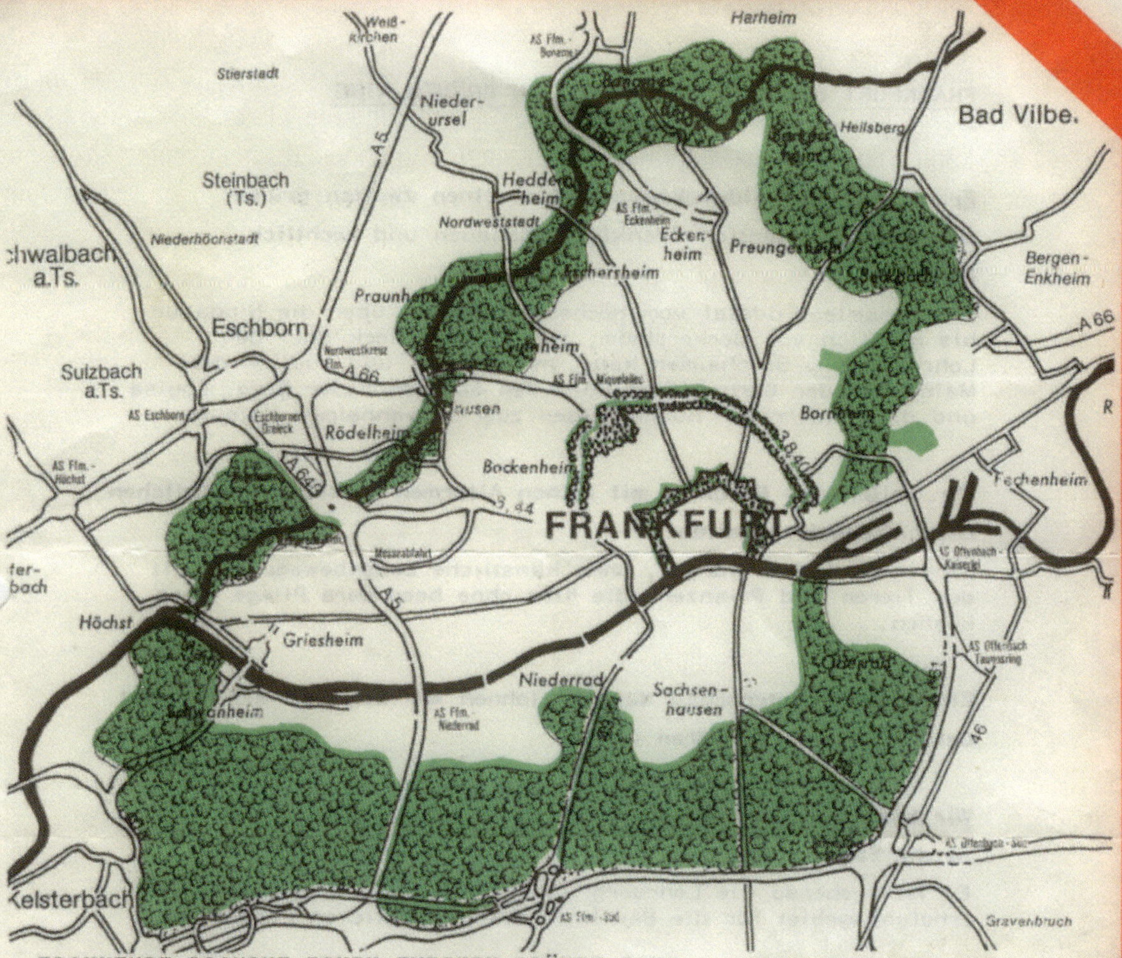

FRANKFURT BRAUCHT EINEN ZWEITEN GRÜNEN RING

Sozialdemokraten laden zum Begehen und Radfahren ein:

am Sonntag, den 21. Oktober 1984

Treffpunkte für Fahrradfahrer:

im Osten: um 9.30 Uhr an der Ecke Ratsweg/Bornheimer Hang (Festplatz)

im Westen: um 10.00 Uhr am S-Bahnhof Nied
im Nordosten: gegen 10.30 Uhr, Oberwiesenstr unter der A 661
im Nordwesten: gegen 11.00 Uhr, Niddabrücke in Höhe des Hausener Bades

Treffpunkt für Spaziergänger:

um 11.00 Uhr am U-Bahnhof Ginnheim oder U-Bahnhof Römerstadt

Treffpunkt für alle:

ab 11.00 Uhr im Vereinshaus Blau/Gelb in Ginnheim, verlängerte Reichelstraße, zwischen Woogstraße und S-Bahn

gemeinsames Mittagessen, Quiz mit großer Preisverleihung (u.a. drei Fahrräder)

VOLKER HAUFF
unser Oberbürgermeisterkandidat
nimmt auch teil

Die Frankfurter
SPD

115 Einladung der Frankfurter SPD (Vorderseite, rechts Rückseite).

FRANKFURT BRAUCHT EINEN ZWEITEN GRÜNEN RING

Frankfurter Sozialdemokraten wollen einen zweiten grünen Ring im Außenbereich Frankfurt ausbauen und rechtlich sichern:

Das gesamte Niddatal vom Höchster Mainufer über die Niddaaue bis nördlich von Berkersheim, zum Heiligenstock über den Lohrberg zum Bornheimer Hang und Ostpark und südlich des Mains von der Gerbermühle über den Sachsenhäuser Berg, Louisa und die Niederräder Bürgerwiesen zum Schwanheimer Mainufer.

Wir wollen das Niddatal mit seinen Altarmen in seiner natürlichen Beschaffenheit erhalten

ohne schädlichen Dünger, ohne künstliche Bodenbewegungen mit den Tieren und Pflanzen, die hier ohne besondere Pflege leben können.

Eine Bundesgartenschau dagegen lehnen wir ab, weil sie mit viel Geld die Natur zerstören würde.

Wir brauchen den Heiligenstock, damit Frischluft aus dem Taunus in die Stadt strömen kann.

Er ist – ebenso wie Lohrberg und Huthpark – ein beliebtes Naherholungsgebiet für die Bewohner des nordöstlichen Frankfurts.

Der Autobahnausbau im Osten (A 661) und den Alleentunnel (A 66) lehnen wir ab.

Arbeit und Wohnen in Frankfurt sind wichtig. Ohne ausreichende Grünzonen mit natürlicher Fauna und Flora, die für ein günstiges Klima, Staubschutz und Erholung sorgen, sind Arbeit und Wohnen in Frankfurt nichts wert.

Vor fast 100 Jahren wurde der erste grüne Ring um Frankfurt geschaffen und durch die Wallservitut rechtlich geschützt.

Wir wollen den zweiten grünen Ring genauso sichern, damit seine Bebauung verhindert und das Frankfurter Grün unantastbar wird.

1988 Der designierte OB-Kandidat Volker Hauff gibt den Band *„Stadt und Lebensstil"*[20] heraus. Darin schreibt er unter dem Titel: *„Frankfurt am Main – Aufbruch zum Ufer"* zur Grüngürtel-Mainuferkonzeption des Autors:[21]

Der Ideenwettbewerb der Stadt zeigt guten Willen; aber die Vorschläge bleiben doch sehr vereinzelt. An was es fehlt, ist eine wirkliche Gesamtkonzeption, die den Fluß, den ganzen Raum im Blick hat, und neue Leitlinien auch für den Verkehr entwickelt. Dazu zählt dann auch die großräumige Frankfurter Grünplanung - etwa in Form eines Grüngürtels von Fechenheim über Heiligenstock durch das Niddatal bis Höchst und auf der Südseite der Stadtwald; eine Vorstellung wie sie die SPD seit Jahren fordert. Till Behrens hat dieses alte Konzept jetzt in einem lesenswerten Buch wiederbelebt. Mitten durch diesen Grüngürtel fließt der Main mit seinen Ufern. Das ist eine Vision der Stadtentwicklung. Das schafft neue Chancen in der Stadtentwicklung, viel wichtiger noch: Es prägt auch das Verhalten von Menschen; es holt Lebenschancen aus der Vergessenheit zurück ins öffentliche Leben. Das ist die Dialektik der Stadtentwicklung: „We shape our buildings, and afterwards our buildings shape us." (Winston Churchill)

116 Ausschnitt aus Volker Hauff „Frankfurt am Main – Aufbruch zum Ufer"; in: Stadt und Lebensstil (Hrsg. Volker Hauff).

Unter dem vom Autor geprägten Titel „Die grüne Stadt am Fluss"[22] verkündet auch Frank Herterich unter diesem Titel das Konzept, ohne den Autor allerdings als Urheber der Konzeption und des Titels zu nennen.

Die grüne Stadt am Fluß

Im Grunde ist es ein uralter Gemeinplatz der Stadtplanung, die natürlichen, vor allem die topographischen Gegebenheiten in die Anlage der Stadt eingehen zu lassen. In Frankfurt wird davon seltsam wenig Gebrauch gemacht. Mit der Gestaltung des Mainufers als städtischer Flußlandschaft von Fechenheim bis Höchst und eines zweiten, äußeren Anlagenringes entlang des Niddabogens bis über den Heiligenstock würden Anlagen und Parks als räumlich strukturierendes Element in die Stadt eingeführt. Der äußere Anlagenring fungierte dann zugleich als markante Stadtgrenze.

Eine solche Festlegung hätte einige Konsequenzen: Um das Mainufer durchgängig begehbar zu machen, müßte u.a. der Durchgangsverkehr von den Mainuferstraßen genommen und auf die Umgehungsautobahnen gebracht werden. Gutleutstraße, Berliner Straße und Hanauer Landstraße würden als West-Ost-Achse zur Andienung des innerstädtischen Wirtschaftsverkehrs ausgebaut, der Theatertunnel unter der Berliner Straße bis zur Battonnstraße verlängert. Projekte wie etwa die Neugestaltung des Rottweiler Platzes erhielten dann eine eindeutige Orientierung, nämlich das umgebende Gutleutviertel zum Main hin zu öffnen.

117 Ausschnitt aus Frank Herterich „Die grüne Stadt am Fluss", in: Stadt und Lebensstil (Hrsg. Volker Hauff).

---

20 Hauff V., „Stadt und Lebensstil", Weinheim/Basel 1988.

21 Hauff V., „Frankfurt am Main – Aufbruch zum Ufer", in: Hauff V., Stadt und Lebensstil, S. 13 ff., Weinheim / Basel 1988.

22 Herterich, F., „Die grüne Stadt am Fluß", in: Hauff, a.a.O., S. 163.

Bereits 10 Jahre vorher hatte die SPD den Teil Mainufer aus dem Gesamtkonzept des Autors übernommen, wie Hilmar Hoffmann (SPD) bestätigte (Abb. 069). In „Aufbruch zum Ufer" halten sich jetzt Hauff und mit ihm die SPD nicht an die vom Frankfurter SPD-Unterbezirksvorsitzenden Martin Wentz gemachte Zusage. Sie übernehmen die Erfindung des Autors, behaupten aber: *„Till Behrens hat dieses alte Konzept jetzt in einem lesenswerten Buch wiederbelebt."*

1988/1989 Wie bereits 1984/85 führt die SPD vier Jahre später erneut ihren kommunalen Wahlkampf mit dem Grüngürtel-Mainufer-Konzept des Autors – wie es nun auch „Die Grünen" tun.

1989 Nach der gewonnenen Wahl streben SPD und Grüne in der Koalitionsvereinbarung erstmalig eine stadtplanerische Grüngürtel-Flussufer-Gesamtkonzeption für Frankfurt an. Es heißt darin:

„Ein zentrales Zukunftsprojekt der nächsten Jahre ist die Verwirklichung des äußeren Frankfurter Grüngürtels und die Wiederbelebung des Mainufers (...)."

24.4.1989 Der designierte Umweltdezernent Tom Koenigs *„identifiziert sich hier mit dem Konzept von Professor Till Behrens".*[23]

FR · STADTRUNDSCHAU 24.04.89

Der designierte Umweltdezernent denkt an die Jahrtausendwende

Reales und Visionäres des Grünen Tom Koenigs / Vom dritten Frankfurter Grüngürtel bis zur forcierten Getrenntmüllsammlung

Die schönste Zeit eines Umweltdezernenten sei die mit designiertem Status. Denn der Grüne Tom Koenigs, der am 15. Juni zur Wahl für dieses Amt ansteht, fühlt sich noch imstande, locker und ungehemmt von Basis- und Koalitionszwängen seine Vorstellung über futuristischen ökologischen Gewinn an Frankfurter Lebensqualität zu formulieren. Reales ist dabei, was im Koalitionspapier steht, aber auch Visionäres, dem er das Risiko des Scheiterns zugestehen möchte. Gleichwohl, meint Koenigs, bedürfe es des Mutes zum Risiko, Frankfurt 2000 kühn zu gestalten. Die SPD ist ihm da noch zu zaghaft.

Doch bevor Koenigs Illusionen bemüht, spricht er vom dritten Frankfurter Grüngürtel — nach dem Anlagen- und dem Alleenring. Koenigs schlägt eine ökologische Brücke von diesem Gürtel zur Innenstadt, vom Lohrberg über den Huth- und Günthersburgpark, der zu erweitern sei. Durch die Verlegung des Betriebshofes des Gartenamtes am Huthpark gewänne man schließlich doppelt so viel Platz für den Grün- und Erholungsraum.

Der Frankfurter soll nach der Jahrtausendwende die Friedberger Landstraße als Allee und die Konrad-Adenauer-Straße als lebendigen Boulevard erleben, bummeln auch am Mainufer und in der autolosen Berliner Straße: der Paulsplatz also ein geschlossener Flanier-Raum. Die Riederwälder liegen dem künftigen Umweltdezernenten am Herzen. Bevor die A66 in den Enkheimer Wald „geht", soll sie, nach links abbiegend, auf die Hanauer Landstraße münden und an die Autobahn angebunden werden. Die Straßenbahn auf der Hanauer müsse „hoch oder tief" gelegt werden. Der Autoverkehr biege dann rechts nach Bornheim und links nach Offenbach ab. Nach Riederwald hinein sollen die Autos am Volkshaus Enkheim in die Borsigallee einbiegen. Koenigs: „So wird der Riederwald total verkehrsfrei."

Koenigs' Intensionen schließen endlich auch Sachsenhausen mit in die „Gestaltungs-Offensive" ein. Die Darmstädter Landstraße wird für die motorisierten Pendler „zu" sein. Mitte der 90er Jahre fährt die S-Bahn vom Rodgau nach Frankfurt, den Rest von Autopendlern soll am Sachsenhäuser Berg ein Parkhaus aufnehmen, wo an der Warte in eine U-Bahn-Station hinabzusteigen ist. Nach Neu-Isenburg fährt man nicht mehr an der Warte vorbei über die „Darmstädter", die der Stadtwald „schlucken" wird, sondern nur noch über die Isenburger Schneise. Koenigs identifiziert sich hier mit dem Konzept von Professor Till Behrens. Und der Ökologe erwartet den Zugewinn schadstoffärmerer Luft und schwärmt von Schwärmen von Staren, die in die Innenstadt ziehen.

Tom Koenigs setzt im Prinzip auf den engagierten Frankfurter, den es nicht zu entmutigen gilt. Zum Beispiel bei der getrennten Mülleinsammlung. Die nämlich degeneriere zur Zeit mangels ausreichender Angebote und Information. Der Anschlußzwang kommt für Koenigs ebenso gewiß wie die dritte Tonne: Papier, Normalmüll und Biomüll. Für Glas stehen dann Container an öffentlichen Plätzen. Auch gesondertes Sammeln von Kompost und Plastik in bestimmten Stadtteilen sei vorstellbar, das kontrolliert zu deponieren wäre, bis geeignete Recyclingmethoden gefunden sind. Die Müllverbrennungsanlage im Osthafen ist kein Thema mehr.

Ökologe Koenigs geht Kompromissen nicht aus dem Wege. Für ihn hatte der Monte Scherbelino immer schon einen Erholungswert von minderer Qualität: „Der Lärm von zwei Autobahnen, von der Babenhäuser, von den Flugzeugen und das Gift im Boden. Koenigs' Visionen vom Monte sind Abschöpfbrunnen und Klärwerk. Der Berg muß mit Plastik eingewickelt werden, kaum Platz für Vegetation. Das Indianerdorf kann man anderswo wieder aufstellen. Kurzum: Der Öko-Realo braucht die Scherbelino-Region vor allem für nicht zu recycelnden Bauschutt. Wiederverwertung habe vor Ort zu geschehen und in der Osthafenanlage. Koenigs sieht in der Nachbarschaft sich auch den Umlandverband mit einer Deponie engagieren (man möge die mal nach dem „Müll-Kleeblatt" am Autobahnkreuz Offenbach fragen), und auch Offenbach habe möglicherweise Gelüste in dieser Richtung. Diskussionen will Koenigs öffentlich.

Deshalb auch wird es ein Umwelthaus geben, nur vage skizziert noch, aber wo auch ein Teil von Umwelt-Verwaltung etabliert ist, wie beispielsweise das Umwelt-Telefon. Hier will Koenigs Kommunikation mit den Umweltverbänden betreiben und nicht gegen sie.

Bei aller Öko-Liebe zum Frankfurter Detail möchte der designierte Dezernent Frankfurts Zukunft messen mit internationalen Erfahrungen von Niveau. Die Ozon-Diskussion von Toronto könne auch am Main stattfinden oder die über chemische Standorte in der Zukunft unter der Beteiligung internationaler Wissenschaftler, den Managern der Hoechst AG und deren Kritikern. Solches Umwelt-Forum soll den Status etwa der Heinrich-Böll-Stiftung, der Olympic GmbH oder der von Hauff geplanten Akademie für Wissenschaft haben.

Ob Illusionist oder Realist — beim Selbstbewußtsein hatte Tom Koenigs noch nie Defizite. HERMANN LAMMERT

118 Koenigs identifiziert sich hier mit dem Konzept von Professor Till Behrens, in: „Der designierte Umweltdezernent denkt an die Jahrtausendwende", FR-Stadtrundschau 28.4.1989.

23 Lammert H., „Der designierte Umweltdezernent denkt an die Jahrtausendwende", FR-Stadtrundschau, 24.4.1989.

ANLAGE 44

DER MAGISTRAT

STADT FRANKFURT AM MAIN
Büro der Stadtverordnetenversammlung
06. XI. N 89

V	01.AL	01.PR	01.1	01
R	D	AF	w.V.	z/d.A.

Frankfurt a. M., 03. November 1989 1

Dezernat: VIII

Vortrag des Magistrats an die Stadtverordneten-Versammlung

M 282

Betrifft:

Planung und Entwicklung des Frankfurter Grüngürtels

Vorgang: Beschluß der Stadtv.-Vers. vom § (M .)

1-16

Mitwirkung Ortsbeirat erforderlich

Anlagen: Konzeption für ein internationales Gutachter- und Wettbewerbsverfahren zur Planung und Entwicklung des Frankfurter Grüngürtels

Vortrag

[X] Wir bitten die Stadtverordneten-Versammlung, zu beschließen:

[ ] Wir bitten die Stadtverordneten-Versammlung, in nichtöffentlicher Sitzung zu beschließen:

1. Es ist das Ziel der Stadt Frankfurt, auf Dauer den Grüngürtel um die Stadt zu entwickeln und zu sichern.

   Zur räumlichen Abgrenzung des Grüngürtels ist eine Vorlage durch den Magistrat zu erarbeiten.

2. Zur Planung und Entwicklung des Frankfurter Grüngürtels wird vom Magistrat ein internationales Gutachter- und Wettbewerbsverfahren durchgeführt.

3. Für die Planung und Entwicklung sind 2,6 Mio. DM erforderlich. Die haushaltsmäßige Beordnung erfolgt im Rahmen des Haushalts 1990.

gez. Dr. Hauff
begl.

Gr - StR Koenigs
H

2. Örtlicher Bezug, Grundsätze

"Frankfurter Grüngürtel" ist ein Projekt, das in der Zeit der ersten Moderne in Frankfurt, basierend auf Ansätzen und Ideen des städtischen Siedlungsamtes, Abteilung Garten- und Friedhofswesen, entstand und nunmehr eine 61-jährige Ideen-Geschichte aufweist. Kern der Vorstellungen, noch vorhandene, zusammenhängende Grünräume um die Stadt vor dem Zugriff durch Siedlungstätigkeiten zu schützen, war das Niddatal. Die Kanalisierung der Nidda als Hochwasserschutz- und Landgewinnungsprojekt und die damit verbundene Beeinträchtigung der Landschaft führten zum direkten Gegenversuch, den Natur-Verlust durch Natur-Ersatz (mit der Anlage von Parks, Strandbädern, Gärten, Wegenetzen) auszugleichen.

119 Vorlage des Magistrats M 282 „Planung und Entwicklung des Frankfurter Grüngürtels mit Anhang 2. Örtlicher Bezug, Grundsätze erster Absatz vom 3.11.1989.

II – 5.2.2 **Die falsche Magistratsvorlage M 282** – Geschichtsfälschungen 2–5

3.11.1989 Es ergeht die Magistratsvorlage M 282[24] zur *„Planung und Entwicklung des Frankfurter Grüngürtels".* Für die Planung und Entwicklung werden 2,6 Mio. DM genehmigt. Von der in der Koalitionsvereinbarung beschlossenen *„Verwirklichung des äußeren Frankfurter Grüngürtels und Wiederbelebung des Mainufers"* ist darin keine Rede mehr. Die Vorlage betrifft nicht die Gesamtkonzeption, sondern nur noch den Grüngürtel. Zur „Verwirklichung" fehlen die essentiellen Voraussetzungen, die der Autor zur Realisierung des Konzeptes entwickelt hatte: preiswerte Anlage und spätere Pflege des Grüngürtels durch Landwirte, eine terrassierte Bebauung zum Wiederbewohnbarmachen der Stadt, Reduzierung des unökonomischen und unökologischen Pendlerverkehrs.

Die M 282 enthält bereits im Ansatz drei entscheidende Fehler. So heißt es unter Vortrag Ziff. 1: *„Es ist das Ziel der Stadt Frankfurt, auf Dauer den Grüngürtel um die Stadt zu entwickeln und zu sichern."*

Richtig ist aber: Ein Grüngürtel um die Stadt ist nicht möglich, denn dann läge der Gürtel außerhalb der Stadt auf Territorien der Nachbargemeinden. Der Autor hatte einen solchen Grüngürtel nicht vorgeschlagen und ein solcher war auch nicht von den Bürgern gefordert worden. Bei dem von dem Autor entwickelten Konzept geht es um einen Grüngürtel durch die Stadt.

Unter Vortrag Ziff. 2 und 3 heißt es weiter: *„Zur Planung und Entwicklung des Frankfurter Grüngürtels (ist) ein internationales Gutachter- und Wettbewerbsverfahren durchzuführen und dafür auszugeben (...) 2,6 Mio. DM (...) im Rahmen des Haushalts 1990."*

Richtig ist hier: Der Autor schlug einen land-, forst- und wasserwirtschaftlich angelegten und gepflegten Grüngürtel vor, den die Frankfurter Bürger selbst entwickeln und der sie weder in der Anlage noch in der Pflege mit wesentlichen Kosten belastet. Der Grüngürtel sollte als Landschaft durch die Stadt laufen und mit Umland und Innenstadt vernetzt werden.

Unter dem Stichpunkt „Örtlicher Bezug, Grundsätze" heißt es in der Magistratsvorlage M 282 weiter:

„‚Frankfurter Grüngürtel' ist ein Projekt, das in der Zeit der ersten Moderne in Frankfurt, basierend auf Ansätzen und Ideen des städtischen Siedlungsamtes, Abteilung Garten- und Friedhofswesen, entstand und nunmehr eine 61-jährige Ideen-Geschichte aufweist. Kern der Vorstellungen, noch vorhandene zusammenhängende Grünräume um die Stadt vor dem Zugriff durch Siedlungstätigkeit zu schützen, war das Niddatal."

In dieser Magistratsvorlage werden die Bürger und der Urheber, die das Projekt „Dritter Grüngürtel" bis zum Aufgreifen durch die Parteien SPD und Grüne und damit bis zur Magistratsvorlage M 282 gebracht hatten, nun von beiden Parteien nicht mit einbezogen. Das Projekt der Bürger wird durch eine hoheitliche Planung ersetzt, die vorgibt, sich auf eine angebliche ältere Planung aus den 1920er Jahren zu beziehen, tatsächlich wird aber das Konzept des Autors verwendet. Die Magistratsvorlage M 282 enthält in Bezug auf das Beschlussthema „Planung und Entwicklung des Frankfurter Grüngürtels" gleich mehrere falsche Darstellungen, die im Folgenden richtig gestellt werden:

---

24 Der Magistrat, Frankfurt 3.11.1989, Dezernat VIII, Vortrag an die Stadtverordnetenversammlung M 282, Planung und Entwicklung des Frankfurter Grüngürtels.

II – 5.2.2.1 Richtigstellung Geschichtsfälschungen Nr. 1 + 2

Falsch ist:
„Frankfurter Grüngürtel" ist ein Projekt, das in der *Zeit der ersten Moderne* in Frankfurt basierend auf Ansätzen und Ideen des städtischen Siedlungsamtes, Abt. Garten- und Friedhofswesen, entstand. Die Behauptung aus Hauffs Band „Stadt und Lebensstil", dass *„Till Behrens dieses alte Konzept jetzt in einem lesenswerten Buch wiederbelebt hat"* (Geschichtsfälschung Nr. 1), wird hier durch die zweite Geschichtsfälschung ergänzt.

Richtig ist:
Ein solches Projekt gab es nicht, folglich kann es auch keine Wiederbelebung geben. Was mit der Formulierung „Zeit der ersten Moderne in Frankfurt"[25] exakt gemeint ist, wird nicht gesagt. Vielleicht ist die Zeit von 1925 bis 1930 gemeint, die unter dem liberalen Oberbürgermeister Ludwig Landmann und dem parteilosen[26] Stadtbaurat Ernst May mit dem Leiter des Garten- und Friedhofsamtes Max Bromme unter dem Titel „Das Neue Frankfurt" lief. In dieser Zeit gab es Planungen von Ernst May, Leberecht Migge und Max Bromme. Allerdings sahen die Planungen von May Trabanten und keinen Grüngürtel für Frankfurt vor. Stattdessen plante May die Bebauung von Freiräumen, wie z.B. der Niddaniederung, bis teilweise an den Flusslauf heran (vgl. Kap. II – 1.4 samt Plänen).

Leberecht Migge erstellte am 20.9.1928 unter dem Titel „Grünpolitik der Stadt Frankfurt am Main" ein Gutachten.[27] In diesem sagt Migge: *„Frankfurt hat genug Großparks"*[28] und schlägt vor:

„Neue Kommunale Grünkategorien. Hierunter verstehen wir hauptsächlich Klein-oder Pachtgärten (Schrebergärten), Wohnsiedlungen (Flachbau mit Gärten) und Erwerbssiedlungen (Gärtnereien). Auch Schulgärten und andere Kategorien gehören hierzu. Alle diese kolonisatorischen Gartentypen stellen die allgemeine und steigende Bestrebung der Bevölkerung dar nach einer Ablösung des gemeinschaftlichen großen Parkgrüns zugunsten von kleinen Privatgärten."[29] Migge wollte also Frankfurts Freiflächen mit Siedlerhäusern und Nebenerwerbsgärten zur Selbstversorgung überziehen und ging dabei so weit, dass er vorschlug: *„Technische Hilfsmittel der Kolonisation, das Trockenklosett ‚Metroclo'* und *‚Das Worpsweder Garten Dungsilo'."*[30]

Der Selbstversorgungsgedanke ist typisch für die Notzeit der 1920er Jahre und Migge war ein radikaler Verfechter des Selbstversorgungsprinzips.
Er wollte dieses mithilfe von May auf Frankfurt anwenden und aus Frankfurt eine Selbstversorgungsstadt machen. Dazu zeichnete er folgenden Plan:[31]

25 In Deutschland begann die Architektur der Moderne 1907 im Neubabelsberger Büro von Peter Behrens mit seinen Schülern Ludwig Mies (später Mies van der Rohe), Charles-Èdouard Jeanneret (später Le Corbusier), Walter Gropius und Adolf Meyer, der ab 1926 Baurat in Frankfurt und Lehrer an der Städelschule war (ab 1922 Frankfurter Kunstschule).

26 Vgl. Kap. 2, FN 3 + 4 und Flierl T., „Standardstädte", Berlin 2012, S. 515.

27 Migge L., „Grünpolitik der Stadt Frankfurt am Main", in: Der Städtebau 1929 S.37 ff.

28 Ebd. S. 38.

29 Ebd. S. 38.

30 Ebd. S. 42.

31 Ebd.

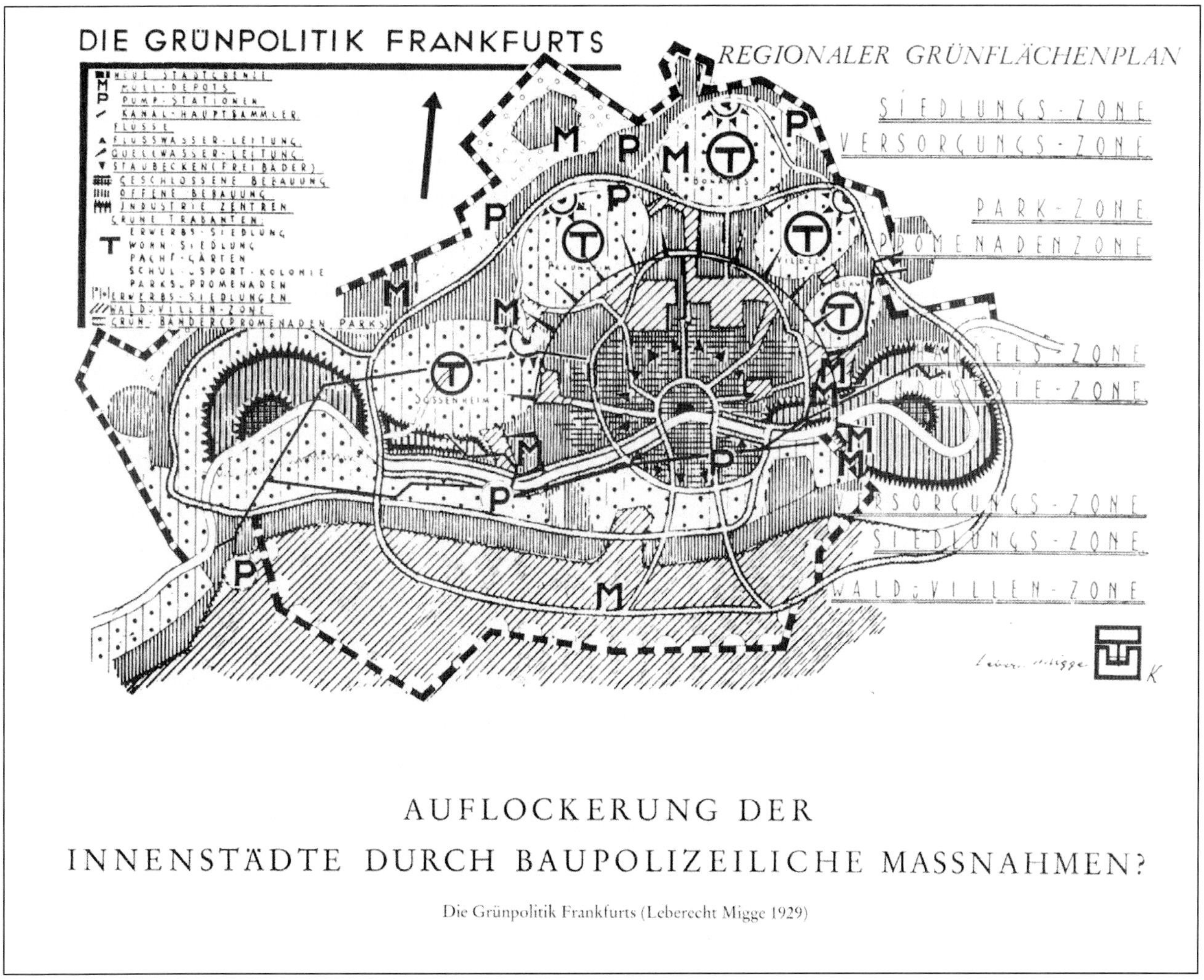

120 Lebberecht Migges Plan aus seinem Gutachten von 1928 zur Umwandlung von Frankfurt in eine Selbstversorgungsstadt mit kolonisatorischem Grün.

In Migges Plan von 1928 werden das Niddatal und der Osten Frankfurts mit Trabanten, der Stadtwald mit einer Villen-Wald-Zone überzogen. Der dazwischen liegende Bereich wird als Erwerbsgärten ausgewiesen. In diese flächendeckende Trabanten-, Waldvillen-, Erwerbs- und Kleingärten-Strukturierung legt er ein System aus *„Promenaden"*, von denen er eine zu einem Ring schließt. Dieser Ring liegt ungefähr dort, wo später die Autobahnen A3, A5 und A661 verlaufen. Migge plante seine Bebauungen durch Trabanten dort, wo der Autor den dritten Grüngürtel hindurchführt.

1928 war Migges Ziel: Ausbau der Stadt in Form von kolonisatorischem Grün zur Selbstversorgung der Stadt. Unter „kolonisatorischem Grün" verstand Migge Selbstversorgeranlagen.

1970 ist das Ziel des Autors: Stadtreparatur und -entwicklung der ausgeuferten Industrie- und Bürostadt. Erhalten und Schützen von Restgrünflächen zur systematischen Klimatisierung und Belüftung der Stadt, Verbindung mit Verkehrslösungen und Grüngürtel- und Mainufer-Randbebauungen, um die Stadt wieder bewohnbar zu machen.

Das sind zwei grundsätzlich verschiedene Vorschläge und Ansätze. Mutet Migges Vorschlag von 1928 zu einem Zeitpunkt, in dem der Mensch bereits voll in seine industrielle Kulturphase eingetreten ist, etwas anachronistisch an, mag er für die Zeit doch richtig gewesen sein. Migges einseitiges Konzept hat jedoch mit der vielseitigen Konzeption des Autors ebenso wenig gemeinsam wie es Mays Trabanten-Planungen haben.

Die Nidda floss einmal durch Landschaft und überschwemmte diese bei Hochwasser teilweise. Das Niddabecken mit seinen Orten Heddernheim, Praunheim, Hausen und Rödelheim war Teil der Landschaft, wie alte Pläne zeigen (Abb. 121).

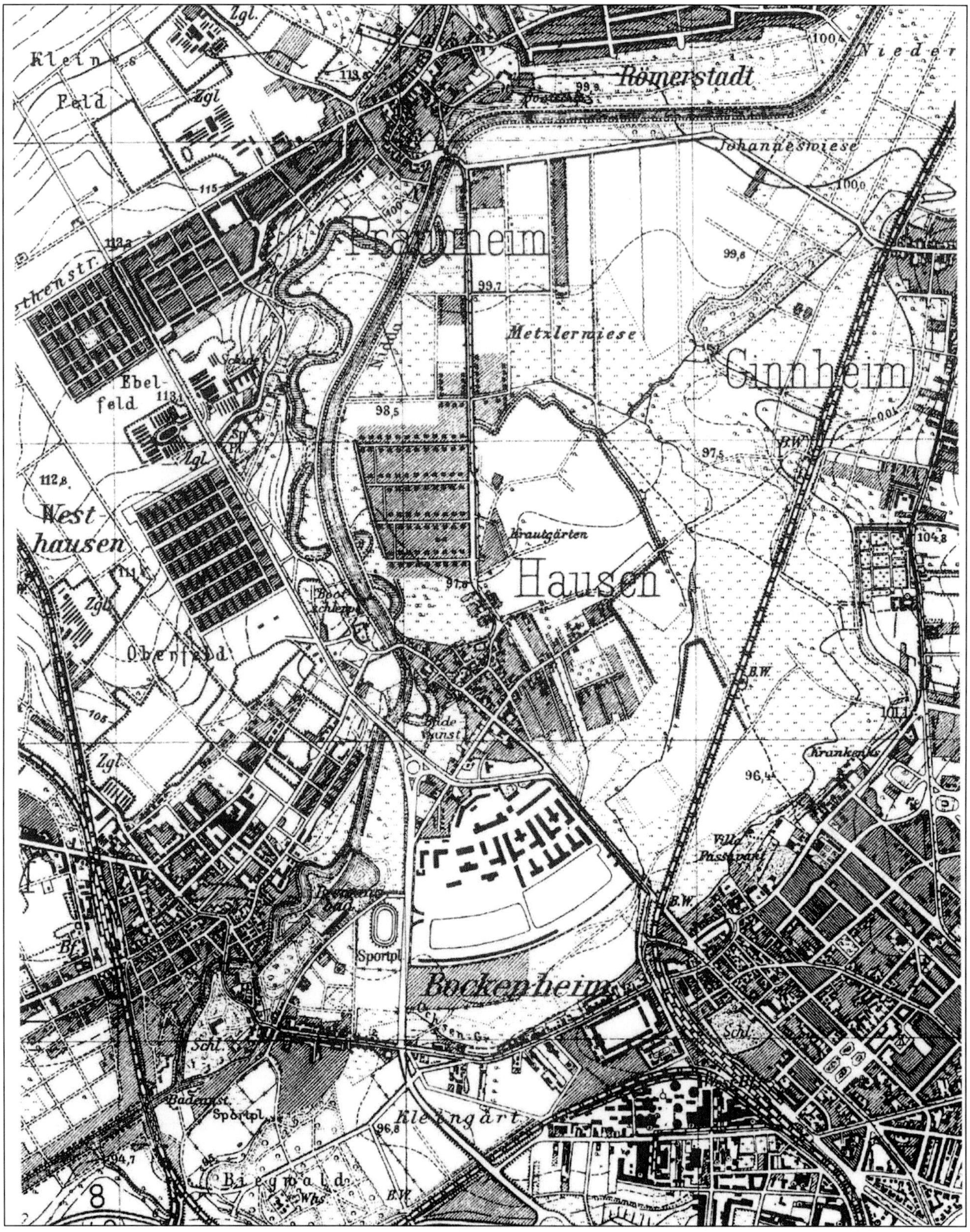

121 Das Niddabecken zwischen Heddernheim und Rödelheim als Teil der Frankfurt umgebenden Landschaft mit Überschwemmungszonen (gepunktet), Hessisches Landesvermessungsamt 1906.

Die Kanalisierung der Nidda von 1927 bis 1929 und der Bau von Mays Trabanten brachen das Niddabecken aus der Landschaft heraus. Beides verursachte große landschaftliche Schäden in der „Niddaniederung", wie Bromme den Abschnitt zwischen

Heddernheim-Ginnheim und Rödelheim nannte. Zur Reparatur der Schäden verfasste Bromme daraufhin die Schrift *„Die Erhaltung der alten Nidda"*. Auf diese dürfte sich die Magistratsvorlage M 282 beziehen. Der volle Name der Schrift lautet:[32]

DIE ERHALTUNG DER ALTEN NIDDA

Denkschrift über die landschaftliche Ausgestaltung der Ufer an der alten und neuen Nidda, die Sicherung der Altarme und den Ausbau der Niddabäder bei Rödelheim, Hausen, Praunheim und Eschersheim, bearbeitet vom Garten- und Friedhofswesen des städtischen Siedlungsamtes Frankfurt am Main, 1928.

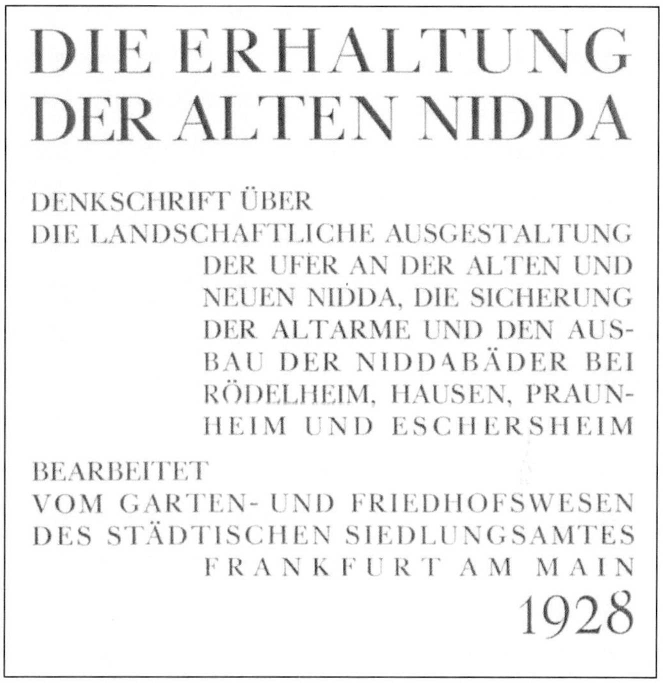
DIE ERHALTUNG
DER ALTEN NIDDA

DENKSCHRIFT ÜBER
DIE LANDSCHAFTLICHE AUSGESTALTUNG
DER UFER AN DER ALTEN UND
NEUEN NIDDA, DIE SICHERUNG
DER ALTARME UND DEN AUS-
BAU DER NIDDABÄDER BEI
RÖDELHEIM, HAUSEN, PRAUN-
HEIM UND ESCHERSHEIM

BEARBEITET
VOM GARTEN- UND FRIEDHOFSWESEN
DES STÄDTISCHEN SIEDLUNGSAMTES
FRANKFURT AM MAIN
1928

122 Einband und 123 Titelseite der Schrift „Die Erhaltung der alten Nidda".

Wie Titel und Untertitel der Broschüre ausweisen, geht es bei ihr:
- Um die Erhaltung der alten Nidda, also um das, was nach der Kanalisierung noch von dieser übrig geblieben war.
- Um die Landschaftsausgestaltung der Ufer (also nicht um Stadtplanung!).
- Um den Ausbau von Niddabädern (die Flussbäder wurden später nach dem Zweiten Weltkrieg fast alle zerstört).
- Des Weiteren lediglich um den Teilabschnitt Rödelheim bis Eschersheim (und nicht mehr).
- Um die Gestaltung der zerstörten Niddaniederung (nicht um einen Grüngürtel) und
- um das Gegenteil von Migges Selbstversorgungsplan.

Der hier abgebildete, der Schrift entnommene, von Bromme unterzeichnete Plan vom Siedlungsamt Abt. Garten- und Friedhofswesen verdeutlicht dies. Er betrifft ausschließlich das Niddabecken. In dem Plan von 1928 ist gut zu erkennen, dass Bromme und May die Niddaniederung als durch Bebauung geschlossenen Kessel, nicht aber als fortlaufendes Grünband sahen.

Es gab also weder von May noch von Migge oder von Bromme ein Projekt „Grüngürtel".

---

32 Die Erhaltung der alten Nidda, Denkschrift über die landschaftliche Ausgestaltung der Ufer an der alten und neuen Nidda, die Sicherung der Altarme und den Ausbau der Niddabäder bei Rödelheim, Hausen, Praunheim und Eschersheim, bearbeitet vom Garten- und Friedhofswesen des Städtischen Siedlungsamtes Frankfurt am Main, 1928, 32 Seiten + 22 Abbildungen.

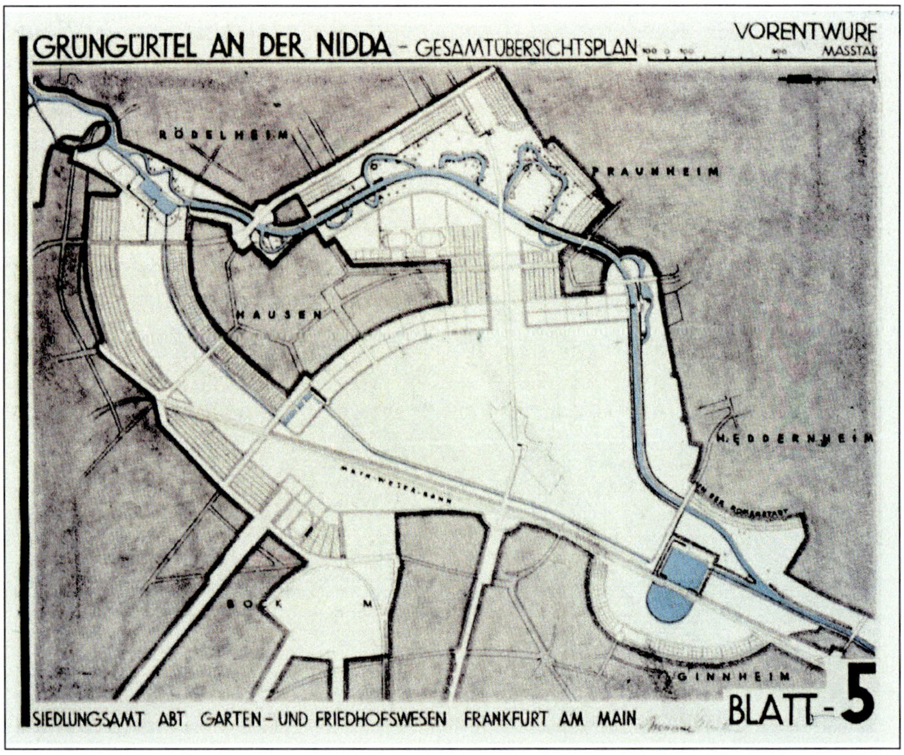

124 Wie Abb. 018, Max Bromme 1928. Seiner Schrift „Die Erhaltung der alten Nidda" fügt Bromme das Blatt 5 bei. Er überschreibt es in der Gartenstadtterminologie „Grüngürtel an der Nidda". Es zeigt aber keinen Grüngürtel „an" der Nidda, sondern eine Bebauung für das Niddabecken, wie sie Ernst May plante. Dieser bezeichnete seinen fast identischen auch von 1928 stammenden Plan allerdings mit „Projekt für die Bebauung des Niddatales".

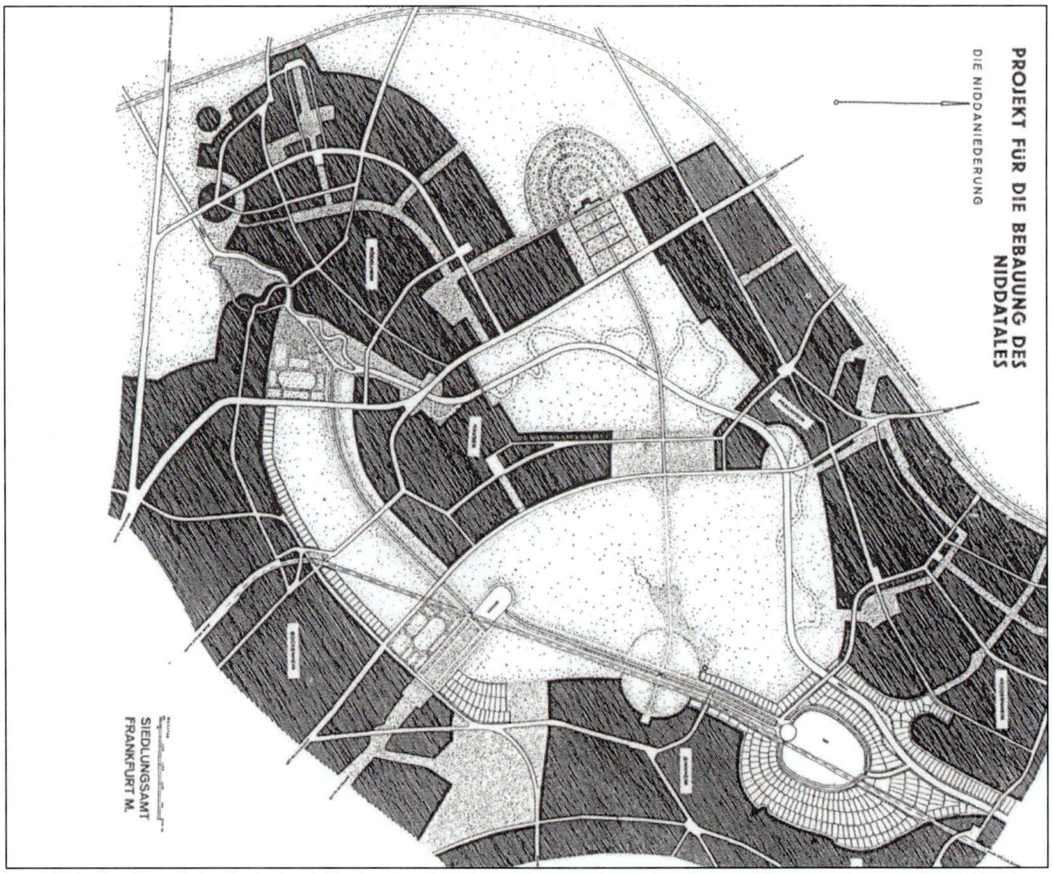

125 Wie Abb. 016, Ernst Mays Konzeption von 1928, die er „Projekt für die Bebauung des Niddatales" nannte. Die Abbildung wurde zur besseren Vergleichbarkeit mit Abb. 124 hier absichtlich gedreht.

II – 5.2.2.2 Richtigstellung Geschichtsfälschung Nr. 3

Falsch ist auch die Behauptung in der Magistratsvorlage 282, es gehe um „Ansätze und Ideen des städtischen Siedlungsamtes Abteilung Garten- und Friedhofswesen".

Richtig ist:
Solche Ansätze und Ideen gab es nicht. Was May, Migge und Bromme damals vorlegten waren keine Ansätze und Ideen zu einem geschlossenen Grünring auf Restgrünflächen – es gab noch keine Restgrünflächen.

> Massnahme dar, welche die Stadt seit dem Ausbau der Wallanlagen (um 1806—11, auf den ehemaligen Glacis) ausführen wird. Wie jene für die Altstadt und Neustadt von ungeheurer Bedeutung für alle Zeiten geworden sind, so wird der Grüngürtel längs der Nidda für das grössere Frankfurt von hoher ästhetischer, städtebaulicher, sozialer und gesundheitlicher Bedeutung sein, die in ihrer ganzen Auswirkung vielleicht erst nach vollem Ausbau der Vororte von späteren Geschlechtern recht gewürdigt werden wird. Wir unterschätzen das Geldopfer, das das gegenwärtige Geschlecht der Zukunft zu bringen hat, durchaus nicht; aber, so darf man hier wohl fragen, kann sich Frankfurt a. M. dieser Gegenwarts- und Zukunftsaufgabe überhaupt entziehen? Sind hier nicht die Vorbedingungen so natürlich und zwingend, dass eine andere Lösung gar nicht möglich ist? Wir müssen die hier noch unerledigten Aufgaben als eine unabweisbare Leistung betrachten, die aus den Aufgaben der Hochwasserabführung, der Stadtgestaltung und auch des Heimatschutzes ohne weiteres folgt — des Heimatschutzes wenigstens dann, wenn eine Stadtverwaltung dessen Bestrebungen nicht ausweichen und die mit gutem Recht erhobenen Forderungen der Naturschutzbewegung nicht überhören will.
>
> Bedeutung der Massnahmen.
>
> Vorweg sei bemerkt, dass in der Gesamtsumme von 1.308.000 RM die Lohnarbeiten mit 387.100 RM enthalten sind, die durch Notstandsarbeiter ausgeführt werden können (38.710 Tagewerke). Der Gang der Arbeiten wäre folgender:

126 Ausschnitt aus Seite 31 aus „Die Erhaltung der Alten Nidda".

Am Ende der Schrift druckte Bromme unter „Kosten" (Abb.127) eine informative Aufstellung, die Folgendes deutlich macht: Bromme lieferte mit Blick auf den vorher von ihm in der Schrift erwähnten Heimatschutz und den Forderungen der Naturschutzbewegung[33] ein kleinkariertes Konzept zur Scheinreparatur der angerichteten (irreparablen) Schäden. An eine großzügige Grüngürtel-Mainuferkonzeption dachte Bromme nicht. Er wollte entlang der Nidda einen acht Meter breiten Grünstreifen[34] (siehe seinen Text auf S. 32), den die Stadt erwerben sollte, und nannte ihn entsprechend der damaligen Gartenstadt-Terminologie „Grüngürtel". Dieses schmale Grünband sollte auch nur von Heddernheim bis Rödelheim reichen! Bromme ergänzte: *„Der beigefügte Entwurf stellt übrigens (...) eine in sich selbständige Anlage dar.* "[35] Bromme verdeutlichte damit, dass es ihm nur um den Grünraum Nidda-Niederung für die näheren und weiteren Anlieger ging und nicht um mehr.
Die „alte Nidda" war durch die Kanalisierung zerstört und nicht mehr „erhaltbar". Brommes „Erhaltungsvorschläge", wie der Anschluss der Altarme an Kanalwasser, die Anpflanzung von Säulenpappeln, die Anlage von Vogelschutzgebieten und Schwimmbecken, von einem acht Meter breiten Grünband entlang des Flüsschens (beidseitig acht

33 A.a.O., S. 31.

34 A.a.O., S. 31.

35 A.a.O, S. 32.

Meter oder zusammen?) usw. laufen auf Kosmetik hinaus. Bei der Eingemeindung 1910 hatte die Stadt den Bürgern der Niddadörfer zugesagt, die Nidda zu kanalisieren.15 Jahre später waren zwar die Überschwemmungen gebannt, aber die Schönheiten des Niddatales auch vernichtet. So hatten es die Bürger nicht gewollt. Bürger, Heimat- und Naturschutzverbände fühlten sich betrogen. Das damalige Garten- und Friedhofsamt versprach mit der Schrift „Die Erhaltung der alten Nidda" eine Rückkehr zum Alten, doch es konnte dieses Versprechen nicht einlösen. Bei der Schrift „Die Erhaltung der alten Nidda" handelte sich um eine Alibischrift.

Kosten.

1. Grunderwerb eines 8 m breiten Uferstreifens längs der Altarme, soweit noch nicht im städtischen Besitz.
2. Anfüllung von kleinen Hochwasserschutzdämmen, die nicht über ein Meter Höhe betragen, z.T. nur 50 cm hoch nötig sind (stellenweise liegt das Ufergelände wesentlich höher). Die Bodenmassen hierzu werden aus den Durchstichen entnommen, die beim Anschluss der Altgewässer an die neue Nidda entstehen und, je nach Bedürfnis, 5—12 m breit vorgesehen sind.
3. Frischwasserzuführung teils durch Rohrleitungen und Gräben und teils durch die unter 2) erwähnten Durchstiche.
4. Einbau von Brückenstegen an den Durchbrüchen, also im Zuge der Uferdämme der neuen Nidda.
5. Entschlammung der Sohle der Altarme mittelst Bagger, soweit erforderlich. Die Entschlammung ist durchschnittlich mit 50 cm Schlamm-Höhe angenommen. Sie wird in den künftigen Badegewässern stärker und an den anderen Stellen geringer vorzunehmen sein. Die Schlammmengen werden in der Weise verarbeitet, dass sie auf dem Achtmeterstreifen längs der Ufer der Altarme grabenartig untergebracht und mit dem vorher abgehobenen Mutterboden wieder abgedeckt werden.
6. Ausbau der Niddaflussbäder bei Hausen, Praunheim und Eschersheim.
7. Anlage von Uferwegen längs der Altarme.
8. Bepflanzung der Uferwege längs der neuen und alten Nidda.

Der beigefügte Entwurf stellt übrigens, selbst wenn die Ausführung des Grüngürtels vorläufig auf die nächste Umgebung der Nidda, der Altgewässer und der damit zusammenhängenden Flussbäder beschränkt bleibt, eine in sich selbständige Anlage dar. Die Bedeutung ist umso grösser, als z. Zt. eine gürtelartige Verbindung der Aussenviertel von Frankfurt a. M. mit den neu entstehenden Stadtteilen nicht vorhanden ist, und weil alle Stadtteile von Rödelheim, Hausen, Bockenheim, Ginnheim, Praunheim, Eschersheim bis Heddernheim und Bonames hieran beteiligt sind. Ein Blick auf die beigefügten Bilder, Photograph: Gartenbautechniker Kiehne-Frankfurt a. M., die sämtlich im letzten Jahre und grösstenteils nach der Regulierung der Nidda aufgenommen worden sind, dürfte die Berechtigung der Vorschläge erhärten.

Frankfurt a. M., im Juli 1928. gez.: Bromme.

127 Seite 32 aus „Die Erhaltung der Alten Nidda".

Ein Grüngürtel mit grüner Mainquerspange in der Form, wie er mit der Magistratsvorlage M 282 realisiert werden soll, geht auf kein Projekt aus den 1920er Jahren von May oder Bromme zurück. Weder May noch Bromme noch ein städtisches Planungsamt konzipierten einen geschlossenen Grüngürtel durch oder um die Stadt in Verbindung mit einer grünen Mainuferspange, mit grünen Schnittpunkten in Ost und West und mit einem Ringstraßen-, Verkehrs- und Bündelungssystem (z.T. lärmgeschützt), um Wohn-, Grün- und Mainuferbereiche vom Verkehr zu befreien und wieder der Wohnbebauung zuzuführen.

In der May-Ära passierten nicht nur in der einstmals schönen Niddaniederung schlimme Dinge, sondern auch an den Mainufern, wie zeitgenössische Literatur, Pläne und Fakten belegen. So sah May östlich und auch westlich der Häfen Industrieansiedlungen entlang der Mainufer vor. Die Mainufer wollte er im City-Bereich eindeichen. Der Gründer des Deutschen Architektur-Museums, Heinrich Klotz, hob deshalb hervor, dass die vom Forum herausgegebene Behrens/Rahe-Mainufer-Schrift auf die Korrektur von Fehlentwicklungen abhebt. *„Ihr ging es darum (...), die Mainseite von Sachsenhausen davor zu retten, dass sie genau so kaputt ging wie die City"*[36] (vgl. Abb. 092).

II – 5.2.2.3 Richtigstellung Geschichtsfälschung Nr. 4

Falsch ist ebenfalls, dass der „Frankfurter Grüngürtel ... nunmehr eine 61-jährige Ideen-Geschichte aufweist".

Richtig ist:
Ein Grüngürtel mit grüner Mainquerspange in der Form, wie er in den 1990er Jahren realisiert werden sollte, hatte keine 61-jährige Ideengeschichte, wie in der Magistratsvorlage behauptet wurde, sondern basierte zu diesem Zeitpunkt auf der Grundlage der Konzeption des Autors und der Aktivitäten von engagierten Frankfurter Bürgern, des Bürgerforums, der Bürger- und Siedlervereine, die vor 21 Jahren ihre Anfänge fanden. Hätte es eine Ideengeschichte aus den 1920er Jahren gegeben, wäre es wohl in der langen Phase der SPD-Alleinregierung während der zweiten Moderne nach dem Zweiten Weltkrieg nicht zu den Zerstörungen an der Substanz der ersten Moderne gekommen. Sie riefen ja gerade die Bürgeraktivitäten gegen die Konzeptionslosigkeit der Stadt hervor, auf die der Autor mit seiner Konzeption reagierte.

Außerdem wäre das Argument „Ideengeschichte" wohl in den 1960er und 1970er Jahren hilfreich vom Gartenamt ins Feld geführt worden, als die Bürger gegen Bebauungen und Bebauungsvorhaben im Niddatal und für Flächen kämpften, die für den Grüngürtel nötig sind. Johannes Sallmann, der während der Zeit der ersten Moderne unter Bromme im Gartenamt begonnen hatte und von 1957 bis 1977 Amtsleiter war, sah die illegal von der Neuen Heimat im Landschaftsschutzgebiet in Hausen bis zehn Meter an Nidda-Altarme herangebauten 16-geschossigen Hochhäuser stattdessen noch als belüftende Windpfeifen an (Kap. II – 2.1.1). Das Gartenamt verteidigte in dieser Zeit seine Grünflächen weder im Niddabecken noch an den Mainufern (Kap. II – 2.1 bis II – 2.3).

II – 5.2.2.4 Richtigstellung Geschichtsfälschung Nr. 5

Falsch ist weiterhin: „Kern der Vorstellungen, noch vorhandene zusammenhängende Grünräume um die Stadt vor dem Zugriff durch Siedlungsgesellschaften zu schützen, war das Niddatal."

Korrekt ist:
Das zitierte Problem existierte damals überhaupt noch nicht.
Die Dissertation des Autors geht von zwei Thesen aus: Es gibt seit 1945 trotz gegenteiliger Beteuerungen kein Grünflächenkonzept für Frankfurt am Main mehr. Und ein immer noch mögliches Grünflächenkonzept wäre der Dritte Grüngürtel mit Mainuferquerspange. Der Autor

36 Klotz, H., in: Der Architekt 12/1985, S. 51.

legte in seiner Arbeit dar, dass es in den 1920er Jahren unter May, Bromme, Migge, Valentien u.a. keinen „Kern der Vorstellungen" gab, das Niddatal vor dem Zugriff durch Siedlungsgesellschaften zu schützen, wie in der Magistratsvorlage behauptet wurde. Das Thema gab es damals nicht.

Die Absicht, das Niddatal über das hinaus, was May bereits bebaut hatte, unter Umgehung der Bürger, die durch Mays Siedlungen hier eine Heimat gefunden hatten, weiter zu bebauen, tauchte erst ab den 1950er Jahren unter Hans Kampffmeyer jun. auf.[37] Ein Schutz vor spekulativer Siedlungstätigkeit unter dem Mantel der Gemeinnützigkeit war in den 1920er Jahren nicht nötig, ist es aber heute.

Resümee:
Diejenigen als Urheber zu bemühen, die keine sind und es auch nicht mehr werden können, weil sie längst gestorben sind und in ihrer Zeit etwas anderes machten, ist wissenschaftlich falsch und nicht korrekt. Dass man aus Restgrünflachen, Industriebrachen, verkehrt geplanten Straßen und ihren Stummeln etc. noch ein funktionierendes Stadtentwicklungskonzept für eine wieder bewohnbare Stadt machen kann, hatte vor dem Autor keiner gesehen. Stadtplaner und Architekten, in deren Lebenszeit sich das Problem einer durch Konzeptionslosigkeit und den Missbrauch politischer Planung unbewohnbar gewordenen Stadt nicht stellte, konnten es auch nicht gesehen haben. In der Magistratsvorlage M 282 wurde bestätigt, dass ihre Verfasser entweder mit System die Geschichte fälschten, um dem Vorwurf zu entgehen, die Stadt würde plagiieren, oder nicht begriffen hatten, welches Ziel das Konzept des Autors hat und dass es das Gegenteil vom May-Konzept ist.[38]
In jedem Fall übergingen die Fälscher ihre Bürger, die für die Sache gekämpft hatten.

II – 5.3 Ein PR-System für einen gefälschten Grüngürtel

1990 Es wird erkennbar, dass die Stadt eine PR-Strategie für das Grüngürtel-Projekt verfolgt:

- Zensur der Grüngürtel-Geschichte.
- Abkoppelung des Originalkonzepts von seinem Urheber Behrens durch die Behauptung, es habe das Konzept schon vor ihm gegeben.
- Abkoppelung der Bürger, die die Konzeption des Autors bis hin zum Allparteienkonsens durchsetzten.
- Vergesellschaftung der Konzeption des Autors durch die Erfindung von angeblichen Vätern und Müttern des Grüngürtels.
- Re-Inszenierung der Grüngürtel-Entstehungsgeschichte mit dem Ziel, an die Stelle der tatsächlichen eine zeitlich verkürzte neue Vorgeschichte zu setzen.
- Ersetzen der vom Autor eingeführten Bezeichnung „Dritter Grüngürtel" durch „GrünGürtel" mit zwei großen „G".
- Ersetzen des vom Autor entwickelten Grüngürtel-Mainufer-Verkehrs- und Randbebauungs-Signets durch ein neues GrünGürtel-Signet.

---

37 „Asche und Trabant", in: Der Spiegel 25/1962, S. 72 f., und Behrens T., „Phase 1956–1972, Wirtschaftswunder", in: Grüngürtel, Frankfurt 1988, S. 37–41.

38 Sind die Arbeiten von Behrens T. und May E. auch Gegensätze, gibt es in den Biographien der beiden Personen doch eine Parallele. Beide wurden durch Kollegenneid und politische Intrigen von der Umsetzung ihrer Konzeptionen ferngehalten, Behrens zuerst bei der Museumsufer-Konzeption von einer schwarzen und später beim Grüngürtel von einer rot-grünen Stadtregierung, May bei seinen 1930–1933 erfolgten Planungen „sozialistischer Städte" in der Sowjetunion (vgl. „Geheime Vermerke des Deutschen Botschafters in Moskau, Herbert von Dirksen, vom 1. und 2. Februar 1932", publiziert in Flierl, Th. Standardstädte, Berlin 2012, S. 427 f.).

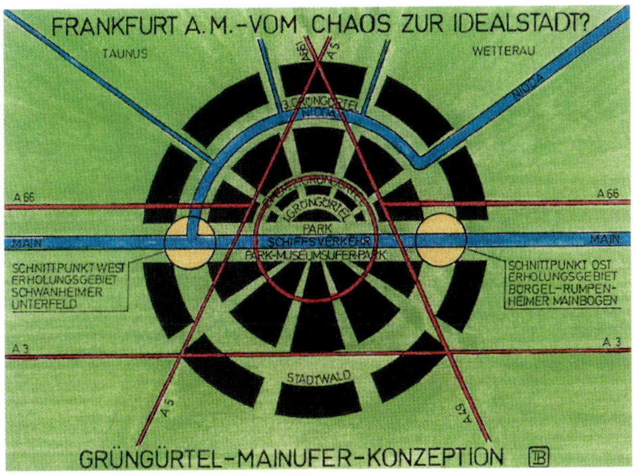

128 Signet von Till Behrens, 1970/71.

129 Signet der Stadt, 1990.

Das Signet des Autors zeigt in seiner Grundform (Abb. 090 und 196) das Prinzip der Konzeption: nämlich Grüngürtel mit Mainquerspange und Schnittpunkten. Das hier nochmals abgebildete Vernetzungssignet (Abb. 128) zeigt zusätzlich die Zusammenhänge mit Nidda, Umland, Belüftungsschneisen, erstem und zweitem Grüngürtel, Wohn- und Verkehrssituationen. Das Signet des Autors informiert. Es ist selbsterklärend.

Das städtische Signet (Abb. 129) zeigt keinen Grüngürtel, sondern einen Torso. Nachvollziehbare Beziehungen zu Frankfurt, zu seiner Struktur und seiner einmaligen geographischen Lage fehlen, ebenso wie eine Erklärung städtebaulicher Zusammenhänge. Stünde nicht GrünGürtel und Frankfurt unter dem Signet, könnte es auch für irgendetwas anderes werben. Das städtische Signet ist beliebig – inhaltslose Ästhetik.

- Trennung der Original-Grüngürtel-Konzeption von ihrem Ursprung durch das Ausschalten der Bürger und des Urhebers und durch ein neues Signet.

- Neuerfindung des „Grüngürtels" unter dem Titel „Vision offener Grünräume" in einem „GrünGürtel-Projektjahr" mit:

  a) GrünGürtel-Workshop „Leitlinien"
  b) GrünGürtel-Sommerakademie „Entwurf"
  c) GrünGürtel-Kongress „Verfassung"

Hier wird der Öffentlichkeit und der Fachwelt suggeriert, die dem Projekt zugrunde liegende Dissertation des Autors hätte nicht existiert und das Vorhaben müsse erst noch erfunden werden.

9.8.1988 Tom Koenigs teilt in einem Brief an den Autor u.a. mit: *„(...) In der Begründung vor der Stadtverordnetenversammlung bin ich (...) ausfuehrlich auf die Geschichte des Gruenguertelgedankens eingegangen und habe Sie (...) dabei mit Ihrem Gruenguertelkonzept in die Reihe der grossen Frankfurter Stadtplaner Guiollett und May gestellt. Auch (...) habe ich immer auf Ihre Publikationen zu dem Thema v.a. in den Schriften des Werkbundes hingewiesen und an Ihrer Autorenschaft keinen Zweifel aufkommen lassen. (...).“*[39]

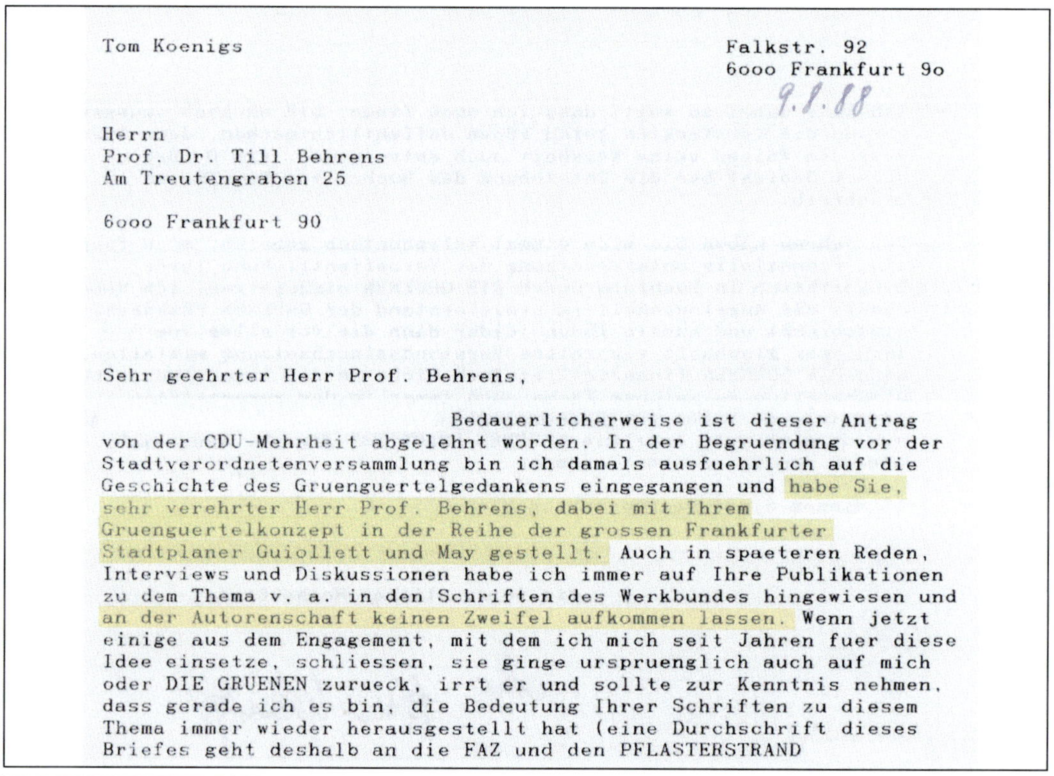

Tom Koenigs

Falkstr. 92
6ooo Frankfurt 9o
9.8.88

Herrn
Prof. Dr. Till Behrens
Am Treutengraben 25

6ooo Frankfurt 90

Sehr geehrter Herr Prof. Behrens,

Bedauerlicherweise ist dieser Antrag von der CDU-Mehrheit abgelehnt worden. In der Begruendung vor der Stadtverordnetenversammlung bin ich damals ausfuehrlich auf die Geschichte des Gruenguertelgedankens eingegangen und habe Sie, sehr verehrter Herr Prof. Behrens, dabei mit Ihrem Gruenguertelkonzept in der Reihe der grossen Frankfurter Stadtplaner Guiollett und May gestellt. Auch in spaeteren Reden, Interviews und Diskussionen habe ich immer auf Ihre Publikationen zu dem Thema v. a. in den Schriften des Werkbundes hingewiesen und an der Autorenschaft keinen Zweifel aufkommen lassen. Wenn jetzt einige aus dem Engagement, mit dem ich mich seit Jahren fuer diese Idee einsetze, schliessen, sie ginge urspruenglich auch auf mich oder DIE GRUENEN zurueck, irrt er und sollte zur Kenntnis nehmen, dass gerade ich es bin, die Bedeutung Ihrer Schriften zu diesem Thema immer wieder herausgestellt hat (eine Durchschrift dieses Briefes geht deshalb an die FAZ und den PFLASTERSTRAND

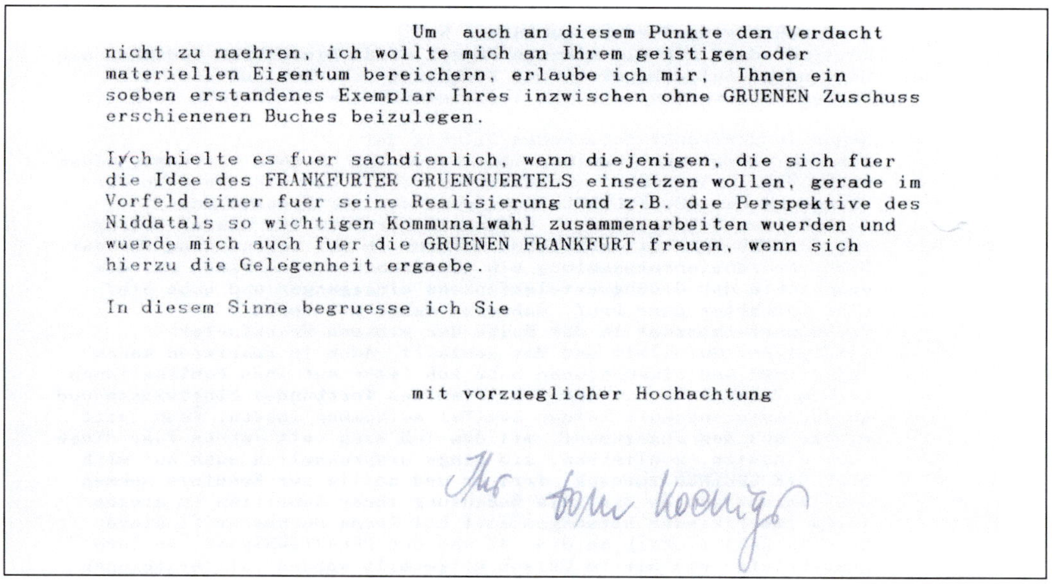

Um auch an diesem Punkte den Verdacht nicht zu naehren, ich wollte mich an Ihrem geistigen oder materiellen Eigentum bereichern, erlaube ich mir, Ihnen ein soeben erstandenes Exemplar Ihres inzwischen ohne GRUENEN Zuschuss erschienenen Buches beizulegen.

Ivch hielte es fuer sachdienlich, wenn diejenigen, die sich fuer die Idee des FRANKFURTER GRUENGUERTELS einsetzen wollen, gerade im Vorfeld einer fuer seine Realisierung und z.B. die Perspektive des Niddatals so wichtigen Kommunalwahl zusammenarbeiten wuerden und wuerde mich auch fuer die GRUENEN FRANKFURT freuen, wenn sich hierzu die Gelegenheit ergaebe.

In diesem Sinne begruesse ich Sie

mit vorzueglicher Hochachtung

Ihr Tom Koenigs

130 Zwei Ausschnitte aus Tom Koenigs Brief vom 9.8.1988 an Behrens T.

Trotz dieser Erklärung und seiner am 24.4.1989 geäußerten Ergänzung, dass er sich mit dem Konzept des Autors identifiziert (Abb.118), übernehmen Koenigs und seine Partei

39 Schreiben Koenigs T. an Behrens T. v. 9.8.1988.

die schon von Volker Hauff praktizierte Geschichtsfälschung und tragen die gefälschte Magistratsvorlage und alle folgenden Diskriminierungen und weiteren Fälschungen mit.

8.2.1990 Auf Veranlassung von Max Guther (SPD), Städtebau-Professor der TH Darmstadt, wird der Autor von der Deutschen Akademie für Städtebau und Landesplanung (DASL) zu ihrer Tagung in Frankfurt eingeladen, um einen Lichtbilder-Vortrag über seine Frankfurter Grüngürtel-Konzeption zu halten. Kurz vor dem Termin wird der Autor aber von der DASL wieder ausgeladen. Guther selbst ruft daraufhin den Autor an und erklärt ihm, dass er in der Deutschen Akademie für Städtebau und Landesplanung gegen die Ausklammerung des Autors als Urheber der Konzeption und gegen die Verfälschung seiner Konzeption durch die Arbeitsgruppe Peter Latz, Peter Lieser, Manfred Hegger und Tom Koenigs protestiert habe. Guther bittet daraufhin den Autor, trotz der Ausladung doch hinzugehen und wenigstens seine Dias „Übergeordnetes Konzept für Frankfurt" (Abb.001) und seinen „Grüngürtel-Plan" (Abb. 002) samt Buchausgabe seiner Promotionsschrift zu zeigen (Abb. 102). Der Autor folgt dieser Bitte, wird aber nicht von dem auch anwesenden Koenigs,[40] sondern von Prof. Latz mit den Worten empfangen: *„Sie haben es ja doch geschafft, in Kassel zu promovieren."* Der Autor kann zwar seine beiden Dias zeigen und sein Buch hochhalten, er wird aber von der Kasseler Stadtbaurätin Christiane Thalgott (SPD) sofort unterbrochen, wie nach ihm auch die Stadtplanerin Marlene Zlonicky, als diese auf die Neuartigkeit der Arbeit des Autors hinweist. Der Autor und sein Begleiter Jochen Rahe werden daraufhin verabschiedet.

Mit dieser Vorgehensweise wird bestätigt, was die Verwaltung der Gesamthochschule/ Universität Kassel (GhK) dem Autor bereits mündlich mitgeteilt hatte: Kasseler Kollegen versuchten, seine Promotion zu blockieren, weil sie das Projekt Grüngürtel für sich wollten.[41] Konnten sie es in der GhK nicht blockieren, versuchen sie es nun zu „sozialisieren", wie Koenigs Erfindung der *„vielen Väter und Mütter des Grüngürtels"* beweist, die er bereits bei dieser Versammlung erklärt.[42]

---

40 Durth W., in: „Städtelandschaft – Historische Aspekte zur Stadtlandschaft Frankfurt", in: Koenigs Tom (Hrsg.) „Vision offener Grünräume", S. 147.

41 Behrens lehrte seit Begin des SS 1981 an der GhK im FB 13 Stadt und Landschaftsplanung mit den Themen „Entwicklung und Notwendigkeit städtischer Grüngürtel als stadtplanerische Maßnahme – Beispiel Frankfurt" und „Die Gartenstadtbewegung und Frankfurts Entwicklung in der May-Aera" (WS 81/82), „Geschichte der Landschaftsplanung" (SS 1982). Am 26.6.1981 beantragte Behrens auf der Grundlage der geltenden Promotionsordnung die Zulassung als Doktorand beim Promotionsausschuss „Dr.-Ing." mit seinem Promotionsvorhaben „Die Frankfurter Grüngürtel oder die Auswirkungen einer wachstumsorientierten Stadtpolitik auf zusammenhängende Grünräume". Sein Antrag wurde am 7.7.1981 abgelehnt. Behrens widersprach und besuchte die Hochschulverwaltung. Dort erfuhr er, es gibt seitens der Verwaltung kein Zulassungshindernis, es seien Kollegen von ihm, die nicht promoviert sind, die seine Zulassung hintertreiben, weil sie das Projekt für sich wollen. Nach seinem Besuch in der Verwaltung wechselte beim Promotionsausschuss Dr.-Ing. der Vorsitz. Neuer Vorsitzender wurde der Stadtplaner Prof. Dr.-Ing. Siegbert Keller. Er forderte Behrens' Zulassung mit der Begründung, dass dieser bereits mehrere Semester über das Promotionsthema und über verwandte Themen an der GhK lehrt, folglich Vertrauensschutz genieße und bereits seit SS 1982 vom Hessischen Minister für Wissenschaft und Kunst zum Professor an die Fachhochschule Wiesbaden berufen wurde. Am 19.1.1983 erklärte der Promotionsausschuss nun mit ca. 1 ½ Jahren Verspätung die Annahme. Für ihre konkrete Umsetzung musste Behrens im Schreiben vom 5.9.1983 an den Präsidenten der GhK aber noch unter Androhung von Klage den Vertrauensschutz einfordern. Bei weiterer Unterstützung durch die Hochschulverwaltung ging im Laufe der Jahre 1984 / 1985 der Widerstand der Kollegen etwas zurück, sodass Behrens am 31.8.1985 die mit seinem Referenten Prof. Dr. Lucius Burckhardt abgestimmten Dissertationsexemplare bei Siegbert Keller einreichen konnte. Dieser erinnerte am 4.12.1985 schriftlich, dass das Verfahren laut Promotionsordnung noch im laufenden Semester zu erledigen sei. Die Disputation wurde an das Ende des WS 1985/86 angehängt. Sie erfolgte am 18.2.1986. Circa fünf Jahre nach Antragstellung war das Promotionsverfahren endlich durchgeführt. Auf diese Vorgänge und die Äußerung von Latz bei der DASL-Tagung bezog sich Behrens' späterer Hinweis in seinem Antwortschreiben an Koenigs vom 21.7.2011.

42 Schreiben Behrens T. an Koenigs T. v. 20.3.1990.

9.3.1990 Koenigs versendet eine allgemeine Einladung für den 23.3.1990 zur Grüngürtel-Erkundungstour. Auch der Autor wird eingeladen.

Tom Koenigs

STADT FRANKFURT AM MAIN

Frankfurt, den 09.März 1990

Einladung zum Start in den Frankfurter GrünGürtel-Frühling
- Fahrrad-Erkundungstour am 23.März 1990 -

Sehr geehrte Damen und Herren,

Mit dem Frühlingsanfang 1990 beginnt für die Frankfurterinnen und Frankfurter ein neuer Abschnitt in der Entwicklung der Stadt. Nach einer Ideengeschichte von mehr als 60 Jahren macht der Magistrat der Stadt jetzt Ernst mit dem Versprechen, den GrünGürtel für Frankfurt zu entwickeln und für die Zukunft zu schützen.Wir haben uns damit ein Projekt vorgenommen, dessen Verwirklichung mit Sicherheit bis ins nächste Jahrhundert reichen wird.

Bleibt mir zum Abschluß nur noch einmal zu sagen, daß ich mich persönlich über Ihr Teilnahme an unserem Start in den GrünGürtel-Frühling sehr freuen würde.

Mit freundlichen Grüßen

Tom Koenigs

(Tom Koenigs)

131 Einladung der Stadt (Koenigs) zur Fahrrad-Grüngürtel-Erkundungstour am 23. März 1990. Sie gibt auf zwei Seiten den geplanten zeitlichen und örtlichen Ablauf vor. Der Abdruck wurde auf Einleitung und Schluss gekürzt.

20.3.1990 Der Autor antwortet Koenigs, dass er diese Tour bereits vor bald 20 Jahren machte, die Magistratsvorlage M 282 falsch ist, er das Vorgehen der Stadt als geistige Enteignung betrachte und er neugierig ist, ob es zu dem von Koenigs angeregten Gespräch kommt (vgl. Briefkopie im Abdruck Abb. 132).[43] Koenigs meldet sich nicht.

43 Durth W., „Städtelandschaft", in: Koenigs T. (Hrsg.), „Vision offener Grünräume", Frankfurt 1991. Unter Fn. 1 berichtet Durth: „Tom Koenigs während der Tagung der Deutschen Akademie für Städtebau und Landesplanung in Frankfurt am Main, 8. Februar 1990, unter Hinweis auf die Planungen Ernst Mays und die Publikationen von Till Behrens."

Prof. Dr. Ing. Till Behrens
Architekt BDA
Städtebauarchitekt AKH

Prof Dr Ing Till Behrens Am Treutengraben 25 6 Frankfurt am Main 90 Objekt- und Stadtplanung · Ausstellungsgestaltung und Industriedesign

Herrn
Stadtrat Tom Koenigs
Dezernent für Umwelt, Energie
und Brandschutz
Bethmann-Straße 3

6 Frankfurt am Main 1

Am Treutengraben 25
6 Frankfurt am Main 90
☏ (069) 76 16 69

20. März 1990 b/k

Sehr geehrter Herr Koenigs,

für die Zusendung der allgemeinen Einladung vom 09.03.90 zur Fahrrad-Erkundungstour "Grüngürtel" danke ich Ihnen. Diese Reise machte ich - wie Sie ja wissen - bereits vor bald 20 Jahren (vgl. mein Buch "Grüngürtel").

Doch gestatten Sie mir bitte einige Korrekturen zum Text der Einladung. Ein Grüngürtel mit Grüner Mainuferspange in der Form, wie er jetzt abgefahren werden soll, hat keine Ideengeschichte von 60 Jahren, wie in der Einleitung und in der M 282 fälschlich behauptet wird, sondern nur von 20 Jahren. Literatur, Pläne aus der Zeit und die bestehenden gebauten Tatsachen beweisen für jeden sicht- und nachvollziehbar, daß Ernst May östlich, und vor allem auch westlich, der Häfen Industrieansiedlung entlang der Mainufer vorsah. Auch konzipierten weder May noch Bromme noch ein städtisches Planungsamt einen geschlossenen Grünring durch - nicht um die Stadt in Verbindung mit einer grünen Mainuferspange, grünen Schnittpunkten Ost und West und einem Ringstraßen-, Verkehrs- und Bündelungskonzept (z.T. lärmgeschützt), das zum Rückbau der Straßen an den Mainufern und in den Grüngürtelbereichen unumgänglich notwendig ist. Im Gegenteil - wie in meinem Buch "Grüngürtel" dargelegt - passierten an den Mainufern in der May-Ära ja gerade schlimme Dinge, die ich heute wieder rückbauen möchte (vgl. Heinrich Klotz in "Der Architekt 12/1985). Sie offenbar auch.

Doch dazu sollten nicht diejenigen als Väter bemüht werden, die keine sind und trotz ständiger Wiederholung im wissenschaftlichen Sinn für mein Konzept, mit dem Sie sich ja bis hin zur Terminologie "Frankfurt - grüne Stadt am Fluß (Behrens, T., Rahe, J. "Bauwelt" 17/18-1980) identifizieren, auch keine mehr werden können. Es wird

/ 2

132 Schreiben Till Behrens an Tom Koenigs v. 20.3.1990.

Prof. Dr. Ing. Till Behrens / Tom Koenigs / 20.03.90 Seite: 2

auch Ihnen aufgefallen sein, daß sich nach Ihrem Vortrag bei der Deutschen Akademie für Städtebau und Landesplanung selbst Kampffmeyer jun., der May- und Brommegrün zerstörte, auch noch als Vater des Grüngürtels fühlte.

Ist Ihnen bekannt, daß ich auf Grund der schlechten Erfahrungen, die ich 1980 machen mußte, als OB Wallmann und Speer jun. sich zu Erfindern der Mainuferkonzeption machen wollten, nachdem Rahe und ich mit der signierten Schrift "Die Frankfurter Mainufer - Meseen, Grün, Verkehr" als Teil meines seit 1970 propagierten Gesamtkonzeptes "Grüngürtel mit grüner Mainuferspange" die stadtplanerische Formulierung vorgestellt hatten, beschloß, aus dem ganzen Komplex eine Promotion zu machen, deren Voraussetzung die Novität ist, um möglichen ähnlichen späteren Versuchen geistiger Enteignung vorzubeugen.

Gibt mir die Entwicklung jetzt recht? Eine der ganz großen Errungenschaften der französischen Revolution war gerade der Schutz des Urhebers.

Immerhin geht bereits der erste Satz in der M 282 - die ich übrigens erst vor kurzem und leider nicht durch Sie erhielt - an der Realität vorbei. Ein Grüngürtel um die Stadt, wie es dort heißt, ist nicht möglich und auch nicht von mir vorgeschlagen worden, sondern nur einer durch die Stadt und zwar auf Restgrünflächen.

Daß man aus Restgrünflächen, Industriebrachen und verkehrt geplanten Straßenstummeln etc. noch ein funktionierendes Stadtplanungskonzept für eine bewohnbare Stadt machen kann, hatte eben keiner gesehen und schon gar nicht Leute, in deren Lebenszeit sich die Problematik so nicht stellte und die längst tot waren, als sie auftrat. Selbst heute - in Kenntnis meines Buches - wird noch die unumgängliche Notwendigkeit verdrängt, das komplexe Zusammenwirken aller Faktoren zu berücksichtigen.

Damit Grüngürtel und Mainufer nicht zur Show-Blase degenerieren, ist primär notwendig:
1. die vorhandenen Flächen gesetzlich wirksam zu schützen,
2. eine abgestufte Randbebauung zu klären (was soll ein Grüngürtel ohne Randbebauung ?),
3. die Verkehrsplanung ohne ideologische Scheuklappen realistisch und zielgerichtet anzugehen.

Nur so kann meines Erachtens ein nachhaltiger Erfolg erzielt werden.

Ich bin neugierig, ob es zu dem von Ihnen angeregten und dem von mir befürworteten Gespräch kommen wird. Sie wollten sich melden.

Mit freundlichen Grüßen

Till Behrens

132 Seite 2.

25.11.1989 bis 1990 Der Autor wird von Frankfurts Kulturdezernenten Hilmar Hoffmann gebeten, dem als Oberbürgermeister noch neuen Volker Hauff seine Grüngürtel-Mainufer-Konzeption persönlich vorzutragen.[44] Hoffmann will das Gespräch vermitteln. Dieses kommt sechs Monate später, nachdem Hoffmann sein Amt verlassen hat, mit einem uninteressierten OB Volker Hauff zustande.[45] Der Autor wird von Jochen Rahe begleitet.

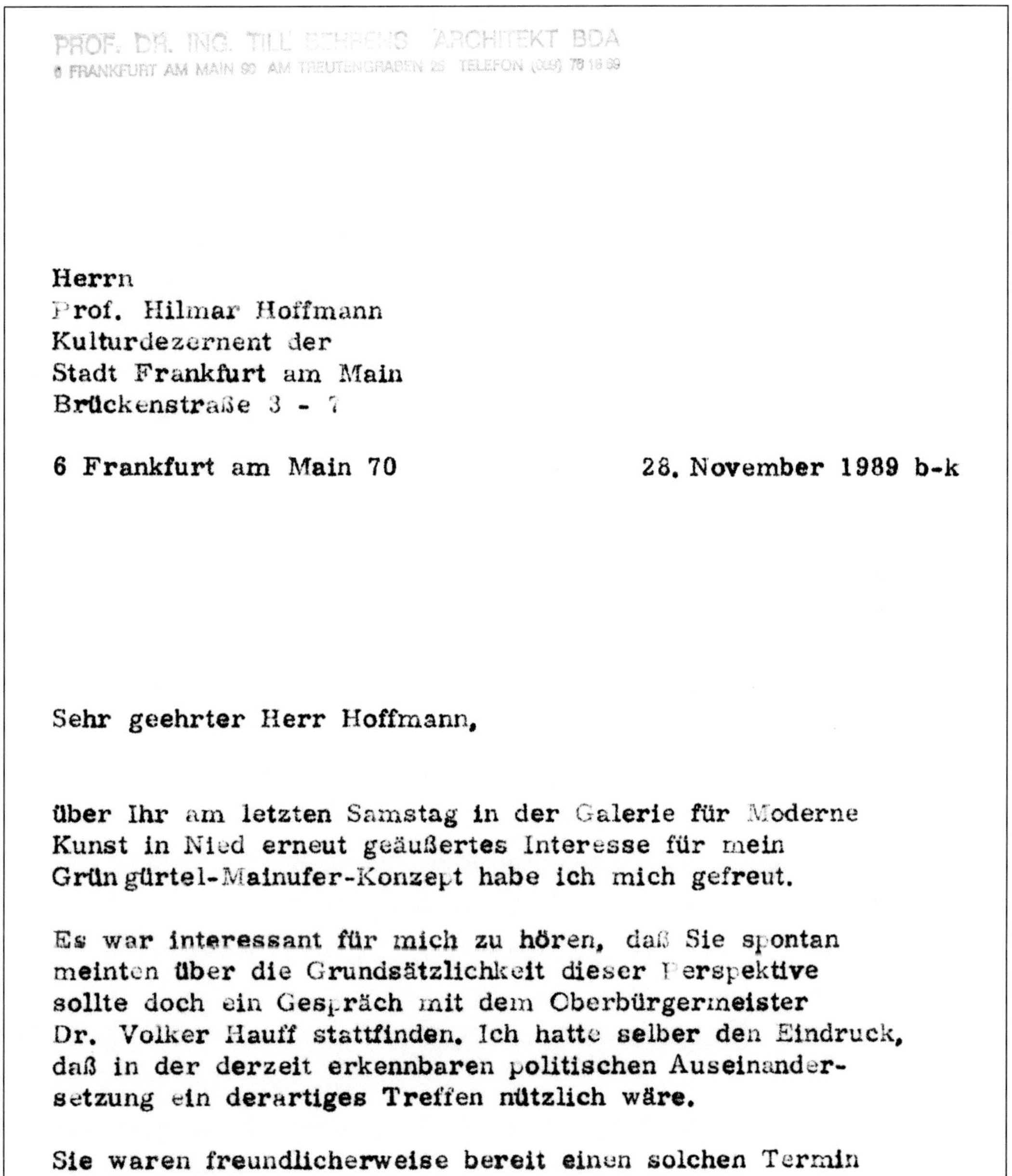
PROF. DR. ING. TILL BEHRENS ARCHITEKT BDA
6 FRANKFURT AM MAIN 90 AM TREUTENGRABEN 25 TELEFON (069) 78 18 59

Herrn
Prof. Hilmar Hoffmann
Kulturdezernent der
Stadt Frankfurt am Main
Brückenstraße 3 - 7

6 Frankfurt am Main 70 28. November 1989 b-k

Sehr geehrter Herr Hoffmann,

über Ihr am letzten Samstag in der Galerie für Moderne Kunst in Nied erneut geäußertes Interesse für mein Grüngürtel-Mainufer-Konzept habe ich mich gefreut.

Es war interessant für mich zu hören, daß Sie spontan meinten über die Grundsätzlichkeit dieser Perspektive sollte doch ein Gespräch mit dem Oberbürgermeister Dr. Volker Hauff stattfinden. Ich hatte selber den Eindruck, daß in der derzeit erkennbaren politischen Auseinandersetzung ein derartiges Treffen nützlich wäre.

Sie waren freundlicherweise bereit einen solchen Termin zu vermitteln.

Mit freundlichen Grüßen

133 Schreiben Till Behrens an Hilmar Hoffmann vom 28.11.1989.

44 Am 25.11.1989 forderte Hoffmann H. ein Gespräch zwischen Behrens T. und dem neuen OB Hauff, um Hauff die Tragweite von Behrens' Konzeption für Frankfurt bewusst zu machen. Er wollte es vereinbaren (Schreiben Behrens an Hoffmann v. 28.11.1989). Nach sich ein halbes Jahr hinziehenden Terminverschiebungen durch das Büro von OB Hauff kam das Gespräch Anfang Mai 1990 zustande mit dem Ergebnis, dass Hauff erklärte, alles was Behrens vorschlägt „haben wir doch längst gemacht" (Schreiben Behrens an Hoffmann v. 4.5.1990). Der 1989 gewählte OB Hauff verließ im März 1991 vorzeitig Frankfurt und 1992 auch die Politik und arbeitete dann für den Axel Springer-Verlag. Hauff hatte 1990 als neuer OB den Baudezernenten Haverkampf H.–E. (SPD), der unter OB Wallmann W. (CDU) die Museumsuferkonzeption zusammen mit Kulturdezernent Hoffmann (SPD) umsetzte, nicht übernommen. Daraufhin verließ auch Hoffmann den Frankfurter Magistrat.

45 Schreiben Behrens T. an Hoffmann H. vom 4.5.1990.

Herrn
Prof. Hilmar Hoffmann
Kulturdezernent a.D.
Altes Forsthaus

6000 Frankfurt am Main-Oberrad 4. Mai 1990 b-k

Sehr geehrter Herr Hoffmann,

wenn auch alles, was wir stadtplanerisch vorzuschlagen hatten schon längst erkannt und dem Vernehmen nach gemacht wurde und man eigentlich etwas ganz anderes, nämlich die alte, schon damals nicht durchsetzbare Regionalstadt von Walter Möller - oder so etwas ähnliches - wieder möchte, und damit das, was wir enzubieten haben und was ja bereits auch alles gemacht wurde, relativiert, möchte ich mich doch, auch im Namen von Herrn Rahe, für die Vermittlung des von Ihnen vorgeschlagenen Gesprächs bedanken.

Mit freundlichen Grüßen

134 Gesprächs-Bericht Till Behrens an Hilmar Hoffmann vom 4.5.1989.

II – 5.5 GrünGürtel-Projektjahr und -Projektbüro als weitere Re-Inszenierung

1990 Die Stadt gründet ein „GrünGürtel-Projekt-Büro", in dem die besonderen Fach- und Ortskenntnisse des Autors als Urheber der Konzeption nicht willkommen sind, ebenso wenig die ortskundigen Bürger. Weder der neue Oberbürgermeister Hauff noch der erstmalig eingesetzte Umweltdezernent Koenigs fordern den Autor zur Mitarbeit auf, ohne dessen bis dahin 20-jähriges Engagement für das Grüngürtel-Mainufer-Konzept in Wort, Schrift und Plan es nicht zum amtlichen „GrünGürtel-Projekt" gekommen wäre. Keiner der Leiter des Büros hatte vorher mit dem Dritten Grüngürtel zu tun gehabt (Parallele zu Wallmann/Speer jun. bei der Museumsuferplanung).

135 Signet GrünGürtel-Projektbüro im Auftrag der Stadt Frankfurt.

1990/1991 Unter dem Titel „Vision offener Grünräume" setzt der Magistrat mit 2,6 Mio. DM ein „GrünGürtel-Projektjahr" um, bestehend aus Leitlinien, Entwurf und Verfassung.

7.6.1990 Zum GrünGürtel-Workshop „Leitlinien" wird der Autor eingeladen, einen halbstündigen Dia-Vortrag „Zur Geschichte des Frankfurter Grüngürtels" zu halten.[46]

- In dem Workshop bedankt sich der Autor, dass Georg Encke und Jochen Rahe aus den Bürgervereinen und dem Frankfurter Forum – seit fast 20 Jahren seine Mitkämpfer unter vielen für den dritten Grüngürtel – auf seine Bitte hin doch noch als Gäste geladen wurden.
- Der Autor trägt im Weiteren den Inhalt seiner Promotion über „Die Frankfurter Grüngürtel" und nicht wie in der Ankündigung „Zur Geschichte des Frankfurter Grüngürtels" mithilfe von Dias vor.
- Der Autor zeigt sowohl sein übergeordnetes Konzept (Signet) als auch seinen Grüngürtel-Plan, der dem Buch beigelegt ist. Das im Handel befindliche Buch hält er zu Werbezwecken hoch.
- Er weist darauf hin, dass Frankfurt Belüftungsschneisen und Abkühlungsflächen benötigt und seine Konzeption darauf basiert.
- Er verlangt einen wirksamen Schutz für die Restgrünflächen.
- Er fordert Randbebauung der Grüngürtel- und Mainufer-Ränder.

Das Vorhandene ergänzen

Vorträge der Städteplaner über Frankfurts Grüngürtel

mlz. Täglich pendeln etwa 300 000 Menschen zwischen Frankfurt und Umgebung. Dieser Verkehrs- und Umweltbelastung müsse der künftige Grüngürtel entgegenwirken, sagte gestern der Architekt und Stadtplaner Till Behrens in einem Vortrag, den er auf dem noch bis Mittwoch stattfindenden „Workshop zur Planung und Entwicklung des Frankfurter Grüngürtels" im Irissaal des Palmengartens hielt. Zuvor hatte Ralph Gälzer, Professor an der Technischen Universität Wien, das Konzept des Wiener Wald- und Wiesengürtels dargelegt.

Der Schlüssel dazu, die Umweltverschmutzung durch die Erhaltung natürlicher Frischluftströme zu verringern, ist nach Ansicht Behrens' ein geschützter „Dritter Grüngürtel" mit wiederbegrünten Mainufern von Fechenheim bis Sindlingen. Sein Konzept sieht vor, überwiegend „mit dem, was vorhanden ist", die Stadt angenehm und sicher zu gestalten. Vor allem sollten die Hauptverkehrsadern nicht mehr entlang dem Mainufer verlaufen. „Wenn Grundstückseigentümer verpflichtet würden, den Uferstreifen grün anzulegen und der Öffentlichkeit zur Verfügung zu stellen, bräuchte die Stadt kaum eigene Mittel zu verwenden."

Ein gesetzlich gesicherter Grüngürtel besitze den Vorteil, den Investitionsdruck von Grünanlagen auf das ohnehin schon bebaute Stadtgebiet umzuleiten. Nach Meinung von Behrens bringe solch eine Lösung nicht nur Bürger, Kapital und Arbeitsplätze in die Stadt, sondern trage auch zu einer sinnvollen Kulturpolitik bei, da lediglich ansässige Bürger die wirklichen Träger einer Stadtkultur seien. Mit klaren Rahmenvorgaben könne die Stadt unter anderem das Grünsystem, die Verkehrsentlastungen und lärmberuhigte Zonen garantieren.

Anschließend setzte sich der Nürnberger Landschaftsplaner Reinhard Grebe in seinem Vortrag mit der Rolle der Verkehrsplaner auseinander. Die Diskussion um die Sicherung der Naturqualität laufe schon mehr als 15 Jahre. Im Vordergrund müsse dabei der Verzicht auf Verkehrsplanung mit starken Umwelteingriffen stehen.

136 Pressemitteilung „Das Vorhandene ergänzen", FAZ 18.6.1990.

46 Vgl. „Das Vorhandene ergänzen – Vorträge der Stadtplaner über Frankfurts Grüngürtel", FAZ 18.6.1990, sowie Wagner P., „Die Autos sollen vom Mainufer verbannt werden", FR 19.6.1990.

Der Autor erinnert Koenigs ausdrücklich daran, dass der Grüngürtel ohne Lösung der Randbebauung und der Verkehrsprobleme scheitern wird,[47] da ungesicherte Grüngebiete immer wieder Begehrlichkeiten wecken werden und viele Baugesellschaften Ackerland gekauft haben, das sie in Bauland umwandeln wollen. Koenigs widerspricht dem Autor unter Hinweis auf seine „Vision offener Grünräume". Eine Vision ist jedoch etwas Unscharfes und offene Grünräume sind etwas Beliebiges. Beides zusammen ergibt etwas äußerst Unbestimmtes. Mit Festlegung der Randbebauung und Klärung der Verkehrsfragen geht es aber gerade um Bestimmtheit.

Nachdem der Autor, obwohl Erfinder der Konzeption, nicht zur Mitarbeit im GrünGürtel-Projektbüro eingeladen wurde, jedoch vom GrünGürtel-Projektbüro zu einem halbstündigen Referat[48] bei den Leitlinien gebeten wurde, trägt er bei dieser Gelegenheit zu seiner Konzeption – die ja der Kern des gesamten aufwendigen städtischen Unternehmens ist – öffentlich vor, dass er sie vor 20 Jahren entwickelte, damit promovierte und es Derartiges für Frankfurt vor ihm nicht gab. Nach der Veranstaltung kann keiner der Teilnehmer oder ein Mitglied des GrünGürtel-Projektbüros behaupten, er habe nicht gewusst, dass der Autor mit der Konzeption eines nachträglich auf Restgrünflächen durch die Stadt geführten dritten Grüngürtels promoviert hat und die Dissertation als gedrucktes Buch mit anliegender Faltkarte im Handel erhältlich ist.

1990/1991 Das von Koenigs geführte GrünGürtel-Projektbüro erstellt auf der Grundlage des Konzepts des Autors mithilfe von Peter Lieser (Frankfurt), zuständig für Öffentlichkeitsarbeit, Peter Latz (Kassel), zuständig für Parkplanung, und Manfred Hegger (Kassel), zuständig für Koordination, ein Plagiat. Prof. Peter Latz lehrte an der Gesamthochschule/Universität Kassel zur selben Zeit, als auch der Autor dort über die Frankfurter Freiraumplanung lehrt. Latz kannte dessen Grüngürtel-Museumsufer-Konzeption und wusste, dass Behrens mit der Konzeption in Kassel promovierte, um so seine Priorität zu schützen.[49] In Koenigs GrünGürtel-Projektbüro wird Latz dann zum Handlanger für das, was der Autor mit seiner Promotion gerade verhindern wollte.

1990/1991 Das städtische Vorhaben fällt sowohl in die Zuständigkeit des Stadtplanungsamtes unter dem Dezernenten Martin Wentz (SPD) als auch in die des neu gegründeten Umweltamtes unter dem Dezernenten Tom Koenigs (Grüne). Die beiden Dezernenten und deren Ämter harmonieren jedoch nicht. Die Aufgabe wird vom Stadtplanungsamt stadtplanerisch, vom Umweltamt als Anpflanzungsthema gesehen.

Im Gegensatz zum Umweltdezernenten Koenigs, der den Autor von seinen Arbeiten fernhält, überträgt der neue Dezernent für Stadtplanung, Martin Wentz, dem Büro Behrens[50] die Koordination und Auswertung der Arbeitsergebnisse von sechs den Grüngürtel-Rand

---

47 Behrens T., Vorwort zur zweiten Buchausgabe unter „Verpasste Chance".

48 In der Teilnehmerliste des GrünGürtel-Projektbüros vom 22.6.1990 sind als Anwesende zu den Vorträgen zu Leitlinien aufgeführt: Auböck M. Wien, Gälzer R. Wien, Jeff de Grys Brüssel, Haag H. Hannover, Lassus B. Paris, Meyfahrt R. Kassel, Roth K. IG Metall Frankfurt, Sander R. Frankfurt, Seiberth H. Berlin, Sukopp H. Berlin, Trepll L. Berlin, Wormbs B. Ulm, Kienast D. Zürich, Schmelzer B. Stuttgart, Behrens T. Frankfurt, Grebe R. Nürnberg, Rossa K. Köln, Tabouret R. Straßburg.

49 Vgl. Kap. II. – 5.4 unter 8.2.1990, Fn 41.

50 Beratervertrag der Stadt Frankfurt mit Behrens T. v. 5.7.1990.

untersuchenden Architekturbüros.[51] Am 8.5.1991 liefert der Autor dem Stadtplanungsamt die *„Zusammenfassung und Auswertung der 1. Arbeitsphase der Untersuchung der Grüngürtel-Randbebauungsmöglichkeiten"* ab.[52] „Es soll weitergehen" teilt die Presse mit,[53] doch zu einer zweiten Arbeitsphase kommt es nicht mehr, weil der Umweltdezernent laut Stadtplanungsdezernent nicht kooperieren und ein Plagiat fertigen würde.

Wentz: Mit Stadtkante die Landschaft schützen

Die Idee vom Wohnungsbau am Rand des Grüngürtels ist „keinesfalls vom Tisch"

Genaue Zahlen fehlen, doch die Idee ist bestechend: Im Grünen zu wohnen, mit Blick auf die Nidda, den Taunus, den Main – und doch mitten in der Stadt zu leben. Das Potential dazu, sagt jedenfalls der Planer Professor Till Behrens, gibt es in Frankfurt. Der Grüngürtel, so lautet seine nicht neue Idee, könnte helfen, die auch von Planungsdezernent Martin Wentz (SPD) befürchtete soziale Segregation, also die Abwanderung der wohlhabenderen Schichten ins Umland, aufzuhalten. Wentz setzt vorerst als Gegengewicht auf neue Stadtteile mit der Lebensqualität von Gründerzeitvierteln: Bei Kalbach beispielsweise soll ein solches Modell Wirklichkeit werden, auch das Wohnviertel am Rebstock soll ähnliche Qualitäten besitzen

Behrens dagegen sieht Möglichkeiten für zumeist gehobenen Wohnungsbau an vielen Stellen nicht im Grüngürtel, sondern an dessen Rand, jenem Band von Wiesen, Feldern und Auen, das sich entlang der Nidda zieht, und dann über Heiligenstock, Lohrberg, Bornheimer und Berger Hang bis nahe an den Stadtwald heranreicht, der im Süden den grünen Ring schließt. Spektakuläre Großprojekte sehen die Pläne dort nicht vor. Vielmehr gehe es darum, berichtet Behrens, vorhandene Stadtteile „qualitativ zu verdichten". Anders gesagt: Dort, wo heute schon Wohnungen mit Blick ins Grüne stehen, sollen zusätzliche, vielleicht auch besser ausgestattete Domizile errichtet werden.

Neu ist diese Idee nicht. Das Frankfurter Planungsdezernat besitzt seit etwa dreieinhalb Jahren eine Untersuchung zur „Städtebaulichen Fassung des Frankfurter Grüngürtels". Die „Arbeitsphase 1", eine Bestandsaufnahme der Grüngürtelränder und Ortsränder, liegt vor, weitere Untersuchungen gab es laut Behrens nicht. „Man hat das wohl nicht so ernst gemeint", sagt der Planer. Eine Randbebauung, fügt er hinzu, sei „natürlich schwieriger, als wenn ich in die Fläche gehe".

Wentz widerspricht: Die Untersuchung fließe immer wieder in die Bauleitplanung ein. Nur gebe er derzeit großen Flächen wie etwa Bonames-Ost den Vorrang vor kleinen: „Wir arbeiten an den dicken Brocken." Die Idee als solche sei „keineswegs vom Tisch", sondern weiter aktuell. Schließlich sei der Auftrag vom Planungsdezernat gekommen, und die Idee sei richtig und sinnvoll.

Sechs Architekturbüros (Professor Jochem Jourdan; Christoph Mäckler; Scheffler und Warschauer; Andreas Keller; Berghoff, Landes, Rang und die Planergruppe Hytrek, Thomas, Weyell, Weyell) hatten jeweils unterschiedliche Teile des Grüngürtel-Rands genau betrachtet und Vorschläge für Veränderungen gemacht. Wohlgemerkt: Nicht bauen im Grüngürtel war das Ziel, sondern genau das Gegenteil. Durch deutliche Bebauungslinien sollte die freie Fläche besser markiert und gesichert werden.

Indem die Ortsränder als „endgültige Grenzen des bebauten Ortsteils begriffen werden", heißt es in der Untersuchung, „können dann keine Erwartungen mehr auf eine spätere Erweiterung in den Grüngürtel hinein genährt werden". Diese Auffassung teilt auch Wentz: Nur eine vernünftige Stadtkante garantiere dauerhaften Schutz. Als Beispiel verweist er auf das Neubaugebiet Leuchte in Bergen-Enkheim. Dort werde so geplant, „daß eine abschließende Bebauung zum Grüngürtel erkennbar wird".

Die sechs Planungsbüros stießen bei ihren Untersuchungen immer wieder auf Möglichkeiten, sozusagen für den Landschaftsschutz Wohnungen zu bauen: etwa parallel zu den Straßen Am Buchwald und Kettelerallee im Osten am Ratsweg, an der brachliegenden Hanglage der Westerbachstraße (dort seien 300 Wohnungen in zweigeschossigen Reihenhäusern und dreigeschossigem Wohnungsbau möglich) in Sossenheim oder, ebenfalls in Sossenheim, an der südlichen Seite der Kurmainzer Straße. Letzteres beispielsweise hält Behrens für „sofort realisierbar".

Die Untersuchung, heißt es in der Zusammenfassung, „hat gezeigt, daß noch erhebliche, qualifizierte Wohnbauflächen an den Grüngürtelrändern zu gewinnen sind". Weitere Potentiale seien vermutlich dort zu finden, wo die regionalen Grünzüge in den Grüngürtel mündeten. Vor zu großen Erwartungen warnt Wentz jedoch: „Es ist nicht so viel." Dennoch soll es laut Wentz weitergehen, in Kürze beispielsweise mit einer genauen Untersuchung über Oberrad.

DETLEV JANIK

137 Pressemitteilung „Wentz: Mit Stadtkante die Landschaft schützen. Die Idee vom Wohnungsbau am Rand des Grüngürtels ist ‚keinesfalls vom Tisch'", FAZ 19.10.1994.

12.9.1990 Tom Koenigs lädt zur Teilnahme am Bürgerwettstreit „GrünGürtel" ein. Es heißt darin u.a.: *„Um die Bewohnerinnen und Bewohner unserer Stadt, um deren Wünsche und Ziele es schließlich geht (...) mit in die Planung einzubeziehen, veranstalten wir einen ‚Bürgerwettstreit'."*[54] Hier wird nun Bürgernähe vorgetäuscht, nachdem die wirklich kompetenten Bürger, die 20 Jahre für die Realisierung der Konzeption kämpften, ebenso wie der Autor ausgegrenzt wurden.

---

51 Es wurden sechs vom Stadtplanungsamt vorgegebene Untersuchungsabschnitte des Grüngürtel-Randes durch die folgenden sechs Planerbüros untersucht: PAS Prof. Jochem Jourdan – Bernhard Müller; Büro für Architektur- und Stadtbereichsplanung Christoph H. Mäckler; Scheffler und Warschauer Architekten; Andreas J. Keller; Planergruppe Hytrek, Thomas Weyell und Weyell; Planungsbüro Berghoff, Landes, Rang. Die Auswertung der Ergebnisse erfolgte durch das Planungsbüro Prof. Dr.-Ing. Till Behrens in Zusammenarbeit mit Jochen Rahe.

52 Behrens T., „Grüngürtel mit Randbebauung", in: Perspektiven-Stadt und Region, Jahrbuch werk und zeit, Frankfurt 1993 (?) S.50–55.

53 Janik D., „Wentz: Mit Stadtkante die Landschaft schützen. Die Idee vom Wohnungsbau am Rand des Grüngürtels ist ‚keinesfalls vom Tisch'", FAZ 19.10.1994.

54 Koenigs T., Stadt Frankfurt am Main, Einladung zur Teilnahme am Bürgerwettstreit v. 12.9.1990.

Tom Koenigs

Stadt Frankfurt am Main

Frankfurt, den 12. September 1990

Einladung zur Teilnahme am Bürgerwettstreit
"GrünGürtel Frankfurt" vom 21. September bis 15. Oktober 1990
und an der 3. öffentlichen Fahrradtour (mit Aktionen)
am 23. September (10:00 Uhr ab Römerberg)
nach Bergen und Fechenheim

Sehr geehrte Damen und Herren,

zur beginnenden Herbstzeit, sollen die ersten Früchte der GrünGürtel-Planung in Frankfurt reifen - und damit auch für die breitere Öffentlickeit sichtbar werden. Vom 16. bis 29. September findet in den Räumen der J.W.Goethe-Universität unsere "GrünGürtel-Sommerakademie" statt, an der 20 Entwurfsteams, Hochschulgruppen und Büros aus dem In- und Ausland, sowie aus Ämtern der Stadt Frankfurt teilnehmen werden.

Sie sollen Ideen und Entwürfe zu Brennpunkten im GrünGürtel zu Papier bringen. Diese Beiträge zur Planung und Entwicklung des Frankfurter GrünGürtels werden von einer Jury bewertet und am 29.9.1990 der Öffentlichkeit vorgestellt und diskutiert.

Um die Bewohnerinnen und Bewohner unserer Stadt, um deren Wünsche und Ziele es schließlich bei diesem Projekt geht, um Sie, meine sehr verehrten Damen und Herren, mit in die Planungen einzubeziehen, veranstalten wir parallel dazu einen "Bürger-Wettstreit".

Ich freue mich auf Ihre Teilnahme an unserer Tour und an unseren Aktionsfesten in Bergen und Fechenheim.

Mit freundlichen Grüßen

(Tom Koenigs)

138 Tom Koenigs Einladung vom 12.September 1990 zum Bürgerwettstreit.

28.6.1991 Mit der Magistratsvorlage M 170 beschließt die Stadt Frankfurt am Main, 300 Millionen DM in den Grüngürtel zu investieren, davon ca. 260 Mio. für Grunderwerb und Parkplanung und ca. 40 Mio. für Extensivierung der Landwirtschaft, für die Umgestaltung der Gewässer, für soziale Infrastrukturverbesserungen und für eine Grüngürtel-Verfassung.[55]

Die Magistratsvorlage M 170 macht deutlich, dass Politiker und Planer im Magistrat, die diesen Beschluss formulierten, nicht verstanden hatten, dass es nicht um teure Parkplanung geht, sondern dass der Grünraum von vornherein in Verbindung mit der Bebauung auf der Grundlage wissenschaftlich gewonnener Erkenntnisse zum Frankfurter Klima zu entwickeln ist, wie es bereits 1973 und erneut 1979 die Schriften des Bürgerforums und der Autor in seiner Dissertation forderten.

55 Der Magistrat, Vorlage M 170, Grüngürtel Frankfurt, Dezernat VIII, Frankfurt 28.6.1991, Vortrag an die Stadtverordnetenversammlung.

DER MAGISTRAT

Frankfurt a. M., den 28. JUNI 1991

Dezernat: VIII

Zu Punkt 5 der Tagesordnung I

01.VII 91

V	01 AL	01 PR	01 1	01 2
R	D	AE	zwV	zdA

Vortrag des Magistrats an die Stadtverordneten-Versammlung

M 170

Betrifft:

GrünGürtel Frankfurt

1 – 16

Mitwirkung Ortsbeirat erforderlich

Vorgang:				
Beschluß der Stadtv.-Vers.	vom	25.01.1990	§ 2354	(M 282)
Bericht des Magistrats	vom	18.01.1991	B 45	
Bericht des Magistrats	vom	01.02.1991	B 136	
Anregung des Ortsbeirats 5	vom	15.03.1991	OA 3141	
Anfrage des Ortsbeirats 7	vom	16.04.1991	V 1508	

Anlagen:

GrünGürtel-Verfassung

Vortrag

[x] Wir bitten die Stadtverordneten-Versammlung, zu beschließen:

[ ] Wir bitten die Stadtverordneten-Versammlung, in nichtöffentlicher Sitzung zu beschließen:

1. Die vorgelegte GrünGürtel-Verfassung wird hiermit beschlossen. Sie besteht aus den vier Teilen
   I. GrünGürtel-Charta,
   II. Öffentlich-rechtliche Sicherung des Frankfurter GrünGürtels,
   III. Flächenplan und
   IV. GrünGürtel-Plan (Bestand und Entwicklung).

2. Der Magistrat wird beauftragt, die öffentlich-rechtliche Sicherung des Frankfurter GrünGürtels durchzusetzen und die Verknüpfung des GrünGürtels mit den regionalen Grünzügen und innerstädtischen Grünanlagen organisatorisch sicherzustellen.

3. Der Magistrat wird ferner beauftragt, auf der Grundlage dieser Verfassung Richtlinien für die Verwaltung städtischer Grundstücke im GrünGürtel zu erstellen.

4. Mit der Förderung der Ziele der GrünGürtel-Verfassung und der Umsetzung von Maßnahmen im GrünGürtel wird die Bundesgartenschau Frankfurt 1989 GmbH betraut, die den Namen 'GrünGürtel Frankfurt GmbH' erhalten soll. Der Magistrat wird beauftragt, in der Gesellschafterversammlung entsprechende Änderungen des Gesellschaftsvertrages herbeizuführen.

...

Gr - StR Koenigs
H

22 05 41 8/76 14692

Begründung:

Der GrünGürtel Frankfurt ist ein für das bebaute Stadtgebiet unverzichtbarer Ausgleichsraum mit stadtstrukturierender Wirkung. Dem anhaltenden Wachstum der Stadt mit einem steigenden Bedarf an Flächen für Wohnungsbau, Gewerbe, Industrie und Verkehr steht ein begrenzter Naturraum gegenüber. Das Anliegen der Stadt, einen GrünGürtel um Frankfurt zu sichern und zu entwickeln, hat eine über sechzigjährige Ideengeschichte. In dieser Zeit ist der betreffende Freiraum immer wieder geschmälert und geschwächt worden.

Die Sicherung und Entwicklung des Frankfurter GrünGürtels ist Ausdruck historisch gewachsenen Umweltbewußtseins der Frankfurter Bevölkerung und leistet einen Beitrag für die Lebensqualität der Region Rhein-Main. In diesem Sinne ist die Planung und Entwicklung des GrünGürtels aktive Umgestaltung im Zuge einer modernen, sozialen und ökologischen Stadtentwicklung.

Mit Beschluß vom 25.01.1990, § 2354, legte die Stadtverordnetenversammlung der Stadt Frankfurt am Main das Ziel fest, den GrünGürtel um die Stadt zu entwickeln und auf Dauer zu sichern. Zur Planung und Entwicklung des Frankfurter GrünGürtels sah der Beschluß die Durchführung eines internationalen Gutachter- und Wettbewerbsverfahrens vor.

Der Magistrat hat die für die zukünftigen Umsetzungen notwendigen Vorarbeiten durchgeführt. Dies geschah mit der externen Unterstützung von Fachleuten, die sich zur Abwicklung ihrer Tätigkeit in einem Projektbüro zusammengeschlossen haben. Nach der Durchführung des Projektjahres schloß das Projektbüro zum Ende des ersten Quartals 1991 seine Arbeit ab. Die Ergebnisse des Projektjahres beinhalten, neben umfassenden Analysen zum Landschaftsraum und den gesellschaftlichen Strukturen, den Entwurf einer GrünGürtel-Verfassung, einschließlich des Flächenplans und des GrünGürtel-Plans, sowie den Vorschlag für ein Investitionsprogramm und einen Ergebnisbericht. Auf diesen Grundlagen basiert der vorliegende Vortrag des Magistrats.

\- 2 -

Die in die GrünGürtel Frankfurt GmbH von der Stadt entsandten Mitglieder des Aufsichtsrates und der Magistrat als Gesellschafter haben die Umsetzung der GrünGürtel-Verfassung durch die GrünGürtel Frankfurt GmbH zu überwachen und sicherzustellen, daß diese ihre im Wirtschaftsplan ausgewiesenen Maßnahmen nach Abstimmung mit den jeweils betroffenen Ortsbeiräten und dem Magistrat jährlich der Stadtverordnetenversammlung zur Kenntnisnahme vorlegt. Berichte über Einzelmaßnahmen sind den zuständigen Ausschüssen halbjährlich zu erstatten. Zur Unterstützung und Begleitung der Umsetzung der GrünGürtel-Verfassung wird vom Aufsichtsrat der GrünGürtel Frankfurt GmbH ein Beirat berufen. Er berät den Aufsichtsrat und hat Informations- und Initiativrechte.

5. Der Erwerb von Grundstücken durch die GrünGürtel Frankfurt GmbH hat ausschließlich für die Stadt Frankfurt zu erfolgen.

6. In den kommenden Jahren werden 300 Mio. DM an Investitionsmitteln für den GrünGürtel zur Verfügung gestellt. Hiervon sind vorgesehen für:

Grunderwerb	100 Mio. DM
Anlage und Erweiterung von Parks, Gärten und Wiesen	97 Mio. DM
Gehölzpflanzungen	18 Mio. DM
Wege, Brücken, Straßen- und Bahnübergänge	48 Mio. DM
Investitionen zur Extensivierung der Landwirtschaft zur naturnahen Umgestaltung der Gewässer und zur Verbesserung der sozialen Infrastruktur	37 Mio. DM

7. Der Magistrat wird beauftragt zu prüfen, ob es zweckmäßig ist, zur materiellen und ideellen Förderung des GrünGürtels durch die Frankfurter Bürgerinnen und Bürger eine 'Stiftung GrünGürtel Frankfurt' zu errichten. Hierüber ist innerhalb eines Jahres zu berichten.

\- 3 -

1.2 Durchführung eines internationalen Gutachter- und Wettbewerbsverfahrens mit dem Ziel der Schaffung einer fundierten Bestandsanalyse, der Gewinnung von Gestaltungsideen und der Erkenntnis spezieller Entwicklungspotentiale

Das internationale Gutachter- und Wettbewerbsverfahren wurde in drei Stufen organisiert und durchgeführt:

a) GrünGürtel Workshop 'Leitlinien'

Auf der Basis einer ausführlichen Bestandsanalyse zur Gesamtheit des GrünGürtels durch das GrünGürtel-Projektbüro studierten und erkundeten 15 Experten aus dem In- und Ausland und etwa ebensoviele aus regionalen und städtischen Institutionen und Ämtern während einer einwöchigen Klausurtagung im Juni 1990 den Frankfurter GrünGürtel. Auf speziellen Fahrraderkundungstouren qualifizierten sie Brennpunkte und erarbeiteten Leitlinien zur Vorbereitung von zukünftigen Aufgabenstellungen und zur rechtlichen Sicherung des GrünGürtels.

b) GrünGürtel-Sommerakademie 'Entwürfe'

Die Auswertung und Verdichtung der Analysen der Experten führte zur Formulierung von Aufgabenstellungen in vier Teilgebieten (Osthafen/Oberrad, Stadtwald Mitte, Sossenheim/Westkreuz, Bonames/Harheim/Nieder-Eschbach) und einem Sondergebiet (Bornheimer Hang/A 661). Sie wurden, um vielfältige Materialien ergänzt, durch das Projektbüro als Ausschreibungsunterlagen für das Gutachterverfahren bearbeitet. 20 Entwurfsteams aus neun Ländern, von Universitäten, Landschaftsplanungsbüros und Ämtern der Stadt Frankfurt nahmen auf Einladung an der zweiwöchigen Sommerakademie im September 1990 teil.

Aus dieser Gutachterklausur gingen Entwürfe hervor, die zahlreiche Anregungen für die zukünftige Gestaltung des GrünGürtels lieferten. Auf der Grundlage eines Vorprüfberichtes des GrünGürtel-Projektbüros wurden diese Arbeiten durch ein zwölfköpfiges Obergutachter-Gremium bewertet, in dem auch Stadtverordnete vertreten waren.

Die Jury begutachtete ebenso die Ideen und Planungsbeiträge von Bürgerinnen und Bürgern, die zum Zeitpunkt der Sommerakademie aufgefordert waren, ihre Vorstellungen zur Planung und Entwicklung des Frankfurter GrünGürtels auf einem Wettstreitbogen in das Verfahren einzubringen. Dieser war in einer Auflage von 315.000 Stück durch drei Frankfurter Tageszeitungen mit regionaler Verbreitung verteilt worden.

139 Magistratsvorlage M 170 der Stadt Frankfurt a.M. vom 28.6.1991 (Seiten 1–4).

- 4 -

Mit den Ergebnissen der Sommerakademie und dem Wettstreitbogen als Instrument der Bürgerbeteiligung in Planungsprozessen beteiligte sich der Magistrat der Stadt Frankfurt am Wettbewerb des Hessischen Innenministeriums 'Bürger, es geht um Deine Gemeinde', der 1991 unter dem Thema 'Ortsränder und Ortseingänge' stand. In der Abteilung Städte und Gemeinden wurde die Stadt Frankfurt aufgrund der Verdienste um die Planung und Entwicklung ihres GrünGürtels zum Landessieger erklärt und am 06.03.1991 durch das Hessische Innenministerium mit einem Preis ausgezeichnet.

Während der Sommerakademie wurden Arbeitsgruppen zu folgenden, für den GrünGürtel bedeutsamen Themenschwerpunkten eingerichtet: Der GrünGürtel als sozialer Raum, Flächen- und Landbewirtschaftung im GrünGürtel, Gewerbe am GrünGürtel, Neue Wege - Straßen und Bahnen im GrünGürtel, Übergänge - Siedlungsraum und Freiraum, Rechtliche Sicherung des GrünGürtels.

Die Arbeitsgruppen waren besetzt mit lokalen und nationalen Experten aus Verwaltung, freier Praxis, Wissenschaft und dem Spektrum verschiedener gesellschaftlicher Interessen. Ihnen oblag die Formulierung von planerischen Prinzipien, von Maßnahmen und Strategien zur Verwirklichung des GrünGürtels. Der Arbeitsgruppe 'Rechtliche Sicherung' kam die Erstellung eines Entwurfs der GrünGürtel-Verfassung zu.

c) GrünGürtel-Kongreß 'Verfassung'

Im Dezember fand zum Abschluß des Verfahrensjahres der international besetzte Kongreß zur GrünGürtel-Verfassung statt. Die beiden für Frankfurt als Beispiele relevanten Großprojekte - der Wald- und Wiesengürtel Wien und die Internationale Bauausstellung Emscher Park - waren, wie schon bei den Veranstaltungen zuvor, ebenso vertreten, wie die hierfür relevanten Ämter der Stadt Frankfurt, externe Experten aus dem In- und Ausland, Teilnehmerinnen und Teilnehmer des Workshops und der Sommerakademie, Interessengruppen, im Wettstreit engagierte Bürgerinnen und Bürger der Stadt Frankfurt und verschiedene Gemeinden der Region.

Mit der Vorlage des Entwurfs der GrünGürtel-Verfassung zum Kongreß hat die Arbeitsgruppe 'Rechtliche Sicherung' einerseits die Bedeutung des GrünGürtels und die allgemeinen Prinzipien seiner Sicherung und Entwicklung aufgezeigt, andererseits konkrete Wege zur Herbeiführung eines öffentlichrechtlichen Sicherungssystems benannt. Die Einrichtung einer Stiftung GrünGürtel wurde mit der Vorlage eines Satzungsvorschlags empfohlen. Der Entwurf zur GrünGürtel-Verfassung stand im Mittelpunkt der Kongreßberatungen.

- 5 -

Während des Kongresses erfolgte die Preisverleihung an die prämiierten Teilnehmerinnen und Teilnehmer des Bürgerwettstreits (Bahnreisen, Fahrräder und Sonderpreise) und die Eröffnung der Ausstellung ausgesuchter Entwürfe der Sommerakademie und des Bürgerwettstreits. Hier wurde ein Ideenplan der Bürgerinnen und Bürger mit allen darstellbaren Anregungen vorgestellt.

Im Laufe des Projektjahres entstand ein umfassendes Planwerk zum GrünGürtel. Darin sind eingegangen eine Vielzahl von vorhandenen Grundlagenmaterialien aus vorangegangenen Untersuchungen und Planungen, umfangreiche Erkundungen und Vor-Ort-Analysen des GrünGürtel-Projektbüros, Anregungen und Forderungen aus mehr als 20 Sitzungen einer ämterübergreifenden Arbeitsgruppe der Verwaltung, Analysen, Problembeschreibungen, Ideen und Gestaltungsvorschläge aus Workshop, Sommerakademie, Kongreß, Experten- und Bürgerbeteiligung, Planungsprinzipien der Arbeitsgruppen.

2. Realisierung des GrünGürtels

Magistrat und Stadtverordnetenversammlung der Stadt Frankfurt beschließen nach einem einjährigen Planungsprozeß die vorliegende GrünGürtel-Verfassung mit ihren vier Teilen

I. GrünGürtel-Charta,
II. Öffentlich-rechtliche Sicherung des Frankfurter GrünGürtels,
III. Flächenplan und
IV. GrünGürtel-Plan (Bestand und Entwicklung).

2.1 Vorgehen

Im Abschnitt 'Öffentlich-rechtliche Sicherung des Frankfurter GrünGürtels' der Verfassung sind die einzelnen Schritte aufgeführt, die eine langfristige und umfassende planungs- und naturschutzrechtliche Absicherung des GrünGürtels realisieren sollen. Hierzu bedarf es zunächst einer genauen Abgrenzung durch den Flächenplan und einer planerischen Vorgabe durch den GrünGürtel-Plan. Auf dieser Grundlage wird sodann angestrebt, bestehende planungs- und naturschutzrechtliche Ausweisungen den Zielen des GrünGürtel-Plans anzupassen und - soweit die Stadt für die Planung nicht originär zuständig ist - diese Änderungen zu beantragen sowie den Diskussionsprozeß hierüber einzuleiten.

- 6 -

Zur Sicherstellung einer zügigen und einheitlichen Umsetzung investiver Maßnahmen im GrünGürtel wird einer Übertragung entsprechender Funktionen auf eine Gesellschaft mbH der Vorzug gegeben, wobei sich die Fortführung der Bundesgartenschau Frankfurt 1989 GmbH unter geänderter Zielsetzung anbietet. Soweit es möglich und rechtlich zulässig ist, sollen Mittel, die aus der Ausgleichsabgabe nach dem Hessischen Naturschutzgesetz der Stadt zufließen, für Investitionen im GrünGürtel eingesetzt werden.

Um thematisch und organisatorisch der Gefahr einer einseitigen Bevorzugung der Entwicklung des GrünGürtels auf Kosten anderer Grünflächen entgegenzuwirken, ist es von besonderer Bedeutung, daß die Verknüpfung dieser Grünbereiche mit dem GrünGürtel auch organisatorisch sichergestellt wird und damit vorhandene Grünanlagen und regionale Grünzüge an der Entwicklung im Sinne einer einheitlichen Frankfurter Grünkonzeption insgesamt angemessen teilhaben können. Mit der Beauftragung, Richtlinien für die Verwaltung städtischer Grundstücke im GrünGürtel zu erstellen, soll auch die Liegenschaftsverwaltung den Erfordernissen zur Verwirklichung der GrünGürtel-Verfassung Rechnung tragen und eine Vorbild- und Leitfunktion gegenüber privaten Grundstückseigentümern ausüben.

2.2 Flächenplan

Der Flächenplan (Original-Maßstab 1:10.000) grenzt das Gebiet des GrünGürtels ab. In den gekennzeichneten Untersuchungsgebieten hat noch eine endgültige Festlegung der Grenzen zu erfolgen.

Bei den Flächen im GrünGürtel handelt es sich um in unterschiedlicher Weise genutzte Freiräume auf Frankfurter Stadtgebiet, die mit einigen Ausnahmen im Flächennutzungsplan des Umlandverbands als Freiflächen festgesetzt sind. Die Grenzziehung erfolgte nach eingehenden Analysen der Stadtstruktur und der Zusammenhänge, die hinsichtlich landschaftlicher Strukturmerkmale bzw. den im Flächennutzungsplan angegebenen 'harten' Nutzungsgrenzen zu berücksichtigen sind, wie z.B. zusammenhängende Baugebiete mit hohem Versiegelungsgrad oder Verkehrstrassen. Bestehende Bundesautobahnen wurden ausgegrenzt. Andere Straßen verbleiben im GrünGürtel und sollen durch entsprechende Gestaltung in den GrünGürtel integriert werden.

Es wurden bestimmte vorhandene bauliche Anlagen (z. B. Gemeinbedarf, Gewerbe) mit engen Grenzlinien aus der Fläche

- 7 -

Es wurden bestimmte vorhandene bauliche Anlagen (z. B. Gemeinbedarf, Gewerbe) mit engen Grenzlinien aus der Fläche des GrünGürtels herausgenommen, um einer weiteren Ausdehnung entgegenzuwirken. So ergaben sich kleinteilige Bebauungsinseln, die durch entsprechende Auflagen in ihre Umgebung integrierbar sind.

2.3 GrünGürtel-Plan (Bestand und Entwicklung)

Der GrünGürtel-Plan (Original-Maßstab 1:10.000) bezieht sich auf den Geltungsbereich des GrünGürtels, der im Flächenplan räumlich definiert ist. Analysen aus dem Projektjahr, Entwürfe zur Sommerakademie, Analysen zum städtischen Grundbesitz, vorhandene Planfestsetzungen, Stadtwaldkarte, Stadtbiotopkartierung u. a. sind bei der Erarbeitung des GrünGürtel-Plans berücksichtigt worden.

In den Flächenkategorien des GrünGürtel-Plans werden die allgemeinen Grundsätze der Charta konkretisiert und in ihrer räumlichen Größenordnung und Verteilung dargestellt. Unterschieden wird in Bestandssicherung und in Planung und Entwicklung von Flächen, Nutzungen und Strukturen im GrünGürtel. Die Kategorien des Plans, die nicht der Nomenklatur der Baunutzungsverordnung folgen, sondern eigene Begriffe entwickeln, nehmen Bezug auf die Leitsätze der Charta. 'Naturraum' beinhaltet den Schutz und die Entwicklung der natürlichen Lebensgrundlagen, 'Sozialer Raum' bzw. 'Wege, Straßen und Bahnen' legen die Offenheit und Nutzbarkeit des GrünGürtels für die Bevölkerung dar. Der Plan ist differenziert nach Kategorien, die bestimmten Flächen Aufgaben zuweisen (z. B. schutzwürdige, naturnahe Landschaftsteile), Kategorien, die sich überlagernde Funktionen ausweisen (z. B. offene Räume mit Erholungsüberlagerung) und Kategorien, die keine flächige Darstellung haben (z. B. ökologische und funktionale Verbindungen nach innen und außen).

Auf der Grundlage des GrünGürtel-Plans sind zukünftig folgende Entwicklungen von Nutzungsarten möglich:

Neue Parktypen im GrünGürtel

Dies sind großflächige, offene Landschaftsräume, die Reste der ehemaligen charakteristischen Landschaftsstruktur wie Streuobst oder Wiesenland enthalten, diese bewahren und ihre Erlebbarkeit entwickeln sollen. Neue Parktypen im GrünGürtel enthalten soziale, gärtnerische, kleingärtnerische, landwirtschaftliche und forstwirtschaftliche Bestandteile. Sie bieten Raum für Spiel, Freizeit und Begegnung. Sie enthalten Gebiete, die nur schwer zugänglich sind und Vegetationstypen mit natürlicher Entwicklung, die dem Schutz von Lebensgemeinschaften dienen.

139 Magistratsvorlage M 170 der Stadt Frankfurt a.M. vom 28.6.1991 (Seiten 5–8).

Landwirtschaft im GrünGürtel

Dieses sind Abschnitte von großflächigen, offenen Landschaftsräumen auf Flächen mit überwiegender landwirtschaftlicher Nutzung. Die Flächen sind, außer an Wegen und Rainen, nicht mit anderen Funktionen überlagerbar, enthalten jedoch kleine Parzellen zur Erholungsnutzung.

Zum Ausgleich der nutzungsbedingten Strukturarmut sind hier ökologische Verbesserungen des Gesamtsystems durch Renaturierung von Gräben, Bächen und Retentionsräumen, Anpflanzen von Feldgehölzen, Ackerrandstreifen, Alleen u. a. sinnvoll.

Gärten im GrünGürtel

Hier sind Flächen und Räume mit vorhandener, überwiegend gärtnerischer Nutzung wie Kleingärten, Grabeland und Gärtnereien ausgewiesen. Meist den Siedlungsbereichen unmittelbar vorgelagert, kennzeichnen sie Ortsränder. Sie sind - aufgrund der intensiven Nutzung und ihres zumeist privaten Charakters - außer an Wegen und Rändern nicht mit anderen Funktionen überlagerbar. Die Flächen sollen durchlässig gestaltet sein.

Wald im GrünGürtel

Die Waldflächen im GrünGürtel, insbesondere der Stadtwald, sind geprägt durch die dichte Überlagerung der Schutz-, Erholungs- und Nutzungsfunktionen. Lichtere Waldbestände mit großkronigen Bäumen unterstützen flächige Erholungsnutzung. Von Bedeutung sind hier insbesondere Waldflächen, die unmittelbar an Siedlungen grenzen und solche, die gut erschlossen und erreichbar sind. In geeigneten Gebieten sollen sich Naturwaldinseln entwickeln. Die Beeinträchtigungen der Funktion des Waldes durch starke Zerschneidungen sollen vermindert und in Zukunft nach Möglichkeit vermieden werden.

Gewässer im GrünGürtel

Für alle Gewässer im GrünGürtel werden naturnahe Ufer vorgesehen. In Bereichen mit geringer ökologischer Qualität sind Maßnahmen zur Gewässerbett-Renaturierung und zur Entwicklung von ökologisch wertvoller Unterwasser- und Ufervegetation vorgesehen. Weiterhin werden ehemalige Oberflächengewässer und Grabensysteme durch Öffnung zugeschütteter Gräben und verrohrter Bachläufe wiederbelebt.

Sport im GrünGürtel

Der Bestand an Sportstätten hat einen festen Platz im GrünGürtel. Er soll in seiner Funktionsfähigkeit für den Sport erhalten und entwickelt werden. Dort wo Sportstätten an besonders sensiblen Stellen des GrünGürtels liegen, wird eine Umgestaltung im Sinne der Durchgängigkeit und eine möglichst weitgehende Entsiegelung der Flächen angestrebt. Eine zusätzliche Versiegelung ist hier nicht möglich. In anderen Bereichen des GrünGürtels gilt für die Sportstätten, daß zusätzliche Sportflächen die Durchgängigkeit nicht beeinträchtigen dürfen und sich auf die natürliche Landschaftsstruktur beziehen müssen, sowie daß die Erweiterung und der Neubau von Funktionsgebäuden durch eine entsprechende Neuordnung der Flächen zu einer geringeren Versiegelung der Gesamtanlage beitragen und die Anlage besser in Natur und Landschaft einpassen sollen. Der Schaffung naturverträglicher Sport- und anderer Betätigungsmöglichkeiten kommt im GrünGürtel ein hoher Stellenwert zu.

2.4 Vorschlag für ein Investitionsprogramm

Auf der Grundlage seiner Planung zur Sicherung und Entwicklung des GrünGürtels hat das Projektbüro einen ersten Vorschlag für ein zehnjähriges Investitionsprogramm erarbeitet, das nach 18 Maßnahmearten differenziert ist. Eine genaue Festlegung von Prioritäten und des zeitlichen Ablaufs wird darin bewußt nicht vorgenommen. Es sind jedoch kurzfristig zu realisierende Maßnahmen enthalten. Dies sind insbesondere solche, die die Zugänglichkeit und das Wegesystem des GrünGürtels verbessern und das Naturpotential erweitern. Sofortinvestitionen beziehen sich auch auf Extensivierungsprogramme und Pflanzungen.

Der nachfolgend wiedergegebene Vorschlag für ein Investitionsprogramm beruht auf den Vorgaben, die der GrünGürtel-Plan vorsieht:

Maßnahmenart	Beispiele	Kosten
1. Neue Parkanlagen, neue Parktypen	'Länderpark', Park Louisa, Mainuferpark	49,0 Mio. DM
2. Erweiterung von Parkanlagen	Heinrich-Kraft-Park, Schwanheimer Wiese	23,0 Mio. DM

3. Anlage von Promenaden und Grünverbindungen	Mainpromenade Osthafen, Bahnpromenade Ostpark-Hafen, Promenade Frankfurter Berg	16,5 Mio. DM
4. Umbau von Straßen und Plätzen	Starkenburger Straße, Wendelsweg	5,9 Mio. DM
5. Flächige Gehölzpflanzungen (Haine, Wäldchen)	Berger Rücken, Heiligenstock, Berkersheim	3,5 Mio. DM
6. Nuss- und Obstbaumpflanzungen	Sossenheim, Ginnheim, Seckbach Nord	3,5 Mio. DM
7. Lineare Gehölzpflanzungen (Alleen, Feldhecken)	Harheimer Weg, Friedberger Landstraße, Hohe Straße	7,8 Mio. DM
8. Einzel- und Gruppenpflanzungen	im gesamten GrünGürtel	2,8 Mio. DM
9. Neue Gärten und Maßnahmen in vorhandenen Gartengebieten	Harheim, Oberrad, Bonames	5,0 Mio. DM
10. Wiesenflächen mit teilweiser oder jahreszeitlicher Erholungsnutzung	Fechenheimer Mainbogen, Berger Hang, Lichtungen im Stadtwald	3,5 Mio. DM
11. Extensivierung landwirtschaftlicher Nutzflächen	Sossenheimer Unterfeld, Bonames, Seckbach-Nord	3,5 Mio. DM
12. Ökologische Einzelmaßnahmen	Riedbereiche, Entsiegelung befestigter Flächen	3,0 Mio. DM

13. Gewässerrenaturierung	Luderbach, Lachegraben, Riedbäche, Gräben	16,5 Mio. DM
14. Fuß-, Rad- und Abwege	im gesamten GrünGürtel	27,3 Mio. DM
15. Niveaugleiche Übergänge über Straßen und Bahntrassen	Bahnübergang Wasserwerk, Darmstädter Landstraße, Homburger Landstraße	4,5 Mio. DM
16. Bau von Brücken über Bundesfernstraßen, Bahntrassen und Gewässer	Straßenbrücke Oberforsthaus, Bahnbrücke Berkersheim, Niddabrücke Westkreuz	10,5 Mio. DM
17. Lokale Kultur-, Kunst-, Sport- und Versorgungseinrichtungen	Aussichtspunkte, Kioske, Sanitäreinrichtungen, Beschilderungen, Bänke	12,2 Mio. DM
18. Brunnen und Kleingewässer	im gesamten GrünGürtel	2,0 Mio. DM

gez. von Schoeler
Begl. Bera-Ulbricht

139 Magistratsvorlage M 170 der Stadt Frankfurt a.M. vom 28.6.1991 (Seiten 9–12).

II – 5.6 Preiswerte Landschaft oder teures Edelgrün?

Aus dem Plan des Autors – ein stadtplanerisch bestimmter durchgehender Landschafts-Grüngürtel, der für den Bürger nahezu kostenlos land-, forst- und wasserwirtschaftlich anzulegen und zu pflegen ist – macht das GrünGürtel-Projektbüro einen teuren Ring aus pflegeintensiven Einzelparks. Aus der zweckmäßigen Landschaftsplanung des Autors wird eine repräsentative Parkplanung, die zusätzlich für die Öffentlichkeit und Presse zu einer Inszenierung aufgebauscht wird. Fehler, die man bei der Museumsufer-Realisierung gemacht hat, werden wiederholt. Man schreibt einen Wettbewerb aus, gibt sich international, holt aus aller Welt Planer, die Frankfurt nicht kennen. Diese machen Vorschläge, die allenfalls interessant sind, Frankfurt aber nichts nützen. Die Planer reisen wieder ab, lassen die Frankfurter als unfähig zurück und haben nur Geld gekostet. Die vielen Frankfurter Bürger, die parteiübergreifend über 20 Jahre lang für die Erhaltung des Stadtgrüns und die Realisierung des Konzeptes des Autors gekämpft hatten, werden nicht eingebunden.

Wie vorher schon Walter Wallmann, agiert auch Tom Koenigs mit einer „feudalbürgerlichen" Auffassung von Natur, um auf Kosten der Bürger grüne Gebiete „noch grüner" zu machen (auch der feudale Park entstand auf Bürgerkosten). Beide argumentieren ähnlich: Erklärte Wallmann um 1980 zu seiner ca. 150 Mio. Mark verschlingenden Bundesgartenschau im Niddatal: *„Wir wollen nicht irgendeine Landschaft dort liegen lassen, (sondern) hochqualifiziertes Grün, eine hochqualifizierte Landschaft" herstellen,*[56] folgte nur elf Jahre später Koenigs zu seiner ca. 300 Mio. Parkplanung mit: *„Wenn wir Umwelt schützen wollen, müssen wir dahin kommen, Umwelt selbst zu gestalten und zwar in einer Form, in der alle Flächen, die noch vorhanden sind, höherwertig gestaltet werden, als sie es bisher sind."*[57]

Wallmann hatte die Notwendigkeit der Frankfurter Gartenschau damit begründet, dass sonst das zu 95% stadteigene Niddatal Gefahr liefe, bebaut zu werden und deshalb durch eine Bundesgartenschau – die nur vorübergehend existiert – davor geschützt werden müsse. Dieses Argument greift allerdings nicht, da der Magistrat den für das gesamte Niddatal geforderten Grüngürtel-Schutz durch das Aufstellen von so genannten Negativbebauungsplänen (Kap. II – 2) mit der Begründung ablehnte, das Niddatal sei durch Landschaftsschutz ausreichend gesichert.[58] Es bleibt unverständlich, was eine Gartenschau noch schützen soll, wenn doch schon alles ausreichend geschützt ist. Koenigs proklamiert das gleiche unrealistische Ziel, die Umwelt durch eine „höherwertige Gestaltung" statt durch wirksame Gesetze schützen zu wollen. Es kommt unter ihm zwar zu einer Erklärung (der „Grüngürtel-Verfassung"), aber weder er noch nachfolgende Umweltdezernenten setzen den politischen Prozess in Gang, den dritten Grüngürtel in Verbindung mit Randbebauung durchgehend mit Negativbebauungsplänen rechtlich wirksam nach dem Vorbild Wallservitut zu schützen. Einen Schutz über „hochqualifiziertes Grün" erreichen zu wollen oder über „höherwertige Natur" ist ein teures und unnötiges Vorhaben und weicht vor einer zuverlässigen stadtplanerischen Lösung aus. Und es ist nicht natürlich.

Die für eine Region typische Landschaft entsteht durch die Ansiedlung standortgerechter Pflanzen, was diese Landschaft nachhaltig macht. Die Natur lässt das wachsen, was

---

56 Wallmann W., zitiert nach: „Gartenschau wurde als eine geschichtliche Tat gefeiert", FN NW, 11. Jahrg. Nr. 53.

57 Koenigs T., in: „Grüngürtel – eine konstruktive Vision der Stadtentwicklung", in: Kommune 6/1991, S. 37.

58 „Niddatal rechtlich ausreichend gesichert", FN NW 7. 1.1982.

den jeweiligen örtlichen Lebensbedingungen entspricht. Dauerhaft können sich nur Pflanzen halten, die für die spezifischen Boden- und Klimaverhältnisse geeignet sind. Werden für die Lage nicht oder wenig geeignete Pflanzen angepflanzt, bedürfen sie der ständigen Unterstützung des Menschen. Soll ein Grün erzeugt werden, das über das standortgerechte Grün als „hochqualifiziertes" (Wallmann) oder „höherwertiges" (Koenigs) Grün hinausgeht, ist dies auf den Standort bezogen unnatürlich.[59] Koenigs Forderung assoziiert, die Natur macht unzulängliche Arbeit, die der Mensch korrigieren muss. Höherwertiges Grün erfordert einen hohen Pflegeaufwand. Es eignet sich in einer Industriegesellschaft, in der der Pflegeaufwand mit hohen Löhnen, aus dem Steueraufkommen der Bürger zu leisten ist, nicht für große Flächen oder gar für „die Umwelt" (Koenigs). Der vom Autor konzipierte land-, forst- und wasserwirtschaftlich angelegte und gepflegte Grüngürtel verlangt standortgerechte Anpflanzungen. Ein Grüngürtel sichert landwirtschaftliche Existenzen im Stadtbereich und führt zu einer ortsspezifischen durchgehenden natürlichen Landschaft. Es geht um Nachhaltigkeit bzw., wie es die Laudatio für die Konzeption des Autors ausdrückt, um:

„die Darstellung der Natur als das Selbstverständliche, das Alltägliche – und deshalb so Unverzichtbare" (s. Kap. II – 6, Abb. 145).[60]

Wie konnte es zu einer derartigen 300 Mio. Mark teuren „Vision" kommen? Die Erklärung liegt in dem aus der Feudalzeit stammenden Beziehungsverhältnis von Schloss und Grünanlage, das die bürgerliche Gesellschaft für ihre Vorstellung von Grünraum übernahm. Ist Quantität das Ziel der bürgerlichen Welt, war Qualität das der feudalen Welt.[61] Daher verbindet das Bürgertum grundsätzlich seinen Quantitätsanspruch mit dem Qualitätsbegriff Park für einen grünen Freiraum.

140 Schloss Vaux-le-Vicomte, der Vorgänger vom Schoss Versailles (aus Du Monts Geschichte der Gartenkunst).

59 Koenigs T., in: „Grüngürtel – eine konstruktive Vision der Stadtentwicklung", in: Kommune 6/1991, S. 37.

60 Laudatio Hessische Landesregierung.

61 Behrens T., „Vom Unternehmen Stadt mit Parkplanung zur Wohnstadt mit Landschaft", in: das bauzentrum 3/1995, S. 98 f.

141 Häuschen mit Gärten (aus Swarovski, Wohnen im Grünen, Tyrolia Verlag).

Der Park bezieht sich auf das Schloss, das Schloss auf den Park. Der Park war ursprünglich ein in der Landschaft liegender, mit einer Mauer zu Feldern und Wäldern abgegrenzter Bereich mit abgezirkeltem „Edelgrün". Er hat feudalen Ursprung und ist daher ländlich geprägt. Wäre er bürgerlichen Ursprungs, wäre er städtisch. Die bürgerliche Welt im städtischen Kontext fand aber bisher zu keinem eigenen Stil. Sie übernahm den feudalen Parkgedanken zuerst für großbürgerliche Villen, dann für kleinbürgerliche „Häuschen mit Garten".

Ähnliche Entwicklungstendenzen kritisierte schon Goethe zu seiner Zeit: *„Die Gartenliebhaberei lässt sich oft die edlern Künste auf eine unwürdige Art dienen und macht ein Spielwerk aus ihrer soliden Bestimmung. Befördert die sentimentale und phantastische Nullität. Sie verkleinert das Erhabene in der Natur und hebt es auf, indem sie es nachahmt."*[62] Und später weiter: *„Alle Dilettanten sind Plagiarii. Sie entnerven und vernichten jedes Original schon in der Sprache und im Gedanken."*[63]

Das abendländische Verhältnis zur Landschaft änderte sich im 19. Jahrhundert. *„Dabei fällt vor allem auf, wie in diesem Zeitraum die Dialektik zwischen Natur und Landschaft weitgehend zu spielen aufhört und eine eigentliche Verwechslung zwischen dem organisch Gewachsenen und dem Artefakt stattfindet"*,[64] stellte Lucius Burckhardt dazu fest. Burckhardt gliederte die Entwicklung in Ideologisierung der Natur, Manipulation des Naturbildes, Politisierung der Natur, Verschleiß der Landschaft, Entdeckung der Umwelt.

Um zu vermeiden, dass teure Parkanlagen angelegt und gepflegt werden müssen, hatte der Autor in seiner Dissertation „Die Frankfurter Grüngürtel ..." erklärt:

---

62 Goethe W., in: „Dilettantismus in der Gartenkunst", in: Goethes sämtliche Werke, Band Stuttgart / Tübingen 1840, S. 442 f.

63 Ders. a.a.O. S.44. Das Zitat setzt sich fort mit „(...) indem sie es nachsprechen, nachaffen und ihre Leerheit damit ausflicken".

64 Burckhardt L., „Landschaftsentwicklung und Gesellschaftsstruktur (1977)", in: „Warum ist Landschaft schön?", S. 25 f. (Hrsg. Markus Ritter u. Martin Schmitz), Kassel, ohne Datum.

„Es ist nicht nötig, die Pflege der Flächen, sondern das Planungspotential des Gartenamtes zu fördern, wobei es die einzelnen Planungen vergeben und selber im wesentlichen strategische koordinierende Funktionen ausüben sollte."[65] Ferner: *„Die parkartige Pflege einer Grünfläche (...) ist im Prinzip (...) nichts anderes als eine Subventionsbewirtschaftung – heute mittels Steuermitteln über das Gartenamt – (...). So lange eine Subventionspolitik nicht zu umgehen ist, bleibt (...) nur die Möglichkeit, mit ihr die preiswerteste Methode der Landschaftspflege zu entwickeln, die gleichzeitig das naturnaheste Landschaftsbild und den größten Erholungswert zum Ziel hat."*[66]

In Frankfurt wurden noch bis in die 1970er Jahre hinein große Flächen durch Schafherden gepflegt. Das geschah vor allem auch entlang der Nidda in Bereichen, die heute über das Gartenamt maschinell gepflegt werden. Der Autor hatte deshalb schon in seiner Promotion die „Wiedereinrichtung der Schafhaltung" gefordert. Er schrieb dazu: *„Im Weg der genannten subventionierten Landschaftspflege können von der Stadt eingestellte Schäfer Herden zusammenstellen mit Tieren aus privatem Streubesitz, die ehemalige und neue Weidegebiete abgrasen. Die Bürger können Schafe kaufen, sie dem Schäfer zur Pflege geben und erhalten dafür als Gegenleistung Wolle, Käse und Fleisch ihrer Tiere. (...) Neben den ökonomischen Vorteilen hätte eine derartige Schafhaltung auch den Vorzug, dem Städter eine neue Beziehung zum vorhandenen Rest-Stadt-Grün zu vermitteln und ihn zum ‚Aktionär' der Landschaftspflege zu machen."*[67]

II – 5.7 Die verpasste Gelegenheit

1990/1991 In Frankfurt gibt es folgende Situation:

- Es liegt das Zukunftskonzept (Kap. II – 3.) Grüngürtel mit Mainuferspange, Randbebauung und Verkehrsbündelung zum Wiederbewohnbarmachen der Stadt am Fluss in seinen inneren und äußeren Strukturen vor.

- Es liegen die für Frankfurt erfolgten „Lufthygienisch-meteorologischen Modelluntersuchungen in der Region Untermain" der Regionalen Planungsgemeinschaft Untermain vor (Kap. II – 3.). Ihre Ergebnisse erfordern eine Stadtentwicklung nach klimatischen Erkenntnissen und stützen die Grüngürtel-Konzeption des Autors.

- Es besteht die einmalige Situation, dass seit 20 Jahren eine Bürger-Planer-Kooperation „von unten nach oben" existiert, die hinter der Grüngürtel-Mainufer-Konzeption steht und diese bis zum Allparteienkonsens durchsetzte.

- Es liegt eine Koalitionsvereinbarung von SPD/Grünen vor, die erklärt: „Ein zentrales Zukunftsprojekt der nächsten Jahre ist die Verwirklichung des äußeren Frankfurter Grüngürtels und die Wiederbelebung des Mainufers."

- Es liegt ein Beschluss der Stadtverordneten vor, in dieses Vorhaben 300 Mio. Mark zu investieren.

---

65 Behrens T., „Grüngürtel", 1. Buchausgabe 1988, S. 44.

66 Ders., ebd., S. 120.

67 Ders., ebd., S. 121 f.

Was tut die Stadt?

- Sie klammert die Basisbürger und den Urheber aus und reduziert die einmalige Stadtentwicklungskonzeption auf ein Anpflanzungsplagiat ohne stadtplanerische Impulse.

Bleibt die Frage:

Wurden entweder unabhängige bürgerschaftliche Aktivitäten einer Basis nicht geschätzt und die Bedeutung der wissenschaftlichen Modelluntersuchung in der Region Untermain und der darauf beruhenden Konzeption des Autors nicht verstanden? Oder steht hinter dem Verpassen die Absicht der Stadt, sich weiter alle Möglichkeiten zur Vermarktung von Grüngebieten offenzuhalten?

II – 6. Auszeichnung des Originals als „Rahmengebendes Gesamtkonzept für Frankfurt"

26.11.1990 Beim Landeswettbewerb der Hessischen Landesregierung 1990/1991 „Ortsränder und Ortseingänge" stehen sich das vom Autor, einem freien Planer, erdachte Original und das von der Stadt mit seinem Projektbüro aufgestellte Plagiat gegenüber. Die Stadt bewirbt sich mit Teilergebnissen des Projektjahres. Es ist dies eine Sammlung von Ideen zu konservativer Parkplanung und Grünanpflanzung innerhalb des vom Autor vorgegebenen Grüngürtels. Die Stadt wird damit unter der Gruppe A (Kommunen) für ihr Engagement ausgezeichnet, den dritten Grüngürtel zu planen, zu entwickeln und zu schützen, wobei in der Bewertung ausdrücklich auf die Gesamtkonzeption des Autors hingewiesen wird. Der Autor selbst bewirbt sich mit seinem Gesamtkonzept in der Gruppe B1 (freie Planer) und wird in dieser Kategorie Landessieger.

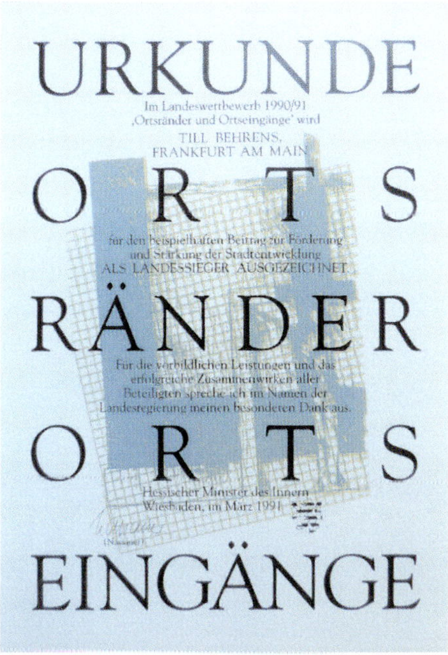
URKUNDE

Im Landeswettbewerb 1990/91
‚Ortsränder und Ortseingänge' wird
TILL BEHRENS,
FRANKFURT AM MAIN

ORTS

für den beispielhaften Beitrag zur Förderung
und Stärkung der Stadtentwicklung
ALS LANDESSIEGER AUSGEZEICHNET

RÄNDER

Für die vorbildlichen Leistungen und das
erfolgreiche Zusammenwirken aller
Beteiligten spreche ich im Namen der
Landesregierung meinen besonderen Dank aus.

ORTS

Hessischer Minister des Innern
Wiesbaden, im März 1991

EINGÄNGE

142 Urkunde.

143 „Plakette".

1 Verteiler 1 – V C 11 – 61 d 02737 – 1/90 – Landeswettbewerb 1990/91 – „Ortsränder und Ortseingänge". Mitglieder der Landesbewertungskommission.

Die Landeswettbewerbskommission setzte sich wie folgt zusammen:

Landeswettbewerb 1990/91 - "Ortsränder und Ortseingänge"
Mitglieder der Landesbewertungskommission

Hessischer Ministerium des Innern	Vorsitz: Rudolf Raabe 06 11 / 353 - 577 Eva Lindenblatt 06 11 / 353 - 623
Hessisches Ministerium für Landwirtschaft, Forsten und Naturschutz	Prof. Gottfried Heintze 06 11 / 817 - 2263 i.V. Frau Oldendorf
Hessisches Ministerium für Wirtschaft und Technik	Eberhard Häfner 06 11 / 817 2429 5
Regierungspräsidium Darmstadt	Bernd Rohrmann 0 61 51 / 12 06 17
Regierungspräsidium Gießen	Barbara Philipp 0641 / 303 - 2336
Regierungspräsidium Kassel	Ekkehard Schürmann 05 61 / 106 - 529
Hessischer Städtetag	Hartmut Steinbach Magistrat der Stadt Wiesbaden Stadtentwicklungsdezernat Gustav-Stresemann-Ring 15 6200 Wiesbaden 06 11 / 31 63 03
Hessischer Städte- und Gemeindebund	Hans-Ulrich Pöhlker Postfach 1 05 6052 Mühlheim am Main 0 61 08 / 600 - 141
Hessischer Landkreistag	Karl Reinhard Seehausen Kreisausschuß des Landkreises Marburg-Biedenkopf Im Lichtenholz 60 3550 Marburg-Cappel 0 64 21 / 405 - 460
Architektenkammer Hessen Landeswettbewerbsausschuß	Lothar Greulich StadtBauPlan Wilhelm-Leuschner-Straße 6 6100 Darmstadt 0 61 51 / 2 61 09
	K. Herber und R. Wiesmann NaturProfil Bismarckstraße 16 6360 Friedberg 0 60 31 - 20 11
Bund Deutscher Landschaftsarchitekten BDLA - LV Hessen	Claus Heide Eschborner Straße 30 6231 Sulzbach 0 61 96 / 77 75(6)
Fachhochschule Darmstadt Fachbereich Architektur	Prof. Holger Stüve Hölgestraße 22 6100 Darmstadt 0 61 51 / 29 15 10
Vereinigung der Stadt-, Regional- und Landesplaner e. V. (SRL)	Prof. Benita von Perbandt-Zuschla Richard-Wagner-Straße 59 6200 Wiesbaden 0 61 21 / 52 35 09
Vorprüfung:	Planungsbüro Mahler und Strunk Speicherstraße 2 6000 Frankfurt am Main 069 / 23 28 20

144 Mitglieder der Jury.

ART DES BEITRAGES

Prof. Dr.Ing. Till Behrens hat mit seinem Stadtentwicklungskonzept "Grüngürtel mit grüner Mainquerspange, Randbebauung und Verkehrsbündelung" ein rahmengebendes Gesamtkonzept für Frankfurt erarbeitet, das nicht der Theorie verhaftet ist, sondern praxisorientierte Realisierungsvorschläge macht.

Die Arbeit zeigt den 30-jährigen bürgerschaftlichen und ehrenamtlichen Einsatz für den Erhalt der vorhandenen innerstädtischen Grünflächen. Dem Konzept vorangestellt ist eine Aufarbeitung der baugeschichtlichen Entwicklung Frankfurts mit besonderer Betonung der Grünraum-Entwicklung des Ersten Grüngürtels (Wallanlagen), des Zweiten Grüngürtels (Alleenring) und des Dritten Grüngürtels, der vom Rumpenheimer/ Fechenheimer Mainbogen über den Heiligenstock, das Niddatal abwärts bis Höchst verläuft und durch den Stadtwald geschlossen wird; ergänzt wird er durch die "Mainuferquerspange" von Offenbach bis Sindlingen. Diese Restgrünflächen bindet Prof. Behrens in ein städtebauliches Ordnungsprinzip ein, das nicht nur gute Argumente gegen eine weitere Inanspruchnahme der Grünflächen als Bauland bietet, sondern sich auch als Leitbild für Entscheidungen bei künftigen Stadtumbaumaßnahmen eignet.

KOMMENTAR

Der Wettbewerbsbeitrag verdient besondere Anerkennung, weil hier eine überzeugende Synthese gelungen ist zwischen den Belangen Wohnen, Verkehr, Erholung/Freizeit, Schutz von Natur und Landschaft. Hervorzuheben sind auch die ideenreichen Vorschläge zur Umsetzung der vorgeschlagenen Maßnahmen, die sich nicht auf die Planung beschränken, sondern auch Maßnahmen rechtlicher Art (z. B. "Grüngürtelservitut", Landschaftsschutzverordnung, Bebauungspläne), Möglichkeiten der Baulandmobilisierung, Modelle zur Pflege und Unterhaltung der Grünflächen - unter Berücksichtigung der Kosten - umfassen. Es würde den Rahmen sprengen, wollte man alle vorgeschlagenen Maßnahmen im einzelnen würdigen.

Auch wenn einige Vorschläge zunächst utopisch oder zu stark vergangenheitsbezogen erscheinen (z. B. Wiederbelebung der Drei-Felder-Wirtschaft), so ist doch die Darstellung der Natur als das Selbstverständliche, das Alltägliche - und deshalb so Unverzichtbare - gelungen.

Das Grünraumkonzept ist zukunftsorientiert und behält die Gegenwart im Blickwinkel. Es ist offensichtlich geeignet, daraus ein Arbeitsprogramm mit kurz-, mittel- und langfristigen Maßnahmen abzuleiten, was die Stadt Frankfurt inzwischen tut.

In zahlreichen Publikationen - u. a. als Buch, Veröffentlichungen in der Tages- und Fachpresse -, durch Vorträge und durch seine Mitarbeit in verschiedenen Bürgerinitiativen hat Prof. Behrens ein nicht nachlassendes Engagement für die Verbesserung des Wohnumfeldes in Frankfurt unter Beweis gestellt, und zwar ganz im Sinne von Fritz Schuhmacher, demzufolge man das Problem der Großstadt nicht anfassen kann aus allgemeiner Theorie heraus, sondern nur durch das liebevolle Versenken in das Wesen einer bestimmten Stadt, der die praktische Arbeit gelten soll. Deshalb überzeugt die Arbeit von Prof. Behrens und verdient die Auszeichnung als Landessieger.
Die Landesbewertungskommission spricht für die vorbildlichen Leistungen und das erfolgreiche Zusammenwirken aller Beteiligten ihren besonderen Dank aus.

145 Text der Laudatio zur Auszeichnung als Landessieger.

Die 14-köpfige Jury lobt in ihrem Urteil u.a.:

- *Prof. Dr.-Ing. Till Behrens hat mit seinem Stadtentwicklungskonzept „Grüngürtel mit grüner Mainquerspange, Randbebauung und Verkehrsbündelung" ein rahmengebendes Gesamtkonzept für Frankfurter erarbeitet. (...)*

- *Die Arbeit zeigt den 30-jährigen bürgerschaftlichen und ehrenamtlichen Einsatz. (...)*

- *Das Grünraumkonzept ist (...) offensichtlich geeignet, daraus ein Arbeitsprogramm mit kurz-, mittel- und langfristigen Maßnahmen abzuleiten, was die Stadt Frankfurt inzwischen tut.*[2]

Der mit „*offensichtlich*" und „*inzwischen tut*" betonte Hinweis (hinter dem drei Hessische Ministerien, drei Hessische Regierungspräsidien, der Hessische Städtetag, der Hessische Städte- und Gemeindebund, der Hessische Landkreistag und fünf weitere kompetente Organe stehen) kann nicht anders verstanden werden als die amtliche Feststellung, dass die Stadt Frankfurt erneut plagiierte – nach der Konzeption zum Museumsufer nun auch den Teil zum Grüngürtel.

Die Jury erkennt auch, dass der Autor nicht isoliert arbeitete, sondern er als Urheber auch Teil der Bürger ist, die damals schon jahrzehntelang mit ihm zusammen in vielen Institutionen kämpften. In der Laudatio heißt es daher u.a.: „*Die Arbeit zeigt den 30-jährigen bürgerschaftlichen und ehrenamtlichen Einsatz. (...) Die Landesbewertungskommission spricht für die vorbildlichen Leistungen und das erfolgreiche Zusammenwirken aller Beteiligten ihren besonderen Dank aus*" (Abb. 145).

1991 Die Architektenkammer Hessen (AKH), die18 Jahre vorher das Erscheinen der ersten Grüngürtel-Publikation durch das Forum förderte[3] und danach alle weiteren Forumsschriften und auch Vorträge des Autors begleitete (z.B. Vortrag am 7.11.1979 an der TH Darmstadt, s. Abb. 057), publiziert nach seiner Auszeichnung nochmals seine Konzeption im Deutschen Architektenblatt DAB 5/91 unter dem Titel „Vom Chaos zur Idealstadt" mit einem Vorwort der Kammer.[4]

---

2 Laudatio zur Auszeichnung.

3 Der Vorstand der Architektenkammer Hessen unterstützte 1973 das Erscheinen der Forumsschrift „Der Frankfurter Grüngürtel – die Chance". Über die Schriften „Schutz für den Frankfurter Grüngürtel – Was wurde aus dem Vorschlag des Frankfurter Forums für Stadtentwicklung von 1972/73?" im Oktober 1979 und „Die Frankfurter Mainufer – Museen – Grün – Verkehr" im Januar 1980 berichtete das Deutsche Architektenblatt DAB in Heft 4/80.

4 Behrens T., „Vom Chaos zur Idealstadt", Vorwort der Architektenkammer Hessen (W. Haack), in: Deutsches Architektenblatt DAB 5 /1991 SW 137 – 1.

Vom Chaos zur Idealstadt

Frankfurt am Main

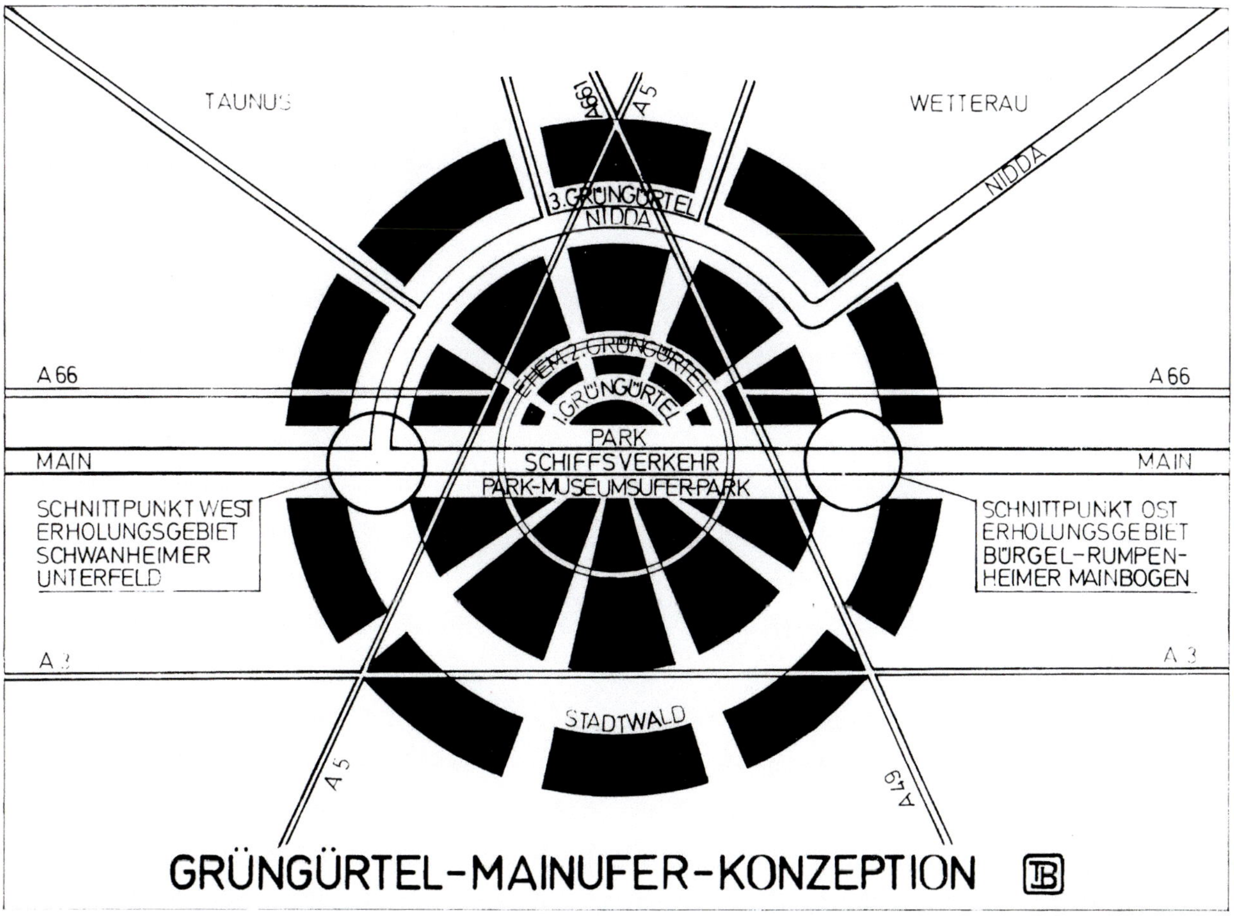

„Konzepte für angemessene und umweltverträgliche Abrundungen und Erweiterungen", „Wahrung des historischen Erbes", Vernünftige Bauland- und Bodenpolitik", dies sind die Ziele, die der Wettbewerb „Ortsränder – Ortseingänge" sich gestellt hat. Die Auslober, Hessisches Ministerium des Innern in Zusammenarbeit mit dem Hessischen Ministerium für Landwirtschaft, Forsten und Naturschutz, dem Hessischen Städtetag, dem Hessischen Städte- und Gemeindebund und dem Hessischen Landkreistag, wollen weg von den Negativassoziationen in Verbindung mit den Ortseingängen, als da sind: Verwahrlosung, Tankstellen, drive-in-Einrichtungen, Verladeanlagen, Lager. Richtig ist in diesem Zusammenhang sicherlich die Vermutung, daß sich Stadtgestaltung kaum mehr mit den Ortsrändern befaßt, sondern vorwiegend auf die alten historischen Städte oder die Zentren der Städte Einfluß nehmen will.

Die Ergebnisse des Wettbewerbs sollen öffentlich ausgestellt werden; die Öffentlichkeit soll ein stärkeres Problembewußtsein entwickeln, indem gute Lösungen dargestellt werden. Einer der Preisträger dieses Wettbewerbes war die Stadt Frankfurt am Main, die in der Gruppe A „Ziele und Ergebnisse" für ihr Engagement, den Frankfurter Grüngürtel zu planen, zu entwickeln und zu schützen, den Preis zuerkannt bekam. Wichtiger Bestandteil dieses Grüngürtelkonzeptes ist die Mainuferspange, volkstümlich unter „Museumsufer" bekannt, die durch starkes Engagement der Frankfurter Kommunalpolitiker realisiert werden konnte. Nicht so bekannt ist, daß dieses Grüngürtelkonzept keine Erfindung der Stadt Frankfurt ist, sondern dahinter Persönlichkeiten stehen wie Till Behrens und Jochen Rahe, die im wesentlichen für die Konzeption des Grüngürtels verantwortlich zeichnen. So ist es nicht verwunderlich, daß bei dem gleichen Wettbewerb „Ortsränder – Ortseingänge" in der Gruppe B „Konzepte – Planungen" Till Behrens für seine jahrzehntelangen Bemühungen um den Frankfurter Grüngürtel ausgezeichnet wurde und damit der eigentliche Urheber entsprechende Anerkennung erhielt. Als wesentliche Kriterien für die Preiswürdigkeit hat die Jury die Zukunftsorientiertheit und den Gegenwartsbezug des Grüngürtelkonzeptes genannt. Insbesondere lobte sie die Realitätsnähe – konkrete Arbeitsprogramme seien sie – woraus sich Ziele kurz-, mittel- oder langfristig ableiten lassen. Auch wurde das nicht nachlassende Engagement – dreißig Jahre sind wahrlich eine lange Zeit – des Till Behrens vorgehoben, in deren Verlauf er immer wieder versucht hat, das Wohnumfeld in Frankfurt zu verbessern. Im nachfolgenden Artikel soll Till Behrens selber das Wort haben, indem er das Projekt mit all seinen Widrigkeiten darstellt.

146 Behrens T., „Vom Chaos zur Idealstadt", hier abgebildet Titelseite mit Vorwort der Architektenkammer Hessen (W. Haack), in: Deutsches Architektenblatt 5/1991 SW.

II – 7. Große und kleine Plagiate, Väter, Mütter und Kinder

II – 7.1 Große und kleine Plagiate

Die Jury hatte bestätigt, dass die Stadt Frankfurt am Main nicht selbstschöpferisch handelt, sondern sich aus der fertig bereitliegenden Konzeption des Autors bedient hatte. Das heißt: Die Stadt fertigte ein Plagiat von der Promotion des Autors an.

30.9.1991 Nachdem die Frankfurter Allgemeine Zeitung am 23.6.1989 einen fast ganzseitigen Artikel des Autors mit Projektkarte veröffentlicht hatte (Kap. II – 5.1, Abb. 112), berichtet sie zwei Jahre später falsch über den Ursprung.[1] Die Bürgerinitiative zur Erhaltung des Landschaftsschutzgebietes Niddatal schreibt folgenden korrigierenden Leserbrief:[2]

Der Kampf um Restgrünflächen

Der Artikel von Detlev Janik „Niemand käme auf die Idee, den Englischen Garten zu bebauen" (F.A.Z. vom 30. September), bedarf einer entscheidenden Ergänzung. Er suggeriert, der heutige Frankfurter Grüngürtel sei eine Erfindung der Grünen oder der zwanziger Jahre. Beides trifft nicht zu.

Wenn es in Frankfurt im Gegensatz zum Emscher Park heute noch möglich ist, einen geschlossenen Grünzug auf Restgrünflächen auszuweisen, so ist dies einzig und allein dem unermüdlichen und jahrzehntelangen Kampf der Bürger für die Erhaltung ihrer Restgrünflächen gegen Filz, Parteien, Magistrat, sogenannte gemeinnützige Baugesellschaften, vor allem gegen eine völlig konzeptionslose Stadtplanung, zu danken. Diese wollte insbesondere unter dem 16 Jahre herrschenden Planungsdezernenten Dr. Hans Kampffmeyer junior, der gleichzeitig in den Aufsichtsräten von Neue Heimat, Nassauische Heimstätte und AG für kleine Wohnungen saß, sich folglich seine eigenen Planungen genehmigte, nahezu sämtliche Restgrünflächen noch bebauen, nachdem sie bereits im Niddatal wertvolle Landschaftsschutzgebiete illegal mit sechzehn-geschossigen Hochhäusern zubetoniert hatte. Bis heute betreiben die Baugesellschaften, die unter Kampffmeyer riesige landwirtschaftlich genutzte Landschaftsschutzgebiete aufkaufen konnten, die Umwandlung in Bauland.

Aus der Not der sich wehrenden Bürger heraus entwickelte der Architekt und Stadtplaner Professor Dr. Ing. Till Behrens vor mehr als 20 Jahren das Konzept des Frankfurter Grüngürtels mit grüner Mainuferspange, Schnittpunkten Ost und West, Randbebauung und Verkehrsbündelungssystem und promovierte damit. Der Hessische Minister des Inneren, Hartmut Nassauer, zeichnete Professor Behrens für diese vollständige Grundlage derzeitiger Frankfurter Freiraumplanung – die auch als Buch unter dem Titel „Grüngürtel" erschien (Deutscher Werkbund) – aus. Ein derartiges Konzept gab es in den zwanziger Jahren nicht. Es bestand damals auch keine Notwendigkeit dazu. Es sollte nicht vergessen werden, daß es zu einem erfolgreichen politischen Programm „Grüngürtel" nur durch anhaltenden hartnäckigen Einsatz der Bürger in Verbindung mit dem fertig bereitliegenden Konzept von Professor Behrens kommen konnte.

Georg Encke, Bürgerinitiative zur Erhaltung des Landschaftsschutzgebietes Niddatal, Frankfurt

147 Georg Encke, Bürgerinitiative zur Erhaltung des Landschaftsschutzgebietes Niddatal, Leserbrief in FAZ 26.10.1991: „Der Kampf um Restgrünflächen".

---

1 Janik D., „Niemand käme auf die Idee, den Englischen Garten zu bebauen", FAZ 30.9.1991, publ. in: „Eine Innovation wird geplündert".

2 Bürgerinitiative zur Erhaltung des Landschaftsschutzgebietes Niddatal, Encke G., „Der Kampf um Restgrünflächen", FAZ 26.10.1991.

Okt. 1991 Unter dem von der Jury zur Arbeit des Autors geprägten Titel „Rahmengebendes Gesamtkonzept" schrieb der Kulturphilosoph Jörg Engelmann in der Deutschen Bauzeitung zur Auszeichnung des Autors:

„Besonders die Nennung seiner Publikationen (Anm. Autor: Erwähnung in der Laudatio) *entbehrt dabei nicht einer gewissen Ironie, denn das Buch ‚Grüngürtel', zugleich seine Dissertation, hat der fast 60-jährige Frankfurter (...) weniger geschrieben, um sich noch spät mit einem Doktortitel zu schmücken, sondern vor allem, um sein geistiges Eigentum zu schützen. Denn die Stadt Frankfurt hat Behrens' Konzept zuvor erst jahrelang bekämpft und sich zugleich daraus ständig bedient, bevor sie es nun auch offiziell zur Grundlage ihrer Stadtplanung macht. So tut das Hessische Ministerium des Innern, das unter dem Ministerialdirektor Franz Rücker die Zerstörung des Frankfurter Grüngürtels geduldet hat, heute das Klügste, was es jetzt tun konnte, es vereinnahmt Till Behrens und seinen Plan durch Verleihung eines Preises. So erfahren Behrens, seine Freunde aus dem damaligen Frankfurter Forum für Stadtentwicklung und die von Ihnen inspirierten Bürgerinitiativen doch noch eine späte Genugtuung und Anerkennung dafür, dass sie verhindert haben, dass die Stadt unter der Profitgier des mafiaähnlichen Filzes aus Administration und Baugesellschaften buchstäblich erstickte: Ohne dieses ‚leidenschaftliche und unerschrockene Engagement' hätten die Neue Heimat und andere Baugesellschaften unter dem Mantel der Gemeinnützigkeit auch noch die letzten Frankfurter Frischluftschneisen mit städtischer Billigung zugebaut (...)."*[3]

„Vom Ausbeuterbewusstsein beginnen wir uns allmählich zu befreien, von dem wachstumsfixierten Wirtschaftssystem, das die Unerschöpflichkeit der Ressourcen voraussetzt und damit jenem Vorschub leistet, noch nicht. In Frankfurt wird Städtebau nach wie vor von Kapitalinteressen bestimmt. Es gibt keine Stadtplanung (...).
Abgesehen davon, dass es sich beim ‚Grüngürtel' meines Wissens um das erste Beispiel für einen vorausschauenden Gesamtentwicklungsplan für Frankfurt handelt, ist es nach Ebenezer Howard der erste Versuch zur modernen Stadtentwicklung, der von der Grünplanung ausgeht. Ernst Mays epochale Planungen für die Stadtränder aus den 20er Jahren, die sich ebenfalls der Gartenstadtidee verdanken, verfälschen diese jedoch, indem sie getreu der Ideologie der Funktionentrennung Gemeinschaftseinrichtungen und infrastrukturelle Bereiche in der Stadt zentrieren und vor allem Verkehrsadern vorsahen anstelle von Grünradialen."[4]

3 Engelmann J., „Rahmengebendes Gesamtkonzept", Deutsche Bauzeitung DBZ 10/1991, S. 1445–1451.

4 A.a.O. S. 1451.

Rahmengebendes Gesamtkonzept

für Frankfurt

von Prof. Dr. phil. Jörg Engelmann

Das Frankfurter Mainufer um 1860, Winterhafen mit Mainlust

»Während es für uns äußerst selbstverständlich wurde, daß technische Geräte laufend zu einem höheren Niveau hin entwickelt werden, ist dies mit unseren Stadt-Landschaftsbeziehungen versäumt worden.«
Till Behrens

Am 6. März des Jahres kam es im Biebricher Schloß in Wiesbaden zur Preisverleihung an die Sieger des Landeswettbewerbs 1990/91 »Ortsränder und Ortseingänge« des Hessischen Innenministeriums.

Dabei wurde unter anderen auch Till Behrens ausgezeichnet für sein Stadtentwicklungskonzept für Frankfurt am Main: »Grüngürtel mit Mainuferspange, Randbebauung und Verkehrsbündelung« und für – so der Kommentar der Jury – »den 20jährigen bürgerschaftlichen und ehrenamtlichen Einsatz für den Erhalt der innerstädtischen Grünflächen«. »Der Wettbewerbsbeitrag«, so weiter, »verdient besondere Anerkennung, weil hier eine überzeugende Synthese gelungen ist zwischen den Belangen Wohnen, Verkehr, Erholung/Freizeit, Schutz von Natur und Landschaft… In zahlreichen Publikationen – unter anderem als Buch, Veröffentlichungen in Tages- und Fachpresse –, durch Vorträge und durch seine Mitarbeit in verschiedenen Bürgerinitiativen hat Prof. Behrens ein nicht nachlassendes Engagement für die Verbesserung des Wohnumfeldes in Frankfurt unter Beweis gestellt«.

Besonders die Nennung seiner Publikationen entbehrt dabei nicht einer gewissen Ironie, denn das Buch »Grüngürtel«, zugleich seine Dissertation, hat der fast 60jährige Frankfurter Architekt, Stadtplaner und Designer (Kreuzschwinger) nach eigenem Bekunden weniger geschrieben, um sich noch spät mit einem Doktortitel zu schmücken, sondern vor allem, um sein geistiges Eigentum zu schützen. Denn die Stadt Frankfurt hat Behrens' Konzept zuvor erst jahrelang bekämpft und sich zugleich daraus ständig bedient, bevor sie es nun auch offiziell zur Grundlage ihrer Stadtplanung macht. So tut das Hessische Ministerium des Innern, das unter dem Ministerialdirektor *Franz Rücker* die Zerstörung der Frankfurter Grünräume früher geduldet hat, heute das Klügste, was es jetzt tun konnte, es vereinnahmt Till Behrens und seinen Plan durch Verleihung eines Preises. So erfahren Behrens, seine Freunde aus dem damaligen Frankfurter Forum für Stadtentwicklung und die von ihnen inspirierten Bürgerinitiativen doch noch eine späte Genugtuung und Anerkennung dafür, daß sie verhindert haben, daß die Stadt unter der Profitgier des mafiaähnlichen Filzes aus Administration und Baugesellschaften buchstäblich erstickte: Ohne dieses »leidenschaftliche« und unerschrockene »Engagement« hätten die Neue Heimat und andere Baugesellschaften unter dem Mantel der Gemeinnützigkeit auch noch die letzten Frankfurter Frischluftschneisen mit städtischer Billigung zugebaut.

In den umfangreichen Kapiteln über Frankfurts baugeschichtliche Entwicklung und die Geschichte des Stadtgrüns von der Niederlegung der mittelalterlichen Wallanlagen bis heute dokumentiert Behrens mit wissenschaftlicher Akribie unter anderem auch die nicht nur widervernünftige, sondern geradezu landräuberische illegale Baupraxis in Landschaftsschutzgebieten vor allem in der Amtszeit des mit Bundesverdienstkreuz und internationalen Ehren dekorierten Dr. *Hans Kampffmeyer jr.,* der sich in Personalunion als Baudezernent und Aufsichtsratsmitglied verschiedener Baugesellschaften seine Planungen unter Umgehung geltender Gesetze selbst genehmigte – mit Billigung des jeweils amtierenden Magistrats und der ihn tragenden Parteien. Resultat dieser quasi neapolitanischen Verhältnisse und der vielen weiter zurückreichenden Bau- und Planungsvergehen an der Stadt sind exzessive Verkehrsfehlplanungen (Miquel-Autobahnknoten, Autobahnanschluß an die Nordweststadt), eine weit fortgeschrittene Zerstörung der Frankfurter Grünräume innerhalb und vor allem außerhalb der City in den lebensnotwendigen Frischluftschneisen, die zum Teil nur durch Rückbaumaßnahmen wieder zu gewinnen

148 Engelmann, J., „Rahmengebendes Gesamtkonzept", DBZ 10/1991 (drei Seiten Ausschnitte).

anvisierten Richtung weiter wächst. Viele Betriebe, besonders aus den expansiven Informations- und Kommunikationstechnologiebereichen, die ihren Mitarbeitern teilweise schon nachgewandert sind, würden die Peripherie zur Regeneration als Stadtumland wieder freimachen. Die Grüngürtel, die sie verbindenden Radialen und die grüne Gesamtanbindung ans weitere Umland würden zusammen mit dem Verkehrs- und Wohnkonzept eine städtische Durchmischung von Arbeiten, Wohnen und Freizeit bewirken, einen »humanen Stadtraum«, wie Behrens sagt, der seinen Bewohnern weder zur Arbeit noch zur Erholung, noch zur Pflege ihrer kulturellen Interessen lange Autowege aufzwänge, wie heute meist unvermeidlich.

Entwurf

Rahmengebendes Gesamtkonzept

(Daß die Beschäftigungsstruktur sich so entwickeln wird, steht fest. Entscheidend ist nur, in welcher gesamtgesellschaftlichen Form sie sich vollzieht. Frankfurt exerziert auch hier nur eine allgemeine Tendenz exemplarisch vor – weniger Arbeitsplätze in klassischen, nunmehr weitgehend automatisierten Produktionsbetrieben, mehr im Dienstleistungs- und High-Tech-Bereich.)

Der expandierende Innenstadtbereich drückt die letzten Wohnbereiche nach außen. Deren Bewohner siedeln, Ausdruck ihrer gesellschaftlichen Funktion, im Schatten der Bankpaläste.

In Behrens' Konzept dagegen würde sich Stadtkultur wieder entfalten und nicht verhindert werden wie zur Zeit, wo die Städte am Tage brodeln und nachts veröden – mit einem Wort: es könnte wieder öffentliches Leben stattfinden, dieses Lebenselixier der Stadt, dessen Verfall und Ende *Richard Sennett* durch die Funktionalisierung von Stadt und Gesellschaft schon 1974 konstatiert hat. [1]

Ein städtisches Arkadien? Eine grüne Insel der Glückseligen? Eine zudem unbezahlbare romantische Utopie?

Mit das Bemerkenswerteste an Behrens' Vorschlag ist sein Realitätssinn und sein Pragmatismus, wenn man darunter nicht Anpassung an gegenwärtige Praxis versteht, die nach wie vor von den weitgehend irrationalen, humaner Kontrolle nicht mehr unterliegenden eigendynamischen Kräften des entfesselten Spätkapitalismus beherrscht wird, sondern das Vermögen, die Logik von in diesem Falle stadtgeschichtlichen Entwicklungen und ihre Triebkräfte zu durchschauen, daraus das Vernünftige aufzugreifen und mit Phantasie weiterzudenken. In den Kapiteln »Grundlegende Aufwendungen«, »Verbessernde Aufwendungen« und den vier »Szenarien« zur zukünftigen Stadtlandschaft zeigt Behrens z. B., daß zur Verwirklichung seines Konzeptes auf viele Kosten verschlingende Vorhaben einfach nur verzichtet werden muß, bzw. die dafür vorgesehenen Gelder lediglich umzuleiten sind: Verzicht auf den Ausbau der Mainuferstraßen, Verzicht auf den Weiterbau der A 66 durch die Stadt, Verzicht auf die Bundesgartenschau (das Buch erschien 1988); statt dessen Investition der Mittel in Rückbaumaßnahmen (Miquelknoten, Autobahn in die Nordweststadt), in eine inhaltlich andere Bundesgartenschau entlang den Mainufern als erster Schritt zur Regeneration des Reviers.

■ **Die Mainuferstraße im Niederräder Mainfeld im Jahre 1982**

Soweit architektonisch-städtebauliche Gestalt allein dazu in der Lage ist, könnten sich zerrissene Sozialstrukturen wieder festigen. Setzt sich die augenblickliche Entwicklung fort, bleiben im engeren, dem eigentlichen Stadtbereich, nur diejenigen Bewohner zurück, die sich das Haus im Grünen nicht leisten können (Arbeiter, kleine Angestellte, fast alle Ausländer, viele alte Menschen), während draußen die Zersiedlung weiter fortschreitet. Mit den bürgerlichen Schichten wandern auch Kapital und Kaufkraft ab. Die zurückbleibenden Bewohner werden in zweifacher Hinsicht an den Rand gedrängt: die attraktiven Arbeitsplätze in der zum gigantischen Dienstleistungsunternehmen mutierenden Stadt bleiben den Pendlern vorbehalten, die Reststadtbewohner teilen sich die niederen Dienstleistungen für die kapitalintensiven Großdienstleistungen.

Für die Anlage des dritten Grüngürtels muß kein bebautes Land herangezogen werden. Es befindet sich außerdem zum Teil (Stadtwald) im Besitz der Stadt. Es müssen keine »Gebäudewerte abgelöst noch vernichtet werden. Vernichtbar sind allenfalls die spekulativen Absichten derjenigen, die Agrarland erwerben, um es gewinnbringend in Bauland zu verwandeln«. [2] Ein Teil sind landwirtschaftliche Flächen, die nur durchgängig zu erhalten sind. Die Anlage der Grünradialen (Boulevards) erfordert Investitionen, die zur Erhaltung der Stadt ohnehin erforderlich sind. Der Rückbau von Massenwohnanlagen in Landschaftsschutzgebieten und Frischluftschneisen greift nur kurzfristig Maßnahmen vor, die mittel- und langfristig anstehen. Die einzige große »verbessernde« Aufwendung dient zur Schließung des südlichen inneren Verkehrsringes, um die Mainufer zu entlasten (Verlegung der Trassen in den Eisenbahndamm). Das Konzept vermeidet die teure parkähnliche Pflege von Grünflächen bis auf den engsten innerstädtischen Bereich weitgehend und sieht statt dessen die Verpflichtung der (meist bäuerlichen) Eigentümer auf extensive Bewirtschaftung vor. »Eine derartige Betriebswirtschaftsform würde (außerdem) die Nebenerwerbslandwirtschaft und damit das Bild einer kleinteiligen Landschaft begünstigen.« [3]

Behrens' Argumentation ist gerade in diesem neuralgischen Punkt bestechend. Die derzeit betriebene intensive Landwirtschaft wird subventioniert durch die Absatzgarantien. Unsere Landschaften sind Ausdruck dieser Bewirtschaftungsform. Eine extensive Bewirtschaftung, zumindest in Großstadtnähe (bis hin zur Wiedereinführung der Dreifelderwirtschaft) könnte sich wegen der kurzen Transportwege besser am Markt orientieren.

Die Subvention »Absatzgarantie«, die zur Intensivierung der Bewirtschaftung geführt hat, deckt, falls noch erforderlich, die Verluste, die aus der extensiven Bewirtschaftung entstehen, als eine Art Ausgleichszahlung für die Landschaftspflege. Vorteile in stadtnahen Gebieten: Erholungswert der Brachen für die Bevölkerung, Landschaftsbild, frische Produkte. Entgegen steht dem nur das geltende System, das sich nicht fragt, »welcher Subventionspolitik im Interesse von Steuerzahler, Verbraucher und Erholungsuchendem der Vorzug gegeben werden sollte« [4], sondern Lobby-Interessen befriedigt. Vor diesem Hintergrund, den Behrens in vier Szenarien beispielhafter Bewirtschaftungsformen des Dritten Grüngürtels ausführt, verlieren auch zunächst bizarr erscheinende Vorschläge wie die Wiedereinführung der Schafhaltung mit privatem stadtbürgerlichem Streubesitz zur Pflege der Grüngürtel, mit dem sich der Bürger zum Aktionär der Landschaftspflege machen kann, indem er die Patenschaft für ein Schaf übernimmt, ihre Fremdheit.

Behrens ist kein Grüner. Dazu fehlt ihm das ideologische Bewußtsein, eher ein pragmatischer Utopist, der jedoch das »U-Topos« (= an keinem Ort, jenseits) als lediglich »noch nicht wirklich« und vor allem »notwendig« liest; ein *Ebenezer Howard* ohne menschheitsbeglückendes Pathos mit einer Leidenschaft für das handgreiflich mögliche Bessere. Hinter Behrens' Vorschlag steht die Idee der Kulturlandschaft mit der darin eingebetteten Stadt; eine bürgerliche Idee, die sich den fortschrittlichen Traditionen der Aufklärung verdankt. Unsere Landschaften, die uns umgebende Natur, sind Ergebnis menschlicher Eingriffe, ohne doch schon Resultat humaner Aneignung zu sein. Die Geschichte der Siedlungs- und Lebensform »Stadt« war Voraussetzung für die bislang höchstmögliche Form menschlicher Lebenspraxis, die im stadtbürgerlichen Individuum ihren Ausdruck fand. Sie wurde zum Teil erkauft durch den Mißbrauch der Vernunft als Herrschafts- und Ausbeutungsinstrument gegenüber der Natur und anderen Menschen. So entstand die Perversion der frühen Industriestadt mit ihrem abgrundtiefen Unterschied zwischen Elendsquartieren und privilegierten Vierteln, der dem einer extremen Klassengesellschaft entsprach.

Vom Ausbeuterbewußtsein beginnen wir uns allmählich zu befreien, von dem wachstumsfixierten Wirtschaftssystem, das die Unerschöpflichkeit der Ressourcen voraussetzt und damit jenem Vorschub leistet, noch nicht. In Frankfurt wird Städtebau nach wie vor von Kapitalinteressen bestimmt. Es gibt keine Stadtplanung. So entstanden die landräuberischen Massenquartiere an den Stadträndern und in neuerer Zeit die obszön teuren postmodernen Architekturaberwitze vom Typ Messeturm.

Abgesehen davon, daß es sich beim »Grüngürtel« meines Wissens um das erste Beispiel für einen vorausschauenden Gesamtentwicklungsplan für Frankfurt handelt, ist es nach Ebenezer Howard der erste Versuch zur modernen Stadtentwicklung, der von der Grünplanung ausgeht. *Ernst Mays* epochale Planungen für die Stadtränder aus den 20er Jahren, die sich ebenfalls der Gartenstadtidee verdanken, verfälschten diese jedoch, indem sie getreu der Ideologie der Funktionentrennung Gemeinschaftseinrichtungen und infrastrukturelle Bereiche in der Stadt zentrierten und vor allem Verkehrsradialen vorsahen anstelle von Grünradialen wie bei Behrens.

Behrens' Vorschlag leitet sich so aus zwei historisch-aufklärerisch inspirierten Stadtbauideen her: der bürgerlichen der Gartenstadt und der sozialreformerischen aus der besseren Tradition des Neuen Bauens, bevor jene zur architektonischen Licht-Luft-Sonnen-Ideologie Le Corbusierscher Prägung erstarrte. Sein Vertrauen setzt er hartnäckig in das Vermögen der Menschen, ihre Verhältnisse vorausschauend aus Einsicht zu ändern, mit anderen Worten, auf die innere Logik eines Gedankens und die langfristigen Auswirkungen durchdachter Planung. Heute eine unzeitgemäße Haltung, wenn man so will, wo »Bilder«, »Konzepte«, »Szenarien«, »Strategien«, »Muster« gleich-gültig einander verwischen.

»Die Schaffung eines dritten Grüngürtels mit Mainuferspange und einer dadurch ausgelösten Stadtregeneration bedeutet weniger eine finanzielle als eine planerische Aufgabe.« [5]

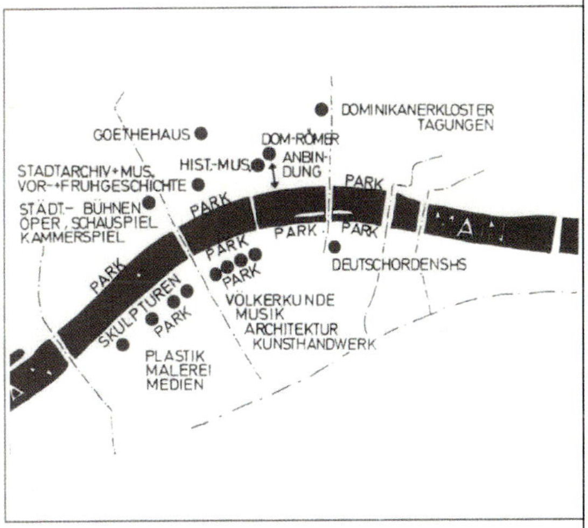

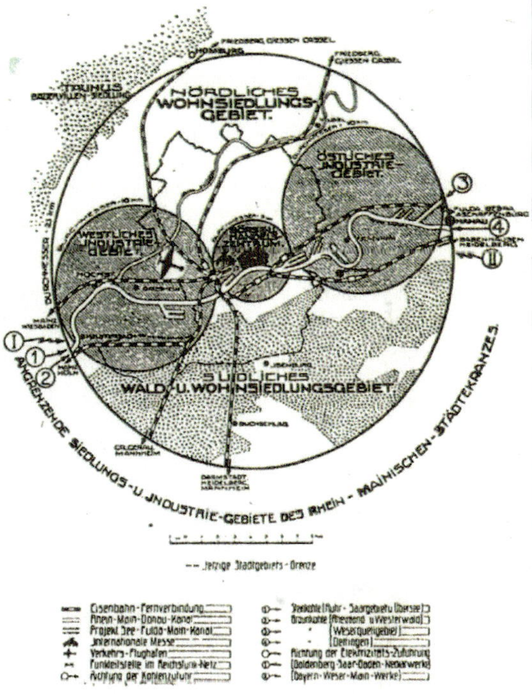

Oben: Vorschlag zur Anlage des Museumsufers einschließlich Anbindung des Dom-Römer-Bereiches an das Mainufer aus: Behrens T., Rahe, J., »Die Frankfurter Mainufer-Museen, Grün, Verkehr«, Ffm. Jan. 1980

Unten: Gliederung von Frankfurt am Main 1928 (Aera von Ernst May) aus A. Weitzel

Literatur

[1[vgl. *Sennett, Richard:* Verfall und Ende des öffentlichen Lebens – Die Tyrannei der Intimität, Ffm. 1983

[2] *Behrens, Till:* Grüngürtel – Wachstumsorientierte Stadtpolitik und zusammenhängende Grünräume, Ffm. 1988, S. 112

[3] ebd., S. 120

[4] ebd.

[5] ebd., S. 11

21.4.1991 Auf Einladung von Prof. Kiyoshi Seike, Nestor der japanischen Architektur, und den zuständigen japanischen Behörden hält der Autor zur Einweihung der neuen Hochschule für Gestaltung in Sapporo/Hokkaido den Lichtbilder-Vortrag: *„Das Bewohnbarmachen von Städten durch Grüngürtel am Beispiel von Frankfurt am Main."*

22.4.1991 Der Autor hält einen weiteren Lichtbilder-Vortrag zum Thema Bewohnbarmachen von Städten am Tokyo Institute of Technology (TIT)

149 Nach dem Vortrag am 21.4.1991 aufgenommenes Foto im Kunstpark Sapporo, v.l.n.r. Prof. Muraguchi, Frau Muraguchi (Übersetzerin), Prof. Behrens, Frau Kruse, Prof. Seike, Prof. Thiel, Frau Thiel (Tochter).

150 Vortrag am Tokyo Institute of Technology (TIT) am 22.4.1991. Am Podium v.l.n.r. Frau Harumi Muraguchi, Prof. Till Behrens, Prof. Kyoshi Seike.

Juni 1991 Die Lichtbilder-Vorträge werden unter dem Titel *„Die Stadt wieder bewohnbar machen"*[5] in der Zeitschrift „das bauzentrum" abgedruckt.

14.11.1991 Anlässlich der Verabschiedung der „Grüngürtel-Charta" in der Frankfurter Stadtverordneten-Versammlung trägt der Stadtverordnete Michael Paris (SPD)[6] unter Beifall aller Parteien wesentliche Abschnitte des zum Originalentwurf des Grüngürtels gehörenden Textes des Autors als seinen eigenen zum Grüngürtel-Plagiat vor.[7].Der Autor wendet sich in einem Schreiben an Paris und weist diesen daraufhin, dass der Grüngürtel seine Konzeption ist, die er bereits vor über 20 Jahren entwickelte; Paris entschuldigt sich daraufhin mit einem handschriftlichen Brief beim Autor.[8]

STVV · 31. Sitzung · 14.11.1991 · TOP 5 · Grüngürtel

Stadtverordneter Paris, SPD:

Herr Stadtverordnetenvorsteher,

meine Damen und Herren!

Warum - könnte man fragen - braucht Frankfurt einen Grüngürtel, wo wir doch gerade dabei sind, den Gürtel enger zu schnallen? Da planen wir ein neues Projekt und neue Ausgaben. Die Antwort ist einfach. Ich behaupte: Nur eine Stadt, die sich auch auf Dauer Lebensqualität erhält, kann eine wirtschaftsstarke Stadt sein. Bisher zählte nicht, wie angenehm man in einer Stadt lebt, sondern es zählte, wie groß die Wirtschaftskraft dieser Stadt ist. Es zählte zum Beispiel, wie viele Passagiere der Flughafen umschlägt, von dem aus man mit Lärm und Abgasen über die verbliebenen Wohngebiete hinweggestartet ist, und wie sich die Steuereinnahmen in Frankfurt erhöht haben.

(Zurufe)

Deshalb fliehen die Menschen aus der Stadt in das Umland, um Freiheit von krankmachendem Lärm, von der Luft und von der Häßlichkeit, die in dieser Stadt vorhanden ist, zu erlangen.

(Zurufe)

Wir Politiker müssen erkennen, daß es auch darum geht, angenehme Lebensumstände zu schaffen, und daß angenehme Lebensumstände auch ein Kriterium für Stadtplanung sind.

(Beifall, Zurufe)

Wir wollen die Stadt wieder bewohnbar machen. Umweltpolitik ist für uns nichts Abstraktes, sondern sie hat eine eigene Qualität, die über einen Reparaturbetrieb hinausgeht. 300.000 Menschen pendeln täglich mit Energieverbrauch und Umweltverschmutzung hier ein und wieder aus. Viele von ihnen stehen zwei bis sechs Stunden im Stau, kommen zu spät zur Arbeit. Das mindert ihre Leistungskraft und letztendlich auch die Leistungskraft der Wirtschaft. Durch Stau und Fahrtzeiten wird die erkämpfte 38-Stunden-Woche für viele zur 60-Stunden-Woche. Ich behaupte, daß viele Menschen viel lieber mit ihren Familien in Frankfurt wohnen würden, wenn sie hier in dieser Stadt wieder mit dem Umland vergleichbare Lebensumstände vorfinden würden. Deshalb brauchen wir einen dritten Grüngürtel mit wiederbegrünten Mainufern, an dessen Rändern man wieder wohnen und leben kann.

151 Ausschnitt aus dem Protokoll der 31.STVV. -Sitzung zum TOP 5 Grüngürtel am14.11.1991, Seiten 59 / 60.

5 Behrens T., „Die Stadt wieder bewohnbar machen", das bauzentrum 6/1991, S.5–10, sowie Editorial ebd.: Spiess, W., „Versäumnis".

6 Der SPD-Stadtverordnete Paris M. war ab 1992 im Aufsichtsrat der GrünGürtel GmbH und kandidierte 2012 erfolglos als Frankfurter OB.

7 Protokoll der Stadtverordnetenversammlung, 31. Sitzung, 14.11.1991, TOP 5 Grüngürtel.

8 Schreiben Behrens T. an Paris M. v. 27.12.1991; Schreiben Paris an Behrens v. 31.12.1991, publiziert in „Eine Innovation wird geplündert".

PROF. DR. ING. TILL BEHRENS ARCHITEKT BDA
6 FRANKFURT AM MAIN 90 AM TREUTENGRABEN 25 TELEFON (069) 76 16 69

Herrn
Michael Paris
Stadtverordneter
Grosse Spillingsgasse 44

6000 Frankfurt am Main 60

27. Dezember 1991 b-k

Sehr geehrter Herr Paris,

Aufgabe von politischen Parteien und ihren Politikern ist es Ideen aufzugreifen und sie durchzusetzen, nicht sie planerisch oder verbal selber zu entwickeln .Insofern begrüße ich es, daß die SPD bereits 1983 durch meinen Werkbundkollegen Klaus Sturmfels in Verbindung mit einem Besuch des heutigen Stadtrates Dr. Wentz bei mir, mein inzwischen 22 Jahre altes Grüngürtel-Konzept übernahm.

In der Stadtverordnetenversammlung am 14.11.91 trugen Sie zur Verabschiedung der Grüngürtel-Verfassung von mir verfasste und in "das bauzentrum" 6/91 bzw. der FAZ vom 23.06.89 publizierte Texte als Ihre wörtlich vor. Ich bin durchaus damit einverstanden, wenn zu meinen Konzepten auch meine Worte gebraucht werden doch unter Angabe der Quelle.

Damit der Zitierende bei Eingeweihten, und das sind inzwischen viele, nicht als Plagiator angesehen werden kann (was umgekehrt negativ auf ihn zurückfiele), ist es in der wissenschaftlichen Welt üblich und lt. Urheberrechtsgesetz Pflicht, den Autor - der in diesem Fall auf der Tribüne saß und von Stadtrat Koenigs erwähnt wurde - als Zitatgeber zu nennen.

Diesem Schreiben füge ich einen Sonderdruck aus dem Deutschen Architektenblatt DAB 5/91 bei, dem Sie entnehmen mögen, daß sich Prof. Hilmar Hoffmann durchaus dazu bekannt hat die Museumsufer - Konzeption von mir aufgegriffen zu haben.

Mit den besten Wünschen zum Jahreswechsel

Behrens

Anlage

152 Schreiben Behrens an Paris v. 27.12.1991.

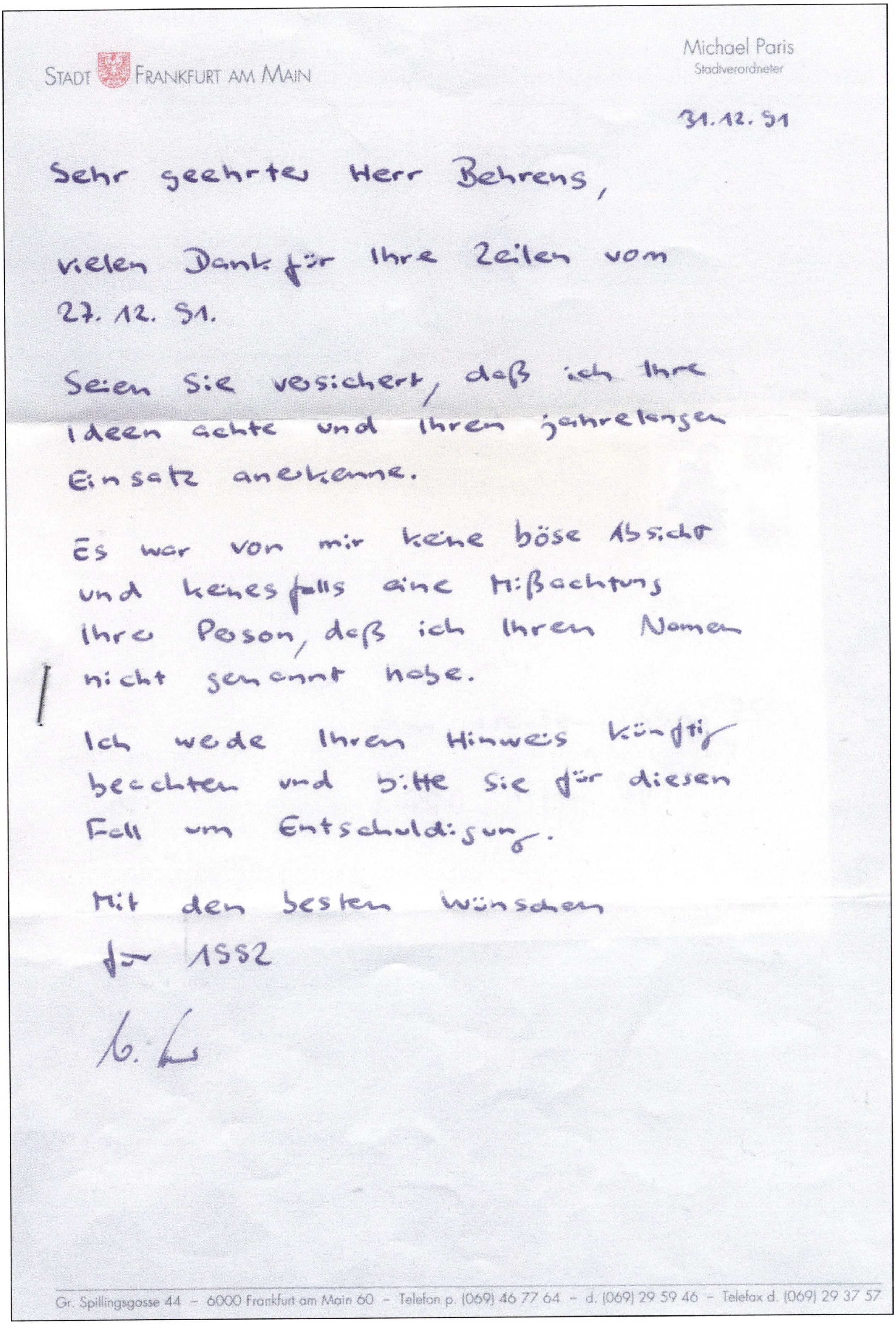
Stadt Frankfurt am Main

Michael Paris
Stadtverordneter

31.12.91

Sehr geehrter Herr Behrens,

vielen Dank für Ihre Zeilen vom 27.12.91.

Seien Sie versichert, daß ich Ihre Ideen achte und Ihren jahrelangen Einsatz anerkenne.

Es war von mir keine böse Absicht und keinesfalls eine Mißachtung Ihrer Person, daß ich Ihren Namen nicht genannt habe.

Ich werde Ihren Hinweis künftig beachten und bitte Sie für diesen Fall um Entschuldigung.

Mit den besten Wünschen für 1992

Gr. Spillingsgasse 44 – 6000 Frankfurt am Main 60 – Telefon p. (069) 46 77 64 – d. (069) 29 59 46 – Telefax d. (069) 29 37 57

153 Entschuldigungsschreiben Paris an Behrens v. 31.12.1991.

Der Vorgang, dass Politiker eine nicht von ihnen stammende Konzeption vorstellen und sich gegenseitig dafür Beifall spenden, verdeutlicht, welchen Respekt die Politik kreativen Konzeptionen, wissenschaftlichen Arbeiten, Bürgern und Urhebern entgegenbringt.

STVV · 31. Sitzung · 14.11.1991 · TOP 5 · Grüngürtel

Frau Stadträtin Ebeling:

Herr Stadtverordnetenvorsteher,
meine sehr verehrten Damen und Herren!

Sie haben gehört, Herr Koenigs ist heute nach getaner Arbeit am Grüngürtel stimmlich indisponiert. Da der Magistrat generell immer mit einer Stimme spricht hoffe ich, daß Sie insofern meiner Stimme lauschen werden. Ich weiß, daß der Grüngürtel ein Herzstück der Politik des Umweltdezernenten ist und freue mich, die Ehre zu haben, seine Rede vorzutragen. Wenn ich im folgenden von "ich" spreche, dann ist dieses der Herr Koenigs, der zu Ihnen spricht.

Die Grüngürtelverfassung, die Ihnen heute zur Diskussion und Beschlußfassung vorliegt, ist nicht allein vom Magistrat oder vom Umweltdezernenten erarbeitet worden. An dieser die ganze Stadt umspannenden Planung, die weit in die Zukunft vorausreichen möchte, haben in den letzten beiden Jahren nicht nur fast alle städtischen Ämter mitgearbeitet, sondern es haben sich auch zahlreiche Bürgerinnen und Bürger sowie Experten aus Frankfurt und dem In- und Ausland interessiert, engagiert, eingemischt und verwirklicht.

Der Grüngürtel hat viele Väter und Mütter. Einige davon sitzen auf der Tribüne und verfolgen die heutige Debatte und Beschlußfassung. Ich möchte diese namentlich begrüßen. Es sind Peter Lieser, Frankfurt, Raumplaner und Soziologe, Projektleiter der Grüngürtelplanung im eigens von ihm dafür geschaffenen Grüngürtelbüro und Professor Peter Latz, Stadtplaner und Landschaftsarchitekt, Projektleiter im Grüngürtelbüro mit Peter Lieser zusammen sowie Professor Reinhard Sander, Frankfurt, "Vater" der regionalen Grünzüge im Rhein-Main-Ballungsraum, Karl Glotter vom Grünflächenamt der Stadt Wien, Friedel Haubenberger vom Forstamt der Stadt Wien, Michael Schwarze-Rodrian, Essen, vom Kommunalverband Ruhrgebiet, Dr. Jörg Forßmann, Duisburg, Geschäftsführer der Planungsgemeinschaft Landschaftspark Duisburg-Nord, Maria Auböck, Freie Landschaftsarchitektin aus Wien, Professor Till Behrens, Architekt aus Frankfurt, Autor des ersten Buches über den Frankfurter Grüngürtel, Heiko Kramer, Biologe und Naturschützer, Dr. Walter Prigge, Stadtforscher aus Frankfurt, Hermann Seiberth, Gärtner und Landschaftsarchitekt aus Berlin, Professor Selle, Raumplaner aus Hannover und Thomas Schmid, Publizist in Frankfurt. Außerdem begrüße ich auf der Tribüne Dr. Dieter Backhaus, Vorsitzender des Sportkreises Frankfurt, Walter Cornel, Vorsitzender des Kreisverbandes der Landwirte, Dieter Steinhauer, Vorsitzender der Kleingärtner Frankfurt, Eckhard Engert, Vorsitzender des BUND Hessen, Eberhard Best, Vorstand des BUND Frankfurt, Eckhard Wolff, Vorsitzender des ADFC Frankfurt sowie Henning von Ziegesar aus Frankfurt, Träger des ersten Preises im Bürgerwettstreit zum Grüngürtel Frankfurt zusammen mit Johanna Schneider, ebenfalls erster Preis beim Bürgerwettstreit.

Ihnen allen sei im Namen des Magistrats und von mir ganz persönlich Dank, daß Sie die Stadt bei diesem Projekt bis hierhin unterstützt haben und es auch über diese erste wichtigste und hoffentlich historisch entscheidende Hürde begleiten.

(Beifall)

154 Ausschnitt aus dem Protokoll der 31. STVV.-Sitzung zum TOP 5 Grüngürtel am14.11.1991, Seiten 41 / 42.

II – 7.2 Väter, Mütter, Kinder – Geschichtsfälschung Nr. 6

14.11.1991 Als dem Magistrat seine Unlogik bewusst wird, beginnt Tom Koenigs, die Planung des Autors zu „sozialisieren". Er erfindet Väter und Mütter des Grüngürtels und lässt sie am 14.11.1991 verlesen (siehe Abb. 154).

Während bereits bei der ersten Grüngürtel-Erkundung des Forums am 29.7.1972 zwei tatsächliche Mütter dabei waren (s. Foto Frontispiz) befinden sich unter Königs Vätern und Müttern so gut wie nur männliche Personen, unter diesen viele, die vorher nie etwas mit Frankfurt zu tun hatten und 1970/1971, als der Autor das Grüngürtel-Mainufer-Projekt entwickelte, noch Kinder, Schüler, Studenten und häufig nicht einmal in Frankfurt ansässig waren, wie ja auch Tom Koenigs selbst.

Nicht aufgeführt hat Koenigs dagegen jene, die die Durchsetzung der Konzeption bis hin zum Allparteienkonsens leisteten, wie die Gründer der Bürgerinitiative zur Erhaltung des Landschaftsschutzgebietes Niddatal, Georg Encke und Karl Stadager, die Forumsmitglieder, der Deutsche Werkbund, die vielen Mitglieder in Bürgerinitiativen und unterstützenden Bürgervereinen, die Presse und viele weitere, wie sie im Geleitwort zur Dissertation des Autors aufgeführt sind.[9] Hier wurde durch den Umweltdezernenten nicht nur noch weitere Unlogik produziert, sondern auch die Geschichtsfälschung Nr. 6.

9 Behrens T., Geleitwort zu Behrens Dissertationsschrift, Frankfurt/Kassel 1985 S.11–12, ebenso in Buchausgaben von „Grüngürtel".

II – 8. „Vision offener Grünräume"

Geschichtsfälschungen Nr. 7 + 8 und Zensur

Ende 1991 Tom Koenigs stellt das Ergebnis des GrünGürtel-Projektjahres in dem Band „Vision offener Grünräume"[1] vor. Es zeigt im Prinzip keinen anderen Grüngürtel als den vom Autor 1970 / 71 konzipierten. Diesen jedoch verfälscht.

155 Einband des von Tom Koenigs herausgegebenen Buches „Vision offener Grünräume" mit einer aus dem Band herausgegriffenen und auf den Einband gelegten Karte mit dem Verlauf des GrünGürtels des GrünGürtel-Projektbüros.

Mit 40.000 Mark städtischem Zuschuss ist das 240 Seiten starke Buch aufwendig gestaltet. Es standen für Planung und Entwicklung 2,6 Mio. DM[2] zur Verfügung. Der Band gibt vor, im Projektjahr sei mit diesem Geld unter dem Umweltdezernenten Koenigs und den Leitern des Projektbüros Peter Lieser, Peter Latz und Manfred Hegger mit 25 Mitarbeitern mit Beginn am 23.3.1990 mit der „1. Öffentlichen Fahrrad-Erkundungstour-Nord"[3] (Nachahmung der wirklich ersten und auch öffentlichen Erkundungstour vom 29.7.1972 des Frankfurter Forums, s. Kap. II – 3) über Workshop, Sommerakademie und Kongress bis hin zum Abschluss des Projektjahres am 23.3.1991 ein bisher nicht bekannter GrünGürtel für Frankfurt entwickelt worden. Tatsächlich ist das Ergebnis gegenüber dem 20 Jahre alten Original des Autors sowohl ein sehr einseitiges Plagiat, das an das Original nicht heranreicht, als auch die Geschichtsfälschung Nr. 7.

1 Koenigs T., (Hrsg.): „GrünGürtel Frankfurt", Frankfurt am Main 1991.

2 Magistratsvorlage M 282 v. 3.11.1989 unter Punkt 3.

3 Vision offener Grünräume, S. 221.

Koenigs schreibt dazu in „Vision offenere Grünräume" unter „Politik offener Grünräume": *„(...) Till Behrens hat 1988 ein erstes Buch über die Frankfurter ‚Grüngürtel' geschrieben – aber Realität wird der Grüngürtel erst jetzt, Realität als durchgesetzte Entwicklungskonzeption der Stadt Frankfurt, verbindliche Planung für die Gesamtstadt. Die einzelnen Flächen gab es schon vorher, nur ihre bewusste Betrachtung, Bewahrung und Entwicklung als stadtökologische Einheit ist neu."*[4] Das heißt nichts anderes, als dass Koenigs, der ebenso wenig wie seine Helfer in Frankfurt war, als die Bürger vor 20 Jahren begannen, für die Bewahrung der Grünflächen zu kämpfen, erst kommen musste, um den Frankfurter Bürgern bewusst zu machen, um was es in ihrer Stadt geht. Ist das Bürgerverhöhnung oder Anmaßung? Hier macht Koenigs bewusst, wie er die Leistungen der Bürger sieht – und die alte Bürgerstadt Frankfurt ließ es mit sich geschehen.

Koenigs stellt dann folgende Frage: *Freifläche gleich Freiwild?*[5] Danach dürfen die Bürger nun wohl mit der Gegenfrage antworten: *Freies Bürgerengagement gleich Freiwild für Politiker?*

Der Visionen-Band zeigt einen Grünring aus fast ausschließlich konservativen Einzelparks für den dritten Grüngürtel. Er geht an sämtlichen Problemen, die in Frankfurt gelöst werden müssten, vorbei:

- Auswerten der Ergebnisse der „Lufthygienisch-meteorologischen Modelluntersuchungen in der Region Untermain" zur Stadtplanung, die der Autor seinem Original zugrunde legte.
- Anlegen von Frischluftschneisen zur Klimatisierung der Stadt.
- Lösung der Randbebauung.
- Lösung der Verkehrsfragen, die die Grünräume betreffen.
- Wiederbelebung der Mainufer als städtischen Mittelpunkt.
- Recycling des langen nördlichen Mainufers von der Innenstadt bis Fechenheim in Verbindung mit grünen Mainufern und Wohnbebauung.
- Lösung der Schnittpunkte Ost und West von Grüngürtel mit Mainspange (ein Vergleich des Original-Konzeptes des Autors mit dem Anpflanzungsplagiat zeigt z.B., dass dieses durch eine Grüngürtel-Verkürzung den Fechenheimer-Rumpenheimer-Mainbogen als Teil des Grüngürtels des Autors kurzerhand fallen ließ und damit auch den besonderen Schnittpunkt Ost).
- Abgesicherte Grenzen zwischen Bauland und Grünräumen (Negativbebauungspläne).

Die „Vision offener Grünräume" ist damit das Gegenteil von einem preiswerten, die Bürger finanziell nicht belastenden land-, forst- und wasserwirtschaftlich gepflegten, mit einer Randbebauung gefassten und mit Frischluftschneisen gegliederten Grüngürtel. So, wie ihn auch die Laudatio der Landesregierung Hessen in der durch die von Bürgern gestützten Konzeption des Autors hervorhob: *„Modelle zur Pflege und Unterhaltung der Grünflächen – unter Berücksichtigung der Kosten."*

Mit dem zur Verfügung stehenden Geld wird die „Vision offener Grünräume" international aufgezogen. Die Autoren sind zum Teil Referenten aus den Vorträgen zu Leitlinien und Gäste. Einige mögen eventuell bis zum Vortrag des Autors zu den Leitlinien (Kap. II – 5.5) tatsächlich nicht gewusst haben, dass der Autor von 1969 bis 1971 den hier jetzt

4 Koenigs T., ebd. S. 31.

5 Koenigs T., ebd. S. 31.

behandelten Grüngürtel entwickelte, ihn 1972 in das Bürgerforum einbrachte und mit ihm 1986 promovierte. Das kann aber nicht für Werner Durth gelten. Als Hochschullehrer und Kollege des Autors im Bund Deutscher Architekten und im Werkbund wusste er über die Promotion Bescheid. Der Werkbund hatte durch Publikationen die Aktivitäten zum Grüngürtel unterstützt; dazu gehörte auch die Buchausgabe der Promotion.

In seinem Beitrag „Historische Aspekte zur Stadtlandschaft Frankfurt"[6] zu Koenigs Visionenbuch treibt Durth das „organisierte Vergessen"[7] mit sprachlichen Verrenkungen auf die Spitze. So benutzt Durth Koenigs Erfindung von „Vätern und Müttern" in seiner Formulierung: *„Doch gerade deshalb und gerade in Frankfurt ist die Beschäftigung mit diesem Begriff unabdingbar ‚Der Grüngürtel hat viele Väter und Mütter' – die Genealogie des Wunschbildes reicht Generationen zurück.* "[8] Soll Durths unklare Doppeldeutigkeit nun heißen, die Beschäftigung ist unabdingbar, weil es seit Generationen das allgemeine Wunschbild Grüngürtel gab – oder weil es Koenigs Wunschbild ist, dass der Grüngürtel Generationen zurückreichen möge, um den vom Autor entwickelten Grüngürtel zu vergesellschaften und die Bürger, die 20 Jahre für ihn kämpften, auszuschalten und durch Leute zu ersetzen, die zum Zeitpunkt seiner Konzeption teilweise noch Kinder oder Jugendliche waren?

Durth nimmt auch bildliche Verrenkungen vor. Er bildet übergroß Migges Plan für koloniales Selbstversorgergrün ab. Sein Auftraggeber, die Stadt Frankfurt, hatte in der Magistratsvorlage M 282 diesen fälschlich als Vorläufer der Grüngürtel-Konzeption des Autors ausgegeben (Kap. II – 5.2.2.1, Geschichtsfälschung 1+2 (Abb 120)). Durth, der genau gewusst haben dürfte, was der Plan zeigt und dass er mit der Grüngürtel-Konzeption des Autors nichts zu tun hat, sagt dies aber nicht. Er suggeriert mit der Abbildung, der falschen Behauptung der Stadt zuzustimmen und täuscht damit im Dienst der Politik die Leser.

Von Grüngürtel-Allgemeinheiten über „Das Neue Frankfurt" der 1920er Jahre kommt Durth zum anschließenden Nationalsozialismus und zur Nachkriegsgeschichte. Zu dieser zählt er wieder zahlreiche Namen auf, die alle mit dem erst danach entstandenen Grüngürtel-Konzept des Autors zum Bewohnbarmachen der Stadt und dem damit verbundenen Bürgerengagement wieder nichts zu tun haben. Durth überbetont gezielt die 1920er und 1950er Jahre und lässt die Zeitperiode von 1950 bis 1990, d.h. die Zwischen-Phase bis zum Tätigwerden des GrünGürtel-Projektbüros, aus der Geschichte verschwinden. Damit verschwinden auch die massiven Zerstörungen ab den 1960er Jahren an dem, was im Niddabecken nach Mays Bebauungen von Brommes „Alter Nidda"
noch übrig geblieben war und auch die Entwicklung eines dritten Grüngürtels des Autors Anfang der 1970er Jahre durch – und nicht um – Frankfurt.

So leugnet Durth die Entwicklung der Konzeption des Autors: Gibt es die Zeit der Erfindung des Originals nicht, kann es in nicht vorhandener Zeit auch kein Original geben. Gibt es aber beides nicht, sind der Autor und Schaaren von Mitstreitern aus Bürgervereinen, Bürgerinitiativen, Frankfurter Forum und Deutscher Werkbund aus der Geschichte

---

6 Durth W., „Städtelandschaft – Historische Aspekte zur Stadtlandschaft Frankfurt", in: Koenigs T. (Hrsg.), „Vision offener Grünräume", Frankfurt 1991, S. 147 ff.

7 Lubberger A. prägte diesen Ausdruck, als er als Jurist in einer Untersuchung auf die breitangelegte, systematische Geschichtsfälschung durch das GrünGürtel-Projektjahr stieß, wofür ihm Behrens T. ausdrücklich dankt.

8 Ebd.

getilgt. Das 1990 im GrünGürtel-Projektjahr unter Koenigs, Lieser, Latz und Hegger entstandene Plagiat lässt sich nun als neue „Vision" aufbauen.

Schrieb OB Volker Hauff 1988 in „Stadt und Lebensstil" noch, der Autor *„habe ein altes Konzept wiederbelebt"* (Kap. II – 5.2.1), gibt es bei Durth nicht einmal mehr das. Der Autor und die Bürger verschwinden in seiner Geschichtsfälschung. Allerdings ging Hauffs falsche Behauptung, die Stadt greife ein Konzept aus den 1920er Jahren auf, in die Magistratsvorlage M 282 der Stadt ein. Diese deckt sich nun nicht mit der Planung eines Ringes aus Einzelparks, wie er 1990 vom GrünGürtel-Projektbüro gerade fabriziert wird und mithilfe von Durth ohne „Wiederbelebung" als ganz neue „Erfindung" an die 1920erJahre anschließen soll. In der Notzeit der 1920er Jahre war jedoch ein feudales 300 Mio. Parkprojekt, wie es Königs Vision ist, völlig undenkbar!

Der Städtebau der Moderne wird häufig mit dem sozialistischen Städtebau[9] gleichgesetzt. Das gilt auch für „Das Neue Frankfurt". Es trifft hier parteipolitisch gesehen aber nicht zu. Wie bereits erwähnt, handelt es sich bei „Das Neue Frankfurt" um eine sozialreformerisch-liberale Phase unter dem liberalen Oberbürgermeister Ludwig Landmann und dem parteilosen Baustadtrat Ernst May,[10] in der Mitarbeiter aller politischen Couleur tätig waren.

In Verkennung dieser Fakten versuchte OB Hauff, die Realisierung des Grüngürtels des Autors ideologisch als „wiederbelebtes" 1920er-Jahre-Projekt auszugeben. Die Konzeption des Autors aus konzentrischen Ringen ist aber das Gegenteil von Ernst Mays zentrumsbezogenem Radialenkonzept und hat mit diesem nichts zu tun. Es wurde von 1970 bis 1990 primär auch nicht von Liberalen, sondern von SPD-Mitgliedern wie Georg Encke und Karl Stadager und weiteren unterstützt.

Die Widersprüche in der Plagiatoren-Argumentation sind offensichtlich und zahlreich ... und es kommen bei Durth noch weitere hinzu, wie: *„Wenn wir gegenwärtig nach neuen Wegen suchen, sollten wir die alten Sackgassen kennen (...) und (...) die neuen Versuche zur Verbindung von Grünpolitik und Städtebau um ihre historischen Voraussetzungen wissen – und die Gründe des historischen Scheiterns kennen."*[11] Danach muss die *„gegenwärtige"* Suche (von wem?) nach neuen Wegen für das Grüngürtel-Projektbüro die Suche nach dem vom Autor bereits vor 20 Jahren entwickelten rahmengebenden Gesamtkonzept gewesen sein. Und die Sackgassen? Das müssen die *„neuen Versuche zur Verbindung von Grünpolitik und Städtebau"* gewesen sein, die in ein Anpflanzungsplagiat umgewandelt werden. Durth öffnete darüberhinaus noch eine weitere „Sackgasse".

Ab 1970 standen nicht nur Bürger, das Frankfurter Forum für Stadtentwicklung und die Architektenkammer Hessen (AKH) an der Wiege der Konzeption. Zu ihrem Erfolg trug

---

9 Eine exakte Definition für sozialistischen Städtebau gibt es nicht. Stadtplanungen, die mit diesem Titelt bezeichnet werden, sind meistens Retortenstädte „auf der grünen Wiese", die ohne Bürgermitwirkung monopolostisch geplant und von wenigen Bauunternehmen in Typenbauweisen ausgeführt wurden. Im Fall des Baus der Frankfurter NW-Stadt, die die Zwischenräume zwischen Howards E., bzw. in diesem Fall Mays, E. Trabanten größtenteils wieder schloss, wurde von nur drei Baugesellschaften mit dem damaligen Planungsdezernenten Kampffmeyer H.–E. im Aufsichtsrat – Neue Heimat, Nassauische Heimstätte und AG für kleine Wohnungen (die spätere ABG) – ausgeführt.

10 Flierl Th., Standardstädte, Berlin 2012, S. 515.

11 Durth W., a.a.O. S. 157.

vor allem auch der Deutsche Werkbund (DWB)[12] bei. Sie alle machten die Konzeption bekannt und brachten sie zum Allparteienkonsens (nicht die von Koenigs erst 20 Jahre später erfundenen „Väter und Mütter"). Durch Publikationen des Werkbundes waren Klaus Sturmfels (SPD) und Tom Koenigs (Grüne; s. Kap. II – 5.1) auf die Konzeption gestoßen. Der Autor hatte beim damaligen Werkbund-Vorsitzenden Lucius Burckhardt promoviert. Der vorhergehende Vorsitzende Julius Posener und weitere prominente Werkbündler wie Max Bächer, der 1979 das Thema mit dem Autor an die TH Darmstadt brachte, Ulrich Conrads, der 1980 zwei Publikationen dazu in der Bauwelt herausgab, Lore Ditzen, Dieter Döpfner, Gerhard Hecking, Herbert Heise, Axel Huth, Gina Angress-Köhler, Ferdinand und Lore Kramer, Josef Lehmbrock, Jochen Rahe, Dieter Rudolph, Hans-Rudi Saftig, Peter C. von Seidlein und Otto Steidle hatten von Anfang an die Konzeption des Autors unterstützt und das Werkbund-Engagement dazu gefördert.[13] Nach der Promotion des Autors stießen noch Max Guther[14] (s. Kap. II – 5.4) und Walter Rossow dazu, die auf die Promotion aufmerksam geworden waren. Die erste Buchausgabe der Dissertation des Autors erschien mit finanzieller Unterstützung des Werkbundes (ein Exemplar kaufte auch Koenigs und sandte es mit seinem Schriftzug und Kaufdatum '88 versehen an den Autor, als dieser von ihm den geliehenen Dissertationsdruck zurückbat (vgl. Kap. II – 5.1). Jahrelang hatte sich der Werkbund in Büchern, Zeitschriften und durch Veranstaltungen für die Durchsetzung der Konzeption engagiert (s. Literaturverzeichnis).

Verdienste des Werkbundes waren häufig Leistungen einzelner, die für den Bund insgesamt standen. Die Laudatio zur Auszeichnung als Landessieger hatte die Verdienste des Autors in die Tradition des Werkbund-Mitbegründers Fritz Schuhmacher gestellt (Abb 145) und der Werkbund hob den Autor in seiner Zeitschrift werkundzeit[15] und in Büchern[16] lobend hervor. Als Werkbundmitglied Durth im Beitrag zu Koenigs' Visionen den Autor, obwohl Werkbund-Kollege, aus der Geschichte tilgt, verschwinden das langjährige erfolgreiche Engagement des Werkbundes für den Frankfurter Grüngürtel und seine Kooperation mit Bürgern als gemeinsame Verdienste von Werkbund und Bürgern gleich mit.

Der Autor und die Bürger wurden von ihrem Werk ferngehalten, weil ihr Feld-, Wald- und Wiesen-Belüftungskonzept zu einer teuren Aneinanderreihung von Einzelparks verfälscht wurde. Der Park als etwas Abgegrenztes und eine Vision offener Grünräume schließen sich jedoch gegenseitig aus (vgl. Kap. II – 5.6). Im Original des Autors soll der durchgehende Grünraum durch terrassierte Randbebauung gefasst und nicht im Sinne von Parkgestaltung gestaltet werden, sondern Land- und Forstwirtschaft zur Gestaltung der Landschaft heranziehen und damit landwirtschaftliche Existenzen sichern. Die „Vision"

---

12 Der 1907 gegründete Deutsche Werkbund (DWB) ist eine Vereinigung von Künstlern, Intellektuellen und Industriellen, die sich die Humanisierung von Wirtschaft und Kultur in einer klassenlosen Industriegesellschaft zur Aufgabe gemacht hatte. Mitbegründer Peter Behrens mit 33 und Enkel Till Behrens mit 37 Jahren Werkbundengagement verkörpern zusammen 70 Jahre Werkbundgeschichte. Behrens T. verließ 2002 den DWB, weil dieser nicht gegen den Bau der Frankfurter NW-Landebahn eintreten wollte und damit Ziele verdarb, für die er einst gekämpft hatte, wie der Frankfurter Grüngürtel und das Wiederbewohnbarmachen der Region.

13 Vgl. Danksagungen von Behrens T. im Dissertationsdruck zu „Die Frankfurter Grüngürtel" und in den Buchausgaben.

14 Siehe Kap. – 5.4: Ausladung des Urhebers und Fernhalten von seinen Arbeiten.

15 Blechinger G., „Till Behrens' Grüngürtel Frankfurt am Main", werkundzeit 1/92 und Leserbrief dazu Behrens T., 2/92.

16 Behrens T., „Grüngürtel mit Randbebauung", werkundzeit, Perspektiven 1 (1993), Frankfurt, Stadt und Region, S. 50–55, mit farbiger Abb. von Behrens' Grüngürtel-Karte; ferner Engelmann J., „Stadt und Landschaft – Urbanität heute", (1994), S. 61 und S. 193 mit Hinweis auf „Eine Innovation wird geplündert ..." mit Abb. des Einbandes des Buches, das 1994 im Frankfurter Werkbundhaus vorgestellt worden war.

Koenigs dagegen klammert Frischluftschneisen, Wohnen, Verkehr, Teile des Grüngürtel-Originals und weitere entscheidende städtische Zusammenhänge aus. Doch gerade für deren Lösung hatte der Autor seine Konzeption entwickelt. Die „Vision" beschäftigt sich mit dem Ausfüllen von Freiflächen. Sie trennt zudem Grün und Wohnen – was in der Geschichte nicht einmal die auf das Schloss bezogene Parkplanung tat. Die „Vision offener Grünräume" kam damit der Lösung des Problems, dass in Frankfurt gute Wohnlagen an gesicherten Grünflächen fehlen, nicht näher.

7.8.1990 Der Autor sendet an Hegger vom GrünGürtel-Projektbüro die Kurzfassung seines Vortrages vom 17.6.1990 zu Leitlinien samt Abbildung seines übergeordneten Systems „Vom Chaos zur Idealstadt" für die angekündigte Dokumentation im Band „Vision offener Grünräume".[17] Vorher hatte Hegger ihm das Tonbandprotokoll mit der Bitte zugesandt, schnellstmöglich die geschriebene Fassung abzuliefern. Die angekündigte Publikation erfolgt jedoch nicht. Das lässt sich wohl nur so erklären: Ein Abdruck in „Vision offener Grünräume" hätte offengelegt, dass das darin verherrlichte einseitige Anpflanzungsplagiat nicht an das 20 Jahre ältere umfassendere Original heranreicht und Koenigs Väter und Mütter damals teilweise Kinder waren. Der Autor wird zensiert.

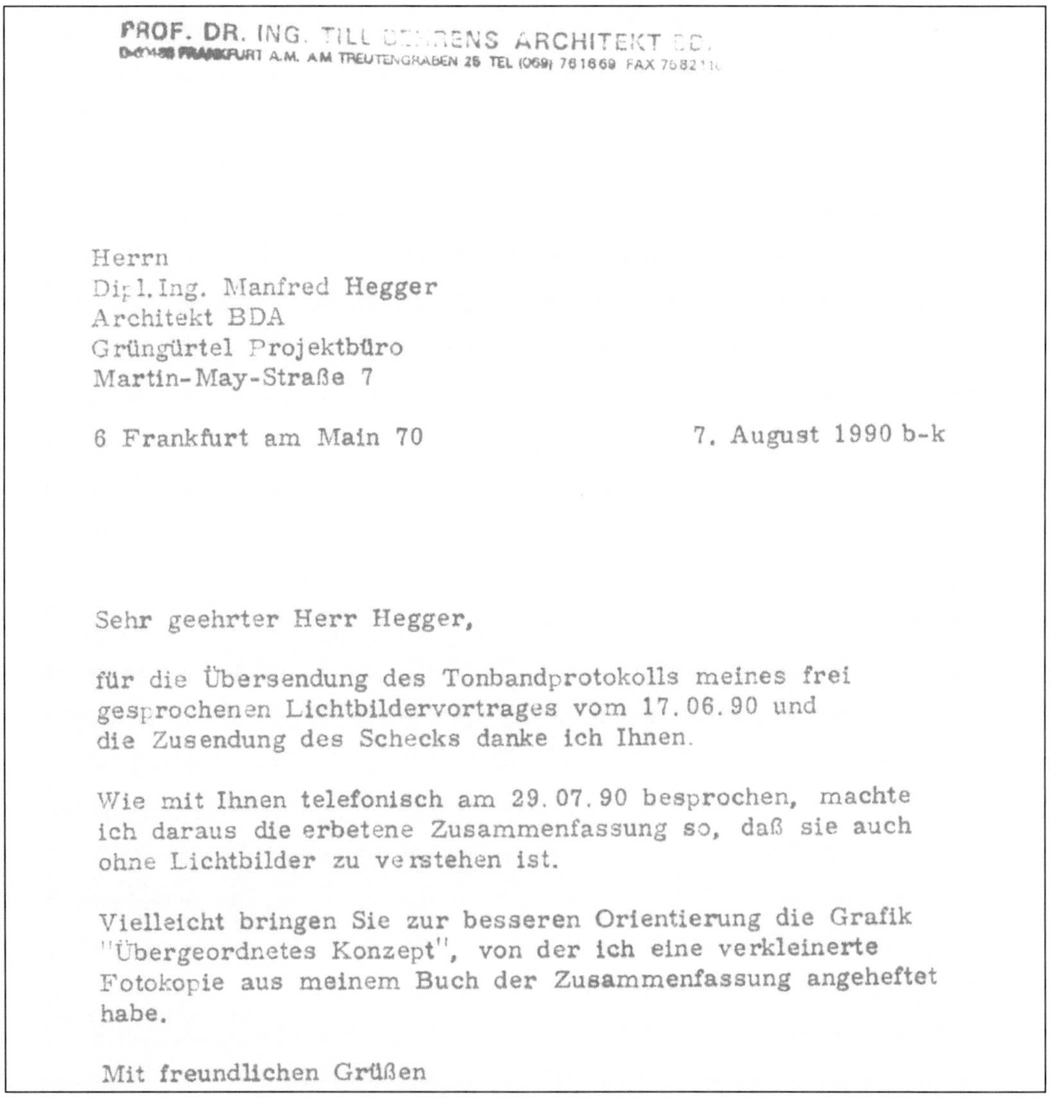

PROF. DR. ING. TILL [illegible]ENS ARCHITEKT [illegible]
[illegible] FRANKFURT A.M. AM TREUTENGRABEN 25 TEL (069) 761669 FAX 7682[illegible]

Herrn
Dipl.Ing. Manfred Hegger
Architekt BDA
Grüngürtel Projektbüro
Martin-May-Straße 7

6 Frankfurt am Main 70 7. August 1990 b-k

Sehr geehrter Herr Hegger,

für die Übersendung des Tonbandprotokolls meines frei gesprochenen Lichtbildervortrages vom 17.06.90 und die Zusendung des Schecks danke ich Ihnen.

Wie mit Ihnen telefonisch am 29.07.90 besprochen, machte ich daraus die erbetene Zusammenfassung so, daß sie auch ohne Lichtbilder zu verstehen ist.

Vielleicht bringen Sie zur besseren Orientierung die Grafik "Übergeordnetes Konzept", von der ich eine verkleinerte Fotokopie aus meinem Buch der Zusammenfassung angeheftet habe.

Mit freundlichen Grüßen

156 Schreiben Behrens T. an Hegger M. v. 7.8.1990.

17 Antwortschreiben v. 7.8.1990 von Behrens T. an Hegger M., vom GrünGürtel-Projektbüro, in dem er für die Übersendung des Tonbandprotokolls dankt und die angeforderte gekürzte Zusammenfassung übersendet.

Auch Reinhard Grebes halbstündiger Vortrag zu Leitlinien ist nicht im Band vertreten, wahrscheinlich, weil er mit der Konzeption des Autors zusammenhing. Grebe hatte nach der 1973 erfolgten Forumspublikation „Der Grüngürtel – Die Chance" für die Stadt Frankfurt das Vorkonzept zum Landschaftsplan (s. Kap. II – 2.3 „Landschaftsschutz, der keiner ist" und Kap. II – 3.) erarbeitet und stellte darin fest: 36 geplante Baugebiete der Stadt liegen ganz oder teilweise im Landschaftsschutzgebiet. Er empfahl darin der Stadt die Zusammenarbeit mit dem Bürgerforum. Dieses stand hinter der Konzeption des Autors, die hier durch Koenigs zensiert wird.

Die vielen Bürger, die für den Grüngürtel gekämpft hatten, wurden nicht angehört. Außer Georg Encke und Jochen Rahe, deren Einladung der Autor noch veranlassen konnte, war keiner der vielen damaligen Kämpfer zu Leitlinien oder zur Mitarbeit geladen oder wenigstens einmal um ihre Meinung gebeten worden. Das wurden auch Encke und Rahe nicht. Erst durch das langjährige Engagement der Bürger in Verbindung mit der Konzeption des Autors war der GrünGürtel überhaupt ein politisches Thema geworden. Hierdurch hatte es auch erst zu einem Grüngürtel-Projektbüro kommen können. Doch diese Bürger und der Urheber, die 20 Jahre von unten nach oben arbeiteten, waren jetzt, wo der Grüngürtel von oben nach unten verwaltet wurde, nicht erwünscht. Man wollte nicht durch ein 20 Jahre älteres, anspruchsvolleres und basisdemokratisch entstandenes Original gestört werden. Man wollte auch nicht die Meinung kritischer Bürger hören, die sich in dem Thema besser auskennen als Ortsfremde, die zum Grüngürtel und seinen Zusammenhängen erst noch lernen müssen.

II – 9. Eine Innovation wird geplündert

II – 9.1 Dokumentation der Plünderung

1. Quartal 1992 Gerhard Blechingers Artikel „Till Behrens' Grüngürtel Frankfurt am Main" erscheint in der Werkbundzeitschrift werkundzeit 1/92.[1]

2. Quartal 1992 Der Autor stellt in seinem „Leserbrief zu Gerhard Blechinger" Missverständnisse zum Grüngürtel richtig.[2]

1992 Es erscheint die zweite Ausgabe des Buchs des Autors unter dem Titel *„Grüngürtel Frankfurt am Main – Die Stadt wieder bewohnbar machen"* mit einem Vorwort, welches die trotz Promotion und Auszeichnung inzwischen erfolgten Plagiatsvorgänge der Stadt Frankfurt und ihre falschen Behauptungen dazu offenlegt. Hatte der Autor die erste Buchausgabe der Stadt Frankfurt gewidmet, widmet er die zweite Ausgabe Georg Encke, Jochen Rahe, Karl Stadager und den vielen mitstreitenden Bürgern.[3]

9.2.1993 Auf Veranlassung von Barbara Purbs, Leiterin der Stadtbücherei, wird der Band *„Grüngürtel Frankfurt am Main – Die Stadt wieder bewohnbar machen"* in der Stadtbücherei Frankfurt vorgestellt. Die Vorstellung erfolgt zusammen mit einer Ausstellung von Berichten und Publikationen dazu sowie dem Vortrag *„Stadt und Landschaft – Urbanität heute"* des Architekturtheoretikers Jörg Engelmann.

157 Einband „Grüngürtel Frankfurt am Main – Die Stadt wieder bewohnbar machen".

1 Blechinger G, „Till Behrens' Grüngürtel Frankfurt am Main", werkundzeit 1/92 München/Frankfurt.

2 Behrens T., „Leserbrief zu Gerhard Blechinger", werkundzeit 2/92 München/Frankfurt.

3 Behrens T., „Grüngürtel Frankfurt am Main – Die Stadt wieder bewohnbar machen", Walldorf Hessen 1993.

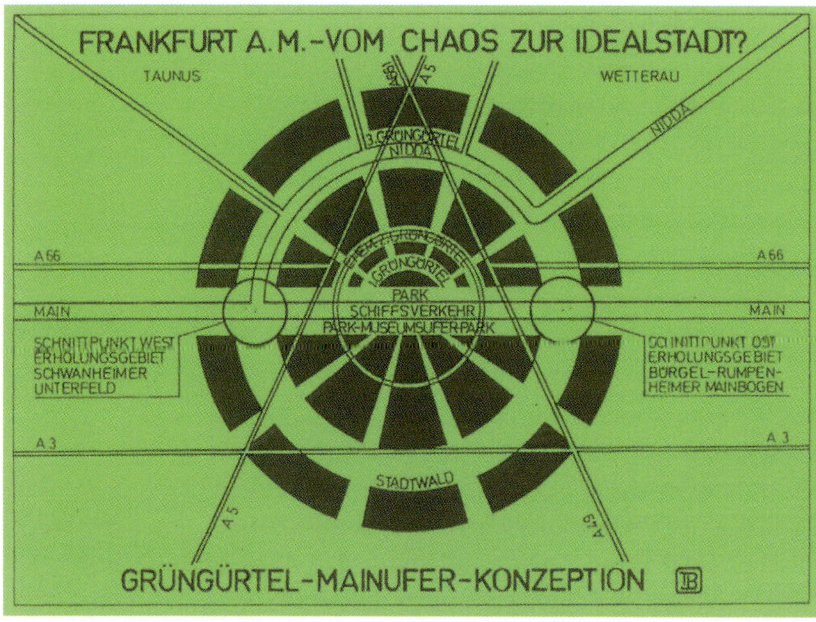

Till Behrens: Grüngürtel.
Frankfurt am Main.
Die Stadt wieder bewohnbar machen
140 Seiten, 90 Abbildungen, mit einem farbigen Faltplan.
Vorwort: Lucius Burckhardt;
erschienen im Verlag Jochen Rahe
ISBN 3-9803080-1-4

Konzeption eines zusammenhängenden Grüngürtels, realisierbar auf Restgrünflächen mit durchgehend wiederbegrünten Mainufern, Randbebauung und entlastender Verkehrsbündelung; mit umfangreichem geschichtlichen Teil. Auch für den interessierten Laien lesbar.
Der Hessische Minister des Innern, der den Autor für die Arbeit 1991 auszeichnete, nannte sie „eine überzeugende Synthese zwischen Wohnen, Verkehr, Erholung/Freizeit, Schutz von Natur und Landschaft“, die im Prinzip auch auf andere Städte übertragbar ist.

Einladung

Die Stadtbücherei Frankfurt am Main und der Verlag Jochen Rahe laden Sie herzlich zu einem Vortrag mit Lichtbildern ein:

Stadt und Landschaft – Urbanität heute
Jörg Engelmann, Wiesbaden

Begrüßung: Barbara Purbs, Leiterin der Stadtbücherei
Einführung: Jochen Rahe, Verleger

Till Behrens, Architekt, Designer und Stadtplaner in Frankfurt am Main, erläutert sein Grüngürtel-Konzept anläßlich der Neuausgabe seines Buches „Grüngürtel. Frankfurt am Main. Die Stadt wieder bewohnbar machen“.

Dienstag, den 9. Februar 1993, 19.30 Uhr

Zentralbibliothek, Zeil 17–23, 6000 Frankfurt 1

158 Einladung – Vorder- und Rückseite – zur Buchvorstellung mit Vortrag von Jörg Engelmann.

März 1993 — Otto Spies interviewt den Autor. Der Artikel *„Was ist aus Behrens' Frankfurter Grüngürtel geworden?“*, wird anschließend in der Zeitschrift bauzentrum 2/93 abgedruckt.[4]

1991 bis 1993 — Das Amt für Kommunale Gesamtentwicklung und Stadtplanung des Magistrats der Stadt Frankfurt gab bei Bernhard Winkler ein „Städtebauliches Gutachten zur Mobilität der Stadt Frankfurt am Main“[5] in Auftrag (nach Gerüchten soll ca. 1 Mio. DM dafür gezahlt worden sein). Teil I datiert vom Juli 1991 und umfasst 27 Seiten, Teil II datiert vom August 1993 und umfasst 43 Seiten. Obwohl unter den von ihm zur Bearbeitung

4 Interview Spies O. mit Behrens T., „Was ist aus Behrens' Frankfurter Grüngürtel geworden?“, das bauzentrum 2/93, Darmstadt S. 12–15.

5 Winkler B., „Städtebauliches Gutachten zur Mobilität der Stadt Frankfurt am Main“, München, Teil 1 Juli 1991, Teil 2 August 1993, Auftraggeber ist der Magistrat der Stadt Frankfurt, Amt für Kommunale Gesamtentwicklung und Stadtplanung.

aufgezählten Unterlagen weder die vielen ab 1972 erschienenen Schriften des Frankfurter Forums für Stadtentwicklung zu Verkehr, Grün, Mainufern und Zusammenhängen noch die zahlreichen Publikationen des Autors (u.a. seine Dissertation) zu finden sind, kommt das Gutachten zu Erkenntnissen, die aus den Forschungen des Autors seit 20 Jahren bekannt sind. Als pars pro toto werden aus Teil I beispielhaft aufgezählt:

- *„Auf lange Sicht muss das Mainufer verkehrsfrei werden." (S. 4)*
- *„Autobahnzusammenschluß im Osten, Verbindung der A661 und Anschluss der A66 von Osten." (S. 5)*
- *„Die A5, die A3 und die komplettierte A661 schließen sich zu einem äußeren Umfahrungsring zusammen, der einen wesentlichen Bestandteil bei der Neuordnung der Mobilität darstellt." (S.5)*
- *„Die Erschließung der City mit dem Auto von den Randbereichen her (muss) im Sinne einer sackartigen Erschließung erfolgen." (S. 8)*
- *„Das Mainufer als Erholungszone." (S. 14)*
- *„(...) in Ost-West-Richtung verlaufende innerstädtische Verkehrsbewegungen verhindern (...) Aufwertung der Uferzonen und (...) Anbindung Sachsenhausens." (S. 14)*
- *„Die Anbindung des nördlichen Mainufers an die Bereiche Dom, Kultur-Schirn, Römer sowie die Wallanlagen soll verbessert werden." (S. 14)*
- *„Wohngebiete der Ost- und Westhafenbereiche." (S. 14)*
- *„Aktivierung der Hafenbahn." (S.14)*

Der Vorgang belegt:
Das Winkler-Gutachten wiederholt Vorschläge des Frankfurter Forums für Stadtentwicklung und aus den Publikationen des Autors (vgl. Literaturverzeichnis), die teilweise bereits realisiert waren (Autobahnostring, aus Forumsschrift „Die Alternative" von 1972). Ebenso wie für das GrünGürtel-Projektbüro gab die Stadt gewaltige Steuerbeträge aus, ohne etwas zu erhalten, das nicht die Publikationen des Forums und die Arbeiten des Autors bereits ca. 20 Jahre früher kostenlos vorweggenommen hatten.

1992/1993 Clemens Klockner, Rektor der Fachhochschule Wiesbaden (heutige Hochschule RheinMain), bietet dem Autor nach seiner Auszeichnung durch die Landesregierung und der Einladung, Vorträge zu seiner Konzeption in Japan zu halten, an, eine Dokumentation in der Hochschul-Buchreihe zu finanzieren, die den Plünderungsvorgang widerspiegelt, wenn der Autor diese erstellt. In dem Gespräch zur Entscheidung spielt zwischen dem Soziologen Klockner und dem Autoren als Stadtplaner eine wichtige Rolle, dass der Autor zusammen mit Bürgern Jahrzehnte – wie die Laudatio betonte – für seine Konzeption kämpfte und diese dann ausgezeichnet wurde, während die Stadt 2,6 Mio. für die Erstellung eines Plagiats und 300 Mio. für dessen Realisierung ausgibt und den Autor und die Bürger gezielt von einer Umsetzung eines Grüngürtels fernhält. Der Autor nimmt das Angebot des Rektors an.

1994 Die Hochschule gibt die 218 Seiten starke chronologische Dokumentation *„Eine Innovation wird geplündert – Grüngürtel-Flussuferkonzeption 1969 – 1994 im Spiegel der Presse und von Zeitdokumenten – Vom Chaos zur Idealstadt"*[6] in ihrer Reihe „Veröffentlichungen aus Lehre, angewandter Forschung und Weiterbildung" als Band 22 heraus.

---

6 Behrens T., „Eine Innovation wird geplündert – Grüngürtel-Flussufer-Konzeption 1969–1994 im Spiegel der Presse und von Zeitdokumenten", Wiesbaden 1994.

159 Einband „Eine Innovation wird geplündert".

Fachhochschule Wiesbaden

Till Behrens
Eine Innovation wird geplündert
Grüngürtel-Flußufer-Konzeption
1969 - 1994
Im Spiegel der Presse und von Zeitdokumenten
Wissenschaftliche Buchreihe Band 22

Das Buch des Stadtplaners und Architekten Prof.Dr.-Ing.T. Behrens zeigt den Werdegang seines Frankfurter Stadtreparatur- und Stadtentwicklungskonzepts - eine „chronique scandaleuse" kommunalpolitischer Fehlleistungen und mißbräuchlicher Aneignung seiner Innovation. Deren Basis ist ein durch die Stadt verlaufender Grüngürtel (mit sinnvoller Verwendung und Ergänzung bestehender Fragmente) mit grüner Randbebauung und Verkehrsbündelung.

217 Seiten, 20,- DM, ISBN 3-923068-22-0
Bestellung beim Buchhandel oder telefonisch (0611-9495120)

160 Anzeige fhw-Jornal 4/94 zum Erscheinen des Bandes 1994.

Bücher aus dem Umkreis des Werkbunds

TILL BEHRENS: Eine Innovation wird geplündert. Grüngürtel-Flußufer-Konzeption 1969 bis 1994. Im Spiegel der Presse und von Zeitdokumenten. Red. Dr. E.M. Stiegler, Band 22 der Schriftenreihe der FHS Wiesbaden, 218 Seiten, 20,– DM. Über FHS Wiesbaden, Kurt-Schumacher-Ring 18, 65197 Wiesbaden.

Im Spiegel dieser Dokumente erscheint die aufwendige Beschäftigung besonders der rot-grünen Frankfurter Stadtregierung mit der von Behrens seit 1969 ausgearbeiteten und immer wieder publizierten Grüngürtel-Konzeption (Grüngürtel 1992, ISBN 3-9803080-1-4, 38,– DM) mehr als populistische Schau und nicht als die zielstrebige Planung eines strukturgebenden Grundmusters in einer ausufernden Agglomeration. Der Band dokumentiert 25 weitgehend verlorene Jahre, da der chancenreiche Zusammenhang der Grünentwicklung mit Verkehr und Wohnen nicht ausreichend erkannt wurde.

161 Pressemitteilung Im Werkbund-Jahrbuch1994 „Bücher aus dem Umkreis des Werkbundes".

Vorwort

„Man muß anfangen können ohne Hoffnung, man muß ausharren können ohne Erfolg." Der Satz wird dem Prinzen von Oranien zugeschrieben. Er trifft mein Thema gut.

Es ist stadtplanerisch weder eine neue Idee, einen Grüngürtel um eine Stadt zu legen, noch ihn durch ein Gesetz gegen Bebauung zu schützen. Neu ist es jedoch, um eine Stadt wieder bewohnbar zu machen, einen land-, forst- und wasserwirtschaftlich gepflegten Grüngürtel auf noch vorhandenen Restgrünflächen durch bereits bebautes Gebiet zu führen, ihn durch Landwirte so anlegen und extensiv pflegen zu lassen, daß den Bürgern dadurch Kosten erspart und bäuerliche Existenzen gesichert werden, ihn mit einer terrassierten Randbebauung zu begrenzen und mit einer grünen Spange entlang der Flußufer samt Verkehrsbündelung auszustatten.

Das Frankfurter Museumsufer wurde über Frankfurt hinaus nahezu weltweit bekannt. Nur wenige wissen, daß das Museumsufer-Konzept integraler Bestandteil meines ab 1970 entwickelten Grüngürtel-Mainufer-Gesamtkonzeptes ist.

Nach den negativen Erfahrungen, die ich 1980 beim Aufgreifen meiner Museumsufer-Konzeption mit dem Frankfurter Magistrat und Albert Speer jun. machen mußte, promovierte ich 1986 zur Wahrung meiner Priorität mit dem Gesamtkonzept. 1991 wurde ich durch das Hessische Ministerium des Innern in Zusammenarbeit mit dem Hessischen Ministerium für Landwirtschaft, Forsten und Naturschutz sowie dem Hessischen Städtetag, dem Hessischen Städte- und Gemeindebund und dem Hessischen Landkreistag für das Stadtentwicklungskonzept „Grüngürtel mit grüner Mainuferquerspange, Randbebauung und Verkehrsbündelung", das als „rahmengebendes Gesamtkonzept" bezeichnet wurde, als „Landessieger" ausgezeichnet.

Aus diesem rahmengebenden Gesamtkonzept ist wenige Jahre nach Übernahme des Museumsuferabschnittes auch der größere Bereich Grüngürtel von den Politikern aufgegriffen worden (1983 SPD und 1988 Grüne) und gelangte ab 1989 in eine realisierungsnahe Phase. Die Notwendigkeit Grünraum, Randbebauung und Verkehrsbündelung als unumgängliche planerische Einheit zu behandeln, wurde dabei nicht erkannt. Statt dessen sind vom Umweltdezernenten mit städtischem Millionenaufwand meine Grüngürtel-Konzeption

Aus diesem rahmengebenden Gesamtkonzept ist wenige Jahre nach Übernahme des Museumsuferabschnittes auch der größere Bereich Grüngürtel von den Politikern aufgegriffen worden (1983 SPD und 1988 Grüne) und gelangte ab 1989 in eine realisierungsnahe Phase. Die Notwendigkeit Grünraum, Randbebauung und Verkehrsbündelung als unumgängliche planerische Einheit zu behandeln, wurde dabei nicht erkannt. Statt dessen sind vom Umweltdezernenten mit städtischem Millionenaufwand meine Grüngürtel-Konzeption
auf konservative Parkplanung ohne Randbebauung reduziert und meine wichtigste Forderung, die Grüngürtelflächen und ihre Anschlüsse an das Umland durchgehend und wirksam gesetzlich zu schützen, nicht erfüllt worden (Landschaftsschutz ist nicht ausreichend). Demzufolge drohen wesentliche Grünbereiche und ihre Anschlüsse an das Umland, die für die Frischluftversorgung der Stadt entscheidend sind, seit 1993 erneut bebaut zu werden. Es wurde die Chance verpaßt, den Grüngürtel als Katalysator für Reparatur und Entwicklung der Stadt einzusetzen und damit von Frankfurt ausgehend ein Beispiel zu geben, das im Prinzip auch für die Wohn- und Grünsituation anderer Städte gültig ist. Deutschland ist heute mehr als jemals vorher in seiner Geschichte auf Innovationen angewiesen. Wird eine mit Engagement ehrenamtlich entwickelte Innovation von Politikern zusammenhangslos als Selbstbedienungsladen mißbraucht, sogar unter Ausschaltung des Urhebers, so erklärt dies die derzeitig herrschende Innovationsfeindlichkeit.

Schlaglichtartig wird in der hier vorliegenden Chronologie der Werdegang des stadtplanerischen Konzeptes von seinen Anfängen bis zum derzeitigen Stand anhand von Originaldokumenten, Fachpublikationen und Zeitungsberichten einschließlich historischen Bezügen dargestellt.

Till Behrens

162 Vorwort zu „Eine Innovation wird geplündert".

5.10.1994 Wie sechs Jahre vorher die erste Buchausgabe von „Grüngürtel" wird auch die Dokumentation *„Eine Innovation wird geplündert – Vom Chaos zur Idealstadt"* im Werkbundhaus Frankfurt durch Ernst-Michael Stiegler, Pressereferent der Fachhochschule Wiesbaden, Jochen Rahe, früherer Geschäftsführer Frankfurter Forum für Stadtentwicklung, der Architektenkammer Hessen und Vorstandsmitglied im Deutschen Werkbund Hessen sowie durch den Autor der Presse vorgestellt. Die Tages-und Fachpresse berichtet.[7] Der Band ist schnell vergriffen. Der hier vorliegende Band bezieht sich auf das Buch „Eine Innovation wird geplündert (...)" und schreibt es fort.

7 „Frankfurt wieder bewohnbar machen", Wiesbadener Kurier 6.10.1994; „Immer nur das Spektakuläre", FAZ 6.10.1994; „Kritik an der Grüngürtel-Politik", FR. 6.10.1994; „Grüngürtel: 'Chronique scandaleuse'?", FN 12.10.1994., Spiess, „Frankfurt: Grüngürtel-Plünderung", das bauzentrum 1/95; „Grüngürtel durch Frankfurt", Umwelt kommunal UK 218 / 25.10. 1994, Werkbund-Jahrbuch 1994, S. 193: „Bücher aus dem Umkreis des Werkbundes"; Neuerscheinung Behrens T., „Eine Innovation wird geplündert, fhw-journal 4/9410.

Grüngürtel: »Chronique scandaleuse«?

Till Behrens rechnet in einem Buch mit dem Magistrat ab

Der rot-grüne Magistrat muß für die bisherige Umsetzung des Grüngürtel-Konzeptes Schelte einstecken. Die Kritik kommt von berufener Seite: von Till Behrens, Professor an der Fachhochschule Wiesbaden und »Vater« des Grüngürtelkonzeptes. Im Rahmen der Vorstellung seines neuen Buches »Eine Innovation wird geplündert – Grüngürtel-Flußufer-Konzeption 1969-1994« zog der Ex-Städteplaner und Architekt Bilanz. Das Grüngürtel-Konzept werde zusammenhangslos umgesetzt, warf Behrens dem Frankfurter Umweltdezernenten Tom Koenigs vor. Nur zu einer bruckstückhaften Realisierung sei es bisher gekommen.

Anfang der siebziger Jahre hatte Behrens seine »stadtplanerische Innovation« vorgelegt. Sein Konzept vom Grüngürtel und Museumsufer sollte die Stadt wieder bewohnbar zu machen. Zur Basis des „Stadtreparatur-Konzeptes" gehörte ein um die Stadt verlaufender Grüngürtel mit terrassierter Randbebauung, eine Grünspange entlang der Flußufer sowie eine Verkehrsbündelung. Auf Ringstraßen sollte der Verkehr um die Innenstadt herumgeleitet werden. Gerade beim Museumsufer, ein „integraler Bestandteil des Grüngürtelkonzeptes", so Behrens, war eine Sperrung für den Verkehr vorgesehen, doch dies sei versäumt worden. Die Schließung des Autobahnringes um Frankfurt herum sieht Behrens auch heute noch für „unbedingt notwendig" an. Die Notwendigkeit, Grünraum, Randbebauung und Verkehrsbündelung als planerische Einheit zu behandeln, sei jedoch nicht erkannt worden. Dem Frankfurter Umweltdezernenten wirft Behrens vor, lediglich eine isolierte Parkplanung zu betreiben. „Das ist nur kostenintensiv", so Behrens, der den Grüngürtel durch Landwirte pflegen und nutzen lassen wollte.

Behrens moniert jedoch auch den mangelnden Schutz des Grüngürtels durch den Magistrat: Seit vergangenem Jahr drohe die erneute Bebauung wesentlicher Grünbereiche und ihrer Anschlüsse an das Umland, die für die Frischluftversorgung der Stadt entscheident seien. Die eigentliche Randbebauung des Grüngürtels um Frankfurt herum, „und erst durch die Randbebauung wird der Grüngürtel zum Gürtel", so Behrens, werde nicht betrieben. Ein riesiges Potential an Wohnlagen biete sich da.

Behrens' neues Buch, eine Chronologie von Zeitungsartikeln, Referaten, Briefen und anderen Zeitdokumenten, gibt den »Werdegang« und die Plünderung seines Konzeptes wieder. Eine »chronique scandaleuse«, so Behrens, der 1991 noch vom Hessischen Innenminister für sein Stadtentwicklungskonzept ausgezeichnet wurde. Das 217 Seiten starke Buch wurde von der Fachhochschule Wiesbaden herausgegeben und kostet 20 Mark.

Bernd Günther

163 Pressemitteilung „Grüngürtel: ‚Chronique scandaleuse'?" Frankfurter Nachrichten 12.10.1994.

„Immer nur das Spektakuläre"

„Vater" der Grüngürtel-Idee kritisiert städtische Planung

ja. Kritik an der Planungspolitik des rot-grünen Magistrats hat der „Vater" des Grüngürtel-Gedankens, Professor Till Behrens, geübt. Behrens beklagte bei der Vorstellung eines Buchs, in dem die Verwertung seiner Grüngürtel-Flußufer-Konzeption anhand von Presseartikeln und Dokumenten dargestellt wird, daß seine Idee stets nur in Bruchstücken umgesetzt worden sei. „Die Politiker haben immer das Spektakuläre herausgegriffen." Der Grundgedanke, die Stadt durch Bewahren der Flußufer sowie der Grünräume als Wohn- und Lebensräume attraktiv zu machen, sei dabei untergegangen.

Als Beispiel für die Verfälschung des 1970 formulierten Konzepts eines „Grüngürtels mit Mainufer-Querspange" – der Grundgedanke war die Sicherung eines durch die Stadt verlaufenden Grüngürtels mit grüner Randbebauung und Bündelung des Verkehrs – führte Behrens das Museumsufer an. Er habe gefordert, die Uferzone auch für Wohnbebauung zu nutzen und vor allem die Verkehrsströme von dort wegzulenken.

Auch die Grüngürtel-Konzeption bemängelte Behrens, weil man lediglich eine isolierte Parkplanung betrieben habe. Eine ganzheitliche Betrachtung, die auch den Bau von Wohnungen sowie das Heraushalten der Verkehrsströme aus dem Grüngürtel beinhaltet habe, sei unterblieben. Das Konzept hatte eine terrassierte Bebauung am Rand des Grüngürtels vorgesehen. Behrens, ein Enkel des berühmten Architekten Peter Behrens, monierte, der Schutz des Grüngürtels sei unzureichend.

Jochen Rahe, wie Behrens in den siebziger Jahren maßgeblich an der Tätigkeit des Frankfurter Forums für Stadtentwicklung beteiligt, verwies darauf, daß gerade die Ränder des Grüngürtels ein „Riesenpotential attraktiver Wohnlagen" darstellten. Wenn man dort Wohnungen baue, könne das Abwandern Gutverdienender ins Umland zumindest gemindert werden. Zudem definiere sich der Grüngürtel nicht durch die Fläche, sondern durch die Ränder: „Wenn die Ränder einmal festgelegt sind, tastet auch niemand mehr die Flächen an." Ebenso wie Behrens warf er der Grüngürtel GmbH Versagen vor.

Das 217 Seiten umfassende Buch von Professor Behrens mit dem Titel „Eine Innovation wird geplündert. Grüngürtel-Flußufer-Konzeption 1969–1994" gibt eine Fülle von Fachpublikationen, Zeitungsartikeln sowie Dokumenten zum Thema wieder. Es ist von der Fachhochschule Wiesbaden herausgegeben (Band 22 der Veröffentlichungen aus Lehre, angewandter Forschung und Weiterbildung) und kostet 20 Mark.

164 Pressemitteilung „Immer nur das Spektakuläre", FAZ 6.4.1994.

„Frankfurt wieder bewohnbar machen"

Stadtplaner erinnert an sein Grüngürtelkonzept

FRANKFURT (sus) „Eine Innovation wird geplündert", heißt der Titel des Buches, das der Stadtplaner und Architekt Till Behrens gestern vorgestellt hat. Die Sammlung von Presse- und Zeitdokumenten zeichnet die Geschichte eines Stadtentwicklungskonzeptes nach, das Behrens bereits in den 60er Jahren für die Stadt Frankfurt entworfen hat. Diese sogenannte „Grüngürtel-Flußufer-Konzeption" — ein Teil davon wurde mit dem Museumsufer bereits umgesetzt — ist nach Auffassung des Stadtplaners bitter nötig, „um aus Frankfurt wieder eine bewohnbare Stadt zu machen".

Wenn etwa 300 000 Pendler täglich zur Arbeit ins Stadtgebiet führen, sei das nicht nur Umweltverschmutzung, sondern auch Zeitverschwendung, meint Behrens. „Die Leute würden alle gerne hier wohnen, wenn sie vernünftige Wohnungen fänden". Die würde Behrens gerne entstehen sehen, am Rande eines kostengünstig von Landwirten bewirtschafteten Grüngürtels.

Mit seinem Buch will Behrens „den Politikern noch mal ein Angebot machen, zu einer zusammenhängenden Konzeption zu gelangen". Andererseits möchte der Autor auf die „mißbräuchliche Aneignung" seiner Innovation aufmerksam machen, die von Kommunalpolitikern zusammenhanglos als „Selbstbedienungsladen" benutzt worden sei.

165 Pressemitteilung „Frankfurt wieder bewohnbar machen", Wiesbadener Kurier 6.4.1994.

1994 Im Werkbund-Jahrbuch wird unter „Bücher aus dem Umkreis des Werkbundes" ausgeführt: *„Eine Innovation wird geplündert (...) dokumentiert 25 weitgehend verlorene Jahre, da der chancenreiche Zusammenhang bei der Grünentwicklung mit Verkehr und Wohnen nicht ausreichend erkannt wurde."*[8]

1994 Über Edgar Weik, Leiter der Erwachsenenweiterbildung der Hochschule, erhalten sämtliche Frankfurter Stadtverordneten und Mitglieder des Magistrats ein Exemplar des Bandes (eingeworfen in ihre Kästen im Frankfurter Römer), um sie über die tatsächliche Grüngürtel-Geschichte zu informieren.

1995 Der Autor wird durch die Redaktion der Zeitschrift das bauzentrum aufgefordert, in ihrem „Städtebauheft Frankfurt" 3/95 zur verfehlten Umsetzung des Grüngürtels als einer Kette von Einzelparks unter Vernachlässigung der wirklich notwendigen Schritte Stellung zu nehmen. Unter dem Titel *„Vom Unternehmen Stadt mit Parkplanung zur Wohnstadt mit Landschaft"* kritisiert der Autor erneut die Fehlinvestition von über 300 Mio. in ein „Kosmetikgrüngürtel-Plagiat" statt in ein „Klimagrüngürtel-Original". Unter Hinweis auf seine Dissertation publiziert der Autor nochmals die vier in Kap. II – 3 publizierten Karten und die dort erwähnten wesentlichen 18 Schritte für das Wiederbewohnbarmachen von Frankfurt.
Am Schluss führt der Autor aus:

„Überhöhte Ausgaben für ehrgeizige Zwecke, Selbstinszenierung von Politikern und Planern, stadtplanerisches Flickwerk bei anhaltend bestehenden Kapitalinteressen von Baugesellschaften und Investoren brachten die für Regeneration und Entwicklung der Stadt angelegte Planung nach 25 Jahren an den Rand des Misserfolgs. (...) die Konzeption (...) wird noch lange Erfolgschancen haben. Voraussetzung ist allerdings, sie mit der nötigen umfassenden Kompetenz in Planung und Realisation auszustatten."[9]

Juli 1995 Jörg Engelmanns Artikel „Im Reich der geistigen Diebe" erscheint in der Deutschen Bauzeitung.[10]

---

8 Ebd.

9 Behrens T., „Vom Unternehmen Stadt mit Parkplanung zur Wohnstadt mit Landschaft", das bauzentrum 3/95, S. 90–101 Darmstadt.

10 Engelmann J., „Im Reich der geistigen Diebe", DBZ 7/1995, S.36–37.

Im Reich der geistigen Diebe

Till Behrens vorerst letztes Grüngürtel-Buch

Die Fachhochschule Wiesbaden hat als Band 22 ihrer Reihe »Veröffentlichungen aus Lehre, angewandter Forschung und Weiterbildung» ein Buch herausgegeben, das zum Unterhaltsamsten und Aufregendsten (von »spannend« bis »zornerregend«) gehört, was man in letzter Zeit über Stadtplanung lesen konnte.

Autor ist der Frankfurter Architekt, Stadtplaner und Designer Till Behrens, international durch sein Kreuzschwinger-Sitzmöbelprogramm bekannt, Eingeweihten durch das von ihm entwickelte Holzskelettbausystem, Studenten als Professor für Baukonstruktion, Entwurf und Gebäudelehre an der FH Wiesbaden – und weiten Kreisen als Verfasser des »Grüngürtel« Stadtentwicklungskonzepts für Frankfurt am Main.

Das Buch handelt von der letzteren Rolle und ist ein Jubiläumsgeschenk für alle, die sich – je nach Selbsteinschätzung – als Täter, Opfer oder Zuschauer angesprochen fühlen. Der Titel »Eine Innovation wird geplündert – Grüngürtel-Flußufer-Konzeption 1969-1994 im Spiegel der Presse und von Zeitdokumenten« könnte auch lauten: »Festschrift zum 25. Jahr der Ausbeutung von Behrens 'Grüngürtel'«. Das Buch ließe sich auch leicht dramatisieren und, je nach Vorliebe, als Tragödie oder Posse aufführen – so bewegt ist die Handlung und so zahlreich und unterschiedlich sind die dramatis personae.

Worum geht es: 1969 beginnt Till Behrens sich über die Zukunft seiner Wahlheimat Frankfurt am Main Gedanken zu machen. Von seinem Wohnsitz am Rande des Niddatales aus kann er die landräuberische Praxis verfolgen, mit der das von dem Volkswirt Dr. Hans Kampffmeyer jun. in Personalunion mit einem Sitz im Aufsichtsrat der Neuen Heimat und anderer Baugesellschaften geführte Stadtplanungsamt sich über geltendes Recht hinwegsetzt und Wohnungen und Straßen in Landschaftsschutzgebieten plant. Getreu der auch heute noch nicht verabschiedeten Ideologie, eine Stadt wie ein Wirtschaftsunternehmen zu verwalten, das sich rentieren soll, beginnen die Stadtoberen, die Innenstadt an Investoren für Büroflächen zu verkaufen und die Bewohner in Trabantensiedlungen ins grüne Umland zu locken, bzw. die Ärmeren, die sich die Mieten dort und in den verbleibenden städtischen Wohngebieten schon gar nicht leisten können, an den Stadtrand zu drängen: Die Planer zerstören die Bürgerstadt – eine Entwicklung, die für die meisten großen Städte der Bundesrepublik nicht untypisch ist, sich in Frankfurt aber mit beispielloser Radikalität vollzieht und hier auch zu beispielhaften Resultaten führt: einer nachts toten, von Kriminalität bescherrschten Innenstadt, in der man tags bei heißem Wetter keine Luft bekommt, weil die Frischluftschneisen von den Wohnhochhäusern im Umland zugebaut sind – mit einem Wort, einer Stadt, in der man nicht mehr wohnen kann.

Behrens kann zusammen mit einer von ihm gegründeten Bügerinitiative die Bebauung des Landschaftschutzgebietes Niddatal stoppen, wird Mitbegründer des von der Stadt als gemeinnützig anerkannten und bezuschußten e.V.'s »Frankfurter Forum fürStadtentwicklung« und entdeckt den zwingenden Zusammenhang zwischen Grün- und Stadtplanung zur Wiederherstellung einer bewohnbaren Stadt; die im Falle Frankfurt auch noch den besonderen Reiz hat, an einem Fluß zu liegen – dessen Ufer allerdings schon lange durch Hauptverkehrsstraßen von der Stadt abgeschnitten sind. Das Grün übernimmt dabei die Rolle des Katalysators, der den Prozeß vorantreibt, jedoch – was später offenbar niemand mehr begreift – nicht als Parksondern als Landschaftsgrün mit Randbebauung. Bei Behrens nimmt die Vorstellung von einem Stadtentwicklungskonzept für Frankfurt a. M. Gestalt an, in welchem noch vorhandene Grünzonen in der Stadt mit Umlandgrün zu zusammenhängenden Grünräumen verbunden und durch Wohn Randbebauung gefaßt werden.

Dabei ist der integrale Zusammenhang von sechs Elementen entscheidend, von denen keines weggelassen oder getrennt realisiert werden darf, ohne das Wesentliche des Gedankens zu zerstören, nämlich:

- Erhaltung bzw. Rückgewinnung der Restgrünflächen in der Stadt einschließlich der Parks und Alleen,
- ihre Verbindung mit Umland-Grün: die einzige Maßnahme, zu der Grünflächen teilweise neu angelegt werden müssen,
- Zusammenschließung bei der Grünräume zu einem sich durch die Stadt ins Umland erstreckenden »Grüngürtel« (der dem Projekt den Namen gibt),
- Wohnbebauung an den Rändern der alten und neu gewonnenen Grünflächen, welche zugleich das Grün sichert und vor weiterer Bebauung schützt,
- kostengünstige Pflege der Grünzonen durch land- und forstwirtschaftliche Nutzung – und nur in den Parks durch das Gartenamt,
- ein Konzept zur Bündelung des Autoverkehrs auf Ringstraßen anstelle der heute noch gültigen Radialen, die jedweden Verkehr durch die Stadt führen anstatt ihn soweit als möglich (Durchgangsverkehr) daran vorbei zu leiten – ein Projekt, das sich in der Behrensschen Planung außerdem zum großen Teil ohne Neubaumaßnahmen auf bereits vorhandenen Straßen realisieren läßt.

In der Folgezeit formuliert Behrens seinen Plan aus und bringt ihn in das Stadtentwicklungs-Forum ein. Er geht schwerpunktmäßig zunächst von den Mainufern aus und sieht dort erstmals das vor, was die Stadtplanung dann später als »Museumsufer« in extrem verkürzter und veränderter Form als Renomierprojekt vorwirklicht. Daß die Stadt dabei die Idee von Behrens und dem Stadtsoziologen Jochen Rahe abgekupfert hat, gibt Ex-Kulturdezernent Hilmar Hoffmann erst 1990 in einer Jubiläumsschrift zu: Bereits 1974 macht sich die SPD den Gedanken zu eigen.

Behrens »Grüngürtel«-Stadtplanungs-Konzept macht als Forumsschrift zunächst Furore, führt unter dem fortschrittlichen Planungsdezernenten Hanns Adrian zur Vergabe eines Vorkonzeptes – und verschwindet unter seinem Nachfolger in der Schublade. Die Herausgabe einer Museumsufer-Schrift scheitert, da dem Forum von der SPD-Mehrheitsfraktion im Stadtparlament die Mittel gestrichen werden. Behrens hält Vorträge zum Schutz für städtisches Grün und kann 1980 mit Rahe endlich »Die Frankfurter Mainufer, Museen, Grün, Verkehr« veröffentlichen.

»Die Schrift ist sofort vergriffen«, heißt es im Plünderungs-Buch (S. 7) – zu dem spätestens jetzt zu greifen ist, denn von da ab beginnt der skandalöse Teil der »cronique scandaleuse« über die Ausbeutung des fortschrittlichsten Stadtentwicklungskonzeptes, das Frankfurt je gehabt hat. Politiker aller Couleur betrachten es von nun an »als Steinbruch »... ,aus dem sie unter Ausschaltung des Urhebers zusammenhanglos herausbrachen,

166 Engelmann, J., „ Im Reich der geistigen Diebe" in DBZ 7/1995 (Teil 2 nächste Seite).

was ihnen parteipolitisch opportun erschien« (S. 18).

Als erster lügt sich OB Wallmann (CDU) heraus (unter dem Hilmar Hoffmann (SPD) Kulturdezernent bleibt, der (s. v.) Wallmann das Behrens-Konzept empfohlen hatte), indem er vor dem Forum den Unschuldigen spielt und eine zugesagte Richtigstellung zur Urheberschaft der Museumsufer-Idee nie erscheinen läßt. Stattdessen beauftragt er Speer jun. (Speerplan), das Museumsufer zu planen. Speer gibt sich als Urheber des Konzeptes aus, ohne die Priorität von Behrens/Rahe zu erwähnen und droht mit Prozeß, als man ihm das vorhält. Speer und Wallmann zwingen, am längeren Hebel, das Frankfurter Forum für Stadtentwicklung in die Knie, nachdem sie es geistig enteignet haben. Danach treibt erst die CDU mit dem Behrens/Rahe-Entwurf Wahlkampf, dann die SPD mit Kandidat Volker Hauff: »... neuer und großer Grüngürtel um (!) die Stadt ...« (S. 100) Der erste grüne Umweltdezernent, Tom Koenigs, schwadroniert mit »Frankfurt – grüne Stadt am Fluß« herum, nachdem er die Formulierung aus »Die Frankfurter Mainufer« abgeguckt hat, »identifiziert sich« aber wenigstens erstmals offiziell »hier mit dem Konzept von Prof. Till Behrens« (S. 11) – ohne es allerdings, wie sich sehr schnell herausstellt, begriffen zu haben. Behrens hat inzwischen, nunmehr klug geworden, in reifen Jahren über das Thema an der Gesamt-Hochschule Kassel bei Lucius Burckhardt promoviert, um sein geistiges Eigentum zu schützen.

Die Grünen schreiben das letzte Kapitel in dieser vor allem für die Stadt und ihre Bürger so traurigen Geschichte der teils räuberischen, teils eigensüchtigen, immer aber ignoranten Rezeption eines zukunftsweisenden Stadtentwicklungskonzeptes (davon zeugt v. a. die Magistratsvorlage zu »Planung und Entwicklung des Frankfurter Grüngürtels« vom 03.11.89, die zwar Behrens Titel und Begriffe verwendet, den Hauptgedanken der Integration der sechs Elemente aber ignoriert – S. 11). Noch in der Zeit voller Kassen mit an die Macht gekommen, schreibt Tom Koenigs millionenschwere Wettbewerbe für unsinnige Parkplanung aus, die – inzwischen sind die Kassen leer – (Gott sei Dank) folgenlos bleiben und gründet mit viel Tamtam ein »Grüngürtel-Projekt-Büro«, das heute, nach »Grüngürtel-Projekt-Jahr« und »Vision offener Grünräume« weitgehend mittellos vor sich hindümpelt und sein Dasein mit Unterhaltungsprogrammen (»Klassische Musik und Picknick im Grüngürtel« – S. 217) rechtfertigt.

Was das Buch so kurzweilig und spannend macht, sind nicht nur sein Inhalt sondern auch seine Form. Es umfaßt 217 Seiten. Davon entfallen lediglich 18 Seiten auf die »cronique«, der Rest auf die Dokumentation. Deshalb ist es so unbestechlich authentisch. Man liest die Darstellung und folgt dem Verweis zur jeweiligen Anlage im zweiten Teil, wo jedes Wort von den Dokumenten untermauert wird.

Sie enthalten (mit Ausnahme des Buchtextes »Grüngürtel«, der inzwischen zum zweiten Mal herausgegeben wurde, nachdem Behrens durch das Hessische Innenministerium dafür im Rahmen eines Wettbewerbs als Landessieger ausgezeichnet worden war) sowohl alle wichtigen Veröffentlichungen des Stadtentwicklungskonzeptes (siehe besonders Anlage 75), als auch Darstellungen, Besprechungen, Pressekommentare, Leserbriefe, persönliche Briefe, offiziellen Schriftverkehr, amtliche Beschlüsse usw., so daß das gesamte Panorama der »Grüngürtel«-Geschichte vor dem Auge des Lesers vorbeiziehen kann.

Die Bürger haben Behrens immer unterstützt und auch als einzige das Wegweisende seines Entwurfes erkannt:

»... Hervorragend, die Zusammenfassung des Frankfurter Grüngürtelkonzepts, das Prof. Till Behrens vor zwanzig Jahren mit Unterstützung des unvergessenen Stadtbaurats Hanns Adrian entwickelte. Dieses Konzept hat den Vorzug, auch nach so langer Zeit noch der kritischen Überprüfung standzuhalten. Die Empfehlungen sind richtungsweisend. Ihre Realisierung wäre ein Generationenprojekt, sprich: die Verwirklichung einer realen Utopie, mit der sich so gut wie alle Frankfurter identifizieren könnten ...« heißt es in einer Leserzuschrift an die FAZ vom 06.07.89 (S.124).

Behrens selbst hat die Zurücksetzung seiner Person immer leichten Herzens weggesteckt, wenn er dabei wenigstens hoffen konnte, daß sein Konzept verstanden wurde und zum Wohle der Stadt und ihrer Bürger Verwendung zu finden versprach. Auch dazu hat es im Verlauf von dessen Geschichte manchmal, wenn auch meist nur kurzzeitig, Anlaß gegeben.

Die gegenwärtige Bilanz stimmt allerdings wenig hoffnungsfroh:

»Der Grüngürtel wurde nicht, wie von Behrens ausgearbeitet, als modernes, stadtplanerisches und stadtsoziologisches Konzept einschließlich Randbebauung, Verkehrsbündelung und Anbindung der Mainufer zum Wiederbewohnbarmachen der Stadt begriffen, sondern zu einer herkömmlichen kostenfressenden Grüngestaltungs-Aufgabe degeneriert, die die Stadt jetzt nicht finanzieren kann. Für absehbare Zeit werden der verschuldeten Stadt Frankfurt die Mittel für Anlage und Pflege eines Grüngürtels aus Einzelparks fehlen ... Während sich nach der deutschen Wiedervereinigung 1990 das Bundesministerium für Forschung und Technologie bemüht, in der Schorfheide nördlich von Berlin die Landwirte als Landschaftspfleger zur Erhaltung der Kulturlandschaft einzubinden – also eine Entwicklung fördert, wie Behrens sie bereits 1985 in seiner Grüngürteldissertation vorschlug –, betrieb die westdeutsche Stadt Frankfurt seit 1989 mit Millionenbeträgen konservative Parkplanung.« (Pressemitteilung BMFT Nr.17/94 vom 11.02.94 – S. 17)

Wenn man weiß, daß der Park historisch feudalen Ursprungs ist und sieht, auf welchen kleinbürgerlichen Hund er in den Städten heute z. B. in Gestalt der Bundesgartenschauen gekommen ist, fällt einem angesichts der rot-grünen Frankfurter Planungen nur ein: Der Spießer will Schloßherr spielen!

Dieses Buch hätte wohl kein Verlag gedruckt. Dazu ist es zu persönlich und das Thema in gewissen Kreisen immer noch zu heiß. Um so mehr ist das Verdienst der Fachhochschule Wiesbaden zu würdigen, die als wissenschaftliche Institution keinerlei politische Rücksichten nehmen muß und mit dieser Publikation ihrer Verpflichtung zur Wahrheit und zu nachprüfbaren Tatsachen so uneingeschränkt nachgekommen ist. Und herausgekommen ist dabei auch noch ein Krimi, den man vor dem Einschlafen lesen kann.

Prof. Dr. Jörg Engelmann, Karben

30.5.1995 Die Aktion Plagiarius,[11] die es sich zur Aufgabe gemacht hat, das Plagiatsunwesen zu bekämpfen, sendet ein Exemplar von „Eine Innovation wird geplündert" an Joschka Fischer und fordert ihn zur Stellungnahme auf, bleibt aber ohne Antwort.[12]

II – 9.2 Politiker zeichnen Politiker aus

7.5.1996 Obwohl die Hessische Landesregierung bereits 1991 die Urheberschaft des Autors festgestellt, die Fachhochschule Wiesbaden 1994 die Dokumentation *„Eine Innovation wird geplündert"* herausgegeben und den unrechtmäßigen und unmoralischen Umgang der Stadt und der politischen Parteien mit dem Original und dem Urheber angeprangert und allen Magistratsmitgliedern und Stadtverordneten zugestellt hatte, bewarb sich Tom Koenigs 1996 mit seinem Plagiat um eine UN-Auszeichnung. Koenigs bzw. die Stadt Frankfurt erhalten die Auszeichnung zuerkannt. Bundesbauminister Töpfer verleiht den Umweltpreis für das Grüngürtel-Projekt nicht an den Autor, sondern überreichte ihn an den Plagiator Koenigs.

Die Bewerbung der Stadt mit einem Plagiat um eine Auszeichnung durch jene Organisation, die sich die Wahrung der Menschenrechte zur Aufgabe machte, zu der laut Artikel 27 Abs. 2 Allgemeine Erklärung der Menschenrechte der Vereinten Nationen auch das Menschenrecht auf geistiges Eigentum gehört, war ein Vorgang, der auf die Korrumpierung des Auslobers abhob. Der Auslober dürfte hier von der Sache wie vom Verfahren her getäuscht worden sein. Es wird ihm kaum das Original und die Laudatio der Hessischen Landesregierung zu der fünf Jahre vorher erfolgten Auszeichnung des Autors vorgelegen haben und auch nicht die zwei Jahre vorher erschienene Dokumentation *„Eine Innovation wird geplündert"*. Er wird auch nicht gewusst haben, dass der Autor mit dem Original promovierte, um seine Priorität zu schützen. *„Die Auszeichnung hätte in einer rechtsstaatlichen Demokratie den Bürgern – Wir sind das Volk – und dem bestohlenen Prof. Behrens zugestanden", schreibt die Bürgerinitiative zur Erhaltung des Landschaftsschutzgebietes Niddatal.*[13]

Bundesbauminister Töpfer

Auszeichnung für den Grüngürtel

Der Frankfurter Grüngürtel ist von Bundesbauminister Klaus Töpfer (CDU) als Beispiel für „innovativen Freiraumschutz" ausgezeichnet worden. Nach Mitteilung des Umweltdezernats gehört der geschützte Grünzug rund um die Stadt damit zu den deutschen Vorzeige-Projekten für umweltverträglichen Städtebau, die auf der Uno-Konferenz „Habitat II" vom 3. bis 14. Juni in Istanbul vorgestellt werden sollen.

Umweltdezernent Tom Koenigs (Grüne), der die Auszeichnung in Bonn entgegennahm, äußerte sich aber auch besorgt über die Zukunft des Projektes. Während Töpfer fordere, daß „nachhaltige Stadtentwicklung zum Exportschlager" werden müsse, seien SPD und CDU im Stadtparlament dabei, „im Umweltbereich den Rückwärtsgang einzulegen". Unter Anspielung auf die geplante Auflösung der Grüngürtel-GmbH sagte Koenigs, „die Umweltpolitik in Frankfurt droht zum Gegenstand parteipolitisch und ideologisch motivierter Strafaktionen von CDU und SPD zu werden". mat

167 Pressemitteilung „Auszeichnung für Grüngürtel", FR. 9.5.1996.

11 Das Wort Plagiat kommt von lateinischen „plagium" = Menschenraub. Mit dem Ausdruck „plagiarius" bezeichnete zuerst der römische Dichter Martialis seine Nachahmer als Menschenräuber und Seelenverkäufer.

12 Schreiben der Aktion Plagiarius an Joschka Fischer v. 30.5.1995.

13 Bürgerinitiative zur Erhaltung des Landschaftsschutzgebietes Niddatal, Leserbrief von Encke G., FR 17.6.1996.

FREIE AUSSPRACHE

Mit fremden Federn geschmückt?

Der Preis des Bundes für den Frankfurter Grüngürtel, der vor kurzem an die Grüngürtel GmbH vergeben wurde, gebühre eigentlich anderen, meint eine Bürgerinitiative.

Bei der Auszeichung von Bundesbauminister Töpfer für das Frankfurter Grüngürtel-Projekt „als Beispiel für innovativen Freiraumschutz“ muß daran erinnert werden, daß dieses Projekt nicht möglich wäre, wenn sich nicht 1968 Bürger zum Schutz der Nidda-Landschaft zusammengefunden und gewehrt hätten, als die damals verfilzte und kurzsichtige Frankfurter Stadtplanung mit dem Bau der Willy-Brundert-Siedlung begann, ein mit Hochhäusern verdichtetes Siedlungsgebiet entlang der Nidda bis nach Bonames zu bauen. Dieser, unter großem persönlichem Zeitaufwand und aus den eigenen Taschen finanzierte, Einsatz wurde nicht mit wohldotierten Posten und Pensionsansprüchen belohnt, wie es heute bei Leuten der Fall ist, die damals oft noch etwas ganz anderes im Sinn hatten, als sich um Grün zu kümmern und heute das große Wort führen.

Unser damaliger Sprecher Karl Stadager wurde für den Einsatz 1983 mit dem Bundesverdienstkreuz ausgezeichnet. Prof. Dr.-Ing. Till Behrens, der als erster die Bürger auf die drohende Gefahr aufmerksam machte, entwickelte die „Grüngürtel-Konzeption“, promovierte damit und dokumentierte in einem 1988 erschienenen Buch den jahrzehntelangen Kampf der Bürger. Er wurde vom Hessischen Minister des Innern 1991 dafür ausgezeichnet. Wie sich Politiker daraus bedienten, ist in dem von der FH Wiesbaden herausgegebenen Buch „Eine Innovation wird geplündert“ nachzulesen.

Die Auszeichnung hätte in einer rechtsstaatlichen Demokratie den Bürgern — „Wir sind das Volk“ — und dem bestohlenen Prof. Behrens zugestanden.

Bürgerinitiative zur Erhaltung des Landschaftsschutzgebietes Niddatal, Georg Encke, Frankfurt

168 Leserbrief Bürgerinitiative zur Erhaltung des Landschaftsschutzgebietes Niddatal, Georg Encke in FR 17.6.1996.

10.5.1996 Die Aktion Plagiarius schreibt nochmals an Joschka Fischer, den Fraktionssprecher Bündnis 90 / Die Grünen, Bundeshaus, nach Bonn und erinnert an die ihm vor einem Jahr übersandte Dokumentation „Eine Innovation wird geplündert (...)" und bittet nochmals um Stellungnahme. In dem Schreiben wird auch darauf hingewiesen, dass Handlungsbedarf besteht, weil Bundesbauminister Töpfer ein Plagiat auszeichnete. Wieder gibt es keine Antwort.

busse design ulm

Ø Herrn Prof. Dr. Till Behrens

busse design ulm gmbh D 89275 elchingen

Herrn Joschka Fischer
Fraktionssprecher Bündnis 90 /
Die Grünen
Bundeshaus

D-53113 Bonn

institut für
produktplanung und
produktentwicklung

nersinger straße 18
unterelchingen
telefon 07308 818 0
telefax 07308 81899

geschäftsleitung

10. Mai 1996
rb/lw
Eine Innovation wird geplündert

Lieber Joschka Fischer,

ich habe Ihnen am 30. Mai 1995 das Buch von Prof. Dr. Till Behrens zugesandt, in dem dokumentiert ist, wie Politiker sich mit fremden Federn schmücken - die Grünen gehören auch dazu. Was für Sie, Mitglied der Plagiarius-Verleiher und Gerechtigkeitsfanatiker, eigentlich unerträglich sein muß ist die Tatsache, daß am 7.5.96 Bundesbauminister Töpfer seinen Umweltpreis für dieses Grüngürtelprojekt nicht an Herrn Prof. Dr. Till Behrens, sondern an Umweltdezernent Thomas Koenig (Die Grünen) verleiht.

Ich hatte von Ihnen auf die Buchzusendung keine Nachricht erhalten. Ich weiß auch nicht, ob Sie es gelesen haben. Fakt ist aber, daß jetzt Handlungsbedarf besteht. So kann und darf das nicht hingenommen werden. Ich bitte Sie ebenso herzlich wie dringend um eine Stellungnahme.

Am 14.5.96 werde ich in Darmstadt, zusammen mit den Herren Michael Schneider, Leiter des INTEF und Prof. Dr. Engelmann eine Ausstellung über das Werk von Prof. Dr. Till Behrens eröffnen und dabei dieses Schreiben an Sie vorlesen.

Mit freundlichen Grüßen
Ihr

Prof. Rido Busse

169 Prof. Busse – Aktion Plagiarius – erinnert Joschka Fischer mit Schreiben vom 10.5.1996 an eine Antwort.

14.5.1996 Prof. Rido Busse, Sprecher der Aktion Plagiarius, verliest anlässlich der Eröffnung der Ausstellung „Dynamisches Sitzen" über das Sitzmöbelprogramm Kreuzschwinger® des Autors im Institut für Neue Technische Form in Darmstadt öffentlich seinen Brief vom 10.5.1996 an Joschka Fischer.

25.6.1996 Prof. Rido Busse schreibt ein drittes Mal an Joschka Fischer und dieser bleibt ein drittes Mal die Antwort schuldig[14].

Mein Schreiben vom 10.5.1996 – „Eine Innovation wird geplündert"

Lieber Joschka Fischer,

weder von Ihnen noch von Herrn Töpfer habe ich auf meine Briefe eine Antwort erhalten. Soll das unter den Teppich gekehrt werden?

14 Aktion Plagiarius, Schreiben v. 10.5.1996 an Joschka Fischer – Politiker zeichnen sich selbst aus.

22.5.1996 Prof. Guido Ludes, Dekan des Fachbereichs Gestaltung der Fachhochschule Wiesbaden, schreibt an Prof. Klaus Töpfer, Bundesminister für Raumordnung, Bauwesen und Städtebau in Bonn, dass dieser den Umweltpreis an ein Plagiat verliehen habe und das Original von Prof. Behrens von der Fachhochschule Wiesbaden stamme.[15] Er übersendet ihm ein Exemplar des Bandes „Eine Innovation wird geplündert (...)".

Kurt-Schumacher-Ring 18
65197 Wiesbaden

Herrn
Dr. Klaus Töpfer
Bundesministerium für
Raumordnung, Bauwesen
und Städtebau
Pf. 20 50 01
53170 Bonn

Durchwahl
Aktenzeichen

Datum
22.05.1996
Ludes/sch

Sehr geehrter Herr Minister,

in der Presse waren Meldungen zu lesen, denen zufolge der Frankfurter Umweltdezernent Thomas Königs eine Auszeichnung von Ihnen für das Frankfurter Grüngürtel-Projekt entgegengenommen hat und dieses Projekt als Modellbeispiel für umweltverträglichen Städtebau auf der UN-Konferenz Habitat II in Istanbul vorgestellt werden soll. Bei der Vergabe einer derartigen Auszeichnung müssen Ihnen falsche Informationen zugrunde gelegen haben.

Die Konzeption „Frankfurter Grüngürtel" stammt nicht vom Umweltdezernat der Stadt Frankfurt, sondern wurde von Prof. Dr. Ing. Till Behrens, Dozent an unserer Fachhochschule, als ein wesentlicher Teil seines Lebenswerkes entwickelt.
Er formulierte die Konzeption bereits 1970/71, zu einem Zeitpunkt, als es weder eine Grüne Partei noch ein Umweltdezernat in Frankfurt gab.

Nach Behrens' unermüdlichem Eintreten in Wort, Schrift und Plan für das Grüngürtel-Konzept, führten 1989 die „Grünen" ihren kommunalen Wahlkampf erfolgreich mit diesem Konzept. Danach erst kam es zu einem städtischen Grüngürtel-Projekt.

1985/1986 hat Till Behrens mit seiner Konzeption promoviert, um seine Priorität zu wahren und sich vor geistigen Enteignungen - u.a. solchen, wie sie jetzt durch Ihr Ministerium Vorschub erhalten - zu schützen. 1988 lag sein Buch unter dem Titel „Grüngürtel - wachstumsorientierte Stadtpolitik und zusammenhängende Grünräume" mit 90 Abbildungen und einer Faltkarte vor und erschien 1992 in zweiter Auflage mit aktuellem Vorwort unter dem Titel „Grüngürtel - Frankfurt am Main, die Stadt wieder bewohnbar machen" im Verlag Jochen Rahe, Zwingenberg.

1990/1991 zeichnete der Hessische Minister des Inneren in Verbindung mit anderen Ministerien Prof. Dr. Till Behrens für sein Stadtentwicklungskonzept Grüngürtel mit grüner Mainquerspange, Randbebauung und Verkehrsbündelung u.a. mit folgenden Begründungen aus:

- „Rahmengebendes Gesamtkonzept für Frankfurt"
- „Überzeugende Synthese.......zwischen den Belangen Wohnen, Verkehr, Erholung, Freizeit, Schutz von Natur und Landschaft"
- „ist offensichtlich geeignet, daraus ein Arbeitsprogramm mit kurz-, mittel- und langfristigen Maßnahmen abzuleiten, was die Stadt Frankfurt inzwischen tut".

170 Prof. Guido Ludes, Dekan des FB Gestaltung der FHW, sendet Beschwerde an Bauminister Töpfer.

15 Ludes G., Schreiben v. 22.5.1996 an Töpfer, K. (rechts 2. Seite).

Lobend erwähnt wurde auch Dr. Behrens' 30-jähriger bürgerschaftlicher und ehrenamtlicher Einsatz für den Erhalt der Grünflächen. Diese und weitere Begründungen finden Sie auf den Seiten 13 und 14 sowie auf Seite 72 des beigefügten Buches

„Eine Innovation wird geplündert - Grüngürtel-Flußufer-Konzeption 1969 - 1994. Im Spiegel der Presse und von Zeitdokumenten",

das die Fachhochschule Wiesbaden bereits vor zwei Jahren im Rahmen ihrer Reihe „Veröffentlichungen aus Lehre, angewandter Forschung und Weiterbildung" herausgab.

Städtische Ämter können den Grüngürtel ausführen, sich aber nicht als Urheber ausgeben. Urheber ist Prof. Dr. Till Behrens. Laut Pressebericht betrifft die Auszeichnung die Konzeption, nicht die Ausführung.

Zur Vermeidung weiterer Peinlichkeiten bitten wir um entsprechende Korrektur Ihrer Auszeichnung und um Präsentation des Originals von Prof. Dr. Till Behrens auf der Habitat II.

Mit freundlichen Grüßen

Professor Guido Ludes
Dekan
Fachbereich Gestaltung 05
Fachhochschule Wiesbaden

5.8.1996 Bundesminister Töpfer (CDU) antwortet Herrn Prof. Ludes auf die Beschwerde der Fachhochschule Wiesbaden:

„(...) Die Stadt Frankfurt hatte (...) das Projekt ‚Grüngürtel Frankfurt am Main' gemeldet. (...) habe ich am 7. Mai 1996 mit einer Urkunde ausgezeichnet. (...) Eine Einladung für die Verleihung ist deshalb auch an (...) Frau Oberbürgermeisterin Roth gegangen. Herr Koenigs (...) hat die Urkunde (...) entgegengenommen. Die Würdigung (...) schmälert in keiner Weise die Leistung der geistigen Urheber des Grüngürtelprojektes." gez. Töpfer[16]

Es ging aber gar nicht darum, dass die geistige Leistung des Urhebers geschmälert worden wäre, sondern darum, dass sich andere mit seiner geistigen Leistung aufbauten und der Bundesminister ihr Plagiat ungeschmälert auszeichnete

3.–5.6.1996 Das preisgekrönte Plagiat wird „als deutsches Vorzeigeprojekt" (FR 9.5.1996) auf der Uno-Konferenz „Habitat 2" in Istanbul vorgestellt.[17] Das als Original ausgezeichnete Plagiat wird anschließend auf der staatlich subventionierten Wanderausstellung „Grün zwischen Städten" in Frankfurt, Berlin, München, Essen, Stuttgart, Dresden und Leipzig[18] ausgestellt, ohne Kennzeichnung mit dem Namen des eigentlichen Urhebers. Die Autoren des Begleitbandes Hermann Grub und Petra Lejeune verschieben in ihrem Artikel zum Frankfurter GrünGürtel seinen Ursprung in die Nazizeit und schreiben über den Autor herabsetzend auch sonst falsch:

„In Frankfurt liegt die Grüngürtel-Vision schon seit den 30er Jahren in der Luft, nahm in der 70ern aufgrund der Vorschläge von Till Behrens Gestalt an und wurde von Tom Koenigs Anfang der 90er mit rasantem Schwung ins Licht der Öffentlichkeit gerückt."[19]

16 Schreiben von Töpfer K. an Ludes G. 5.8.1996.

17 Bundesbauminister Töpfer, Auszeichnung für den Grüngürtel, FR 9.5.1996.

18 Busse R., „Kreuzschwinger – Till Behrens und die Aktion Plagiarius", in: Aktion Plagiarius (Hrsg.) „Kreuzschwinger – Dynamisches Sitzen /Dynamic Seating", Berlin 2008.

19 Grub H., Lejeune P., Begleitband „Grün zwischen Städten", München, New York 1996, S. 80.

BILD-Frankfurt

Alles nur geklaut! Fälsch Tom Koenigs, IKEA,

Von DOMINIK KUHN

„Das ist alles nur geklaut", sangen „Die Prinzen". Das Lied scheint wie gemacht für Stadtkämmerer Tom Koenigs, die Möbelfirma IKEA und die Lufthansa.

Seit 20 Jahren jagt der Bayer Rido Busse mit seiner „Aktion Plagiarius" Firmen und Politiker, die geistiges Eigentum klauen und verleiht ihnen den **Plagiarius:** schwarzer Zwerg mit goldener Nase – „verdient" durchs Fälschen.

Bundesbauminister Töpfer verlieh Koenigs für das Projekt „Grüngürtel Frankfurt" (mehr Natur in der Stadt) einen Umweltpreis. **Plagiarius fand heraus: Die Idee stammt nicht von Koenigs, sondern dem Architekten Till Behrens.**

„Ein Hohn, wie mein Konzept verdorben, nicht richtig erkannt wurde. Koenigs ließ sich dann auch noch auszeichnen! Ich habe daran 30 Jahre gearbeitet, wenn ich es umgesetzt hätte, hätte es die Stadt Frankfurt kein Geld gekostet", sagt Behrens.

Koenigs-Mitarbeiter Roland Schaeffer: „Herr Koenigs hat die Idee nicht geklaut, sondern Herrn Behrens im Rahmen der Grüngürtel-Diskussion ausführlich zitiert und gewürdigt."

13 M
„Ambie
Busse: „
leiden
derer l
Milliard
Trittbret
beitsplä
Nachah
IKEA
einen
cher ve

15.2.1997 Prof. Busse prangert als Sprecher der Aktion Plagiarius anlässlich der Negativ-Plagiarius-Verleihung an:

„Dass auch Politiker Ideen klauen, beweist die Verleihung des Umweltpreises von Herrn Minister Töpfer am 7. Mai 1996 an den Umweltdezernenten Thomas Koenigs, der für das Frankfurter GrünGürtel-Projekt ausgezeichnet wurde. Urheber und Initiator ist aber der von der Firma Meyer beklaute Prof. Dr. Till Behrens. Die Preisträgerveröffentlichung und mein Schreiben an Joschka Fischer liegen der Pressemappe bei. Klaus Töpfer antwortete Dekan Prof. Guido Ludes, der ebenfalls Protest erhoben hatte, mit ebenfalls beigefügtem Text."[20]

17. 2.1997 Roland Schaeffer, ein Mitarbeiter Koenigs, erklärt gegenüber der Bild-Zeitung: *„Herr Koenigs hat die Idee nicht geklaut, sondern Herrn Behrens im Rahmen der Grüngürtel-Diskussion ausführlich zitiert und gewürdigt.*[21]

14.2.1998 Die Aktion Plagiarius prangert erneut an: *„(…) dass (...) auch Politiker geistigen Diebstahl begehen (...) Politiker sogar Politiker für Plagiate ehren (...) Bundesbauminister Töpfer hatte das Plagiat mit dem Umweltpreis ausgezeichnet, dass Umweltdezernent Thomas Koenigs von (...) Grüngürtel anfertigen ließ. (...) Plagiat scheiterte, weil es in entscheidenden Punkten das Original verfälschte. (...)"*[22]

16.2.2001 Der Autor teilt OB Roth seine Verwunderung mit, dass die Stadt in Fechenheim eine Straße nach seinem Großvater Peter Behrens dort benennen will, wo sie seine Bauten für die Maingaswerke abgebrochen oder teilzerstört hat und sendet ihr ein Exemplar von *„Eine Innovation wird geplündert"*.[23]

15.2.2002 OB Petra Roth übernimmt am 15.2.2002 die Plagiarius-Verleihung für die Aktion Plagiarius und erklärt in Ihrer Rede, dass „Schaden aufgrund geistigen Diebstahls sicherlich höher ist als die Schäden bei materiellem Diebstahl".[24]

---

20 Pressemappe, Plagiarius-Verleihung 1997, 15.2.1997, Prof. Rido Busse.

21 Kuhn D., „Alles nur geklaut! Fälscherpreis für Tom Koenigs, Ikea, Lufthansa", Bild-Frankfurt 17.2.1997, mit Stellungnahme von Schaeffer R.

22 Pressemappe, Plagiarius-Verleihung 1998, 14.2.1998, Prof. Rido Busse.

23 Behrens T., Schreiben v. 16. 2.2001 an OB Petra Roth.

24 Pressemitteilung, „Rede der Frau Oberbürgermeisterin anlässlich der Preisverleihung ‚Plagiarius' am 15. Februar 2002".

Frankfurt, 17. Februar 1997 * BILD * Seite 3

reis für fthansa

Messe ehen. er er- n an- en in ngern 0 Ar- egale eil sie inkbe- Jury,

„sehr stark an den Becher Cono der Firma Authentics artipresent aus Holzgerlingen erinnert". Für **Lufthansa** der „Krämerseelen-Preis": Die Fluglinie verteile nachgemachte Stadtführer des Bassler-Verlages, Freiburg. LH-Sprecherin Dagmar Rotter: „Wir kümmern uns sofort um den Vorfall."

Zur Plagiarius-Verleihung kam übrigens keiner der „Preisträger"...

An IKEA verlieh Professor Rido Busse den „Preis" für gefälschte Trink-Becher. Foto: Helmut Möller

171 BILD – Frankfurt vom 17.2.1997.

20.2.2002 — Der Autor schreibt OB Roth daraufhin, dass es ihr im Interesse der Stadt nicht gleichgültig sein dürfte, dass er als Urheber des ausgezeichneten „rahmengebenden Gesamtkonzeptes" immer noch unterschlagen wird. Er bittet um eine persönliche Antwort, die aber nicht erfolgt.

Februar 2002 — Unter dem Titel *„Plagiate und Plagiatoren unerschrocken anprangern"*[25] erscheint das von Oliver Hamm, Chefredakteur des Deutschen Architektenblattes DAB, angeregte Interview von Enrico Santifaller mit dem Autor. Anlass war die gerichtliche Zuerkennung des ebenso seltenen, wie weitreichenden Urheberrechtsschutzes „Angewandte Kunst" für die vielfach ausgezeichneten, aber auch über 100-mal plagiierten Sitzmöbel Kreuzschwinger® des Autors. Es sind dies die ersten Sitzmöbel, die ohne Mechanik schwingen können und sich automatisch jeder Sitzhaltungsveränderung anpassen (vorne starre Freischwinger können nicht schwingen). Der Hersteller und Vertreiber der Möbel hatte die Urheberschaft des Autors schriftlich anerkannt, stellte dann jedoch Plagiate her. Das Interview zog die Parallele von der Produktpiraterie zur Grüngürtel-Politpiraterie. In einem Leserbrief kritisiert Robert Ahrnt: *„Als Plagiatoren des Frankfurter Grüngürtels werden pauschal die Grünen beschimpft und nicht der Magistrat der Stadt Frankfurt, der die Beschlüsse gefasst hat, (....)."*[26]

2003 — Die Stadt Frankfurt zeichnet Albert Speer jun. u.a. für sein im Auftrag von Walter Wallmann gefertigtes Museumsuferplagiat mit der Goethe-Plakette aus.[27]

2003 — Walter Wallmann erhält den Verdienstorden des Landes Hessen u.a. für die Entwicklung von Frankfurt mit seinen Mainufern.[28]

2005 — Hilmar Hoffmann lässt sich auf Vorschlag von Hans-Ulrich von Mende vom Bund Deutscher Architekten (BDA) nicht nur für die von ihm geleistete Umsetzung der Museumsufer-Konzeption, sondern auch für die nicht von ihm erbrachte Konzeption auszeichnen.[29] Diese stellt aber keine Politiker-, sondern eine typische Architekten- und Stadtplanerleistung dar. Zwei Jahre vorher war schon Albert Speer jun. hierfür geehrt worden, nachdem

---

25 Santifaller E., Interview mit Behrens T., „Plagiate und Plagiatoren unerschrocken anprangern", Deutsches Architektenblatt DAB 2/2002, S. 10–11, offizielles Organ der Architektenkammern.

26 Ahrnt R., Leserbrief in DAB 4/2002 und Erwiderung darauf von Zentek S., DAB 6/2002.

27 FR 20.9.2003 und FR 24.9.2003.

28 FR 24.9.2003.

29 Schrift „BDA-Auszeichnung für Baukultur in Hessen 2004/2005" mit Laudatio von Mende H.–U., der Hoffmann H. vorschlug.

„PLAGIATE UND PLAGIATOREN UNERSCHROCKEN ANPRANGERN"

Interview mit Prof. Dr.-Ing. Till Behrens

Nach Prof. Rido Busse, Initiator der „Aktion Plagiarius", ist Prof. Till Behrens Urheber einer der „meist plagiierten Stuhlserien in Deutschland" (Kreuzschwinger®). Der in Frankfurt/Main lebende Prof. Behrens, Architekt, Stadtplaner und emeritierter Professor an der Fachhochschule Wiesbaden, hat gegen Plagiatoren insgesamt 18 Prozesse geführt und sechs Unterlassungserklärungen erkämpft. Im letzten Prozess vor dem OLG Frankfurt wurde ihm das „Urheberrecht für angewandte Kunst" und überdies „Teilelementeschutz" zugesprochen. Für das DAB sprach Enrico Santifaller mit Prof. Till Behrens über seine Erfahrungen aus diesen Prozessen.

DAB: *Herr Professor Behrens, Sie haben bereits vor langer Zeit erste Erfahrungen mit der Verletzung des Urheberrechts gemacht …*

Till Behrens: Ich entwickelte 1963 die ersten narrensicher zu bedienenden Sprühkappen von Aerosolflaschen, die später von der Firma Wella für „Haarspray for men" verwendet wurden. Da wusste ich noch nicht, dass man solche Dinge besser durch Geschmacksmuster-Anmeldung schützen lässt. Ich dachte damals auch nicht, dass eine renommierte Firma notwendig hat, zu klauen.

DAB: *Sie sind dann – eher unfreiwillig – zu einem Experten in Sachen Urheberrecht geworden.*

Till Behrens: Nach meinen Erfahrungen wird es immer schwieriger, das Urheberrecht zu behaupten, je weiter man von der freien Kunst in die Brauchbarkeit kommt. Kunstwerke (Gemälde, Fotos usw.) sind relativ gut geschützt. Bei einem Produkt im Bereich angewandte Kunst wird es schon schwieriger. Ist es Architektur, wird es noch schwieriger. Bei der Stadtplanung hat man fast überhaupt keinen Schutz mehr.

Unter Kunstschutz fallen das Geschmacksmuster und in höherer Form „Angewandte Kunst". Dieses muss aber ein Gericht feststellen. Das Geschmacksmuster besitzt keine Neuigkeitsprüfung. So konnte mein hartnäckigster Plagiator, die Firma Meyer aus Hachenburg im Westerwald, ihre Plagiate meiner Kreuzschwinger® zum Geschmacksmuster anmelden. Erst Gerichtsentscheidungen zwangen Meyer die Anmeldungen zu löschen. Auch das Gebrauchsmuster als technischer Schutz hat keine Neuigkeitsprüfung. Diese erfolgt erst beim Patent, das sogar Verbietungsrecht besitzt.

DAB: *Wie kamen Sie zu dieser Firma Meyer?*

Till Behrens: Die ersten Entwürfe der Kreuzschwinger® stammen aus dem Jahr 1959. Dann baute ich Modelle und meldete Geschmacksmuster an. Von 1983 an produzierte Meyer für meinen ersten Lizenznehmer und wurde ab 1989 selbst Lizenznehmer. Er erfüllte aber den Vertrag nicht, machte keine vernünftige Werbung, ging auch nicht gegen Plagiatoren vor, plagiierte selbst, bezeichnete sich selbst als Urheber der Originale und musste eine Unterlassungserklärung unterzeichnen. Und ich trennte mich 1992 von ihm. Die Trennungsvereinbarung war strafbewehrt. Seit 1992 tragen die Kreuzschwinger® zum Aufbau Ost bei: Sie werden seitdem in Grieben von der Firma Schlubach hergestellt.

DAB: *Dennoch hat Sie die rechtliche Auseinandersetzung um den Kreuzschwinger® auch nach 1992 noch lange beschäftigt.*

Till Behrens: Immer, wenn Meyer einen Prozess gegen mich verlor, veränderte er sein Plagiat leicht und machte weiter wie zuvor. Selbst mehrere Geldstrafen in Höhe von jeweils 10 000 Mark schreckten ihn nicht ab. Und er ging noch weiter: Im Frühjahr 1993 bewarb er sich mit seinen Stühlen im Wettbewerb „Design plus" der Frankfurter Messe GmbH um eine Auszeichnung. Doch ein Jurymitglied erkannte, dass die eingereichten Stühle nur Plagiate waren. Die Messe wies diese zurück und empfahl eine Bewerbung bei der „Aktion Plagiarius", bei der Meyer 1993 den ersten Preis erhielt, außerdem 1995 und 1996 den Preis „Wiederholungstäter". 1996 bekam zudem die Vertreiberfirma Etagair den Plagiarius und 1997 den Preis „Wiederholungstäter".

DAB: *Doch auch diese „Auszeichnungen" machten kaum Eindruck …*

Till Behrens: Eindruck machten sie schon, aber Meyer wollte trotzdem Recht haben. Er begründete sein Plagiat damit, dass bei ihm die Schwingen konvex angeordnet seien. Im Gegensatz zu meinem Kreuzschwinger®, wo sie konkav verlaufen. Eine solche Umkehrung nennt man „plattes Plagiat". Die Meinung ist ja leider sehr verbreitet, dass sich nur durch Umdrehen oder Veränderung einer Schraube etwas Neues schaffen ließe. So ist es aber nicht. Meyer fand dann einen neuen Dreh: Er versah die Stühle mit Holzschalen, musste aber zum wiederholten Male auf gerichtliche Anordnung seine Plagiate zurückziehen.

Bei Metro entdeckten wir einen schicken, kleinen Stuhl aus Thailand, der haargenau einem meiner Modelle entsprach. Gekostet hat er 99 Mark, also ein Zehntel von meinem. In eineinhalb Tagen wurden knapp 1000 Stück verkauft, bis meine Schutzrechtsanmeldung sich bewährte. Ist einmal ein Plagiat auf dem Markt, folgt das nächste nach. Zur Unterscheidung sind meine Originale signiert und fortlaufend nummeriert.

DAB: *Zu den Vorwürfen gegen Thomas Mann, er hätte im Dr. Faustus große Anleihen von Theodor W. Adorno genommen, sagte Marcel Reich-Ranicki einmal, dass, wenn Thomas Mann abschreibe, es eben etwas anderes sei, als wenn Hinz und Kunz abschreibe. Wie beurteilen Sie die Plagiate Ihrer Arbeiten, abgesehen davon, dass Ihr Urheberrecht verletzt wurde?*

Till Behrens: Jeder Plagiator macht die Sache kaputt. Ich kenne nur einen Fall, bei dem der Plagiator etwas Positives beitrug: Mies van der Rohe mit seiner Weiterentwicklung von Mart Stams hinterbeinlosem Stuhl.

172 Santifaller E., Interview mit Behrens T., „Plagiate und Plagiatoren unerschrocken anprangern", Deutsches Architektenblatt DAB 2/2002, S. 10–11, offizielles Organ der Architektenkammern.

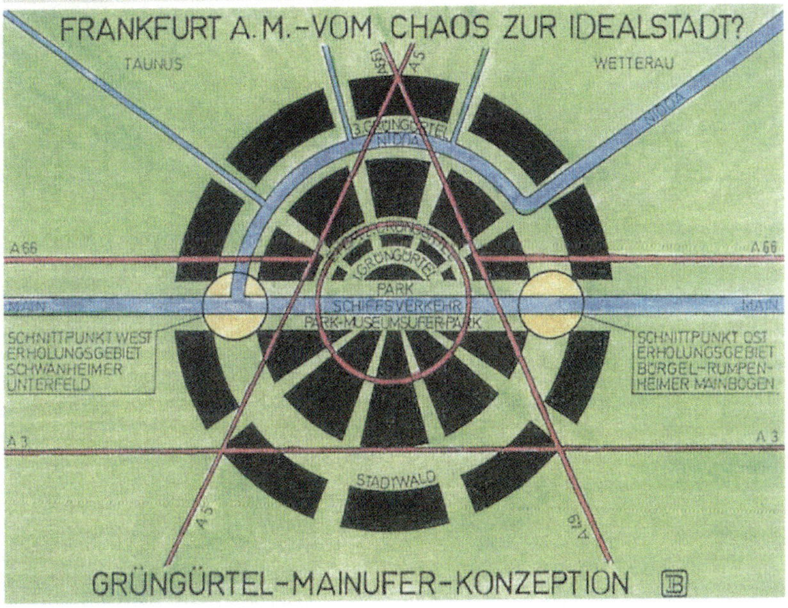

Mies nannte sein Modell Freischwinger, der Name wurde zum Gattungsbegriff. Ich ließ deshalb den Namen Kreuzschwinger® als international eingetragene Marke schützen.

Auch der Frankfurter Grüngürtel, dessen Konzeption ich 1970/71 als Stadtentwicklungskonzept erarbeitete, wurde kaputt gemacht. Die Frankfurter Grünen machten aus meinem landwirtschaftlich angelegten und gepflegten Grüngürtel mit grüner Mainuferspange, Randbebauung und Verkehrsbündelung ein diffuses Konzept aus teuren Einzelparks, banden die Bürger nicht mit ein, wendeten viel Geld auf und scheiterten.

■ Zwei Originale (links; Firma Schlubach) und zwei Plagiate (Firma Meyer) des Kreuzschwingers

Foto: aktion plagiarius

■ Emblem des Grüngürtel-Projekts

aus: Till Behrens – Erfindung und Konstruktion. Darmstadt 1996

DAB: *Der Begriff „Grüngürtel" taucht in Frankfurt bereits bei Ernst May auf. Können Sie den Unterschied zwischen Ihrem und dem Grüngürtel der Ära May erklären?*

Till Behrens: May plante Trabanten-Siedlungen um Frankfurt, die er in ein noch nahezu jungfräuliches Umland eingliederte und entgegengesetzt zu den Howard'schen Gartenstadttheorien an den Großversorgungskern Frankfurt radial anschloss. Er plante ein östliches und ein westliches Industriegebiet, dazwischen ein Börsenzentrum und eine Eindeichung der Altstadt. Max Bromme, sein Gartenamtsleiter, schlug 1928 vor, wie die Schäden, die durch Niddakanalisierung und Bau der Trabanten entstanden waren, abzumildern seien. Es gab in den 1920er Jahren zwar das Wort Grüngürtel, aber keine Grüngürtelplanung. Es ging um Wohnungsbau und seine Folgen, nicht um die Anlage eines geschlossenen Grünringes. In meinem Konzept geht es darum, wie aus Vorhandenem wie Restgrünflächen, Industriebrachen, verkehrt geplanten Straßen ein funktionierendes Entwicklungs- und Reparaturkonzept für eine am Fluss, am Grüngürtel und in der Innenstadt bewohnbare Stadt wird. Der Grüngürtel ist Katalysator, nicht Freiraum für kostenträchtige Parkanlagen.

DAB: *Die Auszeichnung, die Sie wegen Ihres Grüngürtelkonzeptes von der Hessischen Landesregierung 1991 erhalten haben, spricht Bände. Ist der Würdigungstext als Anspielung zu verstehen, dass die Stadt Frankfurt – um es milde auszudrücken – sich bei Ihrem Konzept bedient hat?*

Till Behrens: Im Wortlaut heißt es unter anderem: „Rahmengebendes Gesamtkonzept für Frankfurt, überzeugende Synthese zwischen Wohnen, Verkehr, Erholung, Freizeit, Schutz von Natur und Landschaft, ist offensichtlich geeignet, daraus ein Arbeitsprogramm abzuleiten, was die Stadt Frankfurt inzwischen tut." Gelobt wurde auch mein 30-jähriger bürgerschaftlicher und ehrenamtlicher Einsatz. Doch Stadtrat Tom Koenigs machte ein teures Stellenbeschaffungsprogramm daraus. Seinem Amt gelang es, sich für sein Plagiat von Bundesbauminister Klaus Töpfer mit einem Umweltpreis auszeichnen zu lassen. Mein Konzept, mit dem ich bei Lucius Burkhardt promovierte, ist für eine Realisierung gedacht, nicht aber um erst kaputt gemacht und dann als Plagiat verkauft zu werden.

DAB: *Was würden Sie nach Ihren Erfahrungen den Kollegen raten?*

Till Behrens: Die vorhandenen Rechte nützen, Schutzrechte anmelden und verteidigen, bei Arbeiten im Bereich Stadtplanung diese publizieren, Plagiate und Plagiatoren unerschrocken anprangern – wie es etwa die „Aktion Plagiarius" tut. Jeder Plagiator, ob Meyer oder Grüne, behauptet, dass er Urheber sei und kommt gleichzeitig mit dem Argument „vorbekannt". So lange Politiker nicht Innovateure schützen und fördern, sondern selbst geistigen Diebstahl begehen und sogar andere Politiker für Plagiate auszeichnen, ist Aufklärungsarbeit nötig. Das ist Aufgabe der Betroffenen und der Verbände. Ich begrüße daher die Aktivität des DAB.

__Enrico Santifaller__ ist freier Architekturjournalist und außerordentliches Mitglied des Bundes Deutscher Architekten in Frankfurt/Main

„Plagiate und Plagiatoren unerschrocken anprangern", Interview mit Prof. Dr.-Ing. Till Behrens, DAB 2/2002, S. 10

Als Plagiatoren des Frankfurter Grüngürtels werden pauschal die Grünen beschimpft und nicht der Magistrat der Stadt Frankfurt, der die Beschlüsse dazu gefasst hat. Unverständlich bleibt der Vorwurf des Plagiates, weil Herr Behrens im gleichen Atemzug davon spricht, dass die Grünen sein Konzept „kaputt gemacht" haben. Bei der Diffamierung seiner Gegner ist Herr Behrens nicht so genau, wie beim Vergleich verschiedener Stühle.

Sicherlich sollte ein eigenwilliger Stuhlentwurf künstlerisch geschützt und kommerziell unantastbar bleiben. Es ist jedoch absurd, einen solchen Schutz für Entwürfe zur Stadtentwicklung zu fordern. Muss nun künftig eine Kommune das Recht auf kommunale Planungshoheit beim Patentamt teuer erkaufen, weil ein gewitzter Planer schon ohne Auftrag vorgedacht hat? Gehört der Grüngürtel in Frankfurt demnach nicht mehr der Allgemeinheit, sondern Herrn Behrens allein, weil dieser die Idee als Erster aufgeschrieben hat?

Die Diskussion erinnert fatal an die Patentierung des entschlüsselten menschlichen Erbgutes. Auch dort findet die Freiheit der Erkenntnis ein jähes Ende, wenn der Bauplan von Tieren und Menschen nicht mehr dem Herrgott zugeordnet wird, sondern zur kommerziellen Verwertung den Entdeckern übereignet wird. „Kolonialismus" nennt man das Zeitalter, in dem fremde Kontinente mitsamt den Ureinwohnern in das Eigentum der europäischen Entdecker übergingen. Die Thesen von Herrn Behrens sind eine neue Art von Kolonialismus im Bereich der Stadtplanung.

Robert Ahrnt,
Roßdorf

173 Leserbrief Robert Ahrnt in DAB 4/02.

Erwiderung auf den Leserbrief von Robert Ahrnt im DAB 4/2000, S. 86, zu „Plagiate und Plagiatoren unerschrocken anprangern", Interview mit Prof. Dr.-Ing. Till Behrens (im DAB 2/2002, S. 10)

Herr Ahrnt unternimmt eine ahnungslose Reise durch juristische Galaxien, wenn er den Schutz von Entwürfen zur Planung von Stadtentwicklung mit der „Patentierung des entschlüsselten menschlichen Erbgutes" vergleicht. Eine solche Äußerung belegt nur einmal mehr die selbst in Fachkreisen vorzufindende Unwissenheit, wenn es um den Schutz geistigen Eigentums geht. Das Urheberrechtsgesetz erfasst neben den architektonischen Entwürfen sehr wohl auch planerische Darstellungen sonstiger Art. Zwei Ansatzpunkte sind zu differenzieren: Der jeweilige Entwurf an sich darf nicht durch Kopieren, Abzeichnen usw. vervielfältigt werden, im Einzelfall dürfen auch nicht dessen Inhalte umgesetzt werden. Selbst wenn der Planer einen Dritten für derartige Nutzungshandlungen sein Einverständnis erteilt hat, darf der Dritte sich nicht selbst als Urheber bezeichnen oder sonstwie darstellen (indem er z. B. Preise für das fremde Werk entgegennimmt); damit verstößt er gegen das Recht des Planers auf Anerkennung der Urheberschaft. Das gilt auch für Kommunen.

Es ist zu begrüßen, wenn sich betroffene Urheber zur Wehr setzen und in geeigneten Fällen für eine öffentliche Diskussion sorgen. Ein sensibler Umgang mit fremdem geistigen Eigentum sollte auch vor dem Hintergrund der demnächst in Kraft tretenden Urheberrechtsreform stattfinden. Der von Ahrnt gewählte Begriff der „neuen Art von Kolonialismus" trifft wohl eher auf das bereits seit langem und weltweit stattfindende Plagiatsunwesen zu. Diesem müssten Politiker entgegentreten, statt sich daran zu beteiligen.

Sabine Zentek,
Rechtsanwältin und Lehrbeauftragte mit Tätigkeitsschwerpunkt Urheberrecht, Dortmund

174 Leserbrief Sabine Zenteck in DAB 6/02.

15 Jahre vorher bereits Hoffmann schriftlich bekannt hatte, dass dieser sie vom Autor aufgriff.[30] 30 Jahre vorher war der Autor u.a. wegen seiner Grüngürtel-Flussufer-Konzeption als Mitglied in den Bund Deutscher Architekten (BDA) berufen worden.[31]

11.2.2005 Prof. Rido Busse erklärt im Grußwort der Aktion Plagiarius zur Plagiarius-Verleihung 2005 u.a.:

„Im kommenden Jahr wird der Plagiarius 30 Jahre alt. In all diesen Jahren machte die Aktion Plagiarius das bewusst, was Gesetze regeln und eigentlich jeder wissen müsste, nämlich, dass das Urheberrecht ein persönliches, an den Urheber gebundenes Recht ist. Wie gering die Achtung vor diesem Gesetz gerade im politischen Raum ist, zeigt folgendes Beispiel: 1991 zeichnete die Hessische Landesregierung Prof. Dr.-Ing. Till Behrens für sein Stadtentwicklungskonzept Grüngürtel mit grüner Mainquerspange, Randbebauung und Verkehrsbündelung aus. Eine 15-köpfige Jury lobte die Arbeit als rahmengebendes Gesamtkonzept für Frankfurt.

1994 gab die Fachhochschule Wiesbaden das Buch heraus mit dem Titel ‚Eine Innovation wird geplündert'. Dieses Buch dokumentiert, wie Politiker aller Couleur sich aus den Ideen und Konzepten von Prof. Dr. Till Behrens bedienten, angefangen vom Museumsufer über den Grüngürtel bis hin zum Römerberg. Nach 10 Jahren kann das Buch wie folgt fortgeschrieben werden. 1996 wurde Frankfurts damaliger Umweltdezernent Tom Koenigs vom Bundesminister Töpfer ausgezeichnet für das Konzept ‚Grüngürtel', für das dessen Urheber Prof. Till Behrens 1991 schon ausgezeichnet wurde.

2003 verlieh die Stadt Frankfurt Prof. Albert Speer die Goethe Plakette u.a. für die Museumsuferkonzeption, der sie im Auftrag des damaligen Oberbürgermeisters Wallmann erstellt. Diese stammt jedoch von Prof. Till Behrens und Jochen Rahe. Ergo: Ein Plagiat wurde ausgezeichnet.

2005 wurde Prof. Dr. Hilmar Hoffmann nicht nur für die Umsetzung des Museumsuferplanes vom BDA ausgezeichnet, sondern auch für die Konzeption, die wiederum von Prof. Dr. Till Behrens und Jochen Rahe stammt. Ergo: Ein Plagiat wird ausgezeichnet und dies im doppelten Sinn, denn Prof. Speer wurde 2003 für dieses Plagiat schon geehrt.

Als vor einigen Jahren Bundespräsident Roman Herzog Innovationen forderte (den berühmten Ruck) berichteten wir, dass Studierende fragten:

Welchen Sinn hat es noch, seine Kräfte in Inventionen zu stecken, wenn Urheber von jenen, die sie schützen und fördern müssten, um die Früchte ihrer Arbeit gebracht werden? Diese Frage wird immer aktueller. Solange Politiker und Verbände nicht endlich mit gutem Beispiel vorangehen, wird Deutschland auch in Zukunft wirtschaftliche

---

30 Aktion Plagiarius prangerte am 11.2.2005 in Rede und Druck die Auszeichnungen für Speer jun., und Hoffmann H., an und erklärt: „Ein Plagiat wurde ausgezeichnet und dies im doppelten Sinn, denn Prof. Speer wurde 2003 für dieses Plagiat schon geehrt."

31 Behrens T. hatte eine Bewerbung um eine BDA-Mitgliedschaft wiederholt abgelehnt. Wolfram Härter, Vorsitzender der BDA-Gruppe Frankfurt und Wolfgang Bartsch, Landesvorsitzender des BDA Hessen e.V. und zugleich Vorsitzender des Frankfurter Forums für Stadtentwicklung e.V. veranlassten daraufhin eine Berufung von Behrens, die am 28.06.1974 erfolgte. Sie wollten seine in das Bürgerforum eingebrachte Grüngürtel-Mainufer-Konzeption nicht nur dort, sondern auch im BDA haben und versandten damals Forumsschriften von Behrens' Konzeptionen, z.B. zu „Die Frankfurter Mainufer ..." u.a. auch in die damalige DDR.

Probleme und die Aktion Plagiarius wichtige Aufgaben haben. Bitte unterstützen Sie uns bei diesem Kampf! Sie sehen, wie notwendig die Aktion Plagiarius ist!"[32]

2007 Werner Durth und Winfried Nerdinger geben den Katalog zur Ausstellung „100 Jahre Deutscher Werkbund 1907 / 2007"[33] heraus. Ziel des Kataloges ist die Darstellung der Werkbundverdienste.[34] Nachdem Durth in Koenigs Band „Vision offener Grünräume" schon das erfolgreiche Grüngürtel-Mainufer-Engagement des Werkbundes eliminiert hatte, wurde dieses in „100 Jahre Werkbund" erneut unterschlagen. Der Grüngürtel war in der Geschichte des Werkbundes nach dem Zweiten Weltkrieg wohl der einzige Fall, in dem er nicht nur empfehlend, sondern auch für die Realisierung einer Konzeption aktiv kämpfend zusammen mit Bürgern in die Öffentlichkeit getreten war. Dies Engagement wurde zum letzten Aufbäumen vor seinem Versinken in der Lethargie.

9.6.2008 Zu dem Artikel „Der erste Preis ist heiß" in der Frankfurter Rundschau vom 5.6.2008, in der die Aktion Plagiarius erwähnt wird, teilt diese u.a. mit: *„Wiederholt prangerten wir an, dass Prof. Speer ein Plagiat der Museumufer-Konzeption von Prof. Dr.-Ing. Till Behrens fertigte und die Stadt nicht den Urheber, sondern den Plagiator auszeichnete."*[35]

26./27.7.2008 Von Jürgen Schultheis erscheint in der Frankfurter Rundschau zum einen der Leitartikel *„Freiraum macht Stadtluft"*, zum anderen unter dem Thema des Tages *„Freiraum für die Pumpe – die Geschichte des Frankfurter Grüngürtels*[36].

32 Pressemappe, Plagiarius-Verleihung 2005, 11.2.2005, Grußwort Prof. Rido Busse.

33 Der 1907 gegründete Deutsche Werkbund (DWB) ist eine Vereinigung von Künstlern, Intellektuellen und Industriellen die sich die Humanisierung von Wirtschaft und Kultur in einer klassenlosen Industriegesellschaft zur Aufgabe gemacht hatte. Mitbegründer Peter Behrens mit 33 und Enkel Till Behrens mit 37 Jahren Werkbundengagement verkörpern zusammen 70 Jahre Werkbundgeschichte. Till Behrens verließ 2002 den DWB, weil dieser nicht gegen den Bau der Frankfurter NW-Landebahn eintreten wollte und damit Ziele verdarb, für die er einst gekämpft hatte, wie Frankfurter Grüngürtel und Wiederbewohnbarmachen der Region.

34 Nerdinger W. in Zusammenarbeit mit Durth W., Katalog zur Ausstellung „100 Jahre Deutscher Werkbund 1907–2007", München 2007. 2006 hatte der DWB Baden-Württemberg den als „Urgestein des Werkbundes" bezeichneten Till Behrens (Schreiben v. 28.2.2006), der seit fünf Jahren aus dem DWB ausgetreten war und dessen Wiedereintritt angeregt wurde, aufgefordert, die unter dem Titel „Blick zurück nach vorn" geplante 100-Jahr-Feier und den Katalog dazu zu fördern. Behrens antwortete mit dem Vorschlag, die 100-Jahr-Feier unter dem Titel „Geistiger Diebstahl in Deutschland oder anderswo – oder wie erfolgreich war der DWB in 100 Jahren" zu veranstalten und wollte wissen, wie die wissenschaftliche Aufarbeitung seiner vom DWB vertretenen Arbeiten im Katalog aussieht (Schreiben v. 3.6.2006). Er blieb ohne Antwort. Drei Jahre später beschwerte sich die Aktion Plagiarius (Schreiben v. 15.12.2009) bei Winfried Nerdinger, Arch.-Mus. der TU München, dass der Werkbund in Wikipedia zur Urheberrechtsschutzverteidigung zwar erklärt: „Dies ist immer noch ein wichtiges Handlungsfeld des Deutschen Werkbundes, dem sich Rido Busse mit seiner Initiative Plagiarius widmet", im Band „100 Jahre Deutscher Werkbund" die Aktion Plagiarius, Rido Busse und Till Behrens aber als einer der meist plagiierten Werkbündler fehlen würden und Peter und Till Behrens zusammen 70 von 100 Jahren Werkbund repräsentieren, um die es in dem Buch im Wesentlichen ging. Die Aktion Plagiarius blieb Trotz Erinnerung (Schreiben v. 18.3.2010) wieder ohne Antwort.

35 Aktion Plagiarius, Leserbrief v. 9.6.2008 zum Artikel „Der erste Preis ist heiß", FR 5. 6.2008. Es heißt im Brief: „Plagiarius, der schwarze Gartenzwerg mit goldener Nase und ich als sein Schöpfer begrüßen die Erwähnung bei Ihrer Verurteilung chinesischer Plagiate von deutschen Architektur-Originalen. Nicht begrüßen können wir das Hochjubeln von Albert Speer als vorbildlichen Partner. Hier wurde der Falsche gelobt. Wiederholt prangerten wir an, dass Prof. Speer ein Plagiat der Museumufer-Konzeption von Prof. Dr.-Ing. Till Behrens fertigte und die Stadt nicht den Urheber sondern den Plagiator auszeichnete. Die Museumsufer-Konzeption sehen wir als gravierenden Parallelfall zu ‚Der erste Preis ist heiß' (vgl. „Eine Innovation wird geplündert", FH Wiesbaden 1994). Aktion Plagiarius gez. Prof. Rido Busse."

36 Schultheis, J. „Freiraum macht „Stadtluft" und „ Freiraum für die Pumpe - die Geschichte des Frankfurter Grüngürtels" in FR vom 26./27.7.2008.

18.11.2008	Von Jürgen Schultheis erscheint in der Frankfurter Rundschau *„Der Erfinder des Grüngürtels"*.[37]
2009	Walter Wallmann wird zum Ehrenbürger der Stadt Frankfurt ernannt, u.a. wegen seiner Verdienste um das Museumsufer.[38]
9./10.5.2009	Von Jürgen Schultheis erscheint in der Frankfurter Rundschau *„Ein Wall der Zersiedelung"*. Zum Schluss schreibt er: *„Der Frankfurter Grüngürtel basiert auf einer Idee des Architekten Till Behrens, den Anfang der 70er Jahre die Idee bewegt, aus Restgrünflächen, Industriebrachen und falsch geplanten Straßen ein funktionierendes Entwicklungs- und Reparaturkonzept für eine Stadt am Fluss zu machen. In Schwung kommt das Projekt aber erst unter der ersten rot-grünen Koalition mit Oberbürgermeister Volker Hauff (SPD) und seinem Umweltdezernenten Koenigs (Grüne). Für sie planen Peter Lieser, Peter Latz und Manfred Hegger den Grüngürtel in seiner heutigen Gestalt."*[39] Nachdem Herr Schultheis vorher drei Artikel schrieb, in denen er den Autor als alleinigen Grüngürtel-Erfinder darstellte, verwundert sein nun erfolgter Schluss, Wesen und Tatbestand des Plagiats werden aber treffend charakterisiert: Koenigs, Latz, Lieser und Hegger verwendeten die Konzeption des Autors!
5.10.2011	Nachdem Hilmar Hoffmann in *„Das Frankfurter Museumsufer"* (Kap. II – 4., Abb. 069) den Autor als Urheber der Mainufer-Konzeption bezeichnete und dazu schrieb *„(...) auf Anregung des Frankfurter Architekten Till Behrens, Enkel des berühmten expressionistischen Architekten Peter Behrens (...) aus dominant städtebaulichen Überlegungen heraus (...) Ausweitung der bestehenden Museen forderte"*,[40] teilt ihm der Autor mit,[41] dass die Stadt Frankfurt in 42 Jahren nicht das schaffte, was die Hessische Landesregierung bereits 1991 tat, ihn als den eigentlichen Urheber von Grüngürtel- und Mainufer-Konzeption anzuerkennen. In dem Schreiben zitiert er seinen, von Hoffmann erwähnten, Großvater Peter Behrens mit dessen Feststellung: „Wir wollten erhoben und nicht betrogen sein."[42]
19.3.2014	Unter *„Mit mehr Umsicht"* schreibt Matthias Alexander in der Frankfurter Allgemeinen Zeitung: *„(...) Die Bevorzugung von Politikern, die von ihres gleichen gekürt werden, führt (...) zu einer Schieflage: Sie wurden dafür gewählt und auch bezahlt, dem Allgemeinwohl zu dienen. Das gut zu tun sollte der Normallfall sein. (...)."*[43]

---

37 Schultheis J., „Der Erfinder des Grüngürtels", FR 18.11.2008.

38 FR 13. /14.6.2009, „Ehrenbürger Wallmann".

39 Schultheis J., „Ein Wall der Zersiedlung", FR. 9./10.5.2009.

40 Hoffmann H., „Das Frankfurter Museumsufer", in: Lampugnani V. (Hrsg.), Museumsarchitektur in Frankfurt 1980–1990, München 1990.

41 Behrens T., Schreiben v. 5.10.2011 an Hoffmann H.

42 Krawietz G. berichtete in dem Band „Peter Behrens im Dritten Reich", Weimar 1995, auf S. 146, von Peter Behrens' Feststellung: „Wir wollen erhoben und nicht betrogen sein."

43 Alexander M., „Mit mehr Umsicht", FAZ 19.3.2014, S. 29.

II – 10. Von Menschenrechten bis zu 20 Jahre Grüngürtel

Geschichtsfälschung Nr. 9 und viele weitere

II – 10.1 Menschenrechte

In der UN-Menschenrechtskonvention von 1948 sowie in der Europäischen Menschenrechtskonvention (EMRK) von 1950/1953 steht die Person im Mittelpunk des Handelns.

1999 bis 2009 Nach seiner Zeit als Frankfurter Umweltdezernent und Stadtkämmerer ist Tom Koenigs Sonderbeauftragter für die UN-Menschenrechtsorganisation. Diese hatte 1996 – drei Jahre vorher – Koenigs GrünGürtel-Plagiat ausgezeichnet (Kap. II – 9.2 „Politiker zeichnen Politiker aus").

18.9.2003 Die Stadt erlässt eine Antidiskriminierungsrichtlinie.
Diese Antidiskriminierungsrichtlinie beruft sich auf die Menschenrechte, ist aber, wie die hier nicht abgebildeten weiteren Ausführungen belegen, primär für den Umgang innerhalb der Verwaltung vorgesehen. Was innerhalb der Verwaltung gilt, sollte aber erst recht außerhalb zwischen der Stadtverwaltung, ihren Politikern und Bürgern gelten. Das war es aber bei der Grüngürtel-Flussufer-Konzeption nicht und ist es auch im Weiteren nicht.

9.2.2011 Der Autor entnimmt der Presse, dass der ehemalige UN-Sonderbeauftragte Koenigs inzwischen zum Mitglied des Bundestages und Vorsitzenden des Ausschusses für Menschenrechte des Deutschen Bundestages avancierte. Er schreibt ihm:

„(...) Ist Ihnen in dieser Eigenschaft bekannt, dass das Urheberrecht ein Menschenrecht ist? In Artikel 27 Abs. 2 Allgemeine Erklärung der Menschenrechte der Vereinten Nationen heißt es:

‚Jeder hat das Recht auf Schutz der geistigen und materiellen Interessen, die ihm als Urheber von Werken der Wissenschaft, Literatur oder Kunst erwachsen.'[1]

(...) Mit Millionenaufwand (von dem der Urheber nichts erhielt) (...) ließen Sie (...) aus meinem fertig bereit liegenden Konzept (...) ein Plagiat anfertigen. (...) Auf dem von mir und mich unterstützenden Bürgern in Jahrzehnten vorbereiteten Boden, verbreiteten Sie das Plagiat als Original und ließen es (...) auszeichnen.

Als verantwortlicher Politiker wäre es Ihre Pflicht gewesen, den Urheber auf der Grundlage des Urheberrechtsgesetzes unseres demokratischen Rechtsstaates zu schützen. Sie taten das Gegenteil. Das Urheberrecht ist ein persönliches, an die Person gebundenes unverlierbares Recht, bei dem sich nicht nur Hersteller, sondern auch Auftraggeber und Vertreiber von Plagiaten schuldig machen. Mir scheinen hier alle drei Punkte zuzutreffen.

(...) Wie gedenken Sie, Ihre Verstöße gegen das Menschenrecht auf geistiges Eigentum zu heilen, bzw. mich zu rehabilitieren?"[2]

---

1 Allgemeine Erklärung der Menschenrechte, Resolution 217 A (III) der Generalversammlung v. 10.12.1948.

2 Schreiben von Behrens T. an Koenigs T. v. 9.2.2011 mit Adresse Bundestag.

Antidiskriminierungsrichtlinie der Stadt Frankfurt am Main

Stadt Frankfurt am Main
DER MAGISTRAT
Amt für multikulturelle Angelegenheiten

Antidiskriminierungsrichtlinie der Stadt Frankfurt am Main

Beschluss der Stadtverordnetenversammlung vom 18.09.2003, § 6020

Begründung

Die vorgelegte Antidiskriminierungsrichtlinie dient der Ausführung des Beschlusses der Stadtverordnetenversammlung § 4349 vom 19.12.2002. Der Magistrat hat sich in der Formulierung der Gründe, die einer Diskriminierung zugrunde liegen können und der Tatbestände, die eine Diskriminierung beinhalten, leiten lassen von der rechtsverbindlichen Regelung des Artikel 3 Abs. 3 GG sowie den
Bestimmungen der Richtlinien des RATES DER EUROPÄISCHEN UNION Nr. 2000/43/EG vom 29.06.2000 und Nr. 2000/78/EG vom 27.11.2000.
Durch diese weite Fassung der Antidiskriminierungsrichtlinie sind alle Fallgestaltungen erfasst, die zu einer Diskriminierung in der Praxis der Verwaltung und der Eigenbetriebe führen können.
Die Wahl der Rechtsform einer Richtlinie ergibt sich aus der Thematik und der mit ihr verbundenen Regelungsbefugnis der Stadt Frankfurt am Main. Letztere erfasst ausschließlich die Verwaltungsorganisation und beinhaltet damit die Selbstverpflichtung der Stadt Frankfurt am Main Diskriminierungen entgegenzuwirken. Aufgrund dessen scheidet der Erlass einer Satzung als Regelungsinstrument für die Rechte und Pflichten der Einwohnerinnen und Einwohner im Zusammenhang mit der Inanspruchnahme städtischer Dienstleistungen und/oder Einrichtungen aus.
Zur Ausführung der Antidiskriminierungsrichtlinie hat der Magistrat die zur Kenntnis gegebenen Ausführungsbestimmungen erlassen.

Präambel

Die Gleichheit vor dem Gesetz und der Schutz aller Menschen vor Diskriminierung ist ein allgemeines Menschenrecht. In diesem Bewusstsein und als Ausdruck ihrer Verpflichtung jede Form der Diskriminierung einer Einwohnerin/eines Einwohners durch Bedienstete zu unterbinden und zur Festigung des inneren Friedens, erlässt die Stadtverordnetenversammlung der Stadt Frankfurt am Main die nachfolgende Antidiskriminierungsrichtlinie.

Diskriminierungsverbot

175 Antidiskriminierungsrichtlinie der Stadt Frankfurt am Main.

Prof. Dr.-Ing. Till Behrens · Stadtplaner · Architekt BDA · Industriedesigner
Am Treutengraben 25 · D-60488 Frankfurt am Main · Fon 069-76 16 69 · Fax 069-76 82 110

Herrn Tom Koenigs MdB
Vorsitzender des Bundestagsausschusses für
Menschenrechte und humanitäre Hilfe
Platz der Republik 1
11011 Berlin

2011-02-09 bk

Sehr geehrter Herr Koenigs,

der Presse (FR 02.02.11) entnahm ich, Sie sind Vorsitzender des Ausschusses für Menschenrechte des Deutschen Bundestages. Ist Ihnen in dieser Eigenschaft bekannt, dass das Urheberrecht ein Menschenrecht ist? In Artikel 27 Abs. 2 Allgemeine Erklärung der Menschenrechte der Vereinten Nationen heisst es:

„Jeder hat das Recht auf Schutz der geistigen und materiellen Interessen, die ihm als Urheber von Werken der Wissenschaft, Literatur oder Kunst erwachsen."

Lange bevor es Sie in Frankfurt oder eine Grüne Partei gab hatte ich zusammen mit Bürgern meinen Masterplan *„Frankfurt - grüne Stadt am Fluss"* (s. Bauwelt 17/18-1980) entwickelt, mit dem ich nach schlechten Erfahrungen mit Frankfurter Politikern zur Absicherung meiner Priorität als Professor noch promovierte (mit Bekanntem kann man nicht promovieren, nur mit Innovativem). Diese Till Behrens Konzeption baut auf konzentrischen Ringen auf und ist das Gegenteil des Radialen-Prinzips von Ernst May der 1920-er Jahre, das keinen geschlossenen Grünring kannte. Man nannte mich damals den Grüngürtel-Behrens. Auf der Grundlage einer 15-köpfigen Jury zeichnete die Hessische Landesregierung In Verbindung mit Regierungspräsidien etc. mein Stadtentwicklungskonzept *"Grüngürtel mit grüner Mainquerspange, Randbebauung und Verkehrsbündelung"* als *„rahmengebendes Gesamtkonzept für Frankfurt"* aus und wies dabei ausdrücklich auf meinen 30-jährigen bürgerschaftlichen und ehrenamtlichen Einsatz, meine zahlreichen Publikationen dazu und darauf hin, dass die Stadt diese Konzeption aufgriff (und nicht irgendeine andere, z.B. nicht existierende von May). Aufgegriffen wurde auch nicht eine Idee, sondern ein fertig bereit liegendes Konzept.

Nachdem Sie sich als grüner Politiker 1985 über den Deutschen Werkbund über meine Konzeption informiert hatten, dann von mir einen Dissertationsdruck erbaten, den Ihnen Frau Kruse am 16.07.87 in die Falkstrasse brachte, griffen Sie diese für die Stadt auf, als Sie Umweltdezernent wurden und erklärten öffentlich, dass Sie sich mit dem Konzept von Till Behrens identifizieren (FR. 24.04.89). Die Form in der dieses „Aufgreifen" geschah, vermittelt mir den Eindruck, dass es sich um die bewusste und systematische Ausnutzung meiner Leistungen handelte, die hier einen nicht geringen Teil meines Lebenswerkes darstellt.
Mit Millionenaufwand (von dem der Urheber nichts erhielt) führten Sie ein Projektjahr durch und gründeten ein Grüngürtelprojektbüro in dem Sie mit angeworbenen oder sich aufdrängenden Helfern aus meinem fertig bereit liegenden Konzept, das 1988 als Buch erschienen war, ein Plagiat anfertigen liessen. Der Urheber wurde dabei von seinen Arbeiten fern gehalten, seine Leistungen in Presse und Propaganda minimiert, verschwiegen oder anonymisiert, sein Name von seinem Werk abgekoppelt und durch andere ersetzt. Vor allem wurde sein Original zum wieder bewohnbar machen der Stadt verdorben, mit dem Sie ein berühmter Mann ähnlich Baron Haussmann in Paris hätten werden können,. Auf dem von mir und mich unterstützenden Bürgern in Jahrzehnten vorbereiteten Boden verbreiteten Sie das Plagiat als Original und liessen es noch als solches auszeichnen (von Politiker zu Politiker).

Als verantwortlicher Politiker wäre es Ihre Pflicht gewesen den Urheber, auf der Grundlage des Urheberrechtsgesetzes unseres demokratischen Rechtsstaates zu schützen. Sie taten das Gegenteil. Das Urheberrecht ist ein persönliches an die Person gebundenes unverlierbares Recht, bei dem sich nicht nur Hersteller, sondern auch Auftraggeber und Vertreiber von Plagiaten schuldig machen. Mir scheinen hier alle drei Punkte zuzutreffen.

Über das, was hier geschah, war nicht nur eine internationale Stadtplaner- und Architekten-Elite empört, sondern auch die Aktion Plagiarius, die Sie wiederholt namentlich anprangerte. Sie sieht *„gerade den politischen Diebstahl als besonders verwerflich an, da Politiker mit gutem Beispiel vorangehen müssen"* und ergänzte, *„als vor einigen Jahren Bundespräsident Roman Herzog Innovationen (den berühmten Ruck) forderte, fragten Studierende, welchen Sinn hat es noch seine Kräfte in Innovationen zu stecken, wenn die Urheber von jenen, die sie schützen und fördern müssten, um die Früchte ihrer Arbeit gebracht werden"* (beide Zitate aus dem Band Aktion Plagiarius „Kreuzschwinger®. .." Berlin 2008, S. 74/75 und 81).

Nachdem ich schon vor Grünen kreativ grün dachte und plante, ist es mir bis heute unverständlich, warum Sie sich nicht wenigstens mit mir unterhielten, nachdem Sie meinen Dissertationsdruck erhalten hatten, den ich wegen der bevorstehenden Buchausgabe gebeten hatte vertraulich zu behandeln, was Sie aber nicht taten. Wie gedenken Sie Ihre Verstösse gegen das Menschenrecht auf geistiges Eigentum zu heilen, bzw. mich zu rehabilitieren?

Mit freundlichen Grüssen

Prof. Dr.-Ing. Till Behrens

176 Schreiben von Behrens T. an Koenigs T. v. 9.2.2011 mit Adresse Bundestag.

23.5.2011 Tom Koenigs antwortet:

„(...) Sie beschuldigen mich des Plagiats – das ist gerade heutzutage für einen Politiker ein zwar gängiger, aber doch heftiger Vorwurf, einer, der einen schon ärgern kann, einer, der vor Gericht auszutragen wäre, aber vor allem einer, den Sie beweisen müssten, wenn Sie ihn aufrecht erhalten wollen. Was habe ich Ihnen gestohlen? Den Grüngürtel? Der gehört den Frankfurtern. (...).“[3]

Tom Koenigs
Braubachsstraße 41
60311 Frankfurt am Main

Prof. Till Behrens
Am Treutengraben 25
60488 Frankfurt am Main

Berlin, 23.05.2011

Sehr geehrter Herr Prof. Behrens,

Zunächst zum Ärger: Sie beschuldigen mich des Plagiats - das ist gerade heutzutage für einen Politiker ein zwar gängiger aber doch heftiger Vorwurf, einer, der einen schon ärgern kann, einer, der vor Gericht auszutragen wäre aber vor allem einer, den Sie beweisen müssten, wenn Sie ihn aufrecht erhalten wollen. Was habe ich Ihnen gestohlen? Den Grüngürtel? Der gehört den Frankfurtern; die Vaterschaft? Die habe ich nie und nirgends beansprucht; die Idee? Die stammt genauso von Adenauer (Grüngürtel in Köln, 1919), Ernst May (Grüne Mitte) und Max Bromme (Grüngürtel an der Nidda, 1928) wie von Ihnen und vielen anderen, die an der Planung gearbeitet haben.

177 Ausschnitt 1 aus Antwortschreiben Koenigs T. an Behrens T. vom 23.5.2011 auf Frankfurter Privatbriefkopf mit Absender Berlin.

21.6.2011 Der Autor erwidert Koenigs:

„Sie antworteten am 23.5.2011 auf mein Schreiben vom 9.2.2011. Ich hatte es Ihnen bereits vor der öffentlichen Kritik an Politikerplagiaten gesandt. Diese bestätigten inzwischen erneut, dass ein Plagiat schon dann entsteht, wenn Wesentliches übernommen wird. Beim Landeswettbewerb 1990 der Hessischen Landesregierung standen meine Grüngürtel-Konzeption und das, was Sie daraus gemacht hatten, nebeneinander zur Bewertung an. Die aus 15 Juroren bestehende Landesbewertungskommission zeichnete meine als Landessieger aus mit dem Hinweis: ‚Das Grünraum-Konzept (...) ist offensichtlich geeignet, daraus ein Arbeitsprogramm mit kurz-, mittel- und langfristigen Maßnahmen abzuleiten, was die Stadt Frankfurt inzwischen tut.‘ Die Stadt Frankfurt waren in diesem Falle Sie und Ihre Helfer Peter Latz, Peter Lieser, Manfred Hegger. Ich denke, damit wurde vor 20 Jahren eine amtliche Bestätigung für das Plagiat geliefert, die ich nach wie vor teile. (...).“[4]

---

3 Antwortschreiben v. Koenigs T. an Behrens T. v. 23.5.2011 auf Privatbriefkopf Koenigs.

4 Schreiben von Behrens T. an Koenigs T. v. 21.7.2011 mit Adresse Bundestag.

Prof. Dr.-Ing. Till Behrens · Stadtplaner · Architekt BDA · Industriedesigner
Am Treutengraben 25 · D-60488 Frankfurt am Main · Fon 069-76 16 69 · Fax 069-76 82 110

Herrn Tom Koenigs MdB
Vorsitzender des Bundestagsausschusses
für Menschenrechte und humanitäre Hilfe
Platz der Republik 1

11011 Berlin

2011– 07 – 21 b/k

Sehr geehrter Herr Koenigs,

Sie antworteten am 23.05.11 auf mein Schreiben vom 09.02.11. Ich hatte es Ihnen bereits vor der öffentlichen Kritik an Politikerplagiaten gesandt. Diese bestätigten inzwischen erneut, dass ein Plagiat schon dann entsteht, wenn Wesentliches übernommen wird. Beim Landeswettbewerb 1990 der Hessischen Landesregierung standen meine Grüngürtel-Konzeption und das was Sie daraus gemacht hatten, nebeneinander zur Bewertung an. Die aus 15 Juroren bestehende Landesbewertungskommission zeichnete meine als Landessieger aus mit dem Hinweis: *„Das Grünraumkonzept (...) ist offensichtlich geeignet, daraus ein Arbeitsprogramm mit kurz-, mittel- und langfristigen Massnahmen abzuleiten, was die Stadt Frankfurt inzwischen tut“.* Die Stadt Frankfurt waren in diesem Fall Sie und Ihre Helfer Peter Latz, Peter Lieser, Manfred Hegger. Ich denke, damit wurde vor 20 Jahren eine amtliche Bestätigung für das Plagiat geliefert (Anl. 1), die ich nach wie vor teile.

Falls Sie mit Hinweis auf Fritz Schuhmachers Kölner Grüngürtel (oder andere) andeuten wollten, Till Behrens' Frankfurter, sei ein von der Uni Kassel promoviertes von der Hessischen Landesregierung in Verbindung mit den Regierungspräsidien ausgezeichnetes Plagiat, dann fertigten Sie und Ihre Helfer ein Plagiat vom Plagiat, das Sie dann als Original auszeichnen und international ausstellen liessen.

Es gab kein von Ihnen behauptetes Kennenlernen „irgendwann in den 80-Jahren“. Eben so wenig gab es eine Einladung zur Mitarbeit die ich angeblich abgelehnt hätte. Im Gegenteil. Es gab schon in der Vorphase die Ausladung. Die DASL hatte mich zu einem Referat über meine Konzeption gebeten. Unerwartet folgte die Ausladung. Empört rief mich Max Guther an, Stadtplanungs-Prof. THD, erklärte, dass er die Einladung veranlasst hatte und bat mich trotz Ausladung hinzugehen und mit zwei Dias auf meine Promotion zu verweisen. Begrüsst wurde ich nicht von Ihnen, sondern Ihrem Gehilfen Latz mit den Worten „Sie haben es ja doch geschafft in Kassel zu promovieren“. Frau Thalgott, auch aus Kassel wie Latz und Hegger, kritisierte die Vorführung meiner Dias. So wurde bestätigt, was ich von der Verwaltung der GhK bereits gehört hatte: Kollegen von ihnen versuchten ihre Promotion zu verhindern, weil sie das Projekt für sich wollen. Ich störte in dem abgekarteten Spiel.

Lange vor Ihnen war die Bebauung von Grüngürtel-Flächen beendet, durch BI's, Frankfurter Forum und für diese Verdienste später ausgezeichnete Bürger, die meine Dissertation lobt (s. Laudatio). Wie die Laudatio auch lobend hervorhebt, enthält meine Dissertation bereits sämtliche Schutzmöglichkeiten. Es kam nichts Neues dazu. Ihre Grüngürtel-Verfassung ist verdienstvoll, brachte aber keinen besseren rechtlichen Schutz. Die Flächen sind weiter gefährdet (vgl. hierzu zuletzt FR. 01.07.2011).

Im Gegensatz zu Ihnen informierte sich Dr. Wentz als Frankfurter SPD-Vorsitzender bereits 1983 persönlich bei mir und sicherte für die SPD schriftlich zu kein Plagiat zu fertigen (Anl. 2). Als Stadtplanungsdezernent beauftragte er 6 Frankfurter (nicht auswärtige) Architekturbüros mit „Städtebauliche Fassung des Grüngürtels“ und meines als 7. mit der Auswertung. Nach der 1. Arbeitsphase erklärte er, Sie würden ein Plagiat fertigen, nicht kooperieren und es käme daher wohl nicht mehr zu der vorgesehenen 2. Phase und damit zu keiner den GG-Rand absichernden Lösung. Was dann auch eintrat. Wie Sie mitteilten, planten Sie in Konkurrenz zum Planungsdezernat. Es ging also um die Durchsetzung Ihrer Vorstellungen, nicht um meine, wie sie mir falsch unterstellten.
Es gab auch keinen von Ihnen gemutmassten Rechtsstreit zu Museumsufer- oder Grüngürtelplagiat oder Grüngürtelrand-Untersuchung. Im Fall Museumsufer bestätigte Prof. Dr. Hilmar Hoffmann, dass er die Konzeption von mir hatte, sie OB Wallmann vorschlug und dieser ein Plagiat bei Speer beauftragte. Der Jurist Wallmann bot sofort einen Ersatzauftrag als Schadensersatz an. Im Fall Grüngürtel setzten Sie Wallmanns Stil unrühmlich fort (doch ohne Urheberbestätigung und Äquivalent!).

Als langjähriger Vorkämpfer für „grün“ bin ich mehr denn je davon überzeugt, dass man nur dann eine richtige Politik machen kann, wenn man sich erst einmal –mühsam- mit den Fakten auseinandersetzt. Genau das fehlt mir an Ihrem Brief und deshalb weise ich Ihren Versuch einer Rechtfertigung zurück. Auch das geistige Eigentum gehört zu den Menschenrechten. Ich hoffe sehr, dass wenigstens die anderen Menschenrechte besser bei Ihnen aufgehoben sind als das Recht am geistigen Eigentum.

Mit freundlichen Grüssen

Prof. Dr.- Ing. Till Behrens

Anlagen in Kop.: Laudatio + Schr. Wentz (SPD) v. 06.09.1983

178 Schreiben von Behrens T. an Koenigs T. v. 21.7.2011 mit Adresse Bundestag.

Bürgerinitiative zur Erhaltung des Landschaftsschutzgebietes Niddatal

60488
~~6000~~ Frankfurt am Main ~~90~~
Damaschkeanger 131
Tel.(069) 76 38 80
07.08.2001

Persönlich

Herrn Stadtrat Horst Hemzal
Dezernent Jugend und Soziales
Berliner Strasse 33 - 35

60322 Frankfurt am Main

10 Jahre Frankfurter Grüngürtel (für uns sind es 30 Jahre)

Sehr geehrter Herr Stadtrat Hemzal,

es wird Ihnen von Ihrem Engagement als Mitglied des Bürgervereins Frankfurter Berg noch bekannt sein, dass sich unsere Bürgerinitiative seit 3o Jahren für die Verwirklichung von Till Behrens' Grüngürtel-Mainufer-Konzeption" einsetzt. Wir haben es deshalb sehr begrüsst, dass die Stadt wesentliche Teile daraus übernahm.

Uns enttäuscht jedoch immer wieder, dass die Stadt in eigenen oder mitfinanzierten Püblikationen den jahrzehntelangen Einsatz von uns Bürgern ebenso wie den Namen des Urhebers der Konzeption unter=schlägt. Schon vor 10 Jahren wiesen wir in einem Leserbrief (FAZ. v. 26.10.91 , Kop. Anlage 1) auf Fehldarstellungen hin. Vor 7 Jahren gab dann die Fachhochschule Wiesbaden das Buch heraus „Eine Innovation wird geplündert". Es hat uns daher sehr gefreut, dass der Bericht „Zehn Jahre Grüngürtel Frankfurt" in der „Senioren-Zeitschrift" Heft 3/2001 erstmalig eine korrekte Darstellung in Bezug auf den Urheber brachte. Vom Kampf der Bürger war keine Rede.

Sie, sehr geehrter Herr Stadtrat, haben uns seinerzeit unterstützt. Es muss Ihnen deshalb so unverständlich sein wie uns, dass wir erst mit einem enormen Aufwand von Zeit, Kraft und Geld 20 Jahre das Niddatal vor dem Schlimmsten bewahrt haben und für die Projektrealisierung und dann seit 10 Jahren für die Wahrung unserer Rechte kämpfen müssen. Stadtrat Koenigs bediente sich hemmungslos aus unserer Arbeit (vgl. FR. v. 27.04.01, Kop. Anlage 2). Er war zum Zeitpunkt der Schöpfung der Konzeption aber noch nicht einmal in Frankfurt.

Der Bericht in der „Senioren Zeitschrift" stellte richtig dar, dass Grüngürtel und Mainufer das "Herz=stück" (Zitat) des Regionalparks sind. Sie waren auch als solches geplant. Behrens' Konzeption hatte von Anfang an eine enorme Ausstrahlung in der Fachwelt und Fachpresse und beinflusste u.a. Vorhaben wie IBA-Emscher-Park. Zum Anfang der Realisierungsphase – erkannte eine 16-köpfige Jury::" Prof. Dr.-Ing.. Till Behrens hat mit seinem Stadtentwicklungskonzept „Grüngürtel mit grüner Mainuferspange, Randbebauung und Verkehrsbündelung" ein rahmengebendes Gesamtkonzept für Frankfurt am Main erarbeitet, das nicht der Theorie verhaftet ist, sondern praxisorientierte Realisierungsvorschläge macht". Till Behrens ist für Frankfurt wichtiger als sein gerne zitierter (auch in dem Artikel) Großvater Peter Behrens.

Das Wichtigste scheint uns zu sein, dass hier über eine Generation hinweg eine wahrscheinlich einmalige Kooperation zwischen Bürgern und Architekt zum Wohle unserer Stadt zustande kam, die Beispielhaftes – und das noch ehrenamtlich – leistete. Statt dieses Faktum zu unterdrücken, sollte die Stadt damit werben.

Die fehlende Unterstützung eines Landeskonservators und die spekulative Hochhausplanung ohne Bürgerbeteiligung eines Frankfurter Architekten als bürgerschaftliches Engagement mit jeweils DM 22.000,- (Steuergelder der Bürger!) auszuzeichnen, wie das ein Hessischer Kulturpreis jetzt tut, können wir nur als Verhöhnung aller sozial verantwortlichen Bürger ansehen. Die Stadt har es von offizieller Seite her nicht verstanden diejenigen zu würdigen, die sich tatsächlich verdient machten und von denen Frankfurt am Main außerordentlich profitiert.

Mit freundlichen Grüssen

Encke

(Georg Encke)

179 Schreiben Bürgerinitiative zur Erhaltung des Landschaftsschutzgebietes Niddatal vom v. 7.8.2001 an Horst Hemzal.

II – 10.2 Zehn Jahre GrünGürtel

Sept. 2011 Die vom Sozialamt der Stadt Frankfurt am Main herausgegebene Senioren-Zeitschrift publiziert in Heft 3/2001 auf Seite 38 f. unter „Das Land der Stadt am Fluss" den Artikel „Zehn Jahre GrünGürtel". In dem Bericht wird wieder einmal der bis dahin 30-jährige Kampf der Bürger unterschlagen. Die Bürgerinitiative zur Erhaltung des Landschaftsschutzgebietes Niddatal drückt ihre Enttäuschung darüber in einem Schreiben[5] an den damaligen Sozialdezernenten Horst Hemzal (CDU) aus (Abb. 179).

II – 10.3 20 Jahre GrünGürtel = 21 Jahre Grüngürtel-Fälschung

Herbst 2011 Zehn Jahre nach der Beschwerde der Bürgerinitiative vernachlässigt die Stadt ihre Bürger weiterhin und wirbt immer noch nicht mit dem 30-jährigen Bürgerengagement. Auf Veranlassung des unter Manuela Rottmann als Nachfolgerin von Koenigs geführten Umweltamtes feiert sie 20 Jahre GrünGürtel und gibt dazu eine Festschrift unter dem Titel *„20 Jahre GrünGürtel Frankfurt – Menschen, Daten, Projekte"* heraus.[6] Bürger wie Georg Encke und Karl Stadager sowie Mitglieder des Frankfurter Forums für Stadtentwicklung und des Deutschen Werkbundes, die für den Grüngürtel kämpften, gehören darin nicht zu den „Menschen": sie haben keine Daten und ihre Projekte existieren nicht.

180 20 Jahre GrünGürtel, Einband (Ausschnitt).

181 20 Jahre GrünGürtel, S. 2 Grußwort der Oberbürgermeisterin „Der GrünGürtel braucht Sie".

Oberbürgermeisterin Petra Roth (CDU) schreibt ein Grußwort unter dem Titel: *„Der GrünGürtel braucht Sie."* Darin heißt es:
„Frankfurt möchte im Jahr 2014 ‚grüne Hauptstadt Europas' werden. Wir können in diesem Wettbewerb vieles in die Waagschale werfen, was uns als zukunftsfähigen Standort

---

5 Schreiben der Bürgerinitiative zur Erhaltung des Landschaftsschutzgebietes Niddatal an Sozialdezernent Hemzal H., ca. Sept 2001.

6 Stadt Frankfurt am Main, Dezernat für Umwelt, Gesundheit und Personal, „20 Jahre GrünGürtel Frankfurt – Menschen, Daten, Projekte 1991–2011", Frankfurt a.M. 2011.

auszeichnet. (...) Hier erleben die Bürgerinnen und Bürger tagtäglich, dass Nachhaltigkeit nicht Verzicht bedeuten muss, sondern eine große Bereicherung sein kann. An entscheidenden Punkten der Stadtentwicklung hat Frankfurt immer wieder große Weitsicht bewiesen (...) in den 1920er Jahren mit den Freiraumplanungen des ‚Neuen Frankfurt'. Vor 20 Jahren entschloss sich die Stadt zu einem ganz großen Wurf: Mit der einstimmig verabschiedeten GrünGürtel-Verfassung (...) Der GrünGürtel ist etwas Einmaliges unter den deutschen Städten, eines der ambitioniertesten und gelungensten Freiraumprojekte Europas."[7]

Bei dem vermutlich vorgeschriebenen Text ist interessant, wie die Stadt mit verschleiernder Geschichtsdarstellung für einen von ihr erst bekämpften, dann durch lange Bürgerkämpfe durchgesetzten Grüngürtel (1973 hatte die Stadt unter der alleinregierenden SPD dem Frankfurter Forum noch die finanzielle Unterstützung entzogen) nun für eine Auszeichnung für das verdorbene Plagiat wirbt.

An wen richtet sich diese Schrift? Es können nur jene sein, die die Geschichte des Grüngürtels nicht kennen.

Im Gegensatz zu vielen, die in Frankfurt Macht ausüben oder -übten, wohnte Oberbürgermeisterin Roth auch in der Stadt, in der sie seit 1972 CDU-Mitglied ist. Sie dürfte in dieser Zeit miterlebt haben:

- 1973 und 1979 das Erscheinen der Schriften des Frankfurter Forums für Stadtentwicklung für den Grüngürtel.
- 1970 bis 1990 die Vorträge von Bürgern auf Versammlungen für einen geschützten ökologischen land-, forst- und wasserwirtschaftlich gepflegten Grünring auf Restgrünflächen.
- 1980 das Erscheinen der Forumsschrift für die Konzeption des Museumsufers und den Umgang ihrer Partei und der SPD mit dahinterstehenden Bürgern mit der Folge, dass Mitglieder des Vorstandes sich aus dem Bürgerforum zurückzogen.
- 1990 das Aufgreifen der Grüngürtel-Konzeption durch einen SPD/Grünen-Magistrat und dass dies erneut äußerst unfair geschah mit der Folge, dass weitere engagierte Bürger in die „innere Emigration" gingen.
- 1996, dass die UN-Auszeichnung für das Grüngürtel-Plagiat der Stadt gegen UN-Menschenrechte verstieß.
- 2001 das vom Autor erfolgte Zusenden der Schrift „Eine Innovation wird geplündert" (16.2.2001, s. Kap. II – 9.2).

Vor diesem Hintergrund hätte die Oberbürgermeisterin das Vorwort mit dem Hinweis ablehnen können, es wurden hier 20 Jahre die Bürger ausgeklammert und nun soll mit „Der GrünGürtel braucht Sie" um sie geworben werden. Sie tat es nicht und so wird die Broschüre zur Re-Inszenierung der Re-Inszenierung der gefälschten Grüngürtel-Geschichte.

Die Festschrift ist so aufgebaut, dass sie in der linken Hälfte der rechten Seite eine Chronologie unter dem Titel „Wichtige Schritte" als roten Faden durch die Broschüre laufen lässt. Die näheren Ausführungen finden entweder rechts daneben oder auf der linken Buchseite statt. Sowohl in „Wichtige Schritte" als auch in den Erläuterungsteilen finden sich vor allem am Anfang eine Fülle an Geschichtsfälschungen und falschen Ausführungen, sodass im Folgenden hier nur auf die Hervorstechendsten eingegangen wird.

7 Festschrift „20 Jahre GrünGürtel", Frankfurt 2011, S. 2.

II – 10.3.1 Richtigstellung zu „Die Anfänge"

Es beginnt auf Seite 4 mit folgender geballter Ladung:[8]

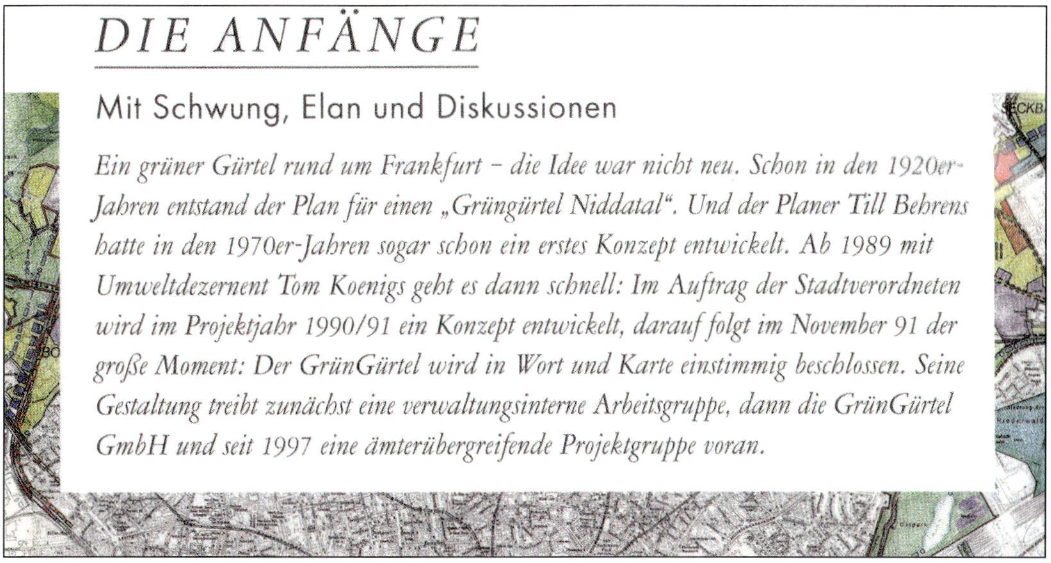

DIE ANFÄNGE

Mit Schwung, Elan und Diskussionen

Ein grüner Gürtel rund um Frankfurt – die Idee war nicht neu. Schon in den 1920er-Jahren entstand der Plan für einen „Grüngürtel Niddatal". Und der Planer Till Behrens hatte in den 1970er-Jahren sogar schon ein erstes Konzept entwickelt. Ab 1989 mit Umweltdezernent Tom Koenigs geht es dann schnell: Im Auftrag der Stadtverordneten wird im Projektjahr 1990/91 ein Konzept entwickelt, darauf folgt im November 91 der große Moment: Der GrünGürtel wird in Wort und Karte einstimmig beschlossen. Seine Gestaltung treibt zunächst eine verwaltungsinterne Arbeitsgruppe, dann die GrünGürtel GmbH und seit 1997 eine ämterübergreifende Projektgruppe voran.

182 20 Jahre GrünGürtel, S. 4 „Die Anfänge".

Hierzu ist festzustellen:

1. Ein grüner Gürtel rund um Frankfurt ist nicht möglich.
2. Es entstand in den 1920er Jahren kein Plan für einen „Grüngürtel Niddatal" (s. Kap. II – 5.2.2 bis II – 5.2.2.4). Zur Konzeption des Autors kam es überhaupt nur durch das Fehlen einer amtlichen Konzeption.
3. Wenn der Autor als Planer in den 1970er Jahren ein *„erstes Konzept"* entwickelt hat, wie unter „Die Anfänge" festgestellt wird, und 20 Jahre später im Projektjahr 1990/1991 erneut ein Konzept entwickelt wurde, kann es sich bei diesem zweiten nur um einen zweiten Grüngürtel oder um ein Plagiat handeln.

Die Stadt praktiziert hier mit *„(...) die Idee war nicht neu"* die Standard-Plagiatoren-Einrede „vorbekannt", um dann nachzuschieben: *„(…) entwickelte das Projektbüro dazu unter der Leitung von Prof. Peter Lieser (Öffentlichkeitsarbeit), Prof. Peter Latz (Landschaftsplaner) und Prof. Manfred Hegger (Koordination) ein Programm, das bis dato keine Vorbilder hatte."*[9] Das ist anmaßend und zugleich ein Widerspruch. Koenigs will sich aus diesem herausziehen, indem er auf S. 6 erklärt:[10]

Interview

„Ich habe den GrünGürtel nicht erfunden, aber durchgesetzt"

Tom Koenigs, Umweltdezernent der Stadt Frankfurt am Main (1989 - 1999)

183 20 Jahre GrünGürtel, S. 6 Interview.

8 A.a.O. S. 4.

9 A.a.O. S. 5.

10 A.a.O. S. 6.

Mithilfe seiner weiteren Äußerung *„Immer wenn ich nach meinem größten politischen Erfolg gefragt werde, lautet meine Antwort: der GrünGürtel"*,[11] lässt sich durch Hinterfragen klarstellen, um was es wirklich geht:

Frage 1: Die Stadt spricht von *„Ein grüner Gürtel rund um Frankfurt – die Idee war nicht neu"* und der Autor konzipierte 1970/1971 einen grünen Gürtel durch die Stadt auf Restgrünflächen – der neu war und den es in den 1920er Jahren nicht gab. Gab es zwei Konzeptionen, eine um und eine durch die Stadt?
Antwort 1: Nein

Frage 2: War ein Grüngürtel um die Stadt überhaupt möglich?
Antwort 2: Nein

Frage 3: War nur die Restgrünflächen-Konzeption durch die Stadt realisierbar?
Antwort 3: Ja.

Frage 4: War die Konzeption des Autors Tom Koenigs und Helfern bekannt?
Antwort 4: Ja

Frage 5 Ist die Feststellung der Landesregierung zur Auszeichnung des Autors *„Das Grünraumkonzept (...) ist offensichtlich geeignet, daraus ein Arbeitsprogramm mit kurz-, mittel- und langfristigen Maßnahmen abzuleiten, was die Stadt Frankfurt inzwischen tut"* als amtlicher Hinweis auf ein Plagiat zu verstehen?
Antwort 5: Ja

Frage 6: Sagt Koenigs Erklärung *„Ich habe den Grüngürtel nicht erfunden, aber durchgesetzt"* folglich nichts anderes als „Ich habe das Original nicht erfunden, aber eine Kopie durchgesetzt"?
Antwort 6: Ja

Frage 7: Ist somit Koenigs „größter politischer Erfolg" ein Plagiat?
Antwort 7: Ja

Nachdem der Autor mit seiner Konzeption zum Schutz vor geistigem Diebstahl promovierte und die Hessische Landesregierung seine Konzeption auszeichnete, würde die Behauptung der Stadt im Umkehrschluss nichts anderes bedeuten als: Es wurde ein Plagiat promoviert, ausgezeichnet und von der Stadt Frankfurt aufgegriffen.

11 A.a.O. S. 6.

II – 10.3.2 Richtigstellung zu „Wichtige Schritte"

In der chronologischen Tabelle zu „Wichtige Schritte" setzt die Stadt ihre amtliche Geschichtsfälschung fort:

Unter 1928 redet die Stadt nicht mehr – wie in „Die Anfänge" oben abgebildet – von: *„(...) entstand der Plan für einen Grüngürtel Niddatal (...)"*, sondern nur noch von *„(...) erste Ideen zur Erhaltung von Nidda und Umgebung als grüner Freiraum"*.[12] Das ist in Verbindung mit *„die Anfänge"* jedoch auch gezielt irreführend. Wie in Kap. II – 5.2.2.1 dargelegt, gibt es von May und Migge keine planerischen *„ersten Ideen zur Erhaltung von Nidda und Umgebung"*. Von dem in dem Kasten ebenfalls erwähnten Bromme gibt es – wie in Kap. II – 5.2.2.2 ausgeführt – den Reparaturvorschlag, die zerstörte Nidda mit einem acht Meter breiten Begleitgrün von Heddernheim bis Rödelheim zu versehen. Das ist aber weder ein Freiraum mit Umgebung, noch ein GrünGürtel, um den es mit der Schrift „20 Jahre Grüngürtel" doch geht. In Bezug auf die folgende Erwähnung der Grüngürtel-Mainufer-Konzeption des Autors dient dies dazu, den Urheber erneut herabzusetzen. Immerhin kommt er in den beiden nächsten Kästen vor; das ist neu. Die Stadt gibt nach 20 Jahren erstmalig Tatsachen zu, nämlich dass der Autor 1970/1971 den dritten Grüngürtel mit Mainuferspange entwickelte und damit promovierte.

Die Bürger, die 20 Jahre für ihre Konzeption kämpften, werden weiter diskriminiert. In dem Zusammenwirken von ehrenamtlichem Bürgerengagement und ehrenamtlicher Planungskonzeption liegt jedoch gerade das Besondere und Einmalige der Grüngürtel-Geschichte. Die wichtigsten Schritte nach der Entwicklung der Konzeption durch den Autor 1970/1971 verschweigt die Festschrift. Es sind folgende sechs Kästen (Abb. 184) mit grundlegend wichtigen und tatsächlich erfolgten Schritten zu ergänzen:

Die Auszeichnung des Originals des Autors im Frühjahr 1991 durch die Hessische Landesregierung erfolgte mit dem Hinweis:

„Grünraumkonzept ist zukunftsorientiert und (...) offensichtlich geeignet, daraus ein Arbeitsprogramm mit kurz-, mittel- und langfristigen Maßnahmen abzuleiten, was die Stadt Frankfurt inzwischen tut."

Der amtliche Hinweis der Landesregierung stellte 20 Jahre vor dem Erscheinen von „20 Jahre GrünGürtel" klar, wo die Konzeption herkam und wie die Stadt mit ihr umging. Die Stadt unterschlägt die Auszeichnung und setzt stattdessen die fünf Jahre später erfolgte Vergabe einer Auszeichnung der Vereinten Nationen für ein Plagiat als „Wichtigen Schritt" ein[13] (s. ausführlich zur Plagiatsauszeichnung Kap. II – 9).

Wie bereits in Kap. II – 9 beschrieben, korrumpierte die Stadt mit ihrer Bewerbung nicht nur die UN, sondern diskriminierte auch ihre Bürger und tut dies hier erneut. Im Sinne von Menschenrechten hätten vor allem die Bürger die Auszeichnung verdient gehabt, die in Bürger- und Siedlervereinen, dem Frankfurter Forum für Stadtentwicklung und im Deutschen Werkbund 20 Jahre für die Realisierung der Konzeption des Autors gekämpft hatten. Der Autor war Teil der Bürger und arbeitete und kämpfte mit ihnen. Die Bürger und der Architekt – oder umgekehrt ... das war der Leitgedanke des Forums für Stadtentwicklung.

---

12 A.a.O. S. 5.

13 A.a.O. S. 6.

Wichtige Schritte

1907 – Die Wallservitut zum dauerhaften Schutz der Wallanlagen wird beschlossen; Vorbild für die Planung des dritten Grüngürtels. Als zweiter wird der Alleenring bezeichnet

1928 – Erste Ideen zur Erhaltung von Nidda und Umgebung als grüner Freiraum unter Baustadtrat Ernst May, Gartenbaudirektor Max Bromme und Planer Leberecht Migge

1970/71 – Der Architekt und Designer Till Behrens entwickelt ein erstes Konzept für einen „dritten Grüngürtel mit Mainuferspange"

1988 – Dissertation „Grüngürtel – wachstumsorientierte Stadtpolitik und zusammenhängende Grünräume" von Till Behrens (29. April)

1990 – Die Stadtverordnetenversammlung beschließt auf Antrag Tom Koenigs', einen GrünGürtel festzulegen, hierfür wird ein Projektjahr beschlossen (Frühling 1990 – Frühling 1991):

Dialog mit Institutionen und Interessenverbänden (Workshops)

GrünGürtel-Logo (Stadt, Fluss, GrünGürtel)

Sommerakademie mit internationalen Planungsbüros, öffentlichen Radtouren, Vorträgen und Ausstellungen

Bürgerwettstreit

Kongress (17. + 18. Dezember)

14.11.1991 – Die Stadtverordnetenversammlung beschließt einstimmig die GrünGürtel-Verfassung

1991 – 1992 – Verwaltungsinterne Arbeitsgruppe GrünGürtel; Leitung: Klaus Wichert

Frühjahr 1992 – Mai 1996 – GrünGürtel GmbH (als Nachfolge der Buga-GmbH); Leitung: Prof. Peter Lieser und Dietmar Vogel

1996 – UN-Auszeichnung: Auf der Konferenz Habitat II zeichnen die Vereinten Nationen den Frankfurter GrünGürtel als positives Beispiel für nachhaltige Stadtentwicklung aus (Best Practice)

seit 1997 – Amtsübergreifende „Projektgruppe GrünGürtel"; Leitung: Klaus Hoppe

Unterschlagene Schritte

1972 – Der Stadtplaner Prof. Dr.-Ing. Till Behrens bringt seine Konzeption in das Frankfurter Forum für Stadtentwicklung ein. Forumsmitglieder erkunden den infrage kommenden Grüngürtel-Bereich per Rad und den Mainuferbereich per Schiff.

1973 – Das Frankfurter Forum für Stadtentwicklung publiziert erstmalig die auf klimatischen Grundlagen basierende Konzeption unter dem Titel: „Der Frankfurter Grüngürtel – Die Chance."

1979 – Das Frankfurter Forum für Stadtentwicklung publiziert zusammen mit vier DIN-A-3-Karten aus den „Lufthygienisch-meteorologischen Modelluntersuchungen in der Region Untermain" die Schrift „Schutz für den Frankfurter Grüngürtel – Was wurde aus dem Vorschlag des Frankfurter Forums für Stadtentwicklung von 1972/73?"

1980 – Das Frankfurter Forum für Stadtentwicklung publiziert die Konzeption „Die Frankfurter Mainufer – Museen -Grün-Verkehr" von Behrens /Rahe.

1970 - 1990 – Bürger kämpfen in Vereinen, Verbänden, auf Versammlungen politischer Parteien aller Couleur mit Unterstützung des Deutschen Werkbundes für die Realisierung.

1990 - 1991 – Die Hessische Landesregierung zeichnet das Konzept des Stadtplaners Prof. Dr.-Ing. Till Behrens als „Rahmen gebendes Gesamtkonzept für Frankfurt" aus. In der Laudatio betont sie: „Grünraum-konzept ist (...) offensichtlich geeignet (...) ein Arbeitsprogramm (...) abzuleiten, was die Stadt (...) tut.

184 20 Jahre GrünGürtel, S. 5 Wichtige Schritte und Ergänzung noch wichtigerer unterschlagener Schritte.

II – 10.3.3 Richtigstellung zu

Das Projektjahr 1990/91

185 20 Jahre GrünGürtel, S. 5 Projektjahr.

Es handelt sich nicht um 20 Jahre Grüngürtel-Geschichte, sondern tatsächlich um 40 Jahre, aus denen die ersten 20 Jahre von der Stadt samt dem bereits 1980 aufgegriffenen Teil Mainufer herauszensiert wurden. In Fortsetzung des in Kap. II – 5.3 beschriebenen PR-Systems für einen gefälschten Grüngürtel zur Geschichtsklitterung und Enteignung des Urhebers und seiner Unterstützer, erfolgen im Jahr 2011 unter dem genannten falschen Titel folgende weitere Fälschungen:[14]

Zu „Die Ziele":

Falsch ist:
„In einer Zeit, in der ökologische Themen noch kaum eine Lobby kannten und die Stadt unter hohem wirtschaftlichen Entwicklungsdruck stand, entwickelte das Projektbüro dazu unter der Leitung von Prof. Peter Lieser (Öffentlichkeitsarbeit), Prof. Peter Latz (Landschaftsplanung) und Prof. Manfred Hegger (Koordination) ein Programm, das bis dato keine Vorbilder hatte."

Richtig ist zu „Die Ziele":
Circa 20 Jahre vor dem GrünGürtel-Projektbüro gab es schon das Vorbild der Konzeption des Autors. Dieses baut auf den „Lufthygienisch-meteorologischen Modelluntersuchungen in der Region Untermain" auf und wurde 1973 erstmals vom Frankfurter Forum für Stadtentwicklung in *„Der Frankfurter Grüngürtel – Die Chance"* publiziert. Der Autor promovierte mit der Konzeption. Die Bürger hatten mit *„Hände weg von unseren Wiesen"*[15] bereits 20 Jahre für die Realisierung gekämpft, als Latz, Lieser und Hegger eingesetzt wurden, aus dem Konzept des Autors eine Ansammlung von Einzelparks ohne Berücksichtigung der speziellen ökologischen Erfordernisse zu machen (wie Frischluftschneisen, Felder und Wiesen zur Abkühlung). Hier stellt sich die Frage, welche besondere Qualifikation Prof. Latz, Lieser und Hegger (die beide damals noch keine Professoren waren, obwohl sie in der Schrift rückwirkend so tituliert werden) befähigte, im Auftrag der Stadt ohne öffentliches Auswahlverfahren unter Ausschaltung des eigentlichen Urhebers und ihn unterstützender Bürger ein Plagiat zu fertigen?

Zu „1 Frühling 1990":

Falsch ist:
(...) Den Beginn markierte zum Frühlingsanfang 1990 eine erste öffentliche Fahrradtour.

Richtig ist zu „1 Erste öffentliche Fahrradtour":
Die erste öffentliche Fahrrad-Erkundungstour erfolgte nicht zum Frühlinganfang 1990, sondern 18 Jahre vorher am 29.7.1972 als Erkundungstour des öffentlichen Frankfurter Forums für Stadtentwicklung (s. Frontispiz).

---

14 A.a.O. S. 5.

15 Stadager K., Encke G., „Hände weg von unseren Wiesen", in Damian M. und Damian-Hesser I., Bürgerinitiativen in Frankfurt, Frankfurt 1978, S. 60–64.

Zu „2 Sommer und Herbst 1990":

Falsch ist:
„(...) Zum Herbstbeginn 1990 wurde dann die Frankfurter Bevölkerung an den Planungen beteiligt. 300.000 Wettbewerbsbögen – als Beilage in drei Frankfurter Tageszeitungen – informierten über das GrünGürtel-Projekt und riefen zum Wettbewerb der besten Ideen auf."

Richtig ist zu „2 Sommer und Herbst 1990":
Beim Original wurde nicht erst *„dann"* die Bevölkerung beteiligt. Das Original des Autors von 1970/71 wurde von Anfang an von Bürgern getragen. Das Verschicken von Wettbewerbsbögen als Bürgerbeteiligung auszugeben entspricht ganz der vom GrünGürtel-Projektbüro praktizierten Planung von oben nach unten. Die Bürger, die 20 Jahre von unten nach oben gekämpft hatten, wurden nicht eingebunden. Sie wurden durch Koenigs Erfindung von Vätern und Müttern und Wettbewerbsbögen ersetzt.

Zu „3 Winter 1990":

Falsch ist:
„(...) Der internationale Austausch und besonders die freundschaftliche Verbundenheit mit der internationalen Bauausstellung ‚IBA Emscher Park' und ihrem Macher Karl Ganser verliehen den GrünGürtel-Planungen Wurzeln und Flügel gleichermaßen."

Richtig ist zu „3 Winter 1990":
Das Umgekehrte trifft zu. Die Frankfurter Grüngürtel-Konzeption von 1970/1971 und die Promotion des Autors von 1986 beeinflussten die erst 1989 beginnende IBA, die parallel zum Frankfurter „GrünGürtel-Projektbüro" erfolgte.

Zu „4 Frühjahr 1991":

Falsch ist:
„(...) Darüber hinaus enthielt die ‚Vision offener Grünräume' bereits erste Ideen zu innerstädtischen Grünverbindungen sowie Grünzügen nach außen in die Region."

Richtig ist zu „4 Frühjahr 1991":
Nicht die „Vision offener Grünräume" enthält *„darüber hinaus"* erste Ideen zu innerstädtischen Grünverbindungen sowie Grünzügen nach außen in die Region, sondern das Frankfurter Forum für Stadtentwicklung publizierte bereits ab 1973 die ersten Vorschläge: *„Der Frankfurter Grüngürtel – Die Chance"* und 1979 die Vertiefung mit *„Schutz für den Frankfurter Grüngürtel – was wurde aus den Vorschlägen des Frankfurter Forums von 1972/73?"* auf der Grundlage der lufthygienisch-meteorologischen Modelluntersuchungen in der Region einschließlich Abdruck von vier farbigen Faltkarten. Die örtliche Konkretisierung von Grünverbindungen und Grünzügen erfolgte auch bereits durch den Autor in dem seiner Promotion anhängenden Plan *„Die Frankfurter Grüngürtel + Mainuferquerspange"* (vgl. Abb. im Vorsatz des Buches). Die Grünradialen hatten keine Bedeutung im städtischen Anpflanzungsplagiat. Es handelt sich hier um leere städtische Polit-Rhetorik (wie in Kap. II – 11.3 ausgeführt). Während das Logo des Autors auf den Grünverbindungen basiert, fehlen diese im städtischen Logo (vgl. Abb 194, in Kap. II – 11.5)!

II – 10.3.4 Richtigstellung zu „Veröffentlichungen"

Im Stil der praktizierten Geschichtsfälschung folgt auf Seite 7:[16]

> **Veröffentlichungen**
>
> Ergebnisbericht GrünGürtel-Planung
> 1990/91, Stadt Frankfurt am Main
> „Visionen offener Grünräume",
> Campus Verlag, 1991
> „Kreuz und quer durch den Frankfurter
> GrünGürtel", CoCon-Verlag 1995

186 20 Jahre GrünGürtel, S. 7 Veröffentlichungen.

Von der Stadt wird aus Steuermitteln finanzierte Plagiatsliteratur erwähnt. Nicht erwähnt wird die Literatur zum Original, die in 20 vorhergehenden Jahren auf privater Basis erfolgte und finanziert wurde. Diese Literatur hätte hier stehen müssen, denn sie hatte zum Aufgreifen des Grüngürtel-Konzeptes durch die Stadt geführt (Kap. II – 4. und II – 5.). Im Folgenden werden die entscheidenden, nicht erwähnten Schriften bis 1986 ergänzt (s. auch Literaturverzeichnis dieses Bandes):

Publikationen des Frankfurter Forums für Stadtentwicklung:
- *„Der Grüngürtel ... Die Chance"*, Kurzfassung als Zeitungsbeilage Frankfurt 1973.
- *„Stellungnahme und Vorschläge zur Frankfurter Grünplanung"*
- *„Der Grüngürtel – Die Chance"*, Langfassung als Forumsschrift No. II, Frankfurt 1973, Behrens T., „ Ausbau eines mittleren Ringes", Presseerklärung Forum für Stadtentwicklung 24.8.1973.
- Behrens T., *„Schutz für den Frankfurter Grüngürtel – Was wurde aus dem Vorschlag des Frankfurter Forums für Stadtentwicklung von 1972/73?"*, Forumsschrift Nr. 7, Oktober 1979.
- Behrens T., Rahe J., *„Die Frankfurter Mainufer – Museen – Grün – Verkehr"*, Forumsschrift Nr. 8, Frankfurt, Januar 1980. Mit dieser Schrift gingen Hilmar Hoffmann, Peter Iden und Heinrich Klotz zu OB Wallmann und baten ihn, das Konzept zu realisieren (Kap. II – 4.).

Publikationen in der Bauwelt
- Behrens T., *„Schutz für den Frankfurter Grüngürtel"*, Berlin, Feb. 1980.
- Behrens T., Rahe J. *„Die Frankfurter Mainufer"*, Berlin, Mai 1980. Aus dieser Publikation entnahmen Herterich und Koenigs die Formulierung des Autors: „Die grüne Stadt am Fluß" (Kap. II – 5.2.1) bzw. Koenigs: „Die grüne Stadt am Main" (Kap. II – 5.1).

Publikationen des Deutschen Werkbundes DWB
- Behrens T., *„Grüngürtel mit Randbebauung"*, in werkundzeit, Perspektiven 1, Frankfurt a. M.
- Behrens T., *„Das Beispiel Frankfurt – Was ist einer Stadt der Landschaftsschutz wert oder Wie stark sind Bürger gegenüber Kapitalinteressen?"*, in Werkbund-Veröffentlichung Andritzky M./ Spitzer K. (Hrsg.) *„Grün in der Stadt"*, Reinbek bei Hamburg 1981.
- Behrens T., *„Museumsufer-Planung, Kurieren am Syndrom, nicht an der Ursache"*, werk + zeit 4/1981–1/1982.
- Behrens T., *„Grüngürtel"*, werk + zeit 4/1981–1/1982.
- Behrens T., *„Grüngürtel mit Mainuferquerspange"*, in Katalog zur Wanderausstellung „75 Jahre Werkbund", Hessen 1982.
- Behrens T., *„Die Frankfurter Grüngürtel oder die Auswirkungen einer wachstumsorientierten Stadtpolitik auf zusammenhängende Grünräume"*, Dissertationsdruck 1986, Buchausgabe 1988.

16 A.a.O. S. 7.

Neben dem 20-jährigen persönlichen Einsatz der Bürger verhalfen diese Schriften der Konzeption zum Durchbruch. Aus diesen Publikationen, vor allem denen vom Werkbund, griffen erst OB Walter Wallmann (CDU) und Kulturdezernent Hilmar Hoffmann (SPD) die Mainufer-Konzeption (Kap. II – 4.), später OB Volker Hauff (SPD) und Umweltdezernent Tom Koenigs (Grüne; Kap. II – 5.) die Grüngürtel-Konzeption auf. Karl Stadager verwies in seinem Schreiben vom 28.8.1983 an die damaligen Frankfurter SPD-Vorstandsmitglieder Wentz und Sturmfels ausdrücklich auf die Prioritäten des Autors und des Forums. 1991 lobte die Hessische Landesregierung in ihrer Laudatio zur Auszeichnung des Autors:

„In zahlreichen Publikationen – u.a. als Buch, Veröffentlichungen in der Tages- und Fachpresse –, durch Vorträge und durch seine Mitarbeit in verschiedenen Bürgerinitiativen hat Prof. Behrens ein nicht nachlassendes Engagement für die Verbesserung des Wohnumfeldes in Frankfurt unter Beweis gestellt. (...)"

II – 10.3.5 Richtigstellung zu „Bürgerinnen und Bürger"

Das städtische Unterschlagen der Leistungen ihrer Bürger bei gleichzeitigem Vortäuschen von Bürgernähe hat System, wie auch das nächste Beispiel zeigt:[17]
Die Stadt übernahm die von den Bürgern zum Allparteienkonsens gebrachte Konzeption, die später Tom Koenigs durchgesetzt haben will, und verstümmelte sie. Die im Original enthaltene Verkehrslösung war integraler Bestandteil des Konzeptes. Sie wurde jedoch von der Stadt fallengelassen, ebenso die Realisierung des östlichen Teils des Grüngürtels mit einem Fechenheimer-Rumpenheimer-Mainbogen. Es war daher mehr als zynisch, Bürgerinnen und Bürger aufzurufen, *„ihre Ideen für die Planung eines (nicht des!) Grün-Gürtels einzubringen"*, um dann festzustellen: *„Die meisten beschäftigten sich mit dem Thema Verkehr."* Hier wird deutlich, die Bürger hatten etwas erkannt, was die Stadt und ihre Politiker bis heute nicht verstanden, nämlich dass Grün und Verkehr zusammenhängen und daher nur zusammen zu lösen sind (Kap. II – 12.).

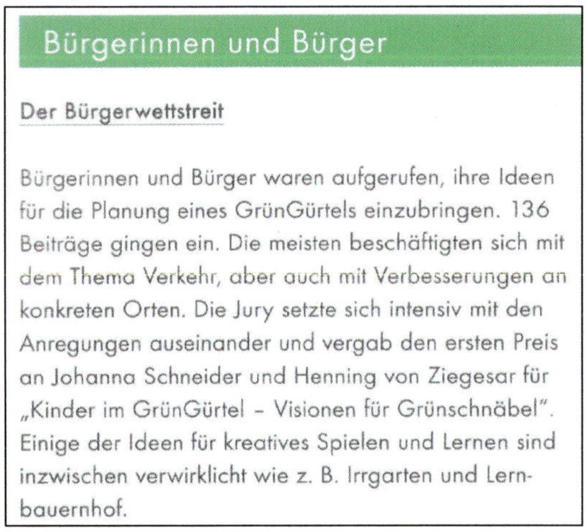
Bürgerinnen und Bürger

Der Bürgerwettstreit

Bürgerinnen und Bürger waren aufgerufen, ihre Ideen für die Planung eines GrünGürtels einzubringen. 136 Beiträge gingen ein. Die meisten beschäftigten sich mit dem Thema Verkehr, aber auch mit Verbesserungen an konkreten Orten. Die Jury setzte sich intensiv mit den Anregungen auseinander und vergab den ersten Preis an Johanna Schneider und Henning von Ziegesar für „Kinder im GrünGürtel - Visionen für Grünschnäbel". Einige der Ideen für kreatives Spielen und Lernen sind inzwischen verwirklicht wie z. B. Irrgarten und Lernbauernhof.

187 20 Jahre GrünGürtel, S. 7 Bürgerinnen und Bürger – Der Bürgerwettstreit.

Die Behauptungen der Stadt und Koenigs richten sich nicht nur gegen den Autor, sondern auch gegen alle Bürger, die für die Realisierung seiner *„sogar schon"* (Stadt Ffm., s. Abb. 182) entwickelten Konzeption eintraten, bevor sie Koenigs durch seine Erfindung der Väter und Mütter ausschloss. Wäre die Konzeption des Autors ein Plagiat der 1920er Jahre gewesen, hätten die Bürger nicht 20 Jahre für diese gekämpft.

17 A.a.O. S. 7.

Die führende Persönlichkeit unter den Grüngürtel-Kämpfern war der in Frankfurt geborene Karl Stadager (1901–1988), Direktor im Ruhestand der Wasserwerke der Stadt Frankfurt (s. Kap. II – 2.1) und als solcher in der hier erforderlichen Freiflächensicherung erfahren. Als Bauingenieur trat er 1926 – zu Zeiten Mays – in den Dienst der Stadt und füllte diese Aufgabe 40 Jahre aus. Er befuhr noch mit dem Paddelboot die nicht kanalisierte Nidda, erlebte „Das Neue Frankfurt", die Zerstörungen des Niddatales durch die Kanalisierung und das Entstehen von Max Brommes Schrift *„Die Erhaltung der alten Nidda"*. Er war mit den Planungen in den 1920er Jahren durch eigene Mitarbeit bestens vertraut. Im Vorstand des Frankfurter Forums für Stadtentwicklung hätte Stadager nicht zusammen mit dem auch in Frankfurt geborenen Encke auf die Publikationen der Konzeptionen des Autors gedrängt, wären diese nicht grundsätzlich neu gewesen.[18] Als seine Partei (SPD) den Grüngürtel unter ihrem Namen aufgriff, ohne den Urheber zu nennen, reagierte er sofort mit dem in Kap. II – 5.1, Abb. 098, abgebildeten Brief an den SPD-Unterbezirksvorstand. Ebenso wie Encke bestätigte Stadager die Urheberschaft des Autors (s. Kap. II – 3.3, Abb. 042 und 043).

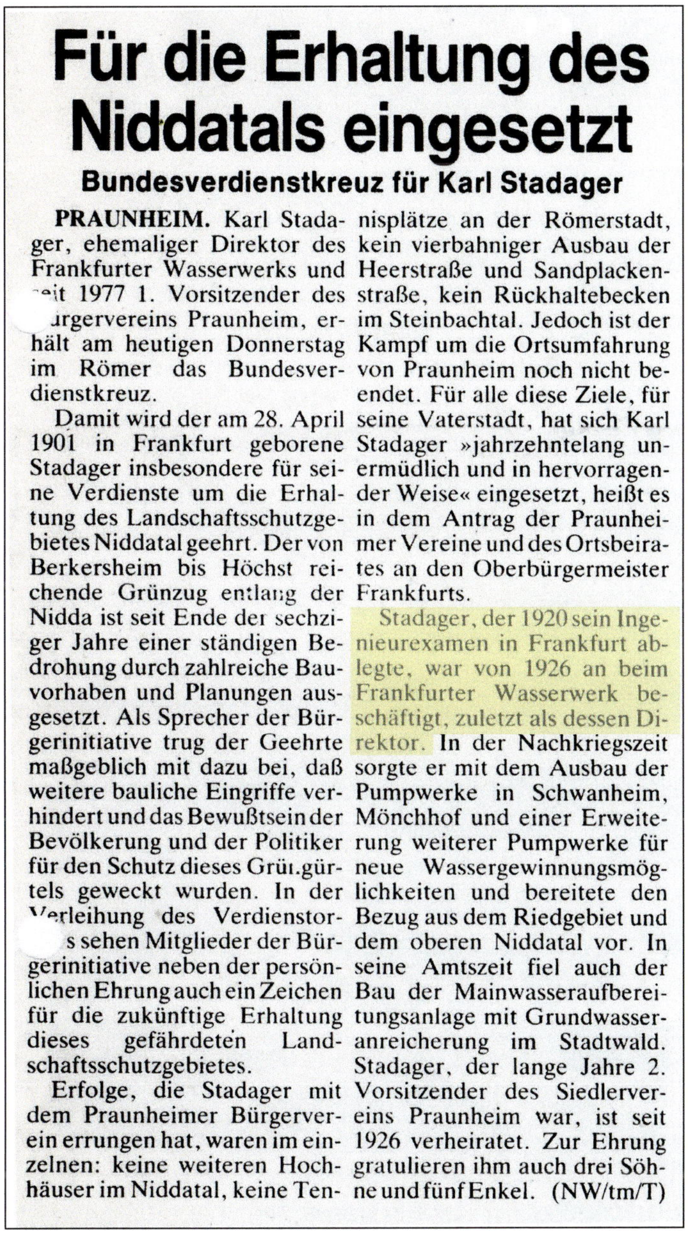

Für die Erhaltung des Niddatals eingesetzt

Bundesverdienstkreuz für Karl Stadager

PRAUNHEIM. Karl Stadager, ehemaliger Direktor des Frankfurter Wasserwerks und seit 1977 1. Vorsitzender des Bürgervereins Praunheim, erhält am heutigen Donnerstag im Römer das Bundesverdienstkreuz.

Damit wird der am 28. April 1901 in Frankfurt geborene Stadager insbesondere für seine Verdienste um die Erhaltung des Landschaftsschutzgebietes Niddatal geehrt. Der von Berkersheim bis Höchst reichende Grünzug entlang der Nidda ist seit Ende der sechziger Jahre einer ständigen Bedrohung durch zahlreiche Bauvorhaben und Planungen ausgesetzt. Als Sprecher der Bürgerinitiative trug der Geehrte maßgeblich mit dazu bei, daß weitere bauliche Eingriffe verhindert und das Bewußtsein der Bevölkerung und der Politiker für den Schutz dieses Grüngürtels geweckt wurden. In der Verleihung des Verdienstordens sehen Mitglieder der Bürgerinitiative neben der persönlichen Ehrung auch ein Zeichen für die zukünftige Erhaltung dieses gefährdeten Landschaftsschutzgebietes.

Erfolge, die Stadager mit dem Praunheimer Bürgerverein errungen hat, waren im einzelnen: keine weiteren Hochhäuser im Niddatal, keine Tennisplätze an der Römerstadt, kein vierbahniger Ausbau der Heerstraße und Sandplackenstraße, kein Rückhaltebecken im Steinbachtal. Jedoch ist der Kampf um die Ortsumfahrung von Praunheim noch nicht beendet. Für alle diese Ziele, für seine Vaterstadt, hat sich Karl Stadager »jahrzehntelang unermüdlich und in hervorragender Weise« eingesetzt, heißt es in dem Antrag der Praunheimer Vereine und des Ortsbeirates an den Oberbürgermeister Frankfurts.

Stadager, der 1920 sein Ingenieurexamen in Frankfurt ablegte, war von 1926 an beim Frankfurter Wasserwerk beschäftigt, zuletzt als dessen Direktor. In der Nachkriegszeit sorgte er mit dem Ausbau der Pumpwerke in Schwanheim, Mönchhof und einer Erweiterung weiterer Pumpwerke für neue Wassergewinnungsmöglichkeiten und bereitete den Bezug aus dem Riedgebiet und dem oberen Niddatal vor. In seine Amtszeit fiel auch der Bau der Mainwasseraufbereitungsanlage mit Grundwasseranreicherung im Stadtwald. Stadager, der lange Jahre 2. Vorsitzender des Siedlervereins Praunheim war, ist seit 1926 verheiratet. Zur Ehrung gratulieren ihm auch drei Söhne und fünf Enkel. (NW/tm/T)

188 Pressemitteilung „Für die Erhaltung des Niddatales eingesetzt", FN NW 8.9.1983.

18 „Für die Erhaltung des Niddatales eingesetzt", FN NW 8.9.1983.

Koenigs hatte in seinem Brief vom 23.5.2011 an den Autor gefordert, dass dieser ihm das Plagiat nachweisen möge. Im vorliegenden Buch erfolgt dies ausführlich. Der Band belegt, dass es vor der Konzeption des Autors keine Grüngürtel-Restgrünflächen-Konzeption durch Frankfurt gab. Er beweist, wie die Konzeption entstand und wie die Stadt Frankfurt bzw. erst OB Wallmann und Hoffmann, später OB Hauff und Koenigs und seine Truppe *„mit Schwung, Elan und Diskussionen"* mit ihr umgingen.

In der städtischen Festschrift kommen Personen zu Wort, die erst mit dem Plagiat zum Grüngürtel kamen, also Nutznießer sind. Aber jene, die 20 Jahre vorher für ihn kämpften und sich ihn einfallen ließen und die planerisch viel weiter waren als es das Anpflanzungsplagiat oder das Umweltamt bis heute sind, die wurden nicht erwähnt.

Beispielhaft dafür, wie viel weiter die Bürger 40 Jahre vor der Stadt waren und wie rückständig die Stadt heute noch ist, ist Friedrich von Borries. Von Borries schlägt im Auftrag der Stadt in „20 Jahre GrünGürtel" nun Speichen und Strahlen für den Grüngürtel[19] vor und erklärt dazu:

„Frankfurt hat jetzt die Möglichkeit, die Stadtentwicklung vom GrünGürtel aus zu denken und Stadt und Grün miteinander zu verknüpfen."

Genau das taten ab 1970, also schon vor von Borries Geburt, die Bürger und publizierten ab 1973 die Konzeption des Autors von 1970/1971. Sie taten es erheblich fundierter, als Herr von Borries es tat, auf Grünradialen, die dem Ergebnis der *„Lufthygienisch-meteorologischen Modelluntersuchungen in der Region Untermain"* entsprechen. Entweder sind diese grundlegenden Untersuchungen 40 Jahre nach ihrem Entstehen immer noch nicht beim Umweltamt angekommen oder sie wurden dort im Zuge der Verengung auf einen Anpflanzungsblickwinkel verdrängt. An dieser Stelle macht die städtische Broschüre überdeutlich, wie in Frankfurt 20 Jahre mit dem Geld der Bürger an den eigentlichen Problemen vorbei gearbeitet wurde, weil die Sicht auf die wirklich zu lösenden Fragen mit einem Parkprogramm zugepflanzt worden war.

Der entscheidendste Schritt in der ganzen Grüngürtel-Geschichte überhaupt war das fortschrittliche, jahrzehntelange Bürgerengagement. Diesen Schritt unterschlägt die Stadt aber. Warum?

Während einer schwarzen Stadtregierung hatten die Bürger gegen eine ca. 220 Mio. verschlingende Gartenschau 1989 gekämpft, die mit riesigen Defiziten endete, die sie als Steuerzahler tragen mussten. Sie wollten deshalb keine anschließende 300 Mio. Park- und Anpflanzungsorgie, wie sie die Festschrift „20 Jahre GrünGürtel" feiert.

Die Bürger wollten etwas ganz Einfaches und vor allem Sparsames. Sie wollten einen land-, forst- und wasserwirtschaftlich angelegten und gepflegten Feld-, Wald- und Wiesengürtel auf Restgrünflächen zur Belüftung und Klimatisierung ihrer Stadt, der sie nichts kostet, aber einen zuverlässigen Schutz gegen Bebauung oder ähnliche Nutzung bietet. Einen solchen Schutz gibt es bis heute nicht.

Konnten die Bürger während einer schwarzen Stadtregierung die Planung für die Gartenschau nicht verhindern, konnten sie während der rot/grünen Regierung die

19 A.a.O. S. 73 f.

Parkplanung nicht aufhalten. Das GrünGürtel-Projektbüro schrieb die Linie vor. Eine Mitwirkung der Bürger wurde dabei auf eine Scheinmitwirkung reduziert. In der Auflistung „Wichtige Schritte" findet sich unter dem Jahr 1990 lediglich der 2-Zeiler: *„Dialog mit Institutionen und Interessenverbänden (Workshops)"*[20] (siehe Abb. 184).

Sind Bürger darin nun „Institution" oder „Interessenverband" oder sind sie ein Workshop?

Bürger, die 20 Jahre für ein genau beschriebenes Ziel gekämpft hatten, konnten an dem, was das GrünGürtel-Projektbüro nun daraus machte, nichts Grundsätzliches mehr ändern. Sie wurden mit einem grünen Fehlkonstruktionsplagiat überfahren, das erneut sie bezahlen müssen.

In seinem Antwortschreiben vom 23.5.2011 (Abb. 177) fragte Koenigs provozierend den Autor: *„Was habe ich Ihnen gestohlen? Den Grüngürtel? Der gehört den Frankfurtern (...)."*[21] Koenigs übergeht hier die Bürger. Der Autor ist zwar Urheber der Konzeption, als Allein- und Mitbegründer von Bürgerinitiativen und Mitarbeiter im Forum für Stadtentwicklung war er jedoch immer nur ein Teil der Bürger, die die Konzeption trugen, sie publizierten und bis zum Allparteienkonsens durchsetzten.

Koenigs hätte also fragen müssen: *„Was habe ich den Bürgern gestohlen?"* Die Antwort darauf würde lauten: *Den Bürgern, die vor 45 Jahren schon weiter waren als es die Stadt heute ist, haben Sie ein preiswert zu realisierendes Gesamtkonzept, ihre Selbstverwirklichung und dann auch noch ihre Geschichte gestohlen.*

---

20 A.a.O. S. 5.

21 Schreiben von Koenigs T. an Behrens T. v. 23. 5.2011 auf Privatbriefkopf.

II – 11. Scheitern der Realisierung

II – 11.1 Der Weg in die Katastrophe

18.11.1997 Auf Bitten von Volker Hartmann, Sprecher der „Bürgerinitiative Wohnen ohne Fluglärm und Absturzbedrohung", trägt der Autor zusammen mit ihm dem Umweltdezernenten Koenigs die Lärmbündelungskonzeption (Kap. II – 3.5.1) mit Hinweis auf die Verbesserungsmöglichkeiten vor, die sich für den Grüngürtel im Nordwesten und Süden und in angrenzenden Wohngebieten durch ihre Anwendung ergeben würden. Dem Dezernenten wird schriftliches Informationsmaterial dazu übergeben.[1, 2] Ferner führt der Autor die Möglichkeit aus, den Flughafen Hahn zu einem Interkontinental-Flughafen (Hub) mit Hochgeschwindigkeits-Bahnanschluss zur Entlastung von Frankfurt auszubauen. Von Koenigs kommt keine Antwort, auch nicht, als es nach 1998 noch schlimmer wird:

1998 Eine rot-grüne Bundesregierung, eine rot-grüne Landesregierung und die Stadt Frankfurt sowie das Land, das über Aufsichtsratsmandate mit der Fraport verbunden ist (Kap. II – 2.), forcieren ganz entgegen ihren früheren Zusagen den weiteren Ausbau des Flughafens Frankfurt mit einer zusätzlichen Landebahn. Im April 2001 schließen der Bund, das Land Hessen und die Stadt Frankfurt einen Konsortialvertrag. Dieser soll angesichts des Börsengangs der Fraport AG gewährleisten, dass die öffentliche Hand für 30 Jahre die Mehrheit der Fraport-Aktien hält und der von den Bürgern nicht gewünschte weitere Flughafenausbau stets abgesichert ist. Wie weit eine derartige „börsenorientierte Stadtplanung", die sich als „kapitalistische Planwirtschaft" auswirkt, mit Art. 20 Abs. 2 Grundgesetz („Alle Staatsgewalt geht vom Volke aus") vereinbar ist, bleibt offen.

Es werden drei Ausbauvarianten vorgelegt, die im Prinzip alle falsch sind. In die Mitte einer 3,5–4,5 Mio. Einwohner zählenden Region gehört kein Umsteigeflughafen. Zum Zug kommt die für Frankfurt schlechteste Variante. Piloten, Fluglotsen und Politiker hatten sie abgelehnt, für Fraport ist sie aber die wirtschaftlichste.[3] Es ging also nicht um die Lebensqualität der Bürger, sondern um das Geschäft für die Aktiengesellschaft. Die Politiker im Aufsichtsrat mussten sich der Fraport AG fügen. Was sollte dann aber die Präsentation von drei Alternativen? Die vierte Variante, eine Verlagerung des Hub als Interkontinental-Flughafen nach Hahn und das Beibehalten von Frankfurt als Domestik-Flughafen (wie in Kap. II – 3.5.2 beschrieben), wurde überhaupt nicht vorgestellt. Diese wäre langfristig gesehen aber die einzig wirtschaftliche und vor allem einzige unternehmerische Lösung gewesen. Ein Standort für einen Umsteige- und Frachtflughafen wie Hahn ohne Nachtflugverbot und Lärmbelastungsbeschränkungen kann im globalen Wettbewerb nur an Attraktivität gewinnen.

Nachdem Peter Behrens 1906 das heutige Corporate Design erfunden und es 1907 erstmals mit der damaligen AEG-Führung realisieren konnte, wurde es weltweit von vielen Unternehmen aufgegriffen, auch von Lufthansa und Fraport. Ursprünglich hieß es Gesamterscheinungsbild. Heute umfasst ein solches Gesamterscheinungsbild neben gestalterischer auch ökologische und soziale Kompetenz. Das Durchsetzen einer

---

1 Behrens T., „Lärm über Frankfurt – oder anderswo: Lärmbänder bündeln", das bauzentrum, Darmstadt 1992.

2 Behrens T., „Lärmreduzierung durch Bündelung von Lärmbändern (1988)", in: Engelmann J., „Till Behrens. Erfindung und Konstruktion – Architektur, Stadtplanung, Design, Darmstadt 1996, S. 115–121.

3 Remmert J., „Piloten und Lotsen hätten im Süden ausgebaut", FAZ 10.4.2012.

Flughafenerweiterung durch die umwelt- und sozialschädlichste Variante – wie hier geschehen – gegen jahrzehntelangen Protest der Bürger mithilfe der *polit-profit-connection* (Josef Lehmbrock) lässt bei Lufthansa und Fraport keine besondere unternehmerische Sozialverantwortung erkennen. Vor allem tut sie es dann nicht, wenn es – wie hier – die Alternative Ausbau von Hahn gab. Hahn hat keine Einschränkungen für Nachtflüge, auch nicht für Cargo. Zudem belästigen Flüge von und nach Hahn nicht Millionen von Menschen. Im Fall von Frankfurt mussten erst Gerichte das als Grundlage für den Ausbau vereinbarte Nachtflugverbot von 23:00 bis 5:00 Uhr durchsetzen. Das ohnehin von den Bürgern als zu knapp angesehene Nachtflugverbot bekämpft die Lufthansa und beklagt nach dem Urteil den Wegfall der Nachtflüge. Ihr anhaltendes Klagen verdeutlicht fehlendes unternehmerisches Bewusstsein. Ein verantwortungsbewusster Unternehmer investiert dort, wo er Unterstützung durch die Bürger erhält und nicht dort, wo er auf ihren Widerstand stößt, weil sein Unternehmen gewachsene Zusammenhänge zerstört. Der Ausbau von Hahn zu einem Interkontinental-Flughafen mit Anbindung durch eine Hochgeschwindigkeitsbahn wäre immer noch eine unternehmerische Win-Win-Entscheidung. Doch sie erfolgt nicht. Dem Flughafen Hahn wird die nötige Unterstützung entzogen und er wird notleidend.

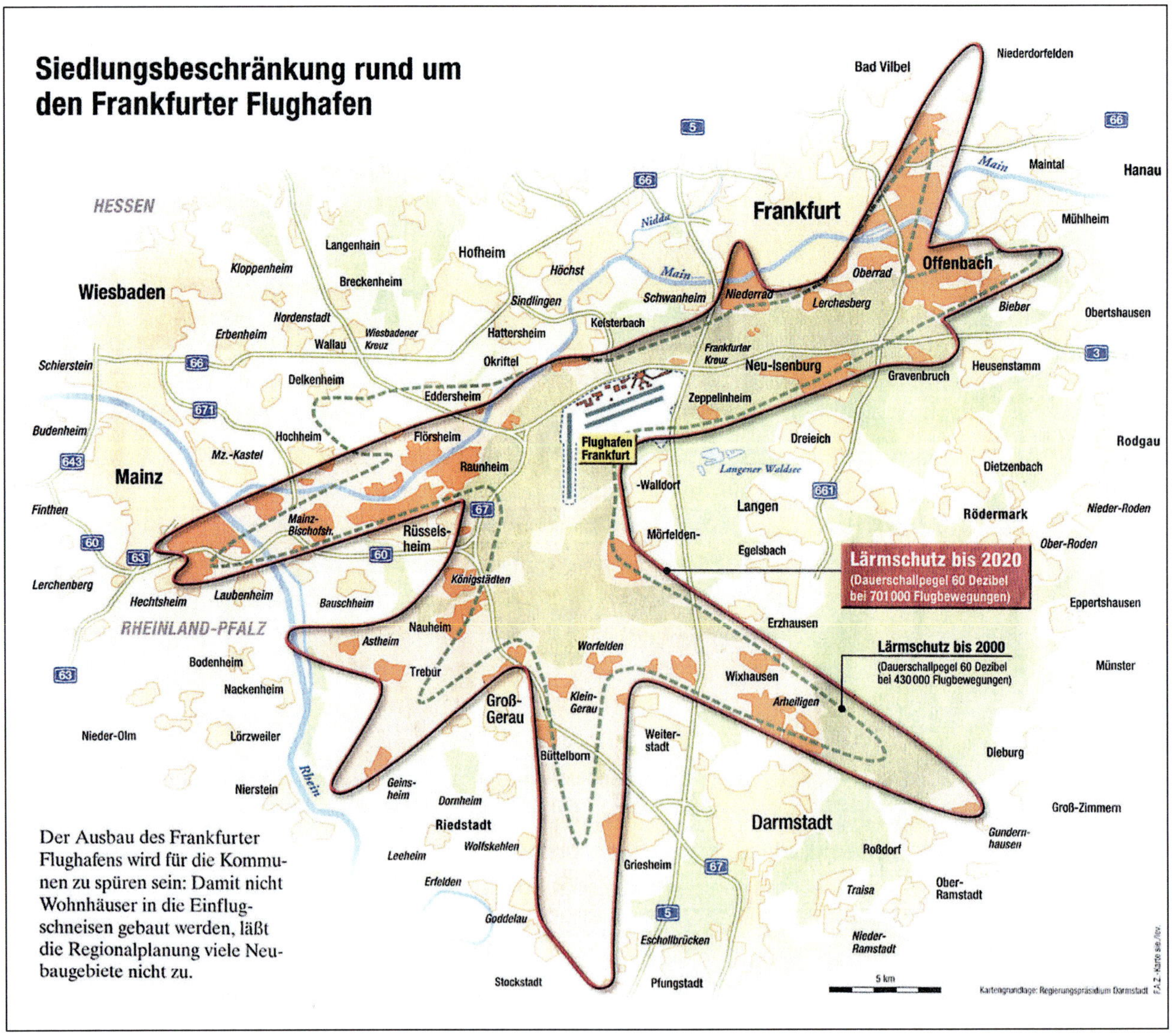

189 Siedlungsbeschränkung im Umkreis des Frankfurter Flughafens nach Kartengrundlage des Regierungspräsidiums Darmstadt (FAZ-Karte- sie/ 21.6.2010).

Ausliefern des Grüngürtels an den Flughafenausbau

2006 In Frankfurt kommt es zu einer schwarz-grünen Stadtregierung. CDU und Grüne schließen eine für den Grüngürtel-Schutz verhängnisvolle Vereinbarung. Diese erlaubt vor allem dem Koalitionspartner Die Grünen keine Opposition gegen die geplante NW-Landebahn. Die Vereinbarung zum Flughafen lautet:

„Koalitionsvertrag CDU und die Grünen, 2006–2011
***Wirtschaft, Flughafen und Finanzen*[4]**

Für die internationale Wettbewerbsfähigkeit Frankfurts ist ein starker Flughafen unverzichtbar. Um im europäischen Wettbewerb nicht zurückzufallen und die Position als führender Luftverkehrsstandort in Deutschland zu behalten, muss der Flughafen angesichts massiver Konkurrenz seine Kapazitäten der internationalen Luftfahrtentwicklung anpassen. Dabei ist dem berechtigten Interesse der Menschen im Rhein-Main-Gebiet an einer lebenswerten Umwelt Rechnung zu tragen. Dies kann unter anderem durch Lärmschutzmaßnahmen, ein Nachtflugverbot, den Schutz des Trinkwassers, sowie die Optimierung der An- und Abflugrouten und Startverfahren geschehen.

Beide Koalitionspartner erkennen den grundsätzlichen Dissens in dieser Frage an: Die CDU hält eine Ausweitung der Flughafenkapazitäten durch den Bau einer neuen Landebahn im Nordwesten für unabdingbar. Für DIE GRÜNEN ist eine Kapazitätserweiterung nur innerhalb der gegenwärtigen Flughafengrenzen akzeptabel. Diese Beschränkung auf die heutigen Grenzen bezieht auch die Flächen der ehemaligen US-Air-Base sowie der Cargo-City und die Fläche der künftigen Wartungshalle für den Airbus A-380 ein.
Auf der Basis des gemeinsamen Verständnisses der Koalitionspartner, keine Abstimmungsmehrheiten außerhalb der Koalition zuzulassen, wird folgendes Verfahren vereinbart:

- *Aus der Koalition heraus erfolgen keine parlamentarischen Initiativen, die den Ausbau des Frankfurter Flughafens durch den Bau einer neuen Landebahn im Nordwesten befördern.*
- *Aus der Koalition heraus erfolgen auch keine parlamentarischen Initiativen, die einen Ausbau des Frankfurter Flughafens außerhalb seiner heutigen Grenzen behindern.*
- *Die Koalitionspartner enthalten sich bei parlamentarischen Initiativen, die den Ausbau des Frankfurter Flughafens betreffen, in dem Bewusstsein, dass solche Initiativen aufgrund der bereits geltenden Beschlüsse keine praktischen Auswirkungen haben können."*

Neue Umweltdezernentin wird Manuela Rottmann (Grüne), neue Bürgermeisterin Jutta Ebeling (Grüne), Oberbürgermeisterin bleibt Petra Roth (CDU). Im Aufsichtsrat der Fraport AG[5] sitzen nun Oberbürgermeisterin und Bürgermeisterin und verhindern nicht den Bau der NW-Landebahn.[6] Da keine Hilfe von der Politik zu erwarten war,

4 Koalitionsvertrag CDU und DIE GRÜNEN 2006–2011, Frankfurt am Main, im Mai 2006.

5 Rösmann T. teilte unter „Selten lukrative Nebenjobs" (FAZ 14.8.2012) mit, dass die Fraport AG Aufsichtsratsmitgliedern 22.500,- €/Jahr und pro Sitzungsteilnahme nochmals zusätzlich 800,- € zahlte.

6 Die Fraport erzielte zuletzt eine Umsatzrendite von 20,9 % (FAZ 21.4.2012). Im Frühjahr 2012 gaben die Frankfurter Umweltdezernentin Manuela Rottmann (Grüne), die Frankfurter Oberbürgermeisterin Petra Roth (CDU) und der Hessische Minister für Wirtschaft und Verkehr Dieter Posch (FDP) ihre Ämter auf. Bürger, Kirchen und Verbände fordern nun eine Korrektur durch Gerichte an den Ergebnissen kapitalorientierter Politik.

hatten vorausblickende Bürger inzwischen die Partei „Flughafen-Ausbaugegner FAG" gegründet. Sie übernahm die Rolle einer Umweltpartei und machte immer wieder auf die verheerenden Folgen des weiteren Ausbaus für die gesamte Untermain-Region aufmerksam. Die Bürger indes reagierten mehrheitlich noch nicht. Sie hielten es offenbar für unmöglich, dass die Stadt und das Land etwas zulassen könnten, das ihre körperliche und geistige Gesundheit zerstört, einen breiten unbebaubaren Korridor durch die Region schlägt und ihre Häuser und ihren Grundbesitz in einer Form entwertet, der einer Enteignung gleichkommt.

Okt. 2011 Erst als die Landebahn im Oktober/November 2011 in Betrieb genommen wird, wachen die Bürger auf und mit ihnen die Grünen. Umweltdezernentin Rottmann erklärt nun: *„Den geplanten Anstieg des Flugverkehrs halten wir nicht aus."*[7] Es war den Grünen jedoch bekannt gewesen, was geplant war, als sie sich auf die „Maulkorbkoalition" mit der CDU einließen. Die grüne Bürgermeisterin Jutta Ebeling im Aufsichtsrat von Fraport und das Umweltamt unter der neuen Dezernentin Rottmann hatten nichts dagegen unternommen, dass ein Fünftel des Stadtgebietes und der gesamte südliche Teil des Grüngürtels unter die Abflug- und Endanflugschneise des Großflughafens gelegt wurde.[8] Erst mit Inbetriebnahme der Landebahn reagierte das Umweltdezernat – ohne klare Linie. Um die protestierenden Bürger an der Südseite des Grüngürtels vom Fluglärm zu entlasten, wird die Krankenhausroute auf der Nordseite über das Niddatal hinweg zusätzlich belastet. Nun wird auch der nördliche Grüngürtel-Teil durch Fluglärm zerstört, während das Umweltamt dort gleichzeitig Bäume pflanzt. Hier wirkt sich wieder das Fehlen einer zusammenhängenden Gesamtkonzeption aus.

2014 Mitte August 2014 erteilt die Stadt Frankfurt die Baugenehmigung für ein drittes Terminal. Es soll bis 2021 die Kapazität des Frankfurter Flughafens nochmals um 25 auf dann 88 Mio. Passagiere aufstocken, d.h. ihn nochmals um ca. die Hälfte der Kapazität von 2012 erweitern.[9] Damit wird er restlos die gesamte Untermain-Region zerstören. Im November 2014 schreibt die Presse: *„Frankfurt kann nur dann in der Topliga der Flughäfen mithalten, wenn Pünktlichkeit und Komfort stimmen. Ohne ein drittes Terminal ist das kaum zu schaffen."*[10] Sollte dieses Argument zutreffen, wäre es vor dem Hintergrund von Alternativen (wie z.B. dem möglichen Ausbau von Hahn) das Eingeständnis, dass der Bau eines internationalen Umsteigeflughafens mitten im Ballungsgebiet von vornherein eine Fehlplanung war, die zulasten der Ressourcen des in 2000 Jahren entstandenen Kulturraums RheinMain geht.

II – 11.3 Neues Flickwerk

2011 Das südliche Bindeglied im Grüngürtel, der Stadtwald, war als Erholungs- und Luftregenerationsraum mit dem Bau der NW-Landebahn entfallen und damit der Grüngürtel fragmentiert. Umweltdezernentin Rottmann fordert nun Frischluftschneisen und Grünspeichen.[11] Das Konzept des Autors basiert seit seinem Anfang vor 42 Jahren auf

7 Harting M., „Den geplanten Anstieg des Flugverkehrs halten wir nicht aus", FAZ 3.4.2012.

8 Harting M., Remmert J., „Frankfurt wird nicht grüne Hauptstadt", FAZ 2.7.2012.

9 Dies., „Frankfurt plus Düsseldorf und Hannover", FAZ 7.8.2013, S. 33.

10 Remmert J., „Nicht allein eine Frage der Starts und Landungen", FAZ 14.11.2014, S. 33.

11 Harting, M., „Grüne Speichen für die Stadt", FAZ 15.2.2012.

Frischluftschneisen und Grünspeichen! Die erste Publikation des Forums zum Grüngürtel im Oktober 1973 zeigt sie bereits (siehe Kap. II – 3., Abb. 051–053) und die zweite von 1979 verstärkt die Argumentation für einen Grüngürtel auf klimatischer Grundlage mit der Veröffentlichung der in diesem Band erneut publizierten Karten (Abb. 036 und 037) der *„Lufthygienisch-meteorologischen Modelluntersuchung in der Region Untermain"*.[12] Diese Untersuchungsergebnisse verboten schon damals jeden weiteren Ausbau des Flughafens. Sie wiesen 1979 den Stadtwald als das einzige noch fast (!) gesunde stadtnahe Waldstück von Frankfurt aus (Flechtenzonierungskarte Abb. 038).

34 Jahre später, im Jahr 2013, werden bei dem bei Start und Landung laufend überflogenen Stadtwald „68 % der Bäume als krank eingestuft".[13] Die bei der Stadt mit 42 Jahren Verspätung einsetzende Erkenntnis, dass es beim Grüngürtel nicht um Anpflanzungskosmetik, sondern um die Klimatisierung einer Stadt geht, die in einem Talkessel mit schlechter Belüftung liegt, kommt viel zu spät. Statt sich nun endlich mit den *„Modelluntersuchungen in der Region Untermain"* und ihren für die Grünpolitik der Stadt grundsätzlichen Argumenten zu beschäftigen, beauftragt die Stadt wieder einmal einen Ortsunkundigen – den Design-Theoretiker Friedrich von Borries aus Berlin – mit einem Konzept für Frischluftschneisen und Grünspeichen. Von Borries nennt es „Invasion des Grüns".[14] Seine Konzeption zeigt acht Schneisen,[15] die alle überflogen werden, wie auch weitere Grüngürtel-Bereiche. Die eingetretene Dauerkontamination würde diese zur Frischluftzufuhr gedachten Schneisen zu Abgaszuführungsschneisen zur Innenstadt umfunktionieren – Flugzeuge starten und landen schließlich gegen den Wind.

Frischluftzufuhr lässt sich nicht durch mehr oder weniger willkürliches Vorsehen von Zuluftschneisen erzielen, sondern nur durch Aufgreifen und Weiterleiten natürlich vorhandener Strömungen. Ihre Verläufe wurden durch die einmalige lufthygienisch-meteorologische Modelluntersuchung in der Region Untermain erfasst (s. Karten im Band). Mit diesen Grundlagen beschäftigte sich das GrünGürtel-Projektbüro aber schon 1990 im GrünGürtel-Projektjahr nicht und danach die Stadt selbst auch nicht. Es wurde ein Grüngürtel aus Einzelparks geplant die Namen bekamen wie „Giardini di Sossenheim". In den folgenden ca. 21 Jahren bis 2011 wurde dann so weiter gemacht, wie falsch begonnen worden war. Die Verstümmelung des rahmengebenden Gesamtkonzepts des Autors zu einem Anpflanzungsplagiat hatte zur Folge, dass man sich mit den weiteren konzeptbildenden Elementen wie Belüftung, Verkehrsbündelung, gutes Wohnen und Vernetzung nicht mehr beschäftigte und so die seit dem Zweiten Weltkrieg übliche zusammenhanglose Flickwerks-Investorenplanung fortsetzte.

Die nicht verwendeten meteorologischen Untersuchungsergebnisse scheinen im Umweltamt nicht einmal bekannt zu sein. Folglich wurden sie auch nicht Grundlage für den Auftrag an von Borries. Hätten er oder das Umweltamt recherchiert, wären sie in der Literatur (s. Literaturverzeichnis) auf die 42 Jahre alte Belüftungskonzeption des Autors gestoßen. Sie hätten sehen müssen, dass sie auf wissenschaftlichen, meteorologischen Grundlagen basiert und solche vorhanden sind. Ferner, dass ein funktionierendes Belüftungssystem nur auf der Grundlage der natürlichen Strömungsverläufe möglich ist. Der

---

12 Regionale Planungsgemeinschaft Untermain (RPU), „Lufthygienisch-meteorologische Modelluntersuchungen in der Region Untermain": Sechs Arbeitsberichte von 1971 bis1977 und ein Abschlussbericht, Alexander von Hesler, Frankfurt 1977.

13 Harting M., „Nur noch jeder vierte Baum geschädigt", FAZ. 12.9.2014.

14 Interview Stimpel R. mit von Borries F., „Invasion des Grüns", Deutsches Architektenblatt 5/2012, S. 18–23.

15 A.a.O.

Autor baute nicht nur auf diesen, sondern auch auf den vorhandenen Radialstraßen auf. Er unterbrach sie, führte sie nur noch bis zum Stadtzentrum, aber nicht durch dieses hindurch, verengte sie für den Kraftfahrzeugverkehr und begrünte die verkehrsbefreiten Flächen als Frischluftschneisen (niederer Bewuchs), die die Luftströme zur Innenstadt weiterleiten (s. Grüngürtel-Karte des Autors, Vorsatz).

Indem sich die Stadt über 20 Jahre hinweg bemühte, den Autor als Erfinder des

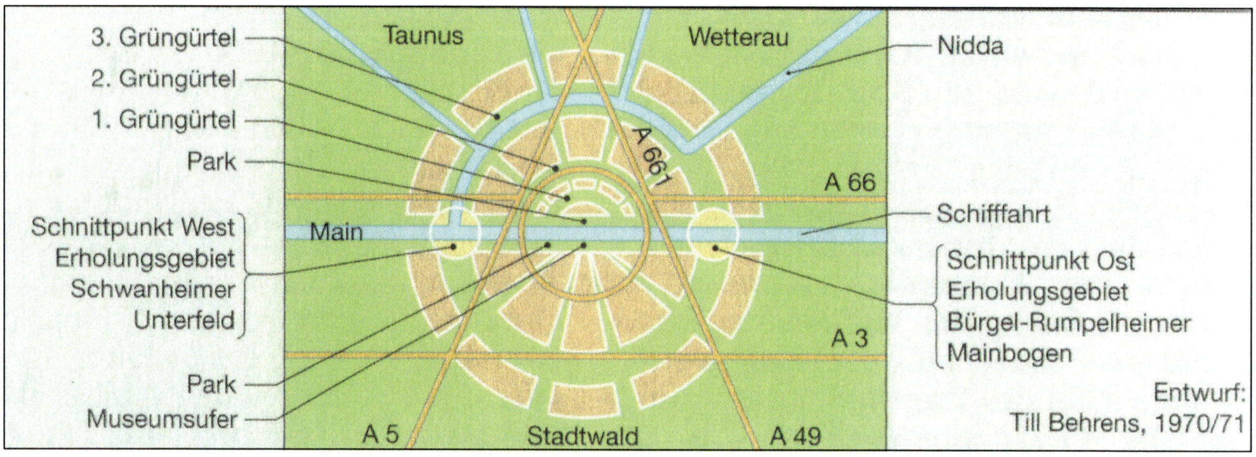

190/191 Prinzip und Gesamtkonzept von Behrens' Grüngürtel-Mainufer-Konzeption mit Anschlüssen zum Umland, Grünverbindungen zwischen erstem und drittem Grünring, Grünradialen (boulevardartige Alleen), grünen Mainufern und Verkehrsbündelungen (Hotzan J., dtv-Atlas 2004, S. 62 München).

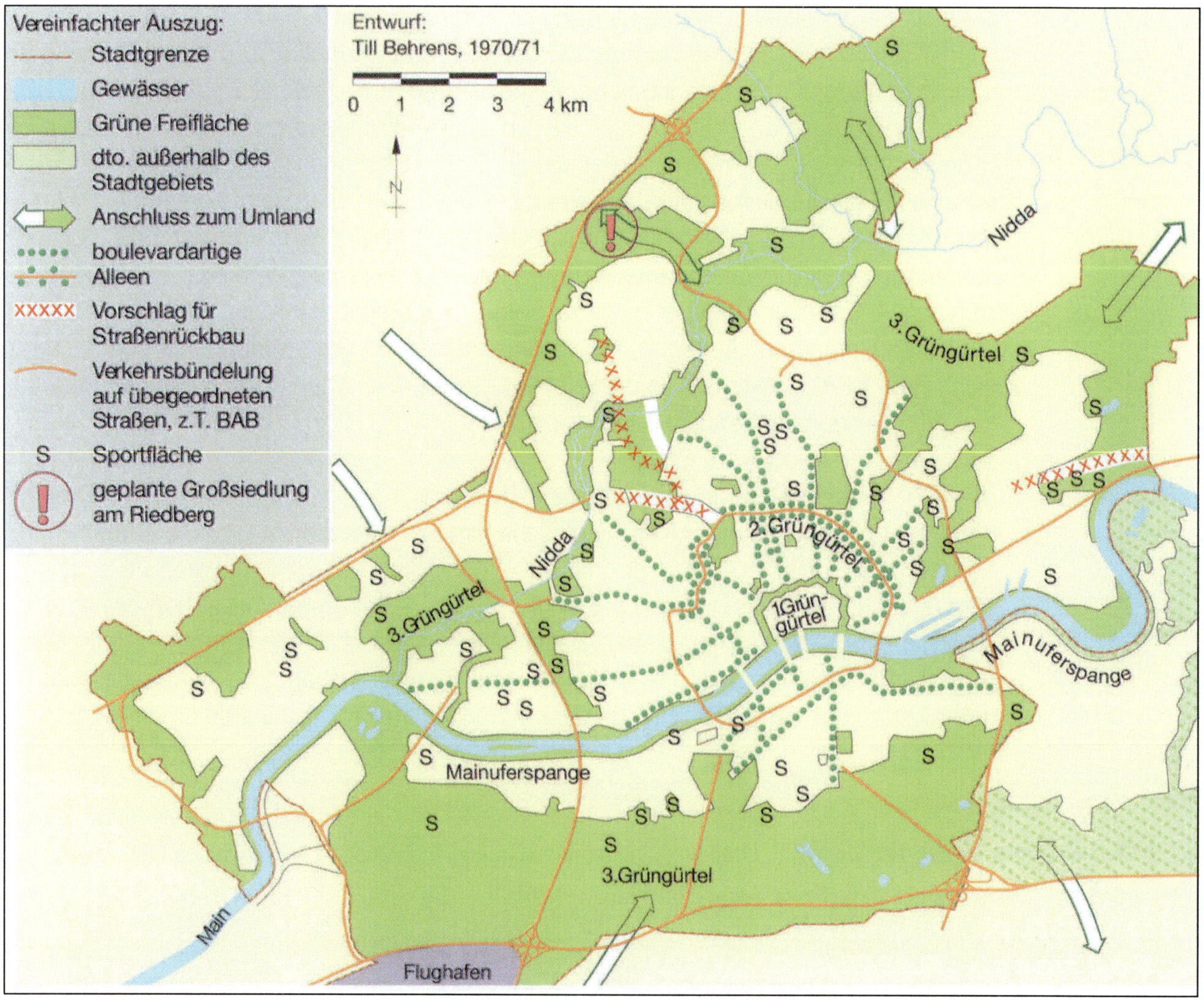

Grüngürtels und die Bürger als Durchsetzer aus Frankfurts Geschichte zu tilgen, ließ man zu seinem Konzept auch gleich seine wissenschaftliche Basis, die „Lufthygienisch-meteorologischen Modelluntersuchungen" mit abstürzen. Hier bestätigte sich die alte Erkenntnis, dass es stets der Sache insgesamt schadet, wenn der Urheber plagiiert und von seiner schöpferischen Leistung ferngehalten wird.

Von Borries schlägt einen Radweg zum Flughafen vor, der schon lange vor ihm vorgeschlagen worden war. Neu dazu sind bei ihm, neben der fehlenden wissenschaftlichen Fundierung seiner „Invasion", auch unrealistische Vorschläge, wie die, dass die Bankenstadt Frankfurt sich als „zukunftsfähige Global City profilieren"[16] könne, wenn seine Banker statt mit Taxis oder Personennahverkehr nur mit dem Fahrrad (Im Anzug mit Krawatte? Im Regen mit Aktenkoffer auf Gepäckträger?) die ca. 20 Kilometer zum *„stadtnahen Flughafen"* (so von Borries) radelten. Hier wird bewusst: Bei dem Auftrag an von Borries kann es nicht wirklich um die Verbesserung von Frankfurts verdorbener Grünsituation gegangen sein, sondern nur um das Erzeugen eines grünen Images.

Als die Stadt nach 42 Jahren endlich zu alten Bürgererkenntnissen zurückfand, waren diese beim Deutschen Architektenblatt (DAB), das die Original-Grüngürtel-Konzeption einst unterstützt und die Auszeichnung des Autors später gelobt hatte, inzwischen verloren gegangen. Der Chefredakteur publizierte mit *„Invasion des Grüns"* ein Plagiat als Original[17] und beteiligte die Bundesarchitektenkammer (BAK) als Herausgeberin des DAB nun auch an der Geschichtsfälschung.[18]

II – 11.4 Neue Bauvorhaben im Grüngürtel

2009 Die stadteigene Baugesellschaft ABG setzt am Eingang zur Stadt am Ebelfeld das Zubauen der hier im Taunusvorland für Frankfurt freigehaltenen Frischluftschneise fort,[19] nun allerdings mit der Begründung, es handele sich bei den neuen Bauten um ökologische Bauwerke und um Sanierung. Wie in Kap. II – 2.1.1.3 dargelegt, war mit der Hochhausmauer 1976 gegen Einsprüche der Bürger mit Ausnahmegenehmigungen begonnen worden. Zu dem ca. 40 Jahre alten Baubestand in der ehemaligen Frischluftschneise,

16 A.a.O.

17 Duthweiler M.E., „Grünplanung Frankfurt", Leserbrief zum Interview Stimpel/v. Borries in DAB 07/2012 S. 8, der vonBorries' Planung als Plagiat anprangert.

18 Das Frankfurter Forum für Stadtentwicklung, das 1973 Behrens' Originalentwurf publizierte, war 1971 mithilfe der Architektenkammer Hessen (AKH) gegründet worden. Die AKH unterstützte 2011 bereits seit 40 Jahren die Grüngürtel-Museumsufer-Konzeption im Original. Sie hatte noch 1991 die Auszeichnung von Till Behrens als Landessieger durch die Hessische Landesregierung zum Anlass genommen, seine Konzeption unter dem Titel „Vom Chaos zur Idealstadt – Frankfurt am Main" mit einem Vorwort der Architektenkammer (Wolfgang Haack) im DAB 5/91 über sieben Seiten mit zehn Abbildungen zu publizieren. Als Ende 2001 dem Vorstand der Bundesarchitektenkammer (BAK) die Parallele von Produktpiraten im Fall Kreuzschwingern® mit der Stadt Frankfurt im Fall Grüngürtel-Konzeption bewusst wurde, veranlasste Oliver G. Hamm als damaliger Chefredakteur des DAB das in Heft 2/2002 gedruckte Interview „Plagiate und Plagiatoren unerschrocken anprangern" von Enrico Santifaller mit Till Behrens. Statt diese Linie fortzusetzen, publizierte zehn Jahre später (2011) Roland Stimpel als Nachfolger von Oliver Hamm unter eigener Mitwirkung ein Plagiat. Warum das DAB nach dieser Vorgeschichte seine Spalten für ein Plagiat öffnete und sich damit unglaubwürdig macht, ist nicht nachvollziehbar.

19 „Rückkehr in die Stadt – Die Sanierung der Praunheimer Hochhaus-Siedlung zielt auf ein besseres Zusammenleben", FR 23.11.2009.

dem der Autor damals eine Pruitt-Igoe[20] ähnliche Slum-Entwicklung vorausgesagt hatte (Kap. II – 2.1.3), schrieb die Fachpresse nun:

„Graue Betontristesse, leerstehende Läden, dunkle Ecken – vor der Sanierung zeigte sich die in den 1970er Jahren gebaute Heinrich-Lübke-Siedlung in Praunheim in einem unattraktiven Zustand, um es vorsichtig auszudrücken. Daher entschied die Stadt Frankfurt, dass das Quartier (...) dringend modernisiert werden müsse (...), um ein angenehmes Lebensumfeld zu schaffen."[21]

Die „Modernisierung" durch weiteres Zubauen der Frischluftschneise wurde mit dem Architektenpreis „Vorbildliche Bauten im Lande Hessen" unter dem Motto „Wohnen und Umfeld – qualitative Lösungen bei Neubau und Sanierung" ausgezeichnet.[22] Bei Architektenkammer, Jury und Stadt wusste eineinhalb Generationen nach dem Bau der Betontristesse wohl keiner mehr, dass diese einmal entgegen wissenschaftlichen Untersuchungen und dem Willen der Bürger – und auch der Architektenkammer – in eine Zuluftschneise gebaut wurde. Die Tristesse hätte abgerissen statt ergänzt werden müssen, wenn das städtische Grüngürtel-Plagiat Sinn machen soll. Das Fehlen einer übergeordneten städtischen Planung wird hier erneut deutlich.

2011/2012 42 Jahre nach Geburt der Grüngürtel-Konzeption und der darin enthaltenen Forderung nach gesetzlicher Absicherung der Grüngürtel-Flächen gegen Bebauung und 22 Jahre nach der Verabschiedung einer Grüngürtel-Verfassung erwägt Frankfurt, erneut in Grüngürtel-Gebieten zu bauen. Das Stadtplanungsamt erarbeitet für einen Bedarf an 25.000 neuen Wohnungen eine Karte mit 43 Wohnungsbaugebieten. Sie stimmen teilweise mit jenen überein, die 40 Jahre vorher schon im Stadtentwicklungsband II der Stadt (siehe Kap. II – 2.3) für Bebauung vorgesehen waren und nur durch Bürgerinitiativen gerettet wurden. Die Stadt beabsichtigt z.B., wieder im Hildenfeld zu bauen.[23] Die Presse schreibt dazu: *„Der Geschäftsführer der Nassauischen Heimstätte Thomas Dilger regte an, den Grüngürtel ‚punktuell' zu beschneiden, um Platz für Wohnraum zu schaffen."* Außerdem sieht er *„Spielraum für Wohnhochhäuser"*.[24]

Die Nassauische Heimstätte ist eine Baugesellschaft, die 1977 in der Schrift „Geld gegen Grün oder wie man eine Stadt unbewohnbar macht" angeprangert wurde (Kap. II – 2.2). In der Schrift wurde damals mitgeteilt, dass sie über Aufsichtsratsposten mit dem Frankfurter Magistrat und der Hessischen Landesregierung verfilzt ist,[25] dass sie zu 20% der

---

20 Pruitt-Igoe war ein Großprojekt im sozialen Wohnungsbau in St. Louis/USA mit 2800 Wohneinheiten, das in ein Kleinsiedlungsgebiet hinein gebaut wurde. Es entstand 1950 und musste 1972 gesprengt werden. Es war von den Bewohnern nicht angenommen worden und führte zu Vandalismus. Geplant hatte es der Architekt Minoru Yamasaki, der auch die Hochhäuser vom World Trade Center in New York entwarf, die am 11. September 2001 einem Flugzeugattentat zum Opfer fielen. Der Name Pruitt-Igoe ist eine Verbindung, gebildet aus den Namen des afroamerikanischen Weltkriegs-II-Piloten Pruitt und dem des weißen Kongressabgeordneten Igoe.

21 Busch A., „Von der Wohnschachtel zum Quartierszentrum", Deutsches Architektenblatt, DAB regional Hessen/Rheinland/Pfalz/Saarland 10–2014, S. 3–5.

22 Busch, A., a.a.O.

23 Schulze R., „ABG will Frankfurter Hildenfeld bebauen", FAZ 20.8.2013, S. 33, und „Es spricht nichts dagegen". Ders., „Zustimmung für Hilgenfeld-Projekt", FAZ 21.8.2013, S. 34 und „Nicht aus der Luft gegriffen".

24 Ders., „Frankfurt hat noch Platz für 25 000 Wohnungen – Bauland geht zur Neige/Entwicklungsprogramm der Stadt umfasst auch umstrittene Planungen", FAZ 9.2.2012.

25 Ders. berichtet in der FAZ v. 17.3.2015 unter „Heimstätte investiert eine Milliarde Euro", dass die hessische Umweltministerin Priska Hinz (Die Grünen) Aufsichtsratsvorsitzende der Nassauische Heimstätte/Wohnstätte ist.

Stadt Frankfurt und zu 40% dem Land Hessen gehört und im Hildenfeld (Stand 1972) zwischen Bonames und Frankfurter Berg 175.000 Quadratmeter landwirtschaftlich genutztes Landschaftsschutzgebiet kaufte, um es in Bauland umzuwandeln. Dieses Gebiet ist ein wichtiger Bestandteil des Grüngürtels. Hier sollen jetzt für die Bebauung der Landschaftsschutz aufgehoben und die Grüngürtel-Verfassung aufgeweicht werden.

Wieder zeigt sich, dass weder Landschaftsschutz noch Koenigs Grüngürtel-Verfassung für die Absicherung der Grünflächen ausreichend sind. Wie im Bundesbaugesetz vorgesehen, muss zwischen Grünflächen und Bebauung eine abgestimmte Lösung erfolgen. Hierbei sind die Grünflächen zusammen mit der Randbebauung in einem Negativbebauungsplan zu sichern. Eine Abstimmung innerhalb der Stadtregierung über das Aufstellen von Negativbebauungsplänen wurde bisher vor allem im GrünGürtel-Projektjahr versäumt. Einen solchen Schutz forderten das Frankfurter Forum und der Autor bereits 1979, d.h. vor 35 Jahren (siehe Kap. II – 2. und II – 3.).

2012/2013 Der Geschäftsführer der städtischen Wohnungsbaugesellschaft ABG fragt zum Neujahrsempfang der Stadt 2013, ob *„in den Grenzen Frankfurts großflächig Landwirtschaft betrieben werden muss"*?[26]

2013 Aufgrund der Fluglärm-Katastrophe wählten die Frankfurter 2012 nicht den von der schwarz-grünen Koalition gewünschten CDU-Kandidaten Boris Rhein zum Nachfolger von Petra Roth als Oberbürgermeister, sondern den Sozialdemokraten Peter Feldmann, der einen verstärkten Wohnungsbau fordert. Statt endlich auf dem nördlichen Mainufer von der Innenstadt bis Fechenheim die langgestreckten Industriebrachen durch hochwertigen Wohnungsbau zu regenerieren und dort gute stadtnahe Wohnlagen zu schaffen (s. Kap. II – 3.), will die SPD nun aus den landwirtschaftlichen Grünflächen im Nordosten zwischen Nieder-Eschbach und Nieder-Erlenbach durch den Bau von 8000 Wohnungen plus dazugehörigen kommunalen Einrichtungen wie Schulen, Straßen usw. eine Nord-Ost-Stadt machen.[27] Die hierfür vorgesehenen Grüngürtel-Flächen sind jedoch für die Frischlufterzeugung und Belüftung von Frankfurt notwendig, denn Frankfurt wird allein von der Nordseite her belüftet. Sie liegen zudem im regionalen Grünzug (vgl. Grüngürtel-Karte).

Der Autor hatte bereits 1986 in seiner Dissertation den Rückbau verschiedener Straßen vorgesehen, so auch den der Rosa-Luxemburg-Straße, die durch das Niddatal verläuft (vgl. Grüngürtel-Plan des Autors). Auch diesen Vorschlag übernahm die Stadt ab ca. 2010. Im Fall des Baus der Nordost-Stadt müsste die Rosa-Luxemburg-Straße aber als Zubringer erhalten bleiben. Eine Nordost-Stadt würde daher nicht nur nötige Belüftungsschneisen und stadtnahe Frischlufterzeugungsgebiete vernichten, sie würde auch die Reparatur des Niddatales als Teil des Grüngürtels verhindern.

2014 Die schwarz-grüne Rathauskoalition beschließt mit Zustimmung von SPD, Linken und Piraten, 15 Hektar des Pferde-Rennbahn-Geländes mit Option auf weitere fünf Hektar an die Akademie des Deutschen Fußballbundes (DFB) zu verkaufen. Dieser möchte dort eine Teilbebauung vornehmen –*„(...) ist ein Geschäft für die Stadt und steigert ihr Ansehen"*

26 Harting M., „Freie Flächen sind doch nicht nutzlos", FAZ 18.2.2013.

27 Riebsamen S.: „Bis zu 8000 Wohnungen im Frankfurter Norden", FAZ 5.4.2013, ferner Schulze R., „Ich empfehle Ihnen die Lektüre von Asterix und die Trabantenstadt", FAZ 23.5.2014, S. 30.

(Gregor Amann, SPD).[28] Der grüne Innenraum des Rennbahn-Parcours wird von einem Golfklub genutzt und diese Flächen sind Teil des Grüngürtels (Pos. Nr. 14 im Plan des Autors).

25 Jahre, nachdem Hauff und Koenigs die Konzeption des Autors zum Grüngürtel aufgriffen, ist seine Zerstörung voll im Gang, weil sie versäumten, ihn als Gesamtkonzept mit rechtlich wirksamem Schutz zu versehen. Dabei hatte die Hessische Landesregierung in der Laudatio zur Konzeption des Autors betont:

„Hervorzuheben sind auch die ideenreichen Vorschläge zur Umsetzung der vorgeschlagenen Maßnahmen, die sich nicht auf die Planung beschränken, sondern auch Maßnahmen rechtlicher Art (z.B. Grüngürtelservitut, Landschaftsschutzverordnung, Bebauungspläne) (...) umfassen."

II – 11.5 Die gescheiterte Bewerbung um den European Green Capital City Award

2012 bewirbt sich die Stadt Frankfurt mit dem GrünGürtel-Plagiat wieder einmal um eine internationale Auszeichnung, wie schon 1996. Diesmal um den European Green Capital City Award 2014. Sie will „grünes Vorbild für Europa werden"[29] (Kap. II – 10.). Es ist ein dreifacher Täuschungsversuch: Erstens: Nicht der Urheber, sondern der Plagiator reicht das Projekt ein. Zweitens: Ein Plagiat kann kein Vorbild sein. Drittens: Die Stadt hat den Grünring, mit dem sie sich bewirbt, bereits als Erholungs- und Klimatisierungsraum durch Preisgabe des Stadtwaldes und des Niddatales zu Flugschneisen zerstört.

Die Bewerbung scheitert an der Teilzerstörung, nicht am Plagiatstatbestand. Der Vorgang verdeutlicht, dass es notwendig ist, politische Geschichtsfälschung richtigzustellen. Dr. med. Jochen Krauss, Sprecher der Bürgerinitiative „Eintracht gegen Fluglärm", die nach dem Vorbild von DDR-Montagsdemonstrationen jeden Montag am Flughafen demonstriert, berichtet, die Bürgerinitiative habe dem Jury-Vorsitzenden Karl Friedrich Falkenberg in Brüssel eine Karte gezeigt, in welcher der Stadtwald, der in der Bewerbung noch als grüne Lunge ausgewiesen ist, jetzt unter der Einflugschneise liegt. Falkenberg sei „völlig entsetzt"[30] gewesen.

9.5.2012 Der Magistrat hätte aufgrund dieses Ergebnisses die NW-Landebahn wieder schließen müssen, deren Bau er nicht verhindert hatte. Die neue Umweltdezernentin Rosemarie Heilig (Grüne) fordert dies aber nicht, sondern erklärt als Nachfolgerin von Rottmann, *„sie wolle auch das Thema Lärm (...) angehen"*[31] und kündigt eine neue Bewerbung um den Titel *„Grüne Hauptstadt Europas" an.*[32] In der Frage *„Flächen für Wohnungen"* wolle sie *„mit Vertretern von Kommunen in der Region zusammenarbeiten"*.[33] Sie proklamiert *„die klimagerechte Stadt"* und kündigte einen *„Masterplan"* an, *„um die Stadt vom Grün her zu denken"*, *„warnte jedoch vor allzu großen Erwartungen, da sich*

---

28 Ders., „Niederräder gegen DFB-Akademie", FAZ 10.10.2014, S. 34.

29 Harting M., „Frankfurt will grünes Vorbild für Europa werden", FAZ 26.5.2012.

30 www.welt.de/newsticker/news/article10726443/Gruene-Stadt-mit-Schoenheitsfehlern.html, 26.6.2012.

31 Toepfer St., „Keine Stadtplanung ohne Heilig", FAZ 28.8.2012, S. 35.

32 A.a.O.

33 A.a.O.

die jetzigen Planungen auf mehrere Jahre erstreckten" und ergänzt: *„Aber ich werde aufs Tempo drücken."*[34] Alles, was sie anzugehen versprach, enthält bereits das seit ca. 40 Jahren vorliegende Konzept des Autors, zu dem die Landesregierung in der Laudatio feststellte, es verdiene

„besondere Anerkennung, weil hier eine überzeugende Synthese gelungen ist zwischen den Belangen Wohnen, Verkehr, Erholung/Freizeit, Schutz von Natur und Landschaft" (s. S. 171 Abb. 145).

30.10.2012 Nur zwei Monate nach Heilig verlautbart der Fraktionschef der Römer-Grünen, Manuel Stock: *„Frankfurt besitzt nicht allzu viele Flächen. Deshalb muss man hier möglichst kompakt bauen und gleichzeitig der Bevölkerung Grünflächen zur Verfügung stellen. Das ist eine wahrlich spannende Aufgabe vor allem für die grünen Dezernenten."*[35] Mit keinem Wort erwähnt er, dass Frankfurt deshalb nicht allzu viele geeignete Flächen für Wohnungsbau besitzt, weil durch die von den Grünen nicht verhinderte NW-Landebahn ein Großteil von Frankfurt für unbebaubar (s. Siedlungsbeschänkungskarte) und 1/3 des Rhein-Main-Gebietes als unbewohnbar erklärt wurden. Stock verschweigt ferner, dass es die heutigen Probleme nicht gäbe, hätte nicht Tom Koenigs als Umweltdezernent aus der Wiederbewohnbarmachungs-Konzeption des Autors (vgl. Buchtitel *„Grüngürtel – Frankfurt – Die Stadt wieder bewohnbar machen"*) mit über 300 Mio. so etwas wie eine Landart-Konzeption gemacht, die Frankfurts Probleme nicht lösen kann und, wie sich hier jetzt zeigt, weder rechtliche noch natürliche Nachhaltigkeit bietet.

Die Umweltdezernentin erklärt nun: *„Wir brauchen eine Begrenzung bei Lärm und Flugbewegungen."*[36] Da trotz gegenteiliger Behauptungen eine nennenswerte Lärmreduzierung durch leisere Triebwerke derzeit technisch nicht möglich und die Begrenzung der Flugbewegungen bei einem zur Erhöhung der Kapazität vorgenommenem Flughafen-Ausbau – der noch mit einem dritten Terminal aufgestockt werden soll – das Gegenteil des wirtschaftlichen Zieles sind, fordert Heilig etwas Unrealistisches. Realistisch wäre es gewesen zu sagen: „Wir dachten nicht in Zusammenhängen und nicht an die Bürger. Der Ausbau war eine Fehlplanung. Die Anzahl der Starts und Landungen erhöhte sich in den letzten Jahren nicht. Wir müssen das nachholen, was versäumt wurde, nämlich Verlegung des Umsteige-, Cargo- und Nachtflugverkehrs auf den Hahn und Anbindung mit einem sehr schnellen Zug."[37] Da aber nicht dies, sondern im Gegenteil der dritte Flughafenausbau[38] geplant ist, gelangt Mathias Wagner, Grünen Fraktionsvorsitzender im Landtag, endlich zu der Erkenntnis: *„Der Ausbau des Flughafens sei ein Fehler gewesen."*[39]

---

34 A.a.O.

35 Ders., „Die Wahl Feldmanns macht das Regieren nicht einfacher", FAZ 31.10.2012 S. 34.

36 Harting M., Schwan H., „Wir brauchen eine Begrenzung bei Lärm und Flugbewegung", FAZ 29.12.2012.

37 dpa, „Mit Tempo 500 durch Japan" (FAZ 18.19.2014, S. 28). Laut dpa-Meldung baut Japan eine Maglev genannte, weitgehend im Tunnel verlaufende Magnet-Zugverbindung von Tokyo nach Osaka, die mit 500 km/h befahren werden wird.

38 Euler R., „Drittes Terminal: Al-Wazir stellt Zahlen in Frage", FAZ 17.10.2014 S. 29. Laut der dort zitierten Fraktionsvorsitzenden der Linken, Janine Wissler, sei im Planfeststellungverfahren für eine neue Landebahn für das Jahr 2020 noch von 88 Mio. Passagieren und mehr als 700.000 Flugbewegungen ausgegangen worden, während Fraport nunmehr nur noch mit 71 Mio. Passagieren und 530.000 Starts und Landungen argumentiere.

39 Harting M., „Fraport sollte auf drittes Terminal verzichten", FAZ 5.3.2015, S. 29.

Es gab insgesamt 100.000 Einzeleinwendungen gegen den Ausbau.[40] Während der sich heute für die Wahrung von Menschenrechten engagierende Politiker Koenigs die Bürger und das Urheberrecht gering achtete, Oberbürgermeisterin Petra Roth und Bürgermeisterin Jutta Ebeling im Aufsichtsrat der Fraport die Zerstörung der Lebensqualität ihrer Bürger durch Kapitalinteressen hinnahmen, die Oberbürgermeisterin sogar Betroffenen empfahl „wegzuziehen" und das Umweltamt nicht begriff, dass es bei Stadtplanung nicht um Show oder Verschönerung, sondern um Zusammenhänge geht, machte der Verlust des Stadtwaldes als Grünzone aus Koenigs größtem politischen Erfolg das, was das fragmentierte GrünGürtel-Logo der Stadt von Anfang an zeigte: Einen Grüngürtel-Torso (Abb. 129).

Das weitere Zubauen von Frischluftschneisen durch die städtische ABG am Ebelfeld, die Wiederaufnahme der Beplanung von Ackerland im Grüngürtel im Hildenfeld, die Absicht der SPD, in Frankfurts noch grüner Nordost-Region eine Stadt zu bauen, der gleichzeitige Verlust des südlichen Teiles des Grüngürtels und die viel zu spät kommende Erkenntnis des Umweltamtes, dass Frischluftschneisen, richtig angeordnete Wohnungen und Verkehrslösungen nötig sind, kann man nur als Scheitern des Anpflanzungsgrüngürtels verstehen. Das sah die Stadt Frankfurt jedoch nicht so. Als Ende 2011 Flugzeuge 18 Stunden täglich im Halb-Minutentakt über den Stadtwald zu donnern begannen und diesen als Grüngürtel-Teil vernichten, feiert die Stadt „20 Jahre GrünGürtel".

Wie erwähnt (Kap. II – 7.2), lebte Koenigs nicht in Frankfurt, als 1970/71 die Grüngürtel-Flussufer-Konzeption entstand. Als er sie ca. 20 Jahre später als Umweltdezernent aufgriff, integrierte er weder Autor noch Bürger, die sie durchgesetzt hatten und umgekehrt auch nicht sich selbst in diese Bürger. So fehlten ihm als Nichtfachmann von vornherein entscheidende Kenntnisse. Er will zwar den Autor in eine Reihe mit Guiollett und May gestellt haben (Abb.130), hielt es aber niemals für nötig, sich direkt persönlich bei ihm zu informieren. Die Tragweite und die Möglichkeiten der Konzeption (vgl. Laudatio) verstand er nicht. Zuerst verdeutlichte dies seine Übernahme von OB Hauffs falscher Behauptung (Abb. 116), dass das, was beim Autor plagiiert wurde, schon in den 1920er Jahren geplant worden sein soll, obwohl es damals keine Notwendigkeit dafür gegeben hat (Kap. II – 10.3.1) – ganz abgesehen davon, dass ein Plagiat schon dann entsteht, wenn, wie hier erfolgt, Wesentliches übernommen wird. Zuletzt macht es sein Schreiben an den Autor vom 23.5.2011 klar (Abb.177 und 192).

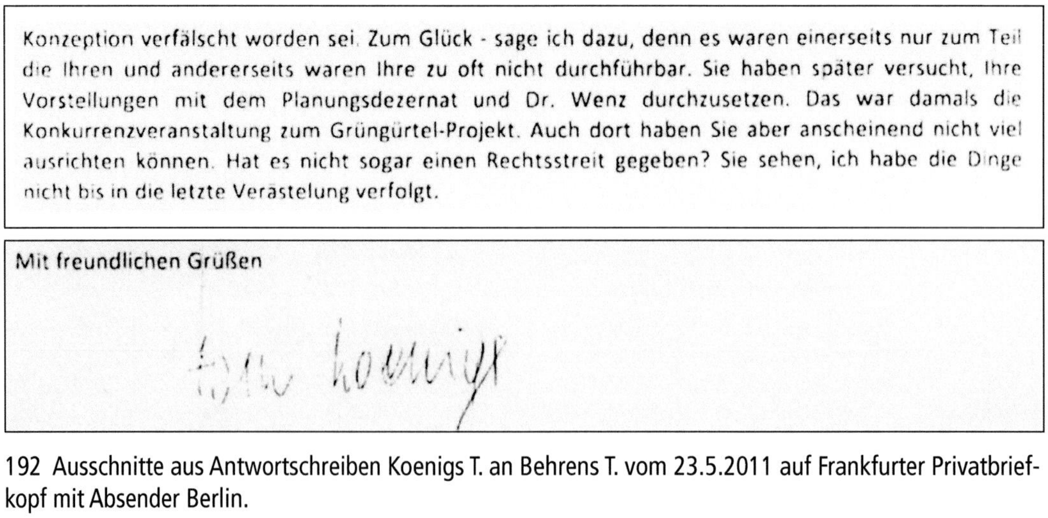

Konzeption verfälscht worden sei. Zum Glück - sage ich dazu, denn es waren einerseits nur zum Teil die Ihren und andererseits waren Ihre zu oft nicht durchführbar. Sie haben später versucht, Ihre Vorstellungen mit dem Planungsdezernat und Dr. Wenz durchzusetzen. Das war damals die Konkurrenzveranstaltung zum Grüngürtel-Projekt. Auch dort haben Sie aber anscheinend nicht viel ausrichten können. Hat es nicht sogar einen Rechtsstreit gegeben? Sie sehen, ich habe die Dinge nicht bis in die letzte Verästelung verfolgt.

Mit freundlichen Grüßen

192 Ausschnitte aus Antwortschreiben Koenigs T. an Behrens T. vom 23.5.2011 auf Frankfurter Privatbriefkopf mit Absender Berlin.

40 Hein R., „Blick auf Windräder und Schutzschirm-Kommunen", FAZ 14.10.2014.

Der Politiker, der weder mit Urheber noch Bürgern kooperierte, tat dies auch nicht mit der Stadtplanung, die den Autor mit der Auswertung der Untersuchung zum Grüngürtel-Rand beauftragte hatte (vgl. Kap.II – 5.5 und Abb. 137). Bei seiner 300 Mio. DM-Vision fielen daher notwendige konstituierende Elemente heraus, die der Autor zur Herstellung stabiler städtebaulicher Zusammenhänge vorgesehen hatte, wie Negativbebauungspläne, Randbebauung, Klimatisierung, Frischluftschneisen und Verkehrsbündelungen. Unter Bezug darauf hatte die Hessische Landesregierung in ihrer Laudatio am Konzept des Autors das *„(...) liebevolle Versenken in das Wesen einer Stadt (...)"* gelobt (vgl. Abb. 145). Dieses ahmte Koenigs beim Plagiieren aber nicht nach, denn in seinem Schreiben vom 23.5.2011 bezeichnete er das Herausfallen als „Glück" (Abb.192). Dieses „Glück" erwies sich inzwischen als Katastrophe für Frankfurt. Seinen Rechtfertigungsversuch wies der Autor in seinem Antwortschreiben vom 21.7.2011 folgendermaßen zurück (Abb. 193):

> Als langjähriger Vorkämpfer für „grün" bin ich mehr denn je davon überzeugt, dass man nur dann eine richtige Politik machen kann, wenn man sich erst einmal –mühsam- mit den Fakten auseinandersetzt. Genau das fehlt mir an Ihrem Brief und deshalb weise ich Ihren Versuch einer Rechtfertigung zurück. Auch das geistige Eigentum gehört zu den Menschenrechten. Ich hoffe sehr, dass wenigstens die anderen Menschenrechte besser bei Ihnen aufgehoben sind als das Recht am geistigen Eigentum.
>
> Mit freundlichen Grüssen
>
> Prof. Dr.- Ing. Till Behrens

193 Schluss von Behrens' Antwortschreiben an Koenigs vom 21.7.2011 (s. auch Abb. 178).

II – 11.6 Landesrechnungshof rügt hohe Grünpflegekosten

Jan. 2014 Es bestätigt sich, dass der Ansatz, parkartige, statt land- und forstwirtschaftlich zu pflegende Flächen neu anzulegen, im Prinzip falsch ist. Ein solcher Ansatz führt dazu, dass alte bestehende Parks aus Kostengründen in der Pflege vernachlässigt werden müssen[41] und dies, wie z.B. im Fall des von den Rothschilds stammenden Grüneburgparks,[42] massive Bürgerproteste hervorruft.

Um Derartiges zu vermeiden hatte der Autor für seinen Grüngürtel gefordert, nicht die Pflege-, sondern die Planungskapazität des Gartenamtes zu erhöhen.[43] Der kommunalen Selbstverwaltung liegt das Konnexitätsgebot zugrunde: Wird eine bestimmte Aufgabe (z.B. Grüngürtel) der Stadt zur Wahrnehmung übertragen, soll ihre Finanzierung auch dauerhaft gesichert sein. Beim land-, forst- und wasserwirtschaftlich gepflegten Feld-, Wald- und Wiesengrüngürtel des Autors ist dies vom Prinzip her gesichert. Bei einem überwiegend von der Stadt zu pflegenden Anpflanzungs-Grüngürtel sind die Pflege und ihre Qualität jedoch vom Haushalt abhängig, wie die Fakten beweisen.

---

41 Harting M., „Nicht jedes Grün verschönert den Park" und „Grüneburgpark: Keine Baumfällungen für Pflege der historischen Gestalt", FAZ. 24.5.2013, S. 45.

42 Dies., „Baumschnitt alle zwei Jahre", FAZ 24.5.2013, S. 48.

43 Behrens T. Dissertation „Die Frankfurter Grüngürtel oder die Auswirkungen einer wachstumsorientierten Stadtpolitik auf zusammenhängende Grünräume", Frankfurt/Kassel 1995, S. 221 f., Buchausgabe S. 109 f.

Der jährliche Grünpflegeetat von Frankfurt beträgt 10,3 Mio. Die Stadt beschäftigt ca. 180 Gärtner. Der Landesrechnungshof kommt in einer Untersuchung zu der Erkenntnis, dass *„Frankfurt unter zehn untersuchten hessischen Kommunen (...) am meisten für die Pflege ausgibt"*, dabei liege *„der Pflegezustand der Frankfurter Parks nach dem Urteil des Rechnungshofes unter dem Durchschnitt der geprüften Städte"*.[44]

In den letzten 25 Jahren (1989 bis 2014) hat Frankfurt schätzungsweise in „Grün" investiert:

Bundesgartenschau 1989	ca.	220 Mio.
Vision offener Grünräume, geschätzt	ca.	350 "
Jährliche Pflege 25 x mind. 10 Mio.	ca.	250 "
sonstige indirekt anzurechnende Posten	ca.	100 "
Geschätzte	ca.	920 Mio.

Danach dürfte Frankfurt in 25 Jahren fast eine Milliarde für überholte „Grünkosmetik" ausgegeben haben, statt ein modernes, mit der Stadtplanung korrelierendes Grünkonzept zu realisieren, wie es der Autor vor 45 Jahren als preiswerteste Methode der Landschaftspflege vorschlug: die Anlage eines land-, forst- und wasserwirtschaftlich gepflegten Feld-, Wald und Wiesengürtels. Ein solcher erzielt das naturnaheste Landschaftsbild und den größten Erholungswert. Darüberhinaus vermittelt er dem Städter eine neue Beziehung zum vorhandenen Rest-Stadt-Grün. Der Städter kann sogar zum „Aktionär" der Landschaftspflege gemacht werden, indem z.B. die Schafhaltung in Streubesitz wieder eingeführt wird (Kap. II – 3. und II – 5.6). Tiere vermeiden Sterilität und pflegeintensives „höherwertiges" Edelgrün (Kap. II – 5.6). Sie beleben die Landschaft und unser Leben.

II – 11.7 Vernichtung von Schutzgebieten mit Zustimmung des Umweltamtes

2014 – 2016 Nachdem das südliche Grüngürtel-Bindeglied Stadtwald (vgl. Legende in Karte - Pos. 19) bereits 2006 an den Bau der NW-Landebahn ausgeliefert worden war, wird auch mit dem Bau des dritten Terminals begonnen (s. Kap. II – 3.5, II – 11.2), *„da der Kapazitätsgewinn durch die im Oktober 2011 eröffnete Nordwestlandebahn (...) nur auszuschöpfen ist, wenn ein drittes Terminal gebaut wird"*.[45] Dem Verlust des Stadtwaldes folgen weitere Verluste.

Der Verkauf des unter Landschaftsschutz stehenden Grüngürtel-Abschnitts Rennbahn (Kap. II-11-4) an den Deutschen Fußball-Bund (DFB) wurde vollzogen. Auf dem verbleibenden Restareal soll ein Park entstehen. Bürger kritisierten: *„es fehle doch jetzt schon an Geld, um die Parks ordentlich zu pflegen (...) Außer dem naturschutzrechtlichen Ausgleich muss das Umweltamt nach der GrünGürtel-Verfassung (...) in gleichem Umfang neue Flächen als Grüngürtel ausweisen. Denn das Rennbahn Gelände liegt im Grüngürtel"*.[46] Das Umweltamt hat aber keine Ersatzflächen mehr, dort wo sie gebraucht werden. Ferner wurden Teile des Au- und Biegwald in Rödelheim (Pos. 22 - 24) an Bebauung ausgeliefert. Weiterhin Teile des begrünten ehemaligen Flugplatzes Bonames.

44 Harting M., „Das schöne Mainufer will gepflegt sein", FAZ 20.1.2014, S.34.

45 Remmert, J., „Am Terminal 3 führt kein Weg vorbei", FAZ 5.10.2015, S. 33.

46 Harting, M., „Lieber Huthpark als Mainufer", FAZ. 7.10.2015 S. 30.

1924
Wirtschaftsdeputation
Drei Unterzentren in einem
Hauptzentrum

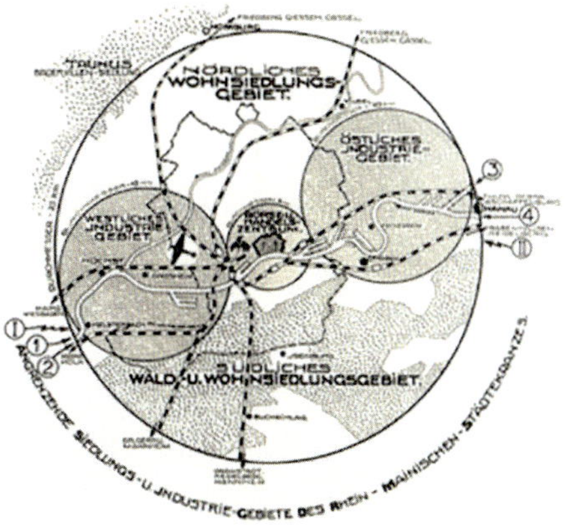

1925
Ernst May
Radialstadt
Projektion von Trabanten
in den 1924er Plan der
Wirtschaftsdeputation

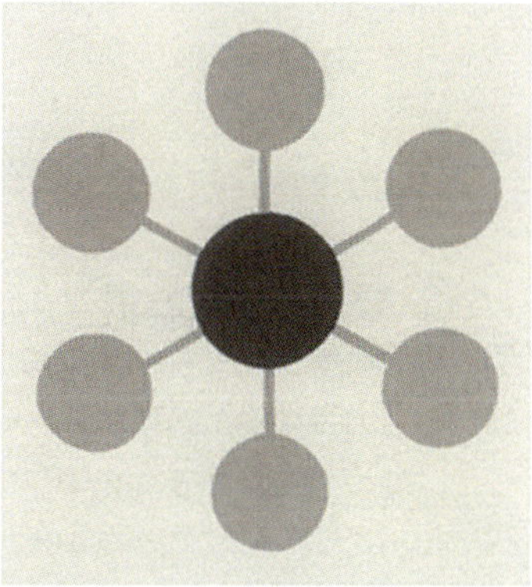

1970/71
Till Behrens
Konzentrische Stadt
Drei Grüngürtel mit
verbindenden Grünradialen,
grünen Mainufern, Randbebauung
und Verkehrsbündelung

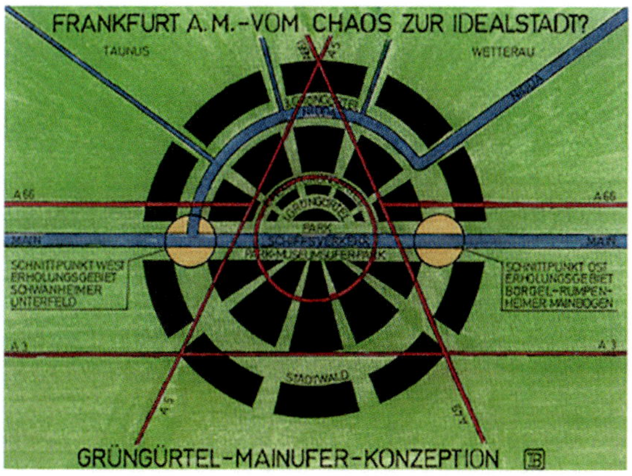

1990
Umweltamt der Stadt Frankfurt a.M.
Fragmentierter Grüngürtel

194 „Von der geordneten zur fragmentierten Stadt".

Es erfolgte auch kein Widerspruch dagegen, dass das gegenüberliegende Hildenfeld nun doch wieder bebaut werden soll, und zwar durch Baugesellschaften, an denen die Stadt maßgeblich beteiligt ist. Diesen zu 80 Prozent im Besitz von Stadt und Baugesellschaften befindlichen Teil des Grüngürtels hatten Bürger vor Bebauung gerettet und das Stadtparlament hatte 1977 Nichtbebauung aus klimatischen Gründen beschlossen.

Die Grüngürtel-Verfassung führte nicht den nötigen Schutz herbei, um die Stadt vor sich selbst schützen. Es braut sich ein Großangriff auf die Grünflächen zusammen, weil die „geschützten" Flächen unzureichend geschützt sind. Städtische Gesellschaften wollen auf ihnen bauen, und das Umweltamt verteidigt sie nicht. Es fehlen die Durchsetzungsbürger. Diese grenzte Koenigs vor 25 Jahren aus. Er ersetzte sie durch „Väter und Mütter" des Grüngürtels mit dem Ergebnis, dass Frankfurt 25 Jahre nach seinem Verkünden der Grüngürtel-Verfassung weiter geschützte Grüngebiete an Kapitalinteressen ausliefert.

II – 11.8 Vision und Verpflichtung, 25 Jahre Frankfurts Grüngürtel

14.11.2016 bis 27.08.2017

Vor diesem Grüngürtel-Vernichtungs-Hintergrund veranstaltet das Institut für Stadtgeschichte die Ausstellung „*Vision und Verpflichtung, 25 Jahre Frankfurts Grüngürtel*". Die Gesamtleitung hat Evelyn Brockhoff, Direktorin des Institut für Stadtgeschichte. Sie ist im siebenköpfigen Beirat aber nur mit einer Stimme vertreten. Die übrigen sechs Stimmen haben das Umweltamt, das Grünflächenamt und die noch immer existierende GrünGürtel-Projektgruppe. Kuratorin ist Jutta Zwilling. Sie fabriziert unter Ausschluss des Erfinders des Grüngürtels und der Bürger als Durchsetzer eine gefälschte Ausstellung über ein Werk des Autors[47], für das dieser 25 Jahre vorher von der Hessischen Landesregierung mit dem amtlichen Hinweis ausgezeichnet wurde, dass die Stadt seine Konzeption – und keine andere – übernahm.

Bei der Ausstellung handelt es sich um keine wissenschaftlich, sondern um eine politisch motivierte. Ihr liegt keine solide, wissenschaftliche Aufarbeitung zu Hintergrund, Herkunft, Zusammenhängen (Museumsuferkonzeption) und Ziel der Originalkonzeption zu Grunde mit Anerkennung des Faktums, dass der Grüngürtel vor fast 50 Jahren von den Bürgern kam und nicht vor 25 Jahren von Politikern, die sich seitdem mit ihm inszenieren. Es geht nicht um Information, sondern um Desinformation der Öffentlichkeit. Die von OB Hauff (SPD) und Umweltdezernent Koenigs (Grüne) 25 Jahre vorher begonnene Fälschung der Geschichte wird fortgesetzt. Dabei mildert auch der „neckisch-kitschige" Einband des Ausstellungskatalogs das Delikt Fälschung nicht ab. Es werden Im Folgenden einige Fälschungen bewusst gemacht und richtiggestellt.

II – 11.8.1 Museum als Geschichtsfälschungs-Instrument

In einem Rechtsstaat wie der Bundesrepublik Deutschland hätte bei einer Ausstellung in einem Museum über das ausgezeichnete Werk des Urhebers die Einhaltung wissenschaftlicher und rechtsstaatlicher Normen als selbstverständlich erwartet werden dürfen. Nicht so in Frankfurt. So wie der Magistrat 25 Jahre vorher bei seiner Plagiatsproduktion Autor und Bürger von ihren Werken fern hielt (Kap. II – 5), verfährt er jetzt auch hier. Die

47 Bethmann v. M. teilte Behrens T. kurz nach Ausstellungseröffnung mit: Die Direktorin habe berichtet, das Institut für Stadtgeschichte sei von Umwelt- und Grünflächenamt (Beirat) beauftragt und gezwungen worden, die gefälschte Ausstellungskonzeption unverändert zu zeigen (vgl. hierzu Schreiben Behrens an Brockhoff v. 20.03.2017).

195 Einband zum Katalog der Ausstellung Jutta Zwilling „Vision und Verpflichtung, Frankfurts Grüngürtel", hg. von Evelyn Brockhoff, leitende Direktorin des Instituts für Stadtgeschichte im Karmeliterkloster, Peter Dommermuth, Leiter des Umweltamtes und Stephan Heldmann, Leiter des Grünflächenamtes der Stadt Frankfurt a. M., 2016

Kuratorin stellt weder die Pläne der ausgezeichneten Originalkonzeption aus, noch die meteorologischen Grundlagen, noch das 20-jährige Bürger-Engagement, noch hat sie sich bei Bürgern oder dem Urheber informiert. Sie redet von „Verpflichtung" und täuscht die Besucher im Wiederholungstäter-Stil. Die Presse hatte bereits zur Feier von 20 Jahre Grüngürtel den Umgang des Magistrats mit Autor und Bürgern kritisiert.[48] Das von Politik und Verwaltung praktizierte Bürger-Verdrängungssystem setzt die Ausstellung nun museal fort.[49]

---

48 Harting, M. Vor 20 Jahren gemeinsam beschlossen : Der Frankfurter Grüngürtel, FAZ 17.11.2011.

49 Rückblick auf 25 Jahre städtische Fälschungstätigkeit:

Ab 1970/71	beginnen Bürger für die vom Autor erfundene Grüngürtel-Flussuferkonzeption zu kämpfen. Stadtbaurat Adrian bezeichnet einige spöttisch als „Berufsbürger". Der Autor der Konzeption wird „Der Grüngürtel-Behrens" genannt (Kap. II–10.3.5).
1980	Aus der Konzeption greift die Stadt zuerst den Teil Flussufer auf. Beim Museumsufer beginnt die Geschichtsfälschung mit Albert Speer jun. (Abb. 072 + 086). Es gelingt ihm, einen Planungsauftrag dazu zu erhalten. Er gibt sich als Urheber aus. Die Bürger protestieren. Hilmar Hoffmann und Heinrich Klotz widerlegen ihn (Abb. 069 + 092). Die Stadt sagt Richtigstellung zu (Abb. 075), hält Ihre Zusage aber nicht ein. Daraus resultiert, der Autor promoviert mit dem Gesamtkonzept, um es gegen weitere geistige Enteignung zu schützen (Abb. 093).
1983	Beim Grüngürtel beginnt die Geschichtsfälschung mit der SPD. Ohne ihre Quelle zu nennen, proklamiert sie einen „zweiten Anlagenring". Sie wird von Karl Stadager SPD) an die Priorität von Till Behrens mit dem Forum erinnert (Abb. 097–099).
1988	OB-Kandidat Volker Hauff (SPD) setzt die Geschichtsfälschung fort. Er gibt die inzwischen erfolgte Promotion des Autors in seinem Artikel „Aufbruch zum Ufer" in dem von ihm herausgegebenen Band „Stadt und Lebensstil" als Wiederbelebung eines SPD-Konzeptes aus, das es nicht gab. (Abb. 116).
09.8.1988	Tom Koenigs (Grüne) schreibt an Behrens, dass er an seiner *„Autorenschaft keine Zweifel aufkommen"* lässt (Abb. 130).
28.04.1989	Tom Koenigs (Grüne) erklärt, er *„identifiziert sich hier mit dem Konzept von Prof. Till Behrens"* (Abb. 118).
03.11.1989	OB Volker Hauff (SPD) lässt die falsche Magistratsvorlage M 252 erstellen, die den Dritten Grüngürtel als Entwurf der 1920er Jahre vortäuscht (Abb. 119).

II – 11.8.2 Damnatio memoriae

Damit sich Politiker und Stadt mit dem Grüngürtel darstellen können, muss das sehr viel weiter reichende Original von 1970/71 durch das einseitige Plagiat der Stadt von 1990/91 ersetzt werden. Dazu müssen Auszeichnungen für das Original, Durchsetzungsbürger und alles, was an die tatsächliche Geschichte erinnert, weitgehend verschwinden. Für derartige Manipulationen eignet sich eine Ausstellung in einem Museum für Stadtgeschichte besonders gut. Amtlich sprachgeregelt heißt die Geschichtsfälschung dann „historischer Kontext".

Auch die neuen Fälschungen des Magistrats verlaufen wieder nach der aus totalitären Herrschaftssystemen bekannten Methode der damnatio memoriae (lateinisch: Verdammung des Andenkens). Bei ihr werden Abbildungen und Texte verändert, durch andere ausgetauscht und / oder in andere Zusammenhänge gestellt, um Personen und Vorgänge aus dem kollektiven Gedächtnis zu tilgen. Damnatio memoriae gab es im alten Ägypten, im Römischen Reich, in der Sowjetunion unter Stalin[50] und auch im Faschismus mit systematischem Ausgrenzen, Bestehlen und Vernichten. Literarisch setzte sie George Orwell in seinem Roman 1984 mit der „Vaporisierung" von Personen[51] um. Bei der Übernahme des Grüngürtels praktizierte der Magistrat von Anfang an damnatio memoriae, ungeachtet der Tatsache, dass er damit permanent gegen Demokratie, Menschenrechte und Rechtsstaatlichkeit verstößt (vgl. Kap. II–5, II–10, IV–4). In der Ausstellung setzte er das „organisierte Vergessen" fort, wie es Andreas Lubberger nannte (Kap. IV–4.2) – und das mit Steuermitteln!

08.02.1990	Umweltdezernent Tom Koenigs erfindet *„Väter und Mütter des Grüngürtels"* (Abb. 154).
1990	Kulturdezernent Hilmar Hoffmann bestätigt, dass die Museumsuferkonzeption von Till Behrens stammt (Abb. 069). Seine Bestätigung gilt indirekt auch für den Grüngürtel, da auch er Teil desselben Gesamtkonzeptes von Behrens ist.
26.11.1990	Die Hessische Landesregierung zeichnet den Autor auf der Basis einer 14-köpfigen Jury als Urheber des Stadtentwicklungskonzeptes *„Grüngürtel mit grüner Mainquerspange, Randbebauung und Verkehrsbündelung"* und dieses als *„rahmengebendes Gesamtkonzept für Frankfurt"* aus. Sie weist in der Laudatio darauf hin, dass die Stadt die Konzeption des Ausgezeichneten verwendet, d.h. den Urheber plagiiert (Abb. 142–146).
1996	Die Stadt lässt das Plagiat ihres GrünGürtel-Projektbüro als Original durch die UN auszeichnen und korrumpiert derart die UN (Abb.167–171).
2011	In der Festschrift zu 20 Jahre Grüngürtel gesteht die Stadt nach 31 Jahren Fälschungstätigkeit ein: *„der Planer Till Behrens hatte in den 1970er Jahren sogar schon ein erstes Konzept entwickelt"* (Abb. 182). In der Festschrift heißt es weiter unter *Wichtige Schritte: „1970/71, Der Architekt und Designer Till Behrens entwickelt ein erstes Konzept für einen dritten Grüngürtel mit Mainquerspange"* (Abb. 184), ferner unter: *„1988, Dissertation wachstumsorientierte Stadtpolitik und zusammenhängende Grünräume von Till Behrens (29. April)"* (falsch ist hier allerdings die städtische Datumsangabe mit 29. April 1988. Richtig ist: 08. Februar 1986 (Abb. 093 und S. 124). Siehe zu 20 Jahre Grüngürtel auch Harting M., Vor 20 Jahren gemeinsam beschlossen. Der Frankfurter Grüngürtel, FAZ 17.11.2017, S. 41 mit Abb. von Behrens' Original-Konzepion.

50 Wikipedia unter Damnatio memoriae u.a.: *„Im großen Rahmen wurden insbesondere unter Stalin Fotografien und Gemälde nachträglich verändert, um Menschen, mit denen der Diktator zwischenzeitlich nicht mehr abgebildet werden sollte, aus dem kollektiven Gedächtnis zu löschen."*

51 Ebd.: „Literarische Umsetzung findet die Thematik etwa in George Orwells Roman 1984, in dem sogenannte Unpersonen nach ihrer Ermordung rückwirkend aus Zeitungen und anderen Medien entfernt (‚vaporisiert') werden."

II – 11.8.3 Richtigstellung der Fälschungen auf den Katalogseiten 44–47

Auf Seite 44 wird unter der Überschrift *„Das Ziel heißt: ‚Frankfurt eine Stadt im Grünen – Ideen der Nachkriegszeit'"* behauptet: *„Das auf drei Jahrzehnte angelegte Entwicklungsprojekt eines dritten Anlagenringes um Frankfurt wird 1957 vorgestellt* (wobei hier von „um Frankfurt" die Rede ist, was damals schon nicht möglich war !).

Im Weiteren wird dann nicht gesagt, wo und wann das angebliche Projekt vorgestellt worden sein soll, sondern auf S. 46 eine Karte mit einem grünen Flickenteppich gezeigt, die auf S. 47 mit sieben dazugehörenden *„Leitsätzen zur Frankfurter Grünpolitik"* ergänzt wird. Zu diesen wiederum lautet die Bildunterschrift dann: *„In der Frankfurter Wochenschau erscheint 1962 das Sonderheft ‚Der grüne Weg durch die Großstadt'"*. Die dort veröffentlichten Leitsätze des Gartenamtes, quasi ein Vorläufer der Grün-Gürtel-Charta, macht sich der Bürgermeister Menzer zu eigen. Die erwähnten Leitsätze führen jedoch nur Allgemeinplätze auf wie: *„Durchlüftung aller Baugebiete"*, *„Sauberhaltung der natürlichen Gewässer"*, *„Eindämmung der quälenden Lärmbelastung und die Schaffung von Ruhezonen zur Besinnung in der Stille der Natur, als Ausgleich für die Unrast unseres heutigen Lebens"*. Diese Leitsätze, die sich Bürgermeister Menzer (SPD) angeblich zu eigen gemacht haben soll, listen also gerade das auf, was er und das Gartenamt in den darauf folgenden 55 Jahren nicht leisteten.
Mit keinem Wort ist in den Leitsätzen von einem geschlossenen und geschützten dritten Grünring, Flussuferspange, Verkehrsbündelung und Randbebauung die Rede.

Es ist ungeheuerlich, welche Kräfte der Magistrat darauf verschwendet, immer wieder neue angebliche Ursprünge des Grüngürtels zu erfinden, um sich vor der Angabe des tatsächlichen Urhebers zu drücken, bei dem er sich bediente. Erst hatte er den Ursprung in die 1920er Jahre verlegt (Kap. II–5). Als dies als falsch entlarvt wurde, behauptet er nun, dieser würde aus der Nachkriegszeit stammen und praktiziert dazu die gleiche unlautere Methode wie vorher bei seiner Verlegung in die 1920er Jahre. Zur Irreführung stellt er irgendwelche falschen Behauptungen auf und zeigt dazu irgendwelche Abbildungen, die mit der Sache nichts zu tun haben (Kap. II–5). Gerade dadurch wird aber seine Täuschungsabsicht deutlich.

Falsch ist:
- Es sei 1957, in der Nachkriegszeit, ein auf drei Jahrzehnte angelegtes Entwicklungsprojekt für einen dritten Anlagenring vorgestellt worden.
- Die Täuschung mit einer Karte, die keinen solchen dritten Anlagenring zeigt.
- Die Behauptung, die GrünGürtel-Charta beruhe auf Leitsätzen des Gartenamtes statt auf Forderungen der Bürger und der Promotionsschrift des Autors.

Richtig ist:
- Es gab 1957 kein Entwicklungsprojekt für einen dritten Anlagenring.
- Es gab daher auch kein Entwicklungsprojekt für drei Jahrzehnte.
- Es wurden nicht einmal Ansätze dazu realisiert, da es kein Projekt gab.
- Es gab 1957 noch nicht einmal den Ausdruck „dritter Anlagenring".
- Noch 1983 bewarb die SPD ihr Plagiat als „zweiten Anlagenring" (Abb. 097)
- Erst der Autor prägt den Ausdruck „dritter Ring" in seinem „Abwicklungsplan" im Forum vom 18.07.1972 zur Grüngürtel-Erkundungstour (Forumsprotokoll) und 1985 den Ausdruck „Dritter Grüngürtel" in seiner Dissertationsschrift (Abb. 093).
- Die erwähnten Leitsätze beweisen ebenso wie der 1955 durch Friedrich Heyer im Auftrag des Magistrats herausgegebene Band *„Frankfurt am Main eine Stadt*

im Grünen"[52] gerade das Gegenteil, nämlich: Es hat vor dem „Rahmengebenden Gesamtkonzept" des Autors von 1970/71 keine Konzeption für ein auf Restgrünflächen nachträglich durch die Stadt geführtes Grünsystem als stadtplanerisches Ordnungsprinzip für Frankfurt gegeben (Laudatio, Abb.145).

- In der Festschrift zu 20 Jahre GrünGürtel hatte die Stadt unter *„Wichtige Schritte"* selbst bestätigt: *„1970/71 (entwickelte) der Architekt (...) Till Behrens ein erstes Konzept für einen dritten Grüngürtelt mit Mainquerspange"* (Abb.184). Hätte tatsächlich vorher eine Konzeption existiert, wäre das Eingeständnis nicht mit der Betonung auf „erstes" erfolgt.
- Im übrigen zählte Koenigs weder Heyer noch Menzer zu seinen Grüngürtelvätern.

II – 11.8.4 Richtigstellung der Fälschungen auf der Katalogseite 56

Auf Seite 56 wird eine Grüngürtel-Grobskizze abgebildet mit im Osten verkürztem Grüngürtelverlauf und folgender vager Bildunterschrift:

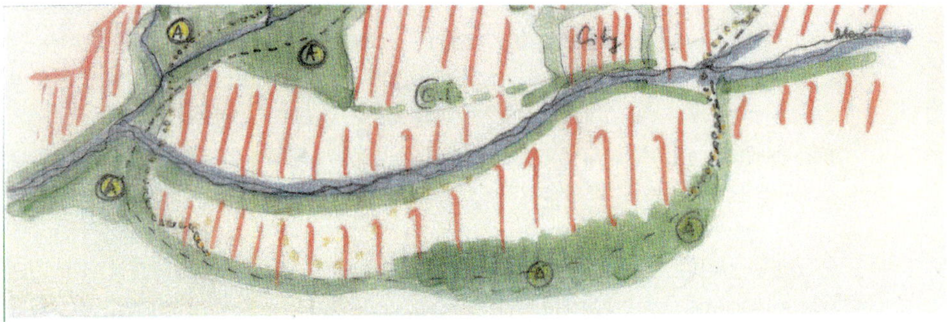

Der Gartenarchitekt Herbert Heise skizziert Anfang der 1970er Jahre im Auftrag des Frankfurter Forums für Stadtentwicklung für den „Teilplan Grün" den Frankfurter Grüngürtel. Schon damals sind Zonen für Aktivitäten – viele davon inzwischen realisiert –, durchgehende Rad- und Wanderwege sowie verbindende Grünzüge aus der City in den Grüngürtel vorgesehen.

196 Institut für Stadtgeschichte, Katalog zu 25 Jahre Grüngürtel, Bildunterschrift zu Grobskizze auf S. 56

Falsch daran ist:
- Es hätte einen „Teilplan Grün" im Forum gegeben.
- Es hätte einen Auftrag des Frankfurter Forums an Heise gegeben.
- Die Grobskizze sei eine Auftragserfüllung.
- Heise hätte „den" Frankfurter Grüngürtel skizziert.
- Es seien dabei Zonen für „Aktivitäten" wie Radrundweg und Grünzüge entstanden.

Richtig ist:
- So wie Beirat und Kuratorin mit „Leitsätzen" versuchten, einen Vorläufer aufzubauen, versuchten sie es nun mit einer Heise-Skizze.
- Heise entwickelte aber weder einen Vorläufer noch eine eigene Konzeption.
- Die Konzeption des Autors existierte schon vor der Forumsgründung und damit vor der Heiseskizze.

52 Heyer, F. (Hrsg.), Im Auftrag des Magistrats, Frankfurt am Main eine Stadt im Grünen, Frankfurt 1955.

- Der Autor hatte sein rahmengebendes Gesamtkonzept im Frühjahr 1972 in das von ihm am 6.7.71 mitgegründete Frankfurter Forum für Stadtentwicklung eingebracht, noch vor Gründung des Ausschusses öffentliches Grün (Kap. II–3.3).
- Grün war im Forum von Anfang an durch die Konzeption des Autors besetzt.
- Es gab keinen „Teilplan Grün" im Forum.
- Es gab keinen Auftrag vom Ausschuss öffentliches Grün an Heise.
- Die Mitarbeit im Forum war ehrenamtlich.
- Das Forum publizierte keine Konzeption Heise, sondern die des Autors.
- Zum Entstehen der Forumspublikation schrieb der Autor in seiner Dissertation: *„(...) Die Erkundungsfahrt bestätigte, dass es noch möglich sein würde, einen durchgehenden Grüngürtel zu schaffen. (...) Jochen Rahe und ich erarbeiteten, unterstützt von der Regionalen Planungsgemeinschaft Untermain, Dr. Alexander von Hesler, Herbert Heise und dem Ausschuss öffentliches Grün im Frankfurter Forum für Stadtentwicklung, zwei Grüngürtelschriften, eine Kurzfassung und eine Langfassung, die beide vom Frankfurter Forum für Stadtentwicklung herausgegeben wurden.*[53]
- Heise hatte die Konzeption des Autors in einer Grobskizze dargestellt[54]
- Die Heise-Skizze war Folge der Konzeption des Autors.
- Heise selbst führte in seinem Werkverzeichnis kein Projekt Grüngürtel auf.[55]
- Der Magistrat hatte bestätigt (Abb. 184), dass die städtische Grundlage die Grüngürtel-Flussufer-Konzeption des Autor von 1970/71 war (Abb. 042, 043).[56]
- Im übrigen zählte Koenigs Heise nicht zu seinen Grüngürtelvätern (Abb. 154).

---

53 Behrens T., Grüngürtel – Wachstumsorientierte Stadtpolitik und zusammenhängende Grünräume", Frankfurt 1988, S. 13.

54 Der Ausstellungskatalog bildet zwar den Einband der Buchausgabe der Dissertation des Autors auf Seite 57 ab, unterlässt aber den Hinweis auf die darin auf S. 13 enthaltene Erklärung zur Skizze Heise.

55 Heise kritisierte in 46 Jahren nicht die Fülle an Publikationen in der Fach- und Tagespresse, die den Autor als alleinigen Urheber ausweisen. Diese führt das Literaturverzeichnis im Katalog aber kaum auf. Im Katalog zur Wanderausstellung „75 Jahre Werkbund Hessen" 1982 zeigt z.B. Till Behrens auf zwei Seiten seine Grüngürtel-Flussufer-Konzeption - die Klaus Strurmfels hier für die SPD aufgriff (Abb. 094) – und Herbert Heise auf vier Seiten Gartengestaltung. Er zeigt weder eine Grüngürtel-Grobskizze noch protestiert er gegen Behrens' Allein-Urheberschafts-Anspruch. Heise kritisierte wohlweislich weder die Promotion des Autors noch dessen Auszeichnung durch die Hessische Landesregierung noch die Publikation zu seiner Auszeichnung, z.B. im Werkbund-Organ oder Deutschen Architektenblatt DAB 5/91 mit Vorwort der Architektenkammer, bei der er von 1969 bis 1982 im Vorstand saß.

56 Den Forumsprotokollen ist folgende Chronologie der frühen Forumsgeschichte zu entnehmen (Kopien in Beiakten zu Behrens' Promotion):

1969 / 70	Vorkonzeption und Gründung der Bürgerinitiative „Am Treutengraben" die später in der von Georg Encke und Karl Stadager gegründeten „Bürgerinitiative zur Erhaltung des Landschaftsschutzgebietes Niddatal" aufging.
1970 / 71	Entwicklung der Grüngürtel-Flussufer-Konzeption durch Till Behrens, Die Konzeption existierte vor der Forumsgründung.
06.07.1971	Gründung Frankfurter Forum für Stadtentwicklung e.V., Behrens ist Mitunterzeichner und Gründungsmitglied.
23.11.1971	Erste Mitglieder-Versammlung nach Forumsgründung.
Frühj. 1972	Behrens bringt seine Grüngürtel-Flussufer-Konzeption in das Forum ein (Zeugenaussagen Encke, Stadager Abb. 042, 043)).
18.04.1972	Das Forum veranstaltet daraufhin die öffentlichen Veranstaltungen „Grüngürtel enger schnallen?" (s. Einladungsplakat Abb. 046) mit Hanns Adrian (Stadtbaudezernent), Karl Stadager (Bürgerinitiative zur Erhaltung des Landschaftsschutzgebietes Niddatal), Axel Huth (freier Planer), Diskussionsleitung Wolfgang Bartsch (Vorsitzender BDA Hessen) (untere Abb. 1)
20.04.1972	Die als gelungen bezeichnete „Grüngürtel"-Veranstaltung und Kooperation mit der Bürgerinitiative (Akte Anl. 1.1) sensibilisiert im Forum zur Gründung des Ausschuss öffentliches Grün.
24.05.1972	Gründung Ausschuss „Öffentliches Grün". Leitung: Behrens / Schmidt / Preusker (Akte Anl. 2).

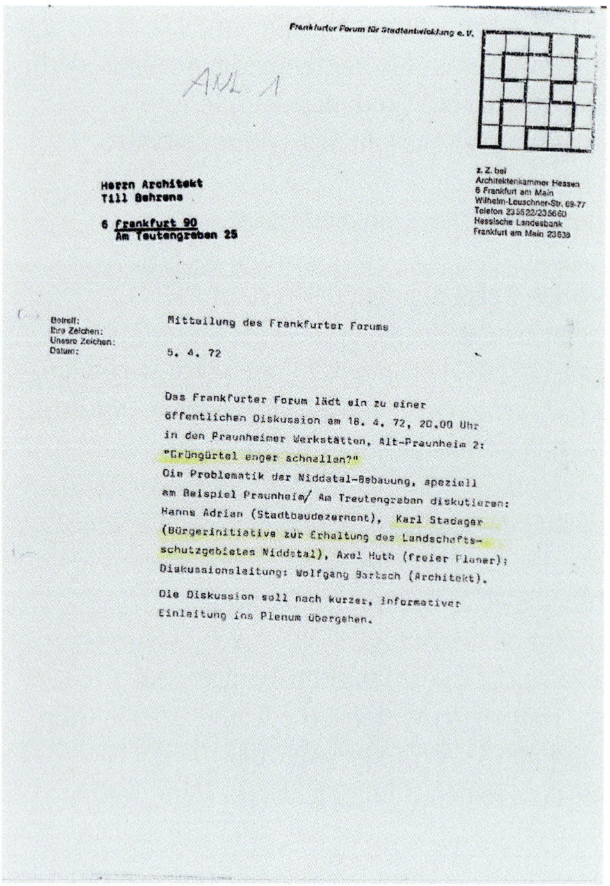

Frankfurter Forum für Stadtentwicklung e.V.

ANL 1

Herrn Architekt
Till Behrens

6 Frankfurt 90
Am Teutengraben 25

z. Z. bei
Architektenkammer Hessen
6 Frankfurt am Main
Wilhelm-Leuschner-Str. 69-77
Telefon 235522/235660
Hessische Landesbank
Frankfurt am Main 23639

Betreff: Mitteilung des Frankfurter Forums
Ihre Zeichen:
Unsere Zeichen:
Datum: 5. 4. 72

Das Frankfurter Forum lädt ein zu einer öffentlichen Diskussion am 18. 4. 72, 20.00 Uhr in den Praunheimer Werkstätten, Alt-Praunheim 2: "Grüngürtel enger schnallen?"
Die Problematik der Niddatal-Bebauung, speziell am Beispiel Praunheim/ Am Treutengraben diskutieren: Hanns Adrian (Stadtbaudezernent), Karl Stadager (Bürgerinitiative zur Erhaltung des Landschaftsschutzgebietes Niddatal), Axel Huth (freier Planer); Diskussionsleitung: Wolfgang Bartsch (Architekt).

Die Diskussion soll nach kurzer, informativer Einleitung ins Plenum übergehen.

197 Mitteilung zur Veranstaltung des Bürgerforums für Stadtentwicklung „Grüngürtel enger schnallen" am 18.04.1972

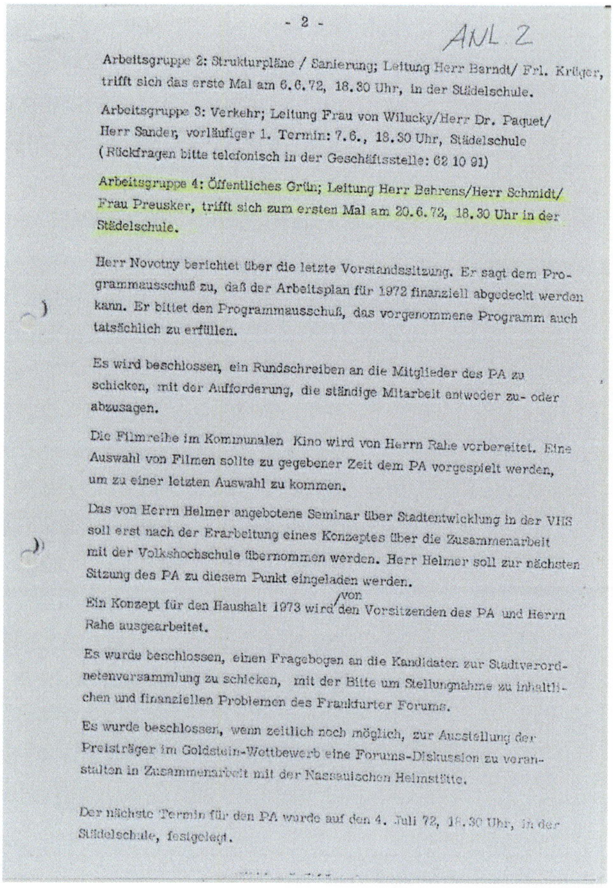

- 2 -

ANL 2

Arbeitsgruppe 2: Strukturpläne / Sanierung; Leitung Herr Berndt/ Frl. Krüger, trifft sich das erste Mal am 6.6.72, 18.30 Uhr, in der Städelschule.

Arbeitsgruppe 3: Verkehr; Leitung Frau von Wilucky/Herr Dr. Paquet/ Herr Sander, vorläufiger 1. Termin: 7.6., 18.30 Uhr, Städelschule (Rückfragen bitte telefonisch in der Geschäftsstelle: 62 10 91)

Arbeitsgruppe 4: Öffentliches Grün; Leitung Herr Behrens/Herr Schmidt/ Frau Preusker, trifft sich zum ersten Mal am 20.6.72, 18.30 Uhr in der Städelschule.

Herr Novotny berichtet über die letzte Vorstandssitzung. Er sagt dem Programmausschuß zu, daß der Arbeitsplan für 1972 finanziell abgedeckt werden kann. Er bittet den Programmausschuß, das vorgenommene Programm auch tatsächlich zu erfüllen.

Es wird beschlossen, ein Rundschreiben an die Mitglieder des PA zu schicken, mit der Aufforderung, die ständige Mitarbeit entweder zu- oder abzusagen.

Die Filmreihe im Kommunalen Kino wird von Herrn Rahe vorbereitet. Eine Auswahl von Filmen sollte zu gegebener Zeit dem PA vorgespielt werden, um zu einer letzten Auswahl zu kommen.

Das von Herrn Helmer angebotene Seminar über Stadtentwicklung in der VHS soll erst nach der Erarbeitung eines Konzeptes über die Zusammenarbeit mit der Volkshochschule übernommen werden. Herr Helmer soll zur nächsten Sitzung des PA zu diesem Punkt eingeladen werden.

Ein Konzept für den Haushalt 1973 wird von den Vorsitzenden des PA und Herrn Rahe ausgearbeitet.

Es wurde beschlossen, einen Fragebogen an die Kandidaten zur Stadtverordnetenversammlung zu schicken, mit der Bitte um Stellungnahme zu inhaltlichen und finanziellen Problemen des Frankfurter Forums.

Es wurde beschlossen, wenn zeitlich noch möglich, zur Ausstellung der Preisträger im Goldstein-Wettbewerb eine Forums-Diskussion zu veranstalten in Zusammenarbeit mit der Nassauischen Heimstätte.

Der nächste Termin für den PA wurde auf den 4. Juli 72, 18.30 Uhr, in der Städelschule, festgelegt.

198 Ausschnitt aus Einladung zu Programm-Ausschuss-Sitzung am 20.06.1972 im Forum für Stadtentwicklung

20.06.1972	Erste Sitzung der Arbeitsgruppe öffentliches Grün, beginnt sofort mit Behrens' Grüngürtel-Flussuferkonzeption. Schmidt hatte einen „Arbeitsbericht" verfasst, der u.a. eine Integration (öffentliche Nutzung) privat genutzter Flächen in Verbindung mit Nidda-Ufern und eine grüne Charta vorsah, die in der vorliegenden Kopie vom Forumsgeschäftsführer Jochen Rahe handschriftlich gestrichen und durch die im Forum vorliegende Behrens-Konzeption ersetzt wurde. Diese ergänzt Rahe handschriftlich auf einer angefügten Seite mit der Überschrift *„Öffentl. Grün 20.6.72"* (Akte Anl. 3, untere Abb 3). In dieser notiert Rahe zuerst die Namen der Sitzungsteilnehmer: Behrens, Schmidt, Fresenius, Dathe, Huth, Preusker, Rombusch. Er fügte mit Fragezeichen versehen hinzu *„Grüngürtel lockern?"*. Diese Bemerkung ist als Gegensatz zu der erfolgten Veranstaltung *„Grüngürtel enger schnallen"* zu verstehen. Rahe ergänzt nun *„Behrens Fahrrad-Schiff-Karussel, Mainufer, kritische Nidda-Stellen, Heiligenstock, Regionale Bezüge, Tiergarten Pläne, Kinderbauernhof"*. Seinem Textteil folgt eine Grobskizze mit drei Pfeilen auf in Behrens' Konzeption besonders gefährdete Stellen.
13.07. 1972	Rahe sendet „Aktionsplan" an Behrens (Akte Anl. 4).
18.07. 1972	Behrens erstellt Abwicklungsplan für Erkundung „Dritter Ring" (Akte Anl. 5 – untere Abbildung 4).
29.07.1972	Der „radelnde Ausschuss" bestehend aus Till Behrens, Jochen und Brigitte Rahe, Veronika Krüger und Dieter Pagel erkundet den in Frage kommenden Grünbereich von Fechenheim über den Heiligenstock bis Höchst mit dem Fahrrad und die Mainufer mit dem Dampfer (Abb. 003). Die Co-Vorsitzenden im Ausschuss Schmidt und Preusker nehmen an der Erkundung nicht teil.
31.07.1972	Ausschuss öffentliches Grün gibt Presserklärung zu Radtour – ohne Schmidt und Preusker (Abb. 044, „Per Rad durchs Grün rund um die grosse Stadt", FR. 4.8.1972.
07.11.1972	Die Grüngürtel-Flussufer-Konzeption des Autors wird im Ausschuss diskutiert.
Febr. 1973	Die Stadt entzieht dem Forum auf Beschluss der mit absoluter Mehrheit regierenden SPD den städtischen Zuschuss (Abb. 049).
22.03.1973	Georg Encke und Karl Stadager, Vertreter der Bürgerinitiative zur Erhaltung des Landschaftsschutzgebietes Niddatal, werden zu Vorstandsmitgliedern im Forum gewählt.

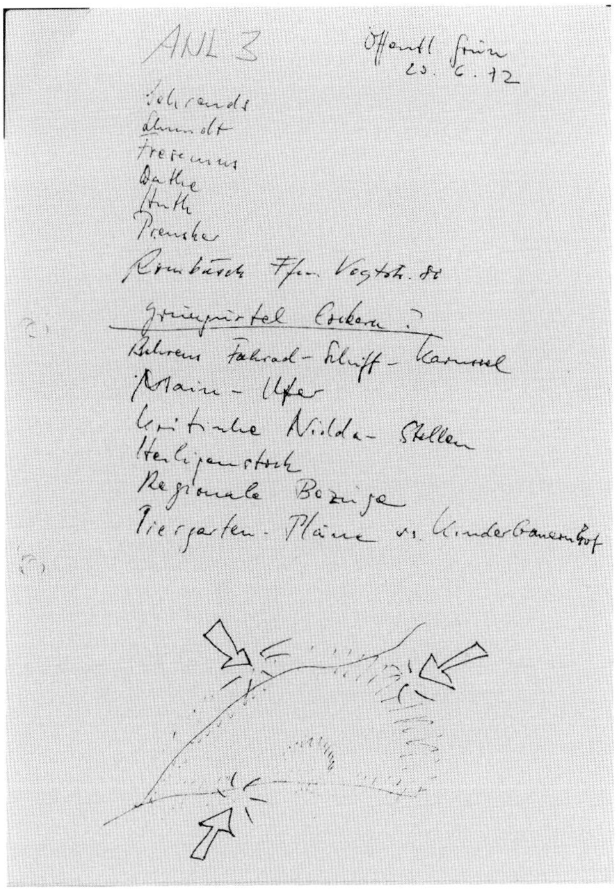

199 Notizen des Forums-Geschäftsführers Jochen Rahe bei der ersten Sitzung des Ausschuss Öffentliches Grün am 20.06.1972 Quelle: Forumsakten Behrens T.

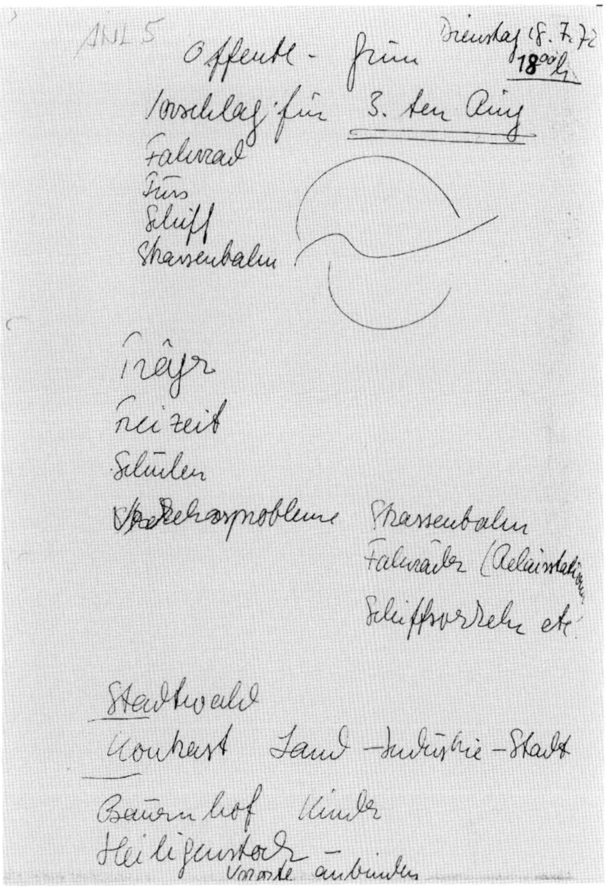

200 Behrens T. Abwicklungsplan – Entwurf für Erkundung, Vorschlag 3. Ring 18.7.1972, Hier ist bereits von Fahrrad, Fuß, Schiff, Straßenbahn die Rede, Quelle: Forumsakten: Behrens T.

II – 11.8.5 Richtigstellung der Fälschungen auf der Katalogseite 57

Die Katalogseite 57 zeigt drei Abbildungen: Links oben die Vorderseite des Flyers zur Erstpublikation der Grüngürtel-Konzeption des Autors durch das Forum, rechts daneben den Einband der ersten Buchausgabe seiner Dissertation und darunter OB-Kandidat Volker Hauff (SPD) mit Gefolge bei seiner 12 Jahre später erfolgten Re-Inszenierung der Forumserkundung.

11.07.1973	Der Ausschuss öffentliches Grün bereitet die Publikation der Grüngürtel-Konzeption vor unter dem von Behrens erfundenen Titel *„Der Frankfurter Grüngürtel – die Chance"* als Kurzfassung (beidseitig bedruckte Zeitungsbeilage) und als Langfassung (Broschüre) mit dem Titel *„Stellungnahme und Vorschläge zur Frankfurter Grünplanung, Der Grüngürtel – die Chance"*.
23.08.1973	Beide Fassungen werden mit Gartenbaurat Rombusch vom Gartenamt Frankfurt, Prof. Schäfer vom Senckenberg-Forschungsinstitut und Dr. Naumann von der Regionalen Planungsgemeinschaft Untermain RPU besprochen (Akte, Anl. 6).
Okt. 1973	Erscheinen Kurz- und Langfassung von „Der Grüngürtel – die Chance".
Okt. 1973	Schmidt tritt aus Forum aus. Frau Preusker tauchte in Protokollen schon nicht mehr auf. Behrens wird alleiniger Vorsitzender des Ausschusses öffentliches Grün.
22.11.1973	Stadtbaurat Hanns Adrian beglückwünscht schriftlich das Forum für die vorgelegte Broschüre und teilt zusätzlich mit, das Stadtplanungsamt erteilte einen Auftrag an den Landschaftsplaner Grebe, um *„im Sinne Ihres Vorschlages ein stabiles Grünkonzept zu erarbeiten". „Wenn das Gutachten vorliegt, sollten wir in eine intensive Diskussion eintreten. Ich meine, dass wir Anlass haben, uns bei Ihnen für die mit der Broschüre geleistete Arbeit zu bedanken (...)"* (Akte, Anl. 7).

Anfang der 1970er Jahre tritt der Ausschuss Öffentliches Grün im Frankfurter Forum für Stadtentwicklung e.V. mit dem Vorschlag für einen Grüngürtel vor die Öffentlichkeit, der als Chance für eine humane und zukunftsfähige Stadtplanung ins Spiel gebracht wird.

Unter dem Titel „Grüngürtel. Wachstumsorientierte Stadtpolitik und zusammenhängende Grünräume" bringt der Architekt Till Behrens 1988 in seiner Dissertation den vom Frankfurter Forum für Stadtentwicklung propagierten Grüngürtel wieder in Erinnerung.

SPD-Spitzenkandidat Volker Hauff radelt 1984 mit Bürgern durch den geforderten Grüngürtel.

201 Institut für Stadtgeschichte, Katalog zu 25 Jahre Grüngürtel, S. 57

Falsch ist:

- Unterschlagen der tatsächlichen historischen Zusammenhänge.
- Unterschlagen der übergeordneten Konzeption des Autors (Abb. 001).
- Unterschlagen der Flyer-Rückseite mit Stadtklimatisierungsgraphik und Forumsforderungen (Abb. 053).
- Unterschlagen der inhaltlichen Aussagen dazu (Abb. 053).
- Unterschlagen der Forumsschrift von 1979 *„Schutz für den Frankfurter Grüngürtel – Was wurde aus dem Vorschlag des Frankfurter Forums für Stadtentwicklung von 1972 /73?"* (Abb. 058), in der vier farbige Faltkarten aus den lufthygienisch-meteorologischen Modelluntersuchungen zur Begründung des Grüngürtels publiziert wurden.
- Unterschlagen der Faltkarte des Autors zur Dissertation mit Belüftungsradialen nach innen und außen und Verkehrsbündelung (Abb. 002).
- Unterschlagen der Information auf S. 13 der abgebildeten Buchausgabe des Autors, dass seine Konzeption – nicht eine Heise-Skizze – von vorneherein von der *Regionalen Planungsgemeinschaft Untermain* (RPU), Dr. Alexander von Hesler, ferner Prof. Reinhard Sander als Vorstandsmitglied im Forum, wegen ihrer ökologischen Bedeutung unterstützt wurde.
- Unterschlagen des Fotos der Ur-Erkundung durch Forum (Abb. 003) und Ersetzen durch ein Foto der 12 Jahre später erfolgten Re-Inszenierung durch Volker Hauff und Gefolge (Frontispiz, Abb. 004).
- Unterschlagen der Auszeichnung der Landesregierung für die Dissertation des Autors als *Rahmengebendes Gesamtkonzept für Frankfurt* (Abb. 145).
- Die durch Unterschlagungen in der Abbildungsreihe in Verbindung mit der gegenüberliegenden Abbildung auf Seite 56 erzeugte Suggestion: Die Grobskizze Heise sei Grundlage für Forumsflyer und Promotion des Autors gewesen und Hauff habe nach Ortsbesichtigung Heises Grobskizzen-Grüngürtel realisiert.
- Die durch Unterschlagungen in der Abbildungsreihe erzeugte Suggestion, es ginge um grüne formalästhetische Stadtverschönerung und nicht um ein Rahmengebendes Gesamtkonzept auf ökologischer Grundlage.
- Erniedrigung der Förderer des Originals (Impressum) zu Plagiatsförderern.

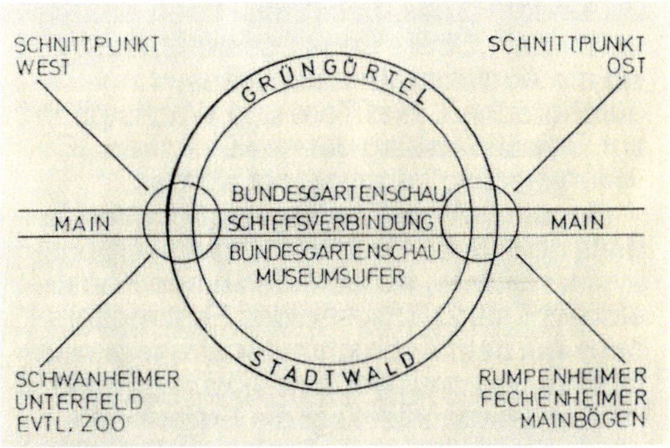

202 Behrens T.
Grüngürtel-Flussufer-Prinzip 1970/71

203 Erkundungstour Frankfurter Forum für Stadtentwicklung 29.07.1972 , v.l. n. r. Rahe J., Rahe B., Krüger V. , Pagel D., Fotograf: der fünfte Teilnehmer Behrens T.

Richtig ist:

- Grundlage des realisierten GrünGürtels war das System des Autors von 1970/71, Ring mit Querspange und Schnittpunkten Ost und West, keine Grobskizze Heise.
- Grundlage war die erste Erkundungstour durch das Forum am 29.07.1972.
- Grundlage waren die lufthygienisch-meteorologischen Modelluntersuchungenin der Region Untermain.
- Grundlage war Stadtplanung auf klimatischer, nicht auf formaler Basis – wie dies beim städtischen Plagiat der Fall ist.
- Grundlage war der Inhalt der Dissertation des Autors.
- Grundlage war die Grüngürtel-Faltkarte des Autors (vgl. Vor- und Nachsatz). Diese zeigt ein sehr viel weiter reichendes Gesamtkonzept mit Belüftungs-Radialen zum Umland und in die Innenstadt hinein, mit Verkehrsbündelungzum Wiederbewohnbarmachen der Stadt (Laudatio Abb. 145).
- Grundlage waren Bürger, die den Grüngürtel bereits zum Allparteienkonsen gebracht hatten, bevor rot-grüne Politiker ihn aufgriffen, sich in das gemachte Nest setzten und Autor und Bürger hinauswarfen.
- Förderer des Originals, wie die Karl-Hermann-Flach-Stiftung, Deutscher Werkbund und Johann Philipp Frhr. v. Bethmann, dessen Familie das ausstellende Institut unterstützt, wurden ohne ihr Wissen via damnatio memoriae automatisch zu Plagiatsförderern erniedrigt (s. Fn.1).

II – 11.8.6 Ehrung für Adabei[57]

Es ist bezeichnend für die Fälschungsabsicht der Ausstellung, dass sich die Kuratorin nicht bei dem von der Landesregierung ausgezeichneten Urheber informierte oder damals beteiligten Bürgern (z.B. aus der Fülle der Ordner von Georg Encke), sondern stets aus zweiter Hand. Sie meidet das Original und den Kontakt mit dem Urheber und bezieht sich einseitig und falsch auf eine Besprechungs-Grobskizze von Herbert Heise und ein *„Privatarchiv Rolf Schmidt, Ordner Frankfurter Forum – Ausschuss öffentliches Grün"*. Sie hätte aber selbst aus diesen Unterlagen erkennen können: Schmidt war nur ca. 1¼ Jahre Mitglied im Ausschuss öffentliches Grün, beteiligte sich weder an der Erkundungstour

57 Adabei = bayrisch-österreichische Bezeichnung für „auch dabei", lt. Duden Synonym für einen Wichtigtuer, der überall dabei sein will.

zum Grüngürtel noch an der Erstpublikation durch das Forum und trat aus, als dies die Konzeption des Autors publizierte.[58] Schmidt war also nur temporärer Adabei.

II – 11.8.7 Ehrung für Radfahrer

Auch Ehrungen parallel zur Ausstellung dienen der damnatio memoriae. Umweltdezernentin Rosemarie Heilig (Die Grünen) lässt Anfang September 2017 z.B. für Harald Braunewell, Gründer des Allgemeinen Deutschen Fahrrad-Clubs (ADFC), eine Stele am Grüngürtel-Radrundweg an der Nidda in Sossenheim errichten, weil dieser 1982 mit einer Karte für einen Rad-Rundkurs den Rundweg vorgegeben habe.[59] Dieser war jedoch seit der Forums-Grüngürtel-Erkundungs-Radtour 1972 bekannt. Die Frankfurter Rundschau hatte am 04.08.1972 unter „Per Rad durchs Grün rund um die große Stadt" (Abb. 044) berichtet. Ein Leserbrief korrigierte Frau Heilig.

Nicht allein

Einen Bericht zu Radwegen ergänzt dieser Leser (Zu: „Ideengeber für einen Radrundweg", F.A.Z. vom 5. September).

Harald Braunewell wird als Initiator des Radrundwegs auf dem Frankfurter Grüngürtel vorgestellt, und es wird über seine nachträgliche Ehrung durch eine Stele berichtet. Nicht berichtet wird über den wahren Ideengeber für Grüngürtel und Radrundweg, Prof. Till Behrens. Mit dem Frankfurter Forum für Stadtentwicklung schuf er vor 45 Jahren das Konzept für einen Grüngürtel einschließlich der Möglichkeit, „per Rad durchs Grün rund um die große Stadt" zu fahren: So die Überschrift eines Berichts in der „Frankfurter Rundschau" vom 4. August 1972. 20 Jahre später vereinnahmten Kommunalpolitiker den Grüngürtelplan für sich und vermarkten ihn seitdem als ihre Idee.

Die Hessische Landesregierung zeichnete Prof. Behrens 1991 für sein durchgeplantes Konzept aus und wies in der Laudatio besonders auf das bürgerschaftliche Engagement hin, welches seiner Arbeit und deren Unterstützung aus der Bevölkerung zugrunde lag. Harald Braunewell verdient es, für seinen späteren Einsatz für das Radwegenetz gewürdigt zu werden, aber bitte nicht er allein.

■ *Dr. Peter Blanckertz, Frankfurt*

204 Blanckertz P. „Nicht allein", in FAZ 2.10.2017, S. 33

58 Im Dissertationsdruck des Autors sind u.a. Karl-Heinrich Hülbusch und Rolf Schmidt in der Danksagung aufgeführt, in den Buchausgaben fehlen beide. Das hat folgenden Grund: Als der Autor seinen Referenten Lucius Burckhardt um das Vorwort für die Buchausgabe bat, sagte dieser mit der Gegenbitte zu, dass die beiden Personen in der Buchausgaben-Danksagung nicht vorkommen. Hülbusch, weil er als vom GhK-Fachbereich zugeteilter Korreferent, nicht vom Autor ausgewählter, versuchte das Promotionsverfahren zu verhindern (siehe auch Kap. II- 5.4, Fn. 41), Schmidt, weil er sich im Deutschen Werkbund, dessen Vorsitzender Burckhardt war, wiederholt abfällig zur Grüngürtel-Konzeption und Promotion des Autors geäußert hatte.

59 Harting M. Ideengeber für einen Radrundweg, FAZ 5.9.2017, S. 34.

II – 11.8.8 Unbeabsichtigte Ehrung für Bürger und Urheber

Schafften es Fälscher schon in autoritären Strukturen wie im alten Ägypten nicht, die von ihnen hinterlassenen Spuren ihrer damnatio memoriae restlos zu tilgen, gelingt ihnen dies in unserem Kommunikationszeitalter noch weniger. Es bleiben stets Merkmale der Vernichtungsabsicht erhalten. Im vorliegenden Fall prangern sie einerseits Politiker, Ämter und Aussteller als Fälscher an und erweisen andererseits Bürgern und „Unpersonen", die aus der Geschichte „vaporisiert" (Orwell) werden sollen, eine Ehre, die im klassischen Ägypten nur Pharaonen zuteil wurde. Das Besucherbuch der Ausstellung beweist es.[60]

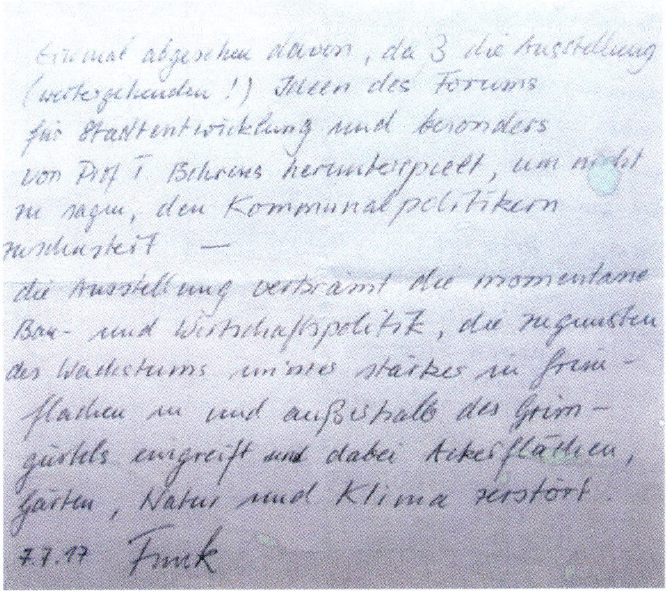
Einmal abgesehen davon, daß die Ausstellung
(weitergehenden!) Ideen des Forums
für Stadtentwicklung und besonders
von Prof. T. Behrens herunterspielt, um nicht
zu sagen, den Kommunalpolitikern
zuschustert –
die Ausstellung verbrämt die momentane
Bau- und Wirtschaftspolitik, die zugunsten
des Wachstums immer stärker in Frei-
flächen in und außerhalb des Grün-
gürtels eingreift und dabei Ackerflächen,
Gärten, Natur und Klima zerstört.
7.7.17 Funk

205 Eintragung in Besucherbuch zur Ausstellung „25 Jahre Grüngürtel" im Institut für Stadtgeschichte

II – 11.8.9 Kontraproduktivität der Ausstellung

Die Ausstellung verstößt nicht nur gegen Bürger-, Urheber- und Menschenrechte, sondern auch gegen das konzeptionelle Grundprinzip des Grüngürtels überhaupt, nämlich „Rahmengebendes Gesamtkonzept auf wissenschaftlich-ökologischer Grundlage".

- Unterschlagen wird die Zusammengehörigkeit von Grüngürtel und Mainufer.
- Unterschlagen werden die lufthygienisch-meteorologischen Modelluntersuchungen zur Region Untermain.
- Unterschlagen werden damit die wissenschaftlichen Begründungen für den Grüngürtel, mit denen er 1970/71 begann.
- Unterschlagen wird damit auch die wissenschaftliche Begründung für nötige Kaltluftentstehungsflächen und Zuluftschneisen vom Taunus (Abb. 036–040).
- Unterschlagen wird, dass der Dritte Grüngürtel bereits im Original grüne Arme nach Außen und Innen hat, die – vor allem außen – nicht angetastet werden dürfen.

---

60 Eintragung in das Besucherbuch der Ausstellung: *„Einmal abgesehen davon, daß die Ausstellung (weitergehende) Ideen des Forums für Stadtentwicklung und besonders von Prof. T. Behrens herunterspielt, um nicht zu sagen, den Kommunalpolitikern zuschustert – die Ausstellung verbrämt die momentane Bau- und Wirtschaftspolitik, die zugunsten des Wachstums immer stärker in und außerhalb des Grüngürtels eingreift und dabei Ackerflächen, Gärten, Natur und Klima zerstört."* 7.7.17.

- Unterschlagen wird, dass Frankfurt außer bei seltenem Starkwind allein von seiner Nordwestseite her belüftet wird. Im Falle ihrer Bebauung droht Erstickung.
- Unterschlagen wird, dass Bürger bereits 1979, mehr als 10 Jahre bevor eine rot-grüne Stadtregierung das Konzept aufgriff, in der Forumsschrift *„Schutz für den Frankfurter Grüngürtel – Was wurde aus dem Vorschlag des Frankfurter Forums für Stadtentwicklung von 1972 /73?"* (Abb. 058) vier Faltkarten der Klimauntersuchungen als wissenschaftliche Beweise für die Notwendigkeit des Grüngürtels mit Armen in das Umland und die Innenstadt publizierten.
- Unterschlagen wird, dass es kein Problem wäre, auf Frankfurts Südseite zu bauen, wenn dort nicht Siedlungsbeschränkungen durch den Flughafenausbau mit Billigung des Umweltamtes und städtischer Grünämter herbeigeführt worden wären.
- Unterschlagen wird, dass Landschaftsschutz und Grüngürtel-Verfassung kein zuverlässiger Schutz sind.
- Unterschlagen wird, dass Negativbebauungspläne mehr Schutz bieten als Landschaftsschutz, aber in 25 Jahren kaum aufgestellt wurden, obwohl Bürger und Autor dies schon vor 45 Jahren forderten.

Statt des von den Bürgern geforderten rahmengebenden Gesamtkonzeptes auf wissenschaftlicher Grundlage (Kap. II–3) präsentiert die Stadt den Besuchern einen Grüngürtel als Spielwiese[61]. Sie machte damit erneut deutlich, der Stadt und ihren Politikern geht es nicht um den Grüngürtel, sondern um die Darstellung mit ihm.

II – 11.8.10 Einladung zum Großangriff auf den Grüngürtel

2016/17 Vor diesem Hintergrund wirkt die Ausstellung als Einladung, weitere geschützte Grünflächen zur Bebauung heranzuziehen, die von Baugesellschaften mit städtischer Beteiligung schon lange hierfür gekauft worden waren, wie z.B. das Hildenfeld (Kap.II–2.2 und II–11.4). Darüber hinaus startete Planungsdezernent Mike Josef (SPD) eine Großoffensive, um die gesamten nordwestlichen Grünflächen zwischen Praunheim / Niederursel und Stierstadt / Oberursel über die Autobahn A 5 hinweg mit einer Stadt für mehr als 30 000 Einwohner zu überbauen. Gerade hier liegen aber Frankfurts wichtigste Frischlufterzeugungs-, Abkühlungs- und Ventilations-Bereiche (Abb. 036 + 037). Im Dezember 2017 stimmen im Stadtparlament CDU, SPD, FDP und die Grünen einer Machbarkeits-Untersuchung zu.

Okt. / Nov. 2018 Ohne das Ergebnis der Untersuchung abzuwarten, kauft die städtische Baugesellschaft ABG große Teile des landschaftsgeschützten Ackerlandes. Der dazu vor der Landtagswahl (30.10.2018) abgeschlossene Kaufvertrag wurde erst nach dieser bekanntgemacht.[62] Da Baugesellschaften Ackerland kaufen, um es zu bebauen und nicht um es landwirtschaftlich zu bewirtschaften, wurden hier, auch wenn es verwaltungsseitig bestritten wird, vollendete Tatsachen geschaffen.[63]

61 Goethe nannte sie „Spielwerk" (s. hierzu Zitat, Kap. II-5.6, Fn. 62).

62 Schulze R., „Frankfurt kauft Land für neuen Stadtteil", FAZ 14.11.2018, S. 29.

63 Ders., „Vollendete Tatsachen", FAZ 14.11.2018, S. 29.

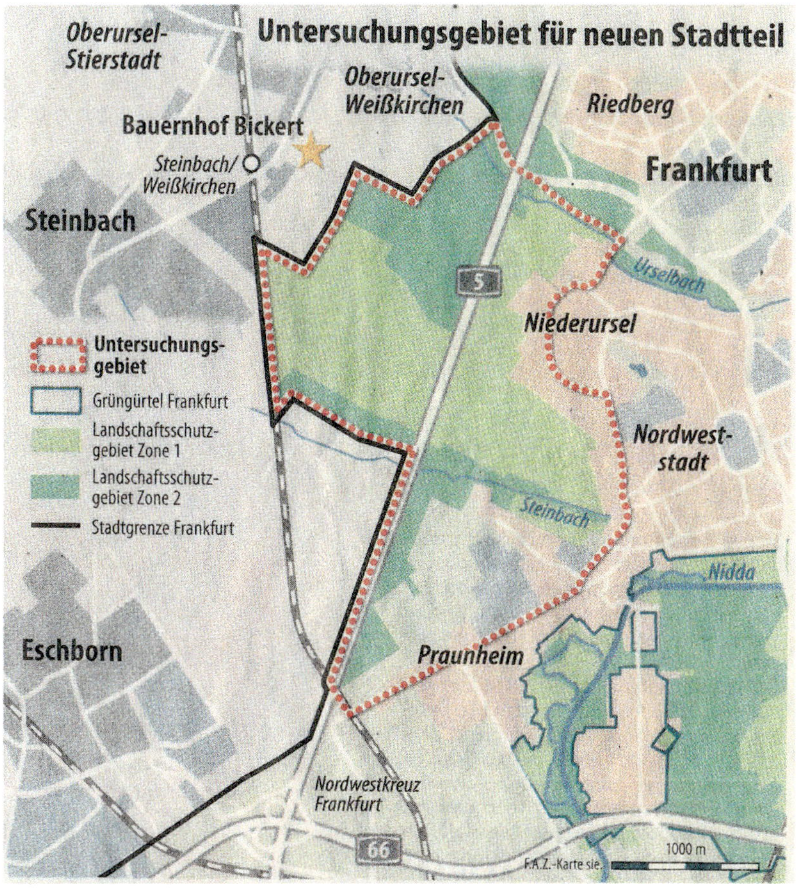

206 Plan für NW-Bebauung für 30.000-Einwohner-Stadt auf zu 40 Prozent stadteigenem Grund, die auf Frischlufterzeugungs- und Abkühlungsflächen und vom Taunus herkommenden Frischluftschneisen platziert wurden: FAZ 25.08.2017. Auf dieser Karte, die auf Unterlagen der Stadt Frankfurt aufbaut, wird der Grüngürtel im Niddatal (tiefgrüne Umrandung) bereits ohne die im Original vorgesehenen „Grünarme" zum Umland abgebildet (vgl. hierzu Karten des Autors in Vor- und Nachsatz).

II – 11.9 Klimazerstörung, Wählerbetrug, Verrat

Die Bürger hatten bereits mit der Verhinderung des Green Capital City Award für Frankfurt (Kap.II–11.5) verdeutlicht, was sie von einem Umweltamt halten, das die klimatische Situation des Grüngürtels und damit der ganzen Stadt ständig verschlechtert, während es sich mit ihm inszeniert. Tatsächlich ist seit dem Verlust des südlichen Ringteiles am Stadtwald 2011 die Situation des Grüngürtels schlechter als bei seiner Konzeption 1970/71 – vierzig Jahre vorher –, als es noch kein Umweltamt gab. Schon bei der Gründung des Umweltamtes 1990 wurde nicht verstanden, dass es beim Grüngürtel nicht um Grüngestaltung, Postenbeschaffung und Selbstdarstellung geht (Kap. II-12.6), sondern um Stadtklimatisierung, humanes Wohnen und effektiven Schutz.

Hatte Frankfurts erster Umweltdezernent Tom Koenigs (Grüne) das Original in ein Kosmetikprogramm verkehrt, lieferte Umweltdezernentin Manuela Rottmann (Grüne) davon 2006 den Südabschnitt Stadtwald zur Realisierung der NW-Landebahn aus und ihre Nachfolgerin Rosemarie Heilig (Grüne) 2017 dann den klimatisch entscheidenden NW-Abschnitt zum Bebauen. Alle diese Vorgänge laufen auf Segregation, d. h. die gefürchtete Entmischung der Gesellschaft hinaus. Frankfurt wurde zur Single-Stadt.

01.02.2018 Die regierende Koalition aus CDU, SPD und Grünen wählt Rosemarie Heilig (Grüne) wieder zur Umweltdezernentin für die nächsten vier Jahre. Politiker kritisieren: „Heilig treibe die ‚Klimazerstörung' voran" und „Verrat an den einstigen grünen Idealen"[64], Bürger kritisieren „Betrug am Wähler"[65].

64 Harting M., „Heilig wiedergewählt", FAZ 02.02.2018, S. 29.

65 jaho., „Selbstherrlichkeit im Rathaus", FAZ 21.02.2018, S. 36.

FAZ 02.02.2018 S. 29

Heilig wiedergewählt

Grünen-Politikerin bleibt Umweltdezernentin / Kritik der Opposition

Die Stadtverordneten haben gestern mit gro[illegible] Mehrheit Umwelt- und Frauendezernentin Rosemarie Heilig für weitere sechs Jahre als hauptamtliche Stadträtin im Amt bestätigt. Für die Grünen-Politikerin votierten 56 der anwesenden 86 Kommunalpolitiker, 29 stimmten mit Nein, eine Stimme war ungültig. Damit erhielt Heilig vermutlich alle Stimmen der Römerkoalition aus CDU, SPD und Grünen. Eigentlich verfügen die drei Fraktionen im Stadtparlament über 59 Stimmen, doch es waren gestern nicht alle Parlamentarier anwesend.

Der Wahl war eine Aussprache vorausgegangen, in der sich lediglich die Grünen lobend über ihre Stadträtin äußerten. Fraktionschef Manuel Stock nannte die 61 Jahre alte Heilig, die seit 2012 Umweltdezernentin ist, eine „starke Frau und eine starke Stimme für die Umwelt“. Weiter bezeichnete er sie als eine „authentische Macherin und überzeugte Ökologin“. Heilig ist Biologin; über ihr umweltpolitisches Engagement fand sie einst zu den Grünen.

CDU und SPD meldeten sich nicht zu Wort; sie überließen das Feld der Opposition. Scharfe Kritik an der Politik Heiligs kam von linker wie von rechter Seite. FDP-Fraktionschefin Annette Rinn begründete ihre ablehnende Haltung damit, dass der hauptamtliche Magistrat zu groß sei. Statt zehn Dezernenten täten es auch neun oder acht. Die jetzige Umfang sei allein der Koalitionsarithmetik geschuldet. Der Verzicht auf eine Person tue „der Qualität der Stadtregierung keinen Abbruch“. Zumal die Grünen mittlerweile ohnehin „relativ pflegeleicht“ seien; vermutlich habe sie die jahrelange Zusammenarbeit mit der CDU „weichgespült“, sagte Rinn. Die Grünen entwickelten mit den ihnen verbliebenen Ressorts nicht viel Strahlkraft; die Arbeit könne auf andere Schultern verteilt werden.

Linken-Politikerin Pearl Hahn warf Heilig und den Grünen insgesamt vor, „Verrat an den einstigen grünen Idealen“ zu begehen, da sie weder in der Verkehrs- noch in der Energiepolitik eine Wende einleiteten. So betreibe etwa die Mainova ihr Heizkraftwerk bis 2030 weiterhin mit Kohle. Und auch ein Einsatz für mehr Grün in der Stadt sei nicht erkennbar, denn „mehr echtes Grün geht nur mit weniger Beton“, so Hahn. Nicht einmal bei der Bekämpfung der Nilgänse setze sich Heilig „gegen den schießwütigen Ordnungsdezernenten Markus Frank durch“. Der CDU-Politiker Frank hatte zum Ende der Freibadsaison verfügt, dass fortan ein Jäger die Tiere, die sich in zu großer Zahl im Brentanobad heimisch fühlten, nachhaltig vertreiben soll.

Unzufrieden mit Heiligs Politik zeigte sich auch Manfred Zieran von Ökolinx. Die Umweltdezernentin gebe der Baupolitik in der Stadt „Flankenschutz“. Heilig treibe die „Klimazerstörung“ voran, da sie weder das geplante Innovationsquartier nördlich des Günthersburgparks ablehne noch den umstrittenen neuen Stadtteil an der Grenze zu Steinbach und Oberursel. Dabei sei die Grünen-Politikerin als Person durchaus integer und mache auch gute Sachen, allerdings nur im „Klein-Klein“.

Wegen Heiligs positiver Einstellung zu dem neuen Stadtteil – die Stadträtin spricht regelmäßig davon, dass das Quartier für Frankfurt eine Chance sein könne – hält auch BFF-Fraktionschef Patrick Schenk die Politikerin für „untragbar“. Und er pflichtet der FDP bei, dass acht Stadträte für Frankfurt ausreichend seien. *mch.*

207 Harting M., „Heilig wiedergewählt", FAZ 02.02.2018, S. 29.

7.6.2018 Umweltdezernentin Heilig teilt im Umweltausschuss der Stadtverordneten-Versammlung mit: „Ich bin pleite". Die Presse nennt es „Offenbarungseid".[66]

Nachdem die Grüngürtel-Flussufer-Konzeption 50 Jahre Ansatz für eine umfassende Klimakonzeption des Umweltamtes hätte sein können, wiederholt sich jetzt, was 1977 – drei Jahre vor Gründung der grünen Partei – bereits die Schrift der FDP kritisiert hatte: *„Geld gegen Grün – oder wie man eine Stadt unbewohnbar macht"* (Abb. 032, Kap. II–2.1).

Geändert hat sich inzwischen nur, dass nun auch Grüne an der Grünzerstörung beteiligt sind. Die eingetretene Wiederholung markiert das Scheitern der einmaligen Chance, Frankfurt zum Vorbild für Stadtplanung im Klimawandel zu machen.

Herbst 2019 Der Magistrat legt ein kommunales Klimapaket vor, das Straßen- und Hausbegrünung, Kohleausstieg und mehr Radwege vorsieht, aber keine klimatische Stadtplanung, die im Fall von Frankfurt seit den 1970er Jahren möglich und in Anbetracht des Vorhabens, die Abkühlungsbereiche im Nordwesten der Stadt zubauen zu wollen, dringend notwendig ist.

---

66 Rösmann T., „Offenbarungseid im Umweltdezernat" und ler, „Erstaunen über Schrei nach Geld", beide FAZ 9.6.18, S. 37.

21.02.2018 S. 36

FRANKFURTER ALLGEMEINE ZEITUNG

„Selbstherrlichkeit im Rathaus"

Kritik an Plänen für neues Wohngebiet / Podiumsdiskussion

Wer am Montag gegen 22.30 Uhr in die Runde der knapp hundert Zuhörer im Restaurant „Mutz" schaute, sah viele müde und ernüchterte Gesichter. Dass es ein harter Abend werden würde, war sicher auch den fünf Podiumsgästen klar, die zur Diskussion in das Niederurseler Lokal gekommen waren. Dessen Besitzerin Sabine Levi hatte zum Streitgespräch über die Frage „Schafft Frankfurts Wohnungsbaupolitik bezahlbaren Wohnraum?" eingeladen. Dass es eine g[illegible] Idee sei, für diesen Zweck Äcker im Norden der Stadt in unmittelbarer Nähe der A 5 zu bebauen, bezweifelten etliche im Publikum.

Aus dem Römer waren der Grünen-Fraktionsvorsitzende Manuel Stock und der Stadtplaner Markus Radermacher gekommen. Die Gegenpositionen nahmen drei Vertreter aus der kommunalen Politik und Bürgerschaft ein, oft unterstützt vom Publikum, das die Ausführungen teils bissig kommentierte. Als Stock – vom Moderator als der Mann von der „Naturschutzpartei" vorgestellt – sagte, der Grüngürtel um Frankfurt werde nicht bebaut, erschallte höhnisches Gelächter. Den ganzen Abend über musste sich der Stadtverordnete vorwerfen lassen, er verrate die Prinzipien der eigenen Partei. Gastgeberin Levi sagte, sie erwarte von den Grünen nichts mehr. Später forderte eine Frau aus dem Publikum: „Wenn ich grün wähle, will ich grün!"

Auch eine Vertreterin der „Bürgerinitiative für den Erhalt der Grünen Lunge am Günthersburgpark" äußerte Kritik an der Wohnungsbaustrategie der Stadt. Besonders umstritten sind die Überlegungen, im Norden beidseits der Autobahn 5 ein neues Wohngebiet zu schaffen. Stock gab zu: „Jede Bebauung ist erst mal ökologisch schädlich." Doch das Gebiet an der A 5 eigne sich noch am ehesten für das Vorhaben. Zudem werde die Stadt nicht bauen, wenn die Prüfung der Fläche negativ ausfalle. Auch Planer Radermacher versuchte die verärgerten Anwohner zu beruhigen: „Es muss nicht der Riesenstadtteil mit 30 000 Leuten werden, die sich in der Mitte an der Autobahn treffen."

Außer den Ängsten vor Naturzerstörung und den sozialen Problemen, die der neue Stadtteil mit sich bringen könnte, wecken noch zwei weitere Aspekte den Unmut der Kritiker: die aus ihrer Sicht schlechte Kommunikation zwischen der Stadt Frankfurt und den betroffenen Umlandgemeinden sowie das fehlende Mitbestimmungsrecht der Bürger. Für Levi ist es „Betrug am Wähler", wenn Oberbürgermeister Peter Feldmann (SPD) in seiner Wahlkampfbroschüre schreibe, die Bebauung im Nordwesten Frankfurts sei „beschlossen". Ein Zuhörer sprach in diesem Zusammenhang von der „Selbstherrlichkeit von SPD und Grünen im Rathaus".

Der CDU-Landtagskandidat Veljko Vuksanovic sagte, er habe erst aus der Zeitung von den Plänen für den neuen Stadtteil erfahren. Vorgänge wie diese entzögen der politischen Beteiligung der Bürger den Boden, fügte Levi hinzu. Auch jene, die das anders sehen, dürften ihr zumindest in einem Punkt zustimmen: Es sei wichtig, miteinander im Gespräch zu bleiben. *jaho.*

208 jaho., „Selbstherrlichkeit im Rathaus", FAZ 21.02.2018, S. 36.

II – 12. Ursachen und Erkenntnisse

Ab 1973 hatten Frankfurter Bürger der städtischen Konzeptionslosigkeit mit den Publikationen des Forums das vom Autor entwickelte „Rahmengebende Gesamtkonzept" zum Wiederbewohnbarmachen der Stadt gegenübergesetzt.
Der dtv-Atlas Stadt stellte dazu fest:

„Politik, Landesplanung und Wissenschaft bieten keine Lösungen. Till Behrens weist als Einzelner einen Weg aus dem ‚Chaos zur Idealstadt'. Er setzte neue Zuordnungen von Bebauung zu Freiraum, indem er vorhandene Restgrünflächen zu durchgehenden Landschaftsbändern verbindet und sie beidseitig von Randbebauung begleiten lässt. (...) Es findet wegen seiner Qualität eine so hohe Akzeptanz bei den Bürgern, dass es in seiner realen Schutzfunktion 30 Jahre als Vorbild für die kommunale Grünordnungspolitik wirkt."[1]

Beim „Rahmengebenden Gesamtkonzept" (Kap. II – 3.) wurde bereits auf die Schutzfunktion hingewiesen, die einer Innovation innewohnt, die von Bürgern getragen wird. Im Fall Flughafen-Ausbau kam dagegen das Alternativkonzept *„Ausbau des Hahn als Umsteigeflughafen mit Transrapidanschluss"* nicht in die öffentliche Diskussion. Es war vorhanden, wurde aber nicht veröffentlicht und somit wurden auch mit ihm verbundene Vorteile nicht bekannt, zu denen auch wirtschaftliche Vorteile gehören. Die Politik hatte das Bürgerforum, das die Alternative hätte publizieren und qualifiziert vertreten können, zerstört (Kap. II – 3., II – 4. und II – 7.2). Zum Nachteil der Bürger erfolgte nun ohne ihre Mitwirkung eine Mediation zum Flughafen-Ausbau, der bereits an diesem Ort als Vorgabe vorausgesetzt wurde, was den Charakter einer Mediation von vornherein fragwürdig macht. Zwischen Bund, Land und Stadt wurde zusätzlich ein Konsortialvertrag geschlossen, der den Ausbau des Flughafens garantiert (Kap. II – 11.1). Statt eine Auseinandersetzung „für" ein Alternativkonzept einzuleiten, von der die Wirtschaft und die Politik in den drei betroffenen Bundesländern – Hessen, Rheinland-Pfalz und Bayern – hätten profitieren können, zwang die Politik den Bürgern einen Kampf „gegen" auf – gegen das, was ihnen hier zugemutet wird: nämlich eine börsenorientierte Stadtplanung.

In der Folge vernichtet diese Art von Politik auch bereits realisierte Teile des „Rahmengebenden Gesamtkonzepts", das auf Zusammenhängen basiert. Diese Zusammenhänge wurden von der Politik entweder mit Absicht übergangen oder nicht erkannt.

II – 12.1 Was wurde von der Gesamtkonzeption bis 2014 realisiert?

41 Jahre nach der ersten Publikation der Konzeption 1973 und 28 Jahre (eine Generation) nach der Promotion des Autors 1986 sind von den 18 Forderungen in Kap. II – 3, die mit Sicherheit hätten realisiert werden können, nur folgende Ziffern in Ansätzen tatsächlich umgesetzt worden:

1. *Restgrünflächenteil nördlich des Mains wird mit dem Stadtwald südlich des Mains zu einem Grünring durch die Stadt geschlossen.*
   Das erfolgte nur vorübergehend. Der Stadtwald fiel inzwischen als brauchbares Bindeglied durch die Auslieferung an den Ausbau des Flughafens wieder heraus.

---

1 Hotzan J., dtv-Atlas Stadt, S. 63 , 3. Aufl., Dez. 2004 München.

2. *Mittendurch fließt der Main, dessen Ufer von Offenbach bis Sindlingen stufenweise grün regeneriert werden, soweit sie nicht noch als Restgrünflächen erhalten sind.*
   Hier erfolgten Regenerationen. Es erfolgten aber auch neue Bebauungen bis an die Ufer heran, z.B. im Westhafen, die allerdings den Ansatz zu einem durchgehenden grünen Uferband konterkarieren.

3. *Besondere Freizeiteinrichtungen können an den Schnittpunkten zwischen Main und Grünring im Osten und Westen der Stadt entstehen.*
   Auch hier ist es nur zu Ansätzen gekommen. Der Schnittpunkt Ost (Fechenheimer-Rumpenheimer-Mainbogen) wurde im Anpflanzungsplagiat von vornherein ausgeklammert.

4. *Kultur-, Bildungs- und Freizeiteinrichtungen in seinem Zentrum (Naherholungsverbundsystem).*
   Dies ist der einzige Punkt, bei dem wirklich etwas geleistet wurde.

17. *Korrektur falscher städtebaulicher Entscheidungen.*
    Hier wurde lediglich mit der Umsetzung der Unterposition *17a* im Dritten Grüngürtel begonnen:
    - Rückverlagerung des Niddalaufs aus dem heutigen hässlichen Kanal in sein altes Flussbett
    - Kanal nur noch als Hochwasserabflussrinne
    - Rückbau von diversen Radialstraßen.

    Die in 17b genannten acht Unterpositionen wurden nicht umgesetzt.

Die übrigen 13 der 18 Forderungen – wie Grünradiale (Ziff. 5, 6, 7, 10, 11, 12), Verkehrsbündelung (Ziff. 8 und 17b), Grüngürtel- und Mainufer-Randbebauungen, Recycling der Industriebrachen zwischen City und Fechenheim durch Wohnungsbau (Ziff. 13), mit der Bebauung abgestimmte gesetzliche und organisatorische Freiflächen-Sicherungsmaßnahmen (Ziff. 15 und 16) – sind nicht erfolgt. Ebenso nicht das Aufstellen einer Aufbaureihe zur koordinierten Umsetzung der notwendigen Schritte (Ziff. 18).

Darüberhinaus wurde auch der unter dem in Kap. II – 3.5 beschriebene Teil zur Fluglärmminderung nicht angegangen. Bei der vorstehenden Aufstellung fällt auf, dass fast alles, was auf einen Gesamtzusammenhang hinausläuft, nicht erfolgte.
Das hat folgende Gründe:

II – 12.2 Verstümmelung der Konzeption

Die Übernahme der Gesamtkonzeption erfolgte in Schritten, die nicht zusammenhingen. 1980 wurde das Konzept zum Museumsufer übernommen. Hilmar Hoffman hatte in seiner Erklärung zur Urheberschaft des Autors richtig betont, dass der Autor *„damals noch zunächst aus dominant städtebaulichen Überlegungen heraus, die Ausweitung der bestehenden Museen am Südufer des Mains forderte"*.[2] Neun Jahre später sollte das Gesamtkonzept folgen. In der Koalitionsvereinbarung 1989 wurde angekündigt:
„Ein zentrales Zukunftsprojekt der nächsten Jahre ist die Verwirklichung des äußeren Frankfurter Grüngürtels und die Wiederbelebung des Mainufers (...)."

2 Hoffmann H., „Das Frankfurter Museumsufer", in: Museumsarchitektur in Frankfurt 1980–1990, Frankfurt 1990.

In der Magistratsvorlage M 282 war nur noch vom Grüngürtel die Rede – und das in verfälschter Darstellung (Kap. II – 5.2.2). Bei der Magistratsvorlage bestand schon nicht mehr der politische Wille zu einer zusammenhängenden Lösung. Mit der dann noch folgenden Umwandlung des Originals in ein Anpflanzungskonzept für einen verkleinerten Grüngürtel ohne Rumpenheimer-Fechenheimer-Mainbogen und vor allem ohne Lösung der Verkehrsfragen, der Randbebauung und eines zuverlässigen gesetzlichen Schutzes für die Freiflächen war das Scheitern vorprogrammiert. Darauf hatte der Autor am 7.6.1990 Tom Koenigs hingewiesen (Kap. II – 5.5). Die Vorstellung, man könne mit einer „Vision offener Grünräume" (Was ist das konkret?) und mit Parkplanung die klimatischen und ökologischen Probleme einer Großstadt lösen, war von vornherein anmaßend. Die Reduzierung eines Stadtplanungskonzeptes auf ein lediglich übergestülptes, aber nicht integriertes Grünkonzept mit überholter Parkphilosophie musste scheitern. Eine solche Grünplanung kann für eine große Parkanlage, aber nicht für eine ganze Stadt funktionieren. Das Grün ist mit allen anderen städtischen Erfordernissen gemeinsam zu denken, vor allem mit Wohnen, Belüftung, Abkühlung und Verkehr. Übergestülpte Grünplanung allein ergibt keine Stadt- oder Umweltplanung.

II – 12.3 „Steinbruch" zur Inszenierung politischer Parteien

II – 12.3.1 Für die SPD

Als Hilmar Hoffmann (SPD) 1970 als Kulturdezernent nach Frankfurt kam, besaßen weder er noch seine Partei ein zusammenhängendes Stadtplanungskonzept. *„Mitte der 70er Jahre"*, wie Hoffmann berichtete, griffen er und durch ihn seine Partei die Mainufer-Konzeption des Autors auf.[3] Zur selben Zeit entzog die seinerzeit alleinregierende SPD dem Frankfurter Forum für Stadtentwicklung den für den Druck von Publikationen nötigen städtischen Zuschuss,[4] weil dieses sowohl Kritik übte als auch alternative Vorschläge unterbreitete (wie u.a. die gerade übernommene Mainufer-Konzeption). Die Tatsache, dass die SPD die von Bürgern getragene Konzeption des Autors übernahm, bestätigt das Fehlen einer eigenen Konzeption.

Circa zehn Jahre später kam auch Volker Hauff (SPD) ohne eigenes Stadtplanungskonzept nach Frankfurt. Er griff ebenso die von Bürgern getragene Grüngürtel-Flussufer-Konzeption des Autors auf, betrieb 1985 und 1989 seine Wahlen damit und stellte die falsche und auch für die SPD nachteilige Behauptung auf, er würde ein älteres Konzept „aus der Zeit der ersten Moderne" in Frankfurt „wiederbeleben" (s. Kap. II – 5.2.1). Diese Täuschung ging nach gewonnener Wahl in die Magistratsvorlage[5] ein, die nach außen Falsches verbreitet, während intern die Konzeption des Autors verstümmelt realisiert wird und diese politisch inzwischen von den Grünen besetzt ist.[6]

3 Ders., ebd.

4 Dem mit Unterstützung der Stadt Frankfurt 1971 gegründeten Frankfurter Forum für Stadtentwicklung e.V. wurde im Februar 1973 der städtische Zuschuss durch die in der Stadtverordnetenversammlung mit absoluter Mehrheit regierende SPD entzogen.

5 In der Koalitionsvereinbarung vo n SPD und Grünen Frankfurt am Main 1989, Magistratsvorlage 282.

6 Stadt Frankfurt am Main, Dezernat für Umwelt, Gesundheit und Personal, in: „Die Anfänge" in „20 Jahre GrünGürtel", 2011.

II – 12.3.2 Für die CDU

Auch Oberbürgermeister Walter Wallmann (CDU) war 1977 ohne stadtplanerische Konzeption nach Frankfurt gekommen. Hilmar Hoffmann, Heinrich Klotz und Peter Iden empfahlen ihm, die vom Bürgerforum gedruckte Mainufer-Konzeption des Autors umzusetzen.[7] Ebenso wie Hoffmann machte sich auch Wallmann die Konzeption des Autors zu eigen. Er überging das Frankfurter Bürgerforum und den Urheber der Konzeption und vergab – statt an den Urheber – einen Planungsauftrag an Albert Speer jun., der bis dahin nichts mit der Konzeption zu tun hatte. Die CDU-geführte Stadtregierung veranstaltete mithilfe von Speer jun., der sich als Urheber ausgab, eine Wahlkampagne für das Museumsufer. Mit der Mainuferkonzeption wurde Wallmann 1985 wiedergewählt.[8] Von ihr ging seine Karriere vom wiedergewählten Oberbürgermeister über den ersten deutschen Bundesumweltminister bis hin zum Hessischen Ministerpräsidenten aus.

II – 12.3.3 Für Bündnis 90 / Die Grünen

Ferner kam Tom Koenigs (Grüne) ohne Stadtplanungskonzept nach Frankfurt. Er erbat und erhielt einen Dissertationsdruck der Gesamtkonzeption vom Autor, identifizierte sich mit dieser und setzte (wie er behauptet) den Grüngürtel durch. Er kooperierte nicht mit den Bürgern, die den Grüngürtel bereits zum Allparteienkonsens gebracht hatten und klammerte auch den Urheber aus. Politik und Verwaltung genehmigten ihm 300 Mio. für die Umsetzung. Er zog ein PR-mäßig agierendes GrünGürtel-Projektbüro auf, schaltete Bürger und Urheber auch formal durch neu erfundene Väter und Mütter und durch Fälschung der Grüngürtel-Geschichte[9] aus. Sein an den wirklichen Problemen der Stadt vorbeigehendes Grüngürtel-Anpflanzungs-Plagiat wurde von seiner Partei später an die Flughafenerweiterung ausgeliefert und scheiterte.

II – 12.3.4 Für die FDP

Weiterhin besaß auch die FDP keine eigene Konzeption. Sie stand aber vom Anbeginn der Kämpfe der Bürger im Niddatal in den 1970er Jahren hinter der Konzeption des Autors. Als damals in Frankfurt noch bürgerschaftliche und auf ökonomisch-ökologischen Ausgleich hin orientierte Partei, zog sie zwei Jahrzehnte Vorteile aus ihrer Unterstützung der Grüngürtel-Museumsufer-Konzeption. Mithilfe der Schrift *„Geld gegen Grün … oder wie man eine Stadt unbewohnbar macht"*[10] (s. Kap. II – 2.2) gelangte sie 1977 zum letzten Mal für die nächsten ca. 20 Jahre in den Römer. 1980 forderte die FDP die „Verleihung der Walter-Möller-Plakette für bürgerschaftliche Mitarbeit an das Frankfurter Forum für Stadtentwicklung e.V. für das herausragende Engagement Mainuferkonzeption"[11] – und scheiterte an der Ablehnung durch die CDU-Mehrheit.[12] 1988 förderte die Karl-Hermann-Flach-Stiftung e.V. das Erscheinen der ersten Buchausgabe

---

7 Klotz H., in: Der Architekt 12/85, S. 516.

8 Alexander M., „An den Grenzen des Erfolgs", FAZ 24.3.2012.

9 Wie Fn. 6.

10 FDP-Stadtverordneten-Fraktion „Geld gegen Grün … oder wie man eine Stadt unbewohnbar macht", Frankfurt 1977.

11 „FDP begehrt Auszeichnung für Frankfurter Forum", FAZ 27.8.1980.

12 „Die Sitten im Römer", FAZ ,17.9.1980.

vom „Grüngürtel" und organisierte anschließend die Veranstaltung *„Wohnen am dritten Grüngürtel und an den Mainufern – Basis Frankfurter Stadtplanung für die 90er Jahre"*.[13]

Als das von der FDP 20 Jahre lang besetzte Grüngürtel-Konzept auch durch ihre eigenen Aktivitäten endlich in die Umsetzungsphase gelangte, überließ die FDP ihr altes Thema ab 1989 kampf- und widerspruchslos der SPD und den Grünen. Während der Zeit der CDU-FDP-Landesregierung von 1987 bis 1991 vernachlässigte die FDP erst ihr bürgerschaftlich-ökologisches Engagement bei der Grüngürtel-Mainufer-Konzeption und schwenkte dann sogar ins Gegenteil um. Sie unterstützte nicht nur den Bau der NW-Landebahn, die teilweise das zerstörte, für das sie einmal 20 Jahre gekämpft hatte, sondern trat nun auch noch dafür ein, dass Politiker Posten in einem Aufsichtsrat besetzten,[14] was sie 1977in ihrer Schrift *„Geld gegen Grün... oder wie man eine Stadt unbewohnbar macht"* noch strikt verurteilt hatte (Kap. II – 2.2). Verteidigte die FDP ihren „alten Besitzstand Grüngürtel" nicht, taten dies SPD und Grüne mit ihrer „neuen Eroberung" auch nicht.

II – 12.3.5 Für die vorgenannten politischen Parteien insgesamt

OB Walter Wallmann (CDU) mit Kulturdezernent Hilmar Hoffmann (SPD) und später OB Volker Hauff (SPD) mit Umweltdezernent Tom Koenigs (Grüne) kamen ohne eigene stadtplanerische Konzeptionen nach Frankfurt und alle bedienten sich bei den Arbeiten, die das Frankfurter Forum für Stadtentwicklung vom Autor und von Jochen Rahe publiziert hatte. Die FDP räumte grundlos eine von ihr besetzte Position. Alle Parteien warben mit den übernommenen Konzeptionen für sich und ihre Repräsentanten, klammerten Bürger und Urheber aus und realisierten Teile der Konzeption ohne Zusammenhänge.

Das für die Grüngürtel-Mainufer-Konzeption und für die gesamte Untermain-Region schädliche Projekt NW-Landebahn begann unter einer rot/grünen Bundes- und einer rot/grünen Landesregierung und wurde unter einer schwarz/grünen Stadt- und einer schwarz/gelben Landesregierung umgesetzt.

Misst man in dieser Sache die politischen Parteien an ihren Ansprüchen, wurden diese von allen nicht erfüllt:

- Die CDU, die „demokratisch" in ihrem Namen führt, vergaß dies, als OB Wallmann und Planungsdezernent Küppers mit persönlicher Hilfe von Speer jun. unter Umgehung des eigentlichen Urhebers der Museumsufer-Konzeption Vorstandsmitglieder des Bürgerforums unter Druck setzten, damit sie den Plagiatsvorwurf zurücknehmen. Die CDU leitete das Sterben des Bürgerforums ein.

- Die SPD, die für „sozial" und „gerecht" steht, vergaß dies (bis auf Ausnahmen) im Umgang mit den Bürgern, die von unten nach oben für die Konzeption kämpften. Erst strich sie dem Bürgerforum den städtischen Zuschuss, später wollte sie die Grüngürtel-Konzeption aus ideologischen Gründen an „Das Neue Frankfurt" der 1920er Jahre

13 „Zurück zur zweiten Natur – ein Podiumsgespräch der Karl-Hermann-Flach-Stiftung", FAZ 22.10.1988 und „Wohnen in Frankfurt in den neunziger Jahren – Im dritten Grüngürtel und an den Mainufern", FNP 22.10.1988.

14 Ihe, „FDP: Kaufmann raus aus Aufsichtsrat Fraport", in: Menschen und Märkte, FAZ 10.1.2015, S. 41.

anhängen, erkannte aber nicht, dass Frankfurt hier keine sozialistische, sondern eine liberalreformerische Phase durchlief (Kap. II – 1. und II – 8., „Vision offener Grünräume"). Die SPD vollzog das Sterben des Bürgerforums.

- Die FDP, die heute noch von „Bürgernähe" redet und einmal eine Auszeichnung für das Frankfurter Forum für Stadtentwicklung *„für das herausragende Bürgerengagement für die Museumsuferkonzeption"* forderte (Kap. II – 4. Umgang mit der Museumsufer-Konzeption), verließ die Bürger beim Grüngürtel-Plagiat, als sie hinter ihnen hätte stehen müssen. Die FDP verriet ihre Bürger.

- Die Grünen, die damit werben, für „Minderheiten" und „Ökologie" zu stehen, vergaßen dies bei der Übernahme der Grüngürtel-Konzeption, als sie die Bürger ausschlossen, die ab 1970 – also schon zehn Jahre vor Gründung der grünen Partei – für den Grüngürtel gekämpft hatten. Die Grünen verdarben das Projekt inhaltlich und politisch. Sie hatten nicht verstanden, um was es ging. Dies bestätigten Tom Koenigs und die ihm nachfolgenden grünen Dezernentinnen für Umwelt Jutta Ebeling (die das Zubauen des Mainufers vom Westhafen abwärts zu vertreten hat und als Bürgermeisterin danach im Fraport-Aufsichtsrat saß), Manuela Rottmann (die das Praktizieren der Flughafenausbau-Maulkorb-Vereinbarung zu verantworten hat) und die anschließend amtierende Rosemarie Heilig (die erst die NW-Landebahn schließen wollte, dann aber auch einknickte) beim Treffen am 16.6.2014.[15]

- Nachdem entscheidende Teile von Frankfurts Siedlungsflächen durch flughafenausbaubedingte Verlärmung unbebaubar wurden (s. Karte Kap. II – 11.1) und die geforderte Abstimmung zwischen Grüngürtel-Land und Bebauung in 25 Jahren nicht erfolgt waren, forderte Koenigs nach diesem Treffen zur Rettung seines Grüngürtel-Plagiats nun stärkere Bebauung im Umland.[16] Diese Forderung ist das Gegenteil vom Ziel des original Grüngürtel-Konzeptes. Dieses wurde als Katalysator zum Wiederbewohnbarmachen der Stadt konzipiert, zum Wohnen an grünen Bändern, an grünen Mainufern und in verdichteten, aber gut belüfteten Stadtgebieten. Es will gerade keinen Pendlerverkehr und zerstörerischen Umland-Siedlungsbrei, sondern eine richtige Stadt am angestammten Ort (s. Laudatio). Das verstanden zwar engagierte Bürger, die man nicht hörte, aber nicht die Grünen.

Circa zehn Tage nach Koenigs Treffen mit den ihm nachgefolgten Umweltdezernentinnen verleiht der Europäische Baumpflanzungsrat Frankfurt den Titel „Europäische Stadt der Bäume 2014".[17] Jan Goevert berichtet als Vorsitzender der Jury, diese sei besonders davon beeindruckt gewesen, „dass Frankfurt sich das Ziel gesetzt hat, mithilfe des Programms ‚Speichen und Strahlen' den Grüngürtel langfristig mit den Parks in der Innenstadt zu verbinden".[18] Dies war 1973 Ziel der Forumsschrift *„Der Grüngürtel – Die Chance"* (Kap. II – 3.2 und II – 3.3) und 1986 von der Promotion des Autors und seinem dazugehörenden Plan gewesen. Dieses Ziel kam aber erst 2011 bei Umweltdezernentin Rottmann an – und dann ohne Kenntnis der Grundlage dazu: der lufthygienisch-meteorologischen Modelluntersuchungen. Hier wurde demonstriert, wie Politiker eine von Bürgern geforderte Konzeption, ihre Grundlagen und Zusammenhänge 40 Jahre nicht

15 Harting M., „Tom Koenigs und drei Stadträtinnen", FAZ 17.6.2014, S. 36.

16 Dies., „Wohnen mit Blick ins Grün", FAZ 18.6.2014, S. 38.

17 Dies., „Großes Lob für Baumpflege", FAZ 26.6.2014.

18 Dies., a.a.O.

verstanden – und als sie diese endlich zu spät zu verstehen begannen, sich dafür ehren ließen und nicht die Bürger und den Urheber ehrten.

II – 12.4 Ausschalten der Bürger und des Urhebers

Dieser Band handelt von vielen Bürgern, die im Gegensatz zu Koenigs Erfindung von „Vätern und Müttern" (Kap. II – 8.) Jahrzehnte hinter der Konzeption des Autors standen. Im Geleitwort zur Dissertation des Autors wurden Persönlichkeiten aus verschiedensten Bereichen genannt, die die Konzeption unterstützten. Es konnten dort aber nicht alle jene namentlich aufgeführt werden, die als Mitglieder in Bürgerinitiativen, Bürger- und Siedlervereinen, dem Frankfurter Forum für Stadtentwicklung, im Bund Deutscher Architekten und im Deutschen Werkbund usw. hinter der Sache standen. Sie können auch hier nicht namentlich aufgezählt werden, es werden hier aber nochmals die Kreise in Erinnerung gerufen, aus denen sie kamen, wie sie die Konzeption zum Allparteienkonsens brachten und erwarten durften, anders behandelt zu werden, als es geschah.

Die Breitenwirkung begann mit der Gründung der Bürgerinitiative zur Erhaltung des Landschaftsschutzgebietes Niddatal durch Karl Stadager sowie Georg und Ursula Encke Anfang der 1970er Jahre. In ihr ging die vom Autor vorher gegründete Bürgerinitiative „Am Treutengraben" samt Mitgliedern auf. Das Trio Behrens-Encke-Stadager wurde von dem 1972 als Nachfolger von Hans Kampffmeyer nach Frankfurt gekommenen Hanns Adrian in der damaligen RAF-Zeit spöttisch als *„Harter Kern von Praunheim"* bezeichnet. Encke und Stadager wurden mit der Sonderbezeichnung *„Berufsbürger"* und der Autor als *„der Grüngürtel-Behrens"* bedacht. Encke und Stadager waren mit vielen Vereinen gut vernetzt, sodass hinter der Konzeption schon 1972 folgende Vereine standen:[19] Bürgerverein Praunheim, Bürgerverein Niederursel-Nordweststadt, Bürgerverein Eschersheim, Zweigverein „Frankfurter Berg" des Vogelsberger Höhenclubs, CDU-Bezirksgruppe Rödelheim-Hausen und der Siedlerverein Praunheim. Später kamen noch viele weitere Bürgervereine, Partei-Ortsvereine aller Couleur und auch Vereinigungen wie „Die Grünschnäbel", die unter Claus Strothmann gegen die Gartenschau 1969 kämpften, hinzu. Georg Enckes dazu sehr umfangreich in 46 Ordnern gesammelte Unterlagen übernahm der Bürgerverein Praunheim in sein Archiv in der Praunheimer Zehntscheune.[20]

Eine breite Vernetzung mit Bürgern und ihren Vereinen kam über das damals gerade gegründete Frankfurter Forum für Stadtentwicklung und seinen Mitgliedern dadurch zustande, dass Encke und Stadager in den Vorstand des Forums berufen wurden. Dessen Vorsitzender war erst der Architekt Fritz Novotny (Präsident Architektenkammer Hessen), dann der Architekt Wolfgang Bartsch (Vorsitzender Landesverband Bund Deutscher Architekten - BDA) und daraufhin der Autor. Es kam hinzu, dass das Forum mithilfe der Architektenkammer Hessen entstand und zuerst auch in deren Räumen untergebracht war. Das Forum erfuhr von vielen Seiten Unterstützung. Der breitgespannte Fächer reichte von engagierten Einzelpersonen wie Veronika Krüger, Ilse Kruse, Jochen und Brigitte Rahe, Egon Göbel, Sieglinde und Wolfgang Trier, Pfarrer Dr. E.h. Kurt Oeser, Helmut Gassmann und Siegfried Diehl, bis hin zu Institutionen wie der damals mit den

19 Frankfurter Forum für Stadtentwicklung, Einladung „Grüngürtel enger schnallen", Praunheimer Werkstätten, 18.4.1972.

20 Schriftliche Mitteilung v. 15.3.2014 von Kühn M. an Behrens T., dass aus dem Nachlass von Encke G. lt. von ihm beigefügter Aufstellung, die Kochen G. fertigte, 46 Ordner in der Zehntscheune des Bürgervereins Frankfurt-Praunheim e.V. in der Graebestraße abgelegt wurden.

lufthygienisch-meteorologischen Modelluntersuchungen in der Region Untermain sehr wichtigen Regionalen Planungsgemeinschaft Untermain, dem späteren Umlandverband (Kap. II – 3.) mit Reinhard Sander, Alexander von Hesler und Rudi Saftig.

Als die Stadt 1973 auf Veranlassung der damals mit absoluter Mehrheit in Frankfurt regierenden SPD dem Forum den für Publikationen nötigen Zuschuss entzogen hatte (Kap. II – 3.3), ermöglichte Stadtbaurat Hanns Adrian wiederholt mit einem nicht öffentlichen Druckkostenzuschuss aus seinem Stadtbau-Dezernat das Erscheinen der nächsten Forumsschrift (Forumsschriften s. Abb. 211). Sehr hilfreich war auch die Unterstützung durch engagierte Werkbundmitglieder, die zu einer wohl einmaligen Kooperation von Werkbund mit Bürgern führte (Kap. II – 8).

Teilweise sehr gut organisierte Bürger kämpften von 1970 bis 1990 für die Erhaltung der für den Grüngürtel nötigen Flächen. Von ihrer Seite wurden über das Forum 1973, 1979, 1980 und 1988 die Publikationen zur Grüngürtel-Mainufer-Konzeption veröffentlicht. Sie brachten die Sache auf den Weg und setzten sie bis zum Allparteienkonsens durch. Sowohl bei der Mainufer-Konzeption als auch beim Grüngürtel wurden sie dann aber beim Aufgreifen durch die Stadt ausgeschaltet. Wird eine sowohl planerisch als auch gesellschaftlich von unten nach oben entwickelte Planung (bottom up) – wie die Grüngürtel-Mainufer-Konzeption – umgedreht, d.h. werden die Frankfurter Bürger und der Urheber durch Auswärtige ersetzt und das Projekt derart umgewandelt dann von oben nach unten betrieben (top down), muss es scheitern.

Die von den Bürgern unterstützte Planung wurde so konzipiert, dass die Stadt sie nur noch aufgreifen musste, die Bürger und der Urheber sollten aber nicht ausgegrenzt werden. Da eine parlamentarische Demokratie in Deutschland keine Referenden kennt, sind Bürger darauf angewiesen, dass etablierte Parteien ihre Konzeption übernehmen, sie sich zu eigen machen, in die Stadtplanung einbringen und vertreten. Hat die Stadt die Konzeption übernommen, hat der Bürger keinen direkten Einfluss mehr auf „seine" Planung. Nun entscheiden die Parlamentarier über diese. Der Erfolg einer Bürger-Konzeption hängt aber davon ab, dass sie nicht verdorben wird. Das gelingt nur mit einer Begleitung durch die Bürger und den Urheber der Konzeption. Der Bürger hat aber derzeit diese Möglichkeit nicht. Er kann zwar alle vier oder fünf Jahre eine Partei wählen, auf seine Planung, die Ausdruck seines Willens ist, besitzt er in diesen Intervallen aber keinen Einfluss mehr. Der Einzige, der noch einen geringen Anspruch hat, ist der Urheber mit schwachen Urheber-Rechten. Werden neben den Bürgern auch diese Rechte von den Politikern übergangen (wie es bei den gezeigten Beispielen der Fall war), kann die Politik über die Konzeptionen frei verfügen, d.h. mit ihnen mehr oder weniger machen, was sie will.

Hinzu kommt eine gewisse mangelnde Achtung der Politiker vor Bürgern, die ohne Auftrag ehrenamtlich mit fertig bereitliegenden Konzeptionen in die Öffentlichkeit treten und dann noch für ihre Realisierung kämpfen. Bei Politikern und teilweise auch in der Presse herrscht der Eindruck vor, Bürger seien aufsässige Bittsteller. Schließlich geht es nicht um staatliche Konzeptionen, die die Politik – also die Politiker selbst – in Auftrag gaben, sondern um freie Konzeptionen. Aus der Tatsache, dass Bürger ehrenamtlich das leisten, was sie beim Staat vermissen, ziehen manche Politiker den Schluss, freie Konzeptionen seien herrenloses geistiges Gut und Bürger und Urheber könnten doch froh sein, wenn die Politik überhaupt etwas davon akzeptiert. In fast allen in diesem Band dargestellten Fällen vertraten die politischen Parteien primär nicht die Interessen der Bürger, sondern ihre eigenen oder die ihrer Repräsentanten und ließen die Bürger dafür zahlen.

In der Geschichte sind fast alle Projekte gescheitert oder unbrauchbar geworden, wenn sie von Urhebern und Unterstützern abgekoppelt wurden. Das prominenteste Beispiel der jüngeren Geschichte dafür ist die Mondfahrt. Die USA wollten nach Kriegsende auf den Vorarbeiten der Peenemünder Raketenbau-Spezialisten ihre Mondfahrt unter eigener Regie aufziehen und scheiterten. Sie hatten erst Erfolg, als die Realisierung weitgehend den Urhebern übertragen wurde.

Bei der Museumsufer-Konzeption wurden zwar Überlegungen des Forums zur Anordnung der Museen-Anordnung übernommen, nicht aber der Kern der Konzeption, die Stadt an den Fluss durch Verlagerung der Uferstraßen als Durchgangswege wieder anzuschließen. Eine solche Übernahme hätte einen neuen Wohnungsbau hinter grünen Bändern entlang der Flussufer ermöglicht. Bei der Übernahme des Grüngürtels fiel die gesamte inhaltliche Seite der Original-Konzeption einem formalen Anpflanzungsprogramm zum Opfer. Bürger hätten mit den bezifferten Hunderten von Millionen eine zweckmäßigere Planung erstellt, wirtschaftlicher gearbeitet und erheblich mehr für ihre Stadt erreicht.

II – 12.5 Fehlender Schutz

Große Baugesellschaften mit Beteiligungen des Bundes, des Landes oder von Kommunen haben riesige Grünflächen in ihrem Besitz, die sie preiswert als Ackerland samt dem darauf eingetragenen Landschaftsschutz erwarben. Sie kauften diese Areale jedoch nicht, um sie landwirtschaftlich zu bestellen, sondern um sie in Bauland umzuwandeln. Dazu muss aber der Landschaftsschutz aufgehoben werden. In den Aufsichtsräten dieser Aktiengesellschaften sitzen auch von Bürgern gewählte Politiker. Sie haben hier aber laut Aktiengesellschaftsrecht nicht die Interessen der Bürger zu vertreten, sondern die Kapitalinteressen der Aktiengesellschaften – und diese heißen in Baugesellschaften Bebauung (s. Kap. II – 2.). Ein bedeutender Teil des grünen Bauvorratslandes liegt in Bereichen, die für einen durchgehenden Grüngürtel auf Restgrünflächen mit Grünanschlüssen nach außen zum Umland und nach innen zum Stadtkern für grüne Belüftungsschneisen nötig sind und nicht bebaut werden dürfen.

Von Frankfurts Grünflächen standen ca. 80% unter Landschaftsschutz, bevor die Grün-Gürtel-Verfassung verabschiedet wurde. Durch die Verabschiedung der Verfassung dürfte der geschützte Flächenteil nicht wesentlich zugenommen haben. Landschaftsschutz bietet jedoch keinen zuverlässigen Schutz, wie in Kap. II – 2.3 beispielhaft ausgeführt wurde. Die GrünGürtel-Verfassung ist eine moralische Verstärkung. Einen stabilen rechtlichen Schutz gegen Baumaßnahmen gewährleistet sie jedoch nicht. Dafür ist zumindest ein zweiter stärkerer Schutz nötig. Dieser wurde von den Bürgern seit 1973 in Forumsschriften und vom Autor in vielen weiteren Publikationen in der Form von Negativbebauungsplänen gefordert. Das Bundesbaugesetz hat dafür eine Regelung in den §§ 8 und 9 BBauG getroffen (Kap. II – 2.3). Das Aufstellen von Negativbebauungsplänen ist in Frankfurt zur Grünflächensicherung bisher kaum angewendet worden.

Eine Abstimmung zwischen Grünland und Bauland muss für den Grüngürtel noch erfolgen – und zwar auf der Grundlage der wissenschaftlichen Ergebnisse der lufthygienisch-meteorologischen Modelluntersuchungen und detaillierter Beteiligung der Bürger und nicht von Aktiengesellschaftspolitikern. Dabei ist der Bau- und Kapitaldruck von den Grüngebieten weg auf die Stadtregeneration umzuleiten, z.B. auf die langen Industriebrachen von der Innenstadt bis Fechenheim (Kap. II – 3.4).

David White charakterisierte diese Notwendigkeit treffend mit: *„This is what green belt is really for to redirect pressure"* und *„The aim is to encourage housing and industry back into the conurbation"*.[21]

Die Bürger haben Grüngürtel-Land nicht vor Bebauung gerettet, damit die Stadt es dann doch wieder bebauen will, wie es seit 2012 der Fall ist (Kap. II – 11.6). Der „dritte" Frankfurter Grüngürtel ist ungenügend geschützt. Ein ungenügend geschützter Grüngürtel ist jedoch ein gescheiterter Grüngürtel.

II – 12.6 Fehlende Verteidigung

War die Anpflanzungskonzeption ohne Randbebauung, Verkehrslösungen und Frischluftschneisen sowie ohne ausreichenden Schutz von vornherein schon ein sehr instabiles, nur auf formalen Grundlagen basierendes Vorhaben, war das Schlimmste, was man diesem antun konnte, es nicht wenigstens gegen Zerstörung zu verteidigen. Genau das erfolgte aber durch den Abschluss der schwarz/grünen Koalitionsvereinbarung für 2006 bis 2011, die den südlichen Teil des Grüngürtels samt anschließenden Wohngebieten dem Flughafenausbau opferte. Hätte sich grüne Politik ohne „Maulkorbkoalition" hinter die Konzeption der Fluglärmbündelung und Flughafenverlagerung gestellt, stünde Frankfurt heute besser da. 2011 war die Grüngürtel-Realisierung gescheitert.

Steuerfressendes Plagiat FR.27.04.2001

Bei der Verwirklichung des Grüngürtels sind in zehn Jahren teure Blütenträume der Bescheidenheit gewichen (*FR* vom 28. März).

Weil Grüngürtel mit „Grün" anfängt, griffen die Grünen seinerzeit Till Behrens' Konzept ohne Beteiligung des Urhebers auf, machten ein teures Programm zur Stellenbeschaffung, zur Anlage von Autoparkplätzen (Goetheturm) u. a. m. daraus, versuchten sich selbst als Urheber zu präsentieren – und scheiterten. Der frühere Stadtrat Tom Koenigs wäre ein weltweit bekannter Mann geworden, hätte er Behrens' nahezu kostenfrei zu realisierenden Plan für einen land-, forst und wasserwirtschaftlich angelegten und gepflegten Grüngürtel mit Randbebauung, ein Projekt für eine städtische Kulturlandschaft, das sich selbst finanziert, verwirklicht und nicht ein schlechtes, steuerfressendes Plagiat daraus gemacht.

Prof. Dr. Jörg Engelmann, Karben

209 Engelmann J., Steuerfressendes Plagiat FR 27.04.2001.

21 White D., „What green belts are for", in: New Society, 1.7.1985, S. 88, London.

II – 12.7 Erkenntnisse

Es war ein Glücksfall, als ab 1970 vier Sachen zusammenkamen: 1) Lufthygienisch-meteorologische Modelluntersuchungen in der Region Untermain, 2) die Konzeption des Autors, 3) weitblickende engagierte Bürger und 4) das Frankfurter Forum für Stadtentwicklung. Aus dieser Konstellation hätte eine Sternstunde für Frankfurt und moderne Stadtplanung werden können, als 20 Jahre später 300 Mio. für die Realisierung des Grüngürtels zur Verfügung standen. Sie wurde es aber nicht.

Die gesetzlichen Positionen von Bürgern und dem Urheber waren zu schwach, um ihr Belüftungskonzept gegen das von der rot/grünen Koalition gewollte Kosmetikkonzept durchzusetzen. Die deutsche parlamentarische Demokratie bzw. der deutsche Rechtsstaat bieten bisher keine ausreichenden Möglichkeiten, um auf bürgerschaftlicher Ebene eine Innovation zu realisieren. Die Bürger können nur „empfehlend" tätig werden und auf Bürger-, Verbands- und Parteiversammlungen für ihre Interessen werben. Ähnliches gilt für Bürgerinitiativen, die damals zahlreich gegründet wurden. Die Möglichkeit einer direkten Einwirkung durch Volksabstimmungen oder Referenden mit realistischen Quoren fehlte damals – und 50 Jahre später fehlt sie noch immer.

Hinzu kommt, dass stadtplanerische Konzeptionen einen so geringen urheberrechtlichen Schutz genießen, dass es möglich ist, sie zu plagiieren und mit einem die Sache verstümmelnden Plagiat öffentlich aufzutreten. Es wird dabei nicht nur sklavisch plagiiert, sondern auch mit der Absicht, „drumherum" zu bauen, d.h. die Grundidee zu übernehmen, sie leicht zu verändern, dann als eigene Leistung auszugeben und parallel dazu zu erklären, das hat es alles schon früher gegeben (Koenigs: *„Ich habe den Grüngürtel nicht erfunden, aber durchgesetzt."*). Plagiate pflegen schlechter zu sein als Originale, weil der Erfinder des Originals stets tiefer in die Sache eindringen musste, als der auf oberflächlichen Vorteil bedachte Plagiator.

Ein ganz besonders gravierendes Problem resultiert daraus, dass bei Kapitalgesellschaften in Form von Aktiengesellschaften, an denen Stadt, Land oder Bund beteiligt sind, Politiker Aufsichtsratsposten bekleiden. Diese Besetzung hebelt die Gewaltenteilung durch die Hintertür wieder aus. Der Politiker ist hier allein den Kapitalinteressen der Aktiengesellschaft verpflichtet und nicht den Interessen der Bürger, die ihn wählten. Diese Konstruktion widerspricht damit der für einen modernen Rechtsstaat grundlegenden Teilung der Gewalten in Legislative und Exekutive. Derartige Aktiengesellschaften und in Folge Kommunen oder Länder haben deshalb auch kein Interesse an alternativer Bürger- oder regulierender Stadt- oder Regionalplanung. Beispiele hierfür sind u.a.:
Als das Frankfurter Forum für Stadtentwicklung die Bebauung von Grüngürtel-Flächen kritisierte und alternative Vorschläge machte, entzog ihm die Stadt 1973 auf Beschluss der SPD den Zuschuss. Ferner: Von den vier für den Ausbau des Frankfurter Flughafens möglichen Alternativen wurde die für die Aktiengesellschaft Fraport profitabelste, für die Bürger aber schädlichste durchgesetzt. Die Bürger hatten keinen Einfluss. Diesen übten die von ihnen gewählten, jedoch allein den Profitinteressen der Aktiengesellschaften verpflichteten Politiker aus.

Eine Volksabstimmung über den Flughafenausbau fand ebenso wenig statt wie eine über Gartenschau, Grüngürtel oder Milliardenausgaben für Sachen, die die Bürger mit sehr viel weniger Geld sehr viel besser gelöst hätten. Nachdem erneut in Frankfurter Grüngürtel-Gebieten gebaut werden soll, beginnt wieder das alte Spiel zwischen Bürgern und Stadtverwaltung: *„Bürgerinitiativen aus Bonames,*

Nieder-Erlenbach, Preungesheim und Berkersheim appellieren 2014 an den Planungsausschuss der Stadtverordnetenversammlung ‚Bedenken gegen Neubaugebiete in ihren Stadtteilen zu berücksichtigen' (...). Die Stadt werde im Wohnungsbau keine schnellen Erfolge erzielen, wenn sie die Bürger vor den Kopf stoße – im Gegenteil, der Rechtsweg steht vielen Betroffenen offen, und wir haben einen langen Atem",[22] schrieb die Presse 2014.

Dass Volksabstimmungen nicht nur bessere Ergebnisse für die Sache, die Gesellschaft und die Umwelt hervorbringen, sondern auch für die Parteipolitik, wurde 2013 in Bayern bewiesen. Dort stimmten in den vier dafür in Frage kommenden Landkreisen im Mittel 53% der Bürger gegen olympische Winterspiele 2022. Großprojekte wie z.B. die Erweiterung des Frankfurter Flughafens oder gerade auch der Frankfurter Grüngürtel, der schließlich vonseiten der Bürger kam, dürfen nicht ohne deren Mitwirkung realisiert werden.

Dazu ist folgendes gesetzlich zu regeln:

1. Einführen basisdemokratischer Referenden mit erreichbaren Quoren.
   Begründung: „Das Individuum ist viel schöpferischer, kühner und vorwärtsstrebender als der Staat" (Salvador de Madariaga).

2. Zwingende Volksabstimmungen für größere Planungs- und Bauvorhaben.
   Begründung: Bürger können zurzeit nur beratend oder anregend an Planungen teilnehmen. Sie können ihre Interessen nicht direkt vertreten, sondern nur über parlamentarisch gewählte Volksvertreter. Diese haben häufig kein Interesse daran, die Interessen ihrer Wähler zu vertreten, weil diese mit ihren kollidieren.

3. Wiederherstellung der Trennung von Legislative und Exekutive.

3.1 Reformieren des Aktiengesellschaftsrechts.

3.1.1 Politiker in Aufsichtsräten von Aktiengesellschaften mit Beteiligung durch Bund, Länder, Kommunen erhalten für ihre Tätigkeit darin keine Vergütung mehr. Die Bürger honorieren die Politiker bereits in ihrer politischen Position.

3.1.2 Änderung des Aktiengesellschaftsrecht dahingehend, dass Politiker in Aufsichtsräten davon befreit sind, die Kapitalinteressen der Gesellschaft zu vertreten, damit sie Belange der Bürger wahrnehmen können, von denen sie gewählt wurden.
Begründung: Es können nicht die Kapitalinteressen von Gesellschaften über die Zweckmäßigkeit von Stadt- und Regionalplanung entscheiden.

4. Der Gesetzgeber fordert Architekten- und Stadtplanerkammern auf, einen Entwurf für einen belastbaren Urheberrechtsschutz für städtebauliche Leistungen auszuarbeiten und zu beschließen.
   Begründung: Stand im vorliegenden Fall die Architektenkammer Hessen auch hinter dem Autor, weil seine Konzeption von Anfang an mit der Kammer über das Frankfurter Forum für Stadtentwicklung verbunden war, beweisen die Vorgänge zu dieser Konzeption doch deutlich, dass hier der wirksame und gegenüber Plagiatoren durchsetzbare Schutz verglichen mit Werken der Architektur oder Bildenden Kunst fehlt.

---

22 Schulze R., „Initiativen: Bürger bei Planung berücksichtigen", FAZ 10.5.2014, S. 38.

5. Beschluss des Gesetzgebers über einen wirksamen Schutz für stadtplanerische Leistungen.
Begründung: Ein hoher Schutz für stadtplanerische Leistungen liegt nicht nur im kommerziellen Interesse der Stadtplaner, sondern auch im kulturellen eines Landes überhaupt. Stadtplanung ist Kulturraumplanung.

Demokratie sollte Volksherrschaft sein. In einer Republik (res publica = öffentliche Sache) sollte der Bürger die demokratische Staatskultur prägen. Solange Bürger gesetzlich nicht in die Positionen eingesetzt werden, die ihnen in einer demokratischen Republik vom Prinzip her zustehen, bleiben Stadt- und Regionalplanung obrigkeitsstaatlich. Eine Evolution der Bürger- und Urheberrechte ist überfällig. Der heutige Zustand führt immer weiter zu einer Vernichtung von Ressourcen und zu Politikverdrossenheit. Die Bürger identifizieren sich in vielen Bereichen nicht mehr mit dem Staat. Diese Art von „Dauerbürgerkrieg" lässt sich nur ändern, indem die Bürger den Staat zu ihrem Staat machen, den sie als ihren ansehen und finanzieren.[23]

---

23 Die dazu nötigen Änderungen und Ergänzungen unseres Rechtssystems sind derzeit aber gerade von dem Personenkreis abhängig, dessen Vertreter (wie dargestellt) teilweise bestehende rechtliche Regelungen missachteten und wenig Interesse zeigten, ihre politische Macht einzuschränken.

III Bürger als Stadtplaner

Gespräch zwischen Barbara Purbs (BP) und Till Behrens (TB)

III – 1. Einleitung

BP

Museumsufer und Grüngürtel sind Teile Ihres rahmengebenden Gesamtkonzepts für Frankfurt. Dieses wurde 50 Jahre alt – allerdings feiert der Magistrat davon nur 30 Jahre und verdrängt die 20 Jahre, in denen bereits die Bürger dafür gekämpft hatten. Und zum hundertsten Mal jährt sich der Geburtstag des Künstlers Josef Beuys, der sich wie sie für Bürgerrechte engagiert hatte.

TB

Mit Beuys diskutierte ich 1972 auf seinem Stand auf der documenta in Kassel über Bürger als Gestalter ihres Lebensraumes. Damals hatte ich schon drei Jahre Erfahrung in der Kooperation mit Bürgern und zusammen mit ihnen tausende von Unterschriften gesammelt für die Erhaltung von Grünflächen, die für einen dritten Grüngürtel nötig sind, ferner meine Konzeption in das Bürgerforum eingebracht und die dafür nötigen Bereiche erkundet.

BP

Als Beuys 1980 die Partei Die Grünen mitgründete, kämpften Sie bereits zehn Jahre für „grün". Damit waren Sie ihrer Zeit weit voraus.

TB

Was mich inzwischen von Grünen unterscheidet ist, dass ich grün bin. Nachdem Frankfurts ehemaliger Umweltdezernent Tom Koenigs schon vor dreißig Jahren beim Aufgreifen der Grüngürtel-Konzeption die Bürger und mich als Urheber ausgrenzte, strichen die Grünen 2021 nun die Volksabstimmung aus ihrem Programm.

BP

In Frankfurt hatte sich in den 1970er Jahren eine Sensation ereignet: Bürger hatten eine Stadtentwicklungskonzeption publiziert. Sie brachten sie in 20-jährigem Durchsetzungskampf sogar zum Allparteienkonsens. Das Bürgerengagement ist in der Öffentlichkeit kaum bekannt.

TB

Das kommt daher, dass Politiker die Konzeption zur Selbstinszenierung nutzen und folglich den bürgerschaftlichen Ursprung und die klimatischen Ziele der Konzeption unterschlagen.

BP

Im Gegensatz zur Stadt Frankfurt hat die Hessische Landesregierung bereits 1991 Till Behrens als Urheber und die Bürger als Durchsetzer der gemeinsam vorangetriebenen Konzeption anerkannt. Sie zeichnete Ihre akademische Arbeit als „rahmengebendes Gesamtkonzept für Frankfurt" und Sie als Landessieger aus. Dazu stellte sie amtlich fest, dass die Stadt ihre Konzeption aufgriff, und lobte die Kooperation mit den Bürgern.

TB

Das Aufgreifen durch die Stadt geschah leider in äußerst unerfreulicher Weise. Politiker setzten sich in das von den Bürgern vorbereitete Nest und grenzten Bürger und Urheber aus. Der Magistrat entfernte meinen Namen von der Konzeption Grüngürtel und unterschlägt 20 Jahre Bürger-Engagement. Er verkürzte das Geburtsdatum des Grüngürtels. Als er 45 Jahre alt wurde, veranstaltete er die Ausstellung 25 Jahre Grüngürtel ohne Urheber und ohne die Bürger als Durchsetzer. Er machte den Bürgergrüngürtel zum Politikergrüngürtel. Tom Koenigs lässt sich als politischer Vater[1] feiern. Die Enteignung der Bürger und des Urhebers erfolgte und erfolgt weiter gezielt. Die stadtplanerische Sensation wurde zum Skandal.

BP

Was hier geschah, belegt Ihr sehr umfangreiches Archiv. Es umfasst mehr als 50 Jahre. Es reicht von Akten zu den Bürgeraktionen und Publikationen des Frankfurter Forum für Stadtentwicklung über eine Fülle von Presseartikeln zum 20-jährigen Kampf der Bürger bis hin zu Erklärungen der Aktion Plagiarius. Es belegt, die Stadt bekämpfte zuerst sowohl die Konzeption als auch Aktionen der Bürger. Die Konzeption war für eine Übernahme durch die Stadt geplant und Ihre Promotion der Metropole am Main gewidmet. Bürger kämpften aber nicht 20 Jahre, um dann von Politikern aus der Geschichte getilgt zu werden. Hier möge, wie Habermas es ausdrückte, „die aufklärende Macht des kritischen Wortes, wenn es nur ans Licht der politischen Öffentlichkeit dringt"[2], der Tilgung begegnen.

TB

Bürger hatten in Deutschland 1000 Jahre lang ihre Städte geplant. Die Stadt ist das bürgerschaftliche Produkt überhaupt und Ursprung der Bürger. Verdrängen Politiker heute Bürger aus ihrem angestammten Bereich, berauben sie sie ihres Ursprungs und ihrer Rechte, ihren Lebensraum zu gestalten. Sie offenbaren damit ein gestörtes Verständnis zu Demokratie und Rechtsstaat. An die alte Tradition „Bürger als Stadtplaner" schloss 1971 die Gründung Frankfurter Forum für Stadtentwicklung e.V. an. Das Forum war keine Bürgerinitiative wie oft gesagt wird, sondern ein von der Stadt Frankfurt mitfinanzierter Verein für alternative Stadtplanung. Ich brachte als Mitbegründer bald nach der Gründung meine bereits vorliegende Konzeption in das Forum ein. Ebenso wie in vielen Bürgervereinen unterstützten auch im Forum und seinem Vorstand Bürger meine Konzeption. Ich war 10 Jahre Vorsitzender des Ausschusses „öffentliches Grün" und in den Jahren 1979–80 zusätzlich Forumsvorsitzender und sah mich im Forum mehr als Bürger denn als Architekt.

III – 2. Wer sind Bürger?

BP

Was bedeutet für Sie der Begriff „Bürger"?

TB

Der Begriff Bürger stammt etymologisch von Burg ab, genauer gesagt von der Fluchtburg. Kaiser Heinrich I. ließ ab 928 verteidigungsfähige Fluchtburgen gegen die damaligen Einfälle zerstörender Reiterhorden errichten. In diesen Fluchtburgen fanden

1 Harting M., „Sie schaden dem Stadtklima", FAZ 12.11.20, S. 30.

2 Habermas J. zitiert nach „Habermas nimmt Preis nicht an", in: FAZ 03.05.2021.

Landbewohner mit ihren Familien erst vorübergehend und dann auch dauerhaft Schutz. Die befestigten Fluchtburgen wurden von ihren Einwohnern zu befestigten Städten entwickelt mit eigenen gesetzlichen Regeln. Emigrierte der auf dem Land von seinem Lehnsherren Abhängige nicht nur vorübergehend, sondern ganz in die Stadt und gelang es ihm dort, auf eigenen Beinen zu stehen und seine Familie zu versorgen, war er „nach Jahr und Tag" ein freier Mann. Hier stammt das Stichwort her: „Stadtluft macht frei."

Der Prozess, dass mit der Stadt, gegenüber dem mit Lehnswesen bis 1806 adelig beherrschten Land, ein bürgerschaftlich beherrschter Frei- und Kulturraum mit eigenen Gesetzen entstand, gehört im positiven Sinn zu den größten Abenteuern germanischer Geschichte. Der Ursprung der germanischen Stadt – insbesondere der deutschen - ist also ein ganz anderer als der der mediterranen. Heute werden nicht nur Stadtbewohner, sondern auch die Mitglieder von Gebietskörperschaften wie Ländern und Kommunen als Bürger bezeichnet. Stadtplanung, Schutz und Freiheit sind untrennbar mit dem Wort Bürger verbunden.

Von Bürgern erbaute Städte haben ihrer sukzessiven Entwicklung entsprechend verwinkelte unregelmäßige Stadtgrundrisse, wie sie z.B. auch Frankfurt bis zu seiner Zerstörung im zweiten Weltkrieg besaß. Bürgerstädte wurden nicht auf Achsen aufgebaut. Erst als sich im Absolutismus Adlige mit Schlössern und Parks auf großzügigen Symmetrieachsen vor den Toren der Stadt ansiedelten und diese Anlagen im Zug von Stadterweiterungen in die Stadtbefestigungen mit einbezogen wurden, kamen auch Achsen und Symmetrien in die bis dahin bürgerlich geprägte Stadt. Diese Entwicklung führte zu sogenannten Residenzstädten wie z.B. Würzburg oder München, die teilweise oder ganz axiale Strukturen erhielten, wobei jedoch meist ein Teil der alten Bürgerstadt erhalten blieb.

BP
Deutschlands erster Anlauf, ein republikanischer demokratischer Staat zu werden, scheiterte 1848. Erst 70 Jahre später 1918 wurde nach dem verlorenen Ersten Weltkrieg eine Republik in Deutschland ausgerufen. Doch auch sie endete 15 Jahre später schon wieder, als im Januar 1933 die Nationalsozialisten an die Macht kamen und jede Entwicklung zu Demokratie und freien Bürgern brutal unterdrückten. Nach dem Zweiten Weltkrieg begann ein dritter, diesmal erfolgreicher Anlauf zum Bürgerstaat mit Gründung der Bundesrepublik Deutschland.

TB
Die Bundesrepublik Deutschland gab sich ein Grundgesetz, das auf der Würde des Menschen basiert. Es stellt das Individuum – also den Bürger – in den Mittelpunkt des Handelns. In Artikel 3 GG heißt es: *„Alle Menschen sind vor dem Gesetz gleich."* Es gibt in der Bundesrepublik also weder Untertanen wie in Monarchien noch Menschen erster und zweiter Klasse. In Artikel 20 GG heißt es weiter: *„Alle Staatsgewalt geht vom Volk aus"* – also von den Bürgern. In der Erläuterung dazu wird festgestellt: *„Durch die Formulierung ‚Alle' wird festgehalten, dass es keine Gewalt mehr geben darf, die nicht vom Volk ausgeht."*[3]

BP
Warum haben wir dann keine bürgerschaftliche Stadtplanung?

3 S. hierzu Wikipedia, Erläuterung zu Artikel 20 GG.

III – 3. Von der bürgerschaftlich zur hoheitlich geplanten Stadt, Beispiel Frankfurt

TB

Die Bürgerstadt Frankfurt war eine freie Reichsstadt, bis ihr Bismarck diesen Status 1866 nahm. Er sah sie als „Demokratennest“, ließ sie militärisch besetzen und machte aus ihr eine Stadt unter preußischer Ägide. Bezeichnend ist, dass die angrenzende Nachbarstadt Offenbach bis 1919 im weiter existierenden Großherzogtum Hesssen (Darmstadt) blieb. Das führte zu der kuriosen Situation, dass Frankfurter damals einen Frankfurter, der nach Offenbach gezogen und dort gestorben war, postmortem verspotten konnten: „*Was ist aus ihm gworde? Drüben im Hessischen ist er gstorbe*!“ Ein Hesse hatte eben nicht den Rang wie ein Bürger einer freien Reichsstadt!

1806 war in Frankfurt mit aktiver Beteiligung der Bürger die bastionäre Befestigung niedergelegt (Abb. 011) und der erste Grüngürtel angelegt worden, der eine ihn schützende Servitut erhielt. Im 19. Jahrhundert erforderten dann Bevölkerungsanstieg, Industrialisierung, Eingemeindung von Nachbarorten, Hygiene usw. in immer weiteren Bereichen den Aufbau und die Existenz hoheitlicher Verwaltungsstrukturen – auch im Bauwesen und der Stadtplanung. Zwangsläufig trat dabei ein enger Kontakt zwischen aufstrebender Industrie, Handel und Stadtverwaltung ein. Er festigte sich im preußisch beherrschten Frankfurt gegen Ende des Jahrhunderts. Wirtschaftliche Macht bestimmte zunehmend die Stadtplanung. Sie wurde autoritär. Der Dreiklang Bürger – Schutz – Freiheit begann zu verhallen.

BP

Dies reflektiert auch der 1924 in der Weimarer Republik entstandene Plan der Frankfurter Wirtschaftsdeputation (Abb. 014). Er kam nicht vom Stadtplanungsamt, sondern von der Wirtschaft und zeigt ein „Groß-Frankfurt“ im „Rhein-Mainischen-Städtekranz“ als Beherrscherin des Untermaingebiets. An diesem Ziel hat sich bis heute (2021) nichts geändert. Das belegen die Namens-Umwandlungen der überörtlichen Organisationsbehörde für den Ballungsraum Untermain, von Regionale Planungsgemeinschaft Untermain (RPU 1965–1974) über Umlandverband (UV 1974–2001) und Planungsverband Ballungsraum Frankfurt RheinMain (2001–2010) bis zuletzt in Regionalverband Frankfurt RheinMain (ab 2010).

TB

1925 war das von Stadtbaurat May propagierte „Neue Frankfurt“ kein von Bürgern, sondern von der Politik geborenes Vorhaben. Es wurde autoritär geplant und durchgesetzt. May, als Anhänger der Gartenstadtbewegung, projizierte in den Plan der Wirtschaftsdeputation von 1924 (Abb. 014) ein System aus Trabanten. Diese schloss er an den Stadtkern Börsenhandelszentrum mit radialen Achsen an. Eine besondere Rolle spielte darin sein „Projekt für die Bebauung des Niddatales“[4], wie es May in seinen Plänen wörtlich bezeichnet hatte. Die Bebauung wurde durch die Kanalisierung der Nidda ermöglicht. May kesselte das Niddatal von Heddernheim bis Rödelheim mit Bebauung ein (Abb. 016 und 017). Naturschönheiten wurden damals durch Baumaßnahmen

4 May projektierte die Bebauung des Niddatales, wie seine Pläne von 1928 und 1930 DNF 7-8/1928 und DNF 2-3/1930 beweisen.

irreparabel zerstört. Bürger-, Heimat- und Naturschutzverbände[5] und auch der Architekten- und Ingenieurverein (AIV)[6] protestierten. Jedoch vergeblich. May bekam hier günstige Baulandpreise[7] und setzte deshalb die Bebauung des Niddatals rigoros durch.

Max Bromme, Gartenamtsleiter unter May, versuchte die Proteste der Bürger gegen die Zerstörung des Niddabeckens, wie er es nannte, durch eine Alibischrift unter dem Titel „Die Erhaltung der alten Nidda" zu zerstreuen. Er bot darin jedoch keine Erhaltung der alten Nidda an. Die Erhaltung war nicht mehr möglich. Bromme wiederholte Mays Projekt zur Bebauung des Niddatales mit unwesentlichen Veränderungen, überschrieb seinen Plan aber mit „Grüngürtel an der Nidda" und schlug *„Grunderwerb eines 8 m breiten Uferstreifen längs der Altarme"*[8] vor. Dieser war für den Gewässerzugang ohnehin nötig. Bromme widersprach also weder Mays Bebauung noch bot er eine Alternative. Er ordnete sich und Niddatal unter. Die damalige Presse beschrieb May als Baudiktator mit Titeln wie „Mussolini Stadtrat May"[9]

Anschließend an seine Frankfurter Zeit plante May von 1930–1933 in der Sowjetunion „Standardstädte"[10] – wieder autoritär. Nach seiner Rückkehr aus Kenia 1954 baute er quer durch Deutschland Großsiedlungen in Bremen, Darmstadt-Kranichstein, Hamburg, Mainz, Wiesbaden-Klarenthal als Chefplaner des Gewerkschaftsunternehmens Neue Heimat oder im Auftrag der Nassauischen Heimstätte oder anderer Aufraggeber, erneut ohne Mitwirkung der Bürger. Es handelt sich fast nur um rein wirtschaftlich orientierte Baukomplexe meist mit Wohnhochhäusern. Sie wurden zu sozialen Brennpunkten durch das, was May in seiner Frankfurter Zeit noch als „Menschenzusammenballung auf der Grundlage solcher Wirtschaftsberechnungen"[11] verurteilt hatte. Bürger, für die die Städte und Wohnungen errichtet wurden, bekamen fertige Produkte vorgesetzt. Stadtplanung und Wohnungsbau waren autoritär geworden und wurden wirtschaftlichen Gesichtspunkten untergeordnet.

BP
Um jedoch noch Bürgermitwirkung zu gewährleisten, wenn die Planung von Städten durch Bürger schon schwierig geworden ist, hat der Gesetzgeber vor dem Bauen das Aufstellen von Flächennutzungsplänen und daraus resultierenden Bebauungsplänen vorgeschrieben. Bevor diese Pläne nacheinander rechtskräftig werden, müssen sie, jeweils mit einer bestimmten Zeitspanne versehen, den Bürgern zur Beurteilung öffentlich ausgelegt werden. Bürger dürfen dann, wie es im Amtsdeutsch heißt, „Bedenken und Anregungen" vorbringen. Sie dürfen also noch verbessernd mitwirken. Gesetzlich nicht vorgesehen ist jedoch, dass Bürger Planungen verwerfen, die im Prinzip falsch sind und sie durch eigene ersetzen. In den 16 Jahren, die von 1956 bis 1972 Hans Kampffmeyer jun. (SPD), vorheriger Direktor eines Tochterunternehmens des gewerkschaftseigenen Baukonzerns Neue Heimat, als Dezernent für Stadtplanung in Frankfurt wirkte, ging die

---

5 Gartenamt der Stadt Frankfurt, Die Erhaltung der alten Nidda, 1928, S. 33.

6 https://de.wikipedia.org/wiki/Ernst May: Das „Neue Frankfurt".

7 Ebd.

8 Gartenamt der Stadt Frankfurt, Die Erhaltung der alten Nidda, 1928, S. 31.

9 Frankfurter Fackel, 15.07.1927.

10 Flierl, Thomas, Standardstädte, Berlin 2012.

11 May E., „Fünf Jahre Wohnungsbau in Frankfurt am Main, DNF 2-3/1930, S. 28.

Stadt zunehmend dazu über, hinter verschlossenen Türen mit der Erteilung von Ausnahmegenehmigungen „zu planen".[13]

TB.
Das war unter anderem auch deshalb möglich, weil der Dezernent in den Aufsichtsräten diverser Baugesellschaften saß und sich, wenn diese „planten", seine eigenen Planungen in Personalunion genehmigte. So konnten auch noch Bedenken und Anregungen der Bürger vermieden werden. Wohin eine derartige „Stadtplanung" führt, zeigen folgende Beispiele:

Beispiel 1: Zerstörung Frankfurter Westend.
Dieses Wohnviertel war im 19. Jh. zwischen der Stadt Frankfurt und dem westlichen Vorort Bockenheim entstanden, nahezu unversehrt durch den Zweiten Weltkrieg gekommen und galt als Frankfurts beste innenstadtnahe Wohnlage. Ab Mitte der 1960er Jahre wurde es in Büros umgewandelt. Es kam zu bürgerkriegsähnlichen Protesten, die einen Rest des Westends retteten.

Beispiel 2: Weitere Zerstörung des Niddatales.
Der Frankfurter Magistrat plante ab Ende der 1950er Jahre den Bau einer Nordwest-Stadt. Die Planung sah sowohl eine nordwestliche Erweiterung von Mays Niddatal-Bebauung als auch erhebliche Eingriffe in diese vor. Dazu gehörte eine – eigentlich ganz im Sinn von Mays Trabantenanbindungsradialen gedachte – Nordwest-Straße mit oberirdischer U-Bahn-Begleitung, die das Niddatal und Mays Römerstadt quer durchschnitt. „May, Hillebrecht und Guther erhoben (...) sofort Bedenken.(...) Doch (...) Kampffmeyer setzte Planierraupen in Marsch, die alsbald sein Verkehrskonzept in Auen und Äcker walzten"[12], schrieb damals Der Spiegel. Hier war der kuriose Fall eingetreten, dass eine autoritäre Stadtplanung die andere autoritäre konterkarierte.

Beispiel 3: Zerstörung von Landschaftsschutzgebieten, Stadtentwicklungsplan II / 1972.
In dem 1972 erschienenen Stadtentwicklungsplan Band II 1972 ließ Kampffmeyer sämtliche noch nicht bebauten Grünflächen auf ihre höchstmögliche Verwertbarkeit hin untersuchen. Der Magistrat verstand die Untersuchung als „verbindliche" Absichtserklärung, auf die er sich bereits vor seinem Erscheinen mit Ausnahmegenehmigungen und sogenannten „Befreiungen" von zwingenden Vorschriften bezog, die erst später durch den Band bekannt wurden. Diese illegalen Bebauungen, und die Vorbereitungen weiterer ähnlicher, führten bei den Bürgern zur Gründung zahlreicher Bürgerinitiativen (BI's) wie der „Aktionsgemeinschaft Westend", der „Bürgerinitiative Am Treutengraben", der „Bürgerinitiative zur Erhaltung des Landschaftsschutzgebietes Niddatal" und sehr vieler weiterer. Kampffmeyers Nachfolger Adrian schrieb dazu:

„Die Proteste der Bürger brandeten über und fanden breite Unterstützung. Mitglieder des Magistrats gingen auf die Straße, um gegen Entscheidungen zu demonstrieren, die sie selbst im Magistrat getroffen hatten. Vielleicht hatten sie sie in ihrer vollen Tragweite noch nicht erkannt. Aus Besetzungen von Häusern entwickelte sich der sogenannte Häuserkampf. (...) Während die Politik davon schwärmte, Frankfurt zu einer europäischen Metropole zu machen, sorgten sich die Menschen um ihre angestammte Umgebung, mit der sie gefühlsmäßig verbunden waren."[13]

---

12 Zitat aus Asche und Trabant, in: Der Spiegel 25/1962, S. 73f.

13 Adrian, H., in: „Meine 70er Jahre in Frankfurt und Hannover", abgedruckt in: Müller-Raemisch H.-R., „Leitbilder und

Hinter dieser Entwicklung stand in Frankfurt Kampffmeyers Philosophie: „*Stadtplanung muss sich dort engagieren, wo Finanzgruppen bereit sind sich zu engagieren.*"[14] Als später hierzu entschuldigende Erklärungen versucht wurden, schrieb Josef Lehmbrock[15], Mitinitiator der Ausstellung Profitopolis, an Hans-Reiner Müller-Raemisch[16], Leiter des Frankfurter Stadtplanungsamtes zu der Veranstaltung „Leitbilder und Mythen 1945–1985":[17]

„Die alle hat es natürlich nie gegeben, sondern eine ‚Machtelite' für das Bauen in unserem Land, die dem materialistischen Zeitgeist entsprechend und gefördert aus Politik, Wirtschaft und der immer *hörigen* Verwaltung allüberall Profitopolis realisierte, eine *ausschließlich* am Profit orientierte Stadtentwicklung. Funktionalismus, Rationalismus, Historismus und welche Ismen auch immer spielten nicht die geringste Rolle! Die Fassadenkosmetik nach diesen Etiketten ist ein lächerliches Beiwerk, denn die *Kleider* sind den Investoren völlig schnuppe."[18]

III – 4. Zurück zur Planung der Stadt durch Bürger

BP

Die Bürger drängten den Nichtfachmann Kampffmeyer 1972 aus dem Amt. Nachfolger wurde Hanns Adrian (SPD). Er war ein ausgebildeter Stadtplaner und Mitarbeiter unter Stadtbaurat Rudolf Hillebrecht in Hannover gewesen. Adrian begann Frankfurts Stadtplanung wieder auf eine legale konzeptionelle Basis zu stellen und Kontakte zu den Bürgern aufzubauen, die ihn begrüßten. Er geriet jedoch aus diesen und weiteren Gründen heraus in zunehmende Dissonanzen zu seiner damals mit absoluter Mehrheit in Frankfurt regierenden Partei und dem von ihr gestellten OB Rudi Arndt (SPD). Die Folge war, Adrian beging nach nur drei Jahren (1972–1975) Stadtflucht, kehrte nach Hannover zurück und wurde dort Nachfolger von Rudolf Hillebrecht als Stadtbaurat.

TB

Auch wenn Adrians Reparaturansatz unvollendet blieb und manches auch nicht mehr repariert werden konnte, waren es doch keine verlorenen Jahre. Mit Adrian hatte ein Aufatmen begonnen und Bürger, die erst als Protestierende Verantwortung für ihre Stadt übernommen hatten, kehrten nun in ihre aus der Geschichte bekannte Rolle als Stadtplaner zurück und publizierten Stadtentwicklungskonzepte mit dem grundsätzlich neuen Ansatz, dass Stadtplanung auf klimatischer Basis wissenschaftlich zu erfolgen hat. Vor Adrians Ankunft war schon am 6.7.1971 das Frankfurter Forum für Stadtentwicklung

---

Mythen in der Stadtplanung 1945–1985", Frankfurt 1990, S. 128 f.

14 FDP-Stadtverordnetenfraktion Frankfurt am Main in „Geld gegen Grün ... oder wie man eine Stadt unbewohnbar macht", Frankfurt , Februar 1977, Seite 13.

15 Josef Lehmbrock (05.06.1918–19.07.1999), Architekt vor allem im Kirchenbau, zusammen mit Wend Fischer Erarbeitung der national und international sehr erfolgreichen Ausstellungen „Profitopolis" und „Von Profitopolis zur Stadt der Menschen".

16 Hans-Reiner Müller-Raemisch (27.03.1925–10.12. 2018), Stadtplaner, ab 1967 Leiter des Frankfurter Stadtplanungsamtes unter Hans Kampffmeyer, Hanns Adrian, Hans Erhard Haverkampf und Hans Küppers, ab 1988 Leiter des Fachbereiches Gesamtplanung Frankfurt.

17 Müller Raemisch H.-R., „Leitbilder und Mythen in der Stadtplanung 1945–1985", Frankfurt 1990.

18 Lehmbrock J. im Schreiben v. 15.03.1989 an Müller-Raemisch H.-R., in: Müller Raemisch H.-R., „Leitbilder und Mythen in der Stadtplanung 1945–1985", Frankfurt 1990, S. 91. Die Kursivdarstellungen stammen von Lehmbrock.

Frankfurter Forum für Stadtentwicklung e.V. Aktivitäten 1972-80

1. 18.04.1972 „Grüngürtel enger schnallen": Bürgerinformationsveranstaltung in den Praunheimer Werkstätten, Alt-Praunheim 2

2. 07.11.1972 „Was ist in Frankfurt der Landschaftsschutz wert?" Bürgerinformationsveranstaltung Gemeindesaal Emmaus-Gemeinde Eschersheim, Zehnmorgenstraße 46

3. 07.11.1972 „Grüngürtel sichern": Bürgerinformationsveranstaltung Gemeindesaal Emmaus-Gemeinde in Eschersheim, Zehnmorgenstraße 46

4. 23.01.1973 „Die Alternative" illustrierte Zeitungsbeilage, Kurzfassung Konzept für großräumigen äußeren Autobahnring um Frankfurt herum als Gegenvorschlag zu dem bereits begonnenen, von Bürgern bekämpften Bau der Autobahn Wiesbaden-Fulda durch Frankfurt hindurch

5. 23.01.1973 „Stellungnahme zum Gesamtverkehrsplan" Langfassung von „Die Alternative" als Broschüre, zusammen mit P. Wünschmann, Wien

6. 23.08.1973 „Mittlerer Ring für Frankfurt" in provisorischer und endgültiger Form, als Presseerklärung

7. 02.10.1973 „Der Grüngürtel – die Chance", Kurzfassung illustrierte zweiseitige Zeitungsbeilage

8. 02.10.1973 „Der Grüngürtel – die Chance", Langfassung als Forumsschrift Nr. II (24)

9. Febr. 1974 „Vorschläge zur Zooplanung im Niddatal", Forumsschrift Nr. III,

10. 1975 „Großkraftwerk im Fechenheimer Mainbogen", Forumsschrift Nr. IV

11. 1976 „Aspekte der Frankfurter Stadtentwicklung", Forumsschrift Nr. V

12. März 1979 „U-Bahn-Betriebshof im Ortsteil Seckbach", Forumsschrift Nr. VI

13. Okt. 1979 „Schutz für den Frankfurter Grüngürtel – Was wurde aus dem Vorschlag des Frankfurter Forums für Stadtentwicklung von 1972/73?", Forumsschrift Nr. VII mit vier doppelseitigen farbigen Klimakarten

14. Jan. 1980 „Die Frankfurter Mainufer – Museen, Grün, Verkehr", Forumsschrift Nr. VIII

15. März 1980 „Verkehrsberuhigung im Ortsteil Rödelheim", Forumsschrift Nr. IX

Drei Forumsbriefe: „Bundesautobahn A 66 – Allee Tunnel ", „S-Bahn-Trasse Oberrad", „Der Nidda-Zoo ist eine Fehlplanung"

Weiterhin „Dom-Römer-Berg-Bebauung" als begonnene, nicht fertig gestellte Schrift mit Meinungsumfrage

210 Aufstellung Aktivitäten Frankfurter Forum für Stadtentwicklung e.V.

e.V gegründet worden. Es war keine Bürgerinitiative sondern ein Bürgerforum[19], in dem Bürger, Architekten und Stadtplaner ehrenamtlich zusammen arbeiteten.[20] Es erhielt von der Stadt Frankfurt einen Zuschuss für sein Büro und seine Publikationen. [21]

BP

Sie hatten als Mitbegründer des Forums bereits kurz nach der Gründung die von ihnen seit 1969 entwickelte Konzeption „Grüngürtel mit grüner Mainquerspange, Randbebauung und Verkehrsbündelung" im Frühjahr 1972 in das Forum eingebracht.[22] Ihre Konzeption wurde zum Kernthema des Forums, das alle anderen mit umfasste. In Ihren Akten findet sich eine Liste der Publikationen und Aktionen des Bürgerforums, die hier in Verbindung mit den Einbänden der Broschüren publiziert wird.

TB

Während Demonstranten mit öffentlichen Protesten der Stadtzerstörung begegneten, trat ihr das Frankfurter Forum mit Informationsveranstaltungen und konstruktiven Alternativen entgegen, wie die Chronologie der Veranstaltungen und Publikationen belegt. Vor dem Übergeordneten wurde das Dringlichste angegangen, z.B. Verhinderung der weiteren Niddatal-Zerstörung durch Fortsetzung der in Hausen illegal entstandenen Hochhauskette nach Praunheim und Verhindern des Durchbetonierens der heutigen Autobahn A 66 durch die Stadt.

BP

Die übergeordnete Grüngürtelkonzeption war von vorneherein als Klimakonzeption angelegt worden, wie die Zeitungsbeilage (Ziff. 7) „Der Grüngürtel – Die Chance" (Abb. 051) und die Broschüre (Ziff. 8) beweisen. Den Klimabezug setzte drei Jahre später die Forums-Schrift „Aspekte der Frankfurter Stadtentwicklung" (Ziff. 9) fort, mit erneuter Betonung der notwendigen klimatischen Ausrichtung der Frankfurter Stadtplanung. Nochmals drei Jahre später hakte das Forum nach mit der Schrift „Schutz für den Frankfurter Grüngürtel – Was wurde aus dem Vorschlag des Frankfurter Forums für Stadtentwicklung von 1972/73?" (Ziff. 13). Darin publizierte es doppelseitig vier Karten aus inzwischen erfolgten Untersuchungen zu Frankfurts klimatischer Situation. Sie belegen wissenschaftlich, dass die Stadtplanung auf die Situation reagieren muss (drei dieser Karten sind als Abb. 036, 037, 038 in diesem Band abgebildet). Die Bürger präsentierten ein frühes Klimakonzept für Frankfurt, das es bisher nicht gegeben hat und die Lösung von Wohn- und Verkehrsproblemen mit einschloss.

---

19 Vorbild für die Gründung des Frankfurter Forums e.V. war das Münchner Forum. Mitbegründer des Frankfurter Forums waren sowohl einzelne Frankfurter Bürger als auch Institutionen wie Kuratorium Kulturelles Frankfurt, Aktionsgemeinschaft Westend, Bund für Volksbildung, Deutscher Gewerkschaftsbund, Deutscher Werkbund Hessen e.V. und die Stadt Frankfurt am Main, die das Forum mit einem wichtigen Zuschuss für sein Büro und die Finanzierung von Publikationen ausstattet.

20 Im Forum arbeiteten Bürger ehrenamtlich zusammen, die aus vielen Berufen und z.T. auch aus Bürgerinitiativen kamen, wie „Aktionsgemeinschaft Westend" und „Bürgerinitiative zur Erhaltung des Landschaftsschutzgebietes Niddatal". Als Vorstandsvorsitzende wirkten die Architekten Prof. Fritz Novotny (06.07.71 bis 22.03.1973), Wolfgang Bartsch (22.03.73 bis 01.04.1978), Otto Fresenius (01.04.78 bis 15.06.1979), Prof. Till Behrens (15.06.79 bis 31.12.1980).

21 Zeugenerklärungen der Vorstandsmitglieder Georg Encke (Abb.043) und Karl Stadager (Abb. 042), dass Till Behrens im Frühjahr1972 seine Grüngürtel-Flussufer-Konzeption noch vor der ersten Sitzung des Ausschusses „Öffentliches Grün" in das Forum einbrachte.

22 23.11.1971 erste Mitglieder-Versammlung nach Forumsgründung.

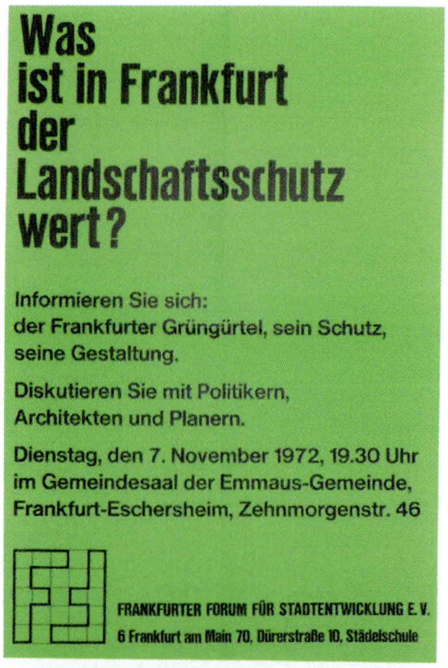

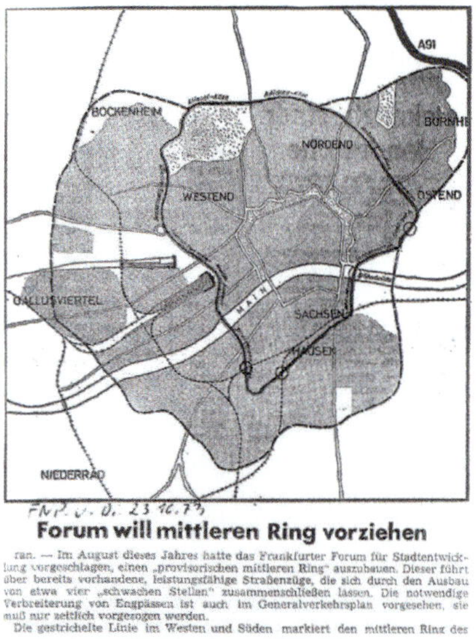

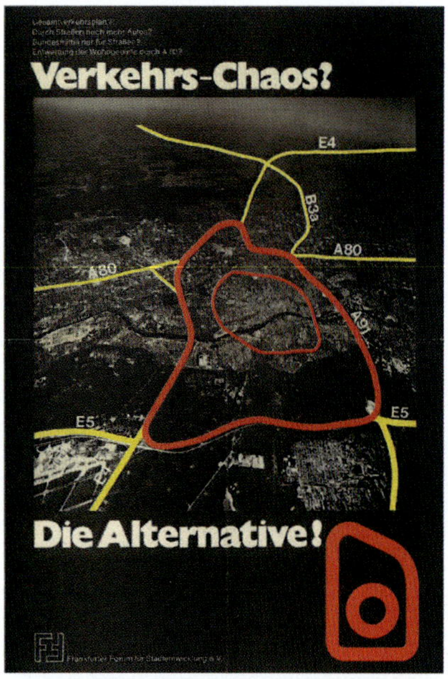

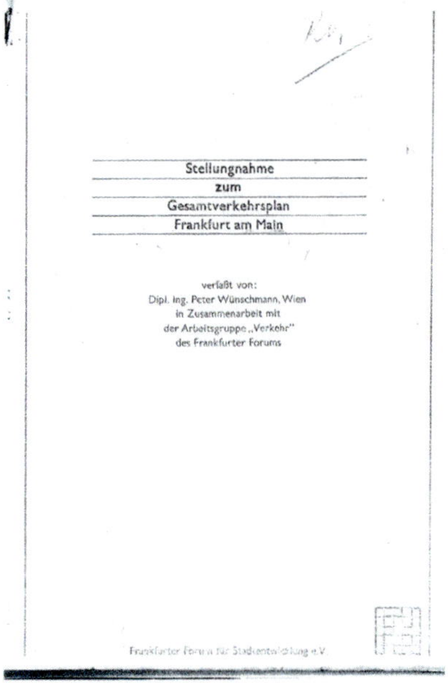

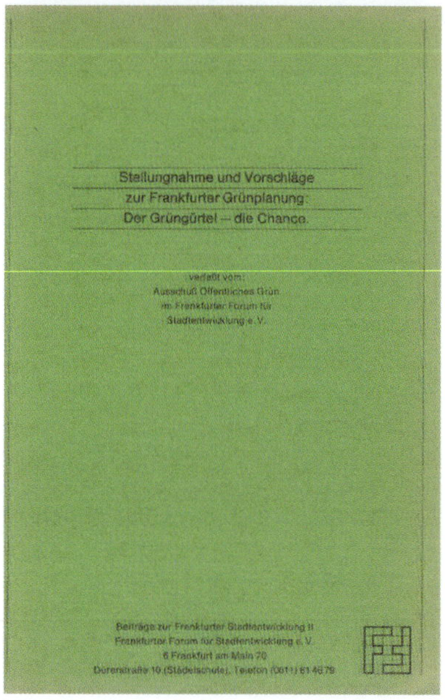

211 Teil 1 Publikationen Frankfurter Forum für Stadtentwicklung 1972–1980

211 Teil 2 Publikationen Frankfurter Forum für Stadtentwicklung 1972–1980

TB

Nachdem Stadtbaurat Adrian bereits für die Konzeption „Ausbau eines provisorischen Mittleren Ringes schriftlich gedankt hatte" (24.10.1973, Abb. 055), tat er dies anschließend auch für die Grüngürtel-Konzeption (22.11.1973, Abb. 212).

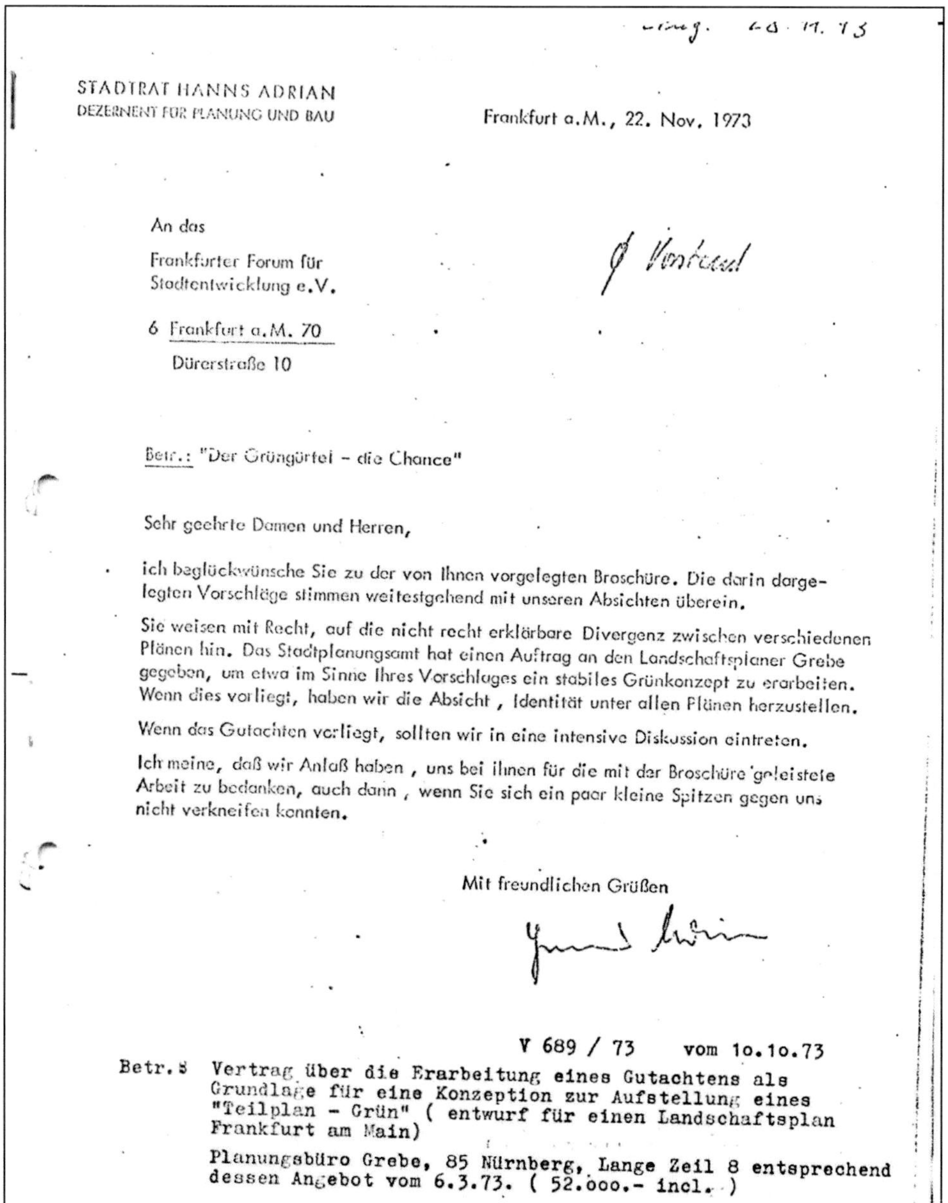

STADTRAT HANNS ADRIAN
DEZERNENT FÜR PLANUNG UND BAU

Frankfurt a.M., 22. Nov. 1973

An das
Frankfurter Forum für
Stadtentwicklung e.V.
6 Frankfurt a.M. 70
Dürerstraße 10

Betr.: "Der Grüngürtel – die Chance"

Sehr geehrte Damen und Herren,

ich beglückwünsche Sie zu der von Ihnen vorgelegten Broschüre. Die darin dargelegten Vorschläge stimmen weitestgehend mit unseren Absichten überein.

Sie weisen mit Recht, auf die nicht recht erklärbare Divergenz zwischen verschiedenen Plänen hin. Das Stadtplanungsamt hat einen Auftrag an den Landschaftsplaner Grebe gegeben, um etwa im Sinne Ihres Vorschlages ein stabiles Grünkonzept zu erarbeiten. Wenn dies vorliegt, haben wir die Absicht, Identität unter allen Plänen herzustellen.

Wenn das Gutachten vorliegt, sollten wir in eine intensive Diskussion eintreten.

Ich meine, daß wir Anlaß haben, uns bei Ihnen für die mit der Broschüre geleistete Arbeit zu bedanken, auch dann, wenn Sie sich ein paar kleine Spitzen gegen uns nicht verkneifen konnten.

Mit freundlichen Grüßen

V 689 / 73 vom 1o.1o.73

Betr.: Vertrag über die Erarbeitung eines Gutachtens als Grundlage für eine Konzeption zur Aufstellung eines "Teilplan - Grün" (entwurf für einen Landschaftsplan Frankfurt am Main)

Planungsbüro Grebe, 85 Nürnberg, Lange Zeil 8 entsprechend dessen Angebot vom 6.3.73. (52.ooo.- incl.)

212 Planungsdezernent Adrian H. dankt mit Schreiben vom 22.11.1973 dem Frankfurter Forum für die vorgelegte Broschüre zum Grüngürtel

BP

Zu der geplanten Publikation Ihrer weiteren Konzeption „Bündelung von Ab- und Anflugrouten mit Autobahnlärmbändern" (Kap. II-3.5) durch das Forum kam es nicht mehr, bevor Politik und Verwaltung das Bürgerforum zerschlugen. Die Veröffentlichung nahmen Sie selbst später in der Zeitschrift des Deutschen Werkbundes vor, der damals mit dem Forum kooperierte.

III – 5. Systematische Bürgerausgrenzung

TB
Bürgerausgrenzung ist das hoheitliche Instrument, um aus bürgerschaftlicher wieder autoritäre Stadtplanung zu machen.

III – 5.1 Systematische Bürgerausgrenzung Teil I – Museumsufer

Nur neunzehn Monate nach Gründung des Bürgerforums und seinen ersten Aktivitäten, wie der Verhinderung des Weiterbaues der illegalen Hochhaus Siedlungen im Niddatal und der Veröffentlichung der Verkehrsalternative entzog die damals mit absoluter SPD-Mehrheit regierte Stadt dem Forum am 26.03.1973 den städtischen Zuschuss von 50.000. DM.[23] Der Initiator und damalige erste Vorsitzende des Forums, der Präsident der Architektenkammer Hessen (AKH) Fritz Novotny, nannte es „eine Sache die stinkt".[24] Mit dem Entzug des ohnehin dünnen Zuschusses machten Politik und Verwaltung deutlich, dass Bürger stören, die alternative Konzepte zu den totalitären von Politik und Verwaltung entwickeln und für ihre Konzeptionen eintreten. Das Forum reagierte auf den Entzug mit einem von vielen Prominenten unterzeichneten Aufruf an die Frankfurter Bevölkerung: „Mehr Demokratie in der Stadtplanung"[25] (Abb. 050).

BP
Zu dem Zeitpunkt des Entzugs des Zuschusses legte das Forum, das den Grüngürtel am 29.07.1972 durch eine Radrundtour erkundet hatte, gerade seinen Grüngürtelvorschlag in den beiden Publikationen „Der Grüngürtel – Die Chance" nieder und bereitete eine weitere Schrift zu den Frankfurter Mainufern vor. Der Entzug wirkte sich auf die Geschäftsführung und den Druck von Publikationen aus. Das Forum konnte im Oktober 1973 gerade noch die Schriften zum Grüngürtel (Ziff. 7 und 8) herausbringen, seine angefangene Schrift zu den Mainufern als weiteren Teil von Ihrem Gesamtkonzept musste es jedoch zurückstellen (Ziff. 14). Die Forumsschrift „Die Frankfurter Mainufer – Museen-Grün-Verkehr" erschien erst sieben Jahre später im Januar 1980 unter einer CDU-Stadtregierung. Der Magistrat griff sie dann sofort auf, jedoch ohne Kontaktaufnahme mit Bürgern oder Urheber.

TB
Ich habe es begrüßt, dass Frankfurts damaliger Kulturdezernent Hilmar Hoffmann (SPD) dazu zwar spät, aber immerhin korrekt berichtete (Abb. 069):

„Schon Mitte der siebziger Jahre gab es in Frankfurt eine Bürgerinitiative, die auf Anregung des Frankfurter Architekten Till Behrens, Enkel des berühmten expressionistischen Architekten Peter Behrens, damals noch aus dominant städtebaulichen Überlegungen heraus die Ausweitung der Museen am Südufer des Mains forderte. Meine Partei und ich haben sich dann diese Forderung zu eigen gemacht. Bei der Kommunalwahl 1978 gewann jedoch die CDU die Mehrheit und der damals aus Marburg kommende Walter Wallmann wurde neuer Oberbürgermeister der Stadt Frankfurt. Der dann künftige Direktor des Deutschen Architekturmuseums Heinrich Klotz, der seinerzeit ebenfalls aus

---

23 Hfm. Forum Für Stadtentwicklung muss auf Zuschuß verzichten, FR. Di. 27.3.73.

24 vi. „SPD-Fraktion soll ihren Beschluss überprüfen" FAZ. Dp. 12.06.73.

25 FR. 2.5.1973 „Prominente bitten für das Forum".

Marburg kam, der Frankfurter Kulturkritiker Peter Iden, der damals noch Gründungsdirektor des in der Planung befindlichen Museums für Moderne Kunst in Frankfurt war, und ich selbst konnten relativ schnell und problemlos und jenseits von parteitaktischen Überlegungen Walter Wallmann davon überzeugen, dieses Konzept eines Frankfurter Museumsufers zu seinem eigenen zu machen."[26]

BP
Hoffmann bestätigt hier fünf wichtige Sachen:

1. Dass der Urheber der Museumsuferkonzeption Till Behrens ist. Diese Erklärung war in Bezug auf die von Albert Speer jun. erzwungene Rücknahme des Plagiatsvorwurfs durch das Forum wichtig. Sie erfolgte ohne den Urheber und nicht in seinem Namen. Sie als Urheber waren in Urlaub. Die Rücknahme war für das Bürgerforum wirksam, nicht für Sie. Es ging auch nicht darum, Till Behrens „loszuwerden", sondern die Bürger. Die werbewirksame Konzeption sollte durch Politiker besetzt werden. Das ging nicht, ohne den mit den Bürgern verbundenen Urheber mit auszugrenzen. Hoffmann verbindet Sie sogar mit ihrem berühmten Großvater Peter Behrens, um sich auch mit diesem zu zeigen.

2. Dass es schon „Mitte der siebziger Jahre" eine „Bürgerinitiative" zu den Mainufern gab, wobei Hoffmann mit Bürgerinitiative das Bürgerforum gemeint haben dürfte. Die SPD griff die Konzeption zu der Zeit auf, als sie dem Bürgerforum den städtischen Zuschuss entzog.

3. Dass mit der Erwähnung von „dominant städtebauliche Überlegungen", seitens des Forums sehr viel mehr verbunden war als Museen-Ausweitung, nämlich: Die Vernetzung der Mainufer mit dem Grüngürtel-Konzept, das Befreien beider Ufer vom Durchgangsverkehr, Wiederanschließen der Stadt an den Fluss, an dem sie entstanden war und dessen Namen sie trägt, und Regeneration beider Ufer zu Erholungs- und Wohnbereichen. Bereits sieben Jahre vorher, am 23.08.1973, hatte das Forum schon den Vorschlag „Mittlerer Ring auf vorhandenen Straßen" gemacht, der Wohngebiete, die Berliner Straße und die Ufer vom Durchgangs-Verkehr befreit hätte.

4. Dass sich zuerst die SPD die Konzeption „zu eigen" machte.

5. Dass sich anschließend auch die CDU die Konzeption „zu eigen" machte.

TB
Das „Zueigenmachen" der Parteien war ganz im Sinn der Sache, der Bürger und des Urhebers. Die Forumsschrift, mit der Hoffmann, Iden und Klotz zu Wallmann gingen, war mit den Namen Behrens und Rahe gekennzeichnet. Das hinderte OB Walter Wallmann (CDU) und seinen Adlatus Alexander Gauland (damals noch CDU, später AfD) nicht, auf dieser Grundlage dem Büro Speerplan einen Planungsauftrag für ein Plagiat zu erteilen. Albert Speer jun. gab sich sofort als Urheber der Konzeption aus, mit der er vorher nichts zu tun hatte. Zusammen mit einem Vertreter des Magistrats drohte er persönlich den Vertretern des Forums mit massiven juristischen Schritten, wenn sie ihren Plagiatsvorwurf nicht zurücknähmen. Auf Grund einer damals in der deutschen Rechtsprechung noch unklaren

26 Hofmann, H., „Das Frankfurter Museumsufer, Geschichte, Entwicklung und Perspektiven einer kulturpolitischen Initiative", in: Lampugnani V. (Hrsg.), Museumsarchitektur in Frankfurt 1980–1990, München 1990.

Rechtslage taten die Vertreter des Forums dies.[27] Das ändert jedoch nichts daran, dass die Stadt ein Plagiat in Auftrag gab, Speer eines fertigte und Till Behrens der eigentliche Urheber der Museumsuferkonzeption ist.[28] Das Urheberrecht entsteht mit dem Schöpfungsakt. Es ist ein unverlierbar an die Person gebundenes Recht. Neben dem Urheber hat auch das Bürgerforum als Herausgeber Anspruch darauf genannt zu werden. Bis heute unterschlagen Politik, Verwaltung und schlecht recherchierte Berichte das Faktum, dass das Konzept für das Museumsufer nicht von Politikern stammt, die sich gegenseitig dafür auszeichneten, sondern von einem Einzelnen und von Bürgern durchgesetzt wurde.[29]

III – 5.2 Systematische Bürgerausgrenzung Teil II – Grüngürtel

BP

Ging es bei der Museumsuferkonzeption 1980 primär um die Ausgrenzung der Bürger und erst im Gefolge um den Urheber, war es beim Grüngürtel umgekehrt, wie Ihren Akten zu entnehmen ist. Im Fall Grüngürtel beginnt die Ausgrenzung des Urhebers bereits 1981, neun Jahre vor Übernahme der Konzeption durch die Stadt 1990. Sie beginnt auch nicht wie beim Museumsufer im Frankfurter Rathaus, sondern an der Gesamthochschule / Universität Kassel (GhK). Lucius Burckhardt, damaliger Vorsitzender des Deutschen Werkbundes, hatte seinen Werkbundkollegen Till Behrens zu Lehraufträgen über die inzwischen auch in der Fachzeitschrift Bauwelt unter Ihrem Namen erschienenen Publikationen zu Museumsufer und Grüngürtel an den Fachbereich 13 Stadt- und Landschaftsplanung der GhK geholt.

TB

Nach meiner Negativerfahrung mit dem Magistrat im Fall Museumsufer einerseits und dem eigentlichen Sinn einer Promotion, Neues zu bieten, andererseits, hatte ich beschlossen, mein geistiges Eigentum durch eine Promotion gegen weitere Enteignungen zu schützen. Ich stellte an der GhK einen Promotionsantrag zum Thema „Die Frankfurter Grüngürtel". Die Verwaltung unterstützte den Antrag, Kollegen vom Fachbereich 13 blockierten ihn fünf Jahre lang.[30] Die Zulassung musste mit Klageandrohung durchgesetzt werden.

BP

Ihre akademische Arbeit wurde von der Hessischen Landesregierung als „rahmengebendes Gesamtkonzept für Frankfurt" ausgezeichnet. Es handelt sich bei ihr um eine

---

27 Magistrat der Stadt Frankfurt, Mike Josef Stadtrat, Dezernat IV – Planen und Wohnen – schrieb am 20.08.18 an Jürgen Hotzan: „Wir sind uns auch darüber bewusst, dass Till Behrens bei der Entwicklung des Museumsufers eine wichtige Rolle gespielt hat. Er hat maßgeblich dazu beigetragen, dass das Museumsufer heute für Frankfurt nicht nur in kultureller Hinsicht eine zentrale Rolle einnimmt".

28 Der Bundesgerichtshof entschied erst im Jahre 2008, dass eine Nachahmung vorliegt, wenn das Original nachweislich zuerst auf dem Markt war, der Hersteller der Nachahmung Kenntnis davon hatte und das jüngere Produkt dem älteren täuschend ähnlich ist (Urt. V 26.6.2008,42.: I ZR 170105 - ICON).

29 Bisher läuft das Thema Bürger, Politik und Verwaltung in der Stadtplanung auf einen circulus vitiosus hinaus. Eine von der Politik missbrauchte amtliche Stadtplanung ruft Proteste der Bürger hervor. Bürger protestieren nicht nur, sie entwickeln eigene Konzepte, die den städtischen überlegen sind, und kämpfen für diese. Die Politik greift sie zuletzt auf, grenzt aber Bürger und Urheber aus und verfälscht ihre Konzeptionen mit der Folge, dass früher oder später wieder Bürgerproteste aufkommen und der Kreislauf von neuem beginnt.

30 Verwaltung der GhK damals zu Behrens Till: „Die Verwaltung der GhK hat nichts gegen Ihre Promotion einzuwenden. Es sind nichtpromovierte Kollegen, die sie verhindern wollen, weil sie ihre Konzeption für sich selbst wollen."

Rahmengebendes Gesamtkonzept – Plünderung durch Politik und Verwaltung

1970 / 71	Till Behrens erarbeitet rahmengebendes Gesamtkonzept und bringt dies im Frühjahr 1972 in das Frankfurter Forum für Stadtentwicklung e.V. ein – dieses publiziert in Etappen die Konzeption.
Ab 1971	Bürger und Behrens informieren fast 30 Jahre schriftlich und mündlich auf Versammlungen und verlangen Grünflächensicherung. Sie publizieren Regelungen zum Schutz der Grünflächen.
1971–1983	Magistrat der Stadt Frankfurt am Main bekämpft Grüngürtel-Konzeption.
29.07.1972	Mitglieder des Frankfurter Forum erkunden Grüngürtel auf Rädern und Mainufer per Schiff.
Feb. 1973	SPD-Mehrheit entzieht Frankfurter Forum städtischen Zuschuss.
ca. 1973	SPD greift den Teil Museumsufer aus dem Gesamtkonzept auf.
07.11.1979	„Schutz für städtische Grüngürtel" Vortrag v. Behrens als Vors. des Bürgerforums an TH Darmstadt
29.02.1980	„Schutz für den Frankfurter Grüngürtel – Was wurde aus dem Vorschlag des Frankfurter Forums von 1972/73 ?", Till Behrens in Bauwelt 9/1980.
09.05.1980	„Die Frankfurter Mainufer", Till Behrens, Jochen Rahe, Bauwelt 17/18, 1980.
Frühjahr 1980	CDU greift wie vorher schon die SPD den Teil Museumsufer aus Behrens' Gesamtkonzept auf.
Frühjahr 1980	Magistrat der Stadt Frankfurt am Main greift den Teil Museumsuferkonzeption auf.
Ab März 1981	„Entwicklung und Notwendigkeit städtischer Grüngürtel als stadtplanerische Maßnahme Beispiel Frankfurt" Lehrveranstaltungen von Till Behrens ab SS 1981 an GhK.
26.06.1981	Till Behrens beantragt an GhK Promotionszulassung mit dem Thema „Die Frankfurter Grüngürtel oder die Auswirkungen einer wachstumsorientierten Stadtpolitik auf zusammenhängende Grünräume" und wird in Folge vom Fachbereich behindert.
Dez. 1981	„Das Beispiel Frankfurt – Was ist einer Stadt der Landschaftsschutz wert oder wie stark sind Bürger gegenüber Kapitalinteressen?" Till Behrens in Werkbundschrift „Grün in der Stadt" von Andritzky, M. / Spitzer, K. (Hrsg.), rororo 7464, Hamburg 1981.
1981 / 82	„Museumsuferplanung – Kurieren am Syndrom, nicht an der Ursache", ferner „Grüngürtel" von Till Behrens in Werkbundorgan Werk + Zeit in Heft 4/1981–1/1982.
25.08.1983	SPD, die 1973 dem Bürgerforum den Zuschuss entzog, proklamiert 2. Anlagenring, Karl Stadager (SPD) weist SPD schriftlich auf Urheberschaft Behrens und Forumspublikation hin.
21.10.1984	SPD-OB-Kandidat V. Hauff ahmt mit Entourage werbewirksam die Fahrrad-Grüngürtel- Erkundungstour nach, die 12 Jahre vorher (29.07.72) schon durch das Bürgerforum erfolgt war.
1984 / 85	SPD führt Kommunalwahlkampf mit „Neuen Grüngürtel sichern".
1984 / 85	CDU führt Kommunalwahlkampf mit Museumsuferrealisierung und gewinnt Wahlkampf.
21.05.1985	Tom Koenigs fordert für die Grünen bei DWB Infomaterial zu Grüngürtel und Museumsufer an.
4.12.1985	Siegbert Keller, neuer Vors. Promotionsaussch. GhK mahnt Abschluss Prom.-verfahren Behrens im WS an.
18.02.1986	Till Behrens wird an GhK mit „Die Frankfurter Grüngürtel..." promoviert.
09.08.1988	Koenigs schreibt Behrens „habe Sie (...) mit Ihrem Gruenguertelkonzept in der Reihe der großen Frankfurter Stadtplaner Guiollett und May gestellt (...) an Autorenschaft keinen Zweifel aufkommen lassen."
1988 / 89	SPD führt erneut Kommunalwahlkampf mit Grüngürtel-Mainuferkonzeption.
1988 / 89	Auch Grüne führen Kommunalwahlkampf mit Grüngürtel-Mainuferkonzeption, der designierte Umweltdezernent „identifiziert sich hier mit Konzept von Professor Till Behrens" (FR.-Interview).
1989	SPD und Grüne gewinnen mit dem Thema Grüngürtel ihre Wahlkämpfe.
03.11.1989	Der SPD-Grüne-Magistrat greift die von Bürgern getragene Behrens-Konzeption auf. Unter dem neuen OB Volker Hauff wird Magistratsvorlage gefälscht, Konzeptionsursprung in May-Ära verlegt
1989	Der SPD-Grüne Magistrat übernimmt Behrens' Promotionsschrift bis in Details, wie Bebauungsschutz und Gründung Projektbüro. Dieses wird Umweltdezernent Koenigs unterstellt, der seine nur ein Jahr zurück liegende Anerkennung von Behrens' Urheberschaft und die Bürger nun vergisst, die 20 Jahre für die Konzeption kämpfen. Er ersetzt sie durch seine Erfindung von „Vätern und Müttern" des Grüngürtels.
1989 / 90	Koenigs hält die ortserfahrenen Bürger und den Urheber von ihren Werken fern. Nicht der mit dem Thema promovierte Erfinder und ortsansässige Bürger führen das Büro, sondern Auswärtige, die mit dem Thema bisher nichts zu tun hatten, u.a. Prof. Peter Latz, der die an seinem Hochschulfachbereich erfolgte Promotion des Doktoranden Till Behrens plagiiert und vermarktet.
1990/91	Im Wettbewerb „Ortsränder und Ortseingange„ der Hessischen Landesregierung stehen Behrens' Original und das, was Koenigs mit Hilfe von Latz daraus machte, nebeneinander zur Bewertung an. Die Jury zeichnet das Original mit dem Hinweis aus, dass die Stadt diese – und keine andere – Konzeption übernahm.

213 Chronologie – Plünderung rahmengebendes Gesamtkonzept unter Ausgrenzung von Bürgern und Urheber

zuerst von Bürgern publizierte Erfindung eines Einzelnen, die die Lebensumstände einer Großstadt grundsätzlich verbessern. Sie fand sofort viel Beachtung in der Öffentlichkeit, bei Verbänden, Bürgervereinen, Hochschulen, Presse und Einzelnen. Die anfängliche Ablehnung von Politik und Verwaltung wendete sich in das Gegenteil. Es liegt aus der Vorbereitung der Hochschulschrift „Eine Innovation wird geplündert" (Abb. 159) eine Aufstellung zur Plünderung vor.

TB
Bei der unvollständigen Aufstellung ist zu ergänzen: Das Grüngürtel-Projekt-Büro unter konzeptioneller Leitung von Latz hatte bereits zum Zeitpunkt der Auszeichnung des Originals mit der Fertigung des Plagiats begonnen und darin den von den Bürgern geforderten land-, forst- und wasserwirtschaftlich anzulegenden und zu pflegenden Klima-Grüngürtel in eine rückwärtsgewandte Parkplanung mit laufenden hohen Folgekosten verfälscht. Die Bürger, die diesen Grüngürtel aus Einzelparks zahlen müssen, waren nicht gefragt worden, ob sie den Wechsel von ihrem preiswerten Klimakonzept zu einem teuren Parkkonzept überhaupt wollten.

BP
Am 14.11.1991 verkündete der Magistrat eine Grüngürtel-Verfassung.[31] Auch ihr liegen Ihre Vorschläge aus der Promotionsschrift zu Grunde, wie dies die Landesregierung in der Laudatio hervorgehoben hat. Ihre Vorschläge finden sich reduziert in der Verfassung wieder. Die Verfassung bietet nicht den von Ihnen und den Bürgern geforderten wirksamen Schutz für die Grünflächen. Hinzu kommt, dass die Form der Vorstellung keine Seriosität besaß. Die Verkündung der Grüngürtel-Verfassung wurde mit dem Verlesen von Namen von 20 Männern und einer Frau als „Vätern und Müttern" des Grüngürtels verbunden. Bei diesen handelt es sich zur Hälfte um Auswärtige aus Kassel, Wien, Essen, Duisburg, Berlin, Hannover, Leiter von Organisationen, die vermutlich zur Profilierung von Latz auf die Liste gelangten und, wie auch Koenigs und Latz, mit dem bürgerschaftlichen Ursprung des Grüngürtels nichts zu tun haben und in Zukunft auch nichts zu seinem Schutz werden beitragen können. Bürger, Verbände, Forum, Werkbund, Presse, die 20 Jahre für den Grüngürtel kämpften, ihn durchsetzten und auch zukünftig hätten verteidigen können, wurden ausgegrenzt (Abb. 154).

TB
Im Anschluss an die „Verkündung" war es zu einem für mich aufschlussreichen Gespräch mit Reinhard Sander[32] gekommen, das sich mir als eine Art Schlüsselerlebnis einprägte. Sander sprach mich mit der Feststellung an, dass wir beide die Einzigen sind, die vor 20 Jahren im Bürgerforum an der Wiege des Grüngürtels standen[33] und jetzt nicht Koenigs-Latz'scher Geschichtsfälschung durch nachträglich erfundene Väter und Mütter zum Opfer gefallen sind. Er fuhr fort: Sie als der tatsächliche Vater des Grüngürtels waren durch ihre Promotion, die ja die Grundlage des ganzen Vorhabens ist, nicht zu unterschlagen, und mich brauchte man. Sie können sich nicht vorstellen, was in Kassel los war, als sie den Antrag auf Promotion mit dem revolutionären Konzept gestellt hatten. Der Neid war ungeheuer. Ein Teil der Professoren am Fachbereich setzte alles in

---

31 StVV-31. Sitzung – 14.11.1991 – Top 5 Grüngürtel.

32 Reinhard Sander (1922–2013), Vorsitzender Regionale Planungsgemeinschaft Untermain (RPU), Honorarprofessor an der GhK, ehemaliges Vorstandsmitglied im Bürgerforum.

33 Sander R. war Vorstandsmitglied im Frankfurter Forum für Stadtentwicklung gewesen als Behrens T. seine Grüngürtel-Flussufer-Konzeption dort einbrachte.

Bewegung, um ihre Promotion zu verhindern oder wenigstens hinauszuziehen. Dahinter steckte die Absicht, mit einem Plagiat zuvorzukommen. Peter Latz gelang es dann ja auch, konzeptioneller Leiter des Grüngürtel-Projekt-Büros zu werden.

Ich erwiderte: Meine Klimakonzeption hatten Sie (Sander) 20 Jahre lang seitens der RPU für Publikationen des Bürgerforums und von mir in Fachorganen mit guten Karten aus den Klimauntersuchungen unterstützt. Ich war irritiert, als Lucius Burckhardt mich bat, die Karten in der Dissertation wegzulassen, denn das Thema Klima komme im Fachbereich nur bei wenigen an. Latz verwandelte dann auch meinen Klimagrüngürtel in einen Grünring aus konservativen Einzelparks. Koenigs hatte nicht nur meinen Dissertationsdruck, sondern auch alle Publikationen mit den Klimakarten erhalten und wusste, es geht um eine Stadtentwicklungskonzeption auf klimatischer Basis. Er hat es nicht für nötig gehalten, sich bei mir persönlich zu informieren und ließ zu, dass Latz die für Frankfurt, Bürger und ihn, Koenigs selbst, einmalige Chance verdarb. Koenigs hätte mit dem Original ein weltbekannter Mann werden können. Wie sie wissen stammt auch die Idee Grüngürtelschutz und der größte Teil der jetzt verlesenen Verfassung vom Forum und mir. In der entschärften verkündeten Form bietet sie jedoch keinen zuverlässigen Schutz. Baugesellschaften werden sie aushebeln. Die unbestreitbaren Argumente für den Schutz waren doch von Anfang an gerade, die klimatische Notwendigkeit der Grünflächen in Verbindung mit ihrer Pflege durch Landwirte, die den Steuerzahler nichts kostet und landwirtschaftliche Existenzen sichert. Alles Entscheidende fehlt in der Verfassung. Sollte sie im Sinn von Jean-Jacques Rousseau eine Art Gesellschaftsvertrag sein, hätten die wesentlichen Argumente in ihr bindend verankert werden und der Vertrag mit den Bürgern geschlossen werden müssen. Die Bürger wurden jetzt vom Inhalt her und durch Koenigs Erfindung von Vätern und Müttern betrogen.

Sander antwortete: Koenigs ist Laie. Die stadtplanerische Dimension Ihres Originals hat er nicht verstanden und hörte auf Latz. Latz wiederum hatte als Parkplaner nicht verstanden, dass es nicht um grüne Ausstattung, sondern um die klimatische Ausrichtung einer Stadt geht. Beide wollten keine Mitwirkung ortskundiger Bürger und Ihre schon gar nicht. Beide wollen sich mit dem Grüngürtel profilieren, wie wir es ja gerade erlebt haben. Koenigs' Umweltamt und Wentz's Stadtplanungsamt stritten sich zudem ständig. Koenigs wollte zwar einen effektiven Schutz und er (Sander) beriet dazu Peter Lieser vom Grüngürtel-Büro. Doch mit Latz' Ring aus Einzelparks und ausgeklammerten Bürgern war ein Gesellschaftsvertrag nicht zu machen.

Ich sagte ihm: Aus meinem von Bürgern getragenen Feld-, Wald- und Wiesengrüngürtel zur Stadtklimatisierung wurde ein Grünkosmetikprogramm. Die nicht gefragten Bürger müssen 2,6 Millionen für die Planung und 300 Millionen für die Realisierung und laufende Folgekosten zahlen. Dafür erhalten sie noch nicht einmal soliden Schutz. Das ist Feudalwelt in der Republik. Die Stadt muss zur Pflege der Parkflächen weitere Bürokratie aufbauen. Die Politiker werden die schlecht geschützten Grünflächen wie bisher schon nicht verteidigen, sich nun aber mit dem Grüngürtel inszenieren, wie wir es beim Museumsufer bereits seit 10 Jahren erleben. Die Bürger sind schlechter dran als vor der Verfassung. Das wird noch negative Folgen für die Stadt haben.

Sander erklärte: „Das sehe ich ähnlich" und leitete das Gespräch über zur beiderseitigen Leidenschaft Alpinismus.[34]

---

34 Sander war Erster Vorsitzender des Deutschen Alpenvereins (DAV) gewesen.

BP
Die vorliegende tabellarische Bürgerausgrenzungs-Chronologie vermittelt einen Eindruck davon, welche Energie in Deutschland Bürger aufwenden mussten, um eine grundsätzlich neue Konzeption durchzusetzen, und was aus ihr wurde, als sie in die Hände schlecht informierter Politiker und ihrer Gehilfen geriet, die das Ziel des Originals nicht verstanden hatten und sich mit einer Fälschung selbst darstellen wollen.

TB
Eine solche Fehlentwicklung wäre in einer Basisdemokratie mit direkten Einflussmöglichkeiten über Bürger-Referenden kaum möglich gewesen. In Deutschland, mit repräsentativer Demokratie, hatten die Bürger aber weder eine faktische noch eine rechtliche Chance sich durchzusetzen.[35] Nachdem der Magistrat die Konzeption aufgegriffen hatte, konnte er sie missbrauchen, ohne dass Bürger dies verhindern konnten. In Deutschland sind Bürger auf das Zwischenschalten von Politikern angewiesen, und die Politiker haben die Bürger getäuscht. Die Fälschung setzt sich auch historisch fort.

III – 5.3 Systematische Bürgerausgrenzung Teil III – Historie

In einem Rechtsstaat gehört es zum Vertrauensschutz der Bürger, dass diese auf die Erklärungen von Amtsträgern des Magistrats vertrauen dürfen. Das ist in Frankfurt nicht so. Die Stadt erstellt nicht nur Plagiate, hält nicht nur Bürger und Urheber von ihren Arbeiten fern, sie sorgt auch noch für die Tilgung ihrer Namen und Taten aus der Geschichte. Im Fall Grüngürtel begann die Geschichtsfälschung mit Parteipolitik, wurde nach gewonnener Wahl auf den Magistrat übertragen und von ihm zum System erhoben.

BP
Die Chronologie aus Ihren Akten belegt die Geschichtsfälschung mit System.

TB
2016/17 hat der Magistrat seine Fälschungstätigkeit mit der Ausstellung „Vision und Verpflichtung – Frankfurts Grüngürtel 25" im Museum für Stadtgeschichte noch gesteigert, indem er seine damals 25-jährige Fälschungsgeschichte auf museale Ebene hob. Es wurde wieder der Ursprung der Konzeption, die 1991er Auszeichnung der Landesregierung und das Faktum, dass Bürger in 20-jährigem Kampf bereits einen politischen Allgemeinkonsens zur Realisierung herbeigeführt hatten, als Politiker die Konzeption übernahmen, unterschlagen.

BP
Ich habe die Ausstellung besucht und dazu folgende Eintragung im Besucherbuch gefunden und fotografiert und frage Sie, wer ist Funk?

TB
Funk ist eine offenbar engagierte Person, die ich nicht kenne.

---

35 Koch C. Stadtplanung-Stiefkind der Demokratie in Aktion Plagiarius (Hrsg) Frankfurter Grüngürtel-Flussufer-Konzeption 1969–2014, S. 269-280, Berlin 2016.

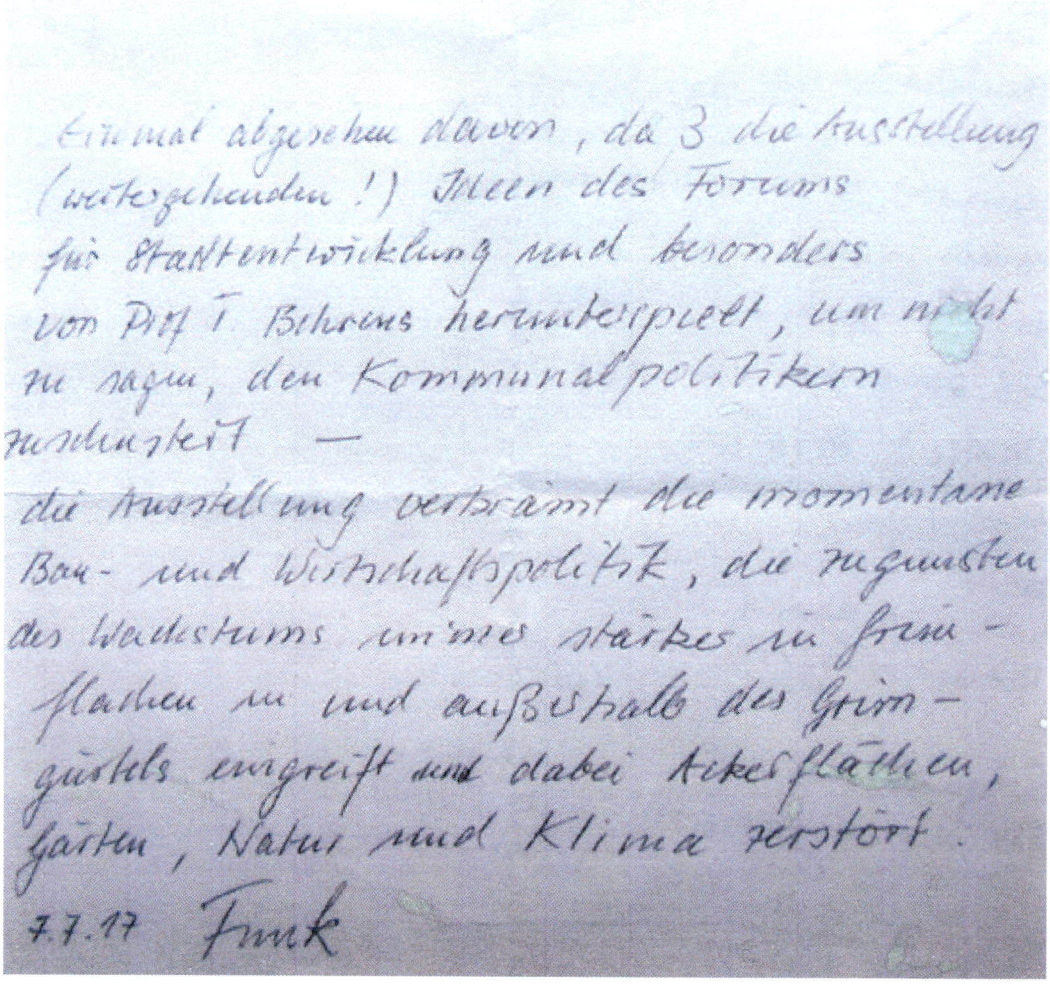
Einmal abgesehen davon, daß die Ausstellung
(weitergehenden!) Ideen des Forums
für Stadtentwicklung und besonders
von Prof T. Behrens herunterspielt, um nicht
zu sagen, den Kommunalpolitikern
zuschustert —
die Ausstellung verbrämt die momentane
Bau- und Wirtschaftspolitik, die zugunsten
des Wachstums immer stärker in Frei-
flächen in und außerhalb des Grün-
gürtels eingreift und dabei Ackerflächen,
Gärten, Natur und Klima zerstört.
7.7.17 Funk

214 Eintragung im Besucherbuch zur Ausstellung „Vision und Verpflichtung – Frankfurts Grüngürtel 25"
Foto Barbara Purbs

„Einmal abgesehen davon, daß die Ausstellung (weitergehende) Ideen des Forums für Stadtentwicklung und besonders von Prof. T. Behrens herunterspielt, um nicht zu sagen, den Kommunalpolitikern zuschustert – die Ausstellung verbrämt die momentane Bau- und Wirtschaftspolitik, die zugunsten des Wachstums immer stärker in und außerhalb des Grüngürtels eingreift und dabei Ackerflächen, Gärten, Natur und Klima zerstört. 7.7.17 Funk"[36]

BP

III – 6. Hat das rahmengebende Gesamtkonzept noch eine Zukunft?

TB

Auch zur Beantwortung dieser Frage ist ein Überblick hilfreich.

1. Die Gesamtkonzeption ist eine frühe Klimakonzeption ohne Vorbild.
2. Grüngürtel- und Museumsuferkonzeption sind Teile davon.
3. Urheber waren nicht Politik oder Verwaltung, sondern Till Behrens.
4. Herausgeber waren nicht Politik oder Verwaltung, sondern Bürger.
5. Frankfurts Baustadtrat Hanns Adrian dankte schriftlich dem Bürgerforum.

36 Eintragung im Besucherbuch der Ausstellung „Vision und Verpflichtung – Frankfurts Grüngürtel 25" im Institut für Stadtgeschichte 14.11.2016 bis 27.08.2017.

6. Bürger kämpften 20 Jahre für die Realisierung.
7. Der Magistrat übernahm die Konzeption, grenzte aber Bürger und Urheber aus.
8. Die Hessische Landesregierung zeichnete sie als „rahmengebendes Gesamtkonzept für Frankfurt" aus und stellte in der Laudatio zu Till Behrens' Auszeichnung fest, dass die Stadt seine Konzeption übernahm.
9. Das Umweltamt verfälschte die Klimakonzeption in ein Grünkosmetikplagiat.
10. Das Umweltamt verfälschte auch das Geburtsdatum der Konzeption von 1971 auf 1991.
11. Erst wurde die Konzeption zum Selbstinszenierungsobjekt für die Politik.
12. Dann die realisierten Teile Grüngürtel und Museumsufer Selbstdarstellungsobjekte .
13. Wenig werbewirksame Elemente der Konzeption wie z.B. Verkehr wurden fallengelassen.
14. Der Magistrat täuscht mit systematischer Geschichtsfälschung Medien, Presse und Öffentlichkeit über den wahren Ursprung und die wahren Ziele der Konzeption.
15. Der Magistrat verteidigt die Grünräume nicht effektiv.
16. Trotz Grüngürtelverfassung ist der Grüngürtel heute kleiner als zum Zeitpunkt der Auszeichnung des Rahmengebenden Gesamtkonzeptes.
17. Den Grünräumen fehlt ein tatsächlich wirksamer Schutz.
18. Die Stadt erarbeitet bisher kein zukunftsweisendes Klimakonzept.

Wie der Überblick zeigt, hat das rahmengebende Gesamtkonzept erheblich mehr zu bieten als das, was die Politik zur Selbstinszenierung nutzte.

BP
Der Inhalt des Konzeptes geht weit über das hinaus, was die Stadt davon übernommen hat. Er besteht nicht alleine aus Grüngürtel und Museumsufer, sondern aus dem gesamten Zusammenhang von gesundem Wohnen, Klima, Grün und Verkehr, wie es die Laudatio der Landesregierung vor 30 Jahren ja auch richtig erkannt und gewürdigt hat. Im Fall Verkehr dankte Stadtrat Hanns Adrian 1973 dem Bürgerforum schriftlich für die Konzeption „Mittlerer Ring" (Abb. 055). Sie ist Bestandteil des Gesamtkonzepts. Sie könnte beide Mainufer, Kennedy-Allee, Berliner-, Gutleut-, Garten- und weitere Straßen vom Durchgangsverkehr befreien, wurde bisher aber nicht realisiert. Da bei der Übernahme der Museumsuferkonzeption die Bürger ausgegrenzt wurden, fehlten im Weiteren die Durchsetzer.

TB
40 Jahre nach Vorlage der Mainuferschrift[37] ist ihr architektonischer Teil, Bau der Museen, längst realisiert, nicht aber der damit im Zusammenhang stehende stadtplanerische. Besucher der Museen stehen beim Verlassen in einem gefährlichen Verkehrsstrom. Immer noch kontaminieren täglich ca. 30.000 Autos mit über den Fluss schallendem Lärm und schädlichen Abgasen, die schwerer als Luft sind, die tiefer liegenden Mainkais. Diese sind fragwürdige Erholungsräume. Ihre gute Grünpflege täuscht eine heile Welt vor. Damit sind sie ein typisches Beispiel für die städtische Grünkosmetik-Politik. Es wird hier mehr Schein als Inhalt geboten.

BP
Am 01.09.2019 wurde Frankfurts nördliches Mainufer für den Durchgangsverkehr für ein Jahr gesperrt, und das auch nur probeweise. Der Magistrat ging dabei davon aus,

37 Pehnt W., Uferpromenaden–Kunstpfade–Gratwanderungen, in: Lampugnani V.M. (Hrsg.), Museumsarchitektur in Frankfurt, München 1990, S. 27.

Frankfurter Grüngürtel Flussufer-Konzeption **Damnatio Memoriae**	
1970 - 1983	Der Frankfurter Magistrat und die mit Mehrheit regierende SPD bekämpfen Till Behrens Grüngürtel-Flussufer-Konzeption.
1973	SPD entzieht mit absoluter Mehrheit Frankfurter Forum für Stadtentwicklung den städtischen Zuschuss als dieses beginnt die Konzeption zu publizieren.
1973	SPD greift gleichzeitig daraus den Teil Museumsufer auf.
1980	CDU greift daraus den Teil Museumsufer auf.
1980	Frankfurter Magistrat unter CDU-Führung übernimmt Museumsuferkonzeption ohne Hinweis auf den tatsächlichen Urheber und das Bürgerforum (Streit mit Forum).
1983	SPD wirbt mit der Grüngürtel-Konzeption ohne Urheberangabe.
1984	SPD-OB-Kandidat Volker Hauff (SPD) wiederholt werbewirksam mit Entourage die 1972er Grüngürtel-radtour des Forums ohne Hinweis auf Quelle.
1984/85	SPD führt Kommunalwahlkampf mit Thema „Neuen Grüngürtel sichern" ohne Hinweis auf Quelle.
1984 / 85	CDU führt und gewinnt Wahlkampf mit Museumsuferrealisierung .
1988/89	SPD führt erneut Kommunalwahlkampf mit dem Thema Grüngürtel.
1988/89	GRÜNE führen nun auch Wahlkampf mit dem Thema Grüngürtel ohne Hinweis auf Quelle.
1989	SPD-GRÜNE grenzen nach gewonnener Wahl Bürger und Urheber aus und verfälschen in Magistrats-vorlage den Ursprung der Konzeption.
1990/91	Hessische Landesregierung zeichnet Till Behrens' Original mit dem Hinweis aus, dass es die Stadt Frankfurt übernimmt.
1990/91	Frankfurts ehemaliger Kulturdezernent Hoffmann schreibt, dass der Magistrat 1980 die Museums-uferkonzeption von Till Behrens übernahm. Das führte aber nicht dazu, dass die Stadt ihre Geschichte klarstellte und den Urheber und die Durchsetzungsbürger nennt.
1990/91	SPD-GRÜNE fertigen Plagiat der Grüngürtel-Konzeption.
1991	GRÜNE-Umweltdezernent Tom Koenigs ersetzt bei Grüngürtel Urheber Behrens und Durchsetzungs-bürger durch seine Erfindung von „Vätern und Müttern" des Grüngürtels.
1994	FHW (University of Applied Sciences) gibt Schrift heraus „Eine Innovation wird geplündert"
1996	GRÜNE-Umweltdezernent Tom Koenigs lässt sein Grüngürtel-Plagiat mit Auszeichnung aufwerten. Die Stadt unterschlägt die 1990er Auszeichnung für das Original und wirbt mit seinem Plagiat auf „Wan-derausstellung Grün zwischen Städten" in Frankfurt, Berlin, München, Essen, Stuttgart, Dresden und Leipzig ohne Hinweis auf den eigentlichen Urheber und die Bürger, die 20 Jahre für „ihre Konzeption " kämpften.
2001	Magistrat feiert „10 Jahre Frankfurter Grüngürtel" ohne Durchsetzungsbürger und Urheber. Der ehem. Forumsvorstand Georg Encke schreibt dem Sozialdezernenten: *„für uns sind es 30 Jahre und (...) Das Wichtigste scheint uns zu sein, dass hier über eine Generation hinweg eine wahrscheinlich einmalige Kooperation zwischen Bürgern und Architekt zum Wohle unserer Stadt zu Stande kam, die Beispielhaftes – und das noch ehrenamtlich leistete. Statt dieses Faktum zu unterdrücken, sollte die Stadt damit werben"*.
2011	Magistrat feiert 20 Jahre Grüngürtel als er 40 Jahre alt wird. Festschrift unterschlägt wieder die Aus-zeichnung der Landesregierung für das Original und den Kampf der Bürger und liefert eine mit System gefälschte Grüngürtel-Historie.
2016	Magistrat feiert 25 Jahre Grüngürtel als er 45 Jahre alt wieder und unterschlägt weiter die Auszeich-nung der Landesregierung für das Original und die Bürgerkooperation.

215 Chronologie der damnatio memoriae

dass sich der KFZ-Verkehr andere Wege suchen wird. Die Sperrung führt zu Staus und Belastung von Neben- und Wohnstraßen.

TB

Der bereits 1973 von mir entwickelte Mittlere Ring wurde bisher nicht realisiert. Vom Durchgangsverkehr befreite Mainufer sind Grundelemente meiner Konzeption. Selbst bei

Verkehrsreduzierung bleibt ein Rest-KFZ-Verkehr[38], der zu viel ist. Er darf nicht auf zwei Straßen geführt werden, die Abkürzungsradialen in einem Autobahnring um Frankfurt sind und parallel mit zwei miteinander verbundenen Erholungsräumen verlaufen.[39] Der Magistrat ließ bei den Übernahmen der Museumsufer- und Grüngürtelkonzeptionen die Verkehrsprobleme fallen. Tom Koenigs bezeichnete dies später als „Glück"[40] (Kap. II-11.5, Abb. 192 und 193). Frankfurter Bürger plädierten jetzt mehrheitlich für die Sperrung des nördlichen Mainufers.[41] Diese ist aber wieder nicht erfolgt.

Ein mittlerer Ring für Frankfurt

FAZ 7.10.19 S.32

Zum Thema: Sperrung des nördlichen Mainufers in Frankfurt für den Autoverkehr

Die Sperrung von Frankfurts nördlicher Mainuferstraße für den Durchgangsverkehr ohne Alternativangebot mit der Überlegung zu rechtfertigen, der Verkehr werde sich schon andere Wege suchen, ist naiv. Er ist auch unverständlich, denn es gibt seit bald 50 Jahren den Vorschlag für einen mittleren Ring, der über vorhandene Straßen verliefe und beide Mainuferstraßen entlastete.

Der Vorschlag ist Teil einer Stadtentwicklungskonzeption „Grüngürtel mit grüner Mainquerspange, Randbebauung und Verkehrsbündelung", des Stadtplaners Professor Till Behrens. Der Vorschlag wurde sogar von der Hessischen Landesregierung als „rahmengebendes Gesamtkonzept für Frankfurt" ausgezeichnet. Die Stadt griff zwar das Konzept auf, aber ohne die zugehörige Verkehrslösung. Angesichts der jetzt durch die Sperrung aufgetretenen Probleme läge nichts näher, als sich nachträglich mit dem Vorschlag „mittlerer Ring auf vorhandenen Straßen" zu beschäftigen.

Dr. Peter Blanckertz, Frankfurt

216 Blanckertz, Peter, Ein Mittlerer Ring für Frankfurt, FAZ 07.10.2019

BP

Hier wird deutlich: Es hat in Frankfurt seit der 1973er Initiative des Bürgerforums keine kreativen Ansätze mehr für eine mit Grün und Wohnen zusammenhängende Verkehrlösung gegeben. Die Konzeptionen Autobahnring-Ostumfahrung, Grüngürtel, Museumsufer, Wiederanbindung der Mainufer an die Stadt, stammen alle aus Publikationen der Bürger. Sie wurden nur teilweise oder verdorben oder überhaupt nicht realisiert. Es gilt hier weiterhin das Gesamtkonzept. Wie steht es beim Thema Klima?

TB

Alle Reden vom Klima und meinen damit das Großklima und CO_2. Doch dort, wo es seit 50 Jahren möglich ist, das Stadtklima „richtig" zu planen, weil dafür wissenschaftliche Unterlagen vorliegen, wurde aus dem teuren wertvollen Material nichts gemacht. In den 30 Jahren von 1990–2020 verteidigte das Umweltamt nicht einmal wirksam die Grünflachen, die für einen tatsächlichen Klimagrüngürtel notwendig sind. Es erfolgten:

38 Blanckertz, P., Ein mittlerer Ring für Frankfurt". FAZ 07.10. 2019, S. 32.

39 Harting, M., „Schöne Visionen der autofreien Stadt", FAZ 13.03.2020.

40 Koenigs, T., Schreiben vom 23.05.2011 an Behrens, T.

41 Fahe, „Mehrheit für Sperrung des Mainufers", FAZ 15.10.2019.

1. Bebauung Riedberg
2. Vernichtung des südlichen Grüngürtelbindegliedes Stadtwald für Flughafenausbau
3. Bebauung Niederräder Rennbahn durch den Deutschen Fussball-Bund (DFB).
4. Bebauung Teile des Au- und Biegwald
5. Bebauung Teile des ehemaligen Flugplatzes Bonames, die erst begrünt worden waren
6. Bebauung (in Projektion) des von den Bürgern geretteten Hildenfeld
7. Bebauung (in Projektion) der für Frischlufterzeugung, Abkühlung und Belüftung für Frankfurt entscheidenden, im regionalen Flächennutzungsplan geschützten Grünflachen links und rechts der Autobahn A 5 für eine 30 000-Einwohner-Stadt.

Das Ziel Klimakonzeption wurde in 50 Jahren nicht in Angriff genommen. Die klimatischen Forschungsergebnisse dazu liegen brach. Frankfurt ist wieder dort, wo es vor der Konzeption war, mit dem Unterschied, es hat nun einen Park-Grüngürtel zum Vorzeigen und das Umweltamt baute eine gewaltige Bürokratie auf, die jeden Baum verwaltet.[42] Die Flächen des Grüngürtels schrumpfen aber ständig. Diese sind inzwischen kleiner als beim Aufgreifen der Konzeption. Als Teil des rahmengebenden Gesamtkonzepts ist der Grüngürtel im Gegensatz zum Museumsufer gescheitert an Verfälschung, an unzureichendem Schutz, an fehlender Verteidigung und am Ausgrenzen der Bürger, die ihn hätten verteidigen können.

BP
Es ist bezeichnend für die Lage, dass Bürger 2012 die Verleihung des Green Capital City Award an Frankfurt verhinderten, mit dem die Stadt Vorbild für Europa werden wollte. Bürger kämpften gegen die Selbstdarstellung der Politik mit dem Grüngürtel. Der Magistrat, der sich seit 30 Jahren mit ihm inszeniert, während er die schlecht geschützten Grünflächen weiter an Bauvorhaben aller Art ausliefert, wird früher oder später feststellen müssen: Den Grüngürtel, den er mit einer Verfassung versah, gibt es so nicht mehr. Es fehlten die zur Verteidigung nötigen Bürger.

TB
Die Umweltdezernentin Rosemarie Heilig redet häufig davon, dass die Stadt vom Grün her gedacht werden müsse. Genau das tat vor 50 Jahren meine Konzeption. Vor 30 Jahren wies Jörg Engelmann in seinem Artikel „Rahmengebendes Gesamtkonzept bereits darauf hin, dass sie nach Ebenezer Howards Gartenstadtplanungen der erste Versuch zu moderner Stadtentwicklung ist, der von der Grünplanung ausgeht (s. Abb. 148). Das Umweltamt und der Magistrat müssen also nicht nur von anderen übernommene Gedanken verkünden, sondern diese auch umsetzen. Frankfurt könnte mit einer Klimaplanung tatsächlich das werden, was es mit seinem Grünkosmetikplagiat so gerne sein möchte: Vorbild. Dazu muss Frankfurt aber seine Linie grundsätzlich ändern und vor allem seine Bürger zur Unterstützung wieder gewinnen. Das Verhältnis von Grünraum zu Bebauung ist stabil abzusichern und das nicht von Fall zu Fall, sondern grundsätzlich. Es muss endlich eine abgesicherte Vertrauensbasis für die Bürger existieren. Sie müssen ihre Stadt verteidigen können. Bürger wollen keinen schlecht geschützten Parkgrünring, der seine Aufgabe nicht erfüllt und nicht bezahlbar ist. Sie wollen eine wieder bewohnbare, gut klimatisierte Stadt mit einer zuverlässig geschützten Grüngürtel-Lösung. Das Stadtklima muss das Gesetz sein.

---

42 Das Amt kontrolliert durch Luftbilder jeden Baum. Ein Bürger, der einen abgestorbenen Baum fällen muss, hat eine Genehmigung einzuholen, eine Gebühr zu zahlen, wird überwacht, ob er einen neuen pflanzt, und wenn er dies nicht tut, wird er zu einer Abgabe herangezogen.

BP

III – 7. Haben „Bürger als Stadtplaner" noch eine Zukunft?

Bürgerschaftliche Stadtplanung erfolgte in jüngerer Zeit dann, wenn die amtliche versagte, weil diese sich entweder als verlängerter Arm von Investoren verstand – auch kommunalen – oder falsche oder keine Konzepte lieferte.

TB
Das rahmengebende Gesamtkonzept entstand nicht zufällig, sondern war Reaktion auf die vielen damaligen Fehlentwicklungen, gegen die die Bürger kämpften. Die amtliche Stadtplanung sah sich durch die bürgerschaftliche desavouiert. Sie bekämpfte sie erst und wurde dabei von Politikern unterstützt, die mit Investoren kooperierten. Die Bürger hatten also zuerst Politik und Verwaltung gegen sich. Als – wie im Fall Grüngürtel – die Öffentlichkeit durch ständige Vorträge und Publikationen hinter der Konzeption stand, griffen Politiker aller Couleur die bürgerschaftliche Konzeption auf, um sich selbst mit ihr „bürgernah" zu inszenieren. Jetzt musste die amtliche Seite eine Planung unterstützen, die sie vorher bekämpft hatte. Sie tat dies widerwillig mit dem Hinweis, die bürgerschaftliche Konzeption sei eigentlich schon früher von ihr erdacht worden und ergänzte dies mit den abenteuerlichsten Behauptungen wie z.B. die Grüngürtelkonzeption hätte es schon in den 1920er Jahren unter May gegeben. Wird inzwischen eine magistrale Behauptung als falsch widerlegt, schiebt die Stadt eine neue falsche nach. Alleine schon diese Vorgänge machen die Stadt unglaubwürdig.

BP
Diese müssten doch die Politiker in Schwierigkeiten bringen, die wollen, dass die Konzeption neu ist, von ihnen stammt, mit ihrem Namen verbunden wird und nicht mit denen von Bürgern.

TB
Das tun sie auch. Da sich Politik und Verwaltung einig sind, dass die Konzeption nicht von den Bürgern gekommen sein darf und nicht von einem Einzelnen stammen darf, verbünden sie sich in der merkwürdigsten Form mit den widersprüchlichsten Behauptungen, wie sie z.B in der Festschrift zu 20 Jahre Grüngürtel und der Ausstellung 25 Jahre Grüngürtel zu finden waren, nämlich: Die Idee sei nicht neu gewesen, aber von der Poltik sei erst ein Programm entwickelt worden, das keine Vorbilder hätte. Dazu erklärt dann Politiker Koenigs, er habe den Grüngürtel nicht erfunden, aber durchgesetzt.

BP
Mussten die Bürger erst gegen die Zerstörung ihrer geschützten Grüngebiete und für die Akzeptanz ihre Gegenkonzeption kämpfen, müssen sie nun gegen eine Anti-Bürger-Urheber-Koalition kämpfen, die sie mit damnatio memoriae aus der Geschichte tilgen will. Hier offenbart die Stadt eine erschreckende Würdelosigkeit. Dazu muss ergänzt werden, dass Verwaltung und Politik hauptamtlich und mit Steuermitteln arbeiten, Bürger aber ihre Konzeptionen und ihren Kampf ehrenamtlich leisten und privat finanzieren müssen.

TB
In den 10 Jahren meines Forumsengagements war mir deutlich geworden, welche ungeheuren stadtplanerischen Möglichkeiten in Frankfurt verborgen liegen und gehoben werden müssten. Das lässt sich nur mit Bürgern realisieren, die dann nicht ausgegrenzt

werden. Derzeit geht Bürgerengagement nicht über Protest gegen Fehlentwicklungen hinaus. Zu alternativen Gegenkonzepten kommt es nicht. Die Gefahr, als Ideenzulieferungssklave in einem immer noch autoritären Planungskolonialismus zu enden, wirkt abschreckend.

BP
Es erfolgen immer wieder Klagen des Umweltamtes, dass der Grüngürtel durch sogenanntes „Littering" verschmutzt würde, weil die Benützer ihren Müll dort zurück ließen.

TB
Der Grüngürtel existierte schon 20 Jahre bevor die Stadt ihn aufgriff. Aus dieser Zeit sind keine Klagen über Verschmutzung bekannt. Die Klagen tauchten erst auf, als der Bürgergrüngürtel zum Politikergrüngürtel geworden war. Bürger, die zu Hause die saubersten Wohnungen haben und niemals etwas in ihren Hausgarten werfen würden, sehen den Grüngürtel offenbar nicht mehr als den ihren an, sondern als einen, der ihnen von der Stadt – der Politik – zur Verfügung gestellt wird. Sie sehen die Verantwortung für den Grüngürtel nicht mehr bei sich, sondern bei der Stadt, die ihn mit Steuereinnahmen parkartig pflegt und damit in Ausstellungen wirbt und über diesen, je nach Gutdünken des Magistrats verfügt, d.h. auch Teile von ihm an Kapitalinteressen ausliefert.

BP
Es war nicht damit zu rechnen, dass nach dem Fall Museumsufer, bei dem schließlich städtische Amtsträger in Verbindung mit einem privaten Planer die Bürger ausbooteten, sich beim Grüngürtel ein noch schlimmerer Fall der Ausgrenzung anschließen würde.

TB
Inzwischen hatte ich mit der Gesamtkonzeption promoviert und Koenigs meinen Dissertationsdruck erbeten und erhalten. Er fand darin nicht nur fertig bereit liegend den Grüngürtel als Plan vor, sondern auch die Anleitung zur Realisierung der Konzeption mit einem eigenen Planungs-Dezernat, das in enger Kooperation mit Bürgern arbeiten sollte und – wie die Laudatio der Landesregierung ausdrücklich hervorhob – fand auch die Maßnahmen rechtlicher Art zum Schutz des Grüngürtels vor. Der Magistrat richtete dann nicht das von mir empfohlene eigene Grüngürtel-Dezernat, sondern ein Grüngürtelprojektbüro ein, das Koenigs leitete. Im Gegensatz zu meinem Konzept grenzte er aber erst Bürger und Autor aus und machte dann nichts anderes, als den Inhalt meiner Promotion umzusetzen und sie unter dem Einfluss von Latz in ein Parkprogramm zu verfälschen. Das alles erfolgte vor dem Hintergrund, dass die Bürger die Konzeption bereits zum Allparteienkonsens gebracht hatten und nach ihrer Übernahme durch die Stadt ohne Einflussmöglichkeiten waren.

BP
Im Fall Grüngürtel hatte ja zuerst ein gut ausgebildeter erfahrener Planungsdezernent dem Bürgerforum schriftlich für die Konzeption gedankt und später dann ein schlecht beratener unerfahrener Umweltdezernent bei der Realisierung Bürger und Urheber ausgegrenzt.

TB

Meines Wissens ist das Schreiben des damaligen Stadtbaurates Hanns Adrian an das Bürgerforum der einzige Dank, den die Bürger von Ihrem Magistrat erhielten.[43] Für den anschließenden Durchsetzungskampf erfolgte kein Dank. Gerade dieser war aber entscheidend.[44] Bei der Übernahme meiner Promotion durch die damalige Rot-Grün-Koalition existierten das Museumsufer und ein Allparteienkonsens zum Grüngürtel bereits. So ist die Laudatio der Landesregierung zu meiner Auszeichnung zugleich ein deutlicher Hinweis vom Land an die Stadt zur Beachtung der tatsächlichen Entwicklungsgeschichte. Die Amtsträger OB Hauff und Umweltdezernent Koenigs kümmerte dieses aber nicht, als sie begannen, den Grüngürtel samt Historie zu fälschen. Inzwischen praktiziert der Magistrat seit 30 Jahren damnatio memoriae und Geschichtsfälschung. Wenn Politiker die von Bürgern und mir übernommene Grüngürtelkonzeption vom Inhalt bis zum Geburtsdatum verfälschen und diese dann den Bürgern mit der Erklärung zurückgeben, es handele sich hier um „ein Programm, das bis dato keine Vorbilder hatte",[45] wird deutlich, was Politiker unter Vorbild verstehen.

BP

Es ist erschreckend, dass so etwas in einem Rechtsstaat möglich ist. Dank Ihrer Konzeption und 20jährigem Bürgereinsatz kam es immerhin überhaupt zu Museumsufer und Grüngürtel. Geschichtsfälschung hat historisch letztendlich keinen Bestand. Es wäre nur klüger, der fälschende Magistrat korrigiert sich selbst, bevor es andere tun.

---

43 Zu den Gründern des Forum gehörte ein breites bürgerschaftliches Spektrum, das von Bürgervereinen, Bürgerinitiativen, Deutscher Gewerkschaftsbund über Kuratorium Kulturelles Frankfurt bis hin zum Deutschen Werkbund reichte.

44 Gut vernetzte Persönlichkeiten aus Bürgervereinen wie Karl Stadager, Georg Encke, viele weitere und auch der Autor warben 20 Jahre auf Bürgerversammlungen für die Chance Grüngürtel (s. Titel Zeitungsbeilage).

45 Zitat aus Magistrat der Stadt Frankfurt am Main in Festschrift zu 20 Jahre Grüngürtel, 2011, S. 5.

IV Urheberrecht und Urheberrechtsverletzung

Andreas Lubberger

IV – 1. Urheberrechtsschutz für eine Stadtplanung – Ist das überhaupt möglich?

Der Vorwurf eines Plagiats wirft rein rechtlich zwei Fragen auf: Wie und über was wird die Öffentlichkeit getäuscht? Und: Wie werden die Rechte Dritter verletzt? Die Täuschung der Öffentlichkeit ist rechtlich nur dann relevant, wenn es um ein Wissenschaftsplagiat geht und der Plagiator die wissenschaftlich verbotene Methode des Plagiierens benutzt, um unter Ausnutzung nicht ausgewiesener fremder Leistung einen akademischen Titel zu erlangen. Darum geht es beim Frankfurter Grüngürtel aber nicht, denn die versteckte Verwertung fremder Leistung, um sich politische Anerkennung zu erschleichen, ist nicht verboten.

Umso mehr stellt sich aber die Frage, wie die Rechte von Till Behrens, dem Schöpfer des Frankfurter Grüngürtels, verletzt wurden. Dabei geht es vorrangig um die mögliche Verletzung von Urheberrechten,[1] denn von den Regeln des Gesetzes gegen den unlauteren Wettbewerb (UWG) wären nur die direkten Wettbewerber von Behrens angesprochen, wenn sie dessen Grüngürtel-Konzept in einer selbstständigen beruflichen Tätigkeit als Stadtplaner, Architekt oder Autor übernommen und als eigenes ausgewiesen hätten. Die in anderer Funktion tätigen Verantwortlichen der Stadt Frankfurt blieben davon unberührt.

Wendet man sich der Frage des Urheberrechtsschutzes zu, ist mit der Analyse der Bausteine eines Plagiats im ersten Kapitel noch nichts über ein etwaiges Urheberrecht am Grüngürtel und erst recht noch nichts über die Verletzung eines solchen Rechts gesagt, da der Begriff des Plagiats rechtlich nicht fixiert ist. Es handelt sich vielmehr um einen Begriff der gehobenen Umgangssprache, der auf den Vorwurf des „Schmückens mit fremden Federn" im Bereich schöpferischer Leistungen abzielt. Im Fokus des Begriffs des Plagiats steht somit der Plagiator und nicht der Schöpfer der plagiierten Leistung. Das Urheberrecht interessiert sich für den Plagiator nur am Rande und in seiner Eigenschaft als Rechtsverletzer. Im Vordergrund des Urheberrechts steht eindeutig die Ausgangsleistung, die plagiiert worden ist. Bei dieser Leistung muss es sich um ein schutzfähiges „Werk" handeln, wobei das schutzfähige Werk in § 2 Abs. 2 Urheberrechtsgesetz (UrhG) als „persönliche geistige Schöpfung" definiert wird.

Fraglich ist, ob es sich bei dem Behrens'schen Grüngürtel-Konzept um ein solches Werk handelt. Diese Frage ist nicht ganz einfach zu beantworten, denn nicht jede individuelle Leistung ist auch ein schutzfähiges Werk im Sinne des Urheberrechts. Nähert man sich dieser Frage auf dem einfachsten Weg über die Gerichtsentscheidungen zum Urheberrecht, ergibt sich jedenfalls der überraschende Befund, dass offensichtlich bislang noch nie jemand den Versuch unternommen hat, einen urheberrechtlichen Schutz stadtplanerischer Leistungen durchzusetzen; zumindest hat es bislang noch keine gerichtlichen Auseinandersetzungen zu dieser Thematik gegeben.

1 In Betracht kommt zwar auch ein Wettbewerbsverstoß wegen unlauterer Nachahmung nach § 4 Nr. 9 des Gesetzes gegen den unlauteren Wettbewerb (UWG), dieser Aspekt soll aber hier nicht weiter vertieft werden.

Daraus lässt sich jedoch noch nicht zwangsläufig ableiten, dass stadtplanerische Leistungen so offensichtlich nicht unter das Urheberrecht fallen, dass man darüber noch nie streiten musste. Vielmehr zeigt sich bei näherer Betrachtung der stadtplanerischen Praxis, dass stadtplanerische Leistungen üblicherweise nicht durch eine Einzelperson, sondern im Kollektiv erbracht werden. Von der Sache her fordert die Stadtplanung eine Einbindung demographischen, wirtschaftlichen, soziologischen, klimatographischen, ökologischen und verkehrstechnischen Fachwissens, welches selten in einer Person vereint vorzufinden ist. Wenn aber in Reaktion auf dieses Anforderungsprofil stadtplanerische Leistungen normalerweise im Kollektiv erbracht werden, ist es wahrscheinlich, dass schon aufgrund eines laienhaften Fehlverständnisses Urheberrechtschutz für an sich schutzfähige kollektive stadtplanerische Leistungen nicht in Anspruch genommen wird. Tatsächlich steht im Urheberrecht das Erfordernis einer „persönlichen" geistigen Leistung der Anerkennung kollektiver Leistungen nicht im Wege. Die Anforderungen an eine solche „Miturheberschaft", bei der im Prinzip jeder Einzelne nachweisbar einen schutzfähigen Beitrag zum Gesamtwerk geleistet haben sollte,[2] sind sogar ziemlich gering.[3]

Liegen damit nachvollziehbare Gründe für die üblicherweise fehlende Inanspruchnahme eines Urheberrechts an stadtplanerischen Leistungen vor, streiten diese Gründe umso mehr für die Frage nach einem Urheberrechtschutz des Behrens'schen Grüngürtel-Konzepts im Einzelfall, denn hier stellt sich das Problem einer kollektiven Gesamtleistung nicht. Behrens hatte nämlich – wie von ihm unter Kapitel II – 5.1 dargestellt – bereits als Einzelperson die Idee eines Frankfurter Grüngürtels in das Frankfurter Forum für Stadtentwicklung eingebracht[4] und diese Idee später allein für seine Dissertation zu einem rahmengebenden stadtplanerischen Gesamtkonzept ausgearbeitet. Bei ihm liegt also eine Ausnahme von der Regel vor und diese Ausnahme führt gradlinig zur Anerkennung des Grüngürtel-Konzepts als persönliche geistige Schöpfung von Behrens.

IV – 2. Werkkategorien

Mit der Feststellung einer persönlichen Schöpfungsleistung ist allerdings noch nicht alles Notwendige zum Urheberrecht gesagt. Vielmehr kommt ein Urheberrechtsschutz nur zur Anwendung, wenn ein „Werk" im Sinne einer persönlichen geistigen Schöpfung (§ 2 Abs. 2 UrhG) vorliegt. Erste Hinweise auf die rechtlich schutzfähigen Werke gibt der Katalog der gesetzlichen Werkkategorien, wie sie in § 2 Abs. 1 UrhG beispielhaft aufgelistet sind. Dieser einfache erste Zugang ist jedoch versperrt, denn stadtplanerische Leistungen sind auf der Liste der geschützten Werke in § 2 Abs. 1 UrhG nicht zu finden.

Allerdings muss nicht jedes denkbare Werkformat in der gesetzlichen Liste aufgeführt sein, um einen Urheberrechtsschutz zu begründen. Tatsächlich liefert der gesetzliche Katalog nur Anhaltspunkte für die Anerkennung eines Werkes und er bestimmt die jeweils unterschiedlichen Kriterien, die bei der Prüfung eines Urheberrechts zur Anwendung kommen. Sollte sich also für das Behrens'sche Grüngürtel-Konzept keine bislang anerkannte Werkform finden lassen, käme durchaus auch die Anerkennung stadtplanerischer Leistungen

---

2 Vgl. BGH GRUR 1957, 391, 392 f. – Ledigenheim; BGH GRUR 2003, 231, 234 – Staatsbibliothek.

3 Vgl. BGH GRUR 2009, 1049 – Kranhäuser.

4 Das wird ihm z.B. von Karl Stadager im Brief von 28.8.1983 an die Herren Wentz und Sturmfels ausdrücklich bescheinigt.

als eigene, neue Werkform in Betracht. Umgekehrt wäre bei einer Nähe zu den bekannten Werkformen und bei Nichterfüllung der für diese Werkformen anerkannten Voraussetzungen von einer fehlenden urheberrechtlichen Schutzfähigkeit auszugehen.[5]

Wendet man sich den Werkkategorien des § 2 Abs. 1 UrhG zu, erscheint es immerhin vorstellbar, das Behrens'sche Grüngürtel-Konzept über den Schutz von Sprachwerken nach § 2 Abs. Nr. 1 oder über den Schutz von Werken der Baukunst nach § 2 Abs. 1 Nr. 4 oder über den Schutz wissenschaftlicher oder technischer Zeichnungen und Pläne nach § 2 Abs. Nr. 7 UrhG in den Bereich der schutzfähigen Werkkategorien zu bringen. Andernfalls müsste man sich unmittelbar am Werkbegriff orientieren und daraus dann die Anforderungen für den Urheberrechtschutz stadtplanerischer Leistungen entwickeln, denn im deutschen Urheberrecht ist von unterschiedlichen Anforderungen und Beurteilungsmaßstäben hinsichtlich der Werkqualität einzelner Werkkategorien auszugehen.[6] Diese wirken sich dann auch bestimmend auf die unterschiedliche sachliche Reichweite des Urheberrechts in Abhängigkeit von der jeweiligen Werkkategorie aus.[7]

IV – 2.1 Wissenschaftliche oder technische Pläne im Sinne des § 2 Abs. 1 Nr. 7 UrhG

Das Behrens'sche Grüngürtel-Konzept könnte als wissenschaftliche oder technische Darstellung anzusehen sein und damit unter den Schutz des Urheberrechts fallen. Hierfür spricht der Umstand, dass es sich um eine Planung handelt, die auf eine wissenschaftliche Analyse zurückgeht. Allerdings zielt die Werkkategorie der wissenschaftlichen oder technischen Darstellung auf die Informationsvermittlung von wissenschaftlichen oder technischen Inhalten. Geschützt ist dabei allein die Form und nicht der Inhalt der Darstellung.[8]

Da an die Form der Darstellung keine besonderen Anforderungen gestellt werden, fällt die von Behrens zur Erläuterung seines Konzepts erstellte einfache Grafik

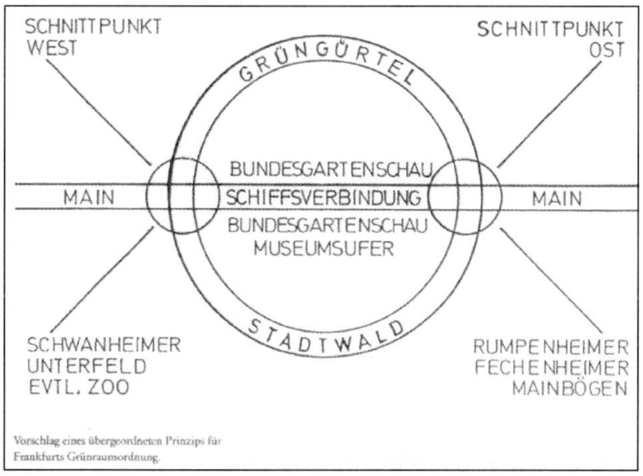

217 Vorschlag für ein übergeordnetes Konzept für Frankfurts Grünraumordnung aus Behrens' Dissertationsschrift „Die Frankfurter Grüngürtel" 1985/86, S. 195 (Abb. 091) und den Buchausgaben zu „Grüngürtel", S. 96 von 1988 (Abb. 102) und 1991 (Abb. 154).

5 Vgl. z.B. BGHZ 20, 30 ff. zum Ausschluss der Gestaltung eines Rechenschiebers sowie BGH GRUR 2011, 803 zum möglichen Ausschluss der Gestaltung eines Kinder-Lernspiels.

6 Die Vorgaben der unterschiedlichen Kategorien sollten jedoch nicht überschätzt werden; im Zweifelsfall orientiert sich der Bundesgerichtshof unmittelbar am übergeordneten Werkbegriff, vgl. BGH GRUR 2003, 876, 878 – Kinderquatsch mit Michael.

7 Vgl. dazu nochmals jüngst bestätigend BGH GRUR 2011, 803 – Lernspiele, und ausführlich erläuternd Leisner, „Bei Spielen nichts Neues?" in: GRUR 2011, 764 ff.

8 Vgl. BGH GRUR 1979, 464, 465 – Flughafenpläne; BGH GRUR 1993, 34, 35 – Bedienungsanweisung; BGH GRUR 1998, 916, 917 – Stadtplanwerk.

unter den Schutz des § 2 Abs. 1 Nr. 7 UrhG: Sie vermittelt durch eine individuell geprägte Darstellungsform eine Vorstellung vom Inhalt des Behrens'schen Grüngürtel-Konzepts. Die Grafik entspricht insoweit den Anforderungen an den Schutz von Darstellungen wissenschaftlicher oder technischer Art.

Allerdings wird diese Grafik – soweit ersichtlich – nicht nachgeahmt. Da sich ihr rechtlicher Schutz auch nur auf die äußere Form beschränkt und gerade nicht auf den Inhalt erstreckt, ist die Feststellung eines Urheberrechtsschutzes für diese Grafik nicht weiter hilfreich. In der Auseinandersetzung mit der Stadt Frankfurt um das Plagiat des Grüngürtel-Konzepts geht es ja gerade um die Inhalte und nicht (nur) um die Form. Für die Werkkategorie der Darstellungen wissenschaftlicher oder technischer Art kann also abschließend festgehalten werden, dass Behrens im Zusammenhang mit der Vermittlung seines Konzepts auch eine urheberrechtlich geschützte Grafik erstellt hat. Diese ist aber nicht in Bezug auf die durch sie vermittelten Inhalte, sondern nur in ihrer Darstellungsform geschützt und kann insoweit in der Auseinandersetzung um den Plagiatsvorwurf außer Betracht bleiben.

IV – 2.2 Werke der Baukunst im Sinne des § 2 Abs. 1 Nr. 4 UrhG

Urheberrechtlich geschützt sind nach § 2 Abs. 1 Nr. 4 UrhG auch „Werke der bildenden Künste einschließlich der Werke der Baukunst und der angewandten Kunst einschließlich der Entwürfe solcher Werke". Da das Behrens'sche Grüngürtel-Konzept auf die Gestaltung von Stadträumen gerichtet ist, könnte es noch unter diese Werkkategorie fallen, wenn man die Gestaltung von Stadträumen der Gestaltung von Bauwerken gleichstellen kann.

Allerdings sind Werke der Baukunst gesetzlich als Unterfall der Werke der bildenden Kunst geschützt. Das bedeutet konkret, dass der Schöpfer neben dem Gebrauchszweck auch ästhetische Ziele mindestens mitverfolgt und aus der Sicht kunstempfänglicher Kreise auch verwirklicht haben muss.[9] Diese Frage ist schwierig zu beantworten. Wendet man sich den Schriften zum Behrens'schen Grüngürtel zu, stehen ästhetische Ziele nicht im Vordergrund. Seine Annäherung an die Grüngürtel-Thematik war zunächst einmal politisch motiviert. Sie basierte in ihrer Vorgehensweise auf eine historische Betrachtung aufsetzende Bestandsaufnahme und Analyse der vorgefundenen Stadtlandschaften und klimatischen Verhältnisse auf wissenschaftlichen Methoden.[10] Nach seinen Zielen befragt, legt Behrens Wert darauf, dass er mit dem Heranziehen der Landwirtschaft als gestalterischem Element und der Verwendung standortgerechter Pflanzen ein ästhetisches Gegenkonzept zum „Edelgrün" städtischer Parkanlagen verfolgte.

Mit diesem Konzept verbanden sich bei Behrens jedoch zugleich zweckorientierte, ökologische und finanzielle Überlegungen, so dass es bereits schwerfällt, den Behrens'schen Grüngürtel nach den Ambitionen des Schöpfers und den dafür bereitgestellten Kategorien „kunstsachverständiger Kreise" als Werk der bildenden Kunst einzuordnen. Behrens sieht sich in der Tradition des deutschen Mittelalters oder der italienischen Renaissance eben nicht als Künstler, sondern überwiegend als

---

9 BGHZ 27, 351, 356 – Candida; BGH GRUR 1982, 305, 307 – Büromöbelprogramm; BGH GRUR 2004, 941, 942 – Metallbett.

10 Feststellung des städtebaulichen Status Quo, Untersuchung der geographischen Gesamtlage und der klimatischen Einflussfaktoren, Analyse der Bedeutung von Grünräumen für das Stadtklima, Aufarbeitung der Stadtentwicklungsgeschichte etc.

Handwerker. So hat er als Hochschullehrer seine Studenten sogar immer ausdrücklich davor gewarnt, „Kunst" erzeugen zu wollen.[11]

Was für die Einordnung der Behrens'schen Ambitionen gilt, gilt erst recht für die Wahrnehmung des Grüngürtels durch kunstempfängliche Kreise. Diesen Kreisen fällt schon der Schritt von der Bauwerksplanung in die Stadtplanung schwer.[12] Sie würden wohl kaum dem von vielfältigen Motiven gesteuerten Konzept eines dritten Grüngürtels den Charakter eines Werks der bildenden Kunst zusprechen, weil sich in dieser Werkkategorie – anders als bei der angewandten Kunst – die ästhetische Zweckverfolgung des Schöpfers unmittelbarer offenbaren muss. Eine Zuordnung des Behrens'schen Grüngürtel-Konzepts zu den Werken der Baukunst kommt somit zwar in Betracht, hätte aber in einer rechtlichen Auseinandersetzung sehr mühsam um seine Anerkennung zu kämpfen.

IV – 2.3 Schriftwerke im Sinne des § 2 Abs. 1 Nr. 1 UrhG

Vor dem Hintergrund, dass Behrens seine Grüngürtel-Ideen zunächst in Broschüren des Frankfurter Forums für Stadtentwicklung vorstellte und das spätere Gesamtkonzept dann in Buchform präsentierte, kommt am ehesten ein Urheberrechtsschutz als Schriftwerk in Betracht. Schriftwerke werden von der Rechtsprechung definiert als „ein durch Zeichen äußerlich erkennbar gemachter Gedankenausdruck, der Erzeugnis einer schöpferischen geistigen Leistung ist".[13] Unter dieser Maßgabe liegen zum Grüngürtel mehrere Schriftwerke von Behrens vor.

Allerdings unterfallen Schriftwerke nicht bereits dann dem Urheberrechtsschutz, wenn in ihnen Gedanken zum Ausdruck gebracht werden, die einem bestimmten Verfasser zugeordnet werden können. Notwendig für den Urheberrechtsschutz ist, dass im Schriftwerk eine schöpferische Eigentümlichkeit, Originalität oder Individualität zum Ausdruck kommt.[14] Die Anforderungen dazu sind unterschiedlich, je nachdem, ob es sich um ein literarisches Werk, ein wissenschaftliches Werk oder um eine Mitteilung vorgegebener Tatsachen in einer so genannten „Gebrauchsschrift" handelt. Für das Behrens'sche Grüngürtel-Konzept kommt allein ein Schutz als wissenschaftliches Werk in Betracht, da es offenkundig nicht um ein literarisches Thema geht und zugleich die einfache, eindimensionale Zweckorientierung einer Gebrauchsschrift fehlt.[15]

Gerade für wissenschaftliche Werke gilt ein Urheberrechtsschutz jedoch nur in engen Grenzen: Einerseits kollidiert bei wissenschaftlichen Werken der Individualschutz mit den Interessen der Allgemeinheit an einem ungehinderten Austausch über wissenschaftliche Fragestellungen. Diese Interessen genießen sogar unter der der Meinungsfreiheit

---

11 Er berichtet dazu, dass er gerade bei einem konsequent handwerksorientierten Vorgehen seiner Studenten gelegentlich am Ende erfreut die Schöpfung von „Kunst" feststellen durfte.

12 Auch wenn es historische Beispiele für vorrangig ästhetische Stadtplanungen gibt, denen in der konservativen Antinomie von Kunst und Zweck noch die Kunstwerkeigenschaft anerkannt würde.

13 BGHZ 39, 306, 308 – Rechenschieber; BGH GRUR 1961, 85 – Pfiffikus-Dose.

14 Vgl. Dreier/Schulze, UrhG, 3. Aufl., Rn 18 zu § 2.

15 Gebrauchsschriften sind Gebrauchsanweisungen, Formulare, Prospekte, Preislisten etc. Insoweit sind möglicherweise die ersten noch sehr knappen und thematisch eng gefassten Faltblätter zum Grüngürtel als Gebrauchsschriften anzusehen. Deren urheberrechtliche Qualifizierung kann jedoch in Anbetracht der späteren Buchveröffentlichungen Behrens' zum Grüngürtel dahinstehen. Die Buchveröffentlichungen stellen das Konzept sehr viel umfassender dar.

gleichgestellten Wissenschaftsfreiheit Grundrechtsschutz nach Art. 5 Abs. 3 Satz 1 GG. Andererseits geht man davon aus, dass wissenschaftliche Erkenntnisse, Lehren und Theorien vom Urheber nicht geschaffen werden, sondern vielmehr grundsätzlich vorhanden sind und von ihm nur noch ans Licht geholt werden. Aus diesem Ansatz entwickeln sowohl der Bundesgerichtshof als auch (ihm folgend) das Oberlandesgericht Frankfurt mit zusätzlichen Überlegungen ein Konzept, das den Urheber wissenschaftlicher Werke praktisch schutzlos stellt. Danach soll sich aus der Freiheit der Wissenschaft ergeben, dass wissenschaftliche Schriftwerke nicht in ihrem Inhalt, sondern nur ihrer Form nach urheberrechtlich geschützt sind. Orientiere sich jedoch die Form des schriftsprachlichen Ausdrucks entweder an der dem jeweiligen Fachgebiet eigenen Terminologie oder an der Alltagssprache, fehle es einem wissenschaftlichen Schriftwerk gerade an der für den Urheberrechtschutz notwendigen Individualität.[16]

Dieser Ansatz wird zu Recht als viel zu restriktiv und dem Urheberrecht nicht angemessen kritisiert.[17] Er ist jedoch vorliegend letztlich auch nicht maßgeblich, denn jedenfalls die Behrens'schen Schriften zum Frankfurter Grüngürtel sind nur nach der Darstellungsmethode und nach dem äußeren Rahmen (Dissertation) als wissenschaftliches Werk zu qualifizieren. Der Sache nach handelt es sich nicht um die Darstellung einer wissenschaftlichen Tatsache, sondern um die Ausformung und Ausarbeitung einer ganz persönlichen Idee, die zweifellos Urheberrechtsschutz für sich in Anspruch nehmen kann, weil hier bereits im Inhalt des Werkes etwas ganz und gar Persönliches und Eigenes zum Ausdruck kommt.[18] Diesen schöpferisch-kreativen Kern seines Konzepts hat Behrens selbst nach Art eines Patentanspruchs im Sinne von „gekennzeichnet durch" zusammengefasst, als er in Abgrenzung zu den städtischen GrünGürtel-Planungen 1993 auf Bitten des Deutschen Werkbundes die Besonderheiten seines städtischen Grüngürtel-Konzepts herausstellte:[19]

1. Aufheben des historisch gewachsenen, aber heute falschen Radialen-Prinzips zugunsten von konzentrischen Ringen für Grün, Verkehr und Wohnen.
2. Schließen eines noch möglichen dritten Grüngürtels auf Restgrünflächen.
3. Gesetzlicher Schutz für die Grünflächen.
4. Land-, forst- und wasserwirtschaftliche Extensivpflege der Grünräume zur Bildung und Erhaltung einer durchgehenden Landschaft.
5. Durchgehendes Wiederbegrünen der Mainufer und ihr Wiederbewohnbarmachen.
6. Verlagerung des Uferstraßenverkehrs auf Verkehrsringe.
7. Bündelung verschiedener Verkehrsströme (Kfz. – mit Eisenbahn-Verkehr, Fluglärm mit Kfz.-Lärmbändern).
8. Umwandeln von Radialstraßen in begrünte Wohnstraßen, die vom Umland bis in den Stadtkern, aber verkehrsmäßig nicht durch diesen hindurch laufen (auch die Mainuferstraßen sind Radialstraßen).

---

16 Vgl. BGH GRUR 1981, 352, 353 – Staatsexamensarbeit; BGH GRUR 1984, 659, 661 – Ausschreibungsunterlagen; BGH GRUR 2011, 234 – Perlentaucher, Rn 36; OLG Frankfurt, GRUR 1990, 126 ff. – Unternehmen Tannenberg; OLG Frankfurt, ZUM 2012, 574 ff. – Habilitationsschrift.

17 Vgl. v. Moltke, „Das Urheberrecht an Werken der Wissenschaft", Baden-Baden 1992; Haberstumpf in ZUM 2012, 529 ff.

18 Für den Ideenschutz gilt im Urheberrecht, dass die Idee als solche nicht schutzfähig ist, aber in der Ausformung zu einem Konzept Urheberrechtsschutz gewinnen kann. Vgl. BGH GRUR 2011, 803, 806 – Lernspiele (zu verschiedenen Komponenten eines Lernspiels als Darstellung wissenschaftlicher oder technischer Art im Sinne des § 2 Nr. 7 UrhG); Leistner, in: GRUR 2011, 761 765 ff.; Schricker, GRUR Int 2008, 200; Risthaus, WRP 2009, 698, 713; Oechsler, GRUR 2009, 1101 ff.

19 Behrens, T., „Grüngürtel mit Randbebauung", in: werkundzeit Perspektiven 1, Beiträge zur Zukunft der Moderne, Stadt und Region, Deutscher Werkbund, Frankfurt ca. 1993, S. 50–55. S. ferner auch Kap. II – 3.4 im vorliegenden Band.

9. Erschließung mit kommunalen Verkehrsmitteln.
10. Erhalten und Schaffen von Ventilationsachsen und Abkühlungsflächen.
11. Fassen des Grüngürtels und wieder begrünter Mainufer durch terrassierte, verdichtete Randbebauung zum Wohnen.

Zudem hat Behrens in der Art und Weise, wie er sich über die historische Stadtentwicklung, über die Analyse der klimatischen Grundsituation, über die Betrachtung der Bausünden und Fehler der Vergangenheit seinem Thema näherte, eine eigenständige Darstellungsform[20] gefunden, die am Vorliegen einer persönlichen geistigen Schöpfung im Sinne des § 2 Abs. 2 UrhG keinen Zweifel aufkommen lässt. Mindestens der in zwei Auflagen veröffentlichten Dissertation Behrens' zum Frankfurter Grüngürtel kommt also Urheberrechtsschutz zu: als Schriftwerk im Sinne des § 2 Abs. 1 Nr. 1 UrhG und weiterhin als persönliche geistige Schöpfung im Sinne des § 2 Abs. 2 UrhG.

IV – 3. Der „ins Werk gesetzte" Frankfurter Grüngürtel als Urheberrechtsverletzung

IV – 3.1 Verletzung durch Werknutzung

Nach § 11 Satz 1 UrhG ist der Urheber in seinen geistigen und persönlichen Beziehungen zum Werk und in der Nutzung des Werks geschützt. Fraglich ist deshalb, ob die Verantwortlichen der Stadt Frankfurt das Behrens'sche Urheberrecht bereits dadurch verletzen, dass sie sein Grüngürtel-Konzept für sich – mindestens in der Form der Inanspruchnahme des Vervielfältigungsrechts[21] nach § 16 UrhG – nutzen. Die Stadt Frankfurt, die in ihren öffentlichen Verlautbarungen gerne die Eigenständigkeit ihres Konzepts herausstellt, muss sich dafür der Frage stellen, ob der „ins Werk gesetzte" Grüngürtel tatsächlich so deutlich eigenschöpferische Züge aufweist, dass das Behrens'sche Konzept dahinter zurücktritt und nicht mehr prägend weiterwirkt.[22] Worauf es hier im Urheberrecht ankommt, ist die Abgrenzung der eigenen Schöpfung von der unfreien Bearbeitung im Sinne des § 23 UrhG.

---

20 Vgl. BGH GRUR 1991, 130, 133 – Themenkatalog; BGH GRUR 1987, 704, 705 f. – Warenzeichenlexika; BGH GRUR 1986, 739 , 741 – Anwaltsschriftsatz; BGH GRUR 1981,520, 522 – Fragensammlung.

21 Vgl. zur vergleichbaren Bauausführung als Vervielfältigung BGHZ 24, 55, 69 – Ledigenheim; BGH GRUR 1985, 129, 131 – Elektrodenfabrik; BGH GRUR 1999, 230, 231 – Treppenhausgestaltung. Natürlich liegt bereits auch schon in den schriftlichen Vorgaben der Stadt zur tatsächlichen räumlichen Umsetzung eines Grüngürtels auf den von Behrens vorgegebenen Flächen eine Vervielfältigung.

22 Zur Abgrenzung zwischen freier und unfreier Benutzung ist an die ständige Formel der höchstrichterlichen Rechtsprechung anzuknüpfen, wie sie vom BGH z.B. in der Stadtbahnentscheidung vom 8.5.2002 festgehalten worden ist: „Bei der Frage, ob in freier Benutzung eines geschützten älteren Werks ein neues selbständiges Werk geschaffen worden ist, kommt es entscheidend auf den Abstand an, den das neue Werk zu den entlehnten eigenpersönlichen Zügen des benutzten Werkes hält. Dabei ist kein zu milder Maßstab anzulegen. Eine freie Benutzung setzt daher voraus, dass angesichts der Eigenart des neuen Werks die entlehnten eigenpersönlichen Züge des geschützten älteren Werks verblassen. In der Regel geschieht dies dadurch, dass die dem geschützten älteren Werk entlehnten eigenpersönlichen Züge in dem neuen Werk in der Weise zurücktreten, dass das neue Werk nicht mehr in relevantem Umfang das ältere benutzt, so dass dieses nur als Anregung zu neuem, selbständigen Werkschaffen erscheint", BGH GRUR 2002, 799, 800 – Stadtbahnfahrzeug.

Um was geht es dabei konkret?

Was das Behrens'sche Konzept angeht, so hatte Behrens es bereits Anfang der 1970er Jahre in das Frankfurter Forum[23] für Stadtentwicklung eingebracht, das es 1973 in einer Zeitungsbeilage und auf Bürgerversammlungen der breiten Öffentlichkeit präsentierte. Bis zum Jahre 1986 hatte Behrens seine Ausgangsplanung in einer Dissertation[24] zum Gesamtkonzept fortentwickelt. Mit Unterstützung u.a. des Deutschen Werkbundes[25] wurde die Dissertation 1988 in einer Publikumsfassung[26] einer breiten Fachöffentlichkeit präsentiert und 1991 in 2. Auflage mit ergänzendem Vorwort zur inzwischen erfolgten Entwicklung unter geändertem Titel[27] erneut veröffentlicht.

Was das städtische GrünGürtel-Konzept angeht, gehen dessen Grundlagen und prägenden planerischen Elemente aus der von der Stadtverordnetenversammlung am 14.11.1991 verabschiedeten GrünGürtel-Verfassung hervor: Darin enthalten ist eine textliche Beschreibung des GrünGürtel-Konzepts, die so genannte „GrünGürtel-Charta", eine öffentlich-rechtliche Sicherung, ein Flächenplan sowie ein Bestands- und Entwicklungsplan. In diesen Dokumenten wird ein stadtplanerisches Entwicklungskonzept für den Schutz und die Entwicklung der Frankfurter Grünflächen verbindlich festgelegt.

Vergleicht man dieses Material besteht kein Zweifel, dass die 1991 verabschiedete GrünGürtel-Verfassung der Stadt aus dem Behrens'schen Grüngürtel-Konzept entwickelt wurde: Zentrale Elemente dieses Schutz- und Entwicklungskonzepts sind den Analysen und dem Planungskonzept zum Frankfurter Grüngürtel von Behrens entnommen. Das gilt konkret für: (1) die Ausgangsanalyse, (2) die daraus folgende Flächenzuweisung, (3) die Funktionszuweisung des Grüngürtels als stadtplanerisches Leitbild, (4) das Konzept einer rechtlichen Absicherung durch negative Bebauungspläne, (5) das Konzept einer Museumszeile auf dem südlichen Mainufer („Museumsufer")[28] und (6) das Konzept einer inneren und äußeren Vernetzung des Grüngürtels durch Grün-Radialen.

IV – 3.1.1 Ausgangsanalyse

Ausgangspunkt der Behrens'schen Planung sind fünf zentrale Wahrnehmungen, die er genau beschreibt und auf denen alles Weitere aufbaut: (1) Die Bedrohung der Bewohnbarkeit der Stadt durch unkontrollierte Überbauung, (2) die im Zusammenwirken mit der Kessellage der Stadt hervorgerufenen Probleme der Verschmutzung und Erwärmung, (3) die Bedeutung der städtischen Grünflächen für das Stadtklima, (4) die Lage der noch vorhandenen Grünflächen als möglicher zusammenhängender ringförmiger Grünraum durch die Stadt und (5) die klimatische Vernetzung von Grünflächen und Flusstälern

23 Nachfolgend zitiert als Frankfurter Forum.

24 1986: „Die Frankfurter Grüngürtel oder die Auswirkungen einer wachstumsorientierten Stadtpolitik auf zusammenhängende Grünräume."

25 Neben dem Deutschen Werkbund wurde Behrens vom Frankfurter Forum, von Frankfurter Bürgern und von deren Bürgervereinen unterstützt.

26 1988: „Grüngürtel – Wachstumsorientierte Stadtpolitik und zusammenhängende Grünräume."

27 1992: „Grüngürtel – Frankfurt am Main – Die Stadt wieder bewohnbar machen."

28 Das Museumsufer war bei Behrens in das Gesamtkonzept einer Mainuferquerspange zum Leben und Wohnen auf beiden Flussseiten mit Anschluss an das Umland eingebettet und wurde von der Stadt als repräsentatives Projekt ohne weitere stadtplanerische Bezüge daraus herausgebrochen.

(Nidda und Main).[29] Dieser Wahrnehmungsansatz findet sich in der GrünGürtel-Charta der Stadt des Jahres 1991 verkürzt wie folgt wieder:

> *„Dem steigenden Bedarf an Flächen für Wohnungsbau, Gewerbe, Industrie und Verkehr steht ein begrenztes Naturraumpotential gegenüber, das quantitativ und qualitativ gestärkt werden muß; deshalb ist die Sicherung des Frankfurter Grüngürtels zwingend geboten. (...) Der GrünGürtel ist Entstehungsgebiet für Grundwasser und Kaltluft. Er wirkt sich positiv auf das Stadtklima aus."*

IV – 3.1.2 Flächenzuweisung

Die den Grüngürtel bildenden und zu schützenden Flächen beschreibt Behrens in seiner Dissertation wie folgt:

> *„Ein Dritter Grüngürtel läßt sich z.Zt. noch auf vorhandenen Restgrünflächen, von Berkersheim kommend, die Nidda abwärts nach Höchst, durch den Stadtwald, östlich an Offenbach vorbei, über die Rumpenheimer-Fechenheimer Mainbögen, Bergen-Enkheim, den Heiligenstock und wieder nach Berkersheim kommend, zu einem durchgehenden Ring schließen. (...) Vernetzt wird das System durch Grünanschlüsse zum Umland, (...) Einbindung noch vorhandener innerstädtischer Grünflächen (...), und neu anzulegender Grünradialen."*[30]

Die GrünGürtel-Charta liest sich dazu so:

> *„Der GrünGürtel, die innerstädtischen Grünverbindungen und die äußeren Grünzüge sind die Teile eines zusammenhängenden und städtischen Grünsystems. (...) Als eine der obersten Aufgaben wird der durch naturräumliche Gegebenheiten und traditionelle Bewirtschaftung geprägte Charakter der Kulturlandschaft geschützt und pfleglich entwickelt. Die Teilräume sind Niddatal, Heiligenstock, Berger Rücken, Mainaue, Bornheimer Hang, Sachsenhäuser Rücken und der Stadtwald.*
> *Der GrünGürtel ist durch radiale und zirkuläre Grünverbindungen mit den Quartieren der Kernstadt verbunden. (...) Nach außen verbinden Grünzüge den GrünGürtel mit den Freiräumen der Region."*[31]

Aus dem gleichen Ansatz folgt ein nahezu identisches Ergebnis. Diejenigen Flächen, die Behrens in seinen Grüngürtel-Publikationen sowohl als status quo für eine Vernetzung aufnimmt als auch später als vernetzte Flächen eines realisierten Grüngürtels ausweist, entsprechen sich fast völlig. Lediglich in der Art der topografischen Darstellung weicht die Stadt vom Behrens'schen Grüngürtel ab.[32]

---

29 So bereits beschrieben in der Druckschrift des Frankfurter Forums „Der Frankfurter Grüngürtel ... Die Chance" aus dem Jahre 1973, danach im Oktober 1979 in der Druckschrift „Schutz für den Frankfurter Grüngürtel – Was wurde aus dem Vorschlag des Frankfurter Forums für Stadtentwicklung von 1972/73?", und dann ausführlich erläutert in der Monographie von 1988: Kap. 5.1.2 zur baugeschichtlichen Entwicklung in der Wirtschaftswunderzeit 1956–1972, Kap. 5.2. mit Auflistung der konkreten Beispiele zur Zerstückelung des Grünringes sowie Kap. 8 zum Nutzen eines dritten Grüngürtels mit Mainuferquerspange.

30 Behrens T., „Grüngürtel", Frankfurt 1988, S. 97.

31 Auszug aus der Frankfurter GrünGürtel-Verfassung vom 14.11.1991, abgedruckt u.a. in Jubiläumsfestschrift (Fn. 1) Seite 76.

32 Vgl. die kartografischen Darstellungen beider Konzepte, Original im Vorsatz, Nachempfindung Abb. 152

IV – 3.1.3 Funktionszuweisung

Behrens weist dem Grüngürtel-Konzept die Funktion eines Leitbildes für die gesamte künftige Stadtplanung und Stadtentwicklung zu. Das kommt bereits in der Schrift des Frankfurter Forums „Grüngürtel – Die Chance" zum Ausdruck und findet sich als Anspruch auch in den Untertiteln seiner beiden Dissertationsauflagen wieder, die er 1988 ausdrücklich der „Metropole am Main" widmet:

> *„Als Teil eines Stadtentwicklungsplans muss so schnell wie möglich ein Stadtentwicklungsplan Grün ausgearbeitet werden."*[33]

> *„Meine Absicht war es, eine übergeordnete stadtplanerische Grünkonzeption für den Frankfurter Raum zu erarbeiten, welche auf der bauhistorischen Situation, insbesondere der 20er Jahre und vor allem den heutigen Grünrestbeständen aufbaut und die Bürger finanziell nicht belastet. Ich schlage einen dritten Grüngürtel mit den Mainufern als grüne Querspange vor, ferner Regeneration der vorhandenen Grünradialen und -ringe."*[34]

> *„Wachstumspolitik und zusammenhängende Grünräume."*[35]

> *„Frankfurt am Main – Die Stadt wieder bewohnbar machen."*[36]

Auch diese Leitbildfunktion des Grüngürtel-Konzepts ist Gegenstand der GrünGürtel-Charta. In der GrünGürtel-Charta geht es allerdings sehr viel bescheidener zu als im Ausgangsplan. Was einmal ein Stadtentwicklungskonzept war, wird auf die reine Entwicklung der Grünflächen reduziert:

> *„Mit dem GrünGürtel wird eine weitere, für die Stadt und die Region wichtige Orientierungs- und Raumstruktur dem gewachsenen Geflecht der verschiedenen Raumebenen hinzugefügt. Der GrünGürtel ist wichtiger Bestandteil und Kern des regionalen Grünzugverbundes der Städtelandschaft Rhein-Main."*

IV – 3.1.4 Negativbebauungspläne

Nach dem Behrens'schen Konzept ist der Grüngürtel allerdings nicht nur als ein gemeinsam verabschiedetes planerisches Leitbild für die Stadtentwicklung zu sehen. Vielmehr ist er notwendigerweise auch rechtlich abzusichern. Dazu knüpft Behrens, der seine Planungen aus der Baugeschichte der Stadt heraus ableitet,[37] an die Wallservitut des Jahres 1806 an und fordert in Anlehnung an diese Servitut die rechtliche Absicherung der Grünflächen durch eine neue Servitut und durch „negative Bebauungspläne":

---

33 Aus der Druckschrift „Grüngürtel – Die Chance" des Frankfurter Forums von 1973.

34 Behrens, „Grüngürtel", 1988, S. 12.

35 Untertitel der ersten Auflage 1988.

36 Untertitel der zweiten Auflage 1991.

37 Aus dieser Perspektive spricht Behrens sowohl räumlich als auch historisch immer vom „Dritten Grüngürtel".

„‚Die durch die Untersuchung festgestellten Tabu-Grünflächen' sind für alle Zeiten zu sichern (Servitut).“ [38]

„In der Frage des Schutzes von Grünbereichen handelt es sich vor allem darum, sie vor Planungsmißbrauch zu schützen (....) Letztlich wird nichts anderes verlangt, als dass die Stadt Frankfurt einen Schutz für den dritten Grüngürtel und die Mainuferspange schafft, der beides gegen Eingriffe durch sie, die Stadt selbst, schützt. Gerade das scheint der Magistrat aber nicht zu wollen, wie aus seiner Ablehnung geschlossen werden muß, Negativbebauungspläne für das Niddatal aufzustellen.“[39]

Diese Erkenntnis, dass für eine grundlegende und die weitere Stadtplanung eine bindende rechtliche Absicherung nötig ist, liegt der 1991 verabschiedeten GrünGürtel-Verfassung zugrunde, die – genau wie Behrens es wollte – darauf gerichtet ist, einen ähnlich verbindlichen Rahmen für die eigenen heutigen Planungsaktivitäten der Stadt zu schaffen, wie die seit 1806 gültige Wallservitut für die nördliche Stadthälfte Frankfurts:

„Die gesamte Fläche des GrünGürtels wird mit den zur Verfügung stehenden Mitteln rechtlich gesichert und erhalten.“

Der Schutz der Grünflächen, den die Stadt seit 1991 auf dieser Grundlage öffentlich-rechtlich realisiert, vollzieht sich über verschiedene kommunale und regionale Satzungen und Pläne und wird im Jahre 1994 durch den flächendeckenden Ausweis der Grüngürtel-Fläche als Landschaftsschutzgebiet realisiert.[40] Damit ist allerdings noch nicht der Grad an rechtlicher Absicherung erreicht, wie Behrens es wünscht. Der Mangel an wirklich verbindlichen bauplanerischen Festsetzungen im Sinne der von Behrens geforderten „negativen Bebauungspläne“[41] wird aktuell deutlich, wenn mit dem Hildenfeld im Nordosten Frankfurts eine der letzten Freiflächen der Stadt, die den Grüngürtel mit dem Umland verbinden, wieder bebaut werden soll.

IV – 3.1.5 Museumsufer

Allerdings ist nicht alles, was die Stadt aus dem Behrens'schen Grüngürtel-Konzept übernommen hat, auch Bestandteil der GrünGürtel-Charta: Völlig unabhängig vom späteren „GrünGürtel“ – und damit auch ohne jede stadtplanerische Einbindung – verwirklichte die Stadt schon in den 1980er Jahren unter dem damaligen CDU-Oberbürgermeister Walter Wallmann und unter der Federführung des noch von der vorherigen sozialdemokratischen Stadtregierung im Amt gebliebenen Kulturdezernenten Hilmar Hoffmann das Museumsufer auf der südlichen Mainseite, welches von Behrens bereits in den 1970er Jahren als Teil seines rahmengebenden Gesamtkonzepts konzipiert worden war. Hierbei ist sich allerdings die Stadt, die den Auftrag

38 Aus der Schrift von 1973: „Grüngürtel – Die Chance.“

39 1988 beschreibt Behrens in seiner Dissertation auf Seite 110 die konkreten Reaktionen der Stadt auf diese vom Frankfurter Forum erhobenen Forderungen und zieht eine negative Bilanz, in der er auch das von ihm parallel zur Servitut verfolgte aufgestellte Konzept negativer Bebauungspläne anspricht, denen er unter Ziffer 9.2.3 einen eigenen Abschnitt seiner Dissertation gewidmet hatte.

40 Zuständig dafür war allerdings nicht die Stadt Frankfurt, sondern das Regierungspräsidium in Darmstadt.

41 Festlegung der von einer Bebauung freizuhaltenden Flächen und ihrer Nutzung nach § 10 Abs. 2 Nr. 10 BBauG.

zur Realisierung an den Architekten Albert Speer jun. vergibt, der Übernahme der Behrens'schen Vorgaben auch öffentlich bewusst, während Speer jegliche Plagiatsvorwürfe zurückweist:

> Hilmar Hoffmann: „*Schon Mitte der siebziger Jahre gab es in Frankfurt eine Bürgerinitiative, die auf Anregung des Frankfurter Architekten Till Behrens, Enkel des berühmten expressionistischen Architekten Peter Behrens, damals noch aus zunächst dominant städtebaulichen Überlegungen heraus, die Ausweitung der bestehenden Museen am Südufer des Mains forderte.*"[42]

Albert Speer jun.: „Haltlos und falsch." – „Ausschließlich lächerlich."[43]

IV – 3.1.6 Grün-Radialen

Ebenfalls in der Charta nur knapp erwähnt sind die inneren Verbindungen des Grüngürtels, die Behrens in seinem historischen Betrachtungsrahmen als „Radialen" bezeichnet und als Bindeglieder zwischen dem ersten Grüngürtel (Wallanlagen), zweiten Grüngürtel (Alleenring) und dritten Grüngürtel (Außenring) konstruiert, um Frischluftströme aus dem Umland heranzuführen. Auf dieses Konzept besinnt sich die Stadt erst 20 Jahre nach Verabschiedung der GrünGürtel-Charta, spricht aber stattdessen jetzt von „Speichen und Strahlen"[44] und beauftragt mit Friedrich von Borries wieder einmal einen anderen Architekten, der sich ebenfalls als Erfinder für etwas präsentiert, was er nicht erfand, sondern vorfand.

> Behrens: „*Zur Mainuferquerspange als breiter Grünradiale werden weitere, jedoch schmalere Grünradialen angeordnet, die den ersten und den dritten Grüngürtel untereinander und mit dem Stadtumland verbinden. Die Grünradialen sind ‚Grün-Zubringer' zwischen Erstem und Drittem Grüngürtel und haben eine wichtige, ergänzende Aufgabe in der Systematik dieses Planungskonzeptes.*
> *Die Grünradialenausbildung knüpft an die vorhandenen Vorgaben aus Adickes-Zeit um die Jahrhundertwende an. Die vom Ersten zum Zweiten und teilweise über diesen hinaus in den Bereich des hier vorgeschlagenen Dritten Grüngürtelringes führenden Radialen waren ehemals zugleich Grün- und Verkehrsradialen und sind heute zu reinen Verkehrsradialen heruntergekommen. Sie werden hier (...) zur Bildung der Haupt-Grünverbindungen herangezogen, um sie in Alleen mit boulevardartigem Charakter in citynahen Bereichen zu entwickeln.*"[45]
>
> Deutsches Architektenblatt (DAB) und Friedrich von Borries (FvB) im Interview mit dem DAB-Chefredakteur Stimpel.
> DAB: „*Ihr neuer Strahlen- und Speichenplan im Auftrag der Stadt Frankfurt sichert nicht defensiv bestehendes Grün, sondern sieht offensiv mehr Grün- und Freiräume in bebautem Gebiet vor.*"

---

42 Einleitung zum Beitrag „Das Frankfurter Museumsufer", in: Lampugnani (Hrsg.), Museumsarchitektur in Frankfurt 1980–1990, München 1990.

43 Offener Brief von Albert Speer jun. an den Oberbürgermeister vom August 1980; zitiert nach FAZ v. 12.8.1980: „Streit zwischen Planern um Ufer-Ideen."

44 Vgl. Kapitel „Die Zukunft" in der Festschrift „20 Jahre GrünGürtel", vor allem dort S. 74.

45 Behrens T., „Grüngürtel", Frankfurt 1988, S. 99 f.

FvB: *Ja, es ist sozusagen eine Invasion des Grünraums in den Stadtraum. Das Neue daran ist, dass Stadtplanung vom Grün her aktiv betrieben wird. (...) Wir haben Räume ausgewählt, die sich besonders anbieten, um die dichte Frankfurter Innenstadt mit dem Freiraum draußen vor der Stadt zu vernetzen. Entweder weil es Klimaschneisen sind, durch die frische, kühle Luft vom Taunus durch die Stadt weht. Oder wie es Mobilitätsräume sind, die besonders gute Ansätze für den Straßenumbau bieten.*"[46]

Mit der Aufnahme von „Speichen und Strahlen" in ihre GrünGürtel-Konzeption erfüllt die Stadt eine alte Forderung, denn Behrens beanstandet schon lange, dass im bisherigen Grüngürtel-Konzept die wichtigen Bereiche Wohnen und Verkehr praktisch ausgeklammert sind. Was aber auch hier erneut stört ist der Umstand, dass die Stadt und ihr Architekt von einem „neuen" Konzept sprechen, denn neu sind die „Speichen" und „Radialen" in Frankfurt nun wirklich nicht. Sie gehen nicht einmal auf Behrens zurück, denn auch Behrens orientierte sich am historischen Kontext der vom früheren Bürgermeister Adickes entwickelten Straßenradialen. Diese werden von Behrens zu Anliegerstraßen verengt, die nur noch bis zum Zentrum, aber nicht durch dieses hindurch, führen und die zu Wohnstraßen begrünt werden. Was bleibt ist der Verdacht, dass die Stadt ganz bewusst von „Speichen und Strahlen" spricht, wo bisher von „Radialen" die Rede war. Auch der Behrens'sche „Grüngürtel" ist ja nicht als einfacher generischer Begriff erhalten geblieben, sondern wurde im schreibförmlichen Facelifting zum „GrünGürtel" aufgehübscht. Man hat nichts Neues zu bieten, aber es soll doch wenigstens so aussehen.

IV – 3.2 Verletzung durch Entstellung

Tom Koenigs betont immer wieder, dass er sich nicht als „Vater des Frankfurter Grüngürtels" fühle, weil er den Grüngürtel nicht erfunden habe. Zugleich betont er jedoch wiederholt, dass er stolz darauf sei, den Grüngürtel „ins Werk" gesetzt zu haben.[47] Damit spricht er – vermutlich unbeabsichtigt – das aus dem Urheberrecht des Architekten bekannte urheberrechtliche Spannungsverhältnis zwischen der Bauplanung und der Bauausführung an. Bezüglich des Urheberrechts des Architekten entsteht immer wieder Streit darüber, ob der Bauherr in der Realisierung der Pläne des Architekten nicht dessen Urheberrecht bereits an der in den Plänen zum Ausdruck kommenden geistigen Schöpfung dadurch verletzt hat, dass er das Bauwerk nicht wie vom Architekten vorgegeben, sondern verändert errichtet hat. Prominent in Erinnerung sind aus den letzten Jahren z.B. der Streit zwischen den Architekten Behnisch und Auer und der Stadt München um das Dach des Münchener Olympiastadions oder die Auseinandersetzung zwischen dem Architekten von Gerkan und der Deutschen Bahn um das Dach des Berliner Hauptbahnhofes.

Um nichts anderes geht es auch hier. Behrens beanstandet an dem ins Werk gesetzten Frankfurter Grüngürtel, dass darin bestimmte zentrale Elemente fehlen, die er nach dem Behrens'schen Konzept aufweisen muss, um die ihm zugedachten Funktionen erfüllen zu können. Zwar deutet die Verabschiedung einer eigenen „GrünGürtel-Charta" die Funktionszuweisung einer verbindlichen planerischen Rahmengebung in etwa so wie

46 Interview im Deutschen Architektenblatt, Heft 5, 2012, S. 18 ff.

47 Persönlicher Brief an Behrens T. vom 23.5.2011.

von Behrens vorgesehen an, tatsächlich handelt es sich dabei jedoch um eine Täuschung: Dem städtischen „GrünGürtel" fehlen genau jene planerischen und rechtlichen Sicherungen sowie die spezifischen Funktionszuweisungen im städtischen Gesamtraum, welche Behrens fordert. Orientiert man sich an den oben unter Ziffer II – 9.2 aufgelisteten elf Punkten, hat die Stadt von diesen elf Punkten gerade einmal eineinhalb – die Verbindung der vorhandenen Grünflächen zu einem geschlossenen Grüngürtel und die Organisation eines gewissen rechtlichen Schutzes – aufgegriffen und planerisch umgesetzt.[48] Ohne verbindliche bauplanerische Festsetzungen von Flächen, die von einer Bebauung freizuhalten sind, und ohne gezielte Randbebauung ist aber sogar diese planerische „Sparversion" eines Grüngürtels nicht einmal gesichert. Das zeigt sich aktuell in der Auseinandersetzung um die neue geplante Hildenfeld-Wohnbebauung im Nordosten.[49] Für diese und ähnliche Bebauungen gäbe es keinen baulichen Bedarf, wenn man Anfang der 1990er Jahre auch die Randbebauung entlang des Grüngürtels (unter Einschluss der Industriebrachen am nördlichen Mainufer) bauplanerisch in Angriff genommen hätte. Auch gäbe es keinen rechtlichen Zugriff auf diese Flächen, wenn man den Forderungen nach negativen Bebauungsplänen für die Frankfurter Restgrünflächen Rechnung getragen hätte.

Fraglich ist vor diesem Hintergrund, ob Behrens etwa aus dem Entstellungsverbot des § 14 UrhG in der Weise vorgehen kann, dass er von der Stadt Frankfurt negative Bebauungspläne für Restgrünflächen oder eine gezielte Randbebauungsplanung oder die Umsetzung der Verkehrsberuhigung und weitere Begrünung am Mainufer fordert. § 14 UrhG lautet wie folgt:

> *Der Urheber hat das Recht, eine Entstellung oder eine andere Beeinträchtigung seines Werkes zu verbieten, die geeignet ist, seine berechtigten geistigen oder persönlichen Interessen am Werk zu gefährden.*

IV – 3.3 Einwilligung

So sehr man den Ärger Behrens' über die nur äußerliche Umsetzung seiner Pläne verstehen kann, so offenkundig ist auch, dass sein Urheberrecht nicht so weit reichen wird, der Stadt Frankfurt nun ihre künftige räumliche Entwicklung bis hin zur Gestaltung von Einzelflächen zu diktieren. Urheberrechtlich geschützte Werke stehen in unterschiedlichen Beziehungen zu ihren Nutzern. Urheber müssen unter Umständen aufgrund einer Abwägung deshalb mit schützenswerten Belangen dieser Nutzer sehr weitreichende Eingriffe in ihren grundsätzlich aus § 14 UrhG folgenden Anspruch auf Authentizität[50] hinnehmen. Dies gilt vor allem für Werke im öffentlichen Raum.[51]

Vorliegend wird man bereits aufgrund einer Abwägung zwischen dem Urheberrecht von Behrens und der verfassungsrechtlich gesicherten kommunalen

48 Das allerdings ist kein Argument gegen eine Urheberrechtsverletzung, denn mit der Übernahme vor allem der äußeren Formmerkmale des Behrens'schen Grüngürtels bewegt sich die Stadt bereits im Kernbereich des rechtlichen Werkschutzes; vgl. BGH GRUR 1981, 352, 353 – Staatsexamensarbeit.

49 Näheres dazu in Kap. II – 11.4.

50 Vgl. dazu grundlegend BGHZ 13, 34 ff. – Leserbriefe.

51 Vgl. BGHZ 129, 66, 71 – Mauerbilder; OLG Stuttgart, GRUR-RR 2011, 56 – Stuttgart 21 m. Anm. Steinbeck.

Selbstverwaltungsgarantie der Stadt Frankfurt[52] dazu kommen, dass Behrens – wie wohl jeder Stadtplaner – das persönliche Interesse an der plangetreuen Umsetzung seines Konzepts der vorrangigen und demokratisch legitimierten Willensbildung der Stadt unterordnen muss. Damit ist es allerdings nicht getan. Für das Verhältnis zwischen Behrens und der Stadt gilt zudem, dass die Stadt Frankfurt eine Grüngürtel-Planung bei Behrens gar nicht in Auftrag gegeben hat und somit auch noch die üblicherweise im Verhältnis zwischen Bauherrn und Architekten normalerweise gegebene zweite rechtliche Ebene eines Vertragsverhältnisses gänzlich fehlt. Tatsächlich ist es sogar umgekehrt. Behrens hat seine Dissertation in der ersten Buchfassung unter dem Untertitel „Wachstumsorientierte Stadtpolitik und zusammenhängende Grünräume" ausdrücklich

DER METROPOLE AM MAIN GEWIDMET

und er hat diese Widmung, die man auch als Zueignung betrachten kann, unter keinerlei Bedingungen gestellt.[53]

Daraus folgt, dass Behrens der Stadt konkludent ein Vervielfältigungsrecht an seinem Grüngürtel-Konzept eingeräumt hat, als er dies als Dissertation mit der Pflicht zur Veröffentlichung niedergelegt hat.[54] Doch selbst wenn man aus den Tatsachen, dass das Buch zweimal veröffentlicht und der Stadt gewidmet wurde, kein Vervielfältigungsrecht einräumen möchte, läge nach den Gesamtumständen mindestens eine Einwilligung in die Nutzung vor. Dass Behrens mit der Veröffentlichung seiner Bücher auch eine materielle Realisierung des darin niedergelegten Konzepts anstrebte, steht außer Zweifel.[55] Danach mag man vielleicht sogar noch in der Vervielfältigung eine rechtswidrige Urheberrechtsverletzung sehen, gleichwohl kann Behrens sich gegen die Vervielfältigung seines Grüngürtel-Konzepts nicht zur Wehr setzen. Sowohl die Benutzung als auch die Entstellung seines Werkes ist der Stadt Frankfurt rechtlich gestattet.

IV – 4. Persönlichkeitsrechtsverletzung

2011 feierte die Stadt Frankfurt „20 Jahre GrünGürtel" als Jubiläumsereignis. Jubiläen haben einen bestimmten Zweck: sie sollen die Wahrnehmung der Gegenwart in ihrer historischen Verflochtenheit schärfen. Sie erinnern an herausragende Leistungen und Ereignisse in der Vergangenheit. Das Frankfurter GrünGürtel-Jubiläum des Jahres 2011 hat dieses Ziel jedoch nicht erreicht, denn es diente mindestens ebenso dem Vergessen wie dem Erinnern. Die dazu herausgegebene Festschrift eliminiert nämlich die Person und das Grüngürtel-Konzept von Behrens aus der offiziellen Geschichtsschreibung der Stadt und setzt damit einen in der seit 1991 konsequent verfolgten Politik des Vergessens einen vorläufigen Höhepunkt:

52 Vgl. zum Gebot der Interessenabwägung BGH GRUR 2008, 984 – St. Gottfried, R 25 ff.

53 Zwar handelte es sich hierbei nach Auskunft Behrens' um eine Empfehlung des Verlags. Das ändert aber nichts am objektiven Erklärungswert, auf den es hier ankommt.

54 Dabei ist es eine Ironie des Schicksals, dass Behrens sich zur Form der Dissertation gerade deshalb entschlossen hatte, weil er sich in Ansehung seiner schlechten Erfahrungen mit dem Museumsuferkonzept einen Urheberschutz sichern wollte.

55 Vgl. zur Einwilligung jüngst erneut BGH GRUR 2010, 628 – Vorschaubilder, Rn 30–35 mit Hinweisen zur Abgrenzung zwischen einer konkludenten Nutzungsrechtseinräumung und einer Einwilligung in die Rechtsverletzung.

Schon das Grußwort der ehemaligen Oberbürgermeisterin Petra Roth zur GrünGürtel-Festschrift springt übergangslos von den Freiraumplanungen der 1920er Jahre zur GrünGürtel-Verfassung des Jahres 1991:

> *„An entscheidenden Punkten der Stadtentwicklung hat Frankfurt immer wieder große Weitsicht bewiesen: Vor 200 Jahren mit dem Schutz der grünen Wallanlagen, vor 100 Jahren mit dem Ostpark – Deutschlands erstem großen Volkspark – und in den 1920erJahren mit den Freiraumplanungen des „Neuen Frankfurt". Vor 20 Jahren entschloss sich die Stadt zu einem ganz großen Wurf: Mit der einstimmig verabschiedeten GrünGürtel-Verfassung wurde ein Drittel des Stadtgebietes vor Bebauung geschützt, der Stadtwald, die Nidda-Auen und der Berger Rücken sollten als großer zusammenhängender Freiraum entwickelt werden. Der GrünGürtel ist etwas Einmaliges unter den deutschen Städten, eines der ambitioniertesten und gelungensten Freiraumprojekte Europas."*[56]

Richtig daran ist, dass mit der Verabschiedung der GrünGürtel-Charta durch die Frankfurter Stadtverordnetenversammlung am 14.11.1991 der Grundstein für eine öffentlich-rechtliche Absicherung des Grüngürtels als zusammenhängende und vor künftiger Bebauung zu schützende Fläche herbeigeführt wurde. Falsch daran ist, dass nur dieses Ereignis gefeiert wird und nicht die im gleichen Jahre erfolgte Auszeichnung von Behrens als Landessieger im Landeswettbewerb „Ortsränder und Ortseingänge" wegen seiner Ausarbeitung des der GrünGürtel-Charta zugrundeliegenden Stadtentwicklungskonzepts:

> *„Prof. Dr. Till Behrens hat mit seinem Stadtentwicklungskonzept ‚Grüngürtel mit grüner Mainuferspange, Randbebauung und Verkehrsbündelung' ein rahmengebendes Gesamtkonzept für Frankfurt erarbeitet, das nicht der Theorie verhaftet ist, sondern praxisorientierte Realisierungsvorschläge macht.*
> *Dem Konzept vorangestellt ist eine Aufarbeitung (...) und des Dritten Grüngürtels, der vom Rumpenheimer/Fechenheimer Mainbogen über den Heiligenstock, das Niddatal abwärts bis Höchst verläuft und durch den Stadtwald geschlossen wird; ergänzt wird er durch die ‚Mainuferquerspange' von Offenbach bis Sindlingen. Diese Restgrünflächen bindet Prof. Behrens in ein städtebauliches Ordnungsprinzip ein, das nicht nur gute Argumente gegen die weitere Inanspruchnahme der Grünflächen bietet, sondern sich auch als Leitbild für Entscheidungen bei künftigen Stadtbaumaßnahmen eignet."*[57]

Was Oberbürgermeisterin a.D. Roth in ihrem Grußwort übernimmt, ist von anderen geplant und vorbereitet. Hier lohnt sich die nähere Beschäftigung mit der Festschrift zum gefälschten 20. Geburtstag des Grüngürtels, die auf den Internetseiten des Umweltamtes der Stadt Frankfurt[58] wie folgt vorgestellt wird:

> *„Eine Mischung aus Festschrift, Bericht und Album zeigt auf 80 Seiten die Entstehung und Entwicklung des Frankfurter GrünGürtels. Anhand von im GrünGürtel*

---

56 Aus Geleitwort Petra Roth, S. 2 der vom Umweltamt Frankfurt herausgegebenen Druckschrift: „20 Jahre GrünGürtel Frankfurt."

57 Abgedruckt u.a. in Behrens, „Eine Innovation wird geplündert", Wiesbaden 1994, S. 150.

58 Unter http://www.frankfurt.de/sixcms/detail.php?id=3070&_ffmpar[_id_inhalt]=8702926.

aktiven Menschen, wichtigen Projekten und Daten wird das wichtigste aus den ersten zwanzig Jahren geschildert."

In diesen, angeblich ersten, 20 Jahren kommt Behrens zwar nicht mehr vor, aber immerhin wird er in der Festschrift noch als Bestandteil der Vorgeschichte erwähnt. So heißt es zunächst auf Seite 4 unter der Überschrift DIE ANFÄNGE:

„Ein grüner Gürtel rund um Frankfurt – die Idee war nicht neu. Schon in den 1920er Jahren entstand der Plan für einen ‚Grüngürtel Niddatal'. Und der Planer Till Behrens hatte in den 1970er Jahren schon ein erstes Konzept entwickelt (...)."

Weiterhin wird Behrens in der tabellarischen Darstellung der Entwicklungsgeschichte auf Seite 5 der Festschrift erwähnt, aber auch hier eben nur am Rande und als Teil der Vorgeschichte in den Jahren 1970/71 –

„Der Architekt und Designer Till Behrens entwickelt ein erstes Konzept für einen ‚dritten Grüngürtel mit Mainuferspange' (...)."

und 1988 –

„Dissertation ‚Grüngürtel – wachstumsorientierte Stadtpolitik und zusammenhängende Grünräume' von Till Behrens (29. April)".

Was die Festschrift verschweigt, ist der objektive Bezug zwischen einem vorhandenen Plan und seiner tatsächlichen Realisierung. Nach der nunmehr offiziellen Geschichtsschreibung der Stadt Frankfurt hat es zwar Vorarbeiten von Behrens gegeben. Diese finden jedoch nur Erwähnung als historische Vorläufer und könnten deshalb – legt man die offizielle Lesart zugrunde – auch einen ganz anderen Grüngürtel zum Gegenstand gehabt haben. Die Grüngürtel-Konzeption von Behrens wird gerade nicht als die richtungsweisende Vorgabe der späteren Umsetzung dargestellt, um die es sich tatsächlich handelt.

In diesem organisierten Vergessen sind sich alle politischen Kräfte über die Parteigrenzen hinweg einig und das Vergessen wird von allen Beteiligten, die in Frankfurt politischen Einfluss haben und hatten, wie eine Art Testament weitergegeben und sorgsam gepflegt. So realisiert nicht nur die Wallmann-Stadtregierung (CDU) 1980 den Mosaikstein Museumsufer mit dem Polit-Promi Albert Speer jun. als Einzelwerk. So präsentiert sich auch die Frankfurter SPD im August 1983 in einem Pressegespräch mit einem angeblich neuen Konzept zu einem zweiten Frankfurter Anlagenring[59] und so gibt der neue grüne Umweltdezernent Tom Koenigs im „Jubiläumsjahr" 1991 das neue und edel aufgemachte GrünGürtel-Buch „Vision offener Grünräume" heraus. In diesem Dokument einer ganz frischen Grüngürtel-Geschichte kommen nur diejenigen Autoren zu Wort, die sich in den Jahren 1990 und 1991 an den vom Umweltamt der Stadt organisierten und mit 2,6 Mio. DM finanzierten Grüngürtel-Aktivitäten beteiligt hatten.[60]

---

59 Nur um vom SPD-„Kanalarbeiter" Stadager K. in einem Brief vom 28.8.1983 daran erinnert zu werden, dass dieses Konzept nicht ganz neu ist und Behrens T. daran wesentlichen Anteil hatte.

60 Behrens T. wird zwar noch verspätet über Hegger M. zu einem Beitrag eingeladen, liefert dann auch seine eigene Vorgeschichte des Projekts, kommt damit aber nicht zur Veröffentlichung.

Damit sind es nur noch die Pläne der im Planungsjahr konkret beteiligten Personen, die dem Grüngürtel sein Gesicht geben und plötzlich soll es erst „jetzt" an der Zeit sein, offensiv den Flächenausgleich für vorausgegangene Flächenverluste einzufordern?[61] Was vorher war, hat nicht stattgefunden. Kein Wunder also, dass die Stadt Probleme mit ihrem Gedächtnis hat, denn die zum Sammelband berufenen Stimmen, die Auskunft zur GrünGürtel-Konzeption der Stadt Frankfurt leisten sollen und natürlich auch dessen Genese kennen, müssten einräumen, dass sie sich in ihren mit 2,6 Mio. DM finanzierten Aktivitäten vor allem großzügig bei Behrens bedient haben. Das aber würde deren Rolle als GrünGürtel-Schöpfer in Frage stellen, die Koenigs ihnen nicht nur dadurch zuschrieb, dass er den eigentlichen Vordenker des Grüngürtels – Behrens – aus dem Autorenkreis seines Sammelbandes ausschloss, sondern auch dadurch, dass er die Formel von den vielen Vätern und Müttern erfand:

> *„Der GrünGürtel hat viele Väter und Mütter – die Genealogie dieses Wunschbildes reicht Generationen zurück."*[62]

Den publizistischen Höhepunkt des organisierten Vergessens setzt jedoch der von Tom Koenigs engagierte Darmstädter Architekt und Stadtplaner Werner Durth. Er ist es, der für den neuen Sammelband die Aufarbeitung der Grüngürtel-Geschichte übernimmt, die er dort unter dem Titel „Historische Aspekte zur Stadtlandschaft Frankfurt"[63] präsentiert. Durth vollstreckt die Geschichtszensur nunmehr auch auf wissenschaftlichem Niveau: Er stellt den Ausspruch Koenigs' von den vielen Vätern und Müttern des Grüngürtels leitmotivisch als historische Wahrheit an den Anfang seiner Ausführungen und schildert dann die Geschichte der Stadtlandschaft Grüngürtel, die er mit den Namen Hans Bernhard Reichow, Bruno Traut, Ernst May, Wolfgang Bangert, Herbert Boehm, Eugen Blanck, Martin Elsässer, Leberecht Migge, Reinhold Niemeyer, Adolf Bayer, Wilhelm Wortmann, Werner Hebebrandt, Eugen Kogon, Walter Dircks und Moritz Wolf verbindet. Darunter aber nicht der Vater, dessen Pläne die Stadt tatsächlich umgesetzt hat:
Till Behrens.

Die kenntnisreiche Schilderung von Durth reicht zunächst bis in die 50er Jahre des 20. Jahrhunderts. Bis dahin ist auch bei Durth noch kein Grüngürtel identifiziert, der nur annähernd als Vorlage für die spätere städtische Planung hätte dienen können. Genau an der Stelle, an der in der historischen Rückschau dann der Behrens'sche Grüngürtel hätte kommen müssen, wird der „Grüngürtel-Historiker" genauso zum Zensor wie seine Gesinnungsgenossen. Durth überspringt gänzlich die Schriften Behrens' und die Aktivitäten des Frankfurter Forums zwischen 1972 und 1990 und springt einfach 40 Jahre weiter, um dann als das Ende der Geschichte allein die Aktivitäten des Projektjahres 1991 vorzustellen.

---

61 So Koenigs T. in seiner Einleitung zum Sammelband.

62 Ausspruch Koenigs T. auf der Tagung der Deutschen Akademie für Städtebau und Landesplanung in Frankfurt am 8.2.1990 noch unter Bezugnahme auf die Planungen von May E. und die Publikationen von Behrens T.; zitiert nach Durth W., „Städtelandschaft – Historische Aspekte zur Stadtlandschaft Frankfurt", in: Koenigs T. (Hrsg.), „Vision offener Grünräume", S. 147.

63 Vgl. ebd. S. 147 ff.

„Wenn wir gegenwärtig[64] nach neuen Wegen suchen, sollten wir die alten Sackgassen kennen und in weiteren Räumen denken: in erweiterten Zeit-Räumen und in den weiteren Räumen bebauter Natur, die unsere Städte trägt. (....)
Mit dem GrünGürtel-Projekt in Frankfurt ist ein mutiger Anfang gemacht, Brücken über weite Zeiträume zu schlagen (...).“

IV – 4.2 Namensnennungsrecht des Schöpfers

Die von Werner Durth über weite Zeiträume geschlagenen Brücken oder die von Tom Koenigs zitierten vielen Väter und Mütter sind als Metaphern eines organisierten Vergessens urheberrechtlich relevant. Denn auch wenn Behrens sich mit rechtlichen Mitteln weder gegen die Nutzung noch gegen die Entstellung seines Grüngürtel-Werkes zur Wehr setzen kann, hat er doch Anspruch darauf, dass seine Urheberschaft an dem „ins Werk gesetzten“ Frankfurter Grüngürtel wahrgenommen und kundgetan wird.

Dieses Recht folgt aus dem Anspruch des Urhebers auf Namensnennung gemäß § 13 UrhG, der dem im Bürgerlichen Recht qua Konvention geschützten Allgemeinen Persönlichkeitsrecht als das speziellere Recht vorgeht.[65] Die Vorschrift lautet wie folgt:

„Der Urheber hat das Recht auf Anerkennung seiner Urheberschaft am Werk.
Er kann bestimmen, ob das Werk mit einer Urheberbezeichnung zu versehen und welche Bezeichnung zu verwenden ist.“

Das Recht des Urhebers auf Namensnennung ist unmittelbar aus dem durch § 11 Satz 1 UrhG geschützten Urheberpersönlichkeitsrecht abgeleitet. Es gehört damit zum Kernbestand der europäischen Konzeption des Urheberrechts, das im Unterschied zum Common Law aus den Beziehungen eines individuellen Schöpfers zum Werk entwickelt[66] und erst daraus abgeleitet als Wirtschaftsgut ausgestaltet ist. Ähnlich, wenn auch nicht mehr ganz so prägnant, kommt die Verankerung des Urheberpersönlichkeitsrechts im Schutz des Geistigen Eigentums als Individualrecht sowohl in der UN-Menschenrechtscharta als auch in der Europäischen Menschenrechtskonvention (EMRK) zum Ausdruck.[67]

Vor diesem Hintergrund handelt es sich bei den Versuchen, bei der Frankfurter Stadtgeschichtsschreibung Till Behrens entweder ganz aus dem Gedächtnis zu streichen oder in die Vor-Geschichte des Grüngürtels zu verbannen, um eine Enteignung. Mit diesen Maßnahmen wird das enge Band, das den Schöpfer Behrens auch mit dem entstellten GrünGürtel verbindet, zerschnitten.

---

64 Schon das „gegenwärtig“ ist eine historische Fälschung. Sie liegt auf der gleichen Ebene der verfälschten Sprachbotschaft wie die Aussage von Koenigs aus dem Jahre 1991 „‚jetzt‘ sei es an der Zeit (...)“.

65 Vgl. BVerfG NJW 2005, 590 zum vermeintlichen Anspruch des Architekten auf Baurealisierung.

66 Vgl. dazu vor allem das internationale Grundgesetz des Urheberrechtsschutzes, die Berner Übereinkunft vom 9.9.1896, die in ihrem Art. 6 bis als unveräußerlichen Teil des Urheberrechts das Recht festhält, die Urheberschaft am Werk für sich in Anspruch zu nehmen.

67 Vgl. Art. 27 Abs. 2 der UN-Charta: „Jeder hat das Recht auf Schutz der geistigen und materiellen Interessen, die ihm als Urheber von Werken der Wissenschaft, Literatur oder Kunst erwachsen.“ Vgl. auch Art. 17 Abs. 2 EMRK: „Geistiges Eigentum wird geschützt.“

Die Bedeutung des Namensnennungsrechts wird auch von der deutschen Rechtsprechung anerkannt. Entsprechend haben selbst Architekten von reinen Zweckbauten[68] oder die Urheber von maßgeblichen Vorentwürfen, bei denen die korrekte Darstellung ihres Bezuges zum Werk schwierig ist,[69] gleichwohl Anspruch auf die korrekte Bezeichnung der Urheberschaft. Dabei ist es auch nicht so – wie man dem Wortlaut des § 13 UrhG vielleicht entnehmen könnte –, dass der Anspruch auf Urheberbenennung erst dann zur Entstehung kommt, wenn der Urheber von seinem Recht zur Vorgabe einer bestimmten Bezeichnung Gebrauch gemacht hat. Vielmehr ist der Anspruch auf Urheberbenennung davon unabhängig.[70]

Allerdings erstreckt sich der Anspruch konkret auf die Anbringung eines Urhebervermerks auf der Werksverkörperung und auf sämtlichen körperlichen Vervielfältigungsstücken. Genau das macht beim Behrens'schen Grüngürtel jedoch gewisse Schwierigkeiten, denn der Behrens'sche Grüngürtel in seiner stadtlandschaftlichen Verkörperung entzieht sich schlicht der unmittelbaren menschlichen Wahrnehmung. Dementsprechend könnte Behrens allenfalls verlangen, dass dort, wo im Stadtbild auf den Grüngürtel hingewiesen wird, auch sein Name aufscheint.

Damit ist aber noch nicht das Problem der Ausgrenzung der Behrens'schen Schöpfung aus der Frankfurter Stadtgeschichte erledigt, denn der eigentliche Schaden am Urheberpersönlichkeitsrecht entsteht nicht aus dem Fehlen eines Urheberhinweises im Frankfurter Stadtbild. Er entsteht daraus, dass in Publikationen zum Grüngürtel der Bezug des Werks zum eigentlichen Schöpfer geleugnet und Plagiatoren als „Väter und Mütter" des „GrünGürtels" dazwischengeschoben werden. Hier ist vor allem dem Umstand Rechnung zu tragen, dass der jetzt realisierte „GrünGürtel" auf ein wissenschaftlich-schöpferisches Schriftwerk zurückgeht. Im Kern ist deshalb in den Publikationen der Stadt[71] künftig darauf zu achten, dass immer dann, wenn es um den Grüngürtel geht, Till Behrens als dessen Schöpfer genannt wird. Dem steht derzeit natürlich noch die Legende von den „vielen Vätern und Müttern" des Frankfurter Grüngürtels entgegen, die als Geschichtsklitterung aus der Geschichtsschreibung der Stadt Frankfurt zu streichen ist. Die angeblich vielen „Väter und Mütter" des „GrünGürtels" sind keine Eltern, sondern Kinder und zwar Geschwisterkinder, denn sie haben alle denselben geistigen Vater: Till Behrens.

---

68 Vgl. BGH GRUR 1995, 671, 672 – Stadtbücherei.

69 Vgl. BGH GRUR 2002, 799, 800 – Stadtbahnfahrzeug.

70 Vgl. BGH GRUR 2002, 799, 800 – Stadtbahnfahrzeug.

71 Das folgt im Übrigen auch aus den Vorgaben zur Quellengabe nach § 63 UrhG.

V Literaturverzeichnis

A

Achleitner F., Die Ware Landschaft, Salzburg 1977

Aktion Plagiarius (Hrsg. / Editor), Kreuzschwinger® – Dynamisches Sitzen / Dynamic Seating, Berlin 2008

B

Battis, U., Partizipation im Städtebaurecht, Berlin 1976

Behrens T., Gedanken zum Frankfurter Römerberg, Berlin Bauwelt 14/1980

Ders., Schutz für den Frankfurter Grüngürtel – Was wurde aus dem Vorschlag des Frankfurter Forums für Stadtentwicklung von 1972 / 73?, Berlin, Bauwelt 9 /1980

Ders., Die Frankfurter Mainufer – Museen, Grün, Verkehr, Berlin, Bauwelt 17/18 1980

Ders., Das Beispiel Frankfurt – Was ist einer Stadt der Landschaftsschutz wert oder Wie stark sind Bürger gegenüber Kapitalinteressen?, in: Andritzky M./Spitzer K. (Hrsg.) „Grün in der Stadt", rororo 7464, Hamburg 1981

Ders., Wie gemein sind gemeinnützige Siedlungsgesellschaften – Über Planungsmethoden großer Wohnbaugesellschaften, Beispiel Frankfurt, Werkbund-Verlag, Darmstadt, vorgesehen1982, Andrucke ISBN: 3-88751-005-3

Ders., Die Frankfurter Grüngürtel oder die Auswirkungen einer wachstumsorientierten Stadtpolitik auf zusammenhängende Grünräume, Dissertationsdruck Frankfurt / Kassel 1986

Ders., Lärmschutz durch Bündelung von Lärmbändern der Abflugstrecken mit Autobahnen im Verdichtungsraum Frankfurt am Main, Berlin Bauwelt 12/1988

Ders., Lärm über Frankfurt – Beruhigung durch Bündelung von Lärmbändern, der Abflugstrecken mit Autobahnen, in: werkundzeit 2/1988

Ders., Grüngürtel – wachstumsorientierte Stadtpolitik und zusammenhängende Grünräume, Frankfurt 1988

Ders., Grüngürtel für Frankfurt, München, Garten und Landschaft 4/89

Ders., Wohnungen am Grünen sollen Frankfurt wieder bewohnbar machen, FAZ 23.6.89

Ders., Recycling verbrauchter Flächen zur Stadterneuerung am Beispiel Frankfurt am Main. Lichtbildervortrag auf Symposion „Area" in Köln am 10.11.1989, publiziert in der Vortragsdokumentation.

Ders., Bündelung Abflugrouten mit Autobahnen, Sendung hr 4, 16.2.1989

Ders., Noch immer Fluglärm über Frankfurt, Frankfurt, werk und zeit 6/91

Ders., Vom Chaos zur Idealstadt, in: Deutsches Architektenblatt DAB 5/1991

Ders., Die Stadt wieder bewohnbar machen, in: das bauzentrum 6/1991, Darmstadt

Ders., Lärm über Frankfurt – oder anderswo: Lärmbänder bündeln, in das bauzentrum 1/1992 Darmstadt

Ders., Schneisen für den Verkehrslärm, in: Zeitschrift Klärwerk, Heft Mai 1992 Frankfurt

Ders., Chance für die Stadt: Was ist aus Behrens' Frankfurter Grüngürtel geworden?, Interview der Redaktion mit Till Behrens, in: das bauzentrum 2/93 Darmstadt

Ders., Grüngürtel Frankfurt am Main, die Stadt wieder bewohnbar machen, Walldorf, Hessen 1992

Ders., Grüngürtel mit Randbebauung – Unsere Städte wieder bewohnbar machen – Das Beispiel Frankfurt, in: werk und zeit, Perspektiven 1, Beiträge zur Zukunft der Moderne, Deutscher werkbund dwb e.V., Frankfurt am Main, ohne Datum (ca.1993)

Ders., Eine Innovation wird geplündert – Grüngürtel-Flussufer-Konzeption 1969–1994 im Spiegel der Presse und von Zeitdokumenten, Wiesbaden 1994

Ders., Vom Unternehmen Stadt mit Parkplanung zur Wohnstadt mit Landschaft, Darmstadt, das bauzentrum 3/95

Ders., Le Corbusier und Deutschland – inhumane Stadtplanung statt reiner edler Kunst Darmstadt
Bundestagsdrucksache III, S. 336
Bundestagsdrucksache VI, S. 1497
Bundestagsdrucksache VI, S. 3793
Bundestagsdrucksache VII, S. 2496
Brost H., Till Behrens' Grüngürtel. Frankfurt am Main. Die Stadt wieder bewohnbar machen, in: Nassauische Annalen 1993, S. 391 f., Wiesbaden 1993
Burckhardt L., Warum ist Landschaft schön?, Kassel, ohne Datum (ca. 1980)
Ders., Wer plant die Planung?, Kassel, ohne Datum (ca. 1980)
Busse R., Kreuzschwinger – Till Behrens und die Aktion Plagiarius, in: Aktion Plagiarius (Hrsg./Editor) Kreuzschwinger Dynamisches Sitzen / Dynamic Seating, Berlin 2008

C

Conrads U., Gute Figur, Bauwelt 47/1979

D

Damian-Hesser I. und Damian M. (Hrsg.), Handbuch: Bürgerinitiativen in Frankfurt, Frankfurt 1978
Durth W., Städtelandschaft – Historische Aspekte zur Stadtlandschaft, in: Koenigs T. (Hrsg.) Vision offener Grünräume, Frankfurt 1991
Dreier Th./Schulze G., Kommentar zum Urheberrechtsgesetz, 4. Auflage, München 2013
Der Spiegel, Asche und Trabant, Hamburg, Heft 25/1962

E

Engelmann J., Rahmengebendes Gesamtkonzept, DBZ10/1991, S. 1445
Ders., Im Reich der geistigen Diebe, DBZ 7/1995
Ders., Steuernfressendes Plagiat, in Frankfurter Rundschau, 27.4.2001
Ernst/Zinkahn/Bielenberg/Krautzberger, Baugesetzbuch, Ergänzungslieferung 2014
Ekardt/Schenderlein, Gerichtlicher Kontrollumfang zwischen EU-Bürgerfreundlichkeit und nationaler Beschleunigungsgesetzgebung, NVwZ 2008

F

Frankfurter Forum, Stellungnahme zum Gesamtverkehrsplan Frankfurt1972, DIN A 4, Stadtentwicklung, Broschüre am Main, zusammen mit Wünschmann P., Wien
Dass., Gesamtverkehrsplan ... Die Alternative, illustrierte Zeitungsbeilage, Frankfurt 1972
Dass., Der Grüngürtel – die Chance, Forumsschrift No. II, 1973
Dass., Der Grüngürtel – die Chance, illustrierte doppels. Zeitungsbeilage 1973
Dass., Vorschläge Mittlerer Ring in provisorischer und endgültiger Form, Presserklärung des Forums 23.8.1973
Dass., Vorschläge zur Zooplanung im Niddatal, Forumsschrift Nr. III, 1974
Dass., Großkraftwerk im Fechenheimer Mainbogen, Forumsschrift Nr. IV, 1975
Dass., Aspekte der Frankfurter Stadtentwicklung, Forumsschrift Nr. V, 1976
Dass., U-Bahn-Betriebshof im Ortsteil Seckbach, Forumsschrift Nr. 6, 1979
Dass., Schutz für den Frankfurter Grüngürtel – Was wurde aus dem Vorschlag des Frankfurter Forums für Stadtentwicklung von 1972/73?, Forumsschrift Nr. 7, Oktober 1979
Dass., Die Frankfurter Mainufer – Museen – Grün – Verkehr, Forumsschrift Nr. 8, Januar 1980
Dass., Verkehrsberuhigung im Ortsteil Rödelheim, Forumsschrift Nr. 9, März 1980
Dass., Forums-Briefe: Nr. 1 Nov. 1979 – Bundesautobahn A66 Allee-Tunnel; Nr. 2 1979/80 – Der Nidda-Zoo ist eine Fehlplanung; Nr. 3 Februar 1980 – S-Bahntrasse Oberrad
F.D.P.-Stadtverordnetenfraktion, Geld gegen Grün ... oder wie man eine Stadt unbewohnbar macht, Frankfurt, Februar 1977
Fischer V., Dynamik im Raum, in: Aktion Plagiarius (Hrsg./Editor) Kreuzschwinger Dynamisches Sitzen / Dynamic Seating, Berlin 2008

Flierl Th. (Hrsg.), Standardstädte – Ernst May in der Sowjetunion – Texte und Dokumente, Berlin 2012

G

Garten- und Friedhofswesen des Städtischen Siedlungsamtes Frankfurt am Main, Die Erhaltung der Alten Nidda, Frankfurt 1928

Goswin, Frankfurt, in: Bauwelt 29/1982

Grebe R., Vorkonzept zum Landschaftsplan Frankfurt a.M., Nürnberg, August 1974

Grub H., Lejeune, P., Grün zwischen den Städten, München / New York 1996

H

Haack W., Vorwort Architektenkammer Hessen zu Behrens T. „Vom Chaos zur Idealstadt", in: Deutsches Architektenblatt DAB 5/1991

Haberstumpf H., Das Urheberrecht – Feind des Wissenschaftlers und des wissenschaftlichen Fortschritts? ZUM 2012, 529 ff.

Hanack P., Zweifel an Fraports Job-Prognose – Experten sind skeptisch, ob ein Flughafenausbau der Region tatsächlich neue Arbeitsplätze bringt, FR 2.5.2007

Harting M., Den geplanten Anstieg des Flugverkehrs halten wir nicht aus, FAZ 3.4.2012

Dies., Frankfurt will grünes Vorbild für Europa werden, FAZ 26.5.2012

Dies., Freie Flächen sind doch nicht nutzlos, FAZ 18.2.2013

Dies., Baumschnitt alle zwei Jahre, FAZ 24.5.2013

Dies., Nicht jedes Grün verschönert den Park; Grüneburgpark: Keine Baumfällungen für Pflege der historischen Gestalt; Baumschnitt alle zwei Jahre FAZ 24.5.2013

Dies., Fraport sollte auf drittes Terminal verzichten, FAZ. 5.3.2015, S. 29

Harting M., Remmert J., Frankfurt wird nicht grüne Hauptstadt, FAZ 2.7.2012

Harting M., Schwan H., Wir brauchen eine Begrenzung bei Lärm und Flugbewegung, FAZ 29.12.2012

Hauff V. (Hrsg.), Stadt und Lebensstil, Weinheim / Basel 1988

Hauff V., Aufbruch zum Ufer, in: Hauff V., Stadt und Lebensstil

Hecking G., Buchbesprechung von Grüngürtel, Wachstumsorientierte Stadtplanung und zusammenhängende Grünräume, Literaturblatt Bauwelt, 6.7.1989, Berlin

Herterich F., Die grüne Stadt am Fluß, in: Hauff, a.a.O.

Hessische Landesregierung: Mitglieder der Landesbewertungskommission, Laudatio zur Auszeichnung von Till Behrens als Landessieger, Verteiler 1 – V C 11 – 61 d 02737 – 1/90 – Landeswettbewerb 1990/91 – Ortsränder und Ortseingänge

Hoffmann H., Das Frankfurter Museumsufer – Geschichte, Entwicklung und Perspektiven einer kulturpolitischen Initiative, in: Lampugnani, V. M. (Hrsg.), Museumsarchitektur in Frankfurt 1980–1990, München 1990

Hotzan J., dtv-Atlas Stadt, 3. Aufl., München 2004,

K

Klink A.M., Bahn zum Hahn, Leserbrief in FAZ-Rhein-Main-Zeitung, 7.4.2012

Klotz H., BDA-Symposion, in: Der Architekt 12/1985, Bonn

Koenigs T. (Hrsg.), Vision offener Grünräume, GrünGürtel Frankfurt, Frankfurt 1991

Ders., Grüngürtel – eine konstruktive Vision der Stadtentwicklung, in: Kommune 6/1991

Kossler G.-P., Lehr G. und Seipel K., Der korrigierte Fluss – Die Nidda zwischen Regulierung und Renaturierung, Frankfurt 1991

Krawietz G., Peter Behrens im Dritten Reich, Weimar 1995

L

Lammert H., Der designierte Umweltdezernent denkt an die Jahrtausendwende, in FR-Stadtrundschau, 24.4.1989

Lampugnani V. M. (Hrsg.), Museumsarchitektur in Frankfurt 1980–1990, München 1990

Lehmbrock J., Neue Heimat – alter Feind oder neuer Partner, Der Architekt Dez. 1979

Ders., dazu Leitartikel, in: Der Architekt 1/1980

Ders., Wohnen und Arbeiten wieder zusammenbringen, das bauzentrum 7/90, Darmstadt
Leistner M., Bei Spielen nichts Neues? Zugleich eine Besprechung von BGH Urt. v. 16.1.2011 – IZR 140/09 – Lernspiele, GRUR 2011, 761 ff.

M

May E., Wichert F. (Hrsg.), Der Wohnungsbau der Stadt Frankfurt am Main 1925–1928, in: Das Neue Frankfurt, Nr. 7–8 /1928
May E., Fünf Jahre Wohnungsbautätigkeit in Frankfurt a.M., in: Das Neue Frankfurt Nr. 2–3/1930
Mueller-Raemisch H.-R., Leitbilder und Mythen in der Stadtplanung 1945–1985, Frankfurt 1990
Ders., Frankfurt am Main. Stadtentwicklung und Planungsgeschichte seit 1945, Frankfurt1996, s. auch kritische Buchbesprechung zu diesem Band in bauzentrum Darmstadt Heft 3/97

N

Novotny F., Frankfurt braucht ein Forum für Stadtentwicklung, Architektenkammer Hessen (Hrsg.), Frankfurt am Main Februar 1971

P

Pehnt W., Uferpromenaden – Kunstpfade – Gratwanderungen, in Lampugnani, V. M. (Hrsg.), Museumsarchitektur, München 1990

R

Regionale Planungsgemeinschaft Untermain, Lufthygienisch-meteorologische Modelluntersuchung in der Region Untermain; Arbeitsbericht 1970, 2. Auflage; 5 Arbeitsbericht Juni 1974; Abschlussbericht Dezember 1977; Informations- und Planungssystem 1977
Regionaler Raumordnungsplan, Fortschreibung 1978/79
Remmert J., Piloten und Lotsen hätten im Süden ausgebaut, FAZ 10.4.2012
Ders., Frankfurt plus Düsseldorf und Hannover, FAZ 7.8.2013
Riebsamen S., Wahl Feldmanns macht das Regieren nicht einfacher, FAZ 31.10.2012
Ders., Bis zu 8000 Wohnungen im Frankfurter Norden, FAZ 5.4.2013
Risthaus St., Spiele und Spielregeln im Urheberrecht – Rien ne va plus?, WRP 2009, S.698 ff.
Rösmann R., Selten lukrative Nebenjobs, FAZ 14.8.2012
Rühle H. und Rühle M., Der Warschauer Pakt plante den nuklearen Überfall auf Westeuropa, NZZ 13/14.9.2008

S

Sack M., Das Ufer der Museen, in: Die Zeit 22.2.1981
Sander R., Ökologische Ziele – neue Planungsschritte, in: Der Architekt 2/1983, Bonn
Santifaller E., Interview mit Behrens T., Plagiate und Plagiatoren unerschrocken anprangern, DAB 2/2002
Sieber H.G., Buchbesprechung von Grüngürtel, in: Der Architekt 3/1990, Bonn
Schricker G., Urheberrechtsschutz für Spiele, GRUR Int. 2008, 200
Schuhmacher F., Wesen und Organisation der Landesplanung, Hamburg 1932
Schultheis J., Freiraum macht Stadtluft, FR 26./27. Juli 2008
Ders., Freiraum für die Pumpe – die Geschichte des Frankfurter Grüngürtels, FR 26./27.7.2008
Ders., Der Erfinder des Grüngürtels, FR 18.11.2008
Ders., Ein Wall der Zersiedelung, FR 9./10.5.2009
Ders., Auf den Neubau von Siedlungen muss wegen Fluglärm vielfach verzichtet werden, FR 13.11.2009
Schulze R., ABG will Frankfurter Hildenfeld bebauen, FAZ 20.8.2013

Ders., Es spricht nichts dagegen, FAZ 20. 8.2013
Ders., Zustimmung für Hilgenfeld-Projekt, FAZ 21.8.2013
Ders., Nicht aus der Luft gegriffen, FAZ 21.8.2013
Schwan H., Fluglärm: Opposition baut für Machtwechsel vor, FAZ 4.4.2013
Spiess W., Versäumnis, Editorial zu Behrens T. „Die Stadt wieder bewohnbar machen", in: das bauzentrum 6/1991
Stadt Frankfurt am Main, Dezernat für Umwelt, Gesundheit und Personal (Hrsg.), 20 Jahre GrünGürtel Frankfurt – Menschen, Daten und Projekte, Frankfurt, Nov. 2011
Stimpel R., Interview mit von Borries F., Invasion des Grüns, DAB 5/2012
Swarowski D., Wohnen im Grünen, Innsbruck-Wien 1988

T *Toepfer St.*, Keine Stadtplanung ohne Heilig, FAZ 28.8.2012

U *Umlandverband Frankfurt*, Untersuchung der Schadstoffausbreitung als Grundlage für Ausbreitungsrechnungen bei windschwachen Wetterlagen, Frankfurt a.M., Auftraggeber: Bundesminister des Innern und Hessischer Minister für Landesentwicklung, Umwelt, Landwirtschaft und Forsten, Abschlussbericht Juni 1981
Ders., Der Regionalpark RheinMain, Frankfurt 1994

V *von Moltke, B.*, Das Urheberrecht an Werken der Wissenschaft, Baden-Baden, 1992

W *White D.*, What green belts are for, in New Society, GB, 1.7.1985.
Winkler B., Städtebauliches Gutachten zur Mobilität der Stadt Frankfurt am Main, München, Teil 1 Juli 1991, Teil 2 August 1993, Auftraggeber: Magistrat der Stadt Frankfurt, Amt für Kommunale Gesamtentwicklung und Stadtplanung

Z *Zwilling J., hg. Brockhoff, Dommermuth, Heldmann*, Vision und Verpflichtung , Frankfurts Grüngürtel 25, Frankfurt a. M. 2016

Hörfunksendungen – Verzeichnis

HR *Behrens, T., Rahe J.* : Bericht über erste Grüngürtel-Erkundungstour durch Frankfurter Forum für Stadtentwicklung am 29.7.1972, ausgestrahlt Ende Juli/Anfang August 1972

WDR III *Gassmann, Helmut*: „Stadtplanung Frankfurt", in Sendung „Fazit" 8.2.1976

hr 1 *Miersch, Michael*: „Umweltspiegel", 14.4.1987, 14:25 h

hr 1 *Rainer, Jule*: „Grüngürtel",19.7.1988, 14:25 h

hr 4 „Bündelung von Abflugrouten mit Autobahnen" in Rhein-Main-Journal, 16.2.1989

hr 1 *Bittermann, Martina*: Interview mit Behrens T. „Fluglärm", 5.8.1997, 9:00-10:00 h

hr 1 „Lust und Last – Parks in Hessen, Nahaufnahmen aus Hessen", Interview mit Till Behrens, 22.9.2002

hr 2 *Tillmanns, Julika*: „Till Behrens wird 75", mit Bericht zu rahmengebendem Gesamtkonzept, in: Sendung Mikado 2.10.2006, 17:00-18:00 h

VI Personen-, Institutionen-, Firmenverzeichnis

A
ABG, 190, 245, 246, 247, 250, 265
Adelhoch, Walter, 66
Adenauer, Konrad, 119, 222
Adickes, Franz, 22, 113, 130, 324, 325
Adorno, Theodor W., 212
Adrian, Hanns, 46, 65, 67, 69, 71, 129, 130, 132, 203, 255, 259, 261, 278, 290, 291, 296, 304, 305, 310
AEG, 239
AfD, 298
AG für kleine Wohnungen, 40, 45, 175, 190
Ahrnt, Robert, 211, 214
Aktion Plagiarius s. Plagiarius
Aktionsgemeinschaft Westend, 60, 290, 293
Al-Wazir, Tarek, 239
Alexander, Mathias, 217, 274
Allgemeiner Deutscher Fahrrad Club (ADFC) 264
Andritzky, Michael, 35, 118, 233, 300
Angress-Köhler, Gina, 191
Amann, Gregor, 248
Arch +, 128
Architektenkammer Hessen (AKH), 60, 76, 170, 172, 173, 190, 199, 246, 277
Architekten und Ingenieurverein AIV, 25, 289
Arnim, Clemens von, 66
Asterix, 247
Auböck, Maria, 158, 184
Auer, Fritz, 325
Ausschuss für Menschenrechte des Deutschen Bundestages, 219, 221
Axel-Springer-Verlag, 155

B
Bächer, Max, 66, 76, 191
Backhaus, Dieter, 184
Bangert, Wolfgang, 66, 330
Bartsch-Thürwächter-Weber, 73
Bartsch, Wolfgang, 215, 259, 277, 293
Bayer, Adolf, 330
Becker, Karl, 66
Beckmann, Rut, 66
Behnisch, Günter, 325
Behr, F.J., 19
Behrens, Peter, 140, 191, 201, 210, 216, 217, 224, 239, 298, 321,
Behrens, Till , 5, 6, 15, 12f., 17, 35, 38, 41, 45, 47, 60–63, 72–90, 93, 95–115, 117–119, 121 ff., 124, 125, 128–133, 136 f., 140 f., 147–149, 151–153, 155–160, 165, 166, 167, 171–173, 175–179, 181–183, 188, 189, 192, 195–212, 215, 216, 217, 221, 222, 224, 227, 229, 230, 233, 234, 237, 239, 244, 245, 250, 251, 253, 256, 257, 258, 259, 260, 261, 262, 263, 264, 265, 271, 285–311, 313–332
Bekker vom Rath, Hanna, 66
Bernatzky, Alois, 68
Berndt, Dieter, 66
Berndt, I.C., 20
Berkemeier, K.H. 44
Berufsbürger, 277
Best, Eberhard, 184
Bethmann v., J.-Ph. 263
Bethmann v., M., 254
Beuys, Josef. 285
Binding, Rudolf G., 78
Bingel, Horst, 66
Bismarck, O. v., 288
Bittermann, M., 90
Blanck, Eugen, 330
Blanckertz, Peter, 264, 307
Blechinger, Gerhard, 191, 195
Bock, Günter , 66
Boehm, Herbert, 298
Boesebeck, Barz & Partner, 103–105
Bofinger, H., 106
Borries, Friedrich von, 236, 243, 245, 324
Borsche, Arnulf, 66
Braunewell, Harald, 264
Bund Deutscher Architekten (BDA), 45, 73, 189, 215
Bund Deutscher Landschaftsarchitekten (BDLA), 170
Bund für Volksbildung, 60, 293
Bundesarchitektenkammer (BAK), 245
Bundesgerichtshof (BGH), 14, 299
Bundesregierung, 239
Bürgerinitiative „Am Treutengraben", 35, 190, 277, 290
Bürgerinitiativen aus Berkersheim, 281
Bürgerinitiativen aus Bonames, 281
Bürgerinitiative Eintracht gegen Fluglärm, 248
Bürgerinitiativen aus Nieder-Erlenbach, 281
Bürgerinitiativen aus Preungesheim, 281
Bürgerinitiative Wohnen ohne Fluglärm und Absturzbedrohung (WOFA), 239
Bürgerinitiative zur Erhaltung des Landschaftsschutzgebietes Niddatal, 61, 175, 185, 190, 205–206, 224, 225, 230, 281, 290, 293
Bürgervereine, 147, 157, 190, 197, 229, 230, 277, 320
Bürgerverein Eschersheim, 39
Bürgerverein Niederursel - Norweststadt, 39, 277
Bürgerverein Praunheim, 39, 83, 277
Burckhardt, Lucius, 45, 117, 124, 129, 130, 151, 166 , 191, 204, 213, 264, 299, 302
Busch, A., 44, 246
Busse, Rido, 6, 11ff., 35, 207, 209–212, 215, 216
Breithaupt, Anita, 103
Brockhoff, E., 253 ff.
Bromme, Max, 27 ff., 35, 140, 142–148, 153, 189, 213, 221, 229, 230, 235, 289
Brück, Wolfram, 127
Brundert, Willi , 38 f., 206

C
Catterwell Anthony, 76
CDU, 39, 48, 65, 93, 102 f., 106, 107, 119, 132, 155, 160, 204, 205, 225, 226, 241, 247, 266, 273, 274, 275, 277, 297, 298, 306, 323
Cobet, Heinrich, 66, 129
Conrads, Ulrich, 45, 191
Cornel, Walter, 184

D
Damian, M., 35
Damian-Hesser, I., 35
Dathe, 260
Demokratennest, 288
Deutsche Akademie für Städtebau und Landesplanung (DASL), 151, 223, 330
Deutsche Flugsicherung (DFS), 90
Deutsche Lufthansa (LH), 210–211
Deutscher Alpenverein (DAV), 302
Deutsches Architektenblatt (DAB), 211–214, 245
Deutscher Fußball-Bund (DFB), 247, 252, 308
Deutscher Gewerkschaftsbund, 60, 293
Deutscher Werkbund DWB 35, 45, 60, 118, 119, 123–125, 129, 159, 175, 185, 189, 190, 191, 198, 199, 202, 216, 221, 225, 229, 230, 233, 234, 259, 277, 278, 299, 300, 301, 310, 318, 320
Deutsches Zentrum für Luft- und Raumfahrt (DLR) , 90 f
Die Grünen, 123–125, 131, 132, 139, 167, 175, 204, 207, 208, 211, 213, 214, 217, 221, 226, 241, 242, 248, 249, 266, 269, 273–276, 280, 285, 300, 306
Die Grünschnäbel, 277
Die Linken, 247
Diehl, Siegfried, 277
Dilger, Thomas, 246
Dircks, Walter, 330
Dirksen, Herbert von, 148
Ditzen, Lore, 191
Döpfner, Dieter, 191
Dommermuth, P.,. 255
Dreier, Thomas, 317
Duthweiler, M.E., 245
Durth, Werner, 151, 152, 189–191, 216, 330, 331

E
Ebeling, Jutta, 184, 242, 250, 276
Elsässer, Martin, 330
Eick, Peter, 42 f
Ekardt, 277
Encke, Georg, 35, 60–62, 64, 66, 71, 83, 157, 175, 185, 190, 193, 195, 205–206, 224, 225, 231, 235, 259, 260, 263, 277, 278, 293, 306, 311
Engelmann, Jörg, 29, 176–179, 191, 195–196, 202–204, 207, 239, 280, 308
Enger, Eckhard, 184
Emmaus-Gemeinde-Gemeinde, 292
Euler, Ralf, 249
Europäische Menschenrechtskonvention (EMRK), 13, 217, 331
European Green Capital City Award, 14, 248, 308

F
Fachhochschule Wiesbaden (FHW), 15, 129,197, 198, 201, 203, 205, 206, 208–209, 212, 215, 216, 224, 306
Fachhochschule Darmstadt, 170
Fahe, 307
Falkenberg, Karl Friedrich, 248
Faustus, 212
FDP, 37, 44, 46, 48, 65, 95, 102 f., 106, 266, 267, 274–276, 291
Feldmann, Peter, 247, 269
Fester, Marc, 77
Feudalwelt, 302
Fick, K.E., 66
Fischer, Joschka, 13, 205, 207–209
Fleckenstein, Barbara, 106
Flierl, Thomas, 22, 148, 190, 289
Flughafenausbaugegner (FAG), 242
Fluglärmkommission, 90
Forschungsverbund Leiser Verkehr, 90
Forßmann, Jörg, 184
Frankfurter Aufbau AG, 45, 73
Frankfurter Bücherstube Schumann und Cobet, 129
Frankfurter Forum für Stadtentwicklung e.V.,14, 39, 60 ff., 67–72, 76 f., 79, 80 ff., 89, 93, 95–115, 121, 133, 147, 157, 176–177, 185, 190, 193, 197, 203, 215, 223, 225, 226, 229–235, 245, 247, 257–265, 271, 281, 286, 292, 293, 294–301, 304, 317, 320–323, 330
Frankfurter Stadtverordnete, 202
Fraport AG, 45, 46, 90, 239, 240–242, 276, 281
Freiwald, Friedrich, 66
Freischwinger, 213

Fresenius, Otto, 66, 97 f., 100 f., 260, 293
Fricke-Verlag, 125 ff., 131
Funk, 15, 265, 303, 304

G
Gälzer, R., 157, 158
Gallwitz, Klaus, 107
Ganser, Karl, 232
Gassmann, Helmut, 277
Gauland, Alexander, 298
Geissler, Ewald, 44
Gellersen, G., 120
Gerkan, Meinhard von, 325
Gesamthochschule / Universität Kassel, 117, 118, 124, 151, 158, 204, 264, 299, 300, 301
GEWOBAG, 31, 35
Giefer, Alois, 66
Glaser, Herrmann, 79
Glotter, Karl, 184
Göbel, Egon, 277
Göpfert, Hermann, 66
Goethe, Johann Wolfgang von, 166, 211, 215, 266
Goevert, Jan , 276
Goswin, Bauwelt, 114
Grebe, Reinhard, 46, 69, 157, 158, 193, 261
Greulich, Lothar, 170
Grossherzogtum Hessen (Darmstadt), 288
Gropius, Walter, 140
Grub, Hermann, 209
Grüngürtel-Behrens, 221, 277
GrünGürtel GmbH, 181, 201, 204, 205–206, 227
GrünGürtel-Projekt-Büro, 156, 158, 164, 169, 184, 187, 190, 192, 193, 201, 221, 231, 232, 237, 274, 301,302, 310
Grünschnäbel, 277
Grundgesetz (GG), 239, 287
Gruhle, Uwe, 132
Grys, Jeff de, 158
Günther, Bernd. 200
Guiollett, Jakob, 21, 150, 250, 300
Guther, Max. 32, 151, 191, 223, 290

H
Haack, Wolfgang, 172–173, 245
Haag, H., 158
Habermas, J. 286
Hackenberg, Richard, 66
Häfner, Eberhard, 170
Härter, Wolfram, 215
Härtling, Peter, 66
Hamm, Oliver, 211, 245
Harting, Mechthild, 16, 242, 243, 247, 248, 249, 251, 252, 255, 256, 264 , 276, 286, 307
Harter Kern von Praunheim, 277
Hartmann, Gertrud, 129, 130
Hartmann, Volker, 239
Haubenberger, Friedel, 184
Hauff, Volker, 5, 77, 119, 133–138, 140, 151, 155, 156, 190, 204, 217, 234, 236, 248, 250, 255, 262, 273, 275, 300, 306, 310
Haussmann, Baron Georges-Eugène, 221
Haverkampf, Hans-Erhard, 42–44, 155
Hebebrandt, Werner, 298
Hecking, Gerhard, 125, 126, 191
Hegger, Manfred, 151, 158, 187, 190, 192, 217, 222, 223, 227, 230, 231
Heide, Claus, 170
Heilig, Rosemarie, 248, 249, 264, 267, 268, 269, 276, 308
Hein, R., 250
Heinrich I , Sachsenkaiser, 17
Heinrich-Lübcke-Siedlung, 246
Heintze, Gottfried, 170
Heimatschutz, 145, 146
Heise, Herbert, 191, 258, 259, 262, 263
Heldmann, St., 255
Hemzal, Horst , 224, 225
Herber, K., 170
Herterich, Frank 77, 136, 233
Herzog, Roman, 215, 221
Hesler, Alexander von, 76, 243, 278
Hessische Landesregierung, 169, 205, 213, 215, 221, 222, 229, 230, 234, 239, 245, 246, 248, 264, 285, 299, 300, 301, 303, 304, 311
Hessisches Ministerium des Innern, 170, 176, 200, 206
Hessische Minister für Landwirtschaft und Umwelt, 89
Hessisches Ministerium für Landwirtschaft , Forsten und Naturschutz, 170
Hessisches Ministerium für Wirtschaft und Technik, 170
Hessisches Ministerium für Wissenschaft und Kunst, 151
Hessischer Landkreistag, 170
Hessischer Städtetag, 170
Hessischer Städte- und Gemeindebund, 170
Heyer, F., 257, 258
Hillebrecht, Rudolf, 32, 290, 291
Hochschule für Gestaltung Sapporo / Hokkaido, 180
Hochschule für Gestaltung Offenbach (HfGO), 118
Hochschule RheinMain, University of applied sciences, 15, 197
Hövels, O., 66
Hoffmann, Hilmar, 93, 114, 115, 137, 155, 156, 182, 203–204, 215, 217, 223, 233, 234, 236, 255, 256, 297, 298, 323, 324
Hohle, P., 79
Hoppe, Klaus, 230
Hotzan, Jürgen, 11, 90, 244, 271
Howard, Ebenezer, 24, 179, 190, 213, 308
Hülbusch, K,.H., 264
Hulverscheidt, Lieselotte, 66
Huth, Axel, 191, 259, 260

I
IBA-Emscher-Park-Projekt, 67, 224
Iden, Peter, 93, 114, 115, 233, 274, 275, 298
Institut für Neue Technische Form, 207
Institut für Stadtgeschichte 15, 253, 258–263, 303, 304

J
Janik, D., 159, 175
Japanische Behörden, 180
Jauslin, Kurt, 79
Jeanneret Charles-Eduard gen. Le Corbusier, 29, 45, 140, 179
Josef, Mike, 266, 299

K
Kadelbach, Gerd, 66
Kaiser Wilhelm II, 21
Kampffmeyer, Hans jun., 31 ff., 37, 46, 118, 148, 175, 177, 190, 203, 289, 291
Kant, Immanuel, 11
Karl der Grosse , 73
Karl-Hermann-Flach-Stiftung, 129, 263, 274, 275
Katscher, Hartmut, 66
Kaufmann, Frank, 46
Karry, Heinz-Herbert, 65 f
Keller, Andreas J., 159
Keller, Siegbert, 151, 300
Kienast, D., 158
Klink, A.M., 91
Klockner, Clemens, 197
Klotz, Heinrich, 93, 114, 115, 147, 153, 233, 255, 274, 275, 297
Klotz, Volker, 79
Klötzer, Wolfgang, 22
Koch, Christian, 303
Kochen, Günter, 277
Koenigs, Thomas, 13 ff., 77, 123–125, 128, 133, 137, 150, 151, 152–154, 156, 158–160, 164–165, 184, 185, 187–192, 200, 204, 205, 207–210, 213, 215, 217, 219, 221, 222, 225, 227, 228, 229, 230, 232, 234, 236, 237, 239, 248, 249, 250, 251, 253, 255, 256. 257–258, 267, 276, 281, 285 f., 300, 301, 302, 307, 309, 310, 311, 325, 329–331
Koepcke, 101
Kogon, Eugen, 298
Korenke, Hans-Ulrich, 103
Korn, Karl, 79
Kossler, G.P. 28
Kraft, Sabine, 77
Kramer, Ferdinand, 191
Kramer, Heiko, 184
Kramer, Lore, 66, 191
Krauss, Jochen, 248
Krawietz, G., 217
Kreling, Hermann-Josef, 66
Kreuzschwinger, 12, 203, 211–213, 221
Krüger, Horst , 66
Krüger, Veronika, 5, 62–63, 99–101, 260, 263, 277
Kruse, Ilse, 125, 180, 221, 277
Kühn, M., 277
Küppers, Hans 99 f., 275
Kuhn, Dominik, 210
Kuratorium Kulturelles Frankfurt, 60, 293
Kurzak, H., 79

L
Labontè, Paul, 103
Lampugnani, Vittorio M., 93, 298, 305, 324
Landeswettbewerbskommission, 170
Landmann, Ludwig, 22, 190
Langner, Winfried, 76
Lassus, B. , 158
Latz, Peter, 151, 158, 184, 187, 190, 217, 222, 223, 227, 230, 231, 300, 301, 302, 310
Lebuser, Hans-Jürgen, 89
Le Corbusier s. Jeanneret
Lehmbrock, Josef, 11, 45, 132, 191, 240, 290, 291
Lehr, G., 28
Leistera, Jürgen, 108
Lenz, Helmut, 66
Levi, Sabine, 269
Leistner, Mathias, 318
Leweke, W., 129
Lejeune, Petra, 209
Lieser, Peter, 151, 158, 184, 187, 190, 217, 222, 223, 227, 230, 231
Lindenblatt, Eva, 170
Lindheimer, O., 19
Lingnau, H., 44
Linke, 247
Linneberger, Gerd, 89
Lubberger, Andreas, 189, 256, 313–332
Ludes, Guido, 208–209
Lübbecke, Fried, 73
Luermann, Herbert, 66, 74
Lübke. Heinrich, 246
Lufthansa AG (LH), 90, 239, 240

M
Madariaga, Salvador de, 282
Maecke, P.A., 79
Maeckler, Christoph, 127, 159
Magistrat der Stadt Frankfurt, 106, 108, 110, 122, 138, 139, 148, 151, 152, 156, 161–163, 187, 190, 196, 202, 211, 220, 248, 285 f., 290, 302, 303, 304, 306, 307, 308, 309, 310, 311, 323
Mahler und Strunk, 170
Mainova AG , 45
Mann, Thomas, 212
Marg, Volkwin , 45
Martialis, Marius Valerius, 11, 205
May, Ernst, 23 ff., 31 f., 40, 42, 140–148, 150, 151, 152–154, 179, 189, 190, 213, 221, 222, 228, 229, 230, 235, 253, 288, 289, 290, 300, 309, 330
Meier R., 106
Mende, Hans-Ulrich von, 215
Menzer, 257, 258
Merian, Matthäus d. Ä., 18, 73
Metro, Firma, 212
Meyer, Adolf, 140
Meyer, Firma, 210–213
Meyfarth, R., 158
Michel, Hans, 103
Michen, Rudolf, 66
Mies van der Rohe, Ludwig, 140, 212, 213
Migge, Leberecht, 140, 141, 145, 148, 189, 228, 229, 230, 330
Mitscherlich, Alexander, 66
Moltke, Bertram von, 318
Möller, Walter, 102 f., 274
Moog, Hans-Jürgen, 103
Müller-Helms, Albrecht, 75
Müller-Raemisch, H.-R., 290, 291
Münchner Forum, 60, 293
Muraguchi, Harumi, 170
Muraguchi, Masayuki, 170
Mussolini, 289

N
Nassauische Heimstätte, 175, 190, 246
Nationalsozialisten, 287
NATO, 13
Naturschutz, 145, 146
Naumann, 261
Neise, Wolfgang, 90
Neue Heimat , 35 f., 37, 45, 147, 175, 190, 203, 289
Nerdinger, Winfried, 216
Niemeyer, Reinhold, 330
Nitzling, Erich S., 66
Novotny, Fritz, 60, 64 ff., 71, 277, 293, 297

O
Oechsler, J. 318
Oeser, Kurt, 89, 277
Oldendorf, S., 170
Orwell, G. 256, 264

P
Pagel, Dieter, 5, 62–63, 260, 263
Palitzsch, Peter, 66
Papst Sixtus V , 127
Paul, Willy, 103–105
Paris, Michael , 181–183
Partei-Ortsvereine aller Couleur, 277
PAS Jourdan, J., Müller, B. 159
Paul, Willy, 103
Pehnt, W., 93, 305
Perbandt-Zuschlag, Benita von, 170
Pesch, R. 66
Peters, Paulhans, 76
Petri, Roland, 66
Piraten, 247
Philipp, Barbara, 170
Plagiarius, Aktion, 3, 11 ff., 205, 207, 210–213, 215, 216, 221
Planungsbüro Berghoff, Landes, Rang, 159
Planergruppe Hytrek, Thomas, Weyell und Weyell , 159
Planungsverband Ballungsraum Frankfurt RheinMain, 50, 288
Pöhlker, Hans-Ulrich, 170
Posch, Dieter, 241
Posenenske, Paul, 66
Posener, Julius, 191
Presse- und Informationsamt der Stadt Frankfurt am Main, 106
Preusker, 61, 259, 260, 261
Prigge, Walter, 184
Pruitt-Igoe, 41, 246
Pulch, Otto, 66
Purbs, Barbara, 195–196, 285–311

R
Raabe, Rudolf, 170
Radermacher, Markus, 269
Rahe, Brigitte, 5, 63, 260, 263
Rahe, Jochen, 5, 60f., 63, 65, 67, 72, 74, 77–79, 93, 95–115, 123, 124, 125,129, 147, 151, 153, 155, 157, 159, 191, 193, 195–196, 199, 201, 203, 208, 215, 239, 233, 259, 260, 261, 263, 277, 298, 300
Rahms, Helene, 106
Rat der Europäischen Union. 220
Regierungspräsidium Darmstadt, 170, 221, 240
Regierungspräsidium Gießen, 170, 221
Regierungspräsidium Kassel, 170, 221
Regionale Planungsgemeinschaft Untermain (RPU), 50, 52–57, 243, 288, 302
Regionalverband Frankfurt RheinMain, 288
Reichow, Hans Bernhard, 31 f., 330
Reich-Ranicki, Marcel, 212
Reifenberg, Benno, 79
Remmert, Jochen, 239, 242, 252
Rentsch, Florian, 46
Rhein, Boris, 247
Riebsamen. S. , 247, 248, 268
Risthaus, 318
Rösmann, T., 15, 46, 241
Rohlmann, Rudi, 66
Rohrmann, Bernd, 170
Rombusch, 261
Romeick, Helmut, 45
Rossa, K., 158
Rossow, Walter, 191
Roth, Petra, 209–211, 225, 226, 241, 247, 250, 328
Rothschild, 251
Rotter, Dagmar, 211
Rottmann, Manuela, 225, 241, 242, 248, 276
Rousseu, Jean-Jaques, 302
Royal Air Force, 73
Rücker, Franz, 37 f., 176
Rudolph, Dieter, 66, 191

S
Sack, Manfred, 107
Saftig, Hans-Rudi, 191, 278
Sallmann, Johannes, 147
Sander, Reinhard 66, 158, 184, 278, 301–302
Santifaller, Enrico, 211–213, 245
Schäfer, 261
Schadt, (LH), 90
Schaechterle, K.H., 79
Schaeffer, Roland, 210
Scheffler und Warschauer, 159
Schlubach, Firma, 212
Schmelzer, B., 158
Schmid, Thomas, 184
Schmidt, R., 61, 259, 260, 263, 266
Schneider, Johanna, 184
Schneider, Michael, 207
Schoeler, Andreas von, 66
Schönberger, Norbert, 103–105
Schricker, Gerhard, 318
Schürmann, Ekkehard, 170
Schultheis, Jürgen, 216, 217
Schulze, R., 246, 247, 265, 282
Schulze, Gernot, 317
Schumacher, Fritz, 171, 191, 223
Schuster, Franz, 32
Schwan, H., 44 f., 249
Schwarze-Rodrian, Michael, 184
Seehausen, Karl Reinhard, 170
Segner, Ursula, 66
Seiberth, H., 158, 184
Seidlein, Peter Canisius von, 191
Seike, Kyoshi, 180
Selle, 184
Sennet, Richard, 178, 179
Sieber, Heinz G., 127
Siedlerverein Praunheim, 147, 229, 277
Sölch , Rudolf, 44
SPD, 48, 64 f., 72, 93, 103, 106, 110, 119–124, 131–134, 137, 139, 147, 151, 155, 158, 159, 167, 181, 182, 204, 205, 223, 226, 234, 235, 247, 248, 250, 255, 257, 262, 266, 269, 275, 276, 278, 281, 297, 298, 300, 329
Speer, Albert jun.-Speerplan ,14, 89, 95–108, 122, 127, 128, 154, 156, 182, 190, 204, 211, 215, 216, 223, 255, 274, 275, 298, 306, 324, 329
Spickernagel, Ellen, 79
Spies, Otto, 196, 199
Spitzer, K. 35, 118, 233, 300
Stadager, Karl, 35, 61, 66, 71, 83, 121, 185, 190, 195, 206, 225, 231, 234, 235, 255, 259, 260, 277, 293, 300, 311, 314, 329
Stalin 256
Stamm, Mart, 212
Steidle, Otto, 191
Steinbach, Hartmut, 170
Steinbüchel-Rheinwall, Rambald, 35
Steinhauer, Dieter, 184
Stiegler, Ernst-Michael, 198, 199
Stimpel, Roland, 243, 245, 324
Stock, Manuel, 249, 269
Strothmann, Claus, 277
Stüve, Holger, 170
Sturmfels, Klaus, 119, 121, 182, 191, 234, 259, 314
Sukopp, H., 158
Swarzenski, Georg, 73

T
Tabouret, R., 158
Taut, Bruno, 330
Technische Hochschule Darmstadt, 76, 151, 191, 223, 300
Technische Universität München, 216
Thalgott, Christiane, 151, 223
Thiel, 180
Töpfer, Klaus, 13, 205–209, 213, 215
Toepfer, Stefan, 248, 249
Tokyo Institute of Technology (TIT), 180
Trautwein, Dieter, 66
Trepll, L., 158
Trier, Sieglinde, 277
Trier, Wolfgang, 277

U
Umlandverband, 50, 58, 59, 278, 288
UN s. Vereinte Nationen
Ungers, O.M., 106
Universität Kassel, 117
Universität Stuttgart, 118
US.Air-Base, 241
US-Air-Force, 91

V
Valentien, Otto, 148
Väter und Mütter des Grüngürtels 184 f., 189 ff., 300, 301, 302
Vereinigung der Stadt-, Regional- und Landesplaner e.V. (SRL), 170
Vereinte Nationen (UN), 13, 205, 208, 219, 226, 229, 230, 256, 331
Vogel, Dietmar, 230
Vuksanovic, Veljko, 269

W
Wagner, Mathias, 249
Wagner, P., 157
Walbe, Brigitte, 79
Wallmann, Walter, 89, 93, 95–115, 154, 156, 159, 164–165, 204, 211, 223, 234, 236, 274, 275, 298, 323, 329
Weik, Edgar, 202
Wella, Firma, 212
Wempe, Grüngler, 88
Wend, Manfred, 66
Wendorf, 109
Wentz, Martin, 121, 122, 127, 137, 158, 159, 182, 223, 234, 250, 302, 314
White, David, 280
Wichert, Klaus, 230
Wiederholungstäter, 212, 255
Wiesmann, R., 170
Wilke, Otto, 129
Winkler, Bernhard, 196–197
Wirtschaftsdeputation Frankfurt a.M., 24, 288
Wolf, Moritz, 330
Wolff, Eckhard, 184
Wormbs, B., 158
Wortmann, Wilhelm, 330
Wünschmann, P., 292

Y
Yamasaki, Minoru, 246

Z
Zapf, Katrin, 66
Zehender, 20
Zentek Sabine, 211, 214
Ziegesar, Henning von, 184
Zieran, Manfred , 269
Zlonicki ,Marlene, 151
Zweigverein Frankfurter Berg des Vogelsberger Höhenclubs e.V., 39, 277
Zwilling, J., 254, 263

VII Abbildungsverzeichnis

Archiv Aktion Plagiarius: 005, 169
Archiv Der Architekt: 092, 105
Archiv Bauwelt: 091, 104
Archiv Behrens T.: Einband, 001–003, 019, 027, 028, 032, 033, 035, 042, 043, 045, 056, 060, 065, 068–071, 080–081, 089–090, 093–095, 098, 099, 102–103, 104, 106, 108, 114, 128, 132–134, 142–143, 146, 149–150, 152, 156–159, 162, 176, 178–179, 184, 190–191,194, 197–203, 205, 210–215, 217
Archiv Beltz-Verlag: 116–117
Archiv Bild-Zeitung 171
Archiv Darmstädter Echo: 057
Archiv Deutsches Architektenblatt: 146, 172–174
Archiv Deutsche Bauzeitung: 148, 166
Archiv Deutscher Werkbund: 100, 101, 161
Archiv Die Zeit: 084
Archiv Dumont Verlag: 140
Archiv Frankfurter Allgemeine Zeitung: 031, 034, 049–054, 061, 073–074, 078–079, 082–083, 110–113, 118, 136, 137, 147, 164, 204, 206–208, 216
Archiv Frankfurter Forum für Stadtentwicklung: 021, 36–038 (RPU), 039–040 (UVF), 041, 046–048, 050–053, 055, 058–059, 072, 075–077, 087
Archiv Frankfurter Nachrichten: 030, 163, 188
Archiv Frankfurter Neue Presse: 054, 063, 188
Archiv Frankfurter Rundschau: 004, 026, 030, 044, 062, 066, 068, 097, 107, 118, 167, 168, 209
Archiv Hochschule RheinMain: 160, 170
Archiv Institut für Stadtgeschichte 195, 196, 201
Archiv. Karl-Hermann-Flach-Stiftung: 109
Archiv Sachsenhäuser Brücke: 064
Archiv SPD: 096, 115, 116–117
Archiv Tyrolia-Verlag: 141
Archiv Wiesbadener Kurier: 165
Hessische Landesregierung: 144–145
Hessisches Landesvermessungsamt: 067,121
Historisches Museum Frankfurt: 006–018, 020, 022–023, 120, 122–127, 195, 196
Königs. T : 130, 177, 192
Regierungspräsidium Darmstadt: 189
Stadt Frankfurt am Main: 024–025, 029, 085, 086, 088, 119, 129, 131, 135, 138–139, 153–155, 175, 180–187

Prof. Dr.-Ing. Till Behrens

Geboren 1931 in Berlin-Wannsee. Lehre als Mechaniker, Hochbaustudium, Architekt BDA, Stadt- und Landschaftsplaner, Industriedesigner. Seit 1960 Planung von Sakral-, Industrie-, Verwaltungs- und Wohnbauten. Seit 1959 Entwicklung der ersten und zweiten Kreuzschwinger-Generation. 1971 Mitbegründer des „Frankfurter Forums für Stadtentwicklung". 1970/71 Stadtentwicklungskonzeption „Grüngürtel mit grüner Mainquerspange, Randbebauung und Verkehrsbündelung" (1991 von der Hessischen Landesregierung als „Rahmengebendes Gesamtkonzept für Frankfurt" ausgezeichnet). 1980 übernimmt die Stadt Frankfurt seine Museumsufer-Konzeption. 1986 Promotion bei Lucius Burckhardt. 1989 übernimmt die Stadt Frankfurt seine Grüngürtel-Konzeption. 1980–97 Lehrtätigkeit an den Universitäten Stuttgart, Kassel und HfG Offenbach und der FH Wiesbaden – University of Applied Sciences, heute Hochschule RheinMain, in den Bereichen: Stadt-/Landschaftsplanung, Entwurf, Baukonstruktion, Produktdesign und Architekturtheorie. Juror in Stadtplanungs-, Architektur- und Designwettbewerben.
Circa. 10 Jahre Mitglied im Sachverständigen-Ausschuss der Architekten- und Stadtplanerkammer Hessen. Zahlreiche wissenschaftliche Veröffentlichungen zu Stadt- und Landschaftsplanung, Architektur und Design.

Dr. Andreas Lubberger

Geboren 1957 in Hamburg. Studium der Rechtswissenschaften in Frankfurt am Main. 1982–86 Referendariatsausbildung mit dem Schwerpunkt Gewerblicher Rechtsschutz. 1986–89 wissenschaftlicher Mitarbeiter am Lehrstuhl für öffentliches Recht in Frankfurt a.M. 1989 Eintritt in die Sozietät Boden Oppenhoff Rasor Schneider Schiedermair (später Oppenhoff & Rädler), Arbeitsgebiet Gewerblicher Rechtsschutz. 1994 Eintritt in die Partnerschaft von Oppenhoff & Rädler. 1994 Promotion. 2000 Wechsel in das Berliner Büro von Linklaters Oppenhoff & Rädler. 2004 Gründung der Sozietät Lubberger – Lehment mit Rechtsanwalt Dr. Cornelis Lehment.

Mitgliedschaften: Deutsche Vereinigung für gewerblichen Rechtsschutz und Urheberrecht, International Bar Association, Marques, Mitglied im Arbeitskreis Wettbewerbs- und Markenrecht der GRUR; Mitglied im Arbeitskreis Selektiv-Vertrieb des Markenverbandes; Mitglied im Arbeitskreis Unfair Competition von Marques. Zahlreiche Veröffentlichungen.

Prof. Dipl.-Des. Rido Busse

Geboren 1934 in Wiesbaden, Lehre als Silberschmied, Designstudent in Kassel und HfG Ulm, 1959 Gründung des Institutes Busse Design Ulm, das Industrieprodukte bis zu Prototypen entwickelt und bis heute über 400 Auszeichnungen erhielt. 1977 Stiftung der jährlich verliehenen Negativauszeichnung Plagiarius für besonders dreisten Ideenklau, 1978 Stiftung des Busse Longlife Design Award. Mitglied in zahlreichen Verbänden, Honorarprofessor an der Kunsthochschule Berlin-Weißensee, Vorsitzender des Gestaltkreises im DIHT, Buchveröffentlichung: „Was kostet Design?", Frankfurt am Main 1998. Mit der Aktion Plagiarius Herausgeber des Bandes „Kreuzschwinger® – Dynamisches Sitzen / Dynamic Seating", Berlin 2008. Ausgezeichnet mit dem Bundesverdienstkreuz am Band.

Dr. Barbara Purbs

Studium an Phil. Fak. der Universität des Saarlandes.1974 Promotion „Verschwundene Renaissance-Schlösser in Nassau-Saarbrücken". Referendariat, Assessorabschluss. Leitung Staatl. Büchereiamt, danach Referatsleitung im Ministerium für Kultus, Bildung und Sport. Nebenamtl. tätig für Stiftung Saarländischer Kulturbesitz. Erfassung, Aufbereitung, Ausstellung und Publikation der Silbersammlung der Antiquitätenstiftung „Friedrich Sicks". 1992–2004 Leitung Stadtbücherei Frankfurt mit enger Einbindung in Bildungs- und Kulturszene. 1993 öffentl. Buchvorstellung der Neuerscheinung „Till Behrens: Grüngürtel – Frankfurt am Main. Die Stadt wieder bewohnbar machen" als ergänzte 2. Aufl. von „Die Frankfurter Grüngürtel – wachstumsorientierte Stadtpolitik und zusammenhängende Grünräume."

DIE FRANKFURTER GRÜNGÜRTEL
+ MAINUFERQUERSPANGE
ENTWURF: PROF. TILL BEHRENS
M = m 0 500 1000 2000 4000
LEGENDE:
WASSER
GRÜNGEBIET
BOULEVARDARTIGE ALLEEN
BEBAUUNG
SP VORHANDENE SPORTFLÄCHEN
STRASSEN, AUTOBAHNEN
EISENBAHNEN
STADTGRENZE
1 NIZZA
2 ROTHSCHILDPARK
3 PALMENGARTEN
4 BOTANISCHER GARTEN
5 GRÜNEBURG-PARK
6 HOLZHAUSEN-PARK
7 BETHMANN-PARK
8 ZOOLOGISCHER GARTEN
9 SPIELPARK-SCHEERWALD
10 SPIELPARK-GOETHE-TURM
11 ERHOLUNGSGEBIET MONTE SCHERBELINO
12 BOEHLE-PARK
13 PARK LOUISA
14 RENNBAHN
15 SOMMERHOF-PARK
16 LUFTBAD NIEDERRAD
17 VOLKSPARK STADION SPORTPARK
18 GOLFPLATZ
19 SPIELPARK SCHWANHEIM
20 STADTPARK HÖCHST
21 FREIBAD HÖCHST
22 NIEDWALD
23 REBSTOCKPARK
24 BIEGWALD
25 VOLKSPARK SOLMS-PARK
26 VOLKSPARK BRENTANO-PARK
27 BRENTANO-BAD
28 FREIBAD HAUSEN
29 VOLKSPARK NIDDATAL (BUNDESGARTENSCHAU 1989)
30 MARTIN-LUTHER-KING-PARK
31 FREIBAD ESCHERSHEIM
32 NORDPARK
33 GÜNTHERSBURG-PARK
34 VOLKSPARK HUTHPARK
35 VOLKSPARK LOHRBERGPARK
36 VOLKSPARK OSTPARK
37 RIEDERWALD
38 LICHT UND LUFTBAD RIEDERWALD
39 SECKBACHER RIED
40 ENKHEIMER RIED
41 ENKHEIMER WALD
42 FECHENHEIMER WALD
43 HEINRICH KRAFT-PARK
44 ERHOLUNGSGEBIET BÜRGEL-RUMPENHEIMER MAINBOGEN
BAD HOMBURG V.D.H.
BERURSEL
A 661
A 5
KALBACH
BONAMES
WEISSKIRCHEN
ANSCHLUSS ZUM UMLAND
3. GRÜ
STEINBACH
NIEDERURSEL
HEDDERNHEIM
ESCHERSHEIM
PRAUNHEIM
RÜCKBAU
GINNHEIM
ESCHBORN
SULZBACH
A 66
HAUSEN
RÖDELHEIM
BOCKENHEIM
SOSSENHEIM
3. GRÜNGÜRTEL
B 8.40
STRASSE
PROV. RING
HÖCHST
UNTERLIEDERBACH
ZEILSHEIM
NIED
GRIESHEIM
FARBWERKE HOECHST
SCHNITT-PUNKT WEST
SCHWANHEIM
MAINUFERQUERSPANGE
NIEDERRAD
KRIFTEL
SINDLINGEN
HATTERSHEIM
STADTWALD
B 43.44
OKRIFTEL
KELSTERBACH
B 43
A 3
B 44
FLUGHAFEN FRANKFURT-M.